作 者 简 介

　　王运永, 男, 河北省深州市人, 生于 1940 年 7 月. 中国科学院高能物理研究所研究员, 北京师范大学天文系教授. 1965 年毕业于南开大学物理系并分配到中国科学院原子能研究所 (1973 年改名为高能物理研究所)工作直到退休. 其中, 1979~1982 年作为"李政道学者"被国家科学技术委员会派往美国加利福尼亚大学(伯克利)学习,参加斯坦福直线加速器中心 PEP 对撞机上 MARK-II 的粒子物理实验.1987 年作为访问教授在美国康奈尔大学核研究所工作, 1990~1992 年作为访问教授在欧洲核子研究中心

工作, 1996~1997 年, 作为中方合作组负责人在欧洲核子研究中心从事 CMS 谱仪的筹建工作, 1999~2000 年带队到美国芝加哥费米国家实验室从事 CMS 谱仪上 CSC 探测器研制, 2001~2003 年作为访问教授在美国加州理工学院 LIGO 实验室从事引力波探测, 2004 年在日本国家天文台 TAMA300 引力波实验室工作, 2005 年作为访问教授在意大利佛罗伦萨大学参加 VIRGO 引力波实验室工作, 先后到美国波士顿大学、科罗拉多州立大学、夏威夷大学、加利福尼亚大学(河滨)、佛罗里达大学、意大利巴里大学、比萨大学、帕多瓦大学进行访问和学术交流.

　　早年参加核试验中子能谱的探测、分析并从事核物理及粒子物理探测器研制.20 世纪 80 年代作为子课题组长参加了北京正负电子对撞机北京谱仪的研制. 该工作获国家科技进步奖特等奖.90 年代发起并组织了中国与欧洲核子研究中心大型强子对撞机 LHC 上 CMS 谱仪的合作, 该工作发现了所谓的"上帝粒子"Higgs, 主持了中美高能物理合作项目"北京谱仪 MDC-II 的研制". 2006 年回国后被北京师范大学天文系返聘, 讲授 "引力波天文学导论"课程并参加引力波探测的国际合作. 在国内外学术刊物上发表论文 130 余篇, 撰写和翻译学术专著各两部.

现代物理基础丛书　89

引力波探测

王运永　编著

科学出版社

北　京

内 容 简 介

引力波是爱因斯坦广义相对论的重要预言,引力波探测是当代物理学的前沿领域之一,引力波的发现开辟了引力波天文学研究的新纪元,是继以电磁辐射为探测手段的传统天文学之后,人类观测宇宙的一个新窗口. 激光干涉仪引力波探测器在引力波发现中发挥了不可替代的关键作用,由于设计精良、结构紧密、频带宽、灵敏度高,具有广阔的发展前景,是引力波天文台的基础设备. 激光干涉仪引力波探测器的发明、发展和建造者雷纳·韦斯、巴里·巴里什和基普·索恩也因此荣获 2017 年诺贝尔物理学奖.

本书详细讲述了引力波天文学的理论基础,分析了引力波天文学的特点,介绍了各种可能的天体引力波源,对激光干涉仪引力波探测器的结构、性能和工作原理进行了深入细致的阐述,对其噪声、灵敏度、状态控制、锁定、刻度等物理和技术问题进行了详细的剖析. 系统地讨论了引力波的数据获取和分析方法,扼要介绍了低频引力波和高频引力波的探测方法.

本书可作为高等院校天文学专业师生的教学或参考用书,也可供科研院所相关专业的同行参考.

图书在版编目(CIP)数据

引力波探测/王运永编著. —北京:科学出版社,2020.4
(现代物理基础丛书; 89)
ISBN 978-7-03-064766-5

I. ①引… II. ①王… III. ①引力波 IV. ①P142.8

中国版本图书馆 CIP 数据核字(2020) 第 054667 号

责任编辑:钱　俊　陈艳峰/责任校对:彭珍珍
责任印制:吴兆东/封面设计:陈　敬

科学出版社 出版
北京东黄城根北街 16 号
邮政编码:100717
http://www.sciencep.com

北京虎彩文化传播有限公司印刷
科学出版社发行　各地新华书店经销
*
2020 年 4 月第　一　版　开本:720 × 1000 B5
2022 年 1 月第三次印刷　印张:29 1/4　插页:2
字数:583 000
定价:198.00 元
(如有印装质量问题,我社负责调换)

前　　言

　　爱因斯坦 1916 年发表了广义相对论, 建立了著名的引力场方程, 开辟了近代物理研究的新纪元. 一个成功的理论不仅能够解释已经发生的自然现象, 还能预言人类未知的奥秘. 水星近日点的剩余进动、引力红移、光线偏转和引力波是广义相对论的四大预言, 前三个均被实验所证实, 引力波却迟迟不肯现身, 成为近百年来困扰科学家的一个物理学难题, 有些人甚至因此对广义相对论的正确性产生了怀疑. 2015 年 9 月 14 日, 14 亿年前浩瀚的宇宙中两个黑洞并合产生的引力波到达地球, 并且被位于美国路易斯安那州利文斯顿 (Livingston) 和位于华盛顿州汉福德 (Hanford) 的两台激光干涉仪引力波探测器 LIGO 捕捉到, 消息传出, 犹如一声春雷震撼大地, 全世界一片欢腾. 爱因斯坦广义相对论的最后一块 "拼图" 找到了——人类发现了引力波.

　　引力波的发现是一个划时代的事件, 是人类科学史上的一座丰碑. 它不但为广义相对论画上了一个圆满的句号, 而且标志着一门崭新的科学领域——引力波天文学的正式开启.

　　天文学是人类最早接触并研究的科学领域之一, 千百年来我们的祖先经过不断地探索, 取得了辉煌的成就, 创造了灿烂的古代文明. 我们知道, 天文学观测的基础是天体辐射, 宇宙中最重要的天体辐射有两大类: 电磁辐射和引力辐射, 分别对应于电磁辐射天文学 (即我们通常所说的天文学) 和引力辐射天文学 (即我们所说的引力波天文学). 迄今为止, 人类对天体的观测与研究都属于电磁辐射天文学的范畴. 引力波这种全新探测手段的出现是天文学发展史上的一场伟大的变革, 由于引力辐射独特的物理机制和特性, 引力波天文学将以全新的探测手段和探测理念为我们提供其他方法不可能获取的天文信息, 得到其他探测方法不能得到的结果, 绘制出全新的 "天体分布太空图", 丰富并加深人们对宇宙的认识.

　　引力波是引力波天文学赖以存在的物质基础, 引力波的发现使引力波天文学完成了从寻找引力波到研究天文学这一历史性转折, 开辟了引力波天文学研究的新时代. 引力波天文学具有如下很多突出的特点.

　　电磁辐射天文学的观测是基于天体的电磁辐射, 如红外线、射电波、可见光、紫外线、X 射线、γ 射线等, 它们是由天体源的分子、原子或原子核的激发产生的. 引力波天文学的研究是基于天体的引力辐射, 它是由天体源的物质运动或质量分布发生变化时产生的, 引力波直接联系着波源整体的宏观运动, 而不是像电磁波那样, 来自单个原子或电子的运动的叠加, 因此引力辐射所揭示的信息与电磁辐射观测到的完全不同. 这类关于波源运动的宏观信息通常无法从电磁辐射观测中取得. 因此, 在波源的整体结构和动力学方面, 引力波可以提供电磁辐射不能携带的信息.

引力波在传播过程中基本上不被吸收、不被散射、不被屏蔽, 它可以将观测领域扩大到被宇宙尘埃弄暗或被其他物质屏蔽的宇宙区域, 更加明晰地揭示宇宙的真实面目.

引力波能向我们提供天体源深处和高密度部分所发生的物理过程的完整信息, 而发自天体源深处和高密度部分的电磁辐射由于吸收、散射或被屏蔽, 或者全部或部分地丧失这些信息.

宇宙空间中很多引人注目的天文事件, 如超新星爆发、星体碰撞、双星并合、脉冲星转动、黑洞扰动等都是剧烈的天文现象, 有很强的引力辐射. 只有引力波才能给我们带来这些剧烈过程的完整信息.

到目前为止, 我们所知的宇宙中所有的质量, 包括已知的星体、尘埃、气体等, 还不足以用来解释宇宙中星体运动所需质量的 1/10. 理论上认为, 宇宙间不发射任何电磁波的未知物质所占比例要远大于发射电磁波的已知物质, 那些没有电磁辐射的天体, 如黑洞和未知物质, 与外界的唯一相互作用是引力, 引力波天文学对这些未知物质的观测及对大质量天体的寻找与研究将给我们提供破解这一难题的一种机会.

根据宇宙大爆炸理论, 引力波是在大爆炸后 10^{-43}s 与物质分离的. 它和宇宙暴胀过程中产生的引力波一样, 是随机背景引力波的重要组成部分, 随机背景引力辐射的探测能给我们提供宇宙最早状态的信息, 对研究宇宙起源及引力场量子化具有重要意义.

电磁辐射天文望远镜只能观测天空的一个很小的部分, 而且光学望远镜一般都在晴朗的夜间工作. 引力波探测器则不同, 它能够对整个天空进行探测. 除了像电磁辐射探测器那样可以在晴朗的夜间工作外, 引力辐射探测器在阴雨天气和白天都能正常运转, 它甚至能够探测从地球的另一面穿透而来的引力波信号. 可以说它是一种全天候、全方位的观测器, 可探测到天体剧烈变化的全面貌.

从遥远天体发射的电磁辐射, 必须穿过大气层才能到达地面. 大气层对电磁波的很多波段会产生强烈的吸收, 使得大气层对这些波段是不透明的. 例如, 大气中的臭氧层和氧原子分子及氮原子分子会强烈地吸收紫外线、X 射线和 γ 射线. 大气中的水分子和二氧化碳分子会强烈吸收某些频率的红外线. 因此在地面上就接收不到这些波段的天体辐射. 无法对它们进行观察和测量. 大气层对可见光、波长为 1mm～30m 的射电波和部分红外线是透明的. 传统的电磁辐射天文学只能通过这个大气窗口得以存在和发展. 引力波则不同, 大气层对任何波段的引力波都是透明的. 不需要开特殊的窗口. 因此, 引力波的探测可以是全波段探测, 获得的信息更丰富更全面.

电磁辐射天文学的观测手段是电磁辐射, 探测方法属于 "类像" 探测, 引力波天文学的观测手段是引力辐射, 引力辐射的波长可以与天体的尺寸相比拟, 既不能用眼睛看, 也不能用来照相或在电子屏上显示, 它的探测方法属于 "类声" 探测, 其数据处理和研究手段和声波探测一样, 用的是波形分析法. "音" 和 "像" 是宇宙表象的两个方面, 如果说电磁辐射天文学通过成像描绘了宇宙的一幅幅画面, 拍摄了一部无声电影, 那么引力波天文学就给它配上音, 合成为一部有声电影. 有声有色的宇宙才是真实的、生气勃勃的宇宙. 引力波天文学和电磁辐射天文学分别研究宇宙的两个侧面, 研究领域和研究内容是统一的、兼容的, 新兴的引力波天文学是传统的电磁辐射天文学的巨大拓展和补充.

引力波天文学的发展走的是一条艰难曲折的道路, 其中最关键的问题是引力波探测. 早在广义相对论发表的初期, 爱因斯坦就根据弱场和线性近似, 计算并预言了引力波的存在. 但是, 最初关于引力波的理论同坐标选择有关, 以至于无法弄清引力波到底是引力场的固有性质还是某种虚假的坐标效应. 再者, 引力波是否从波源带走能量, 也是个十分模糊的问题. 这使得引力波的探测缺乏理论基础, 引力波探测迟迟不能开展起来. 到了 20 世纪 50 年代, 同坐标选择无关的引力辐射理论完成, 求出了爱因斯坦真空方程的一种严格的波动解. 20 世纪 60 年代, 物理学家通过研究零曲面上的初值问题, 严格证明了引力辐射带有能量, 检验质量在引力波作用下会发生运动. 至此, 经过近 50 年的不懈努力, 引力波探测有了可靠的理论基础, 引力波探测被提到日程上来.

引力波探测是十分困难的, 一直被列为人类尚未攻克的科学难题, 成为当代物理学研究的前沿领域. 从美国科学家 J. 韦伯在世界上建成第一个引力波探测器——共振棒以来, 近半个世纪的时间内始终没有多大建树. 激光干涉仪引力波探测器的出现给引力波探测带来了突破性进展. 由于探测灵敏度高, 频带宽度大, 它很快就在世界各地蓬勃发展起来, 成为引力波探测的主流设备, 给引力波探测带来新的希望. 世界上很多国家 (如美国、德国、英国、法国、意大利、日本、澳大利亚、印度、匈牙利、波兰等) 都投入大量的人力物力进行研发, 在世界范围内迅速掀起了引力波探测的新高潮. 到了 21 世纪初, 几台大型的激光干涉仪相继建成并投入运转, 灵敏度达到 10^{-22}, 被称为第一代激光干涉仪引力波探测器.

第二代激光干涉仪引力波探测器是在第一代激光干涉仪的架构上升级改进而成的, 它们是位于美国路易斯安那州利文斯顿的高级 LIGO(LLO) 和位于美国华盛顿州汉福德的高级 LIGO(LHO), 臂长 4km; 位于意大利比萨附近, 由意大利、法国、波兰、匈牙利合建的臂长为 3km 的高级 VIRGO; 位于德国汉诺威由英国和德国联合建造的 GEOHF, 臂长 600m; 位于日本神冈的 KAGRA, 臂长 3km, 以及正在筹建中的印度的 LIGO-India, 臂长 4km. 第二代激光干涉仪引力波探测器的灵敏度为 10^{-23}, 探测频带从 20Hz~20kHz, 值得指出的是, 高级 LIGO 在试运行阶段就发现了引力波, 取得了划时代的科研成就, 百年来的梦想终于成真, 长达半个世纪之久的引力波寻找胜利完成.

从第一台小型样机的出现到第一代大型设备的建成, 在短短 10 年内激光干涉仪引力波探测器的灵敏度就提高了四个数量级, 这在探测器发展史上是极为罕见的. 作为一种高精度的大型实验装置, 激光干涉仪引力波探测器所面向的绝不只是寻找引力波这个实验课题, 而是一个新兴的科学领域. 它是引力波天文学研究中的核心设备, 在引力波天文学中的作用无异于电磁辐射天文学中的天文望远镜, 具有广阔的发展前景. 古人云: 工欲善其事, 必先利其器. 激光干涉仪引力波探测器在引力波发现中起到了关键作用, 可以毫不夸张地说, 没有激光干涉仪引力波探测器, 我们今天就不可能发现引力波, 就不可能取得这样一个划时代的科学成就. 为了表彰对激光干涉仪引力波探测器的发明、发展和建造中所做的突出贡献, 诺贝尔物理学奖评审委员会将 2017 年诺贝尔物理学奖授予三位美国物理学家雷纳·韦斯 (Rainer Weiss)、巴里·巴里什 (Barry Barish) 和基普·索恩 (Kip Stephen Thorne). 引力波研究领域两度荣获诺贝尔物理学奖是意义深远的.

在引力波发现的鼓舞下, 以 "爱因斯坦引力波望远镜" ET 为代表的第三代激光干涉仪引力波探测器的研制在世界各地迅速开展起来, 现已完成可行性研究, 正在进行关键部件的预制研究, 灵敏度直指 10^{-24}. 我们坚信, 以第三代激光干涉仪引力波探测器为基本设备的引力波天文台的建立, 必将迎来引力波天文学蓬勃发展的新时代.

本书是作者在北京师范大学天文系讲授 "引力波天文学导论" 课程的基础上修改补充而成的. 全书分为 11 章, 第 1~4 章讲述了广义相对论的基本概念和引力波天文学的基础理论, 包括引力波的产生机制、引力波具有的特性、引力波天文学的特点以及可能的天体引力波源等; 第 5 章介绍了共振棒引力波探测器; 第 6 章讨论了激光干涉仪引力波探测器的结构、性能和工作原理, 包括激光器、清模器、功率循环、法布里–珀罗腔、法拉第光隔离器、隔震系统、镜体悬挂系统和真空系统; 第 7 章分析了干涉仪的噪声和灵敏度, 讨论了压低噪声的基本方法, 包括地面震动噪声、热噪声、光量子噪声、引力梯度噪声和杂散光子噪声等; 第 8 章讲述了激光干涉仪的运行与控制, 包括信号读出、状态锁定、庞德–德瑞福–霍尔技术、频率调制、刻度等内容; 第 9 章讨论了数据处理, 包括数据结构、波形分析法、时间–频率分析法、关联与符号技术、脉冲星定时分析法、模板、匹配过滤器和 χ^2 检验; 第 10 章讲述了激光干涉仪引力波探测器的改进与升级, 介绍了升级改进的主要方面, 包括参量不稳定性抑制、信号循环技术、标准量子极限和压缩态光场技术、地下干涉仪、低温干涉仪等, 扼要介绍了第二代激光干涉仪引力波探测器高级 LIGO、地下低温激光干涉仪 KAGRA 和第三代干涉仪爱因斯坦引力波望远镜 ET 的主要特性; 第 11 章简单介绍了低频引力波和高频引力波的探测, 包括太空引力波探测器

LISA 和 eLISA、脉冲星定时阵列、宇宙微波背景中的 B 模偏振和基于高斯型微波光子流对宇宙高频引力波谐振响应理论的 Li-Baker 高频引力波探测器.

作者感谢 LIGO 合作组、VIRGO 合作组、TAMA300 和澳大利亚 AIGO 研究组的同事们, 特别是美国加州理工学院 M. Coals 教授和 R. Desalvo 教授, 意大利乌尔比诺大学 F. Vetrino 教授和佛罗伦萨大学 R. Stanga 教授, 日本国家天文台 TAMA300 的高桥教授, 澳大利亚西澳大学 D. Blair 教授、L. Ju 教授和 C. Zhao 教授, 感谢他们长期以来特别是作者在国外工作期间所给予的巨大支持和热情帮助, 书中所用的实验数据和一些研究成果有很多是和他们一起取得的, 很多重要的参考资料都是由他们提供的, 多年来与他们之间的富有成效的讨论使作者受益颇深.

作者衷心感谢北京师范大学天文系朱宗宏教授在作者授课及本书的编写、修改和成文过程中给予的巨大支持和帮助, 书中很多素材都是他提供的. 他前后阅读了本书所有的六次修改版本并提出宝贵的意见. 朱教授长期在日本引力波实验室工作, 回国后被评为教育部 "长江学者", 在北京师范大学率先开出引力波课程, 培养了大批人才. 他组织了由北京师范大学、清华大学、中国科学技术大学、中国计量科学研究院和西澳大利亚大学组成的国际引力波合作组, 广泛开展各种学术活动, 是中国引力波研究方面的领军人物.

作者衷心感谢重庆大学李芳昱教授的巨大帮助, 感谢他在百忙当中阅读了本书的初稿并提出很多宝贵的意见. 李芳昱教授是著名的理论物理学家, 在广义相对论、引力波与引力辐射理论、弯曲时空中的经典电动力学和量子电动力学、拓扑声子空间中的引力扰动效应、引力场能量动量张量的表述形式和正定性问题、高频引力波与电磁场的相互作用等方面都有很深的造诣. 特别是他提出的高斯型微波光子流对宇宙高频引力波谐振响应的理论, 被国际同行称之为 Li-effect(李效应). 在此基础上设计的高频引力波探测器, 被称为 Li-Baker 引力波探测器, 它是国际上公认的高频引力波探测中最有希望的方案, 本书关于高频引力波探测一节的资料就是李芳昱教授提供的.

作者的老师、著名物理学家、中国科学院高能物理研究所谢一冈研究员在百忙之中阅读了本书的初稿并在编写和出版过程中提出很多宝贵而中肯的意见, 对于他的巨大支持和帮助作者表示衷心的感谢.

兰州大学刘玉孝教授、中国科学技术大学赵文教授、上海理工大学的韩森教授阅读了本书的初稿并提出许多宝贵意见, 对于他们的大力支持和帮助作者表示诚挚的感谢.

本书的大部分内容和全部公式都是我爱人孙晓光录入的, 她在中国教育图书进出口公司工作, 业务非常繁忙, 所有录入都是在晚上和节假日进行的, 对于爱人的一贯支持和巨大帮助我也要在这里道一声 "辛苦了".

本书引用的某些资料和图表由于时间久远, 在编写过程中未能找到原始出处,因此没有注明, 作者在此深表歉意. 由于水平所限, 书中难免会有不足之处, 恳请学界同仁及广大读者批评指正.

王运永

2018 年 6 月于北京

目　　录

第1章　引　　言

我们知道, 自然界中存在着四种相互作用, 即引力相互作用、电磁相互作用、弱相互作用和强相互作用. 在这四种相互作用中, 引力是人类接触最早、研究时间最长的一种. 由于力学现象与人类生产生活紧密相关, 我们的先人曾进行过广泛的观测和推理, 提出过各种各样的理论和假说, 创造了灿烂的古代文明.

真正的近代科学是在 15 世纪诞生的. 当时文艺复兴运动在欧洲兴起, 自然科学冲破中世纪的思想束缚蓬勃地发展起来, 取得了巨大的成果, 为新兴的近代科学、特别是物理学的创立奠定了基础. 世界各地特别是欧洲涌现了一大批卓越的科学巨匠. 他们当中最有影响力的代表人物有第谷、哥白尼、开普勒、笛卡儿, 而伽利略和牛顿更是做出了历史性贡献.

1.1　伽利略与近代科学的兴起

意大利天文和物理学家伽利略 (Galileo Galilei, 1564~1642, 图 1.1) 在人类思想解放和文明发展过程中做出了不可磨灭的贡献, 他以系统的实验观测和科学的逻辑推理相结合的科学观, 推翻了以亚里士多德为代表的、统治近两千年的纯属思辨的自然观, 开创了以实验为基础的近代科学.

图 1.1　伟大的天文和物理学家伽利略 (Galileo Galilei, 1564~1642)

　　伽利略一生具有辉煌的学术成就, 他创立了惯性原理和力、加速度的新概念, 提出了运动独立性原理和运动的合成与分解定律; 建立了惯性参照系的概念, 发现了单摆的周期性; 提出了光速的有限性并试图进行光速测量; 强调科学实验, 倡导数学与实验相结合, 亲自动手研制了几种基本的实验仪器, 如浮力天平、温度计和望远镜等, 并在比萨斜塔上进行了著名的自由落体实验 (图 1.2).

图 1.2　比萨斜塔

　　伽利略 1564 年 2 月 15 日生于比萨, 其父精通音乐和声学. 1574 年, 全家搬到佛罗伦萨. 19 岁进入比萨大学学习, 后来在该校任教. 1592 年到帕多瓦大学任教, 在学术思想比较自由的环境中度过了一生中成果最多、精神最舒畅的 18 年. 为了有更多的时间从事科学研究, 1610 年他辞去帕多瓦大学的教授之职, 到托斯卡纳担任宫廷首席数学家和哲学家, 并兼任比萨大学首席数学教授. 由于科学上的巨大成就, 他被林赛研究院接纳为院士, 曾受到包括教皇保罗五世在内的宗教界上层人士很高的礼遇.

　　由于坚持哥白尼的日心说, 他与罗马教廷交恶. 1616 年教皇发出禁令, 禁止他以口头或文字形式传授日心说. 1632 年, 伽利略出版了《关于托勒密和哥白尼两大世界体系的对话》一书, 这使保守势力震怒, 迫使他抱病去罗马受审, 并被判处终身监禁, 后又改判在家软禁. 随着教廷对他的限制和监视的明显放松, 伽利略得以进行学术研讨和科学研究, 直到 1642 年去世.

　　在伽利略之前, 物理学乃至整个自然科学只不过是哲学的一部分, 伽利略的伟大贡献是使其独立出来, 成为一门重要的、独立的学科.

1.2 牛顿和万有引力定律

根据开普勒行星运动定律和伽利略自由落体理论, 牛顿发现了万有引力定律, 奠定了经典力学的基础. 在万有引力定律中牛顿指出: 自然界中任何两个物体之间都存在着一种相互作用, 称之为 "引力". 这个力的大小与两个质点质量的乘积成正比, 与它们之间距离的平方成反比. 如果以 m_1 和 m_2 代表两个质点的质量, r 表示它们之间的距离, 则它们之间的引力表示为

$$F = G\frac{m_1 m_2}{r^2} r_0 \tag{1-1}$$

式中, G 为引力常数, 现在的公认值为 $G=(6.6720\pm0.0041)\times10^{-11}\mathrm{N\cdot m^2\cdot kg^{-2}}$.

万有引力定律奠定了天体力学的基础, 揭示了天体运动的基本规律. 根据万有引力定律, 1846 年人类发现了海王星.

万有引力定律是牛顿在《自然哲学的数学原理》[1] 一书中揭示的, 该书出版于 1687 年, 离他开始思考该定律并进行粗算已 23 年. 在该书中, 牛顿提出了具有严谨逻辑结构的力学体系, 使力学成为一门研究物体机械运动基本规律的学科. 除了万有引力定律, 他还在书中定义了时间、空间、质量和力的基本概念, 定义了动量和冲量, 阐述了能量守恒定律. 也是在《自然哲学的数学原理》一书中, 牛顿论述了他在数学上的伟大创造——微分和积分, 并用它去描述天体运动及其他物理问题. 可以说, 没有微积分就没有近代物理可言. 正如爱因斯坦所说 "只有微分定律的形式才能完全满足近代物理学家描述因果关系的要求, 微分定律的明晰概念是牛顿最伟大的成就之一".

牛顿一生的重要贡献是集 16、17 世纪科学先驱者成果之大成, 建立起一个完整的力学体系, 把天地间万物的运动规律概括在一个严密的统一理论之中. 牛顿力学是经典物理学和天文学的基础, 也是现代工程力学的基础. 在其后的 200 多年中, 在自然科学领域具有不可动摇的统治地位.

应该指出, 牛顿一生的重大科学思想都是在他青年时代短短的两年当中孕育、萌发和成长起来的. 牛顿 (图 1.3)1643 年 1 月 4 日生于英格兰林肯郡的乌尔斯泰普小镇, 自幼沉默寡言、爱读书、好奇、善思考. 1661 年进剑桥大学学习, 1665~1666 年伦敦发生瘟疫, 学校停课. 为了避难, 牛顿回到故乡. 就是在这两年之内, 凭借着在剑桥所学的扎实的基础知识, 他在自然科学领域内思潮奔腾, 思考前人从未想过的问题, 驰骋于前人从未涉及过的领域, 创造了前人从未有过的业绩. 据说苹果落地问题也是在其间发生的, 这个故事曾被后人质疑, 牛顿的忘年之交威廉·斯蒂克利写于 1752 年的一份手稿表明, "的确有个苹果存在, 只是没有砸中牛顿而已".

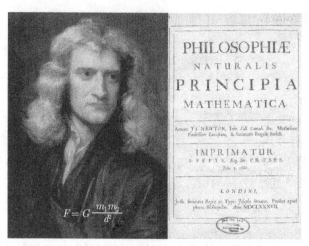

图 1.3　牛顿和他的《自然哲学的数学原理》

　　牛顿在科学上的光辉成就给他带来了崇高荣誉. 1669 年, 26 岁的他就任剑桥大学教授, 1672 年被选为皇家学会会员, 1703 年任皇家学会主席, 1705 年被封为爵士, 1727 年逝世, 受到国葬待遇.

　　在《自然哲学的数学原理》发表之后, 牛顿厌倦了大学教授生活, 托朋友在造币厂谋得一职. 晚年研究宗教, 并无建树. 牛顿逝世后, 霍斯主教受命整理他遗留下的一箱手稿, 洋洋 100 多万字都是关于宗教和神秘事物的, 并无新的科学著作.

1.3　爱因斯坦和广义相对论

　　引力相互作用的本质是爱因斯坦在 "广义相对论" 中阐明的, 广义相对论是爱因斯坦一生中最伟大的成就, 是他对人类文明做出的宝贵贡献. 它克服了牛顿力学的局限性, 为近代物理的发展奠定了坚实的基础. 爱因斯坦一生在科学上硕果累累, 很多都具有划时代的意义. 除了广义相对论外, 还有很多重要成就, 如热力学与统计物理的研究、光量子理论、分子运动论、质量能量相当性统一场理论的探索等方面.

　　1905 年 6 月, 爱因斯坦完整地提出了狭义相对性理论, 否定了绝对时间、绝对空间的概念, 否定了 "以太" 的存在, 解决了新的实验事实与经典理论体系的矛盾, 开创了近代物理研究的新纪元.

　　在完成广义相对论的总结之后, 1916 年 6 月, 爱因斯坦开始研究引力场方程的近似解, 他发现, 当一个力学体系发生变化时, 必然发射以光速传播的引力波. 引力波理论及探测具有深远的历史意义. 它使人类有可能用一种全新的原理和方法进行天文学研究及观测, 从而催生了一门崭新的科学领域——引力波天文学.

1917 年, 爱因斯坦用广义相对论研究整个宇宙的时空结构, 发表了《根据广义相对论对宇宙学所做的调查》一文, 打破了宇宙空间是无限的这一传统观点, 提出宇宙在空间上是有限无界的这一开创性理论, 从而得出物质密度不为零的膨胀宇宙模型, 使宇宙学摆脱了纯粹猜测性的思辨, 进入了现代科学领域. 这是宇宙观的一次革命.

20 世纪最伟大的物理学家爱因斯坦 (Albert Einstein, 图 1.4) 1879 年 3 月 14 日生于德国乌尔姆, 一年之后, 全家迁往慕尼黑. 1894 年又迁往意大利米兰. 1896 年

(a)

(b)

图 1.4 伟大的物理学家爱因斯坦[3]

入瑞士苏黎世联邦工业大学学习. 1900 年毕业后即失业. 1901 年入瑞士国籍. 1902 年在伯尔尼专利局工作, 利用业余时间进行科学研究. 1905 年获苏黎世大学博士学位. 1909 年离开专利局任苏黎世大学理论物理学副教授. 1912 年任母校苏黎世联邦工业大学教授. 1914 年回德国任威廉皇帝物理研究所所长兼柏林大学教授, 任职长达九年之久. 1933 年 1 月纳粹上台, 作为犹太人, 爱因斯坦是科学界受迫害的首要对象. 1933 年 3 月他避居比利时, 9 月逃到英国, 10 月到达美国, 任普林斯顿高级研究院教授. 1940 年入美国籍. 1955 年 4 月 18 日去世.

第 2 章 广义相对论概述

19 世纪末, 以牛顿力学和麦克斯韦电磁理论为代表的经典物理学渐趋完善. 但是, 随着研究的深入, 牛顿力学的局限性也突出地显现出来. 例如, 它把引力看成一种 "超距" 作用, 它不能解释水星近日点的剩余进动, 在研究物体高速 (接近光速) 运动时也遇到困难, 更不能对宇宙大范围的性质给出完美的描述.

为克服牛顿力学的局限性, 爱因斯坦做出了不懈的努力, 并于 1905 年发表了著名的论文《论运动物体的电动力学》, 以相对性原理和光速不变原理为基础, 完整地提出了狭义相对论 [4−9]. 他用相对时空代替牛顿力学中的绝对时空, 指出物理规律在任何惯性系中都是相同的. 然而, 狭义相对论也具有它的局限性, 其一是只对那些以恒定速度相对运动的惯性坐标系有效, 其二是与牛顿定律不相容. 为了克服这两个局限性, 爱因斯坦将相对性原理加以推广, 使它不仅适用于惯性坐标系, 而且适用于相互之间有相对加速度的非惯性坐标系, 即将狭义相对性原理推广为广义相对性原理, 并引入等效原理把引力效应和非惯性坐标系联系起来. 以这两个原理为基本假设, 爱因斯坦运用几何方法将牛顿万有引力定律纳入相对论的框架之中, 创立了广义相对论, 开辟了近代物理的新纪元.

2.1 广义相对论的建立

2.1.1 引力质量和惯性质量

为了狭义相对论能与牛顿万有引力定律兼容, 爱因斯坦类比于电磁场, 引入了引力场的概念以解决牛顿力学中的超距问题. 他认为: 就像磁石吸铁是通过作为中介的磁场来进行的一样, 地球对 "下落石块" 的吸引也不是直接作用, 而是地球在其周围产生一个引力场, 这个引力场作用于石块, 引起石块的下落. 石块所受的引力与地球周围的 "引力场强度" 可以通过 "引力质量" 相联系.

$$引力 = 引力质量 \times 引力场强度$$

这里引力质量是物体的一个特征属性, 在万有引力定律中, 它表征物体产生引力场的能力. 由于引力又是石块下落加速度的起因, 我们有

$$引力 = 惯性质量 \times 加速度$$

在这里, 惯性质量同样是物体的一个特征属性, 在牛顿第二定律中, 它表示物体阻

碍其自身在外力作用下获得加速度的能力.

从以上两个关系式可以得到

$$加速度 = (引力质量/\,惯性质量) \times 引力场强度$$

由于加速度与物体的材料和物理状态都毫无关系, 而且在同一个引力场强度下, 加速度总是一样的. 因此, 引力质量与惯性质量之比对于任何物体来说都应该是一样的. 只要适当调整万有引力定律中的比例常数, 便可以使这个比等于 1, 即物体的惯性质量与引力质量完全相等. 匈牙利物理学家厄缶的实验精确地证明了这一点.

2.1.2　等效原理

为了合理地解释引力质量等于惯性质量, 从 1907 年起, 爱因斯坦开始研究把相对性原理的适用范围推广到非惯性系, 提出了等效原理:"We shall, therefore, assume the complete physical equivalence of a gravitational field and the corresponding acceleration of the reference frame. This assumption extends the principle of relativity to the case of a uniformly motion of the reference frame", 即我们所说的 "引力场同参照系相当的加速度, 在物理上是完全等价的", 在研究如何解释 "引力质量" 与 "惯性质量" 完全相等这一问题时, 爱因斯坦设想, 在一无所有的空间中有一个相当大的部分, 这里距任何星体及其他可以感知的质量非常遥远, 在这部分空间里, 把一个像房子似的极宽大的箱子当作参考物体, 里面有一个观察者, 对于这个观察者而言, 引力当然不存在, 这个箱子实际上就是一个惯性坐标系. 假设在箱子盖外面的中央安装一个系着绳子的钩子, 并设想有一个 "生物" 开始以恒力拉动这根绳子, 使箱子连同观察者开始 "向上" 做匀加速运动, 这时的箱子已经变成了一个非惯性坐标系, 箱子的加速度会通过箱子的地板传递给箱子内的观察者, 使他觉得就像站在地球上的一个房间里一样感受到一个 "向下" 的拉力, 也就是说, 观察者感到自己以及身边的物体连同箱子好像是处在一个引力场中. 因此, 观察者的经验告诉我们, 他在 "向上" 做匀加速运动的非惯性坐标系里的感受与在地球上 (即处于引力场中) 的惯性坐标系里的感受是一样的, 这就是等效原理. 在有些文章中, 人们把这个 "箱子" 称为爱因斯坦升降机.

按照等效原理, 石块在地球上惯性坐标系里的自由落体运动与其以相同加速度 "向上" 做匀加速运动的没有引力场存在的非惯性坐标系里的运动完全等效. 也就是说, 石块的引力质量与其惯性质量完全相等.

"等效原理" 表示加速与引力密切相关: 哪里有加速度, 哪里就有等同于真实引力效应的 "人造" 引力效应. 于是, 只要在非惯性坐标系中引入 "人造" 引力场, 就可将其等同于惯性坐标系, 这样, 便可将狭义相对性原理推广为广义相对性原理.

虽然等价原理隐含于牛顿力学中, 并由伽利略在著名的比萨斜塔实验中首先进行研究, 但爱因斯坦明晰的表述确实是一个质的飞跃.

2.1.3 高斯曲线坐标和黎曼几何

由于 "非惯性坐标系等效于一个引力场", 因此, 要建立普遍的引力定律, 就必须分析非惯性坐标系内物体的运动, 也就是说, 要知道在非惯性坐标系中如何定义时间坐标和空间坐标. 发生在非惯性坐标系中的事件的空间坐标不能再用笛卡儿坐标来描述, 需要重新定义. 在非惯性坐标系中, 或者说在一个引力场中, 高斯曲线坐标可以用来代替笛卡儿直角坐标来定义非惯性坐标系中的时间坐标和空间坐标.

1. 高斯曲线坐标

图 2.1 给出了高斯曲线坐标的示意图.

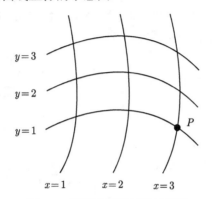

图 2.1 高斯曲线坐标的示意图

假设我们在纸上画两组彼此相交的曲线系 x 和 y, 并用一个实数来标明每一根 x 和 y 曲线, 应当指出, 在图中, 例如, 曲线 $x(y)=1$ 和 $x(y)=2$ 之间布满着互不相交的无限多根 $x(y)$ 曲线, 这些 $x(y)$ 曲线都分别标注着对应于 1 和 2 之间的实数. 使得纸面上的每一点都具有一组完全确定的 (x,y) 值, 这组值就称为该点的高斯坐标. 这样, 按照高斯的论述, 桌面上无限邻近的两个点 (x,y) 和 $(x+\mathrm{d}x, y+\mathrm{d}y)$ 之间的距离 (或间隔)ds 的平方可以表示为

$$\mathrm{d}s^2 = g_{11}\mathrm{d}x^2 + 2g_{12}\mathrm{d}x\mathrm{d}y + g_{22}\mathrm{d}y^2 \tag{2-1}$$

其中, $g_{ij}(i,j=1,2)$ 称为度规, 它们确定了 x 和 y 的量. 或者换句话说, $x(y)$ 曲线在 (x,y) 点的曲率由它们 (即度规) 来规定. 如果 x 曲线和 y 曲线就是欧几里得几何学相互正交的直线, 那么, 高斯曲线坐标就变成笛卡儿直线坐标. 上面 $\mathrm{d}s^2$ 的表达式就变成大家熟知的形式

$$\mathrm{d}s^2 = \mathrm{d}x^2 + \mathrm{d}y^2 \tag{2-2}$$

不难发现, 在笛卡儿 (直角) 坐标系中, $\mathrm{d}x^2$ 与坐标 (x, y) 无关, 也就是说, 不论在纸面上什么地方, "尺" 都有一样的长度, 因此, 可以用同一个笛卡儿直线坐标系来描述发生在纸面上任何地方的所有事件. 而采用高斯曲线坐标, $\mathrm{d}s^2$ 通过度规 g_{ij} 与坐标 (x, y) 有关. 或者说, "尺" 的长度将随它在纸面上放于何处而有所不同.

2. 黎曼几何学

黎曼将高斯曲线坐标推广到 n 维空间, 使无限邻近的两个点之间的间隔的平方

$$\mathrm{d}s^2 = \sum_{\mu, \nu=1}^{n} g_{\mu\nu} \mathrm{d}x_\mu \mathrm{d}x_\nu \tag{2-3}$$

在高斯曲线坐标的变换下保持不变, 并在此基础上引入与度规张量 $g_{\mu\nu}$ 有关的里奇张量来描述高斯曲面的曲率, 从而发展了黎曼几何学. 应用到四维时空[①], 两个无限邻近的世界点之间的时空间隔的平方可表示

$$\mathrm{d}s^2 = g_{00}\mathrm{d}x_0^2 + 2g_{01}\mathrm{d}x_0\mathrm{d}x_1 + \cdots + g_{33}\mathrm{d}x_3^2 = \sum_{\mu, \nu=0}^{3} g_{\mu\nu}\mathrm{d}x_\mu\mathrm{d}x_\nu \tag{2-4}$$

其中 $g_{\mu\nu}$ 称为黎曼时空度规张量, 对于闵可夫斯基四维时空来说, 上式变为

$$\mathrm{d}s^2 = \mathrm{d}x_0^2 - \mathrm{d}x_1^2 - \mathrm{d}x_2^2 - \mathrm{d}x_3^2 = \sum_{\mu, \nu=0}^{3} \eta_{\mu\nu}\mathrm{d}x_\mu\mathrm{d}x_\nu \tag{2-5}$$

在这里, $\eta_{\mu\nu}$ 称为闵可夫斯基时空度规 (我们用了 $x_0 = ct$ 代替闵可夫斯基定义的 $x_4 = \mathrm{i}ct$), 应该指出, 在平直的闵可夫斯基四维时空中, 度规张量 $\eta_{\mu\nu}$ 不随世界点 (x_0, x_1, x_2, x_3) 的位置而变, 而在弯曲的黎曼空间中, 度规张量 $g_{\mu\nu}$ 要随世界点 x 的位置而变.

2.1.4　广义相对性原理

爱因斯坦借助高斯曲线坐标, 运用黎曼几何方法, 在 "引力质量与惯性质量完全相等" 的启示下, 提出了等效原理, 将狭义相对性原理推广为广义相对性原理. 所谓广义相对性原理, 指的是: 对于描述自然现象 (或普遍的自然界定律) 而言, 所有参考物体 K, K' 等都是等效的, 不论这些参考物体 K, K' 等的运动状态如何. 但是, 在狭义相对论中, K 和 K' 等通常指的是刚性参考物体, 而对于非惯性坐标系 (如

---

　　① 四维时空是德国数学家闵可夫斯基在表述狭义相对论时引入的. 他定义的四维时空坐标为 $x_1 = x$, $x_2 = y, x_3 = z, x_4 = \mathrm{i}ct$. 他原来把坐标 x_1, x_2, x_3, x_4 描述的四维连续区称为 "世界", 我们现在改称为闵可夫斯基四维时空. 其中的点称为 "世界点", 曲线称为 "世界线", 一个 "世界点" 就表示一个 "事件", 所谓 "事件" 就是在一定的时刻和一定的空间位置发生的一个现象, 而一条 "世界线" 就表示 "事件" 的进程.
　　　　　　　　　　　　　　　　　　　　　　　　　　　　　　　　　　　　　—— 作者注

K') 来说, 根据前面的讨论, 应当采用被爱因斯坦称之为 "软体动物" 的柔性参考物体, 即用高斯坐标系代替笛卡儿坐标系. 因此, 与广义相对性原理的基本观念相一致的表述应当是: "所有的高斯坐标系对于表述普遍的自然定律在本质上是等效的", 或者说, 对于从一个高斯坐标系到另一个高斯坐标系的任意坐标变换, 所有自然定律的数学形式都保持不变, 即具有协变性. 因此, 广义相对性原理又称为广义协变原理.

2.1.5 引力场

1. 引力场方程的建立

借助黎曼几何方法, 根据广义协变原理, 爱因斯坦从牛顿引力理论出发, 建立起了表征时空性质与物质及其运动相互关系的广义相对论基本方程, 即爱因斯坦引力场方程.

1911 年爱因斯坦指出, 光线弯曲是等效原理所致, 而且这种效应一定会在天文学实验中被观测到. 1913 年, 在系统学习了黎曼几何和张量分析之后, 发表了重要论文《广义相对论纲要和引力论》, 提出了引力的度规场理论. 在这里用来描述引力场的不再是标量而是度规张量, 首次把引力和度规结合起来, 使黎曼几何有了实在的物理意义. 这种用非欧几里得几何来描述引力场的思想, 为广义相对论的发展找到了一个重要的数学工具. 1913~1915 年, 爱因斯坦继续从事引力理论研究和张量分析, 集中精力探索引力场方程. 1915 年 11 月 4 日, 在向普鲁士科学院提交的一篇论文中, 他写出了满足守恒定律的普遍协变的引力场方程. 在 11 月 18 日的论文中, 他根据新的引力方程, 推算出光线经过太阳表面时所发生的偏转, 同时推算出水星近日点的剩余进动值, 它们同观测结果完全一致. 这就圆满地解决了 60 多年来天文学的一大难题. 在同年 11 月 25 日提交的论文《引力场方程》中, 他放弃了对变换群的不必要的限制, 建立了真正普遍协变的引力场方程, 郑重宣告广义相对论作为一种逻辑结构终于完成了. 1916 年 3 月爱因斯坦发表了总结性论文《广义相对论的基础》[2], 成为物理学发展过程中的一个新的里程碑.

2. 引力场方程的数学表达

在牛顿引力理论中, 引力场方程就是引力场标量势 (即牛顿引力势)φ 所满足的泊松方程:

$$\Delta\varphi = \left(\frac{\partial^2}{\partial x^2} + \frac{\partial^2}{\partial y^2} + \frac{\partial^2}{\partial z^2}\right)\varphi = 4\pi G\rho \tag{2-6}$$

爱因斯坦认为, 物质的存在会使时空几何偏离闵可夫斯基几何, 而这种偏离又反过来决定着物质的运动特性, 即物质分布决定时空曲率, 时空曲率又反过来制约物质的运动. 循着这样的思路, 他将牛顿引力场方程加以推广: 一方面, 将 $\Delta\varphi$ 推广

为与度规张量 $g_{\mu\nu}$ 的二阶微商或时空弯曲程度有关的二阶对称张量 $G_{\mu\nu}$; 另一方面, 将质量密度 ρ 推广为描述能量动量分布的二阶对称张量 $T_{\mu\nu}$, 于是便得到了广义相对论的基本方程——爱因斯坦引力场方程:

$$G_{\mu\nu} = \frac{8\pi G}{c^4} T_{\mu\nu}$$

在这里, $G_{\mu\nu} = R_{\mu\nu} - \frac{1}{2} g_{\mu\nu} R$ 称为爱因斯坦引力张量, 表征时空几何的黎曼特征. $R_{\mu\nu}$ 是由度规张量 $g_{\mu\nu}$ 的二阶微商线性组合构成的二阶里奇张量, R 为曲率标量. $T_{\mu\nu}$ 是能量动量张量 (有时亦称为应力能量张量), 表征物质分布及其运动特征, 它的各个分量的意义分别是: $T_{ij}(i, j = 1, 2, 3)$ 表示动量流密度或应力, $T_{oi} = T_{io}$ 表示动量密度或能流密度, T_{oo} 为能量密度, 这些分量的具体形式由物质体系模型决定; $8\pi G/c^4$ 为耦合系数.

将具体参数代入 $G_{\mu\nu} = \frac{8\pi G}{c^4} T_{\mu\nu}$ 中, 我们得到引力场方程的数学表达式:

$$R_{\mu\nu} - \frac{1}{2} g_{\mu\nu} R = \frac{8\pi G}{c^4} T_{\mu\nu} \tag{2-7}$$

爱因斯坦引力场方程: $G_{\mu\nu} = \frac{8\pi G}{c^4} T_{\mu\nu}$ 貌似简洁, 但爱因斯坦引力张量 $G_{\mu\nu}$ 是由度规张量 $g_{\mu\nu}$ 和它的二阶微商线性组合构成的二阶里奇张量、曲率标量 R 构成的非线性函数, 这个简洁的方程式把引力场复杂的非线性隐藏在爱因斯坦引力张量之中.

著名的美国物理学家惠勒 (J.Wheeler) 用一句十分精炼的话给出了爱因斯坦引力场方程的本质: 物质告诉时空怎样弯曲, 而弯曲的时空告诉物质怎样运动. 这是关于广义相对论最经典最精辟的论述. 这个论述可以把引力场方程的本质用一张简图 (图 2.2) 表示出来. 从图 2.2 我们可以领悟到: 爱因斯坦引力场方程有双重角色, 它既是场方程又是运动方程.

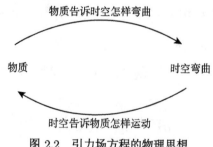

物质告诉时空怎样弯曲

物质   时空弯曲

时空告诉物质怎样运动

图 2.2   引力场方程的物理思想

$\frac{8\pi G}{c^4}$ 是一个非常小的量, 数量级为 10^{-43}, 它说明即使非常小的时空畸变也需要非常大的能量动量才能实现, 也就是说, 时空的 "刚度" 是非常大的.

需要说明一下, 根据等效原理, 光线在引力场中不再沿直线传播, 而是沿曲线行进. 既然光线在引力场中会发生偏转, 也就是说, 光速在引力场中会不断改变方向, 即它依赖于坐标, 这样, 作为狭义相对论两个基本假定之一的光速不变原理不能被认为具有无限的有效性, "只有在我们能够不考虑引力场对现象 (如光现象) 的影响时, 狭义相对论的结果才能成立".

根据最小作用原理, 光线走 "捷径", 即沿 "短程线"(或称测地线) 行进. 所谓 "短程线", 就是两点之间的 "最短路径", 在平面上, 就是直线; 在球面上, 就是圆心与球心重合的大圆上的弧线. 实际上, 有关 "短程线" 的方程就是物体在引力场中的运动方程. 既然光线在 "横穿" 上述非惯性坐标系时不再沿直线传播而是沿抛物线行进, 那么, 短程线就是抛物线, 也就是说, 在上述的非惯性坐标系中时空发生了弯曲. 按照等效原理, 这就意味着引力效应等效于时空弯曲.

爱因斯坦引力场方程把引力场和时空度规联系起来, 爱因斯坦的引力理论 "广义相对论" 将引力解释为时空弯曲. 有质量的物体可以导致时空弯曲, 引力是物质对时空弯曲的一种响应. 一个物体穿过弯曲的时空时, 将遵循一条最短路径运动 (参看图 2.3), 即沿着一条测地线运动. 这意味着任何一个质量体都会自发地向另一个质量体靠近. 引力是时空弯曲曲率的一种表征 [4].

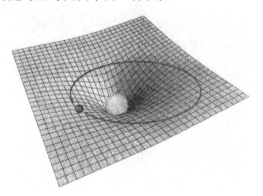

图 2.3 大质量物体引起的时空弯曲

时空弯曲的程度可以用弯曲面的曲率来描述. 然而, 时空弯曲面是非常复杂的, 不可能用欧几里得几何学来描述.

为了便于观察, 我们画出了大质量天体引起的时空畸变的示意图.

2011 年 5 月 4 日, 美国国家航空航天局 (NASA) 召开新闻发布会, 正式公布了利用空间探测器 "引力探针 B" 对地球周围空间的形状进行检测的结果. 该测量表明, 由时空弯曲而引起的差异为 28mm , 再一次有力地证明了爱因斯坦理论的正确性. 图 2.4 给出了这次测量的示意图.

这个项目的设计以及公布的测量结果都是检验陀螺自转轴的两种进动数值, 这些进动数值与时空弯曲具有内在的关系. 该实验从立项到出结果历时 47 年之久, 凝聚了几代科学家的心血和汗水. 真是来之不易, 意义重大. 为此, 我们在下面摘录了这次新闻发布会的一段原文, 以飨读者:

"After 31 years of research and development, 10 years of flight preparation, a 1.5 year flight mission and 5 years of data analysis, our GP-B team has arrived at the final experimental results for this landmark test of Einstein's 1916 general theory of relativity. Here is the abstract from our PRL paper summarizing the experimental results: a geodetic drift rate of −6,601.8±18.3 mas/yr and a frame-dragging drift rate of −37.2±7.2 mas/yr, the GR predictions of −6,606.1 mas/yr and −39.2 mas/yr."

图 2.4   NASA "引力探针 B" 对地球周围空间形状检测的示意图

2.2   引力场的数学描述

2.2.1   时空线元 [10]

广义相对论用存在局部惯性系的黎曼几何来描述, 其时空不是平直的, 四维时空线元是时空点的任意函数:

$$dS^2 = g_{\mu\nu}(x)dx^\mu dx^\nu \quad (\mu, \nu = 0, 1, 2, 3) \tag{2-8}$$

其中, $g_{\mu\nu}(x)$ 是时空度规张量, 用来描述时空结构. $x^0 = ct$, x^1, x^2, x^3 是空间坐标, 重复表示求和. 在无引力存在的情况下, 时空是平坦的, 这时度规张量变成对角线张量:

$$g_{\mu\nu} = \eta_{\mu\nu} \tag{2-9}$$

$\eta_{\mu\nu}$ 是笛卡儿坐标系中闵可夫斯基度规张量:

$$\eta_{\mu\nu} = \begin{pmatrix} -c^2 & 0 & 0 & 0 \\ 0 & 1 & 0 & 0 \\ 0 & 0 & 1 & 0 \\ 0 & 0 & 0 & 1 \end{pmatrix} \tag{2-10}$$

在弱场情况下, $g_{\mu\nu}$ 可近似地用闵可夫斯基度规 $\eta_{\mu\nu}$ 加上一个小的微扰项 $h_{\mu\nu}$ 来表示:

$$g_{\mu\nu} = \eta_{\mu\nu} + h_{\mu\nu} \quad (|h_{\mu\nu}| \ll 1) \tag{2-11}$$

在这里, $h_{\mu\nu}$ 是四维时空中的张量, 是一个无量纲的微小扰动, 包含着极其丰富的引力场的内容; $h_{\mu\nu}$ 的 3×3 空间矩阵 h_{ij} 纵波、横波, 有迹, 无迹, 可进一步分为标量型扰动, 矢量型扰动 (通常可忽略不计) 和张量型扰动三项之和. 其中标量型扰动含纵波和球对称波两部分, 而张量型扰动就是引力波. 与电磁波类似, 它也具有两个独立的动力学自由度.

2.2.2　测地线方程

广义相对论中, 相邻两时空点的局部惯性系之间的关系可由联络来表示. 在黎曼几何中, 联络由度规张量及其偏导数确定:

$$\Gamma^\lambda_{\mu\nu} = \frac{1}{2} g^{\lambda\rho} \left(\frac{\partial g_{\rho\nu}}{\partial x^\mu} + \frac{\partial g_{\rho\mu}}{\partial x^\nu} - \frac{\partial g_{\mu\nu}}{\partial x^\rho} \right) \tag{2-12}$$

如果一条曲线上不同点的切线是平行的, 那么该曲线就称为测地线. 它满足方程:

$$\frac{\mathrm{d}^2 x^\lambda}{\mathrm{d}s^2} + \Gamma^\lambda_{\mu\nu} \frac{\mathrm{d}x^\mu}{\mathrm{d}s} \cdot \frac{\mathrm{d}x^\nu}{\mathrm{d}s} = 0 \tag{2-13}$$

广义相对论认为, 弯曲时空中的自由质点和自由光线沿测地线做惯性运动, 测地线的概念是闵可夫斯基四维直线在弯曲时空中的推广.

2.2.3　黎曼曲率张量

时空弯曲程度由黎曼曲率张量表示:

$$R^\lambda_{\rho\mu\nu} = \frac{\partial \Gamma^\lambda_{\rho\nu}}{\partial x^\mu} - \frac{\partial \Gamma^\lambda_{\rho\mu}}{\partial x^\nu} + \Gamma^\lambda_{\sigma\mu}\Gamma^\sigma_{\rho\nu} - \Gamma^\lambda_{\sigma\nu}\Gamma^\lambda_{\rho\mu} \tag{2-14}$$

利用黎曼曲率张量可以定义里奇张量 $R_{\rho\nu}$ 和标量曲率 R:

$$R_{\rho\nu} = R^\lambda_{\rho\lambda\nu}, \quad R = g_{\rho\nu} R_{\rho\nu} \tag{2-15}$$

2.2.4　引力场方程

我们熟知, 爱因斯坦引力场方程的数学表达式为

$$R_{\mu\nu} - \frac{1}{2}g_{\mu\nu}R = \frac{8\pi G}{c^4}T_{\mu\nu}$$

其中, $R_{\mu\nu}$ 是由度规张量 $g_{\mu\nu}$ 的二阶微分的线性组合构成的二阶里奇张量; R 为曲率标量; $T_{\mu\nu}$ 是能量动量张量 (有时亦称为应力能量张量), 表征物质分布及其运动特征; G 是引力常数. 设

$$G_{\mu\nu} = R_{\mu\nu} - \frac{1}{2}g_{\mu\nu}R$$

$G_{\mu\nu}$ 称为爱因斯坦引力张量, 表征时空几何的黎曼特征, 则该方程可以写成如下简洁形式:

$$G_{\mu\nu} = \frac{8\pi G}{c^4}T_{\mu\nu} \tag{2-16}$$

方程左边是描述引力场的时空几何张量, 右边是引力场源物质的应力能量张量. 采用自然单位, 即将引力常数 G 和光速 c 都设为 1, 则上述爱因斯坦引力场方程可以改写为

$$G_{\mu\nu} = 8\pi T_{\mu\nu} \tag{2-17}$$

这是爱因斯坦引力场方程常见的另一种表示形式.

　　1917 年, 爱因斯坦在对宇宙进行考查时, 根据当时天文学观测到的星体的速度都很小这一事实, 认为物质的分布是准静态的, 因此在方程中引入了一个未知的普适常数 Λ, 称为宇宙常数, 将方程改写为

$$R_{\mu\nu} - \frac{1}{2}g_{\mu\nu}R + \Lambda g_{\mu\nu} = \frac{8\pi G}{c^4}T_{\mu\nu} \tag{2-18}$$

　　1922 年苏联物理学家弗里德曼指出, 从爱因斯坦原来的方程就能直接导出物质密度不为零的膨胀宇宙模型, 不必引入这个常数. 第二年爱因斯坦接受这个观点, 取消了这个常数项, 近年来的研究发现, 这个常数项有新的物理意义, 它的存在还是有必要的.

2.3　引力场方程求解

　　爱因斯坦引力场方程是关于 $g_{\mu\nu}$ 的二阶非线性偏微分方程, 到目前为止, 我们还没有求解的普遍方法. 只有在特定的条件下, 如假设引力场源具有某些对称的质量分布, 如施瓦西静态球对称解, 克尔稳态轴对称解等, 才可以求出严格解.

　　在弱场和一级线性近似的情况下, 爱因斯坦引力场方程退化成牛顿引力场方程也能求出严格解. 否则只能发展一些系统近似方法, 得到一些近似解.

2.3.1 球对称引力场和施瓦西度规

1916 年, 德国物理学家施瓦西给出了爱因斯坦引力场方程的第一个严格解, 需要特别注意, 该解是在假设引力场源具有静止的、球对称的质量分布, 且在引力场源的外部空间取得的.

在球对称情况下, 度规一般表示为

$$dS^2 = B(r,t)c^2dt^2 - A(r,t)dr^2 - r^2(d\theta^2 + \sin^2\theta d\varphi^2) \tag{2-19}$$

其中 $B(r,t)$ 和 $A(r,t)$ 是两个未知函数, 解引力场方程可确定它们的具体形式.

在真空情况下, 可以证明, 真空球对称引力场是静态的. 在满足离引力场源很远的条件下, 可以得到精确解:

$$dS^2 = \left(1 - \frac{2GM}{c^2r}\right)c^2dt^2 - \left(1 - \frac{2GM}{c^2r}\right)^{-1}dr^2 - r^2(d\theta^2 + \sin^2\theta d\varphi^2) \tag{2-20}$$

这个解被称为施瓦西解, 对应的度规称为施瓦西度规.

2.3.2 后牛顿近似

后牛顿近似 (post-Newtonian method) 是爱因斯坦等建立起来的, 用以求出引力场方程的近似解. 该方法适用于由引力束缚在一起的缓慢运动的质点系统. 此系统的特征速度 v 要远小于光速 c, 其特征引力势 $\dfrac{GM}{r}$ 也远小于 c^2, 因此可以按 $\left(\dfrac{v}{c}\right)^2$ 或 $\dfrac{GM}{r}$ 等幂次将场方程、坐标条件、运动方程等逐级展开, 得到逐级近似的方程组. 最低级近似就是牛顿引力理论, 次一级近似就是所谓后牛顿近似, 构成参量化的后牛顿体系. 后牛顿近似可以用来计算中心粒子的质量、自旋、四极矩等因素对粒子运动轨道的影响, 也可以计算自旋–轨道耦合等广义相对论效应.

2.4 广义相对论的预言与检验

爱因斯坦的广义相对论是 20 世纪人类在自然科学领域取得的最辉煌的成就之一, 它开创了近代物理研究的新纪元. 广义相对论不但解释了很多在自然界中观测到的而牛顿力学不能解释的物理现象, 如时空弯曲导致的引力透镜现象, 时空弯曲导致的时间膨胀等, 而且做出了一些非常重要的预言.

2.4.1 行星近日点的剩余进动

根据牛顿引力理论, 由两个质点组成的、做周期运动的动力学系统, 运动轨道是一个封闭的椭圆. 若把太阳系的行星视为质点, 则其封闭的轨道就是椭圆. 但是, 行星不是质点, 当考虑到太阳质量分布的四极矩的影响及其他天体的摄动时, 其轨道不再是椭圆. 也就是说, 行星绕太阳公转的近日点 (和远日点) 都在不停地变化方位. 从一个近日点到下一个近日点它相对于太阳的矢径所扫过的角度大于 360°, 即近日点向前移动了一个微小的角度. 这个变化被称为行星近日点进动. 由于水星距太阳较近, 运行速度较快, 这种效应最为明显, 总的观测值为每百年 5599.74 秒. 1859 年, 勒威耶根据牛顿力学计算出水星每百年应进动 5557.18 秒, 扣除上述因素后, 与观测值相比, 还有 42.56 秒的剩余进动. 这是无法用牛顿力学解释的.

根据广义相对论, 考虑绕中心质量 M 公转的检验粒子的运动, 中心质量使它周围的时空发生弯曲. 检验粒子每公转一周, 近日点的进动量为

$$\Delta = \frac{6\pi GM}{c^2 a(1-\varepsilon)} \tag{2-21}$$

其中, a 是轨道的半长轴; ε 是偏心率; c 是光速; G 是引力常数.

爱因斯坦在用广义相对论讨论单个质点在球对称引力场中运动时发现, 质点的运动轨道不是封闭的椭圆, 其近日点会进动. 把水星的轨道参数代进去计算得到的进动差值为 43.03 秒, 与观测值符合得很好.

若把太阳看成中心质量, 行星看成检验粒子, 可以算出太阳系中行星轨道每百年进动的理论值 (如表 2.1 所示), 它与实验观测值符合得很好. 水星近日点进动 (图 2.5) 是支持广义相对论强有力的证据之一.

表 2.1   行星进动值 (Δs/百年)

	水星	金星	地球
理论值	43.03	8.6	3.8
观测值	43.11 ± 0.45	8.4 ± 4.8	5.0 ± 1.2

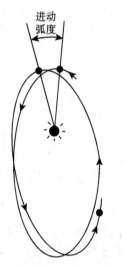

图 2.5   水星近日点进动示意图

2.4.2 引力红移

广义相对论指出, 大质量的物体会使空间弯曲, 也会使时间畸变. 时间在引力场中流逝得更慢. 可以想象, 在黑洞周围只过了一瞬间, 而在宇宙的其他地方却过了好几年. 西游记里也说,"孙悟空在天宫才住半月有余, 下界已过去 10 多年了, 看来天宫里的引力场是极强的!"

对光来说, 当它经过弯曲的时空时, 由于时间变慢, 它的波长会增加, 即向红光方向移动, 这种效应叫做引力红移.

根据广义相对论可以推算出, 位于引力场中的时钟的频率或原子辐射的频率会受到引力势的影响而向红端移动. 如果在远离引力场源的 x_1 处观测引力场源附近 x_2 处相应的频率, 则红移量 $\Delta\nu$ 和 x_1 处的频率 ν 之比同两处的引力势 $\phi(x)$ 有如下关系:

$$\frac{\Delta\nu}{\nu} = \phi(x_2) - \phi(x_1) \tag{2-22}$$

1959 年美国物理学家 R. 庞德和他的学生 G. 雷布卡在哈佛大学杰弗逊物理实验室测量了地球附近引力场的红移效应, 方法是把 γ 射线从地面射向一个 23m 高的塔顶, 然后再从塔顶射向地面, 比较这两个过程中该 γ 射线频率的变化. 他们的答案是肯定的, 尽管地球附近引力场的红移效应非常之小.

20 世纪 60 年代, 对太阳引力红移的观测值是理论预言值的 1.05 ± 0.05 倍, 到了 70 年代, 引力红移的观测精度大大提高, 1976 年 6 月 18 日, 哈佛大学史密松森天体物理中心的 R. 维索特用一枚火箭把一座原子钟几乎垂直地发射到一万公里的高空, 118 分钟后这座原子钟溅落在大西洋, 测量原子钟被几乎垂直发射到一万公里的高空及下落过程中原子振动的情况, 可以对引力红移进行测量. 在一万公里高空, 地球引力变小, 原子钟确实跑得更快一点. 比地球表面快了约 4.5×10^{-10} 秒. 实验精度在百万分之一之内. 精确地验证了广义相对论另一个重要预言——引力红移.

2.4.3 光线偏转

根据广义相对论, 有质量的物体可以导致时空弯曲, 由于光子有动质量, 光线在引力场中不再沿直线传播. 而是在弯曲的空间中前进. 星光在经过太阳附近时发生偏折, 就是因为它是沿着弯曲的时空路径行进的. 光线经过质量为 M 的引力中心附近时, 将会由于空间弯曲而向引力中心偏转, 其偏转程度比仅考虑光子运动质量受万有引力而偏转的程度要大. 远离中心质量 M 的观测者所测得的偏转角为

$$\delta = \frac{4GM}{c^2 r_0} \tag{2-23}$$

r_0 为光线路径与质量中心的最短距离. 爱因斯坦预言, 如果某星光擦过太阳边缘到

达地球, 则太阳引力场所造成的星光偏转角应为 1.75 秒弧度 (1 弧度 =206264.8097 秒). 测量星光在途经太阳附近时的偏折量是检验广义相对论预言的有效方法之一. 爱因斯坦曾建议通过在日全食时观测邻近太阳的恒星来加以验证. 因为在日全食发生时, 月球会把太阳耀眼的光辉挡住. 便于对恒星进行观察和拍照.

英国物理学家爱丁顿领导的实验小组在 1919 年 5 月 29 日的日全食中进行了爱因斯坦预言的实验, 当时天空中正好有一颗异常明亮的恒星, 从拍摄到的照片中他们看到在太阳附近恒星的视位置确实发生了偏移, 偏移量与爱因斯坦的预言值相差 20%~30%. 测得的偏移量大于用牛顿力学算出的结果. 这是对广义相对论预言的直接检验, 从而轰动了整个物理学界. 随后, 德国物理学家索布拉尔的观测结果验证了这个结论. 从 1922~1972 年, 日食观测进行了 9 次之多, 观察到的结果精度提高得却很小. 射电天文学兴起之后, 人们利用射电天文望远镜对类星体进行观测, 可以精确地测量当射电信号经过太阳附近时, 太阳引起射电信号的偏转. 这个效应使得相距很远的两个类星体的视距发生了改变. 其观测值与理论预言值的比达到 1 ± 0.01. 精度比日食观测要高得多.

由于光线在引力场中会发生偏转, 背景天体发出的光受到前景天体引力场的作用而产生会聚, 形成类似透镜的效果, 观测者会看到一个由于光线弯曲而形成的一个或多个像, 这种现象称为引力透镜现象.

在引力透镜现象中, 光线弯曲的程度主要取决于引力场的强弱, 不同强度的引力场造成不同的成像效果, 据此, 引力透镜现象可以分为强引力透镜、弱引力透镜和微引力透镜. 强引力透镜能够明显地改变星像, 形成双像、多重像、半弧甚至圆弧 (又称 "爱因斯坦环"). 弱引力透镜一般不明显地形成虚像, 而只是会使星像产生扭曲、增亮, 从而使可观测的天体增多. 微引力透镜是由前景天体的运动产生的透镜现象, 微引力透镜的源天体质量很小, 只能观测到光度的瞬间增亮现象.

强透镜方法通过对爱因斯坦环的曲率和多个像的位置的分析, 可以估计测量透镜天体质量. 弱透镜方法通过对大量背景源像的统计分析, 可以估算大尺度范围天体质量分布, 并被认为是现在宇宙学中最好的测量暗物质的方法.

我们以强引力透镜为例简单说明其原理和应用. 当光源星系源和观测者连线位于星系团的中心区域, 或位于星系的核内部区域时, 我们能够观测到强引力透镜效应. 强引力透镜通常由以下几个物理量来描述 (图 2.6).

(1) 偏折角 $\hat{a}$: 光线经过透镜天体附近, 由于引力场的作用会使光线发生偏折, 偏折角与引力势的关系满足如下关系:

$$\hat{a} = \frac{a}{c^2} \int \nabla_\perp \Phi \mathrm{d}x = \frac{4GM}{C^2 b}$$

二维矢量形式为

$$\hat{a}(\xi) = \frac{4G}{c^2} \int \frac{(\xi - \xi') \Sigma(\xi')}{|\xi - \xi'|^2} \mathrm{d}^2 \xi'$$

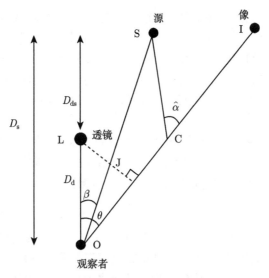

图 2.6 强引力透镜参数

(2) **透镜方程参数**: D_s, D_d 和 D_{ds} 分别代表观察者与光源之间、观察者与透镜、透镜与光源之间的距离, 这些距离都表示角直径距离, 天空中看到的像相对于光源的角位移, 即约化的偏折角 α 为

$$\alpha = \frac{D_{ds}}{D_s}\hat{\alpha}$$

设源的真实角位置在 β 处, 由几何关系可以得到像和光源的角位置关系式:

$$\beta = \theta - \alpha(\theta)$$

这一关系式就是所说的透镜方程. 源的真实角位置在 β 处, 观察者看到的是位于角位置 θ 处的像, 通常情况下, 由于引力场的作用, 观测者看到光源的多重像.

(3) **爱因斯坦 (Einstein) 半径**: 对于质量任意分布的圆对称透镜, 当 $\beta=0$ 时, 观察者观察到的像是一个光环, 透镜方程的一个解为

$$\theta_E = \left[\frac{4GM(\theta_E)}{c^2}\frac{D_{ds}}{D_d D_s}\right]^{1/2}$$

这个解被称作 Einstein 半径. 如果把透镜天体看作是一个质点, 则 Einstein 半径为

$$\theta_E = \left[\frac{4GM}{c^2}\frac{D_{ds}}{D_d D_s}\right]^{1/2}$$

光源发出的光线在强引力场的作用下产生多重像, 像分别与透镜、光源、观察者之间的角直径距离有关. 通过多重像和爱因斯坦半径的观测, 可以提供关于宇宙学的重要信息.

第一次观测到引力透镜现象是在 1979 年, 当时, 天文学家观测到 QSO 0957+561 发出的光线由于前方一个星系的引力作用而发生弯曲, 形成两个像, 这两个像具有极为相似的光谱, 它们的辐射流量之比在光学波段和射电波段都大致相同, 辐射特征多处吻合 [365]. 自此以后, 观测到的各种引力透镜现象迅速增加, 这些现象包括引力透镜类星体多重像、巨型光弧和小型弧状像、射电环、微型透镜等, 总数已接近一百个.

空间望远镜的使用和专职引力透镜望远镜的投入, 为寻找和发现新的引力透镜现象创造了良好的条件. 预计今后几年内, 观测到的引力透镜现象将会剧增, 一些重大的宇宙学课题将会由引力透镜效应的研究而得出结论.

2.4.4   引力波

引力场的扰动在宇宙中传播开来, 形成引力波 (图 2.7). 爱因斯坦引力场方程是双曲型偏微分方程, 它意味着引力场的扰动将以有限的速度传播开来, 这种传播的扰动就是以光速传播的引力波, 其形式就像水池中波纹一样, 引力波是时空中的涟漪.

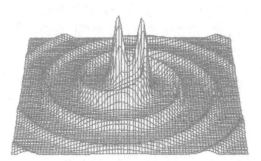

图 2.7   引力辐射

引力波是爱因斯坦 "广义相对论" 最重要的预言, 引力波探测是当代物理学重要的前沿领域之一. 以引力波探测为基础的引力波天文学是一门正在崛起的新兴交叉科学, 引力辐射独特的物理机制和特性, 使得引力波天文学研究的范围更广泛、更全面, 物理分析更精确、更深刻. 它以全新的探测理念和探测方法揭示宇宙的奥秘, 探寻未知的天体和物质. 它能提供其他天文观测方法不可能获得的信息, 加深人们对宇宙中天体结构的认识, 是继以电磁辐射 (包括红外线、射电波、可见光、紫外线、 X 射线和 γ 射线) 为探测手段的传统天文学之后, 人类观测宇宙的一个新窗口. 对研究宇宙的起源和进化, 拓展天文学的研究领域都有极其重要的意义.

爱因斯坦广义相对论的预言——行星近日点的剩余进动、引力红移、光线偏折都被实验所证实, 但是它们只涉及引力场的标量型部分, 而引力场的张量型部分——引力波, 却一直不见踪影, 使得对广义相对论的怀疑甚至反对之声时有所闻.

第 3 章　引力波理论基础

3.1　引力辐射的产生

电动力学告诉我们, 做加速运动的电荷会产生电磁波, 与此类比, 引力波理论认为, 做加速运动的物质或物质体系的质量分布发生加速变化时, 就会发出引力辐射. 也就是说, 我们可以把任何物质系统 (称之为波源) 的质量分布写成质量多极矩的形式, 引力波是质量多极矩随时间加速变化时辐射出去的, 也就是说, 引力波的产生与质量多极矩对时间的二阶导数有关.

物质的质量单极矩是波源的质量, 根据能量守恒定律, 它是一个常数, 不随时间变化它对时间的一阶导数等于零, 二阶导数不存在, 因此不会有单极矩引力辐射产生. 质量偶极矩的时间微分是源的动量, 根据动量守恒定律, 它也是一个常数, 也不随时间变化, 也就是说, 质量偶极矩对时间的二阶导数等于零, 当然也不会有引力偶极辐射产生. 因此第一阶引力辐射是由源的质量四极矩随时间的变化引起的.

应该指出, 在有些天体内部存在着质量流, 我们同样可以写出它的质量流多极矩. 根据对称性, 质量流单极矩本身不存在. 没有质量流单极引力辐射, 质量流偶极矩的时间微分是源的角动量, 根据角动量守恒定律, 它是不随时间变化的, 质量流偶极矩对时间的二阶微分等于零, 质量流偶极引力辐射是不存在的. 因此, 源的质量流四极矩随时间的二阶变化所产生的引力辐射也是第一阶引力辐射的组成部分.

3.2　引力波方程 [386]

引力波是广义相对论的重要预言, 引力波所满足的方程可以从爱因斯坦引力场方程推导出来, 如前所述, 爱因斯坦引力场方程为

$$G_{\mu\nu} = \frac{8\pi G}{c^4} T_{\mu\nu}$$

$G_{\mu\nu} = R_{\mu\nu} - \frac{1}{2} g_{\mu\nu} R$, 称为爱因斯坦引力张量, 表征时空几何的黎曼特征.

如果采用自然单位, 即将引力常数 G 和光速 c 都设为 1, 则爱因斯坦引力场方程演变为

$$G_{\mu\nu} = 8\pi T_{\mu\nu}$$

这是爱因斯坦引力场方程常见的另一种表示形式.

　　需要说明一下, 采用光速 $c=1$ 的特殊单位制, 使公式中不出现光速, 在理论推导时简洁方便. 但是在公式的具体应用中, 使用这种特殊单位制就很不方便了, 因此我们在解引力场方程时, 需要把它恢复成通常使用的单位制 (即米千克秒制) 中的表达形式, 这时公式中会有光速 c 出现. 恢复的手段是量纲分析.

　　爱因斯坦引力场方程是复杂的非线性微分方程而且非线性耦合性很强, 求解非常困难. 在一些特定条件下, 采取合理近似, 可以导出一些非常重要的结果, 包括引力波方程. 下面我们概括地介绍引力波方程的导出过程.

　　引力场方程求解就是要求出满足爱因斯坦引力场方程的度规张量 $g_{\mu\nu}$, 得到度规张量 $g_{\mu\nu}$ 就可以算出时空的曲率, 从而知道时空弯曲的具体程度. 通俗地讲, 我们可以把时空度规张量 $g_{\mu\nu}$ 理解为万有引力定律中的引力势, 但是, 引力势一般只有一个分量, 而 $g_{\mu\nu}$ 有 16 个分量, 由于对称性 $g_{\mu\nu} = g_{\nu\mu}$, 16 个分量中有 10 个是独立的, 所以度规张量中所含的信息量远多于通常所说的引力势. 在爱因斯坦引力场方程中, 考虑到张量的对称性 $(g_{\mu\nu} = g_{\nu\mu}, R_{\mu\nu} = R_{\nu\mu}, T_{\mu\nu} = T_{\nu\mu})$, 场方程是由 10 个二阶非线性微分方程组成的方程组. 由于这 10 个方程中含有 4 个恒等式, 独立的方程只剩 6 个, 6 个方程不能解出 10 个无关的未知函数 $g_{\mu\nu}$, 于是人们引进所谓的坐标条件, 由四个方程组成, 其物理意义就是选择坐标系 (也可以理解为引入规范条件), 它相当于麦克斯韦方程中引进的洛伦兹规范或库伦规范. 加上 4 个坐标条件后就配齐了 10 个方程, 待解的未知函数 $g_{\mu\nu}$ 也是 10 个, 方程有确定解.

　　假如我们只考虑弱引力场区域, 爱因斯坦引力场方程就会大大简化. 因为广义相对论下的弱引力场中, 时空弯曲得不太厉害, 度规张量偏离平直的闵可夫斯基度规很小, 可以理解为对平直时空的线性微扰, 这样处理等于忽略了方程中复杂的非线性部分, 即对引力场方程进行了线性近似.

　　在这种弱场、线性近似的情况下, 时空度规张量 $g_{\mu\nu}$ 可写成平直时空的闵可夫斯基度规 $\eta_{\mu\nu}$ 加上一个小的微扰项 $h_{\mu\nu}$ 来表示:

$$g_{\mu\nu} = \eta_{\mu\nu} + h_{\mu\nu}, \quad |h_{\mu\nu}| \ll 1, \quad |h_{\mu\nu}| \ll |\eta_{\mu\nu}| \tag{3-1}$$

在广义相对论中经常采用谐和坐标条件, 利用这种条件, 当引力场趋于零时可以自动回到平直时空的惯性坐标系.

　　在这些条件下, 里奇张量 $R_{\mu\nu}$ 可以写成

$$R_{\mu\nu\alpha\beta} = \frac{1}{2} \left(\partial_\alpha \partial_\nu h_{\mu\beta} - \partial_\alpha \partial_\mu h_{\nu\beta} + \partial_\beta \partial_\mu h_{\nu\alpha} - \partial_\beta \partial_\nu h_{\mu\alpha} \right)$$

将它代入爱因斯坦引力张量 $G_{\mu\nu}$ 可以写成

$$G_{\mu\nu} = -\frac{1}{2} \left(\partial_\alpha \partial^\alpha \bar{h}_{\mu\nu} + \eta_{\mu\nu} \partial^\alpha \partial^\beta \bar{h}_{\alpha\beta} - \partial_\nu \partial^\alpha \bar{h}_{\mu\alpha} - \partial_\mu \partial^\alpha \bar{h}_{\nu\alpha} \right)$$

在这里, $\bar{h}_{\mu\nu}$ 被称为迹反转度规微扰, 它表示为

$$\bar{h}_{\mu\nu} = h_{\mu\nu} - \frac{1}{2}\eta_{\mu\nu}h, \quad h = \eta^{\mu\nu}h_{\mu\nu} = -h_{00} + h_{11} + h_{22} + h_{33}$$

采用洛伦兹规范 $\partial^\nu \bar{h}_{\mu\nu} = 0$, 爱因斯坦引力张量的后三项将为零, 这时爱因斯坦引力张量变为

$$G_{\mu\nu} = -\frac{1}{2}\partial_\alpha\partial^\alpha \bar{h}_{\mu\nu} = -\frac{1}{2}\Box^2 \bar{h}_{\mu\nu}$$

在这里 $\Box^2$ 是达朗贝尔算子, 有些文献中把它写成 "$\Box$" 形, 二者是完全相同的.

将上式代入爱因斯坦引力场方程可以得到

$$\Box^2 \bar{h}_{\mu\nu} = -2\kappa T_{\mu\nu}$$

这就是弱引力场中的线性爱因斯坦方程, 该方程的解为

$$\tilde{h}_{\mu\nu}(r,t) = \frac{\kappa}{2\pi}\int \frac{T_{\mu\nu}\left(r', t - \dfrac{r}{c}\right)}{r}\mathrm{d}V'$$

这是一个推迟解, 它表明 t 时刻空间 r 处的引力场由此前 $\left(t - \dfrac{r}{c}\right)$ 时刻位于 r' 处的物质源所决定. 这就是说, 物质源的变化所造成的引力场的扰动是以光速传播的. 让我们把它与平直时空中的电磁场做个比较, 在电动力学中我们知道, 在洛伦兹规范条件下, 麦克斯韦四矢量方程可以写为

$$\Box^2 A_{\mu\nu} = \frac{4\pi}{c}J_{\mu\nu}$$

方程的解是我们熟知的推迟解, 表示电磁波以光速传播.

在真空情况 (或远场近似的情况下), 即令 $T_{\mu\nu} = 0$, 弱引力场中的线性爱因斯坦方程就变为四维爱因斯坦波动方程

$$\Box^2 \bar{h}_{\mu\nu} = 0 \tag{3-2}$$

由于洛伦兹规范不是唯一的, 意味着坐标在一个无穷小的线性坐标变换下仍满足洛伦兹变换, 此时坐标还不是完全确定的, 需要再加上两个条件:

(1) $h_{ti} = 0$, 即设引力波张量中所有与时间 t 有关的分量都等于 0;

(2) $\eta_{\mu\nu}\bar{h}^{\mu\nu} = 0$ 即采用转置无迹规范 (简称 TT 规范), 在 TT 规范下, 我们有

$$\bar{h}_{\mu\nu} = h_{\mu\nu}$$

加上这两个条件, 四维爱因斯坦波动方程变为

$$\left(\nabla^2 \frac{1}{c^2}\frac{\partial^2}{\partial t^2}\right)h_{\mu\nu} = 0 \tag{3-3}$$

这就是熟知的真空方程, 该方程最简单的解是平面波. 我们研究的天体引力波来自遥远的太空, 经过长途跋涉, 可以近似地认为是强度很弱的平面波.

　　洛伦兹规范和 TT 规范共同决定了引力波张量只有两个分量是独立的, 它们实际上对应着引力波的两种偏振态, 分别以 h_+ 和 $h_\times$ 来表示, 称为加号偏振和叉号偏振. 振动分量垂直于引力波的传播方向. 取引力波的传播方向为 z, 则引力波方程的解为

$$h_{\mu\nu}^{\mathrm{TT}} = \begin{pmatrix} 0 & 0 & 0 & 0 \\ 0 & h_+ & h_\times & 0 \\ 0 & h_\times & -h_+ & 0 \\ 0 & 0 & 0 & 0 \end{pmatrix} \mathrm{e}^{-\mathrm{i}\omega(t-z/c)} \tag{3-4}$$

其中, c 是光速; ω 是角频率. 该式表示在宇宙中沿 z 方向传播的引力波, 其波速为光速, 具有两个极化方向 h_+ 和 $h_\times$, 分别称为加号偏振和叉号偏振.

3.3　引力波的特性 [387]

　　由波动方程的解我们可以知道引力波具有如下特性:

　　(1) 引力辐射的第一项是质量四极矩随时间变化时发射的, 引力波在引力理论中的位置与电磁波在电磁学中的作用类似. 像电荷的电多极矩一样, 也可以写出引力波源质量分布的质量多极矩. 引力波是波源质量多极矩随时间变化时发射的. 它的第一项是质量四极矩随时间变化时发射的.

　　(2) 引力波是横向无迹的, 它有两个极化模式 h_+ 和 $h_\times$(图 3.1). 让我们以 h_+ 极化为例说明引力波对时空产生的影响. 假设我们在空间划定一个圆 (虚线), 它位于空间的 x-y 平面内, 引力波沿 z 轴方向传播. 该圆表示无引力波存在的空间状态. 当引力波到来时, 圆内的空间将跟随引力波的频率 ω 在一个方向上被拉伸 (或压缩), 相应地, 在与其垂直的方向上被压缩 (或拉伸). $h_\times$ 的情形也是这样, 只不过两个偏振引起的空间拉伸或压缩方向旋转 45° 角.

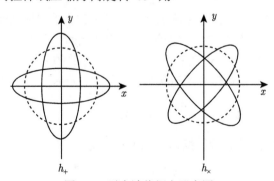

图 3.1　引力波偏振态示意图

(3) 引力波以光速进行传播.

(4) 引力波的强度非常弱, 它比我们熟知的电磁相互作用小 38 个量级.

引力波的强度 h 可用质量四极矩随时间的变化来估计 (忽略质量多极矩的更高阶项):

$$h = G\left(\frac{\mathrm{d}^2 Q}{\mathrm{d}t^2}\right)\bigg/ c^4 r \tag{3-5}$$

其中, G 是引力常数; r 是观测点到波源的距离; c 是光速; Q 是波源的质量四极矩. Q 定义为

$$Q_{ik} = \int \rho(3x_i x_k - \delta_{ik} x_j x_j)\mathrm{d}V \tag{3-6}$$

ρ 是引力波源的质量密度分布函数.

引力波的强度通常用无量纲振幅 $h(t)$ 表示

$$h(t) = F^+ h_+(t) + F^\times h_\times(t) \tag{3-7}$$

其中, F^+ 与 $F^\times$ 是天线方向图样函数.

无量纲振幅 $h(t)$ 的物理意义是引力波引起的时空畸变与平直时空度规之比, $h(t)$ 又称应变 (strain), 应变的物理意义可用图 3.2 所示的简图来说明.

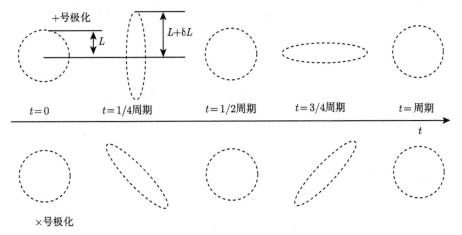

图 3.2 应变 $(\delta L/L)$ 的物理意义

让我们以 h_+ 极化为例加以说明. 设想在无引力波存在时, 在空间划定有一个圆 (虚线), 它位于空间中 x-y 平面, 直径为 L, 该圆表示无引力波存在的空间状态. 当引力波 h_+ 沿着垂直于圆的平面 (即 z 轴) 穿过时, 该圆会因时空弯曲发生畸变, 根据引力波的特性, 圆内的空间将随引力波的频率 ω 在一个方向上被拉伸 (或压缩), 相应地, 在与其垂直的方向上被压缩 (或拉伸), 变成一个椭圆. 其长半轴为

$L + \delta L$, 短半轴为 $L - \delta L$. 当引力波通过 1/2 周期时恢复到圆, 而在 3/4 周期时又变成椭圆, 不过方向转了 90°. 当引力波走过一个周期时, 该空间重新恢复到圆. 引力波的强度以此圆畸变的尺度来表示:

$$h_+(t) = \delta L/L \tag{3-8}$$

对于叉号偏振 $h_\times$ 同样可以用上图来说明. 只不过两个偏振引起的空间拉伸或压缩方向成 45° 角. 引力波的强度非常弱, 若到达探测点时应变 h 为 10^{-21} 量级, 则在臂长为 4km 的激光干涉仪引力波探测器中 (如 LIGO), 两个探测质量之间引起的位移仅为 10^{-18}m 量级, 约为质子直径的千分之一 (图 3.3).

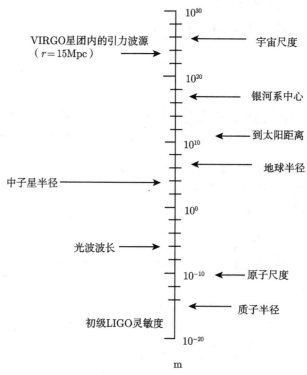

图 3.3 测量尺度对比表

3.4 引力波与电磁波的比较

为了更好地理解引力波的性质, 我们将它与大家熟悉的电磁波进行比较, 列于表 3.1.

表 3.1　引力波与电磁波的比较

电磁波	引力波
电荷加速或电流振荡产生电磁波	引力质量四极矩随时间变化产生引力波
穿越时空的横波	时空扰动的传播, 是横波, 有两个偏振态 h_+ 和 $h_\times$
由天体源的构成部分 (如分子、原子、原子核、离子等) 彼此无关地辐射出去	由天体源的整体运动所辐射
波长远小于天体源的尺度	波长可与天体源相比拟, 甚至大于天体源尺度
可对天体源进行 "类像" 探测, 即 "看" 电磁波	可对天体源进行 "类声" 探测, 即 "听" 引力波
有比较成熟的场的量子化理论, 场量子为光子, 其自旋是 1	还没有成熟的引力场量子化理论, 想象中的场量子为引力子, 其自旋是 2

3.5　统一场理论和引力场量子化

3.5.1　广义相对论和量子力学的相容性

近一个世纪以来, 全世界的物理学家都在寻找让物理学的两大基础理论——广义相对论和量子力学, 相互联结的途径. 广义相对论从宏观尺度上探讨引力和宇宙, 而量子论则从微观尺度上探讨粒子以及其他的自然力. 暴胀过程中产生的原初引力波是当引力、宇宙与粒子以及其他自然力在同一尺度下运作时产生的效应. 暴胀理论假设一切物质都源于量子振荡, 随后在暴胀的过程中被放大. 由于暴胀是一种量子现象, 而引力波是经典物理学的一部分, 因此这一现象构建起了联系这两大领域的一座桥梁. 根据宇宙微波背景辐射中 B 模偏振的发现以及后续的研究, 科学家将告诉我们物理学的两大基础理论——广义相对论和量子力学, 是如何 "相容" 的.

3.5.2　统一场理论

为了破除牛顿力学中力的 "超距" 作用, 破除牛顿力学绝对时间和绝对空间的概念, 解释牛顿力学不能解释的天文现象, 爱因斯坦把场的观点引入了引力理论, 建立了引力场方程, 创立了广义相对论. 从物理上来讲, 场和粒子是统一物质的两种不同表现形式, 场表现为连续性, 粒子表现为分立性. 根据场论的观点, 场是弥漫于整个空间的, 场的物理性质可用定义在全空间的量来描述. 这些场量是空间和时间的函数. 场量随时间的变化用以描述场的运动.

从相互作用是由场 (或场量子) 传递的观点出发, 物理学家希望建立一个描述和揭示四种基本相互作用的共同本质和内在联系的物理理论, 即所谓的统一场理论. 爱因斯坦是倡导并从事引力场和电磁场统一理论研究的先驱, 该项研究成为当时理论物理的热门课题. 当时的统一场理论只研究经典场, 不涉及量子效应. 由于困难重重, 很多人都放弃了, 只有爱因斯坦坚持了下去, 直到逝世的前一天, 花费了

30 余年的心血, 但未能取得成功.

　　20 世纪 60 年代的研究揭示了规范不变性可能是电磁相互作用及其他相互作用的共同本质. 开辟了用规范场来进行统一场研究的新途径. 它首先在电磁相互作用和弱相互作用的统一方面获得成功, 这就是著名的格拉肖–温伯格–萨拉姆电弱统一理论. 该统一场中, 无质量的量子是光子, 传递电磁相互作用. ω^+、ω^- 和 z^0 是中间矢量玻色子, 传递弱相互作用. 电弱统一理论是 20 世纪物理学取得的重大成果之一, 格拉肖、温伯格和萨拉姆因此获得了 1979 年诺贝尔物理学奖. 理论中预言的场量子 W^+、W^- 和 Z_0 也在欧洲大型对撞机 LEP 上发现, 其发现者鲁比亚荣获 1984 年诺贝尔物理学奖.

　　沿着类似的思路, 不少理论物理学家在研究把电磁相互作用、弱相互作用和强相互作用统一的理论, 称为大统一理论 (grand unified theory). 也有人在研究把四种相互作用即引力相互作用、电磁相互作用、弱相互作用和强相互作用统一起来的理论, 称为超统一理论 (super unified theory). 一直没有成功.

　　暴胀过程中原初引力波的发现为统一场理论的研究开辟了新的蹊径. 从宇宙微波背景辐射中 B 模偏振的发现可以推断, 在极早期宇宙的某一时刻, 强相互作用力、弱相互作用力和电磁力是统一的, 表现为同一种力. BICEP2 研究组探测到引力波信号强度在暴胀期时达到 $2 \times 10^{16} \mathrm{GeV}$, 比欧洲核子研究中心大型强子对撞机的能量高出许多, 科学家认为新探测到的引力波能量与大统一理论所预言的相匹配. 如果这一发现是真实的, 它将最终导致宇宙间四种相互作用——引力相互作用、电磁相互作用、弱相互作用、强相互作用, 大统一理论的形成. 因此, 当 2014 年 BICIP2 的结果公布时, 在全世界引起巨大反响, 但是, 很快就证明, 这个结果是宇宙尘埃效应产生的, 并非该实验寻找的原初引力波产生的宇宙微波背景中的 B 模偏振形态. 详细讨论在第 11 章第 11.3 节中给出.

3.5.3　引力场量子化

　　为了解决物理学中出现的大量难题, 特别是解决微观粒子的运动问题, 量子场论应运而生. 它是把量子力学原理运用于场, 把场看成无穷维自由度的力学系统来实现其量子化的理论. 场实现量子化之后, 场是由场量子组成的. 场量子又称传播子 (carrier), 它是相互作用的传递者 (或称携带者). 场的量子化在理论和实验研究上, 都取得了巨大的成就. 描述电磁相互作用的量子化规范场是量子电动力学 (quantum electrodynamics, QED), 场量子是光子, 它是电磁相互作用的传递者 (或称携带者). 量子色动力学 (quantum chromo-dynamics, QCD) 是描述强相互作用的量子化的规范场, 场量子是胶子 (gluon), 它是强相互作用的传递者. 弱相互作用的传播子是中间矢量玻色子 W^+、W^- 和 Z_0. 根据同样的观点, 理论学家认为引力场也应是一个量子化的规范场. 将量子力学原理引入爱因斯坦引力场, 可实现其量子化. 理论中的场量子是引力子 (graviton), 它是引力的传递者, 是自旋为 2 的玻色子, 电荷为 0, 无静止质量, 以光速运动. 但是目前为止还没有令人满意的引力场量子化理论. 相对说来比较有希望获得突破的是 "超弦" 或 "圈量子引力" 模型. 本书中研究的引力场是经典场, 不涉及引力场量子化后的性质.

宇宙暴胀过程中原初引力波的研究首次表明在量子尺度上的引力行为, 也就是引力场的量子化. 因为在暴胀过程中, 一切行为都是量子化的, 引力也和其他自然力一样具有量子本质. 宇宙微波背景辐射中 B 模偏振形态携带着原初引力波的信息. 它的研究与探测将为引力场量子化提供有力的帮助.

3.6 引力波的可探测性

早在 1916 年, 爱因斯坦就根据弱场近似预言了引力波的存在. 但最初关于引力波的理论同坐标的选择有关, 以致无法弄清引力波到底是引力场的固有性质, 还是某种虚假的坐标效应. 再者, 引力波是否从发射源带走能量, 也是个十分模糊的问题. 这使得引力波的探测缺乏理论基础. 又由于实验设备、实验技术和计算能力的限制, 引力波的探测迟迟不能开展.

到了 20 世纪 50 年代, 同坐标选择无关的引力辐射理论完成, 求出了爱因斯坦真空方程的一种以光速传播的平面波前、平行射线的严格波动解. 20 世纪 60 年代, 物理学家通过研究零曲面上的初值问题, 严格证明了引力辐射带有能量, 检验质量在引力波作用下会发生运动. 至此, 经过近 50 年的不懈努力, 引力波探测有了可靠的理论基础.

20 世纪 60 年代到 70 年代期间, 天文学上一系列的新发现, 极大地增加了实验天文学家探测引力波的信心. 例如, 1965 年发现的天鹅座 X-1(Cygnus X-1) 被认为是一个黑洞, 1967 年英国天文学家 J. Bell 和 A. Hewish 发现了第一颗脉冲星, 1974 年美国物理学家 J. Taylor 和 R. Hulse 发现了相互旋绕的双星. 理论上认为, 这些天体都是非常重要的引力波源. 它们的发现成为引力波直接探测的物质基础. 经过长期的设备研发和技术探索, 引力波探测被提到日程上来.

3.6.1 引力波强度估算

引力波强度可用无量纲振幅 h(应变) 表示, 引力波的第一级分量是质量四极矩随时间变化引起的, 引力波的强度可表示为

$$h = G \left(\frac{\mathrm{d}^2 Q}{\mathrm{d}t^2} \right) \Big/ c^4 r$$

其中, G 是引力常数; c 是光速; r 是观测点到波源的距离; Q 是引力波波源的质量

四极矩, 它定义为

$$Q_{ik} = \int \rho(3x_i x_k - \delta_{ik} x_j x_j)\mathrm{d}V$$

ρ 是引力波源的质量密度分布函数.

　　波源的质量四极矩 Q 的具体表达式很复杂, 它曾经被爱因斯坦推导出来. 对一些特殊的波源来说, 会简单一些.

　　如果用 $K_{\mathrm{kin}}^{\mathrm{ns}}$ 表示波源内部动能的非球对称部分, 则 $\dfrac{\mathrm{d}^2 Q}{\mathrm{d}t^2}$ 可近似地表示为

$$\frac{\mathrm{d}^2 Q}{\mathrm{d}t^2} \approx 4E_{\mathrm{kin}}^{\mathrm{ns}}$$

从而得到

$$h \approx \frac{4G(E_{\mathrm{kin}}^{\mathrm{ns}}/c^2)}{c^2 r}$$

在远场处, 合理地使用平面波近似, 可以估算出引力波源的引力辐射功率为

$$-\frac{\mathrm{d}E}{\mathrm{d}t} = \frac{G}{45c^5}\left(\frac{\mathrm{d}^3 Q_{ik}}{\mathrm{d}t^3}\right)\left(\frac{\mathrm{d}^3 Q_{ik}}{\mathrm{d}t^3}\right) \tag{3-9}$$

　　密近双星旋绕系统是我们最感兴趣的研究对象之一, 它们在旋进过程中发射的引力波功率也可以计算出来. 设两个质量体之间的距离为 L, 质量相同, 都是 M, 绕其质心运动的角速度为 ω, 则旋进过程中发射的引力波功率 N 可以用下面的公式进行计算:

$$N \approx k\frac{M^2 L^4 \omega^6}{c^5/G}$$

式中, c 是光速; G 是牛顿引力常数; k 是与系统几何有关的参数.

3.6.2　引力波对测试质量粒子的作用

　　引力场中的测试质量粒子可以看成是一个自由的质量粒子, 它会沿着方程为

$$\frac{\mathrm{d}^2 x^\mu}{\mathrm{d}t^2} + \Gamma_{\alpha\beta}^\mu \frac{\mathrm{d}x^\alpha}{\mathrm{d}t} \cdot \frac{\mathrm{d}x^\beta}{\mathrm{d}t} = 0 \tag{3-10}$$

的测地线运动. 其中, $\Gamma_{\alpha\beta}^\mu$ 是克里斯托夫符号; $\mu, \alpha, \beta = 0, 1, 2, 3$. 两个分别处于两条测地线上的粒子, 在引力波作用下, 测地线的相对位置发生变化, 导致两个粒子的距离也发生变化.

　　两个相近的自由质量粒子遵循的测地线方程为

$$\frac{\mathrm{d}}{\mathrm{d}t} U^\alpha + \Gamma_{\mu\nu}^\alpha U^\mu U^\nu = 0 \tag{3-11}$$

U^α 是四速度. 设质量粒子最初是静止的, 其中一个位于原点 $x = 0$ 处. 在引力波作用下, 设位于 x 轴上的两个自由质量粒子之间的距离发生的相应变化为 $\Delta\ell$, 则

$$\Delta\ell = \int |\mathrm{d}s^2|^{1/2} = \int |g_{\mu\nu}\mathrm{d}x^\mu\mathrm{d}x^\nu|^{1/2} = \int_0^\varepsilon |g_{xx}|^{1/2}\,\mathrm{d}x$$

$$\approx |g_{xx}(x = 0)|^{1/2}\,\varepsilon \approx \left[1 + \frac{1}{2}h_{xx}(x = 0)\right] \cdot \varepsilon \tag{3-12}$$

在这里 ε 是两个自由质量粒子之间的无穷小距离. 因此可以看出, 在引力波作用下, 两个自由质量粒子之间的距离是发生变化的. 大质量物体是由大量质量粒子组成的. 上述讨论对大质量物体也是适用的.

携带能量及与测试质量粒子相互作用是引力波可以探测的理论基础.

3.7 天体引力波源

宇宙中存在大量的高速运动的大质量天体, 这些天体可能有引力辐射, 宇宙中还充满由大量的、频谱相互叠加的引力波构成的随机背景辐射. 它们也是天然的引力波源, 这些来自宇宙的引力波源是我们进行引力波探测和引力波天文学研究的对象. 引力辐射是典型的四极辐射. 产生引力波的最低要求是大质量天体必须有质量四极矩的加速度, 这是引力辐射与电磁辐射的根本区别之一. 由于一般体系的偶极矩远远大于其四极矩, 因此引力辐射比电磁辐射更弱.

引力辐射在天体系统中出现的场合非常丰富. 当前的理论分析认为, 宇宙中的引力波源可分为以下几大类 [15−17,388].

3.7.1 致密双星的旋绕与并合

对地面上的引力波探测器来说, 致密双星系统是首选的引力波源 [18−21]. 致密双星系统可以是中子星–中子星, 中子星–白矮星, 中子星–黑洞 [22], 黑洞–黑洞 [23] 等. 这类星体的尺寸一般都较小, 例如, 中子星直径一般为 20km 左右. 当双星距离较远, 绕转轨道比较稳定时, 其辐射的引力波振幅和频率也比较稳定, 一般说来, 如果一个引力辐射系统能够在较长时间内 (相对观测时间而言) 持续辐射较为稳定的引力波信号 (包括引力波振幅和频率), 则我们称之为连续的引力波源, 当双星距离较远时它属于连续的引力波源. 但是当双星距离很近时, 公转轨道衰减比较明显, 它们以较高的频率绕质心转动, 这意味着质量四极矩的二阶导数较大, 引力波以很高的功率辐射. 在接近或处于并合的阶段, 其持续时间非常短, 并合阶段的双星引力辐射是爆发性的.

计算表明, 致密双星系统辐射能量是如此之大, 以至于一个彼此相距几千米的双星, 会在几分钟甚至几秒钟之内失去它们的全部势能. 随着时间的增加, 引

力波的振幅和频率都会增加, 直到两个天体足够靠近而并合, 其物理图像如图 3.4 所示.

　　应该指出, 多数双星系统的总寿命可能长达几千万年. 所以多数时间里, 它们辐射功率很小, 引力辐射的频率很低. 只有在最后阶段, 当它们靠得很近的时候, 才会发出高功率的引力波, 其频率也落在地球上引力波探测器的探测频带之内. 对地面上的引力波探测器来说, 致密双星系统是首选的引力波源.

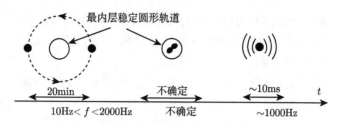

图 3.4　致密双星的并合示意图

致密双星并合过程 [23] 有以下几个阶段.

1. 旋进阶段

　　由于引力辐射带走能量, 密近双星的旋绕轨道逐渐从椭圆变成圆形. 其辐射的引力波频率也逐渐进入我们在地球上建立的探测器的测量范围之内. 在此阶段, 由于引力辐射不断带走轨道能量, 旋绕轨道不断收缩, 引力波幅度增大, 频率也不断增高. 形成一种鸟鸣信号 (振幅不断增大、频率不断提高的连续信号), 如图 3.5 所示.

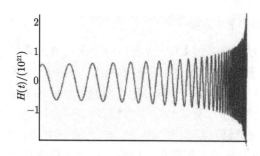

图 3.5　致密双星旋进阶段发射的引力波波形 (“chirp”)

　　绕质心转动的密近双星系统在旋进阶段是最可能的周期性、连续性的引力波源 [26,27], 如图 3.5 中的前部所示, 密近双星系统在旋绕阶段物理图像是清晰的, 数学模型是成熟的, 很多参数可以计算出来. 举例说来, 设由质量 m_1 和 m_2 组成双星系统, 两个球状子星各自以角频率 ω 绕质心做轨道运动, 辐射的引力波频谱中包含 ω 偶数倍的频率. 辐射的功率和频谱取决于星体的质量、轨道半径和轨道偏心率 e.

对于双星系统来说, 频谱中出现的最低频率为 2ω, 当 $e=0$ 即轨道为圆形时, 除频率为 2ω 的谐波之外, 其余的高次谐波辐射功率都非常小, 根据广义相对论, 可以算出一个轨道为圆形的双星系统, 在距它的质心为 R 处, 接收到的引力波的无量纲振幅为 [15]

$$h = 2.4 \times 10^{-19} \frac{m_1 m_2}{(m_1 + m_2)^{1/3}} \left(\frac{100pc}{R} \right) \left(\frac{\omega/2\pi}{10^{-3}\text{Hz}} \right)^{2/3} \tag{3-13}$$

其中两个子星的质量 m_1 和 m_2 以太阳质量为单位. 引力辐射使双星系统的引力势能减少, 结果是轨道周期变短, 长半轴和偏心率均变小, 轨道趋于圆形. 轨道周期的变化率为 [15]

$$\frac{dT_b}{dt} = \frac{192\pi}{5} \left(\frac{T_b}{2\pi} \right)^{-5/3} (1 - e^2)^{-7/2} \left(1 + \frac{73}{24}e^2 + \frac{37}{96}e^4 \right) m_1 m_2 (m_1 + m_2)^{1/2} \tag{3-14}$$

其中, T_b 为轨道周期; e 为偏心率.

chirp 信号与双星的质量、间距及轨道的偏心率有关.

从引力辐射公式可知, 要产生强度足以被探测到的引力波, 两个子星的质量要足够大, 轨道周期足够短, 与探测点的距离也不能太大.

2. 并合阶段

当双星的旋绕轨道达到最内稳定圆时, 两个星体将动态地并合在一起, 并合过程的引力辐射是剧烈的、爆发性的. 与星体的结构和质量密切相关. 这时的引力波携带大量与星体内部结构有关的信息, 为研究此类天体的内部结构和特性参数提供有用的数据.

3. 铃宕阶段

当两个星体并合后高速旋转时, 其发射的引力波具有 "余波" 特点, 幅度逐渐衰减. 它会给出并合体的质量、自旋等信息.

密近双星的并合阶段辐射极强的引力波, 由于过程迅猛, 目前还没有满意的物理模型. 引力波携带的信息提供了重要的研究手段. 下面给出了各阶段辐射波形示意图 (图 3.6).

对致密双星并合的引力辐射, 人们已经发展了各种理论模型来很好地对其进行描述. 当双星距离较远, 星体的运动速度未达到相对论速度, 双星的公转轨道由于引力波辐射造成的衰减比较慢时, 后牛顿近似可以很好地描述其引力辐射, 该阶段被称为旋进阶段. 但是在绕转阶段的晚期和并合时期, 通常统称为并合 (merge) 阶段, 引力场非常强, 这时后牛顿近似失效, 因此一般采用数值相对论的方法来求解. 在双星最后并合成黑洞之后, 需要通过引力辐射将多余的自由度辐射掉而变成一个静态的黑洞, 这个阶段通常被称为铃宕阶段, 其辐射的引力波可以用黑洞振荡的

"准正则 (quasi-normal)" 模型来解析描述. 因此, 一个双星并合事件的引力辐射模板是由三部分有效叠加而成的, 这对引力波信号的搜寻非常重要. 但即使如此, 目前人们对双星并合的引力辐射的理解还是非常不成熟的, 如在并合时引力潮汐的影响、中子星物态的影响、双星自旋的影响等. 但反过来讲, 人们可以通过观测到的引力波来反推强引力场物理、检验广义相对论理论等, 这也是引力波直接探测的主要科学目标之一.

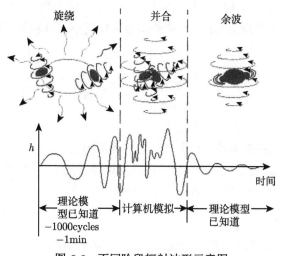

图 3.6   不同阶段辐射波形示意图

3.7.2   黑洞

从上面的讨论可知, 黑洞是密近双星旋绕系统中重要的组分之一, 世界上发现的第一个引力波事例就是由两个黑洞组成的双星系统.

在用施瓦西度规对爱因斯坦方程求解时,当引力半径 $r \to 0$ 或 $r \to \dfrac{3GM}{c^2}$ 时, 施瓦西度规出现所谓的施瓦西奇异性. $r = 0$ 的中心点存在一个物质密度等于无穷大的奇点. 在 $r = \dfrac{3GM}{c^2}$ 处,出现一个奇异球面. 从这个球面的内部不可能有任何信号传出去, 故又称为施瓦西视界. 所谓 "视界" 就是可见区域的边界. 由于任何信号只能进不能出, 因此, 施瓦西视界内部的时空区域被称为 "黑洞", 即施瓦西黑洞. 按照广义相对论, 黑洞是时空弯曲得太厉害, 光跑不出去而形成的. 从爱因斯坦方程的另一个严格解 (克尔解) 还可以得到稳态 (即不随时间变化) 轴对称转动黑洞, 称为克尔黑洞. 另外还有一种既转动又带电的克尔–纽曼黑洞. 它是最一般的稳态黑洞. 对于施瓦西黑洞, 人们只知道构成它的物质总质量 M,其他什么都不了解. 对于克尔黑洞, 除了知道 M 还知道总角动量 J, 而对于克尔–纽曼黑洞, 则不仅知道 M 和 J, 而且知道总电荷 Q. 除此之外, 外部观察者不能从黑洞得到任何其他信息. 这就是 "黑洞无毛定理". 也就是说, 形成黑洞的物质失去了除 M、J 和 Q 以外的全部信息. 外部观察者无法了解构成黑洞的物质的成分、结构和性质. 英国物理学家霍金在考虑黑洞附近的量子效应后发现, 黑洞存在温度, 具有热辐射.

从天体的演化过程我们了解到, 在恒星演化过程中, 当核能耗尽之后将发生引力收缩, 最后演化成为白矮星、中子星或黑洞. 一颗恒星演化到晚期究竟成为上述三类天体中的哪一种, 完全取决于它的质量. 如果仍有物理效应足以同自身引力抗衡, 则会形成白矮星或坍缩为中子星等致密天体, 否则引力坍缩将一直持续下去直到形成黑洞.

根据广义相对论预言, 质量小于 8 个太阳质量的老年星最后将成为白矮星. 除了极薄的外层部分, 白矮星由简并电子气组成, 靠电子气压与引力质量抗衡, 满足条件在 8~25 个太阳质量的老年星将演化成中子星, 中子星由简并中子气组成. 靠中子的简并压支撑引力, 维持力学平衡. 而质量超过中子星质量上限的大质量老年星不存在稳定的结构, 这种恒星将无限制地坍缩下去, 最后成为黑洞.

黑洞具有封闭的边界, 由于引力极强, 就连自身发出的光也不能越过这个边界而逃到外面去, 以至于形成看不见的天体, 称之为黑洞. 根据广义相对论, 天体在球对称引力坍缩过程中, 只要坍缩核质量足够大, 就能坍缩成黑洞. 广义相对论对黑洞进行了确切的描述.

黑洞已成为近代天体物理研究的一个重要分支, 霍金对黑洞的研究做出了突出贡献. 他证明了经典黑洞理论的一系列重要定理, 并提出了黑洞量子效应.

黑洞形成过程中会有引力波发射出来, 1999 年意大利的 V. 佛拉里等 [366] 比较系统地阐述了如何从恒星生成率得到超新星事件率, 再从单个源的能谱推广到宇宙学尺度内的所有事件, 对红移及前身星质量进行积分最后得到随机背景的能量密度参数. 他们利用观测得到的 SFR 和 Salpeter 初始质量函数, 假定 $(25\sim125)M_\odot$ 的主序星经核心坍缩形成黑洞, 最后得到黑洞的形成率 $z < 5$ 范围内约每秒 5 个. 对多方旋转星体的轴对称坍缩的模拟结果表明, 当星体转动能不占主导时, 黑洞就有可能形成并伴有很强的引力波爆发 (总能量可达核心静止能的 7×10^{-4} 倍), 作者引用该结果, 估算了所有黑洞形成事件可能产生的一个引力波背景, 能量密度参数峰值在 1000~2000Hz, 达到 $10^{-11} \sim 10^{-10}$. 巴西一个小组也对这一背景引力波进行了大量的计算, 均得到了相近的结果. 与 V. 佛拉里等工作中使用数值模拟得到的单个源能谱不同, 这些工作均采用了无量纲振幅的经验公式:

$$h_{\mathrm{BH}} \simeq 7.4 \times 10^{-20} \varepsilon_{\mathrm{GW}}^{1-2} \left(\frac{M_{\mathrm{r}}}{M_\odot} \right) \left(\frac{d_{\mathrm{L}}}{1\mathrm{Mpc}} \right)^{-1} \tag{3-15}$$

其中, $\varepsilon_{\mathrm{GW}}$ 为引力波产能效率; M_{r} 为核心坍缩后形成的黑洞的质量; d_{L} 为引力波源的光度距离. 最近的一些数值模拟结果 [367] 表明黑洞形成的引力波能量为

$10^{-7} \sim 10^{-6}$. 利用这些模拟的波形得到引力波背景能量密度参数峰值, 我们可以知道, 在 500~1000Hz 频率范围内, 达到 $10^{-10} \sim 10^{-9}$.

3.7.3　超新星爆发 [25]

如果其引力波爆发时标远远小于观测时标, 我们称之为爆发式的引力波源. 这一类引力波事件一般产生于剧烈的爆发事件, 如超新星爆发、宇宙弦碰撞、脉冲星的 Glitch 发生现象时伴随的引力辐射等.

超新星质量很大, 又很致密, 在经历非常大的加速而坍缩的过程中, 对 II 型超新星来说, 如果它的核在坍缩时偏离对称轴, 将有很强的引力波辐射出来. 根据这种引力波的强度和波形特点, 可以用来判断这类超新星爆发的尚未清楚的机制.

我们首先考虑星体坍塌时的引力辐射. 我们知道, 一颗主序星演化到后期, 其核球部分会坍塌成一颗致密星. 当主序星质量小于 8 倍的太阳质量时, 其核球最后会坍缩成一颗白矮星, 靠电子简并压抵抗引力来达到平衡. 如果白矮星处于双星系统中, 可以吸积其伴星的质量来使其质量增加, 温度升高, 当质量增大到超过钱德拉塞卡极限时, 会产生 Ia 型超新星爆发. 此外, 当主序星质量大于 8 倍的太阳质量时, 在其演化后期会产生 II 型 (或者 Ib 和 Ic 型) 超新星爆发, 核心坍缩型超新星核区部分会直接坍缩成中子星或黑洞. 一般认为, 质量为 8~25 个太阳质量的主序星经历核心坍缩将形成中子星, 质量大于 25 个太阳质量的主序星将经超新星爆发而形成黑洞, 黑洞形成的临界主序星质量目前仍不十分确定, 可能在 20~40 个太阳质量之间. 如果最后形成的是黑洞, 则坍塌时除了引力辐射之外, 会伴随 γ 射线辐射, 这就是我们观测到的长时标的 γ 射线暴. 理论上普遍认为, 存在的第一代恒星质量可高达 100~500 太阳质量, 经历核心坍缩形成黑洞的过程可以爆发出大量的引力波, 其引力辐射的能量集中在几赫兹至几十赫兹之间的频段范围内.

在超新星爆发过程中, 会伴随着强烈的引力波辐射. 但是, 由于星体坍塌的物理过程非常复杂, 数值计算起来非常困难, 以及涉及复杂的数值相对论、中微子效应、流体力学过程、微观物理过程和磁场等的影响, 至今仍然是一个理论上的难题. 因此, 在该过程中的引力辐射的精确预言也具有很大的不确定性. 如果能够首先从观测上探测到这种类型的引力波, 则可以反推星体坍塌过程中的物理过程, 特别是可以精确反推出超新星爆发时, 核区部分的转动情况. 超新星坍塌过程对电磁辐射来说完全是不透明的. 例如, Hayama 等 [23] 发现, 通过观测该过程中辐射出的圆偏振的引力波, 可以反推星体坍塌过程中的物理过程.

3.7.4　中子星或黑洞形成

当一颗星体的核燃料耗尽时, 它将坍缩成一颗中子星或黑洞. 探测中子星或黑洞形成过程中辐射引力波, 对该星体核坍缩的物理过程、跳动及随后发生的振荡提供重要信息. 此外, 球状星团内黑洞的生成, 星系核和类星体内黑洞的生成, 星体被黑洞俘获等天文现象都会有爆发性引力辐射产生. 引力波探测是发现和研究这类剧烈天体变化过程的最佳方法.

从核心坍缩到中子星的形成是一个极其复杂的物理过程, 这导致了与之相关的引力波产能的巨大不确定性, 其能量密度参数估计跨越了好几个量级, 大致为 $10^{-12} \sim 10^{-4} M_\odot c^2$.

D.M. 卡瓦德等 [368] 在采用牛顿引力条件下对恒星核心坍缩数值模拟得到引力波波形, 得出背景引力波能量密度参数 Ω 峰值在 $10^{-12} \sim 10^{-4}$, 最强的一种情况是峰值频率在 500Hz, 源于标准的核心反弹 (core bounce) 加环下沉 (ring down) 过程. 之后, E. 哈威尔等 [369] 利用最新的广义相对论下对旋转的大质量星经历轴对称的核心坍缩模拟得到的波形, 计算出引力波的能量密度参数小一到两个数量级.

另一方面, A. 博纳诺等 [370] 考虑了新的数值模拟中显示出来的延迟爆发现象中大尺度对流可能产生的引力波信号 (该信号的频率在 1Hz 左右的, 它可能在爆发前持续几百毫秒), 整个过程释放的引力波能量估计为 10^{-10}. 使用现在的 (z=0) 核心坍缩型超新星爆发率以及这一事件率随红移演化的经验公式, 得到与上述机制相应的背景引力波能量密度参数峰值发生在 10 Hz 左右, 达到 $10^{-15} \sim 10^{-13}$, 这与标准暴胀模型下预言的原初引力波的强度相当.

2006 年, 基于当时最长的轴对称超新星爆发数值模拟, C. D. 欧特等发现了一种新的产能机制 [371] 与前中子星内核振荡相关. 这种振荡主要表现为 g 模式, 发生在反弹后几百毫秒, 典型的持续时间为数百毫秒. 这一机制可能是超新星爆发辐射引力波的主导过程, 总的辐射能量可能高达 10^{-4}. S. 马拉西等 [372] 利用上述数值进行模拟, 得到引力波背景能量密度参数峰值发生在 50Hz, 达到 10^{-9}.

3.7.5 新生中子星的 "沸腾"

新诞生的中子星温度可高达 10^9K 量级. 这些极大的热量可导致中子星内部不稳定, 从而使该星核中的物质被拖曳到 "中微子气体" 中. 这种现象称为新生中子星的 "沸腾". 根据理论估算, 这种 "沸腾" 时间约为 0.1 秒, 该 "沸腾" 过程会导致爆发性引力波产生.

3.7.6 坍缩星核的离心悬起

当一个临近坍缩的星核快速自转时, 在星核尺度达到中子星的直径之前, 它可能因为离心作用而悬起. 为收缩到中子星的尺度, 它将以引力波的形式把轨道能量释放出来. 该引力辐射也是爆发性的.

3.7.7 旋转的中子星 [28]

中子星是旋转的致密星体, 它是超新星爆发的遗留天体, 一般说来, 其质量与太阳质量相当, 半径约为 10 km 左右. 靠中子简并压与引力达到平衡, 是宇宙中最致密的天体之一. 中子星绕其自转轴高速旋转, 而其电磁信号扫过地球时, 人们可以接收到规则的脉冲信号, 因此中子星通常表现为脉冲星. 当中子星关于旋转轴不对称时, 其四极矩会随时间变化, 可以产生比较强的引力辐射. 对于一个给定的旋转中子星, 其最强的引力波频率是中子星自转频率的两倍, 地面激光干涉仪引力波天文台 (如 LIGO、VIRGO 等) 可观测的引力波有相当一部分来自于旋转比较快的中子星, 其自转周期一般为毫秒的量级. 通常说来, 这种类型的中子星包括两类: 一类是年轻的中子星 (包括 Crab 脉冲星、Vela 脉冲星等), 这类脉冲星还没有来得及自转减速; 另一类是年老的毫秒脉冲星, 它们一般产生于双星系统, 由于吸积其伴星的物质后其自转加速而形成.

　　质量四极矩具有周期性变化的物质系统, 会发射连续的引力波. 宇宙中能辐射连续引力波的天体和天体系统除了上面提到的处于旋转靠近阶段的致密近双星系统外, 旋转的致密星体, 非轴向对称振动的致密星体等具有非轴对称质量分布的星体旋转时, 也会发射连续的引力波. 旋转的如中子星就属此类. 质量的非轴对称分布可能来自导致星体变形的极强的磁场, 也可能来自星体形成的历史过程中的形变, 或者来自对星体物质的吸积过程. 到达地球的此类引力辐射的强度可表示为 [15]

$$h = 8.1 \times 10^{-28} \left(\frac{J}{3 \times 10^{44} \text{g} \cdot \text{cm}^2} \right) \left(\frac{\varepsilon}{10^{-6}} \right) \left(\frac{100pc}{R} \right) \left(\frac{f}{10\text{Hz}} \right)^2 \tag{3-16}$$

其中, J 为星体的转动惯量; ε 为椭圆率, 即星体赤道半径和极半径之差与星体平均半径之比; R 为星体与地球的距离; f 为星体自转频率. 由于引力辐射的强度 h 与星体自转频率 f 的平方成正比, 像中子星一样, 高速旋转的致密星体无疑是很好的连续引力辐射源.

　　中子星由于引力辐射而损失转动能量和角动量, 可以导致自转减慢, 这导致其辐射的引力波频率也会发生变化, 如果中子星的自转减慢是由引力辐射主导的, 则其转动频率的变化率应该与其频率的 5 次方成正比. 但是实际观测却发现, 脉冲星的制动指数一般为 2~3, 这就表明引力辐射并非脉冲星自转减慢的主要原因.

　　低质量的 X 射线双星系统 (LMXB) 中的中子星, 是另一类重要的引力波源. 这种中子星正在吸积其伴星的质量和角动量而加速. 观测发现, 几乎所有的该类中子星其自转频率都低于 700 Hz, 远远低于其理论上限 1000 Hz, 那到底是什么原因阻止了其自转的进一步加速呢? 分析认为, 可能是该中子星的引力辐射导致的角动量损失和吸积导致的角动量增加达到了平衡, 而这种引力辐射可能是吸积盘的不对称结构, 或者中子星不对称的热分布导致的四极矩变化而产生的.

3.7.8 超大质量黑洞 [29]

正在吞噬周围天体的超大质量黑洞（黑洞的质量 $M > 10^5 M_\odot$, $M_\odot$ 为太阳质量), 也是非常好的连续引力波辐射源, 但其频率较低, 一般为 mHz 量级. 在地球上探测很困难, 但确为太空引力波探测（如 LISA）的有力候选者.

3.7.9 随机背景辐射 [30−34]

随机引力波背景更为广泛的定义是大量独立的、微弱的且不可分辨的引力波信号叠加形成的一种随机引力波信号, 其随机性意味着它只能由统计学量来描述. 它来源于极早期宇宙发生的众多物理过程所产生的原初引力波, 传播到现在, 形成宇宙中的一种引力波背景, 非常类似于宇宙中的微波背景辐射.

根据广义相对论, 大量宇宙学的或天体物理的现象均可以产生引力波, 宇宙中存在着大量的引力波源, 连续的和爆发性的. 由于数量巨大, 分布范围极广, 它们发射的引力波相互叠加, 形成一种随机背景引力辐射. 因此可以很自然地认为我们"沐浴"在一个引力辐射的随机背景下. 这种随机引力波背景是引力波探测的重要目标之一. 随机背景引力辐射主要由以下几种成分组成.

1. 数量庞大的密近双星系统辐射的连续引力波

双星系统在宇宙中是广泛存在的, 其子星质量、轨道周期、轨道偏心率以及到地球的距离大多数是不相同的, 到达地球的引力波的频率成分和强度也各有不同. 它们相互叠加形成随机背景引力辐射的一部分.

2. 黑洞形成前期发射的引力波

质量超过 2.4 倍太阳质量的主序星在演化后期, 恒星星体的简并中子气体向外膨胀的力已经不能抵消恒星星体质量产生的自引力, 星体不断坍缩下去, 直至变成黑洞. 在即将变成黑洞之前, 由于存在高密度物质的剧烈的非轴对称运动, 引力波产生, 这种引力辐射是爆发型的. 它也构成随机背景引力辐射的一部分.

3. 天体物理背景

大量的不可分辨的天体引力波源产生的引力波信号叠加在一起, 而形成一种引力波背景. 这种天体物理背景引力波的探测将提供宇宙中恒星形成或星系活动的信息. 但是, 如何在探测器的输出数据中寻找并区分两种不同起源的随机引力波背景, 是一个很重要也颇具挑战性的课题.

4. 宇宙大爆炸时的遗迹引力辐射

除了上述天体物理过程产生的引力波背景之外, 还有一类非常重要的随机引力波背景起源于宇宙的膨胀与演化过程, 因此被称为宇宙学起源的背景引力波. 这一类引力波源也可能来自于宇宙演化的不同阶段, 包括宇宙暴胀时期形成的原初引力波, 宇宙重加热过程产生的引力波, 早期宇宙相变过程产生的引力波, 宇宙弦等大尺度结构的运动与演化过程中产生的引力波, 其中最重要的原初引力波部分, 是目前最确定存在的一种宇宙背景引力波源.

　　理论分析认为, 在标准的热大爆炸之前, 宇宙经历了一个急速膨胀时期, 通常称为暴胀过程. 在该过程中, 宇宙经历了一个近似 e 指数膨胀过程. 暴胀理论自然地解决了大爆炸模型存在的各种宇宙学疑难, 如视界疑难、均匀性疑难、磁单极子疑难等. 而且暴胀将早期的量子涨落推出视界变成经典涨落, 从而形成了宇宙结构起源的种子, 因而也自然地回答了宇宙的结构起源疑难, 这就是暴胀理论的基本思想. 在暴胀阶段被推出视界的量子涨落主要包括两类: 即标量型的密度扰动和张量型的引力波. 密度扰动直接与物质耦合, 因此为宇宙大尺度结构形成提供了初始条件. 而由于引力波与物质的相互作用非常弱, 在其传播过程中几乎是自由传播的, 其演化行为仅仅取决于宇宙在各个时期的膨胀行为; 因此通过探测各个频段的原初引力波, 可以直接推知宇宙在各个阶段 (包括暴胀阶段) 的演化, 这也是探测原初引力波的最重大的科学意义所在.

　　理论研究表明, 在宇宙大爆炸后 10^{-43} 秒便有引力波产生 (图 3.7). 宇宙极早期发生的这些物理过程, 如宇宙暴胀过程及从暴胀时期转变到辐射为主状态时发生的量子真空扰动的放大、宇宙相变 (phase transition) 和宇宙弦 (cosmic string) 等也会产生引力辐射, 这种宇宙早期产生的引力波我们统称为原初引力波, 原初引力波遗迹构成随机背景引力辐射的一部分, 它能给我们带来宇宙最早状态的信息. 对它们的观测可以使人类观测宇宙的极限往前推到大爆炸初期. 原初引力波在宇宙微波背景中引起的 B 模偏振形态, 也是我们最感兴趣的探测对象之一.

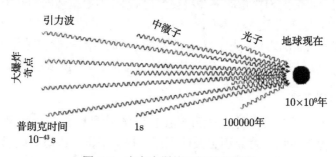

图 3.7　宇宙大爆炸及辐射分离图

　　原初引力波是一种全频段的背景引力波源, 因此原则上可以通过各种不同类型的引力波探测器对各个频段的引力波进行探测.

　　随机背景引力辐射的性质, 可以通过无量纲的功率密度函数 $S_{\rm h}(f)$ 表示. 在频率间隔 $f \in (f_0, f_0 + \Delta f)$ 内到达地球的引力波强度 h 为

$$h = \left[\int_0^{f_0 + \Delta f} S_{\mathrm{h}}(f)\mathrm{d}f \right]^{1/2} = (S_{\mathrm{h}}(f)\Delta f)^{1/2} \tag{3-17}$$

一般可把 $S_{\mathrm{h}}(f)$ 当作连续函数处理. 下面我们推导功率密度函数 $S_{\mathrm{h}}(f)$ 的表达式. 首先我们引入下面这一无量纲量的能量密度参数 $\Omega_{\mathrm{GW}}(\nu_{\mathrm{obs}})$:

$$\Omega_{\mathrm{GW}}(\upsilon_{\mathrm{obs}}) = \frac{1}{\rho_{\mathrm{c}}} \frac{\mathrm{d}\rho_{\mathrm{GW}}}{\mathrm{d}ln\nu_{\mathrm{obs}}} \tag{3-18}$$

其中, ρ_{GW} 为引力波能量密度; ν_{obs} 是观测者测得的引力波频率; $\rho_{\mathrm{c}} = 3H_0^2/(8\pi G)$ 为目前闭合宇宙所需的临界密度. 能量密度参数告诉我们的是在每一个频率处, 带宽等于频率的范围内引力波能量密度占宇宙临界密度的比例. 能量密度参数 Ω_{GW} (ν_{obs}) 与引力波功率谱密度 S_{h} 的关系为

$$\Omega_{\mathrm{GW}}(\upsilon_{\mathrm{obs}}) = [4\pi^2/(3H_0^2)]\nu_{\mathrm{obs}}^3 S_{\mathrm{h}} \tag{3-19}$$

其中 H_0 为哈勃常数.

然而, 决定天体物理背景能量密度的因素只有两个: 单个天体物理源发射的引力波能谱 (energy spectrum) 和源的形成率 SFR. 引力波背景总的积分能流为

$$F_\nu = \int_{z_{\min}}^{z_{\max}} f_\nu(\nu_{\mathrm{obs}}, z) \frac{\mathrm{d}R}{\mathrm{d}z}(z)\mathrm{d}z \tag{3-20}$$

其中, f_ν 为单个源辐射的单位频率间隔内的平均引力波能流, 它是观测频率 ν_{obs} 及红移 z 的函数; $\frac{\mathrm{d}R}{\mathrm{d}z}(z)$ 为引力波事件发生率. 引力波背景的能量密度参数与总积分能流之间的关系为

$$\Omega_{\mathrm{GW}}(\nu_{\mathrm{obs}}) = \frac{\nu_{\mathrm{obs}}}{c^3 \rho_{\mathrm{c}}} F_\nu \nu_{\mathrm{obs}} \tag{3-21}$$

有了以上公式我们就可以计算天体物理背景, 一般输入量为单个引力波源发出的引力波能谱和 SFR, 其中引力波能谱可由数值计算结果给出, 这一般与引力波源的具体模型密切相关, 或者可以利用简单的经验公式进行估算; SFR 一般由天文观测获得, 也可由数值模拟得到.

此外, 除了能量密度参数及其特征频率外, 还有一个用以刻画天体物理背景是否为连续 (continuous) 背景的参量 D(duty cycle). 它是引力波信号平均持续时间与连续两个信号之间的时间间隔之比, 定义为

$$D = \int_0^{z_{\max}} \bar{\tau} \frac{\mathrm{d}R}{\mathrm{d}z}(z)\mathrm{d}z \tag{3-22}$$

依据 D 的大小可以把天体物理背景划分成连续背景 $(D > 10)$、爆米花噪声 (popcorn noise, $0.1 < D < 10$) 和散弹噪声 (shot noise, $D < 0.1$).

很多天体物理源被认为可以在宇宙学尺度上形成一个随机引力波背景, 例如, 核心坍缩型超新星 (core collapse supernovae, ccSNe)、中子星相变或不稳定的振荡模式、双中子星并合、磁星以及星族III恒星等 [395]. 其中很多引力波源辐射引力波的无量纲经验公式由参考文献 [360, 361] 等给出.

其中, SFR 并不是一个可以直接测量的量, 通常天文观测中把天体源共同坐标系下的紫外线辐射作为恒星形成的指示器, 因为紫外线主要由寿命短的大质量恒星发出. 借助于哈勃太空望远镜、凯克望远镜和其他大望远镜的观测, 星系紫外辐射的光度密度可以比较准确地测量. SFR 密度定义为单位时间单位共动体积元内转化成恒星的气体和尘埃的质量 $\dot{\rho}_*(z)$. 有很多工作给出了这个量随红移演化的参数化解析表达式, 有三个模型 [362], 在红移大概在 4 以内时 $\dot{\rho}_*(z)$ 均可以表示成

$$\dot{\rho}_*(z)_i = 1.67 C_i h_{65} F(z) G_i(z) \tag{3-23}$$

其中, $i = 1, 2, 3$ 分别代表三个模型; C_i 为常数; $h_{65} = h/0.65$; $G_i(z)$ 为红移的函数, 是为了将所考虑的宇宙学模型由 Einstein-de Sitter 宇宙变成我们目前主流的 ΛCDM 模型而引入的. 由于这些拟合都假定了一个恒星质量下限为 $0.5 M_\odot$ 的初始质量函数 IMF, 转变成我们所采用的下限 $1 M_\odot$ 时需要乘以常数因子 1.67.

更为重要的, 我们再来看看探测随机背景的交叉相关的探测方法. 在前面章节已经掌握了天体物理的随机引力波背景的特征, 也就是它的能量密度谱 $\Omega_{\mathrm{GW}}(\nu_{\mathrm{obs}})$, 也有了探测器的灵敏度. 现在需要知道的是如何从探测器的数据中找出可能的背景信号. 引力波探测的特点也是难点就在于仪器本身的噪声强于可能的信号, 目前的状况更是噪声要远远大于信号. 所以根本的办法是降低仪器的噪声, 提高灵敏度. 但是对于随机背景的探测, 我们不太可能达到足够的灵敏度, 以至于单纯通过一个探测器就可以探测到一个随机背景信号, 因为仪器的输出数据完全由大量的噪声主导 [363], 最优的方法是: 利用两个仪器噪声不相关而引力波信号相关的特性, 进行两个探测器输出数据的交叉相关处理. 这样我们可以把比噪声还弱的背景信号 "挖掘" 出来. 我们这里不对这一方法做过多的介绍, 感兴趣的读者可以参阅文献 [364] 获取更多的细节.

也许有人要问, 我们为什么要研究天体物理背景呢? 它的重要性至少体现在以下两个方面: ① 这类随机背景信号与恒星形成的历史有密切关系, 也可以提供某一类源整体的统计特性如中子星或黑洞的质量分布, 中子星的椭率或磁场相关信息, 还可以用来推断引力波事件的发生率与平均的引力波能量; ② 天体物理背景可能覆盖极早期宇宙产生的原初引力波信号, 因此为原初引力波探测找到一个最适宜的频率 "窗口" 需要精确地模拟天体物理背景. 同时也有可能对独立引力波事件的探测产生一个 "噪声" 背景, 即当仪器本身的噪声已经降低到足以探测到很多单个事例的水平时, 天体物理背景可能形成一个限制观测灵敏度的重要因素.

第 4 章　引力波的发现

4.1　引力波存在的间接证据

引力波存在的间接证据 [35−37] 是由美国物理学家, 普林斯顿大学的泰勒 (Joseph Taylor) 和赫尔斯 (Russel Hulse) 得到的. 1974 年, 他们利用设在波多黎各的射电天文望远镜 [38], 发现了脉冲双星 PSR1913+16. 它由两颗质量大致与太阳质量相当的、相互旋绕的中子星组成. 其中一颗已经没有电磁辐射, 而另一颗还处在活动期, 可以在地球上用射电天文望远镜观测到它发射的射电脉冲. 利用观察到的、非常精确的周期性射电脉冲信号, 我们可以无比精准地知道两颗致密星体在绕其质心公转时它们轨道的半长轴以及周期. 这两颗中子星相距几百万公里, 两者相互绕转的周期是 7 小时 45 分钟, 运动速度为 300 公里/秒. 通过连续观测发现, 其轨道的长半轴逐渐变小, 每年缩短 3.5m, 绕质心转动的周期逐渐变短. 周期变化率为每年减小 76.5μs . 大约 3 亿年后, 这两颗星可以并合在一起. 这种变化可以利用广义相对论作很好的解释.

根据广义相对论, 做相互旋绕的双星由于引力辐射会损失轨道能量. 轨道半径和相互旋绕周期会变短, 使得两颗星越来越靠近, 从而以更快的频率旋绕. 根据利用射电天文望远镜观测到的轨道参数, 可以直接得到该双星系统的动力学特征, 而利用广义相对论, 可以计算出引力辐射导致的能量损失, 并对能量损失而引起的轨道周期的变化值给出准确的预言. 泰勒和赫尔斯对 PSR1913+16 连续观测达 14 年之久, 获得的数据与广义相对论计算出的四极矩辐射能流理论预言, 符合得很好 [39,40](图 4.1), 后续 20 多年的观测也更加证明了这一点, 与截止到 2010 年的观测数据的符合达到 0.3% 的精度.

在图中, 纵坐标表示相对的累积周期变化, 单位为 s. 取测量开始时周期变化为 0s. 横轴为测量时间, 单位为年. 图中圆点表示测量值, 实曲线是根据广义相对论的预言值画出的. 可以看出, 测量获得的数据与广义相对论的预言符合得很好.

这是人类得到的第一个引力波存在的间接证据, 是对广义相对论引力理论的一大贡献. 泰勒和赫尔斯 (图 4.2) 因此荣获 1993 年诺贝尔物理学奖 [41]. 此后, 科学家发现了更多的中子双星系统 (表 4.1), 对它们的观测和研究, 必将增加人们在宇宙中直接探测到引力波的信心和希望 [42,43].

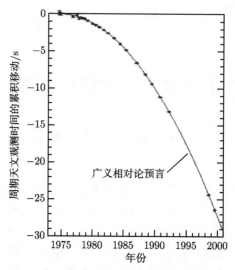

图 4.1　PSR1913+16 周期累积移动观测值与广义相对论预言值的比较

泰勒　　　　　　　　　赫尔斯

图 4.2　J. 泰勒和 R. 赫尔斯

表 4.1　相对论效应明显的脉冲双星系统

名称	轨道周期/h	轨道椭率	主伴星质量/$M_\odot$	并合时间/Myr
J0737-3093	2.4	0.09	1.37/1.25	85
J1141-6545	4.7	0.17	1.30/0.98	600
B1534+12	10.1	0.27	1.34/1.33	2700
J1756-2551	7.7	0.18	1.40/1.181	700
J1906-0746	4.0	0.09	1.32/1.29	300
B1913+16	7.7	0.62	1.41/1.39	300
B2127+11C	8.0	0.68	1.36/1.35	220

泰勒和赫尔斯的实验是用射电天文望远镜进行的, 测量的是双星中仍具有电磁辐射的那颗中子星在宇宙空间中出现的位置 (双星旋绕椭圆轨道的长半轴) 和绕质心公转的周期, 探测手段是电磁辐射, 并未涉及引力波问题, 该研究属于电磁辐射天文学的范畴. 只是在对实验结果进行解释时用到了引力波理论, 其测得的实验数据是旋绕周期, 这个数据不直接携带引力波信息. 其实验曲线是累积旋绕周期随时间的变化, 该曲线只有用广义相对论关于引力波的存在的理论来拟合时才是符合的. 也就是说, 泰勒和赫尔斯的实验结果只能用广义相对论关于引力波的预言来解释. 因此我们说泰勒和赫尔斯发现了引力波存在的间接证据. 由于致密双星系统在并合前的最后阶段才能辐射达到峰值功率的引力波, 因此 3 亿年后才并合的 PSR1913+16 双星系统正在辐射的引力波功率还太小, 用现有的探测器还不能探测到.

4.2 引力波的发现

美国当地时间 2016 年 2 月 11 日上午 10 点 30 分 (北京时间 2016 年 2 月 11 日 23 点 30 分), 美国国家科学基金会 (NSF) 召集来自加州理工学院、麻省理工学院以及 LIGO 科学合作组织的科学家代表在华盛顿国家新闻中心向世界宣布 (图 4.3), 加州理工学院、麻省理工学院和 LIGO 科学合作组 SLC 的科学家利用设在华盛顿州汉福德的高级激光干涉仪引力波探测器 (Advanced LIGO)H1 和位于路易斯安那州利文斯顿的相同的实验设备 L1 发现了引力波存在的直接证据. 困扰科学家 100 年来的物理学难题得到了破解. 这是一项划时代的科学成就, 具有极其深远的意义.

图 4.3 发布会上科学家在欢呼

从左到右: 加布里拉·冈萨雷斯, 雷纳·韦斯, 基普·索恩

4.2.1　第一个引力波事例 GW150914[352]

LIGO 科学家宣布, 美国当地时间 2015 年 9 月 14 日 9 点 50 分 45 秒位于华盛顿州的汉福德和位于路易斯安那州利文斯顿的两台高级激光干涉仪引力波探测器, 同时探测到一个短暂的引力波信号, 他们把这个引力波事例命名为 GW150914, 以纪念这个人类科学史上极不寻常的日子.

1. 主要参数 [393]

该信号的频率范围为 35~250Hz, 峰值应变幅度为 1.0×10^{-21}, 该事例与广义相对论预言的两个相互旋绕的黑洞 (图 4.4) 在旋进、并合及最后生成新的单个黑洞衰减振荡时引发的引力波波形相匹配.

图 4.4　双星旋绕与引力波发射示意图

深入分析后得知, 波源的亮光度距离为 410^{+160}_{-180}Mpc (pc 为秒差距, 是天文学中的长度单位, 另一个长度单位是光年 ly, 即光在真空中传播一年走过的长度, 有的报道中说这个波源的距离为 13 亿光年, 就是根据 1pc $\approx$ 3.262ly 换算得来的), 相应红移 $z = 0.09^{+0.03}_{-0.04}$, 波源中初始黑洞的质量分别为 $36^{+5}_{-4}M_\odot$ 和 $29^{+5}_{-4}M_\odot$, $M_\odot$ 是太阳质量, 最后形成的克尔黑洞的质量为 $62^{+4}_{-4}M_\odot$, 这表明有 $E = 3.0^{+0.5}_{-0.5}M_\odot c^2$ 的能量在并合过程中以引力波的形式辐射出去. 用匹配过滤器 (matched filtering) 观测到这个事例, 组合信号噪声比为 SNR = 24, 误报率小于每 20300 年 1 次, 相应于显著性 5.1σ, 按照科学上的惯例, 显著性在 5.0σ 以上即可定义为确定的新发现, 例如, 举世闻名的希格斯 (Higgs) 粒子被发现时其显著性是 5.2σ. 该信号最初是用低延迟搜寻软件系统发现的, 这个低延迟软件系统适用于寻找通用的引力波瞬变事件, 并不对某类引力波特别青睐. 当该系统察觉到有能量超过阈值的大信号出现时, 会发出警示, 提醒我们有异常事件发生. 事实的确如此, 在数据获取过程中, 当激光干涉仪引力波探测器对 GW150914 响应 3 分钟时它给出了警示.

随后, 用匹配过滤器对该事例进行了详细分析, 复原了这个事例, 这个匹配过滤器是专门为研究致密双星引力波波形而设计的. GW150914 引力波在两个场地间的传播时间在 10ms 以内.

由于高级 VIRGO 还没有完成升级改造, GEOHF 虽然正在运转但未处于观测模式, 所以都没有探测到这个事例, 仅利用 H1 和 L1 两个探测器的时间差, 该波源在空间的位置被确定在一个面积为 600 平方度区域内.

在位于汉福德的高级激光干涉仪引力波 H1 和位于利文斯顿的探测器 L1 上探测到的引力波信号波形如图 4.5 所示.

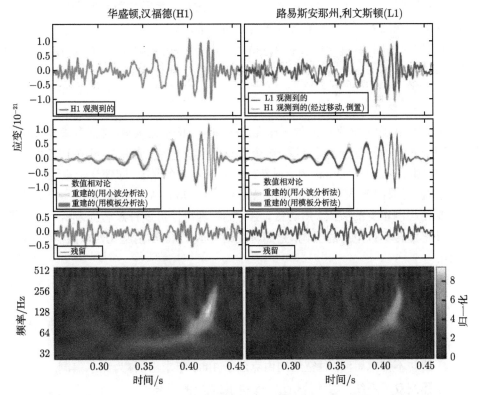

图 4.5 高级 LIGO H1 和 L1 探测到的引力波信号波形 [352](后附彩图)

图 4.5 左列各图是位于汉福德的高级激光干涉仪 H1 的探测结果 (红色), 右列各图是位于利文斯顿的高级激光干涉仪 L1 的探测结果 (蓝色), 为了便于观看, 所有时间序列数据都用一个带宽为 35~350Hz 的带通过滤器进行了过滤, 以便压低探测器最灵敏的频带外的大涨落. 同时也使用了频带拟制过滤器以便移走很强的仪器谱线.

第一排左图为 H1 的应变曲线, 第一排右图为 L1 的应变曲线, GW150914 首先到达 L1, 并在 $6.9^{+0.5}_{-0.4}$ms 后到达 H1. 这个时间差与两个探测器之间的距离相符, 并表明引力波是从南部天区传来的.

为了进行直观比较, 在把 H1 数据移动了时间差 $6.9^{+0.5}_{-0.4}$ms 之后也画在 L1 的应变曲线上. 第二排表示在 35~350 Hz 频带内每个探测器上的应变曲线. 实线是一个双星旋绕系统数值相对论波形, 这个系统具有的参数与从 GW150914 复原的参数一致. 深灰色曲线是用双黑洞模板波形模拟了测得的信号重建的, 浅灰色曲线没有使用天体物理模型而是像正弦高斯小波的线性组合那样计算应变信号重建的. 这些重建的应变曲线有 94% 是重叠的. 第三排是从过滤后的探测器输出的时间序列波形减去过滤后的数值相对论波形后残存的波形. 第四排表示的是应变数据的时间–频率曲线, 给出信号频率随时间增加的情形.

从第四排的图像可以看出, 探测到的引力波信号初始频率为 35Hz, 在 0.25s 内迅速提升到了 250Hz, 最后消失 (本图来源于 LIGO 合作组).

2. 双黑洞旋绕系统的确认

1916 年, 德国天文学家卡尔·施瓦西 (Karl Schwarzschild) 通过计算得到了爱因斯坦引力场方程的一个真空解, 这个解表明, 如果将大量物质集中于空间一点, 在质点周围存在一个界面, 称为 "视界", 一旦进入这个界面, 即使光子也无法逃脱. 这种天体被美国物理学家约翰·阿奇巴德·惠勒 (John Archibald Wheeler) 命名为黑洞. 根据黑洞本身的质量、角动量、电荷等物理特性可以将黑洞分为以下几大类:

(1) 不旋转不带电荷的黑洞, 它的时空结构于 1916 年由施瓦西求出, 称为施瓦西黑洞.

(2) 旋转且带电荷的黑洞, 时空结构于 1965 年由纽曼求出, 叫做克尔-纽曼黑洞.

(3) 不旋转但带电荷的黑洞, 时空结构于 1916 年和 1918 年由赖斯纳热 (Reissner) 和纳自敦 (Nordstrom) 求出, 称为 R-N 黑洞.

(4) 旋转不带电黑洞, 时空结构由克尔于 1963 年求出, 称为克尔黑洞.

(5) 黑洞双星系统: 与其他恒星一块形成双星的黑洞.

根据 GW150914 的性质可以说明它是由双黑洞坍缩产生的, 即相互旋绕的双黑洞在轨道旋进、并合最后形成单个黑洞衰荡时产生的.

实验表明, 在 0.2s 内信号经历 8 次循环, 频率从 35Hz 增加到150Hz, 幅度也增加到最大值. 这种演变看起来最有道理的解释是两个质量体 m_1 和 m_2 在做轨道旋绕时发射引力波造成的. 在频率较低时, 这种演变以所谓 "鸟鸣" 质量 $\overline{M}$ 来表征:

$$\overline{M} = \frac{(m_1 m_2)^{3/5}}{(m_1 + m_2)^{1/5}} = \frac{c^3}{G} \left(\frac{5}{96} \pi^{-8/3} f^{-11/3} \dot{f} \right)^{3/5} \tag{4-1}$$

公式中, f 和 $\dot{f}$ 是观测到的频率及其对时间的导数; G 是万有引力常数; c 是光速. 从图 4.5 中的数据我们可以估算中 f 和 $\dot{f}$ 的值, 从而得到 "鸟鸣" 质量 $\overline{M} \approx 30M_\odot$, 这暗示在探测器框架内, 双黑洞的质量和 M 为

$$M = m_1 + m_2 \geqslant 70M_\odot$$

m_1 和 m_2 分别是双黑洞系统中两个子黑洞的质量. 这个数值把双黑洞组分的施瓦西半径的和界定为 $2GM/c^2 \geqslant 210\text{km}$, 为了达到 75Hz 的轨道频率, 两个质量体必须靠得很近, 而且必须非常致密.

两个在这个频率上做轨道运动的相等的牛顿点质量应该分开大约 350km, 一对致密的中子星没有上面所要求的那样大的质量, 而具有上面推导出的 "鸟鸣" 质量数值的中子星–黑洞系统需要有非常大的总质量, 而且也由于这个原因, 应该在非常低的频率上并合. 这样, 所测得的引力波事例就只能是双黑洞系统这一种可能. 双黑洞系统与实验结果是相符合的: 它们足够致密以达到 75Hz 的轨道频率而又不相互接触, 再者, 在达到峰值以后波形的衰变也与最终形成的稳定的克尔黑洞的阻尼振荡相符合.

3. 广义相对论分析

利用得到的波源参数对事例 GW150914 进行广义相对论分析, 得到的结果在图 4.6 中给出.

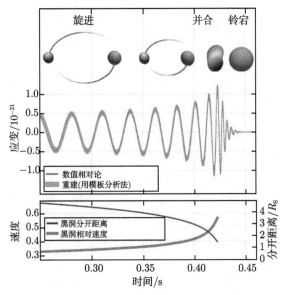

图 4.6 利用波源参数计算得到的引力波波形 [352]

　　该图是用位于汉福德的激光干涉仪引力波探测器 H1 上测得的数据计算出来的, 顶图为估算的引力波应变幅度曲线, 它显示了波形的全部频带宽度, 没有使用过滤器. 图中插入的影像显示了黑洞坍缩时黑洞界限的数值相对论模型. 底图黑色曲线表示开普勒有效黑洞分开的距离, 单位是施瓦西半径 R_s(右边的坐标), $R_s = 2GM/c^2$, 绿色曲线表示由后牛顿参数 v/c 给出的相对速度, $v/c = (GM\pi f/c^3)^{1/3}$, f 是用数值相对论计算得到的引力波的速度, M 是系统的总质量.

　　4. 符合测量

　　在引力波这样的稀有事件探测中, 利用建在不同地点的两台 (或多台) 探测器进行符合测量是非常重要的, 在地面震动噪声影响非常严重的实验中更加突出. 它能帮助科学家判断事例的真伪并确定事件发生的位置. 两台探测器分开的距离越远越好. LIGO 在开始设计时就充分注意到这一点, 因此他们把其中一台建在美国西北角华盛顿州的汉福德, 另一台建在美国东南角路易斯安那州的利文斯顿, 两地相距 3030 多公里 (图 4.7), 这是一种十分合理、十分高明的实验安排.

图 4.7   高级 LIGO H1(位于华盛顿州汉福德) 和高级 LIGO L1(位于路易斯安那州利文斯顿)

　　5. 判断事例的真伪

　　将两个或多个探测器联合起来进行符合测量与分析, 可以降低虚假信号的干扰, 极大地提高事例的真实性. 对引力波探测来说, 如果只用一台激光干涉仪进行探测, 当探测器中出现能量超过阈值的信号时, 这个信号可能是真实的引力波事例, 也可能是某个噪声源发射出的虚假噪声, 这些噪声源可能是火山爆发和地质活动、微弱地震、月球潮汐、海浪、大风引起的房屋及树木的晃动对地基的影响、大雨及冰雹等自然现象引起的地面震动也可能是交通运输、工农业生产、矿山开采、森林砍伐、工程建设等人类活动引起的地面震动、电器打火、开关的开启闭合等. 历史上发生类似误判的教训是存在的.

　　当使用位于不同地域的两个探测器 (如 LIGO) 联合起来进行符合测量时, 若真正的引力波到达地球, 这两个探测器势必都会一致性地有所反应. 它们不仅会 "同时" 观测到这个信号 (信号的大小与探测器的位置和引力波极性的相对关系有关), 而且它们的信号还会有相互关联的相位. 噪声信号通常是不会有任何关联的; 更重要的, 如果两个探测器分开的距离很远, 上述虚假噪声在两个探测器中同时出现的概率非常低, 甚至是 0. 如果从不同的探测器上得到的信号能够被相干组合, 就可以认为该事例是引力波而不是噪声的可能性非常高. 根据 LIGO 发布的数据我们知道, 该引力波事例是在美国东部时间 2015 年 9 月 14 日 5 时 51 分探测到的, 这个信号首先在位于利文斯顿的高级激光干涉仪引力波探测器 (高级 LIGO) 上出现, 7ms 后, 位于汉福德的另一台相同的探测器也记录到它. 根据简单的几何计算确认, 两台相距 3000 多公里的探测器探测到的是同一个事例.

6. 确定波源的空间位置

利用单个探测器很难辨认引力波是从太空中哪个地方来的. 因为在以探测器为原点, 以引力波源到探测器的距离为半径, 我们可以在太空中划定一个圆, 但是, 由于测量精度是有限的, 存在测量误差, 我们在太空中划定的是一个壳很薄的空心球 (空心球壳的厚度取决于探测器的精度). 被探测到的引力波源可能位于球壳上的任一点.

利用设在不同地域的两个探测器进行测量, 例如, 高级 LIGO H1 和 L1, 若两个探测器的输出信息是相互关联的, 我们可以很好地测量出两个探测器输出信息之间的时间差, 而两个探测器之间的距离是已知的. 利用两地的距离和时间差我们在空中划出的不是一个球壳而是一个圆环. 很明显, 时间差测量得越精确 (如提高信噪比以减小随机误差、精确设置波形和极化状态以减小系统误差), 定位精度越高. 引力波信号是从这个带状环内发出的.

分析表明, 忽略壳的厚度, GW150914 位置可以被确定在一个面积为 600 平方度的区域内, 利用三个探测器进行符合测量时我们能够得到两个独立的时间差, 利用距离及两个独立的时间差可以在太空中划定两个带状环, 这两个带状环的交叉在太空中形成两个 "补丁", 引力波信号可能是从这两个 "补丁" 中的一个发出的. 利用第四个探测器的观测将给出第三个时间差, 它足以在太空中把引力波源定位在一个 "补丁" 内, 利用更多的探测器联网测量, 可以使 "补丁" 缩小, 提高波源的定位精度.

7. 双星旋绕系统与引力波发射

LIGO 合作组宣称, 他们探测到的引力波是两个相互旋绕的黑洞在旋绕、靠近进而并合成一个新黑洞的过程中发射的. 相互旋绕的致密双星是宇宙空间中最丰富的引力波源, 这种双星主要包括中子星–中子星、中子星–黑洞、黑洞–黑洞. 根据广义相对论计算可知, 在两个黑洞相互接近绕转的过程中, 系统的质量四极矩会随时间变化, 因此会不断向外辐射引力波, 而引力波的辐射会把两个黑洞之间的引力势能降低, 损失系统的轨道能量. 使两黑洞越来越靠近, 随着两个黑洞的距离变小, 它们之间相互绕转的频率会变得更高. 所辐射的引力波的振幅也越来越大. 最后两个黑洞相互碰撞进而并合在一起. 计算表明, 双黑洞系统辐射的引力波的功率是如此之大, 以至于一个彼此相距几千米的双星, 会在几分钟甚至几秒钟或更短的时间完成上述过程, 其物理图像如图 4.8 所示.

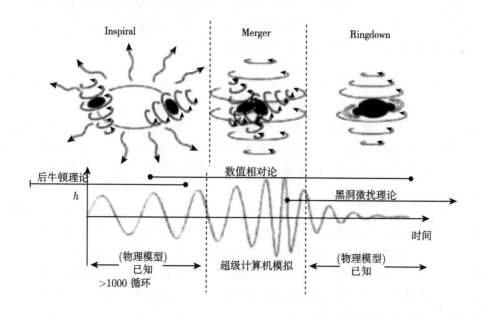

图 4.8　密近双星的旋进、并合、铃宕阶段辐射的引力波波形示意图 [352]

　　图中以 "Inspiral" 标识的阶段为旋进阶段, 由于引力辐射带走能量, 密近双星的旋绕轨道逐渐从椭圆变成圆形. 其辐射的引力波频率也逐渐进入我们在地球上建立的探测器的测量范围之内. 在此阶段, 由于引力辐射不断带走轨道能量, 旋绕轨道不断收缩, 引力波幅度增大, 频率也不断增高. 发射的引力波波形具有 "鸟鸣" 信号的特征. 第二阶段是并合阶段, 在图 4.8 中以 "Merger" 标识, 当双星的旋绕轨道达到最内稳定圆时, 两个星体将动态地并合在一起. 第三阶段被称为衰减振荡阶段, 当两个黑洞并合成高速旋转的克尔黑洞时, 其发射的引力波幅度逐渐衰减, 波形具有 "余波" 特点, 类似于摇铃后铃声逐渐变小直至消失的情况. 相互旋绕的双黑洞系统发射的引力波信号波形如图 4.9 所示.

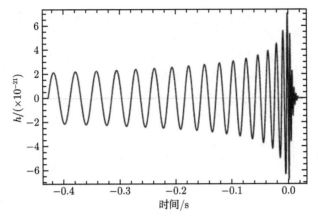

图 4.9 相互旋绕的双黑洞系统发射的引力波信号波形示意图 [352]

8. 分析软件

引力波事例 GW150914 的发现与数据分析方法有极大的关系. LIGO 科学合作组织在数据处理中使用了匹配滤波器. 匹配滤波器是引力波数据分析中功能最强大的软件工具之一, 它是在搜寻致密双星并合信号中逐步发展和健全起来的. 在这个方法里, 将干涉仪的输出信号与模板进行相关分析, 如果一个信号事件与一个模板的相关值较高, 就说明观测到的信号不完全是噪声的可能性比较高, 而且有可能是与该模板所关联的引力波信号. 进而, 用多个模板与信号进行相关性计算, 以检查该信号是某个特定的引力波波形的可能性有多大. 在用激光干涉仪进行引力波探测时, 噪声是一个需要解决的主要问题. 匹配滤波器有一个非常有用的性质: 由于干涉仪的输出信号可以表示为单纯的引力波信号和随机噪声的和, 在干涉仪输出信号与给定模板的相关性计算得到的相关值中, 可能找到一个最优的信噪比, 它就是我们选出的, 值得进一步分析的有用 "事例", 从这个意义上来说, 匹配滤波器对数据进行过滤是一个不错的选择.

4.2.2 第二个引力波事例 GW151226[385]

北京时间 2016 年 6 月 16 日凌晨, LIGO 科学合作组织在圣地亚哥举行的美国天文学会第 228 次会议上正式宣布, 位于美国华盛顿州汉福德和路易斯安那州利文斯顿的两台激光干涉仪引力波探测器 LIGO(汉福德) 和 LIGO(利文斯顿) 同时探测到了一个引力波信号 GW151226; 这是继 LIGO 2015 年 9 月 14 日探测到首个引力波信号 GW150914 之后, 人类探测到的第二个引力波信号. 该事例发生在 2015 年 12 月 26 日, 是由两个质量分别为 14.2 和 7.5 个太阳质量的黑洞并合所引起, 其中至少有一个黑洞有自旋. 并合后生成的新黑洞质量为 20.8 个太阳质量, 整个事件持续了约 1 秒 (30 个周期), 比第一个事件长了约 5 倍, 统计置信度高于 5 个标准方差, 引力波源到地球的距离约 14 亿光年 (红移为 0.1), 两个黑洞并合过程中约 1 个太阳质量的巨大能量以引力波的形式释放出来, 信号的频率范围为 35~430Hz. 这是 LIGO 科学合作组织取得的又一个重要成果. 更加雄辩地证明了引力波存在的真实性. 图 4.10 给出了该事例的一些具体参数.

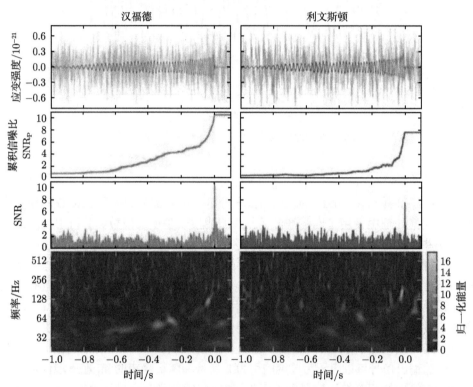

图 4.10   引力波事例 GW151226 的应变强度、信号噪声比及频率随时间的变化 [385]

(后附彩图)

从上到下: GW151226 应变强度随时间的变化 (黑线为模型模拟); 累积信噪比随时间的演化; 信噪比随时间的演化; 左列和右列分别为 LIGO(汉福德) 和 LIGO (利文斯顿) 的观测数据 (红线和蓝线)

1. 黑洞质量, 引力波信号持续时间

第二个事件中双黑洞的质量分别为 14.2 和 7.5 个太阳质量, 与其他天文方法发现的黑洞的质量接近, 但明显小于第一个事件的双黑洞质量 (分别为 36 和 29 个太阳质量). 最后的黑洞并合释放约 1 个太阳质量的巨大能量, 虽低于第一个事件释放的能量 (折合 3 个太阳质量), 但还是极为可观. 由于此次双黑洞质量更小, 事件的持续时间 (1s) 也比第一个事件长了约 5 倍. 另外, 此次信号频率范围在 35~430Hz, 比第一个事件的频率范围 (35~250Hz) 更高.

2. 信号强度

第一个事件在频率和时间参数空间上肉眼可见, 而 GW151226 信号淹没在噪声中, 必须通过复杂的数据处理才能挖掘出来, 尽管如此, 这次信号的置信概率也达到了 5.3 个 σ 以上, 满足了科学上确认 "发现" 的要求 (5 个 σ 以上). 该事例的发现充分反映了数据处理和统计分析在引力波探测中的重要地位.

3. 新黑洞的自旋

两个黑洞并合之后形成了一个新的黑洞, 新黑洞的无量纲自旋参量为 0.7. 通过对该事例的各种参量进行分析, 科学家推测: 参与并合的两个黑洞之一具有很高的自转速度 (大约达到其极限自转速度的 60%). 这意味着这个黑洞可能经历了吸积过程, 而吸积过程将释放出 X 射线信号. 也就是说, 从类似于第二个引力波事例的双黑洞并合事件中, 天文学家有可能找到它在电磁波段的对应体, 从而精确地定位出这个引力波源的位置. 当然, 最理想的电磁波段对应体还是双中子星并合或中子星–黑洞并合.

4.2.3 第三个引力波事例 GW170104[389]

2017 年 5 月 31 日, LIGO 和 VIRGO 科学合作组织举行了一次内部媒体发布会, 正式宣布在高级 LIGO 探测器上探测到第三个引力波事例 GW170104.

与前两个事例一样, 它也是由两个相互旋绕的黑洞并合时产生的. 并合之前两个黑洞的质量分别为 31.2 和 19.4 个太阳质量, 并合后形成了一个 48.7 太阳质量的黑洞. 大约有 2 个太阳质量的能量以引力波的形式释放出来. 该事例被分别位于汉福德和利文斯顿的两个高级 LIGO 探测器同时观测到, 信号到达汉福德探测器的时间比到达利文斯顿探测器的时间早 3ms. 整个信号过程持续了短短的 0.1s, 波源到探测器的距离为 30 亿光年.

从引力波事例 GW170104, 人们得到了一些非常有意义的结果.

1. 黑洞的自旋

在天文学中, 我们通常使用一个介于 0~1 的数字来表示黑洞自转的快慢. 数值 0 意味着没有任何转动, 1 对应着黑洞视界面上的转动速度为光速. 在当前的探测精度下, 人们仅能对并合后形成的黑洞的自转进行估算, 通过对 GW170104 事例的分析, 得到黑洞的自旋数值约为 0.64, 即黑洞视界面的自转速度约为光速的一半.

2. 黑洞的质量

理论计算表明, 宇宙中很难产生高于 20 个太阳质量的黑洞. 在实验上, 利用电磁波辐射手段能够测到的最大质量的黑洞也只有 15 个太阳质量, 所以通常认为大于 20 个太阳质量的黑洞在宇宙中是不存在的. 第一个引力波事例 GW150914 最后形成的黑洞的质量为 62 个太阳质量, 第二个事例 GW151226 最后形成的黑洞的质量为 21 个太阳质量. 都大于 20, 第三个事例 GW170104 最后形成的黑洞的质量为 48.7 个太阳质量, 再次证明大于 20 个太阳质量的黑洞是可以存在的.

3. 双黑洞系统的形成机制

当前关于双黑洞系统的形成机制主要有两种说法, 其一是原生双星系统形成机制, 该说法认为两个大质量的恒星在诞生之初就在一起, 然后一同演化, 最终形成双黑洞系统. 这种说法的根据是: 当前的研究表明, 银河系中有一半恒星处于双星系统当中. 在这种机制中, 原生双星系统诞生于同一片星云, 黑洞会保持原先恒星的自旋, 两个黑洞的有效自旋方向和轨道运动方向通常是一致的.

另外一种是黑洞/恒星交换机制, 该说法认为, 黑洞形成于星团当中, 最初生成的双星系统是一个黑洞和一个恒星, 当该系统碰到另一黑洞时就会形成三体系统, 黑洞的质量通常比恒星大得多, 因此恒星会被大质量的黑洞替换而逃出系统, 原来的黑洞/恒星系统变为双黑洞系统. 因为星团中心通常比较致密, 这种假设看起来也是有道理的. 在这种机制中, 黑洞是独立形成的, 两个黑洞的自旋方向不需要一致, 可以指向不同方向. 这会导致两黑洞整体的有效自旋方向和轨道运动方向不一定是一致的.

本次引力波事例观测拟合结果表明, 两黑洞的有效自旋方向和系统轨道运动方向并不一致, 倾向于支持第二种形成机制.

4.2.4　第四个引力波事例 GW170814[390,397]

金秋十月是收获的季节, 引力波探测也频传佳音, 不平凡的第四个事例 GW170814 和第五个事例 GW170817 相继发现. 在引力波天文学的研究中具有里程碑式的意义, 标志着引力波探测又跃上一个新台阶.

2017 年 9 月 27 日, 美国 LIGO 和欧洲 VIRGO 两个引力波项目组在意大利都灵召开新闻发布会宣布: 2017 年 8 月 14 日, 从位于三个不同地点、相距遥远的引力波探测器, 即位于美国路易斯安那州利文斯顿和华盛顿州汉福德的两台激光干涉仪引力波天文台 (LIGO) 和位于意大利比萨附近的激光干涉仪引力波探测器 VIRGO, 几乎同时探测到一个新的引力波事例, 这是人类发现的第四个引力波事例. 随后该事例被命名为 GW170814. 图 4.11 给出了三个探测器测得的信号.

第四个引力波事例是由相互旋绕的两个黑洞并合产生的, 两个黑洞的质量分别为太阳质量的 31 倍和 25 倍, 并合后的黑洞质量约为太阳质量的 53 倍, 剩余约 3 个太阳的质量转变成能量以引力波的形式释放出来. 波源到地球的距离为 18 亿光年. 该事例的发现标志着引力波探测又向前跨越一大步, 是一个 "令人激动的里程碑".

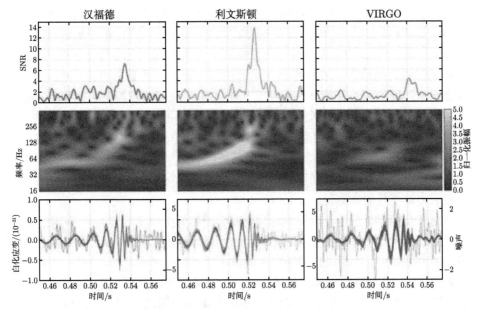

图 4.11 三个探测器得到的第四个引力波事例 GW170814 信号 [390]

1. LIGO 与 VIRGO 符合测量

第四个引力波事例 GW170814 的发现具有十分特殊的意义, 它是被两个不同的实验组, 在相距遥远的不同地点, 利用结构相互有差异的探测器 LIGO 和 VIRGO 同时探测到的, 前三个事例都是由 LIGO 发现的, 虽然两台 LIGO 分别位于美国西北部的华盛顿州和东南部的路易斯安那州, 两地相距 3000 公里, 由同一个噪声源产生同一个虚假信号的概率极小; 但毕竟是由同一个实验组的两台结构相同的探测器发现的, 难免引起某些人对事例真实性的怀疑. GW170814 的发现彻底打消了这些人对引力波事例真假的猜疑, 直接导致了在探测结果正式发表一年多的时间内就获得诺贝尔物理学奖, 这在历史上是十分罕见的.

引力波天文学是一个正在兴起的科学领域, 像电磁辐射天文学一样, 需要全世界的引力波天文台联网探测, 分享数据, 进行广泛的合作研究. GW170814 的发现迈出了第一步, 开辟了引力波探测的新阶段, 随着正在建造中的、位于日本神冈的地下低温引力波天文台 KAGRA 和印度的引力波天文台 LIGO-INDIA 的陆续建成并投入运转, 国际引力波探测网和联合研究机制将被建立起来, 通过共享数据及合作分析, 引力波天文学的研究将取得更加辉煌的成就.

2. 定位精度

GW170814 是有史以来人类第一次同时使用三台探测器联手发现的, 第三个探测器的加入大大提高了引力波源在太空中的定位精度. 我们知道, 利用单个探测器很难辨认引力波是从太空中哪个地方来的, 因为在以探测器为圆心, 以探测到的引力波源到探测器的距离为半径, 我们可以在太空中划定一个球, 由于测量精度是有限的, 存在测量误差, 我们在太空中划定的是一个壳很薄的空心球 (空心球壳的厚度取决于探测器的精度). 被探测到的引力波源可能位于球壳上的任一点. 如果利用设在不同地域的两个探测器进行测量, 例如, 位于美国路易斯安那州和华盛顿州的两台激光干涉仪引力波天文台 LIGO 同时进行测量, 由于两个探测器的输出信息是同一个事件产生的, 是相互关联的, 我们可以很好地测量出两个探测器输出信息之间的时间差, 而两个探测器之间的距离是已知的. 利用两地的距离和时间差我们在空中划出的不是一个球壳而是一个带状圆环, 这个带状环内的任何一点都有可能是该引力波信号的发源地.

利用三个探测器进行符合测量时我们能够得到两个独立的时间差, 利用距离及两个独立的时间差可以在太空中划定两个带状环, 这两个定位带状环的交叉在太空中形成两个 "补丁", 如图 4.11 所示. 引力波信号可能是从这两个 "补丁" 中的任何一个内发出的. 利用第四个探测器的观测将给出第三个时间差, 它足以在太空中把引力波源定位在一个 "补丁" 内, 利用更多的探测器联网测量, 可以使 "补丁" 缩得更小, 使波源的定位精度得到极大的提高.

在图 4.12 中我们可以看到正式发表的第一个到第五个引力波事例及疑似事例 LVT151012 在宇宙空间的位置图, 前三个事例和疑似事例都只能定位于一个圆环内, 由于 VIRGO 的加入, 第四个事例就可以定位于两个 "补丁" 之内了. 这极大地提高了波源的定位精度.

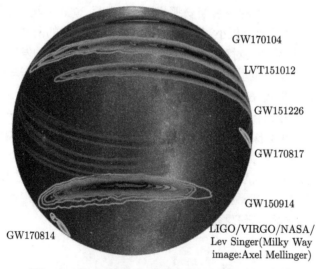

图 4.12 第一到第五个引力波事例空间定位图 [390]

用位于世界各地的多台引力波探测器联合运转, 科学家们能更加精确地判断引力波传播的角度方位, 开展引力波极化方向的测量, 为引力波理论的研究和验证提供重要依据.

3. VIRGO 概述

VIRGO 是以法国和意大利为主的欧洲国家联合建立的一台激光干涉仪引力波探测器, 我们将在第 6 章中对它做详细的讨论, 这里只概括地介绍一下. VIRGO 位于意大利的比萨附近, 臂长为 3 公里, 高级 VIRGO 的应变灵敏度为 10^{-23} 量级, 属于第二代激光干涉仪引力波探测器.

VIRGO 也经历了与 LIGO 相似的发展历程, 初级 VIRGO 几乎与 LIGO 同时开始建造, 而且也在 21 世纪初建成并开始运转, 在没有捕捉到引力波信号后, 也像 LIGO 一样开始了第一次小规模的升级改造, LIGO 升级为加强 LIGO (enhanced LIGO) 而 VIRGO 升级为 VIRGO+, 很小的改进见到了很大的功效, 证明激光干涉仪引力波探测器具有极大的发展潜力, LIGO 和 VIRGO 团队决定投入大量的人力物力对干涉仪进行大规模的升级, 目标是把应变灵敏度从初级探测器的 10^{-22} 提高一个数量级, 达到 10^{-23}. 第二次升级后的 LIGO 和 VIRGO 更名为高级 LIG(Advanced LIGO) 和高级 VIRGO(Advanced VIRGO), 习惯上把它们称为第二代激光干涉仪引力波探测器, 高级 LIGO 在建成后的试运行阶段就发现了三个引力波事例, 而高级 VIRGO 也在今年 8 月的试运行阶段与高级 LIGO 一起发现了第四个引力波事例 GW170814, 标志着引力波探测进入了一个新的阶段.

虽然 VIRGO 与 LIGO 一样, 是一个巨大的激光干涉仪, 但它有非常讲究的地面震动噪声衰减系统和百米长的注入清模器, 低频灵敏度比较高. 作者有幸在 VIRGO 工作一年, 参加了 VIRGO 的统调和数据分析, 深知 VIRGO 结构的鲜明特点, 对欧洲同事的友善和踏实、细致、一丝不苟的工作作风体会颇深.

4.2.5 第五个引力波事例 GW170817[391]

北京时间 2017 年 10 月 16 日 22 点, 美国国家科学基金会宣布: 激光干涉引力波天文台 LIGO 和 VIRGO 于 2017 年 8 月 17 日美国东部时间 8 时 41 分 (北京时间 20 时 41 分) 发现一个引力波事例, 命名为 GW170817. 经分析确定, 第五个引力波事例是由相互旋绕的两个中子星并合产生的, 两个相互旋绕的中子星的质量估计为 1.1~1.6 倍太阳质量, 比迄今为止观测到的黑洞的质量都要小得多, 而恰好是中子星的质量范围, 并合后形成一个新的中子星, 有约 0.025 倍太阳质量转变成能量以引力波的形式释放出来. 波源到地球的距离为 1.3 亿光年, 这虽然是发现的第五个引力波事例, 却是人类首次直接探测到由两颗中子星并合产生的引力波事件. 长期以来引力波天文学家一直期待能够探测到双中子星并合产生的引力波信号, 一则中子星在宇宙中很常见, 有很多奥秘需要揭露; 二则双中子星系统原在使用射电望远镜之前就已经用电磁辐射手段探测到. 科学家热切希望能够找到既有引力辐射同时又有电磁辐射的天体源. GW170817 就是这样的事例, 它的发现具有十分重要的意义.

1. 双中子星并合

与双黑洞并合不同, 双中子星并合过程不仅向外辐射出引力波, 还会在多个波段发出电磁辐射, 从而能被望远镜等电磁辐射探测装置观测到. 这种在发出引力波的同时, 又被电磁观测手段探测到的天体被称为引力波的电磁对应体. GW170817 是人类第一次同时探测到的引力波电磁对应体, 是引力波研究中一个重要的里程碑, 在天文学及物理学发展史上具有划时代的意义, 标志着以多种观测方式为特点的 "多信使" 天文学时代的到来. 仅在 LIGO 观测到 GW170817 引力波信号 1.7s 之后, 美国国家航空航天局的费米卫星上搭载的 γ 射线暴监测器以及欧洲航天局 INTEGRAL 望远镜上搭载的 SPI-ACS 探测器, 均探测到一个极弱的短时标 γ 射线暴与该引力波事件相伴, 随后, 这个 γ 射线暴被编号为 GRB170817A. 其后几天, 光学望远镜还探测到该引力波源发出的 X 射线以及射电波段的电磁辐射. 欧洲南方天文台 (ESO)16 日在网站上发布了用望远镜首次探测到引力波对应的光学信号, 并公布了捕捉到的 "引力波之光" 的画面 (图 4.13).

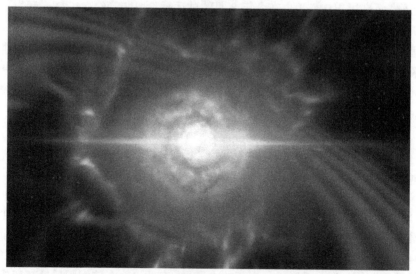

图 4.13 欧洲南方天文台的望远镜捕捉到的双子星并合引力波之光 [391]

400 多年来, 人类观测宇宙的手段都是电磁辐射, 包括射电、红外线、可见光、紫外线、X 射线、γ 射线等, 探测装备是各种类型的天文望远镜, 通过 "成像术" 来观察天体, 认识宇宙, 探测方法属于 "类像" 探测, 用 "无声电影" 展现了宇宙的一个侧面. 引力波的发现给我们提供了一个观测宇宙的新窗口. 由于引力波的波长可以与天体源的尺寸相比拟, 既不能用眼睛看, 也不能用来照相或在电子屏上显示, 引力波天文学的数据处理和研究手段与声波探测一样, 用的是波形分析法, 因此引力波探测方法属于 "类声" 探测. 引力波的频率范围很广, 涵盖整个声音频率. 通过这个窗口, 我们可以用一首首动听的歌曲和美妙的交响乐展现宇宙的另一个侧面. 引力波电磁对应体的发现让我们有机会用 "有声电影" 来观测宇宙, 能够利用多种手段收集到的多种信息得到更丰富的资料, 更深入、更精确、更全面地揭示宇宙的奥秘. GW170817 的发现标志着多信使天文学时代的到来.

2. 波源的定位精度

同时利用电磁辐射和引力辐射两种不同的探测原理和方法探测同一个天体, 能更加精确地确定波源的空间位置, 本事例利用 LIGO(利文斯顿), LIGO(汉福德) 和 VIRGO 三台激光干涉仪引力波探测器可以把波源定位于空间的两个 "补丁" 之内, 再加上美国国家航空航天局的费米卫星上搭载的 γ 射线暴监测器 Fermi/GBM 获取的电磁信号和其他探测器获取的电磁信号就可以将波源定位在一个较小的区域, 图 4.14 给出了 GW170817 事例中引力波信号、短时标 γ 射线暴和可见光源的位置.

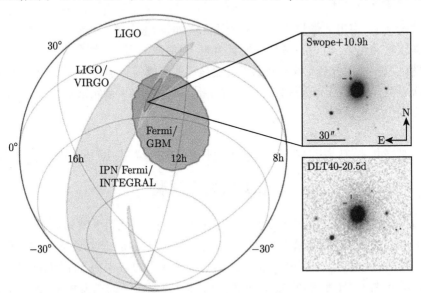

图 4.14　GW170817 事例中引力波信号、短时标 γ 射线暴和可见光源的位置[391](后附彩图)

浅绿色是两台 LIGO 的数据, 深绿色来自两台 LIGO 和 VIRGO, 浅蓝色来自费米与 INTEGRAL 时间延迟得到的三角定位, 深蓝色来自费米的 GMB. 右侧的放大图展示了宿主星系 NGC4993 的位置, 右上图是双中子星并合后 10.9 小时的 Swope 光学发现图, 右下图为双中子星并合 20.5 天前的图片

3. 短时标 γ 射线暴的来源

γ 射线暴是天空中某一个方向 γ 射线辐射突然增亮的现象. 根据 γ 射线暴持续时间长于或短于 2s, 可分为长暴与短暴. 科学家认为, 长 γ 射线暴与大质量恒星坍缩形成黑洞的过程相关, 短 γ 射线暴则源自双中子星并合或中子星与黑洞并合. 前者已被大量观测所证实, 后者却一直没有找到直接观测证据. 在 GW170817 引力波电磁对应体的测量数据中人类第一次看到与引力波伴随的短 γ 射线暴, 支持了这种看法.

4. 哈勃常数的测量

哈勃常数是衡量宇宙膨胀速度的重要参数. 迄今为止, 哈勃常数的值都是通过电磁辐射得到的. 常用的方法有 Ia 型超新星测量、重子声波振荡、宇宙微波背景测量等. 然而, 随着探测精度的提高, 不同方法测得的数值的差异越来越明显. 例如, 通过测量临近 Ia 型超新星得到数值, 明显大于普朗克太空卫星通过宇宙微波背景观测得到的值, 使天文学家深受困扰. 引力波及其电磁对应体的发现, 将提供测量哈勃常数的独立渠道. 人们可以把由引力波测得的数据和由电磁波提供的信息联合起来, 计算哈勃常数. 以一种全新的方式和信息校准宇宙膨胀速度.

5. 重金属的产生

理论认为, 宇宙大爆炸产生了一些轻元素如氢、氦、氮、氧等, 恒星燃烧又产生了一些较重的元素, 但也只是到铁元素为止, 而更重的元素 (如金、银等) 的来源之一可能是双中子星并合 (另一种来源可能是超新星爆发), 但是没有实验根据. 通过对此次事例中伴随的电磁辐射进行光谱分析, 确实看到了重元素发出的光, 为以前的理论提供了实验根据.

4.3 雷纳·韦斯, 巴里·巴里什和基普·索恩荣获 2017 年度诺贝尔物理学奖

引力波探测经历了数十年的艰苦而曲折的过程, 几代科学家知难而上, 摸索前进, 付出了毕生的心血和精力, 推动引力波不断向前发展, 但始终未能看到引力波的庐山真面貌. 激光干涉仪引力波探测器的出现给引力波探测带来突破性进展. 由于探测灵敏度高, 频带宽度大, 它很快就成为引力波探测的主流设备, 给引力波探测带来新的希望. 应该说, 作为一种高精度的大型实验装置, 激光干涉仪引力波探测器所面对的绝不只是一个实验课题 (寻找引力波), 还是一个科学领域 (引力波天文学), 它是引力波天文学研究中的核心设备, 在引力波天文学中的作用无异于电磁辐射天文学中的天文望远镜 (光学的和射电的), 具有广阔的发展前景.

　　激光干涉仪引力波探测器在引力波发现中发挥了关键作用, 可以毫不夸张地说, 没有激光干涉仪引力波探测器的研发成功, 就不会有今天引力波发现这样一个划时代的科学成就. 正因为如此, 2017 年 10 月 3 日瑞典当地时间上午 11 点 50 分, 诺贝尔物理学奖评审委员会、瑞典皇家科学院秘书长约兰·汉森宣布, 将 2017 年诺贝尔物理学奖授予 3 位美国物理学家雷纳·韦斯 (Rainer Weiss)、巴里·巴里什 (Barry Barish)、基普·索恩 (Kip Stephen Thorne), 以表彰他们对引力波探测器 LIGO 的决定性贡献及其对引力波的观测成果. 这既是对三位科学家杰出贡献的奖励, 也是引力波学术界的巨大荣耀 [392](图 4.15).

图 4.15　巴里·巴里什 (Barry Barish, 左)、基普·索恩 (Kip Stephen Thorne, 中) 和雷纳·韦斯 (Rainer Weiss, 右)

　　美国麻省理工学院 R. 韦斯教授对激光干涉仪探测器的问世做了开创性的工作, 早在 20 世纪 60 年代末, 他就萌发了利用激光干涉仪探测引力波的想法并与他的学生 R. 法沃德进行过详细的讨论. 1971~1972 年, 他对激光干涉仪进行了广泛深入的研究和设计, 考虑了几乎所有的关键部件, 研究了干涉仪的噪声来源, 论述了控制这些噪声的途径. 这些出色的工作标志着激光干涉仪引力波探测器设计原型的诞生. 在大型激光干涉仪引力波探测器 LIGO 的筹划和建造过程中, R. 韦斯教授也起了关键作用. 1975 年他与加州理工学院的 K. 索恩教授广泛而深入地探讨了关于引力波探测中可能遇到的几乎所有问题, 并把引力波探测中需要做的一切实验都列了出来. 经过这次彻夜长谈, 两人决定正式联手, 加州理工学院和麻省理工学院共同进行激光干涉仪引力波探测器的研发, 并把这个引力波探测器的名称定为 LIGO (Laser Interferometer Gravitational Observatory). 这是决定 LIGO 命运的一个不眠之夜. 在这次关键性的商谈之后, 韦斯和索恩分别于麻省理工学院和加州理工学院开始了 LIGO 的前期研究和团队建设.

　　韦斯教授是位天才的实验物理学家, 1932 年生于德国, 犹太人, 1939 年举家迁往美国. 在实验物理方面有很深的造诣. R. 韦斯对中国人非常友好, 本书作者在 LIGO 工作期间, 有幸与他共事两年有余, 彼此相当熟悉, 经常一起讨论问题, 一起值班, 使作者深受教益.

　　K. 索恩教授是美国知名物理学家, 一直担任加州理工学院费曼理论物理学教授, 在加州理工学院领导着全球顶尖的广义相对论研究中心. 他与学生们一起力图把广义相对论与引力波结合在一起, 找到一些实验物理学家们能够测量的参数, 从而让广义相对论效应比较容易地进行测量. 他们的研究奠定了引力波探测的理论基础, 并在引力波波形计算以及数据分析的研究方面进行了开创性工作.

　　B. 巴里什教授是美国著名的高能物理学家, 具有惊人的组织才能. 早在 20 世纪 70 年代, 就领导着一个庞大的研究团队在美国斯坦福直线加速器中心的正负电子对撞机 PEP 上进行实验, 20 世纪 80 年代, 是美国超级超导对撞机SSC上GEM 实验项目的负责人, 这是SSC上仅有的两个实验项目之一 (另一个实验项目SDC的负责人是曾任美国物理学会主席的加州大学 (伯克利)G. 崔陵教授). 作者作为GEM合作组的成员, 有幸与巴里什教授共事, 研究探测器 GEM 的具体结构和实验方案, 彼此留下深刻的印象. SSC下马后巴里什教授受命于美国能源部, 成为 LIGO 项目的负责人, 对 LIGO 的建成做出了关键贡献.

　　应该说巴里什教授是临危受命, 因为对具体方案存在巨大分歧, 两派互不相让, LIGO 长期处于停顿状态并有中途夭折的危险. 巴里什教授以胸襟宽阔著称, 是矛盾双方都能接受的不二人选. 他以快刀斩乱麻的方式迅速建立起新的 LIGO 实验室, 自己担任主任, 让得力助手、干练的加里–桑德斯为副主任, 派得力干将马克·库尔斯去 LIGO 利文斯顿当台长, 工作很快走上正轨并使两台臂长 4 公里的激光干涉仪引力波探测器 LIGO 顺利建成并投入运转. 取得了举世瞩目的成果. 可以说, 没有巴里什教授的努力, 就没有今天的 LIGO, 也没有今天引力波探测所取得的主要成就. 他让 LIGO 成为现实. 他的获奖是众望所归, 理所当然的.

　　巴里什教授对中国人民十分友好, 关心中国的引力波研究, 中美之间的一个引力波合作备忘录 (即 MOU) 就是由他和中国国家天文台前台长艾国祥院士共同签署的. 作者在 LIGO 工作期间受到巴里什教授的大力帮助和热情关怀, 收获颇多并有幸在加州理工学院校园内留下一张珍贵的合影 (图 4.16).

　　需要特别指出, 作为 LIGO 创始人之一, 苏格兰实验物理学家 R. 德雷弗 (Ronald Drever) 教授 (图 4.17) 对激光干涉仪引力波探测器的发展作出了突出的、关键性的贡献, 在 LIGO 建造期间与 R. 韦斯, K. 索恩合称 LIGO"三巨头". 他获得诺贝尔也是当之无愧的. 但是不幸他在 2017 年 3 月 7 日去世, 没有机会获此殊荣.

图 4.16　合影
从左起, 中国科学院地质地球所汤克云教授, Caltech. 朱人元教授, LIGO R. 迪萨沃教授, LIGO 副主任桑

德斯教授, LIGO 主任巴里什教授, 本书作者

图 4.17　R. 德雷弗

4.4　引力波天文学的特点

引力波是引力波天文学赖以存在的物质基础, 引力波的发现使引力波天文学完成了从寻找引力波到研究天文学这一历史性转折, 开辟了引力波天文学研究的新时代. 天文学的研究和探测基于天体辐射, 以引力辐射为探测手段的引力波天文学是一门新兴的交叉科学. 由于引力辐射独特的物理机制和特性, 引力波天文学具有很多突出的特点.

(1) 电磁辐射天文学的观测是基于天体的电磁辐射, 如红外线、射电波、可见光、紫外线、X 射线、γ 射线等, 它们是由天体源的分子、原子或原子核的激发产生的. 引力波天文学是基于对引力波的探测, 它是由天体源的物质运动或质量分布发生变化时产生的, 引力波直接联系着波源整体的宏观运动, 而不是像电磁波那样来自单个原子或电子的运动的叠加, 因此引力辐射所揭示的信息与电磁辐射观测到的完全不同. 这类关于波源运动的宏观信息通常无法从电磁辐射观测中取得. 因此, 在波源的整体结构和动力学方面, 引力波可以提供电磁辐射不能携带的信息.

(2) 引力波在传播过程中基本上不被吸收、不被散射、不被屏蔽, 它可以将观测领域扩大到被宇宙尘埃弄暗, 或被其他物质屏蔽的宇宙区域, 更加明晰地揭示宇宙的真实面目.

(3) 引力波能向我们提供天体源深处、高密度部分所发生的物理过程的完整信息, 而发自天体源深处的电磁辐射由于吸收、散射或被屏蔽, 全部或部分地丧失了这些信息.

(4) 宇宙空间中很多引人注目的天文事件, 如超新星爆发、星体碰撞、双星并合、脉冲星转动、黑洞扰动等都是剧烈的天文现象, 有很强的引力辐射. 只有引力波才能给我们带来这些剧烈过程的完整信息.

(5) 到目前为止, 我们所知的宇宙中所有的质量, 包括已知的星体、尘埃、气体等, 还不足以用来解释星体运动所需质量的 $1/10$. 一般认为宇宙间不发射任何电磁波的未知物质所占比例要远大于发射电磁波的已知物质, 那些没有电磁辐射的天体如黑洞和未知物质与外界的唯一相互作用是引力, 引力波天文学对这些未知物质的观测及对大质量天体的寻找与研究将给我们提供破解这一难题的机会.

(6) 根据宇宙大爆炸理论, 引力波是在大爆炸后 10^{-43}s 与物质分离的. 宇宙暴胀过程中也会产生的引力辐射, 它们都是随机背景引力波的重要组成部分, 对随机背景辐射的探测能给我们提供宇宙最早状态的信息.

(7) 电磁辐射天文望远镜只能观测天空的一小部分, 而且光学望远镜一般都在晴朗的夜间工作. 引力波探测器则不同, 它能够对整个天空进行探测. 除了像电磁辐射探测器那样可以在晴朗的夜间工作外, 引力辐射探测器在阴雨天气和白天都能正常运转, 它甚至能够探测从地球的另一面穿透而来的引力波信号. 可以说它是一种全天候、全方位的观测器 (图 4.18). 可探测到剧烈天体变化的全面貌.

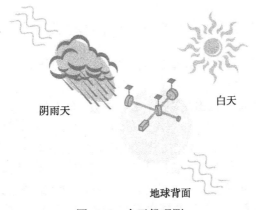

图 4.18 全天候观测

(8) 从遥远天体发射的电磁辐射, 必须穿过大气层才能到达地面. 大气层对电磁波的很多波段会产生强烈的吸收, 使得大气层对这些波段是不透明的. 例如, 大气中的臭氧层和氧原子分子及氮原子分子会强烈吸收紫外线、 X 射线和 γ 射线. 大气中的水分子和二氧化碳分子会强烈吸收某些频率的红外线. 因此在地面上就接收不到这些波段的天体辐射, 无法对它们进行观察和测量.

大气层对可见光、波长为 1mm~30m 的射电波和部分红外线是透明的. 传统的电磁辐射天文学只能通过这个大气窗口得以存在和发展 (图 4.19). 引力波则不

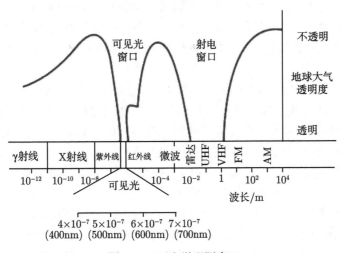

图 4.19 天文学观测窗口

同, 大气层对任何波段的引力波都是透明的, 不需要开特殊的窗口. 因此, 引力波的探测可以是全波段探测, 获得的信息更丰富更全面.

4.5　电磁辐射天文学和引力波天文学的关系

天文学的研究是基于对天体辐射的探测. 根据被测辐射类型的不同可分为: 电磁辐射天文学和引力波天文学 [12,13].

天文学传统上指的是以电磁辐射 (如射电波、红外线、可见光、紫外线、X 射线、γ 射线等) 为探测手段的天文学研究和观测. 引力波天文学与我们在传统意义上所说的天文学最大的不同之处在于其探测手段不是电磁辐射而是引力波. 依靠电磁辐射, 人类对宇宙空间进行了长达数千年的观察与研究, 积累了丰富的知识, 描绘出宇宙中天体分布的太空图. 与用电磁辐射描绘的太空图相比, "引力波太空图"是一片空白, 引力波太空完全没有被探索和研究. 由于很多期望中的天体引力波源没有相应的电磁辐射信号, 我们有充足的理由认为, 引力波太空图和电磁波太空图是极不相同的. 以引力辐射为手段绘制引力波太空图将为我们提供一个认识宇宙的新途径, 而这种途径是电磁辐射方法不具备的. 作为天文学的一个新领域, 引力波天文学将揭示大量的、不能用我们现有的思维去预测的新类型的天体, 它将以全新的探测理念为我们提供其他探测方法不可能获取的天文信息, 得到其他探测方法不能得到的结果, 丰富并加深人们对宇宙的认识, 其中包括与黑洞相关联的强引力场模型, 旋绕的双星中高阶后牛顿效应, 引力辐射场自旋性质及引力波的传播速度, 探寻宇宙中未知的质量体系, 研究宇宙起源和演化等.

电磁辐射天文学和引力波天文学同属天文学研究, 是一个领域中的两大研究体系, 你中有我, 我中有你, 密不可分. 而同时具有电磁辐射和引力辐射的天文事件是联结电磁辐射天文学和引力波天文学的纽带, 它的探测将开启多信使天文学研究的新时代.

电磁辐射天文学的观测手段是电磁辐射 (包括红外线、射电、可见光、紫外线、X 射线、γ 射线等), 探测方法属于 "类像" 探测, 引力波天文学的观测手段是引力辐射, 引力辐射不具有电磁辐射的特性, 它的波长可以与天体的尺寸相比拟, 既不能用眼睛看, 也不能用来照相或在电子屏上显示. 引力波的频率范围很广, 涵盖整个声音频率, 它的探测方法属于 "类声" 探测. 引力波天文学的数据处理和研究手段和声波探测一样, 用的是波形分析法.

"音" 和 "像" 是宇宙表象的两个方面, 引力波天文学和电磁辐射天文学分别研究宇宙的这两个方面. 有声有色的宇宙才是真实的宇宙、完美的宇宙. 因此, 引力波天文学和电磁辐射天文学的研究领域和研究内容是统一的、兼容的, 新兴的引力波天文学是传统的电磁辐射天文学的巨大拓展和补充.

4.6 引力辐射天体源的定位

由世界各地的引力波探测站组成的引力波探测网可以说是一个大引力波天文台, 利用各个探测器信号到达的时间差, 可以很好地确定引力波辐射源在太空中的位置.

理论计算表明, 如果探测器的时间分辨率为 0.1ms, 探测器之间的距离是 6×10^3km(相当于地球半径), 那么引力波辐射源在太空中的位置可以定位在 $(5\mathrm{mrad})^2$ 内.

引力波辐射源的定位是非常重要的, 它使我们能够把引力波天文台的探测结果与传统天文台的观测结果联合起来, 互相借鉴与补充.

利用引力波探测网内各探测器之间的符合测量还可以确定引力波的极化图样. 这对于研究天体的内部结构是非常重要的.

第5章　共振棒引力波探测器

5.1　共振棒引力波探测器的工作原理

5.1.1　引力波探测的兴起

引力波探测走过了一段艰难而曲折的过程. 早在 1916 年, 爱因斯坦就根据弱场近似, 预言了引力波的存在. 但是, 为什么半个多世纪之后引力波才开始探测, 而且又过了 50 多年才被发现? 主要有理论和实验两个方面的困难. 在理论方面, 第一, 引力波的理论最初是同坐标选择有关的, 以致无法弄清引力波到底是引力场的固有性质, 还是某种虚假的坐标效应. 第二, 引力波是否从发射源带走能量, 也是个十分模糊的问题, 这使得引力波探测缺乏理论根据. 在实验方面, 引力波强度非常弱,

图 5.1　J. 韦伯 (Joseph Weber)

在地面 4km 长的距离, 引力波引起的长度变化仅为 10^{-19}m 数量级, 对这样微小长度的测量当时还不知所措. 即使有些想法, 对探测器的结构、噪声及克服方法也知之甚少, 引力波探测缺乏实验手段. 到了 20 世纪 50 年代, 同坐标选择无关的引力辐射理论才完成, 求出了爱因斯坦真空方程严格的波动解. 20 世纪 60 年代, 物理学家通过研究零曲面上的初值问题, 严格证明了引力辐射带有能量, 测试质量在引力波作用下会发生运动. 至此, 经过 50 多年的精心研究, 理论上的两大难题相继攻克, 引力波探测有了可靠的理论基础. 与此同时, 经过多年的潜心研究, J. 韦伯 (Joseph Weber) (图 5.1) 的共振棒探测器方案日趋成熟, 引力波探测被提到日程上来.

共振棒引力波探测器是美国马里兰大学教授 J. 韦伯发明的, 早在泰勒开始获取引力波的间接证据之前数年, 他就着手考虑引力波的直接探测问题 [45], 1962 年, J. 韦伯领导的研究小组在马里兰大学建成了世界上第一个共振棒引力波探测器 [46,82,83], 迈出了引力波探测的第一步 [47−51].

5.1.2 共振棒引力波探测器的工作原理

共振棒引力波探测器的工作原理如图 5.2 所示. 共振棒引力波探测器的主体部分是一根 1~2m 长, 直径 0.6~1m 的金属棒, 通过在中央位置的质心悬挂起来, 可以自由地纵向振动. 当引力波到来时, 会使空间在一个方向伸长, 同时在与之垂直的方向缩短, 伸长与缩短的变化随引力波频率的变化而变化. 当引力波在垂直于棒体的方向撞击时, 由于引力波的极化方向与棒的纵向轴基本平行, 金属棒的长度会相应地随空间的变化而伸长、变短地振动起来. 当引力波的频率与棒的固有频率相等时, 棒会产生共振, 振幅达到最大值. 棒的一个端面上装有传感器, 将机械振动变成电信号, 经过放大、滤波和成形之后被记录下来. 探测到这个共振信号, 就等于探测到引力波. 滤波器的作用是只让具有共振频率的信号通过. 为了降低热噪声, 金属棒要在低温环境下工作. 为了减少地球表面震动产生的噪声, 整个探测器要置于防震平台之上, 并采用特殊的悬挂方法. 金属棒的另一个端面上装有刻度系统, 它可以注入标准信号, 对棒的输出信号幅度进行定标. 若引力波的传播方向与棒平行, 则不会引起棒的纵向振动.

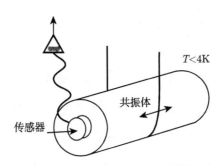

图 5.2 共振棒工作原理示意图

5.1.3 引力波作用下共振棒的振动 [57]

根据广义相对论, 两个自由的质量体可以组成探测引力场的最简单的系统. 在引力场中, 两个物体将沿两条测地线运动, 测量它们相对运动的位移就可对引力场进行探测.

如果两个质量在空间相距为 η^m, 穿过空间的引力波强度 (无量纲振幅) 为 h, 若空间中除引力场外不存在其他相互作用, 则两个质量之间的距离随时间的变化可用测地线微分方程来表示

$$\frac{\mathrm{d}^2\eta^i}{\mathrm{d}t^2} = \frac{1}{2}\frac{\mathrm{d}^2\eta_k^i}{\mathrm{d}t^2} \cdot \eta^k \tag{5-1}$$

设引力波沿 x 轴传播, 一个测试质量位于坐标原点, 另一个测试质量位于 x 轴上, 并假设引力波引起的位移 ξ^n 比其坐标值小得多, 则有

$$\eta^n = (\xi^0, \xi_x, d + \xi_y, \xi_z) \tag{5-2}$$

对于一个沿 x 轴传播, 满足 TT 规范 (即横向无迹规范) 的引力波来说, 上述方程可变为

$$\frac{\mathrm{d}^2 \xi_y}{\mathrm{d}t^2} = \frac{d}{2}\left(\frac{\mathrm{d}^2 h_+(t)}{\mathrm{d}t^2}\right), \quad \frac{\mathrm{d}^2 \xi_z}{\mathrm{d}t^2} = \frac{d}{2}\left(\frac{\mathrm{d}^2 h_\times(t)}{\mathrm{d}t^2}\right) \tag{5-3}$$

在引力波作用下, 两个质量在与引力波传播方向垂直的平面内相对做加速运动, 两个极化方向 h_+ 和 $h_\times$ 将分别在 y 轴和 z 轴方向起作用, 加速度与两个质量的原始距离 d 成正比.

　　共振棒引力波探测器的金属棒可看成是一个质量体系, 它由多个小质量体组成. 质量体之间用弹性力联系起来, 各部分之间可自由地相对运动. 当通过棒的质心将其悬挂起来时, 它就等同于上面所说的探测引力场用的质量体系, 在引力波的作用下, 它可以自由地纵向运动. 设棒的长度为 L, 在其构成的物质中声音的传播速度为 v, 棒的位移特性可以用无穷多个正态振动之和来表征, 各正态振动的共振频率为 [58]

$$\omega_n = (2n+1)\omega_0, \quad n = 1, 2, \cdots$$

$\omega_0 = \dfrac{\pi}{L}V$ 是棒的固有频率. 如果只考虑频率为 ω_0 的一级近似, 则长度为 L, 质量为 M 的棒完全可以等效成一个谐振子. 它具有两个质量 $m_1 = m_2 = \dfrac{1}{2}M$, 相距 $d = \dfrac{4}{\pi^2}L$, 由一根弹性系数 $K = m\omega_0^2$ 的弹簧连接. 为了模拟在棒中存在的机械耗损, 需要引入一个摩擦力. 此摩擦力用作两个质量之间的运动阻尼, 它正比于 $m\dfrac{\omega_0}{Q}$. 引力波在两质量体系上的作用可以用加速度 $\dfrac{\mathrm{d}^2\xi}{\mathrm{d}t^2} = \dfrac{d}{2}\left(\dfrac{\mathrm{d}^2 h(t)}{\mathrm{d}t^2}\right)$ 来表示. 设相对于静止位置所发生的位移为 ξ, 描述 ξ 运动的方程为

$$\frac{\mathrm{d}^2\xi}{\mathrm{d}t^2} + \frac{\omega_0}{Q}\frac{\mathrm{d}\xi}{\mathrm{d}t} + \omega_0^2 \xi = \frac{d}{2}\left(\frac{\mathrm{d}^2 h(t)}{\mathrm{d}t^2}\right) \tag{5-4}$$

方程的解可由傅里叶变换求得

$$\xi(t) = \frac{1}{2\pi}\int_{-\infty}^{\infty} H(\omega)T(\omega)\mathrm{e}^{\mathrm{i}\omega t}\mathrm{d}\omega \tag{5-5}$$

其中, $T(\omega)$ 是振动体的传递函数; $H(\omega)$ 是 $h(t)$ 的傅里叶变换.

$$T(\omega) = \frac{d}{2}\frac{\omega^2}{(\omega^2 - \omega_0^2) - \mathrm{i}\dfrac{\omega_0}{Q}\omega} \tag{5-6}$$

对于不同形式的 $h(t)$ 可以得到不同的解. 一般说来, 共振棒引力波探测器的首选研究对象是爆发性引力波, 它是 δ 脉冲信号, 即信号 $h(t)$ 的函数形式为

$$h(t) = H_0 \delta(t) \tag{5-7}$$

解运动方程, 求出振动体的位移为

$$\xi(t) = -H_0 \frac{d}{2} \mathrm{e}^{\frac{-\omega_0 t}{2Q}} \omega_0 \sin(\omega_0 t) \tag{5-8}$$

另一个令人感兴趣的探测对象是 "单色" 波, 即 $h(t)$ 的形状为

$$h(t) = -h_0 \sin(\omega_0 t) \tag{5-9}$$

在这种情况下, 振动体的位移响应为

$$\xi(t) = -h_0 \frac{d}{2} Q \sin(\omega_0 t) \tag{5-10}$$

上述由两质量体系得出的结果, 可以引申到共振棒.

从以上公式可以看出, 棒的长度 $\left(d = \dfrac{4}{\pi^2} L \right)$ 越大, 振动幅度越大, 棒的机械品质因数 Q 在增强响应方向也起很大作用, Q 越大, 振动幅度越大.

5.1.4 共振棒从引力波吸收的能量

单位时间内通过单位面积的引力波携带的能量为

$$E_{\mathrm{s}} = \frac{\pi}{2} \int_{-\infty}^{\infty} f(\omega) \mathrm{d}\omega \tag{5-11}$$

$f(\omega)$ 是引力波频谱的能量密度, 它可以用下式表示:

$$f(\omega) = \frac{c^3}{16\pi G} |\omega H(\omega)| \tag{5-12}$$

问题的关键在于, 引力波携带的能量有多少份额转变成棒的振动能量 E_{vib}. 为了计算这个份额, 通常引入一个参数 σ, 称之为能量传递截面. E_{vib} 可用下面的公式进行计算:

$$E_{\mathrm{vib}} = \int_{-\infty}^{\infty} \sigma(\omega) f(\omega) \mathrm{d}\omega \tag{5-13}$$

利用公式 $\xi(t) = \dfrac{1}{2\pi} \displaystyle\int_{-\infty}^{\infty} H(\omega) T(\omega) \mathrm{e}^{\mathrm{i}\omega t} \mathrm{d}\omega$ 和 $E_{\mathrm{vib}} = \displaystyle\int_{-\infty}^{\infty} \sigma(\omega) f(\omega) \mathrm{d}\omega$, 我们可以推导出截面 $\sigma(\omega)$ 的解析式 [59]. 举一个简单的例子, 如果我们把撞击共振棒的引力波近似地看成平面极化波, 就可以得到 $\sigma(\omega)$ 的表达式:

$$\sigma(\omega) = 2\pi \frac{G}{c^3} M V_{\mathrm{s}}^2 \frac{\omega_0/Q}{(\omega - \omega_0)^2 + \omega_0^2/Q^2} \sin^4 \theta \cos^2 2\varphi \tag{5-14}$$

这里 θ 是棒的轴线与引力波传播方向的夹角, φ 是棒的轴线与引力波极化方向的夹角, V_s 是声音在棒中的传播速度.

该公式表明, 不管引力波的波形是什么样的, 要想获得最佳的引力波探测效果, 共振棒必须有尽可能大的质量 M, 也就是说, 共振频率确定之后 (即要探测的引力波频率确定后) 棒的长度越大越好. 另外, 在棒材的选择上也很讲究. 需要选用声音传播速度 V_s 大的物质. $\sigma(\omega)$ 是频率的函数, 在共振频率 ω_0 处有峰值.

5.2   共振棒引力波探测器的基本结构

尽管运行于世界各地的共振棒各有特色, 性能指标也有差异, 但基本结构是类似的, 现以意大利弗拉斯卡蒂的 NAUTILUS(鹦鹉螺) 共振棒 [60] 为例, 将主要部分简单做一下介绍. 共振棒引力波探测器 NAUTILUS 的基本结构如图 5.3 所示. 共振棒引力波探测器主要由以下几个部分组成.

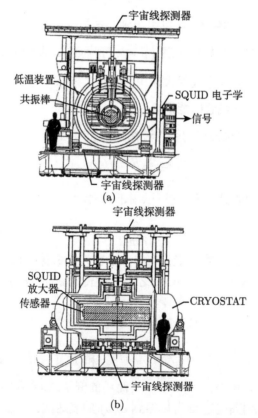

图 5.3   共振棒引力波探测器 NAUTILUS 的结构 [60]

(a) 前视图; (b) 侧视图

5.2.1 共振棒

共振棒引力波探测器的主要部件是一根又大又重的金属棒, 多用铝合金制成, 亦有人建议采用铌或硅材料. 对引力波探测来说, 设计共振棒时要考虑的重要参数是长度 L, 质量 M, 机械品质因数 Q 及声音在该物质中的传播速度 V_s.

设引力波的应变强度 (无量纲振幅) 为 h, 极化角为 φ, 它在与棒的轴线夹角为 θ 的方向上撞击共振棒. 导致金属棒发生纵向振动的力为 F_G, 则有

$$F_G = (ML/\pi^2)\frac{\mathrm{d}^2 h(t)}{\mathrm{d}t^2} \cdot f(\theta, \varphi) \tag{5-15}$$

M 和 L 分别是棒的有效质量和长度, $f(\theta, \varphi) = \sin^2\theta\cos\varphi$ 是共振棒的形状因子. 可以看出, M 和 L 越大, 棒受到的引力波作用越强. 在实际应用中, 棒的长度 L 通常为 1~2m, 直径为 0.5~1.0m, 质量 M 约为 1.5~3.0t. 从 5.1.4 节的讨论中可以看到, 共振棒从引力波中吸收的能量与截面 $\sigma(\omega)$ 有关, 而从 $\sigma(\omega)$ 的表达式中看出, 棒的机械品质因数 Q 越高, 吸收截面 $\sigma(\omega)$ 越大. 因此设计共振棒时, 要使其 Q 值尽可能大. 优质共振棒的 Q 值可以达到 10^6 数量级. 截面 $\sigma(\omega)$ 还与声音在棒物质中的传播速度 V_s 的二次方成正比, 因此选择 V_s 大的物质是至关重要的. 从金属棒的共振曲线也可以看出, Q 值越大, 在共振频率 ω_0 处共振峰的幅度越大, 而且共振峰的宽度越窄. 这也是选择大 Q 值的原因.

5.2.2 隔震系统

人类活动 (如交通运输、矿山开采、建筑施工和其他工农业生产) 以及潮汐、大风、暴雨等自然现象引起的地面震动噪声, 是共振棒探测器噪声的主要来源之一, 特别是当共振棒将要探测的引力波频率位于相对 "高频" 区域时 (如 1kHz 左右) 对地球表面噪声的隔离显得更为突出. 隔震的方法是用橡胶板、水泥或钢板分多层构筑一个平台, 在台上再采用倒摆及级联中间介质等技术, 将棒体悬挂起来. 利用这种方法, 可将地面噪声降低 300dB 左右. 隔震系统的详细论述将在第 6 章激光干涉仪引力波探测器中给出.

5.2.3 低温系统

从 20 世纪 60 年代 J. 韦伯在马里兰大学建成世界上第一个共振棒引力波探测器以来, 经过 30 多年数十个实验组的共同努力, 共振棒引力波探测器技术有了长足的进步. 探测灵敏度提高了近 5 个数量级, 其中低温技术的应用起了重要的作用.

早期的共振棒探测器在室温下工作, 由于分子的布朗运动引起的热噪声很大, 探测器灵敏度低, 探测距离很近. 现在的共振棒都在低温下工作, 工作温度为 0.1~5K. 为了达到这个指标, 首先要用液氮使系统冷却, 在达到液氮温度后再分别用液氩或液氦使温度进一步降低, 达到设计值. 当需要停机对系统进行检修时, 要采用

相反的过程. 先从液氩或液氦温度降低到液氮温度, 再从液氮温度降低到室温. 低温制冷系统要小心操作, 分步进行, 系统要经过很长时间进行热平衡. 一般需要数周才能达到所需温度, 不可操之过急, 以免发生危险. 在开启和关闭低温制冷系统时都要严格地遵守操作规程.

为了保持工作温度, 除使用制冷系统外, 还要在棒的周围包上多层不同性质的绝热材料. 这种隔热层还起到隔离声响噪声的作用.

共振棒引力波探测器 NAUTILUS[60] 的工作温度在 0.1K. 为达到这个温度, 首先要花三周时间, 用 8000L 液氮把系统冷却到 77K, 然后花一周时间, 用 5000L 液氦使系统冷却到 4.2K, 最后用几天时间使用 ^{3}He-^{4}He 制冷机把温度降到 0.1K. 在棒的端面上达到的最低温度为 0.09K. 除了 ^{3}He-^{4}He 制冷机外, 部分装置还要用 2000L 的液氦容器来冷却. 为了更好地保持低温, 棒的外面包有 6 层绝热材料. 对于大多数物质来说, 棒的机械品质因数 Q 随温度降低而增大, 这是低温带来的附加效益.

5.2.4   信号耦合与读出——传感器 [60−64]

在共振棒引力波探测器中, 需要用机-电转换器把棒振动的机械信号转变为电信号. 这个机-电转换器要刚性地相连在共振棒的一个端面上. 通常把由机械振动信号转变为信号的转换装置称为传感器.

1. 传感器的工作原理

传感器的工作原理是简单的. 通俗地讲, 是用共振棒的机械振动调制电磁电路的一个参数, 把振动信号从一种能量形式转变成另一种能量形式, 被振动信号调制的电磁能以不同的形式储存在电路中. 从而制造出不同类型的传感器. 常用的传感器有以下几种:

(1) 电容和电压型传感器, 其内部储存的是电场能;

(2) 超导感应传感器, 其内部储存的是线圈中的磁场能;

(3) 光学传感器, 其内部储存的是电磁能.

2. 电容传感器

共振棒常用的传感器是电容传感器. 这种装置的前端是一个可变电容器, 它的一个极板刚性地与共振棒的端面相连. 电容器的两个极板之间加有一个极高的偏置电场, 电场强度略低于电容器的击穿值. 当共振棒振动时, 与之相连的电容器极板亦随之振动, 从而改变可变电容器的电容, 继而调制存于电容器两极板间的高电场.

假设我们的电容器是一个平行板电容器, 极板面积为 S, 两极板之间的距离为 D, 电容器两极之间所加的电压为 V_s, 则电容器的偏置电场为: $E_0 = V_0/D$. 共振棒的机械运动 $x(t)$ 改变两极板之间的初始距离 D, 从而使两极板之间的电压 $V(t)$ 发生变化, 把机械运动信号转变为电压信号. 电容传感器的输出电压信号可用下面的

公式来表示 [65]:

$$V(t) = \frac{Q}{\varepsilon_0 S}[D + x(t)] = V_0 + E_0 x(t) \tag{5-16}$$

经过简单计算, 可以得到电容传感器的能量转换系数 β. β 定义为 $\beta = E_e/E_{\mathrm{vib}}$ 是传感器的输出和输入端能量之比, 能量转换系数又称能量增益, 它可从下面的公式求出:

$$\beta = \frac{\frac{1}{2}cV^2(t)}{\frac{1}{2}m\omega_0^2 x^2(t)} = \frac{cE_0^2}{m\omega_0^2} \tag{5-17}$$

可以看出, 为了得到大的能量转换系数, 必须增加间隙中的电场强度 E_0 和电容量 C. 因此我们希望电容两极板间的距离 D 尽可能地小, 一般为 $10\mu\mathrm{m}$ 左右, 而所加的偏置电压 V_s 尽可能高.

3. 共振传感器 [66]

当信号从一个装置传到另一个装置时, 能量在接触面上有一部分传递过去, 也有一部分反射回来. 仔细地进行两个装置之间的阻抗匹配, 可使能量传递达到最佳值. 因此, 在设计传感器时, 必须使其输入机械阻抗与共振棒的输出机械阻抗相匹配, 而且其输出电阻抗必须与和它相连的放大器的输入电阻抗相匹配.

为了在传感器输入端与共振棒进行阻抗匹配, 传感器不能直接与共振棒连接起来, 而是要通过一个与共振棒有相近的固有频率, 但质量远小于共振棒质量的部件与棒相连. 能量从共振棒流入这个小质量部件, 使其以较大的幅度振动. 当棒共振时这个小质量振动体亦以较大的幅度共振. 在这个体系中能量是守恒的, 但是机械阻抗却改变了. 根据这种原理制成的传感器, 称为共振传感器. 共振传感器和共振棒组成的体系可以等效成两个耦合在一起的振动子. 它的输出功率谱含有两个峰, 如图 5.4 所示.

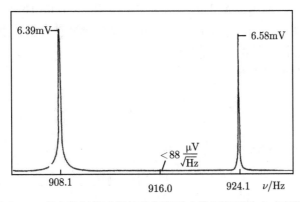

图 5.4　带有共振传感器的共振棒引力波探测器输出功率谱

为了获得最佳性能, 读出电路也必须根据阻抗匹配的原则来设计. 最简便易行的方法是用变压器耦合.

4. 电阻抗匹配及 SQUID 放大器

图 5.5 给出了带有共振传感器、超导变压器及 SQUID 放大器的共振棒探测器读出系统示意图, 它已应用于 NAUTILUS 和 EXPLORER 共振棒引力波探测器中.

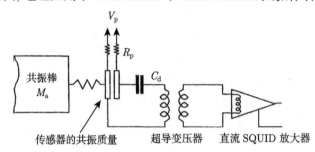

图 5.5　共振棒引力波探测器读出系统示意图 [65]

在图中, 电容传感器与共振棒相连的一个极板是一个质量为 $M_t = 0.1 \text{kg}$ 的质量块, 共振棒的等效质量是 $M_a = \dfrac{M}{2} = \dfrac{2300}{2} \text{kg}$, 传感电容器通过高电阻 R_p 与直流高压 V_s 相连, 给电容器偏置. 另一个电容器 C_d 用来防止传感器放电. 电容共振传感器通过一个低耗损超导变压器与一个直流超导量子干涉器件 (DC SQUID) 相连, 超导变压器的作用是进行电阻抗匹配. 直流 SQUID 放大器的基本部分是两个约瑟夫森结 (Josephson junction). 本质上讲, 它是一个非常灵敏的磁表, 加上输入线圈后它可以做成电信号放大器. 在频率 1kHz 左右 (共振棒的固有频率附近); 它的噪声能量很低, 接近量子极限值. SQUID 放大器通常与场效应晶体管 (FET) 放大器相连, 输出电信号.

不同的实验室采用不同的传感器和读出系统. ALLEGRO[61] 使用超导传感器和 SQUID 放大器, AURIGA[64] EXPLORER[62] 和 NAUTILUS[60] 使用电容共振传感器, 放大器也是 SQUID. NIOBE[63] 用的是超导微波参量传感器. 具有两级 SQUID 放大器的传感器和读出系统如图 5.6 所示 [67].

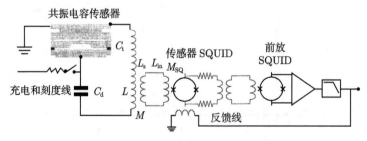

图 5.6　具有两级 SQUID 放大器的传感器和读出系统

5.2.5 宇宙线监测器

1. 广延大气簇射

超高能量的初级宇宙射线从空间进入地球大气层后, 同空气中的原子核连续发生强作用和电磁作用, 产生大量的次级粒子和切伦科夫辐射及大气荧光, 这种现象称为大气簇射. 一般说来, 大气簇射中电子约占 90%, 强子约占 0.1%, μ 子约占 10%. 这些粒子组成一个庞大的扁盘状的粒子群 (总粒子数在数万到数百亿个之间), 伴随着一个盘状光团, 它们以光速散落在地面上数十米到若干公里的范围内, 所以称为广延大气簇射. 宇宙线中的广延大气簇射是共振棒引力波探测器中需要排除的最重要的假事例之一.

2. 宇宙线本底排除

广延大气簇射中的粒子 (强子、电子、μ 子 $\cdots$) 或宇宙线中能量较高的单个粒子如 μ 子、强子等, 撞击共振棒时, 其损失的能量可导致共振棒局部发热膨胀, 从而激发棒的机械振动. 随着共振棒探测灵敏度的增加, 这种宇宙线引起的事例率也随之增加. 因此, 在共振棒引力波探测器中, 需要附加宇宙线监测器, 以便把此类事例从引力波数据中排除. 常用的宇宙线监测器是由大尺寸的盖革计数管, 或正比计数管, 或自淬灭流光管组成的多层阵列. 也可用由多丝正比室 (MWPC) 或阻性板室 (RPC) 组成的多层探测平面. 它们分别装在共振棒的顶部和底部, 对宇宙线进行符合测量, NAUTILUS 的宇宙线监测器由 7 层自淬灭流光管组成, 顶部 3 层, 每层 36m^2, 底部 4 层, 每层 $16.5\ \text{m}^2$.

5.2.6 环境监测

在共振棒引力波探测器周围, 放置着多种独立的环境监测系统. 对地面震动、声音、雷电、电场、磁场、温度、气压、风速等数据进行记录, 以便在共振棒探测到的信号中甄别掉非引力波事件.

5.3 共振棒引力波探测器的噪声

共振棒探测器的噪声水平 [68] 是影响其探测灵敏度的关键因素, 分析噪声来源. 研究各种噪声的表现形式、计算和测量各种噪声的强度和频谱、探索降低噪声的方法一直是实验物理工作者的研究课题, 也是困难的课题.

原则上讲, 共振棒引力波探测器的噪声可分为两大类: 外部噪声和内在噪声. 外部噪声主要是由人类活动及地表震动引起的, 它是不稳定、突发性的. 噪声分布是非高斯型的, 不易进行模拟计算, 该效应只能通过机械过滤器或其他隔震技术来减小. 我们将在第 6 章激光干涉仪引力波探测器中详细讨论.

探测器的内在噪声是高斯分布的, 可以进行模拟计算, 并可以在探测器设计时进行优化选择, 对共振棒探测器来说, 这类噪声主要包括棒的热噪声及读出电子学噪声. 我们下面要讨论的就是这种噪声.

5.3.1　共振棒的热噪声

共振棒周围的环境, 就像一个温度为 T 的 "热槽". 共振棒内的热噪声[65] 是由 "热槽" 中分子无规则运动产生的. 热噪声可等效成振子在随机力的作用下产生运动. 这个随机力的平方平均振幅与温度 T 成正比, 也与振子的质量 M 和棒内耗散成正比. 随机力越大, 热噪声值越大. 棒内的耗散可用棒的机械品质因数来描述, 热运动的幅度谱可用下面的公式来计算:

$$S_{\mathrm{F}}(\omega) = 4\frac{\omega_0}{Q}mk_{\mathrm{B}}T \tag{5-18}$$

其中, $S_{\mathrm{F}}(\omega)$ 是热运动的平方平均振幅; ω_0 是共振棒的固有频率; Q 是棒的机械品质因数; T 是棒的温度, k_{B} 是玻尔兹曼常数.

可以看出, 为了降低热噪声, 需要选择大的机械品质因数 Q, 并降低工作温度 T, 在共振棒引力波探测器中, Q 值约为 10^6 数量级, 而 T 的最低值可达到 0.1K. 对大多数物质来说, 当温度 T 降低时, 机械品质因数 Q 亦随之增大, 对降低热噪声幅度有利.

量子力学表明, 热噪声有一个自然极限, 称为标准量子极限[69], 故不能无限减小. 当 Q/T 达到 $10^9\mathrm{K}^{-1}$ 时热噪声可接近这个极限, 这时共振棒的灵敏度达到最佳值.

5.3.2　电子学噪声

分析电子学噪声时, 必须考虑两个因素, 一个是电子学本身的噪声, 另一个是由于传感器的双向性, 放大器本身的噪声会有一部分反向进入共振棒内, 成为一个附加的噪声源. 在计算共振棒引力波探测器的总噪声时, 也要把这一部分的作用考虑在内.

读出电子学噪声主要是考虑放大器部分, 放大器的噪声可以用两个参数 T_{n} 和 R_{n} 来表示, T_{n} 是等效噪声源能够达到的最低温度, R_{n} 是等效噪声源的阻抗. 利用这些参数, 电子学的噪声谱 N 可表示为

$$N = 4k_{\mathrm{B}}T_{\mathrm{n}}R_{\mathrm{n}} \tag{5-19}$$

T_{n} 和 R_{n} 可以用 V_{n} 和 I_{n} 来表示, 它们分别是位于放大器输入端的等效噪声产生器的电压和电流.

$$T_{\mathrm{n}} = \frac{\sqrt{V_{\mathrm{n}}^2 I_{\mathrm{n}}^2}}{k_{\mathrm{B}}} \tag{5-20}$$

$$R_{\mathrm{n}} = \sqrt{\frac{V_{\mathrm{n}}^2}{I_{\mathrm{n}}^2}} \qquad (5\text{-}21)$$

放大器在其输入端产生的噪声电压信号具有如下的功率谱:

$$S_{\mathrm{V}}(\omega) = k_{\mathrm{B}} T_{\mathrm{n}} |Z_{\mathrm{out}}| \left(\lambda + \frac{1}{\lambda} \right) \qquad (5\text{-}22)$$

在这里 $\lambda = \dfrac{R_{\mathrm{n}}}{|Z_{\mathrm{out}}|}$ 是放大器优化阻抗 R_{n} 和传感器输出阻抗 Z_{out} 之比. 为了得到最优性能, λ 的值应该在 1 左右.

5.3.3 电子学噪声的反向作用 [65]

如前所述, 由于传感器的双向作用, 返回到共振棒内的放大器噪声也会在棒内产生一个等效的随机作用力, 其平方平均振幅为

$$S_{\mathrm{f}}(\omega) = m \omega_0 \beta \frac{k_{\mathrm{B}} T_{\mathrm{n}}}{R_{\mathrm{n}}} \qquad (5\text{-}23)$$

因此, 在共振棒内, 总的热噪声产生的随机力的平方平均振幅 $S_{\mathrm{f}}^{\mathrm{tot}}(\omega)$ 包括两部分: 一部分是由共振棒内分子的布朗运动引起的, 另一部分是电子学噪声的反向进入造成的. 共振棒内噪声产生的随机力的总功率谱为

$$S_{\mathrm{f}}^{\mathrm{tot}}(\omega) = 4 k_{\mathrm{B}} m \frac{\omega_0^2}{Q} T_{\mathrm{e}} \qquad (5\text{-}24)$$

在这里, $T_{\mathrm{e}} = T \left(1 + \dfrac{\beta Q T_{\mathrm{n}}}{2 \lambda T} \right)$ 是等效温度, 它高于棒的热力学温度.

如前所述, 共振棒的传递函数为

$$T(\omega) = \frac{d}{2} \frac{\omega^2}{(\omega^2 - \omega_0^2) - \mathrm{i} \dfrac{\omega_0}{Q} \omega} \qquad (5\text{-}25)$$

将它代入放大器噪声电压信号的功率谱 $S_{\mathrm{V}}(\omega) = k_{\mathrm{B}} T_{\mathrm{n}} |Z_{\mathrm{out}}| \left(\lambda + \dfrac{1}{\lambda} \right)$ 中可得电子学噪声产生的等效随机力的功率谱:

$$S_{\mathrm{f}}^{\mathrm{el}}(\omega) = \frac{k_{\mathrm{B}} T_{\mathrm{n}} \left(\lambda + \dfrac{1}{\lambda} \right) m \omega^2}{\beta \omega_0} \left\{ \left[1 - \left(\frac{\omega_0}{\omega} \right)^2 \right]^2 + \left(\frac{\omega_0}{\omega} \right)^2 \frac{1}{Q^2} \right\} \qquad (5\text{-}26)$$

这个功率谱当 $\omega = \omega_0$ 时, 即在棒共振时, 具有一个与棒的机械共振峰反方向的峰, 其半高度处的全宽度 (FWHM) 为 $\Delta \omega = \dfrac{\omega_0}{Q}$, 而共振棒热噪声产生的等效随机力的功率谱 $S_{\mathrm{f}}^{\mathrm{tot}}(\omega)$ 则是白噪声.

5.3.4 共振棒引力波探测器的总噪声 [65]

在共振棒的输入端, 总噪声产生的随机力的功率谱 $S_{\mathrm{h}}(\omega)$ 是 $S_{\mathrm{f}}^{\mathrm{tot}}(\omega)$ 和 $S_{\mathrm{f}}^{\mathrm{el}}(\omega)$ 两项之和

$$S_{\mathrm{h}}(\omega) = S_{\mathrm{f}}^{\mathrm{tot}}(\omega) + S_{\mathrm{f}}^{\mathrm{el}}(\omega) \tag{5-27}$$

它可以表示为 [65]

$$S_{\mathrm{h}}(\omega) = \frac{4k_{\mathrm{B}}T_{\mathrm{e}}\omega_0}{\frac{d}{2}mQ\omega^4}\left\{1 + \Gamma\left[Q^2\left(1 - \frac{\omega^2}{\omega_0^2}\right)^2 + \frac{\omega^2}{\omega_0^2}\right]\right\} \tag{5-28}$$

在这里 $\Gamma = \dfrac{T_{\mathrm{n}}\left(\lambda + \dfrac{1}{\lambda}\right)}{2\beta Q T_{\mathrm{e}}}$ 是一个非常有用的常数, 它是在共振频率 $\omega = \omega_0$ 处热噪声和电子学噪声之比. 在共振时, $S_{\mathrm{h}}(\omega)$ 具有反向峰, 频带宽 $\Delta\varpi$(FWHM) 在 $\Gamma \ll 1$ 且 $Q \gg 1$ 时为

$$\Delta\omega = \frac{\omega_0}{Q\sqrt{\Gamma}} \tag{5-29}$$

若取共振棒引力波探测器的信号噪声比为 SNR=1, 则 $S_{\mathrm{h}}(\omega)$ 与被探测的引力波的谱密度相等. 请注意: $S_{\mathrm{h}}(\omega)$ 的表达式对含有第二个共振质量的共振传感器不适用, 在共振传感器中, $S_{\mathrm{h}}(\omega)$ 有两个反方向峰. 带有共振传感器的 NAUTILUS 的 $S_{\mathrm{h}}(\omega)$ 实验曲线如图 5.7 所示 [60], 在两个共振频率处灵敏度 (以 $S_{\mathrm{h}}^{1/2}(\omega)$ 表示) 达到最佳值. 在图中, 中间峰是由刻度信号引起的.

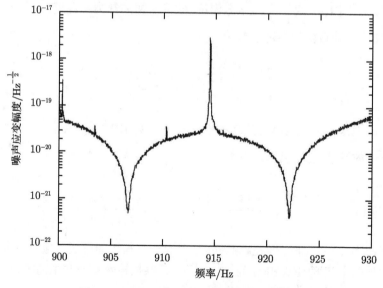

图 5.7　NAUTILUS 的实验噪声谱 $S_{\mathrm{h}}^{1/2}(\omega)$

需要指出, $S_h(\omega)$ 的平方根 $S_h^{1/2}(\omega)$ 称为引力波探测器的频谱灵敏度, 简称引力波探测器的灵敏度, $S_h^{1/2}(\omega)$ 定义为: 在信噪比 SNR = 1 的情况下, 每单位频带宽度可探测到的引力波振幅, 它是频率的函数. 频谱灵敏度也被称为频谱应变噪声, 因为引力波的幅度称 $h(t)$ 被看成是时空的应变. 频谱灵敏度通常用来标识和比较引力波探测器的性能. $h(t)$ 的定义和物理意义将在第 6 章中详细讨论.

5.4 共振棒引力波探测器的改进与升级

常用的共振棒引力波探测器的主要参数为 [70]: 工作频率 1kHz 左右, 频带宽度约 1Hz, 共振棒长度 1~3m, 质量 2~3t, 机械品质因素 Q 为 10^6 数量级, 工作温度 0.1~4.2K, 对在 SNR=1 时, 爆发性引力波的探测灵敏度 h_b 约为 5×10^{-19}.

经过 40 多年的不懈努力, 共振棒引力波探测器的性能虽然有很大提高 [84], 但仍然不能满足对引力波探测的需要, 没能找到引力波事例. 有些共振棒引力波探测工作者继续抱着希望, 想方设法对它们进行改造和升级 [70], 努力方向有以下几个方面:

(1) 增长探测器的有效工作时间; 共振棒引力波探测器的各个子系统, 特别是低温系统, 需要经常维修, 每次维修都要花费几个月的时间, 使整个探测系统的温度慢慢升到室温. 因此需要改进低温系统, 增加其稳定性, 减少维修时间, 以便采集更多的数据.

(2) 提高灵敏度; 采用更低的工作温度如 10mK 以降低噪声 [73,74], 采用多级 SQVID 放大器, 发展更灵敏的传感器, 都是提高灵敏度强有力的手段. 通过这些努力, 希望把共振棒探测的探测距离提高到几十个 Mpc.

(3) 增加频带宽度; 研发新的传感器和不同形状的共振体, 如球形共振体, 希望把共振棒的频带宽度从 1Hz 增加到 10~50Hz, 甚至是几百 Hz.

(4) 降底本底噪声. 设计高效隔震系统以减小地表震动产生的噪声, 把探测器置于地下以减少宇宙线引起的干扰都在改进的范围之内.

在诸多可采用的措施之中以下两个方面值得特别关注.

5.4.1 光学传感读出系统

利用光学技术对共振棒的机械振动进行读出的想法, 是由 R.W. Drever 在 1977 年首先提出来的. 其基本思想是把一个加工精细的法布里–珀罗腔接到共振传感器的共振体上, 共振棒的机械振动改变腔的长度, 这种长度变化可能携带引力波信号, 利用光电器件可以用很高的灵敏度把它转换成电信号.

1986 年, V. V. Kulagin 等 [75] 在理论上对这种思想进行了可行性研究, 1988 年, J. P. Richard 等 [76] 进行了更详细的计算并于 1992 年设计了一个完整的系

统 [77], 1995 年该系统建成, 随后进行了性能测量.

随着激光稳频技术的进步和光学加工工艺的发展, L. Louti 等建成了一个实用的光学-机械传感器读出系统. 并在室温共振棒上进行了实验测量, 取得了很好的结果, 朝着实际应用迈出了关键的一步 [78].

L. Louti 等的光学传感读出系统是由激光器、两个法布里-珀罗腔、分光镜、光隔离器、光纤、透镜、光电二极管等部件组成的. 从激光器来的一束稳频激光通过光路进入分光镜, 一部分反射到法布里-珀罗腔内, 这个法布里-珀罗腔与共振传感器小质量振动体相连, 称为探测腔. 共振棒的机械振动 (可能是引力波激发的) 改变腔的长度, 使腔内激光的相位随之变化, 把机械振动信号转变为光信号, 激光束的另一部分透过分光镜进入一个长度固定的法布里-珀罗腔, 此腔不与共振棒相连, 称为参考腔. 它所输出的激光的相位不发生变化, 将两个光束进行比较, 并通过光电二极管将相位差引起的光强度的变化转变为电信号. 这个信号是由棒的机械振动所导致的, 由于光在探测腔内的多次反射与叠加作用, 光学-机械传感器大大提高了共振棒引力波探测器的灵敏度, 并能使频带宽度从 1Hz 提高到 10Hz. 法布里-珀罗腔的结构和工作原理将在第 6 章中详细阐述.

5.4.2　球形共振质量引力波探测器

原则上讲用一个直径与共振棒长度相当、材料相同的球代替这根金属棒 [57], 将棒上的传感器复制多套分别安置在球的不同位置, 就将共振棒引力波探测器改造成一个球形共振质量引力波探测器 [80,81].

球形共振质量引力波探测器 (简称共振球) 的想法是 1976 提出的 [80,81], 作为共振棒的升级, 它有如下特点:

(1) 对于直径与棒长相等的共振球来说, 如果物质是相同的, 它与引力波的相互作用截面要比共振棒提高 20 倍.

(2) 一个共振球可以具有 5 个同一频率的共振模式, 因此, 它的探测是全方位的. 可以用来探测引力波的方向和极化. 分开适当距离的两个共振球可以代替多个被分开的共振棒, 组成一个 "引力波观测站", 适当选择两个共振球间的距离, 或将共振球安放在激光干涉仪引力波探测器旁边, 可以更有利于寻找随机背景引力辐射.

(3) 在共振球中, 第二级四极矩共振模式的截面和第一级一样大, 这个特点可以用来探测中子双星的最后并合, 因为并合时发出的引力波相继激发这两种共振模式. 一个共振球如果装上达到量子极限的共振传感器, 探测距离可达到或超过 100Mpc. 在这个距离上, 每年有望探测到几个黑洞-黑洞并合事例.

球形共振质量引力波探测器的工作原理与共振棒引力波探测器是相似的, 这个方案在理论上是很先进的, 但技术上要复杂得多, 最终没有实现.

5.5 共振棒引力波探测器国际网

局部干扰可能被探测器记录下来, 形成输出信号. 这种干扰信号会被误判为引力波事例. 即使这种事例很稀少, 对单个共振棒探测器来说也很难甄别掉. 如果在不同地点建立多个探测器并进行符合测量, 就可以解决这个问题. 探测器数量越多, 彼此距离越远, 数据越可靠.

利用多个探测器, 特别是分布在各大洲的探测器进行符合测量, 还可以很好地确定引力波源的位置, 探索波源的结构和性质. 因此把位于世界各地的单个共振棒引力波探测器联合起来同时运转, 组成一个国际引力波探测网, 是非常必要的.

1997 年 7 月 4 日, 在 D. Blair, M. Cerdonio, W.O. Hamiton, W.W. Johnson, G.V. Pallottino, G. Pizzella, M.Tobar 和 S. Vitale 的倡议下, 国际引力波事例合作组织 IGEC (International Gravitational Event Collaboration) 宣告成立 [70,71], 共振棒引力波探测器国际网初步形成. 当前参加国际引力波事例合作组织 IGEC 的主要有 5 个探测器, 它们是: 位于美国路易斯安那州巴吞鲁日的 ALLEGRO(快乐的乐章), 位于意大利帕杜瓦附近的 AURIGA(御夫座), 位于瑞士日内瓦的 EXPLORER(探险者), 位于意大利弗拉斯卡蒂的 NAUTILUS(鹦鹉螺) 和位于澳大利亚珀斯附近的 NIOBE(尼俄伯), 它们的基本参数在表 5.1 中列出.

表 5.1 IGEC 组织内五个共振棒引力波探测器的参数和性能 [70]

参数	共振棒探测器名称				
	ALLEGRO	AURIGA	EXPLORER	NAUTILUS	NIOBE
物质	Al5056	Al5056	Al5056	Al5056	Nb
质量/kg	2296	2230	2270	2260	1500
长度/m	3.0	2.9	3.0	3.0	2.8
直径/m	0.6	0.6	0.6	0.6	0.6
+ 模式/Hz	920	930	921	924	713
− 模式/Hz	895	912	905	908	694
温度/K	4.2	0.25	2.6	0.1	5.0
Q 值	2×10^6	3×10^6	1.5×10^6	0.5×10^6	20×10^6
AURIGA 位置	美国 BatonRouge	意大利 Legnaro	瑞士 CERN	意大利 Frascati	澳大利亚 Perth
灵敏度 $S_{\mathrm{h}}^{1/2}(\omega)/\mathrm{Hz}^{1/2}$	10^{-21}	2×10^{-22}	6×10^{-22}	2×10^{-22}	5×10^{-22}
频带宽度	1	1	1	1	1

这些低温共振棒探测器具有非常优越的性能和很高的灵敏度, 探测目标集中在银河系中的爆发性引力波 (burst) 事件. 也就是说当时的共振棒引力波探测器对银河系中任何形状的毫秒级爆发性引力波事例是灵敏的. 其中包括演化到最后几个

周期的密近双星旋绕、并合及余音阶段发射的引力波, 中子星的最后坍缩, 超新星爆发时中子星、黑洞的诞生等. 这些探测器运转多年之后, 没有一台发现引力波信号, 到了 21 世纪初都陆续关闭了.

5.6　共振棒引力波探测器的发展历程与实验结果 [72]

　　1955 年 J. 韦伯开始认真考虑广义相对论和引力波方面的研究, 1960 年他在《物理通讯》上发表了一篇文章, 提出了探测引力辐射的大胆想法, 在以后发表的数篇论文中提出了共振棒探测器的初步构思. 经过几年的实验和探索之后, 用共振棒探测引力波的方案逐渐成熟. 1962 年, J. 韦伯和他的同事们在马里兰大学建成了世界上第一个共振棒引力波探测器, 并于 1963 正式运转, 取得了第一批实验数据. 探测器周围出现的干扰也可能被探测器作为有用信号记录下来, 这种干扰信号将被误判为引力波事例. 为了排除这种本底, 他们在一英里① 之外建造了第二个共振棒, 并于 1968 年和第一个共振棒同时运转, 进行符合测量. 得到了几个符合信号. 经过认真的分析, 他们仍然认为, 这几个符合信号是同一地域中相同的外部干扰所致, 是虚假信号. 要想有效地排除这种本底, 两个探测器一定要分开得更远. 为此, 他们又建造了两个相同的共振棒, 分别安置在马里兰大学和芝加哥附近的阿贡国家实验室, 两地相隔 700 多英里, 1968 年他们把这两个相同的共振棒同时开动起来, 进行符合测量. 1968 年 12 月获得了第一个符合信号, 在随后的 81 天中, 他们又陆续得到了 17 个符合信号. 经过分析判断, 认为它们是引力波信号. 从最初提出探测方案到建成共振棒探测器, 韦伯总共花费了 10 年时间, 他的心情是难以平静的.

　　1969 年 6 月, 在美国辛辛那提举行的相对论学术会议上, J. 韦伯等公布了这一结果, 并当场宣布成功地探测到引力波. 两周之后, 他们将论文正式发表在《物理评论通迅》上, 轰动了整个物理界. 顿时, J. 韦伯的研究成了世界各大媒体的头条新闻, 他的照片出现在世界各地的报刊上. 人们把 J. 韦伯的发现看成是半个世纪以来最重要的物理成果. 一场广义相对论和引力波探测的热潮在全世界迅速掀起. 各大实验室立刻行动起来, 投入了大量的人力和物力从事这一热门课题的研究. 一年之内有 10 多个小组开始建造与 J. 韦伯相似的共振棒, 如苏联、意大利、日本、苏格兰、德国和英格兰等. 在美国本土上, 贝尔实验室、国际商用机器公司 (IBM)、罗彻斯特大学、路易斯安那州立大学、加利福尼亚大学、斯坦福大学也都加入了这一行列. 热浪甚至波及中国, 20 世纪 70 年代, 中山大学和中国科学院高能物理研究所都组建了相当规模的研究机构, 对常温共振棒引力波探测器进行预制研究.

　　与此同时, 理论物理学家也迅速行动起来, 开始对这些事例进行计算并分析它们的来历. 很快他们就发现了问题. 英国理论物理学家史迪芬·霍金 (S. Hkawking)

---

① 1 英里 =1.6093 千米.

和他的同事加利·吉本斯 (G. Gibbons) 首先指出,从 J. 韦伯小组发表的数据来看,他们探测到的是爆发性脉冲引力波,这引力波应该来自正在经历引力坍缩而变成新生中子星的星体. 从被探测到的引力波能量来看,这些新生中子星到地球的距离应为 300 光年. 再从 J. 韦伯小组宣称的每天观测到的事例率来看,在地球附近应该有很多这样的中子星. 这显然与事实相矛盾,我们的地球附近并没有那么多的中子星.

来自理论物理学家的否定声音越来越多,J. 韦伯和他的同事们有些慌乱,曾多次修改自己的观点,为了与某些理论物理学家的 "理论" 保持 "一致",他们甚至承认这些事例来自银河系的中心,闹出了一个大笑话. 理论物理学家指出,如果像 J. 韦伯所宣布的那样,这些引力波事例是来自银河系的中心,即距地球 30000 光年之远的地方,那么引力波的能量一定是相当高的. 只有这样,才能使它在传播了如此远的距离之后还能维持足够的强度,被灵敏度不太高的探测器捕捉到. 也就是说,从银河中心辐射出来的引力波一定会带走大量的能量. 根据当时共振棒探测器的灵敏度,理论学家计算出每个事件辐射出的引力波能量相当于一个太阳质量. 根据 J. 韦伯所宣布探测到的事例率进行计算,银河系将以巨大的速率丢失质量. 这种质量丢失率实在是太快了,它使得 100 多亿年前诞生的银河系不可能生存到现在. 银河系应该在很早很早以前就已经消亡了,我们大家包括 J. 韦伯本人现在还能出现吗? 因此,有位理论物理学家风趣地说 "要么 J. 韦伯错了,要么整个宇宙是荒诞的".

1972 年,W. Press 和 K. Thorne 共同写了一篇评论性文章,综合了多数理论物理学家的观点,认为 J. 韦伯的结果是错误的. 随后,理论物理学家对 "事例" 否定的声音一浪高过一浪,越来越多的人对 J. 韦伯的实验结果表示怀疑. 1974 年 6 月在麻省理工学院举行的第五届剑桥相对论会议上,两派的争吵非常激烈,甚至到了发生肢体冲突的边缘.

声名狼藉的剑桥会议两周之后,在以色列首都特拉维夫举行了第七次国际广义相对论和引力大会,四位共振棒引力波探测器的权威人士 J. Weber、T. Tysor、R. Drever 和 P. Kafka 全部与会,会上总结了长期以来共振棒引力波探测的实验结果,否定的势力占了上风. 几乎所有与会者都开始相信 J. 韦伯错了. 对于一些人来说,特拉维夫会议标志着他们在引力波探测领域研究工作的终结. 随着众多研究机构和人员的退出,共振棒引力波探测逐渐陷入低潮.

如果说理论物理学家的批评没有动摇 J. 韦伯的意志,那么来自实验物理学家的报告对于 J. 韦伯的打击却是致命的. 在运转了相当长的时间,并收集了大量实验数据之后,世界各地的共振棒引力波探测实验室相继发表了文章. 所有的实验结果都表明,没有一个实验室探测到引力波信号. 也就是说,J. 韦伯的实验是不能被重复的,不能被验证的. 不能重复的实验是错误的实验,这是大家公认的真理.

随着共振棒引力波探测的淡出, 激光干涉仪引力波探测器蓬勃发展起来, 成为引力波探测的主流设备, 引力波探测走向一个新的阶段.

共振棒引力波探测器除了灵敏度低以外, 最主要的缺点是棒的共振频率是确定的, 探测频带也太窄. 对于同一个探测器, 只能探测其对应频率的引力波信号, 如果引力波信号的频率不一致, 那该探测器就无能为力. 根据理论计算, 在地球上可以探测的引力波频率从 1Hz 到 10kHz. 共振棒的工作频率在 1kHz 左右, 频带宽度约为 1Hz, 引力波事例本来就很稀少, 共振棒又把自己限制在一个非常窄的频带狭缝中, 大大降低了发现引力波的概率.

共振棒引力波探测器是引力波探测历史上一个非常重要的发展阶段. 通过 40 多年的艰苦努力, 引力波探测在天体引力波源的理论分析和引力辐射的强度计算、探测器噪声分析、环境检测、隔震技术、低温技术、信号读出和数据获取技术, 数据分析方法和软件工具的建立等方面都取得了长足的进步, 造就了一大批引力波探测领域的领军人物, 为引力波探测的发展打下了坚实的基础.

J. 韦伯 1919 年出生在美国新泽西州, 犹太人. 由于家境并不富裕, 他从库伯联盟学院辍学后去了美国海军军官学校, 成为一名海军军官、雷达专家、舰艇导航员, 最后担任了一艘猎潜艇指挥官, 参加了第二次世界大战. 退役后受聘于马里兰大学, 成为一名教师. J. 韦伯聪明过人, 勤奋上进, 具有极强的动手能力. 但命运似乎不佳, 在他的科研生涯中多次与重大成功失之交臂. 其中有两次可以说是与诺贝尔奖擦肩而过. 第一次是为了攻读博士学位, 他找到了著名物理学家 G. 伽莫夫, 遭到拒绝. 当年 G. 伽莫夫与 L. 阿尔弗、R. 赫尔曼一起, 预言了宇宙微波背景辐射的存在, 很多人认为, 如果当年 G. 伽莫夫接受年轻有为、技术娴熟的微波工程师 J. 韦伯做他的博士生, 那么他们就有可能凭借宇宙微波背景辐射的发现获得诺贝尔物理学奖. 第二次是关于激光器 (当时叫微波激射器), 在遭到 G. 伽莫夫的拒绝之后, 韦伯开始研究核物理, 他认真思考了微波激射器的概念, 并在 1951 年发表的论文里详细论述了它的原理. 这项研究虽然给韦伯带来了荣誉, 但是, 如果他运气好一点, 就有可能凭借这一成果与他人共享诺贝尔奖, 并得到专利与经济上的巨额回报.

韦伯的实验虽然没有成功, 但他仍不失为一代物理学大师, 是他把爱因斯坦广义相对论方程搬进了实验室, 他在引力波探测方面开创性的工作始终赢得人们的尊重.

第6章 激光干涉仪引力波探测器的结构和工作原理

6.1 第一代激光干涉仪引力波探测器

近代天文学的发展告诉我们, 观测手段的每一次革命都会产生巨大的影响, 拓宽观察范围, 加深对宇宙的认识. 望远镜出现之前, 人们用肉眼观察天象, 根据天空中的日月星辰, 给出很多猜测和遐想.

光学望远镜的出现扩大了观测范围, 不但看清了月球的表面, 揭示了行星、卫星的运动规律, 还发现了新的天文现象. 把研究范围延伸到河外星系. 射电天文望远镜的发明掀起了又一场革命, 使天文学的研究向更大的深度和广度推进, 发现了脉冲星、宇宙背景辐射、黑洞等天体和很多新的天文现象, 开创了天文学研究的新纪元. 毫不夸张地说, 引力波这种全新的探测手段的出现, 是天文学发展史上的又一场革命, 由于引力辐射独特的物理机制和特性, 它将为我们提供其他观测方法不可能获取的天文信息, 丰富并加深人们对宇宙的认识.

宇宙中充满由天体发射的不同频率、不同强度的电磁波, 利用 "类像" 探测, 传统的电磁辐射天文学为我们提供了宇宙中一幅幅精美的画面. 同样, 宇宙中也充满了由天体发射的不同频率、不同强度的引力波, 利用 "类声" 探测, 引力波天文学将能够使我们听到优美乐曲: "爱因斯坦交响乐"(图 6.1). 它是引力辐射给我们描绘的太空形象. 传统的电磁辐射天文学拍摄的一张张照片组成了一部无声电影, 引力波天文学给它配上乐曲, 变成有声电影, 有声有色的宇宙才是真正的宇宙. 不过, 爱因斯坦交响乐的强度非常之小, 远非普通人的耳朵能够听到的, 正是应了那句话 "此曲只应天上有, 人间能有几回闻". 为了欣赏这支美妙的乐曲, 科学家们已经奋斗了 50 多年!

图 6.1 "爱因斯坦交响乐"

古人云: "工欲善其事, 必先利其器". 下面我们就来研究收听 "爱因斯坦交响乐" 的最佳设备: 激光干涉仪引力波探测器 (图 6.2)[394].

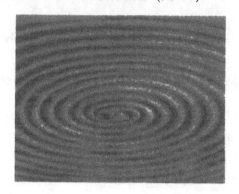

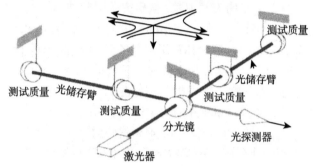

图 6.2　激光干涉仪引力波探测器示意图

6.1.1　激光干涉仪引力波探测器的兴起

用干涉仪探测引力波的想法是 1963 年由两位年轻的苏联物理学家, 莫斯科国立大学的 M. E. 格森史泰因 (Mikhail E. Gertsenshtein) 和 V. I. 普斯托瓦伊特 (V. I. Pustovoit) 首先提出来的. 文章发表在一本俄文刊物 JETP, 即《实验与理论物理杂志》上 [353]. 可惜并未引起人们的注意, 他们这个开创性的想法因此被忽视了.

很多年之后, 美国麻省理工学院教授雷纳·韦斯 (Rainer Weiss, 图 6.3) 也独立地想到了这个主意 [86], 据说他的灵感产生于课堂之上. 大概是 1968 年, 作为一名助理教授, 韦斯在麻省理工学院负责讲授爱因斯坦的 "广义相对论". 学生们要求他讲授引力波方面的内容, 这是一个非常具有挑战性的课题, 难度极大. 当时他使用的教材是爱因斯坦的德文论文, 作为一名德国出生的犹太人, 他精通德语, 熟读这些论文之后, 得到了一个重要启示: 让光束在两个物体之间来回反射, 再测量这些光束的变化. 这个想法很简单, 但非常新颖. 韦斯说这是整个 "广义相对论" 中他唯一理解的内容. 但是, 即使用最精密的钟表, 也测不出光线传播时间的微小变化, 韦斯的创新在于利用悬浮的镜子制造一台干涉仪,干涉仪有两个互相垂直的臂,从激光器发射的一束激光被分光镜分成强度相等的两束,分别沿着两臂传播,而不是在一条路上来回振荡.两束光在两臂的终端镜上被反射,沿着两臂返回到分光镜.经过并合干涉后产生两个结果:如果光在两个臂上的传播距离严格相同,会得到完美的干涉相减,光线完全消失,剩下一片黑暗;如果光在两个臂上的传播距离不同,两束光的干涉相减就不完美,有些光线透出来.班上很多学生都被这个新奇的想法吸引住了,随后有几名研究生决定和他一起研究这个项目,并在简陋的实验室内搭建了一个臂长 1.5m 的微型装置.关于这件事情虽然他们没有正式发表文章,但是他与他的学生们讨论这个问题时,有人在实验室的记录本上做了详细记录并画有韦斯实验方案的草图 [87].

图 6.3　雷纳·韦斯 (Rainer Weiss)

1971~1972 年,韦斯对激光干涉仪进行了广泛深入的研究和设计,考虑了几乎所有的关键部件,这是他第一次对激光干涉仪引力波探测器进行严格的技术检验.他还研究了干涉仪的噪声问题,指出了迄今为止研究人员仍然为之奋斗着的主要噪声来源,指出并全面论述了控制这些噪声的途径.韦斯全面而透彻的分析作为麻省理工学院 (MIT) 的一篇季度研究进展报告发表,至今仍被当作一篇里程碑式的论文发挥作用.韦斯出色的工作标志着激光干涉仪引力波探测器设计原型的诞生.

顺便说一下,韦斯的实验是在麻省理工学院 20 号楼内进行的,把它说成 "楼" 是有点抬举它,实际上,那是第二次世界大战期间,作为应急措施,在校园的一个角落里草草搭建起来的一座 3 层的木板房,四面透风,摇摇欲坠,人们戏称其为 "夹板宫殿".虽然外观简陋,但它却顽强地坚持了几十年,其中至少有 9 人由于在这里的研究工作而荣获诺贝尔奖! 1998 年,这座盛名远扬的 "历史文物" 还是在一片反对声中被拆除了.

与此同时约瑟夫·韦伯的学生——罗伯特·法沃德 (Robert Forward) 也在研究利用激光干涉仪来探测引力波的可能性. 他从 NASA 申请到一笔经费, 开始建造第一个小型样机. 1972 年 10 月 4 日, 样机建成, 并开动起来. 虽然臂长只有 2m, 探测质量只有几磅[①], 但确实是世界上第一台为探测引力波而制作的干涉仪, 在激光干涉仪引力波探测器的研究历史上却迈出了重要一步. 尽管法沃德曾谦虚地说这个灵感来源于雷纳·韦斯.

基普·索恩 (Kip Thorne, 图 6.4) 教授 1940 年 6 月 1 日出生于美国犹他州的洛根, 是一位偶像级的天体物理学家, 一位才华横溢、影响几乎无与伦比的广义相对论学者, 是被奉为 "美国相对论之父" 的普林斯顿大学教授约翰·惠勒的学生, 对相对论天体物理学的贡献具有奠基性意义. 惠勒是举世闻名的物理学家, 一生硕果累累, 深受世人爱戴, 作为导师也深受索恩的敬重. 在惠勒的指导下基普·索恩从 1962 年起加入黑洞的研究行列, 在那时的基普·索恩看来, 引力波的存在是一个毫无疑问的事情.

图 6.4　基普·索恩 (Kip Thorne)

1972 年, 基普·索恩在对自己的博士研究生比尔·普莱斯进行年度考评时, 对引力波这个研究领域进行了展望, 向世人展示了他为加州理工学院选择的一个开拓性的发展方向. 从概念上讲, 引力波是速度有限制的必然产物. 简化的线性爱因

①1 磅 =0.4535 千克.

斯坦引力场方程的超前解也在理论上证明了这一点. 当两个致密的天体 (如两个黑洞) 相互旋绕做轨道运动时, 周围的时空扭曲加剧, 由于信息不能以超光速传播出去, 因此时空状态无法瞬时适应这种状态变化, 而是逐渐作出变化、调整, 这种变化、调整会以逐渐增强的 "波" 的形式以光速向外传播, 这就是引力波. 基普·索恩反复强调, 引力波这个新的宇宙信使将为我们打开一扇观测宇宙的新窗口.

1976 年, 30 岁的基普·索恩成为加州理工学院的全职教授, 因为富有独创性的理论成果而享有盛誉, 受到广泛尊重. 他一直担任加州理工学院费曼理论物理学教授, 在加州理工学院领导着全球顶尖的广义相对论研究中心. 就在雷纳·韦斯在麻省理工学院, 罗纳尔德·德里弗在格拉斯哥, R. 贾佐托在意大利, 弗拉基米尔·布热金斯基在苏联以及另外一个种子小组在德国研究用激光干涉仪探测引力波的同时, 基普·索恩教授在加州理工学院也正在进行这方面的理论研究, 他与学生们一起力图把广义相对论与引力波结合在一起, 找到一些实验物理学家们能够测量的参数从而让广义相对论效应比较容易地进行测量. 他们的研究奠定了引力波探测的理论基础, 并在引力波波形计算以及数据分析的研究方面进行了开创性工作. 在此过程中, 加州理工学院取代了普林斯顿大学, 成为全球广义相对论研究中心. 世界上这个顶尖研究小组的加入极大地壮大了引力波研究团队.

1975 年, 约瑟夫·韦伯在意大利西西里一个漂亮的中世纪小镇埃利斯 (Erice) 组织了一个国际讨论会, 目的是对引力波探测领域的前景进行评估并讨论先进的探测技术, 吸引了世界上众多的物理学家. 在会上, 基普·索恩对用激光干涉仪探测引力波的理论进行了深入分析, 报告了对各种可能的引力波源所辐射的引力波强度的计算结果, 引起广泛的关注. 对激光干涉仪引力波探测器在全世界的发展起了巨大的推动作用. 随后, 他在加州理工学院组织了一支强有力的队伍, 建立了专门从事引力波探测的研究组. 他把才华横溢的罗纳尔德·德里弗招于门下, 大大加快了激光干涉仪的研发速度. 到了 20 世纪 80 年代, 十多台小型样机在世界各地陆续建成, 投入运转 [85,89,90], 科学家用它们做了大量的基础研究, 解决了激光干涉仪建造中几乎所有可能遇到的技术难题. 为大型光干涉仪引力波探测器的建造打下了坚实的基础, 积累了宝贵的经验 [91-95].

1931 年, 罗纳尔德·德里弗 (Ronald Drever, 图 6.5) 出生在苏格兰的一个小镇, 在格拉斯哥大学毕业后留在那里工作. 他利用简单的设备完成了一个具有独创性的实验, 即以他与休斯的名字命名的 "休斯–德里弗实验", 该实验被看成是 "等效原理的高精度实验". 随后他得到了资金支持, 建立起一个精干的研究团队. 当时引力波已经在社会上引起了注意, 成为科学家关注的一个焦点. 通过与霍金等的深入交流, 罗纳尔德·德里弗深信引力波是真实存在的, 也是可以测量的, 并着手设计自己的探测器. 1976 年, 他的团队在英国格拉斯哥建造了另一台小型激光干涉仪, 第一次引进了法布里–珀罗腔, 使激光干涉仪引力波探测器实现了质的飞跃 [88]. 德里弗头脑灵活、富有创造力、乐于奉献, 以超强的实验能力闻名于引力波界. 1979 年基普·索恩把才华横溢的德里弗招在门下, 在加州理工学院开始了激光干涉仪的研制. 20 世纪 80 年代初, 在美国国家基金委和加州理工学院的支持下, R. 德里弗开始在校园内建造一台臂长 40m 、功能完备的激光干涉仪. 该设备在 1983 年建成并开动起来, 灵敏度为 $h \sim 10^{-15}$. 20 世纪 90 年代对它进行了全面升级, 灵敏度达到 10^{-18}. 经过长期的、持续不断的创新与技术改造, 这台干涉仪渐近完美. 虽然它尺寸不够长, 难以算得上真正意义上的引力波探测器, 但却是第一台真正意义上的激光干涉仪, 是一个真正意义上的激光干涉仪实验室. 激光干涉仪的很多新思想在这里诞生, 很多新技术、新设备、新材料在这里制造、检验, 然后推广到全世界.

图 6.5　罗纳尔德·德里弗 (Ronald Drever)

6.1.2　大型激光干涉仪引力波探测器 LIGO 的建造

在大型激光干涉仪引力波探测器 LIGO 的筹划和建造过程中, 美国麻省理工学院教授雷纳·韦斯, 基普·索恩, 罗纳尔德·德里弗起了关键作用.

韦斯教授是位天才的实验物理学家, 1932 年生于德国, 犹太人, 1939 年举家迁往美国. 对中国人非常友好. 作者在 LIGO 工作期间, 有幸与他共事两年有余, 经常一起讨论问题, 一起值班, 彼此相当熟悉, 作者亦深受教益. 有一次值夜班, 我对他说: "Ray, 有一个问题我想了很久, 一直想问问你". "什么问题呀?" 韦斯回过头笑眯眯地对着我, "加州理工学院和麻省理工学院一个在西部一个在东部, 两者都是世界级名校, 您和 Kip 都领导着一个很强的研究组, 你们是怎样联合起来的?" R. 韦斯听了哈哈大笑, 消瘦的脸上露出一丝诡秘. 他的回答使我知道了 LIGO 发展历程中一个关键性事件, 并对两位知名物理学家韦斯和索恩的博大胸怀肃然起敬.

事情大概是这样的: 1975 年 NASA 有意在太空进行广义相对论实验, 组织了一个专门委员会进行论证, 请 R. 韦斯担任该专门委员会主席, 由于 K. 索恩是广义相对论方面的专家, R. 韦斯邀请他参加 6 月份在华盛顿召开的论证会. 由于时间紧迫, 索恩没有订上酒店, 韦斯把他接到自己的套房. 刚在客厅内坐下两个人就有关引力波的问题攀谈起来, 越说越深入, 内容涉及几乎所有引力波探测问题, 后来干脆摊开一张大纸, 把引力波探测中要做的一切实验都列了出来. 经过彻夜长谈, 两人决定正式联手, 加州理工学院和麻省理工学院共同进行激光干涉仪引力波探测器的研发, 并把这个引力波探测器的名称定为 LIGO.

韦斯和索恩具有决定性意义的商谈之后, 加州理工学院决定引进引力波探测领域的世界级专家并选定一人主持激光干涉仪的研制, 为未来建造引力波天文台进行技术储备. 索恩费了九牛二虎之力把 R. 德里弗挖来主持这个极具挑战性的项目. 他们在加州理工学院和美国国家科学基金会的支持下, 开始在校园内建造当时世界上最大的、臂长 40m 的激光干涉仪.

就在美国国家科学基金会为加州理工学院项目投入资金的同时, 麻省理工学院的 R. 韦斯教授和他的同事们提出了一个更加雄心勃勃的计划: 建造一台尺寸更大的探测器——长基线引力波天线系统, 美国国家科学基金会亦给了他进行可行性研究的经费. 麻省理工学院的科学家在韦斯的领导下完成了这项行业研究: 工程技术公司测试了组件, 而且基本上完成了零部件的定价工作, 行业合作伙伴详细地调研了真空管道、激光器等情况. 在深入研究的基础上, R. 韦斯与麻省理工学院的同事 P. 索尔森, P. 林赛等为主, 花费了近 3 年的时间完成了一份长达 419 页的关于 "长基线激光干涉仪的研究报告", 并在 1983 年 10 月由麻省理工学院和加州理工学院联名提交给美国国家科学基金会, 该报告后来被称为 "蓝皮书". 蓝皮书中详细列出了各种可能的引力波源, 比较了世界各大实验室用干涉仪测量引力波的方案以及原型研究的若干成果. 建议在美国建造灵敏度足够高的激光干涉仪, 探测从天体源辐射的引力波. 虽然这份报告本身不具备申请基金的效用, 但有力地证明了实验目标是可以实现的.

蓝皮书提交之后, R. 韦斯、K. 索恩和 R. 德里弗开始起草研发计划, 美国国家科学基金会非常重视, 组织了一系列的专门委员会进行论证, 加州理工学院和麻省理工学院的科学家共同就 "蓝皮书" 里面涉及的内容做了解释, 并报告了自己在原型研究方面的若干成果. 通过激烈的争论, 所有的质疑都被否定, 他们的建议得到美国国家科学基金会的认可. 结论是: 这是一项有风险, 但可能产生卓越成果的研究, 值得美国国家科学基金会考虑进行立项.

　　美国国家科学基金会作出重要决定, 由麻省理工学院和加州理工学院联合实施这个极具发展前途的项目, 并立即拨出一定的经费, 开始前期研究. 根据这个决定, 建立了一个引力波天文学研究团队, R. 韦斯、K. 索恩和 R. 德里弗成为这个团队的负责人, 人们戏称为 "怪异的三巨头组合", 随后更多高等院校加入进来. 他们整合资源, 开展了广泛的预制研究.

　　这个项目遇到来自各方面包括国会的阻力, 由于经济不景气, 很多大科研项目都被叫停, 他们的申请也被搁置起来. 美国国家科学基金会一直在坚持不懈地努力, 不断尝试着全面启动它. 对国会议员及持不同意见的科学家做了大量工作. 到了 1986 年 5 月僵局终于被打破, 事情出现了转机. 这时, 曾与诺贝尔物理学奖获得者 E. 费米 (Enrico Fermi) 一道工作的 R. 加尔文 (Richard Garwin) 就职于美国能源部. 在得知美国国家科学基金会正在推广这个大型的引力波项目后, 他以一个过来人的身份给美国国家科学基金会写了一封信, 建议基金委组织一个高规格的专门委员会 "做一下真正的调查研究". 这是一封与 LIGO 生死攸关的信件. 1986 年 11 月, 美国国家科学基金会接受了这个建议, 组织了一个包括 R. 加尔文在内的一流科学家组成的高水准会议委员会处理这个问题. 该委员会在位于波士顿剑桥的美国艺术科学研究院 (The American Academy of Arts and Sciences) 举行了一场研讨会. 来自全世界的引力波探测领域的著名科学家都出席了会议, 这场研讨持续了一周时间, 经过多次辩论, 最后委员会提出一个令人难以置信的建议: 这个领域很有发展潜力, 该项目绝对值得做, 但不必再造原型, 直接造两台大型的、全尺寸探测器. 委员会还建议在项目管理体系中做一些调整, 只设置一个主管主任, 而不再由一个管理小组领导. 美国国家科学基金会接纳了委员会的建议, 要求合作组重写申请报告, 并全额拨付了 "蓝皮书" 计划所需的资金. 在这个振奋人心的 "建议" 鼓舞下, 新任主管加州理工学院前教务长罗克斯·沃格特 (Rochus Vogt) 和 R. 韦斯马上行动起来, 他们组织两校精英花了六个多月的时间完成了这份报告. 1989 年, R. 沃格特作为项目负责人, 向美国国家科学基金会提交了加州理工学院–麻省理工学院联合小组辛勤劳动的成果: 一份长达 229 页的 "引力波探测器的建造、操作与支持研发报告", 提议建造两台臂长 4 公里长的激光干涉仪引力波探测器, 一台位于华盛顿州的汉福德, 另一台位于路易斯安那州的利文斯顿. 当年, 这一提案获得了美国国家科学基金会的支持. 工程基础建设正式启动.

　　由于经费数量巨大, 其他领域的著名科学家和一些国会议员出来反对, 国会十分谨慎, 冻结了这笔资金, 导致场地建设停了下来. 为了让美国国会解冻国家科学基金会的资金支持, R. 沃格特, R. 韦斯, K. 索恩等开始了新一轮的调研和说服工作, 这是一场旷日持久的拉锯战. LIGO 项目被迫推迟两年, 1992 年国会最终同意拨款. 有了充足的资金支持, 工程设计和部件的预制研究迅速开展起来, 研究进度明显加快, 队伍也由当初的几十个人扩大到 150 余人, 包括科学家、工程师、技术人员和管理人员. 1994 年, 两台臂长 4km 的 LIGO 正式开工建造.

但是, 由于在具体实施方案上存在巨大分歧, 两派互不相让, LIGO 建造长期处于停顿状态并有中途夭折的危险. 受命于美国能源部, 加州理工学院 B. 巴里什教授成为 LIGO 项目新的负责人, 对 LIGO 的建成做出了关键贡献. 巴里什教授 1936 年出生于美国内布拉斯加州奥马哈市, 是著名的高能物理学家, 具有惊人的组织才能, 向来以胸襟宽阔著称. 他性格温和, 为人谦逊, 加入 LIGO 项目长达 22 年之久, 是矛盾双方都能接受的不二人选. 他以快刀斩乱麻的方式重组 LIGO 管理层, 扩大团队和管理层授权, 迅速建立起新的 LIGO 实验室, 自己担任主任, 让得力助手、干练的加里·桑德斯为副主任, 派得力干将马克·库尔斯去 LIGO 利文斯顿当台长, 工作很快走上正轨, 经过艰苦的努力, 他从国会得到 2 倍于原计划的拨款, 从相关领域招募科学家、工程师和精密测量专家, 一个越来越大的团队紧张地忙碌起来. 有了这位前所未有的最优秀的大型项目管理人, 两台臂长 4 公里的激光干涉仪引力波探测器 LIGO 在 2002 年顺利建成并投入运转. 取得了举世瞩目的成果. 应该说巴里什教授是临危受命, 在关键时刻挽救了 LIGO.

6.1.3 国际大型激光干涉仪引力波探测器网

在 LIGO 建造的同时, 一些大型激光干涉仪引力波探测器在世界各地开始筹建. 迅速掀起了引力波探测的新高潮. 到了 21 世纪初, 几个大型激光干涉仪引力波探测器相继建成并投入运转, 它们是位于美国路易斯安那州利文斯顿臂长为 4km 的 LIGO(llo), 位于美国华盛顿州汉福德臂长为 4km 的 LIGO(lho)[96,97,107], 位于意大利比萨附近, 由意大利和法国联合建造的、臂长为 3km 的 VIRGO[98,99,108], 位于德国汉诺威 (Hannover) 由英国和德国联合建造的臂长为 600m 的 GEO600[100,109], 位于日本东京国家天文台臂长为 300m 的 TAMA300[101−103,110]. 一台臂长为 3km 的低温地下干涉仪 KAGRA 也开始在日本神冈建造. 在澳大利亚, 科学家们建造了一台臂长为 80m 的小型干涉仪, 用来进行探测器的基础研究. 应该指出, 在南半球 (如澳大利亚) 建造一台大型干涉仪并与现有的引力波探测器联网运行, 将大大提高引力波源的定位精度. 对引力波天文学的研究有非常重要的意义 [104]. 图 6.6 给出 LIGO, VIRGO, GEO600 和 TAMA300 的瞰视图.

当前, 第一代激光干涉仪引力波探测器的灵敏度是 10^{-22} 量级, 达到了预期的精度, 探测频带在几十赫兹到几千赫兹之间.

激光干涉仪引力波探测器由于探测灵敏度高, 频带宽度大, 具有广阔的发展前景. 它的出现开辟了引力波探测的新时代, 给引力波探测带来新的希望. 一个由激光干涉仪引力波探测器组成的国际引力波探测网已经形成 (图 6.7) 并开始运转, 为了进一步提高灵敏度和稳定性, 对它的升级和改进也已广泛展开起来.

(a) LIGO (llo)

(b) LIGO (lho)

(c) VIRGO

(d) GEO600

(e) TAMA300 樱花盛开

(f) TAMA300 鸟瞰

图 6.6 激光干涉仪

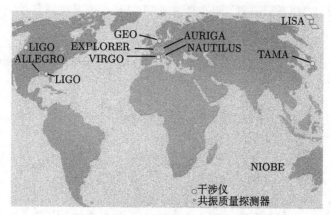

图 6.7　世界各大洲激光干涉仪引力波探测器的分布

激光干涉仪引力波探测器的蓬勃发展也引起了中国科学家的强烈关注. 很多大学和科研机构 (如北京师范大学、清华大学、南京大学、中国科技大学、中国计量科学研究院等) 都已开展相关研究, 提出了自己的方案, 并参加了国际交流与合作.

6.2　激光干涉仪引力波探测器的工作原理

用干涉仪进行科学探测的基本原理是比较光在其相互垂直的两臂中渡越时所用的时间. 当引力波在垂直于干涉仪所在的平面入射时, 由于特殊的偏振特性, 它会以四极矩的形式使空间畸变. 也就是说, 会在一个方向上把空间拉伸, 同时在与之垂直的方向上把空间压缩, 反之亦然. 拉伸和压缩的幅度随引力波的频率变化.

理论上讲, 探测引力波最简单的方法是用两个物体 (我们称之为测试质量) 界定一部分空间, 直接用一个理想的尺子, 测量引力波在这部分空间中产生的效应, 即长度的变化, 如图 6.8 所示.

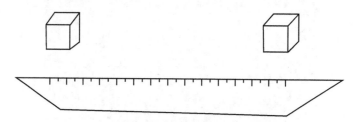

图 6.8　直接测量两个测试质量之间距离的变化

但是, 实际操作起来可没有那么简单, 首先, 要使引力波产生的效应较大, 需要两个测试质量之间的距离非常大, 在地球上为几公里 (如 LIGO), 在空间为几百万

公里 (如 LISA), 这么长的距离用尺子进行精密测量是不可能的. 再者, 引力波引起的长度变化非常之小, 一般为 10^{-19}m(如 LIGO) 到 10^{-12}m(如 LISA), 刻度精度这样高的尺子是不存在的. 最根本的, 这把尺子应该是 "理想" 的, 它的长度不受引力波产生的效应的影响. 这种 "理想" 的尺子也只能是想象的. 因此, 引力波产生的空间畸变要用特殊的探测设备和特殊的探测方法进行测量.

在测量微小长度方面, 迈克耳孙激光干涉仪是精度极高的设备. 理论上讲, 对于引力波产生的这样极微小的、不对称的空间畸变来说, 它也是一个理想的测量工具. 因为当引力波通过时, 干涉仪相互垂直的两臂所在的那部分空间会产生拉伸、压缩效应, 干涉仪相互垂直的两臂就随之伸长和缩短. 比较光在相互垂直的两臂中渡越时所用时间的变化, 就能探测引力波产生的效应, 从而知道引力波是否存在.

激光干涉仪引力波探测器的工作原理 [105,106] 如图 6.9 所示.

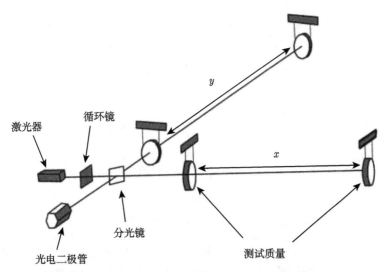

图 6.9 激光干涉仪引力波探测器工作原理简图

原则上讲, 激光干涉仪引力波探测器是一台 "变异" 的迈克耳孙干涉仪, 其相互垂直的两臂各有一个法布里-珀罗腔, 并带有清模器、功率循环镜和其他功能部件. 为简单起见, 暂不考虑法布里-珀罗腔、清模器、功率循环镜及其他部件的作用, 激光干涉仪引力波探测器就可以简化成一台单次往返的迈克耳孙干涉仪.

从激光器发出的一束单色的、频率和功率稳定的激光, 通过光注入系统进入干涉仪, 在分光镜上被分为强度相等的两束, 一束经分光镜反射进入干涉仪的一臂 (如称为 y 臂), 另一束透过分光镜进入与其垂直的另一臂 (称为 x 臂), 在经历了相同的渡越时间之后, 两束光返回, 在分光镜上重新相遇, 并在那里产生干涉. 精心调节干涉仪的臂长使两束光的波峰和波谷完美地重叠, 两束光干涉相消. 没有光线

进入光探测器, 激光干涉仪引力波探测器的输出信号为零. 这是探测器的初始工作
状态.

设干涉仪的臂长为 L, 激光的角频率为 ω_0, 往返一次光的行程为 $2L$, 所产生的
相位移动 $\phi(t)$ 为

$$\phi(t) = \omega_0 \cdot t_r = \frac{\omega_0 2L}{c} \tag{6-1}$$

它是一个常数, 大小与臂长 L 成正比.

当引力波到来时, 由于它独特的极化性质, 干涉仪两个臂的长度做相反的变化,
即一臂伸长时另一臂相应缩短, 从而使两束相干光有了新的光程差, 破坏了相干相
消的初始条件, 有一定数量的光线进入光探测器, 使它有信号输出, 该信号的大小
正比于引力波的无量纲振幅 h. 探测到这个信号即表明已探测到引力波 (图 6.10).

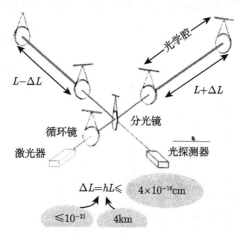

图 6.10　引力波对干涉仪臂长的影响

在图中, h 是引力波的应变强度, 数字 $\leqslant 10^{-21}$ 是理论值, L 是干涉仪的臂长,
数字 4km 是 LIGO 的臂长, ΔL 是引力波引起的测试质量 (即终端镜子) 的位移,
数字 4×10^{-16}cm 是计算值.

也许会有人问, 既然引力波可以使空间的长度伸长或缩短, 激光干涉仪引力波
探测器中用作探针的激光波长也是一段长度, 在引力波作用下, 它会伸长或缩短吗?
如果回答是肯定的, 那么, 作为 "尺子" 的激光波长不断变化, 还能用作 "长度标准"
来探测引力波吗? 这个问题可以这样来回答.

(1) 当引力波引起时空畸变时, 根据广义相对论, 激光干涉仪中激光的波长也
一定会发生变化, 即发生 "红移" 或 "紫移", 这是千真万确的.

① 在用激光干涉仪进行引力波探测时, 如果我们能测出 "红移" 的大小从而直
接计算出臂长的变化值, 我们就测到了该引力波, 因为这段长度变化是引力波导致
的. 很可惜, 我们很难测量这个微小红移.

② 如果我们能知道 "红移" 后激光的波长, 根据光速不变原理, 我们就可以算出它的频率, 由于我们能精确地知道在发生红移之前它的频率 (它就是激光器发射的激光的频率), 两者进行比较, 就能算出频率差, 实际上, 两者的频率十分接近, 差别非常微小. 可以说它们只在相位上有极微小的差别, 这个微小的相位移动是引力波产生的效应, 测到这个相位移动, 我们就测到该引力波. 测量相位差正是激光干涉仪引力波探测器工作的基本任务.

③ 以上讨论似乎使激光波长的变化问题得到了圆满解决, 但严格地从光束干涉的理论上讲或有不足之处. 因为根据引力波的特性, 干涉仪的一个臂伸长时与其垂直的另一个臂会相应缩短. 也就是说, 两个臂中的激光一个发生了 "红移", 另一个发生了 "紫移", 成为不同频率的两束光, 理论上讲, 不同频率的两束光是不能产生干涉的. 因此当我们讨论激光干涉仪引力波探测器的工作原理时, 一般不采用激光波长发生变化的说法.

(2) 另一种解释是当引力波引起时空畸变时, 激光干涉仪中用作 "探针" 的激光的波长不变化, 从实验角度来讲, 这虽然是一种 "近似" 的说法但也是有道理的.

当引力波到来时, 它会使干涉仪的一个臂伸长 (而另一臂缩短), 我们把伸长的过程分割成很多非常小的时间段 $\Delta t_1, \Delta t_2, \cdots, \Delta t_n$, 并假设在每个非常小的时间段内臂长保持不变, 两个相邻时间段臂长跳跃式地从一个长度变到另一个长度. 只要把小时间段分得足够小, 甚至小到光在干涉仪臂内往返一次的时间 (即 $\Delta \leqslant 2L/c$), 两个相邻时间段内臂长的差异也非常微小, 这种近似就是合理的.

我们用激光器产生的激光分别对每个小的时间段内的臂长进行探测, 得到每个小时间段内激光相位的变化, 这种相位的变化量对应于在该时间段 Δt 内引力波导致的臂长变化, 我们已假设时间段非常短, 臂长在这样短的时间内保持不变, 既然臂长不变, 用来探测相位变化的激光波长也是一个长度, 在这样短的时间内当然也保持不变. 依次类推, 在对时间段序列 $\Delta t_1, \Delta t_2, \cdots, \Delta t_n$ 中任何一个时间段内的臂长进行测量时, 在相应的时刻作为探针的激光波长都保持不变. 由于我们的激光器是非常稳定的, 它产生的激光的波长 (或者说激光频率) 在任何时间都是相同的. 这就是说, 在整个探测中, 所用的激光波长始终保持不变. 把所有的探测结果联合起来, 我们就得到引力波导致干涉仪臂长变化的全过程.

下面我们来讨论在激光干涉仪引力波探测器中, 引力波引起的相移大小. 如前所述, 原则上讲, 激光干涉仪引力波探测器是一台 "变异" 的迈克耳孙干涉仪, 为简单起见, 把它简化成一台单次往返的迈克耳孙干涉仪.

设到来的引力波是正弦波, 角频率为 ω_g, 振幅为 h_0, 引力波可以用下面的函数来表示:

$$h(t) = h_0 \cos(\omega_g t) \tag{6-2}$$

在引力波的作用下, 光在一次往返之后产生的相移为

$$\phi(t) = \omega_0 \cdot t_r = \frac{2L\omega_0}{c} \pm \int_{t-\frac{2L}{c}}^{t} h(t)\mathrm{d}t \tag{6-3}$$

第一项是常数, 与引力波作用无关, 我们只考虑第二项, 它是引力波引起的相移. 设其为 $\delta\phi(x)$, 将 $h(t)$ 代入得

$$\delta\phi(x) = \frac{\omega_0}{2} \int_{t-\frac{2L}{c}}^{t} h_0 \cos(\omega_g t)\mathrm{d}t \tag{6-4}$$

由于 $h_0 \ll 1$, 我们有

$$\delta\phi(x) \approx \frac{h_0}{2}\frac{\omega_0}{\omega_g}\left\{\sin\omega_g t - \sin\left[\omega_g\left(t-\frac{2L}{c}\right)\right]\right\} = h_0\frac{\omega_0}{\omega_g}\sin\left(\omega_g\frac{L}{c}\right)\cos\left[\omega_g\left(t-\frac{L}{c}\right)\right] \tag{6-5}$$

可以看出, 引力波以自己的频率 ω_g 调制光的相位, 调制指数可以近似地表示为

$$h_0\frac{\omega_0}{\omega_g}\sin\left(\omega_g\frac{L}{c}\right) \approx h_0\omega_0\frac{L}{c} \tag{6-6}$$

它与光的频率 ω_0, 引力波强度 h_0 及臂长 L 有关. 臂长 L 越大, 调制作用越强. 通常引力波可认为是很多傅里叶分量组成的混合物, 每个傅里叶分量都具有上述效应 (除非是非线性部分占的比重很大. 由于引力波强度很弱, 非线性部分可以忽略, 以上的近似分析是合理的).

法布里-珀罗腔的作用类似于将非常多的 L 折叠起来, 大大增加了 $\delta\phi$ 值, 显著提高了探测器灵敏度. 功率循环镜的作用是让离开干涉仪的光重返干涉仪, 回收利用, 降低散弹噪声. 法布里-珀罗腔及功率循环镜将在后面详述.

6.3　激光干涉仪引力波探测器的基本结构

激光干涉仪引力波探测器是由光学部分、机械部分和电子学部分等组成的. 下面将分别进行讨论. 光学部分的主体结构如图 6.11 所示, 它包括迈克耳孙干涉仪、激光器、清模器、法布里-珀罗腔、光循环镜 (又叫功率循环镜) 等. 此外, 还有辅助光学系统与器件 (如频率调制器、光隔离器、波片、光信号引出系统、光探测器等). 高级激光干涉仪引力波探测器和第三代干涉仪还包括信号循环镜、压缩光场系统、输出清模器、低温系统等, 它们将在后面相关章节中陆续讨论, 下面只就主体光学部分进行分析.

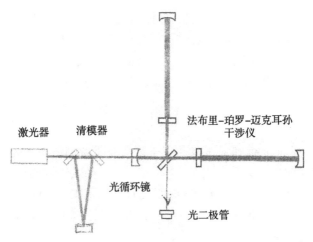

图 6.11 激光干涉仪引力波探测器的主体光学部分示意图

6.3.1 迈克耳孙干涉仪

迈克耳孙干涉仪 (Michelson interferometer) 是用来测量长度和长度变化的设备. 它是美国物理学家 A. 迈克耳孙于 1881 年发明的. 迈克耳孙与他的同事们不仅用它进行了著名的以太风实验, 还利用这种装置研究了光谱的精细结构, 并第一次以光的波长为基准对标准米尺进行了测定. 迈克耳孙干涉仪在近代物理和近代计量技术的发展上起过并还在起着重要作用. 它在引力波探测中的应用, 催生了新一代引力波探测器——激光干涉仪引力波探测器, 大大提高了对引力波探测的灵敏度和频带宽度, 给引力波探测带来了新的希望 [111,112].

如前所述, 激光干涉仪引力波探测器是一台 "变异" 的迈克耳孙干涉仪 [113], 它可以简化成一台单次往返的、普通的迈克耳孙干涉仪 (图 6.9). 由于迈克耳孙干涉仪是激光干涉仪引力波探测器的灵魂, 我们有必要对它进行较详细的讨论.

在图 6.9 所示的单次往返的、普通的迈克耳孙干涉仪中, 从激光器而来的一束单色稳频激光在分光镜 (beam spliter) 上分成两束, 一束经分光镜反射进入干涉仪的 y 臂, 称此光束为 y 光束. 另一束经分光镜折射进入与其垂直的另一个臂, 称之为 x 臂, 该光束被称为 x 光束. 经臂的末端镜反射后, 两束光都返回分光镜, 由于两束光是同一个光束分成的, 它们返回分光镜重新相遇后, 会相互干涉. 如果两臂末端的反射镜面严格地相互垂直, 则迈克耳孙干涉仪和没有多次散射的、厚度为 d 的 (d 为两臂的长度差) 两个平行平面所产生的干涉是一样的, 为等倾干涉. 设光在臂末端反射镜的入射角为 α, 则两束光的相位差为

$$\phi = \frac{2\pi}{\lambda} \cdot 2d\cos\alpha + \phi' \tag{6-7}$$

其中, λ 为光的波长; ϕ' 为两束光在分光镜的反射膜上反射和从分光镜透射时引起

的相位差.

因为两束光都经自己的臂末端镜反射一次, 相位变化相同, 这个过程对 ϕ' 无贡献. 因此, ϕ' 的值是由两束光在分光镜上形成时产生的. 由于这两束光分别是在分光镜上反射和透射形成的, 它们之间的相位差为 π, 这是唯一对 ϕ' 有贡献的部分. 因此我们得到

$$\phi' = \pi$$

下面我们计算 x 光束和 y 光束相互干涉后光强度的分布. 光强度又称光的能流密度, 它用光振幅的平方值来表示. 由于测量仪器的响应时间比光波的振动周期大得多, 光强的测量值实质上是光波的能流密度在仪器响应时间间隔内累积强度的平均值. 设仪器的响应时间为 $\tau(\tau \gg T)$, T 为光波振动周期, 则光强度可表示为

$$I = \frac{1}{\tau} \int_0^\tau A^2 \mathrm{d}t \tag{6-8}$$

由于 x 光束和 y 光束是由同一束单色激光分成的, 故它们是振动方向相同、频率相同的单色光, 可表示为

$$\psi_1 = A_1 \cos(\phi_1 - \omega t)$$

$$\psi_2 = A_2 \cos(\phi_2 - \omega t)$$

A_1 和 A_2 分别是 x 光束和 y 光束的振幅.

两束光叠加起来的合振动为

$$\psi = \psi_1 + \psi_2 = A_1 \cos(\phi_1 - \omega t) + A_2 \cos(\phi_2 - \omega t) = A \cos(\phi - \omega t) \tag{6-9}$$

其中合振幅为

$$A^2 = A_1^2 + A_2^2 + 2A_1 A_2 \cos(\phi_2 - \phi_1) \tag{6-10}$$

两束光叠加后的强度为

$$I = \frac{1}{\tau} \int_0^\tau A^2 \mathrm{d}t = \frac{1}{\tau} \int_0^\tau [A_1^2 + A_2^2 + 2A_1 A_2 \cos(\phi_2 - \phi_1)] \mathrm{d}t \tag{6-11}$$

由于 A_1 和 A_2 是常数, 我们有

$$I = A_1^2 + A_2^2 + 2A_1 A_2 \frac{1}{\tau} \int_0^\tau \cos(\phi_2 - \phi_1) \mathrm{d}t \tag{6-12}$$

设两束光在相遇点 p 的相位差为 $\Delta\phi(p)$:

$$\Delta\phi(p) = \phi_2(p) - \phi_1(p)$$

如果 $\Delta\phi(p)$ 在观察时间内不随时间变化, 而是一个稳定的数值 (这相当于无引力波存在的情况), 则有

$$\frac{1}{\tau}\int_0^\tau \cos\Delta\phi\mathrm{d}t = \cos\Delta\phi \tag{6-13}$$

因此, 我们得到

$$I = A_1^2 + A_2^2 + 2A_1 A_2 \cos\Delta\phi \tag{6-14}$$

从公式 (6-14) 可以看出, 光束强度越大, 即激光器功率越大, 两束光干涉后亮纹强度和暗纹强度的对比度也越大, 这是激光干涉仪引力波探测器使用大功率激光器的原因之一.

对于定态光波来说, 相位差 $\Delta\phi(p)$ 是由空间位置决定的. 在不同的空间位置, 两束光有不同的相位差, 叠加后 $2A_1 A_2 \cos\Delta\phi$ 有不同的数值, 光将有不同的强度, 即在光波的重叠区域光强度分布变得不均匀了, 光强度进行了重新分布. 有些地方增强, 有些地方减弱, 因此光场中出现明暗交错的情况, 这就是干涉图样 (interference pattern). $2A_1 A_2 \cos\Delta\phi$ 称为干涉项. 对定态光波来说, $\phi_1(p)$ 和 $\phi_2(p)$ 是它们的空间相位, 只与空间位置有关, 因此相位差 $\Delta\phi(p)$ 也只与空间位置有关. 不同的空间点具有不同的相位差, 因而有不同的干涉项的值. 由于干涉项与时间无关, 因而干涉图样是稳定的.

当 $\Delta\phi = 2j\pi$ 时, $\cos\Delta\phi = 1$, 干涉相长, 干涉条纹是亮纹; 当 $\Delta\phi = (2j+1)\pi$ 时, $\cos\Delta\phi = -1$, 干涉相消, 干涉条纹是暗纹.

$j = 0, \pm1, \pm2, \cdots, j$ 称为条纹的级次. 0 级条纹, 即 $j = 0$ 时, 对应于干涉环的中心点, 它是干涉环的 0 阶项, 在这里我们看到的是一个强度均匀的视场.

在 $j = 0$ 的情况下, $\Delta\phi$ 有两种可能的值, $\Delta\phi = 2j\pi = 0$ 或 $\Delta\phi = (2j+1)\pi = \pi$. 如果 $\Delta\phi = 2j\pi = 0$, 则干涉环的中心点是亮点. 如果 $\Delta\phi = (2j+1)\pi = \pi$, 则干涉环的中心点是暗点.

利用传统的迈克耳孙干涉仪测量长度的通用方法是所谓的 "数条纹": 当用迈克耳孙干涉仪测量一个物体的长度时, 干涉仪的一条臂保持不变, 调节干涉仪的另一臂的终端镜使它移动与被测物体相等的长度, 在移动过程中, 两个光束的光程差不断变化, 干涉条件随之变化, 干涉仪的输出也随之出现亮纹与暗纹交替轮流出现的现象, 计算亮纹 (或暗纹) 出现的 "条数", 就可以算出干涉仪的臂移动的长度, 这也是被测物体的长度. 但是, "数条纹" 这种测量方法只适用于被测 "较大" 的长度, 至少大于半个所用探测光波的波长, 因为只有这样才能有条纹移动. 最精密的迈克耳孙干涉仪的测量精度可以达到探测光波波长的 1/20, 这时就不能用简单的 "数条纹" 方法进行读出了. 引力波的强度非常弱, 如前所述, 在 4km 的距离上, 引起的长度变化为 10^{-19}m 量级, 这样微小的长度变化只能用 "变异" 的迈克耳孙干涉仪

即激光干涉仪引力波探测器来测量, 它的探测精度比传统的迈克耳孙干涉仪好千亿倍, 其信号读出方法也是非常特殊的.

如前所述, 从迈克耳孙干涉仪的两臂返回的 x 光束和 y 光束在一个往返光程后产生的相位差为

$$\Delta\phi = \frac{2\pi}{\lambda} \cdot 2d\cos\alpha + \phi', \quad \phi' = \pi \tag{6-15}$$

当 $d = 0$ (即 x 臂和 y 臂长度相等) 时, $\Delta\phi = \phi' = \pi$, 干涉仪的输出口对应的是暗条纹, 我们看到的是一个暗视场. 没有光线进入光探测器, 其输出信号为 0. 这是激光干涉仪引力波探测器设置的初始条件.

当引力波到来时, $\Delta\phi$ 在它的作用下发生变化. 下面我们来计算这个变化值. 为简单起见, 设引力波在垂直于 x 和 y 臂所在的平面方向入射. 在它的作用下, 迈克耳孙干涉仪的一个臂伸长而另一臂会相应地缩短. 我们知道, 光在干涉仪的臂中往返一次后相位的变化为

$$\phi_x(t) = \omega_0(t + t_{rx}) \tag{6-16}$$

$$\varphi_y(t) = \omega_0(t + t_{ry}) \tag{6-17}$$

求出光在干涉仪臂中往返一次所用的时间 t_{rx} 和 t_{ry} 的值, 即可得到 $\phi_x(t)$ 和 $\phi_y(t)$. 从而得到两束光在臂中往返一次之后的相位差 $\Delta\phi$. 下面我们来讨论 t_{rx} 和 t_{ry} 的计算方法.

如前所述, 有微扰的闵可夫斯基空间中的间隔可写为

$$\mathrm{d}S^2 = -c^2\mathrm{d}t^2 + [1 + h(t)]\mathrm{d}x^2 + [1 - h(t)]\mathrm{d}y^2 + \mathrm{d}z^2 \tag{6-18}$$

分光镜和反射镜都可看成是自由质量, 对于由光信号联系的时空来说, $\mathrm{d}S^2 = 0$, 即

$$\mathrm{d}S^2 = -c^2\mathrm{d}t^2 + [1 + h(t)]\mathrm{d}x^2 + [1 - h(t)]\mathrm{d}y^2 + \mathrm{d}z^2 = 0 \tag{6-19}$$

对于在 x 臂被末端镜反射回来的光有

$$-c^2\mathrm{d}t^2 = [1 + h(t)]\mathrm{d}x^2 \tag{6-20}$$

对于在 y 臂被末端镜反射回来的光有

$$-c^2\mathrm{d}t^2 = [1 - h(t)]\mathrm{d}y^2 \tag{6-21}$$

解上述方程, 可分别求出光经过一个往返光程所用的时间 t_{rx} 和 t_{ry}, 将它们分别代入 $\phi_x(t) = \omega_0(t + t_{rx})$ 和 $\phi_y(t) = \omega_0(t + t_{ry})$ 中, 可以得到 x 光束在臂中往返一次的相位变化为

$$\phi_x(t) = \omega_0 t_{rx} = \omega_0\left[t + \frac{2L_x}{c} - \frac{1}{2}\int_{t-\frac{2L_x}{c}}^{t} h(t')\mathrm{d}t'\right] \tag{6-22}$$

同理, 我们可以得到 y 光束在臂中往返一次的相位变化为

$$\phi_y(t) = \omega_0 t_{ry} = \omega_0 \left[t + \frac{2L_y}{c} + \frac{1}{2} \int_{t-\frac{2L_y}{c}}^{t} h(t') \mathrm{d}t' \right] \tag{6-23}$$

两束光在臂中往返一次之后, 相位差 $\Delta\phi$ 为

$$\Delta\phi = \phi_x - \phi_y = \frac{2\omega_0(L_x - L_y)}{c} + \Delta\phi_{\mathrm{GW}}(t) \tag{6-24}$$

设干涉仪的两臂长度相等, 即 $L_x = L_y$, 则有

$$\Delta\phi = \Delta\phi_{\mathrm{GW}} = \omega_0 \int_{t-\frac{2L}{c}}^{t} h(t') \mathrm{d}t' \tag{6-25}$$

　　如果迈克耳孙干涉仪的臂长 L 与引力波波长相比非常小 (这个假设在陆基激光干涉仪引力波探测器中是正确的), 则上式可近似地写成

$$\Delta\phi_{\mathrm{GW}} \approx \frac{2L\omega_0}{c} h(t) \tag{6-26}$$

　　可以看出, 当引力波存在时, 两光束的初始相位差不再是 π, 而是增加了 $\Delta\phi_{\mathrm{GW}}$ (t), 这就破坏了相干减弱的初始条件, 有光线进入光探测器, 光探测器有信号输出, 这个信号是引力波引起的. 探测到这个信号, 就表示引力波是存在的.

　　从以上讨论可知, 增加干涉仪的臂长可以有效地提高探测器的灵敏度. 这一点可以形象地用图 6.12 来说明.

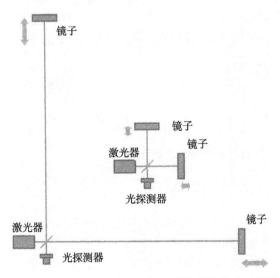

图 6.12　激光干涉仪臂长与位移灵敏度的关系示意图

激光干涉仪引力波探测器的灵敏度 h_d 定义为

$$h_\mathrm{d} = \frac{\Delta L}{L}$$

其中, L 是干涉仪的臂长; ΔL 是引力波引起的臂长的变化, 有些文献上称之为位置灵敏度. 可以看到, 对于设定的灵敏度 h_d 来说, 臂长 L 越大, ΔL 也越大 (因为 h_d 是确定的). 也就是说, 大臂长的干涉仪有更大的位移灵敏度. 例如, 有一个引力波源, 其强度为 $h = 10^{-22}$, 同时用同一地点的两台干涉仪来探测它, 第一台干涉仪的臂长 L 为 3000m, 第二台的臂长 L 为 300m, 设测量时的信号噪声比为 1, 即引力波的强度 h 与干涉仪的灵敏度 h_d 相等, $h_\mathrm{d} = h$, 我们得到的测量结果如下:

第一台干涉仪可以探测到的位移为

$$\Delta L = h \times L = 10^{-22} \times 3000\mathrm{m} = 3 \times 10^{-19}\mathrm{m}$$

第二台干涉仪可以探测到的位移为

$$\Delta L = h \times L = 10^{-22} \times 300\mathrm{m} = 3 \times 10^{-20}\mathrm{m}$$

这个结果形象地在图 6.12 中表示出来.

从另一个角度来看, 如果两台干涉仪有同样的位移灵敏度, 即可以探测到的位移量 ΔL 同样大, 则臂长 L 大的干涉仪探测到的 h 值更小 (因为我们假设 ΔL 是确定的). 也就是说, 它可以探测到强度更弱或距离更远的引力波源, 即它的谱应变灵敏度更高. 例如, 假设上述两台干涉仪有相同的位移灵敏度 ΔL, 为 10^{-19}m, 我们仍然把它们放在同一地点进行引力波探测, 仍然设测量时的信号噪声比为 1, 我们会得到如下的测量结果:

第一台激光干涉仪引力波探测器可以探测到的引力波强度 h 为

$$h = \Delta L/L = 10^{-19}\mathrm{m}/3000\mathrm{m} = \frac{1}{3} \times 10^{-22} \approx 3 \times 10^{-23}$$

第二台干涉仪可以探测到的引力波强度 h 为

$$h = \Delta L/L = 10^{-19}\mathrm{m}/300\mathrm{m} = \frac{1}{3} \times 10^{-21} \approx 3 \times 10^{-22}$$

可以看到, 臂长 L 越大的干涉仪可以探测到更弱或更远的引力波波源.

下面我们从分析激光干涉仪对引力波频率的响应 $H(\omega)$ 入手, 再次分析干涉仪臂长对引力波探测的影响. 激光干涉仪引力波探测器的频率响应在干涉仪的设计中是需要考虑的重要参数, 我们将在第 7 章中详细讨论, 为了加深对下面分析的理解, 这里只做初步介绍.

法布里–珀罗腔两面镜子之间距离的变化可以认为是后端镜受到一个附加信号的驱动所致. 为讨论方便, 我们假定驱动信号是一个正弦信号, 振幅为 x_0, 角频率为 ω_s. 它导致的后端镜的位移 $x(t)$ 为

$$x(t) = x_0 \cos \omega_s t$$

若驱动信号的频率足够低 $\left(\dfrac{\omega_s L}{c} \ll 1\right)$, 后端镜运动时位移的幅度很小 ($x_0 \ll 1$), 则从它表面反射的光波的频率受到驱动信号的调制, 产生了两个旁频. 也就是说, 镜子的运动等效于在法布里–珀罗腔内注入了两个新的信号, 它们的频率为 $\omega \pm \omega_s$, 振幅正比于镜子运动产生的位移量. 这两个旁频信号在腔内传播产生干涉并在腔内循环. 旁频信号的振幅正比于在腔内循环的激光的功率. 在驱动信号频率较低时, 旁频位于腔的共振线宽度之内, 它获得了共振带来的附加增益. 对于较高的驱动信号频率来说, 旁频得到了附加的退相位, 它开始摧毁有用的共振, 从而使增益减小. 这就是说干涉仪的增益与频率有关, 即干涉仪有一定的频率响应. 实际上, 法布里–珀罗腔有一个腔极点, 它所在的频率等于腔的自由光谱范围除以 2 倍锐度. 低于这个频率, 腔的响应几乎是平坦的, 而高于这个频率响应按 $\dfrac{1}{f}$ 衰减.

下面讨论激光干涉仪对引力波频率的响应函数 $H(\omega)$.

利用傅里叶级数将 $h(t)$ 展开:

$$h(t) = \int h(\omega) e^{i\omega t} d\omega$$

定义 $H(\omega)$ 为激光干涉仪对引力波频率的响应, 引力波产生的相位差 $\Delta\phi_{GW}(t)$ 与 $H(\omega)$ 的关系为

$$\Delta\phi_{GW}(t) = \int h(\omega) e^{i\omega t} H(\omega) d\omega \tag{6-27}$$

将响应函数代入上式可以求出 $H(\omega)$

$$H(\omega) = \frac{2L\omega_0}{c} \frac{\sin(L\omega/c)}{L\omega/c} e^{-i\omega L/c} \tag{6-28}$$

可以看出, 干涉仪对引力波的频率响应 $H(\omega)$ 有如下特性:

(1) 干涉仪的臂长 L 越大, 对引力波的响应越强;

(2) 如果干涉仪的臂长 L 与引力波波长相比不能被忽略, 则光在往返过程中由于平均效应会使干涉仪对引力波的响应减弱, 特别是当 $L = n\lambda_{GW}/2 (n=1,2,3,\cdots)$ 时更加突出.

概括起来讲, 激光干涉仪引力波探测器可以看成一个传感器, 它把引力波导致的长度变化转化成激光相位的变化, 因此该探测器最重要的参数之一是光学增益

G. 它给出了输出光场的相位变化与长度变化的关系. 由于引力波的强度很弱, 因此可以把激光干涉仪引力波探测器看成一个线性设备, 它满足如下关系:

$$\delta\varphi = G\delta L$$

一般说来 G 是频率的函数.

　　在设计激光干涉仪引力波探测器时, 首要目标是使 G 相对于仪器的内在噪声有尽可能大的值, 也就是说, 要优化我们的系统使信号噪声比达到最大值.

6.3.2　光延迟线

　　从上节的讨论可知, 在迈克耳孙干涉仪中, 引力波引起的相位变化 $\Delta\phi_{GW}(t)$ 与臂长 L 成正比, 臂长越大, 相位变化越大. 也就是说, 增加干涉仪的臂长可以有效地提高探测器的灵敏度. $\Delta\phi_{GW}(t)$ 与臂长 L 的这种正比关系直到臂长增大到引力波波长的 1/4 时, 都是成立的. 这时光在臂中往返一次的时间等于引力波的半个周期.

　　计算可知, 为了获得最佳探测效果, 对于频率为 100Hz 的引力波来说, 单次往返的普通迈克耳孙干涉仪的臂长应为 750km. 在地球上建造这么大尺度的干涉仪是不可能的. 第一造价太高, 技术太复杂. 第二, 在这么大的距离上, 地球表面的球面效应很大, 不能再把它看成一个简单的平面. 能否把迈克耳孙干涉仪的臂折叠起来, 使光在其中的行程达到对引力波的最佳探测效果, 而折叠后的长度又合理得大, 使我们有可能在地球上建造它, 维修它? 这种技术是有的, 那就是 GEO600 用的光延迟线技术 [147], 和用于 LIGO(llo)、LIGO(lho)、VERGO 和 TAMA300 的法布里–珀罗腔 [115-117,148], 它们都是可行的. 我们先来讨论光延迟线 (optical delay line) 技术.

1. 光延迟线的工作原理

　　光延迟线的光学结构如图 6.13 所示. 为简单起见, 我们只画出在臂上反射 3

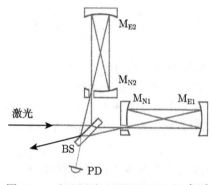

图 6.13　光延迟线光学结构示意图 [147]

次的情形 (实际应用中次数更多), 从光源而来的一束单色稳频激光, 在分光镜上被分为两束, 分别进入干涉仪相互垂直的两臂, 每个臂上各有两面镜子, 两面镜子的反射面相互面对, 组成一个光延迟线, 光通过前端镜上的小孔射入, 并在延迟线内前后反射, 反射 $N-1$ 次之后, 光通过原来的小孔从延迟线出来, 并在分光镜上与从另一臂出来的光再次相遇, 产生干涉.

若 N 为光进入延迟线后在线中渡越的次数, 则 $N-1$ 为光在延迟线内的反射次数. 设干涉仪的臂长为 L, 镜子的反射系数为 r, 则带有光延迟线的迈克耳孙激光干涉仪和一台臂长为 $NL/2$, 镜子反射系数为 r^{N-1} 的普通的、单次往返的迈克耳孙干涉仪的作用是一样的.

2. 光延迟线的储存时间

设光延迟线近端镜子的反射系数为 r_{n}, 远端镜子的反射系数为 r_{e}, 则光在干涉仪一个臂中的储存时间 t_{s} 为

$$t_{\mathrm{s}} = \frac{L}{c}(1 + r_{\mathrm{e}}^2)\sum_{j=1}^{N/2}(r_{\mathrm{n}}r_{\mathrm{e}})^{2(j-1)} \tag{6-29}$$

若 $r_{\mathrm{n}} = r_{\mathrm{e}} = r$, 则

$$t_{\mathrm{s}} = \frac{L}{c}\frac{1-(r^2)^N}{1-r^2} \tag{6-30}$$

若镜子的反射效率极高, 即 $r^2 \approx 1$, 则有

$$t_{\mathrm{s}} \approx \frac{NL}{c} \tag{6-31}$$

3. 频带宽度

具有光延迟线的激光干涉仪的归一化频率响应在频率为 $\omega_{\mathrm{cut}}/2\pi = c/(2NL)$ 处有一个尖锐的截断, 因此具有光延迟线的激光干涉仪的频带宽度可近似地估算为

$$\Delta f_{\mathrm{DL}} = \frac{\omega_{\mathrm{cut}}}{2\pi} = \frac{c}{2NL} \approx \frac{1}{2t_{\mathrm{s}}} \tag{6-32}$$

也就是说, 当 $r^2 \approx 1$ 时, 该干涉仪的频带宽度是储存时间倒数的 $\frac{1}{2}$.

4. 储存的能量

在光延迟线中储存的光束能量为

$$E_{\mathrm{DL}} = P_0 t_{\mathrm{s}} \approx P_0\frac{NL}{c} \tag{6-33}$$

在公式中 P_0 是入射光束的功率.

5. 灵敏度

具有光延迟线的激光干涉仪的灵敏度 $\tilde{h}_{DL}$ 为

$$\tilde{h}_{DL} \approx \frac{1}{NL}\sqrt{\frac{\hbar c\lambda}{\pi P_0}} \tag{6-34}$$

在这个公式中, $\tilde{h}_{DL}$ 上的符号 "∼" 表示近似, λ 是光的波长, P_0 是入射光的功率, c 是光速, $\hbar$ 是狄拉克常数.

6.3.3　法布里–珀罗腔

激光干涉仪引力波探测器臂上的法布里–珀罗腔是由 R. 德里弗首先引入的, 法布里–珀罗腔的引入使激光干涉仪引力波探测器发生了质的飞跃, 在激光干涉仪的发展史上占有重要的地位, 现已得到广泛应用.

1. 法布里–珀罗腔的工作原理

具有法布里–珀罗腔的激光干涉仪的示意图已在前面图 6.10 中给出. 法布里–珀罗腔由两面镜子组成, 其光轴在一条直线上. 前端镜具有选定的反射系数 r_1 和折射系数 t_1, 后端镜几乎是全反射的 (即 $r_2 \approx 1$, t_2 约为百万分之几). 与光延迟线相比, 它有两大优越性.

(1) 镜子的尺寸小. 通常光延迟线的镜子直径都在 1m 以上, 而法布里–珀罗腔的镜子直径为 20~30cm, 制造起来容易得多.

(2) 光在延迟线的镜子上会发生散射, 这种散射光能在干涉仪中形成虚假信号, 产生噪声. 法布里–珀罗腔没有这种缺点.

法布里–珀罗腔需要一套控制系统来调节腔的长度, 使它与入射光发生共振. 这套系统结构比较复杂, 调节起来也不太容易, 这是法布里–珀罗腔与光在延迟线相比较为逊色之处.

法布里–珀罗腔的工作原理如图 6.14 所示, 为了看得清楚, 把本来重叠的光分开来画了, 而且形状特殊的曲面镜也用平面镜代替.

一个理想的法布里–珀罗腔由两个平面镜组成, 为方便起见, 我们称其前端镜为镜 1, 后端镜为镜 2, 它们对激光束电场分量振幅的反射系数分别记为 r_1 和 r_2, 透射系数分别记为 t_1 和 t_2, 两镜相距为 L, 两个镜子的反射面互相面对. 根据能量守恒定律, 在不考虑光在镜子的耗损时, 我们有下列关系式:

$$r_1^2 + t_1^2 = 1$$
$$r_2^2 + t_2^2 = 1$$

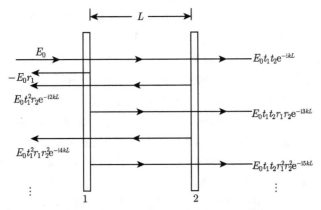

图 6.14 法布里–珀罗腔工作原理图 [10]

如果在镜子 1 上的振幅耗损系数为 a_1, 在镜子 2 上的振幅耗损系数为 a_2, 则有

$$r_1^2 + t_1^2 + a_1^2 = 1$$
$$r_2^2 + t_2^2 + a_2^2 = 1$$

通常镜面的反射系数都做得很高, 反射膜不能含有导电物质.

光在法布里–珀罗腔内的渡越过程是这样进行的: 设一束电场分量振幅为 E_0 的单色光从法布里–珀罗腔的左边垂直入射到镜子 1, 一部分光经反射变成向左行进的光束, 振幅为 $-E_0 r_1$, 另一部分透过镜子 1 向镜子 2 行进, 振幅为 $E_0 t_1$, 到达镜子 2 后, 一部分光透过镜子 2, 离开法布里–珀罗腔并继续向右行进, 其复振幅为

$$E_0 t_1 t_2 \mathrm{e}^{-\mathrm{i}kL} \tag{6-35}$$

在公式中 $k = \dfrac{2\pi}{\lambda} = \dfrac{\omega}{c}$ 是光的波矢量的数值. 剩余部分被镜子 2 反射而向镜子 1 行进, 其复振幅为

$$E_0 t_1 r_2 \mathrm{e}^{-\mathrm{i}kL} \tag{6-36}$$

当它到达镜子 1 后, 其中的一部分光透过镜子 1, 离开法布里–珀罗腔继续向左行进, 并与最初被反射的光束结合在一起. 透过镜子 1 的这部分透射光的复振幅为

$$E_0 t_1 r_2 t_1 \mathrm{e}^{-\mathrm{i}2kL} = E_0 t_1^2 r_2 \mathrm{e}^{-\mathrm{i}2kL} \tag{6-37}$$

另一部分光被镜子 1 反射后朝镜子 2 行进, 其复振幅为

$$E_0 t_1 r_2 r_1 \mathrm{e}^{-\mathrm{i}2kL} \tag{6-38}$$

这部分光随后重复第一次透射光 (振幅为 $E_0 t_1$) 向右行进时发生的过程. 即当它再次遇到镜子 2 时, 又有一部分光从镜子 2 透射出去, 剩下的部分则由镜子 2 反

射回来, 朝着镜子 1 行进. 到达镜子 1 后, 再次重复前面的过程, 一部分从镜子 1 透出, 剩下的部分由镜子 1 反射, 朝着镜子 2 行进 ……, 周而复始, 经过连续多次的反射、透射之后, 最终我们在法布里–珀罗腔的两端各得到一个光束系列. 其中一个光束系列是从法布里–珀罗腔的后端镜 (即镜子 2) 透射出来的, 它继续向右行进. 另一个光束系列离开法布里–珀罗腔前端镜 (即镜子 1) 的外表面, 并继续向左行进. 光束系列中每个后继光束的复振幅都是由前一光束的复振幅乘上一个附加系数得到的. 这个附加系数为 $r_1 r_2 \mathrm{e}^{-\mathrm{i}2kL}$. 我们称从法布里–珀罗腔的镜子 2 透射出来的光束系列为法布里–珀罗腔的透射光束, 而离开法布里–珀罗腔镜子 1 的外表面并继续向左行进的光束系列为法布里–珀罗腔的反射光束, 这个反射光束不但包括第一次从镜子 1 的表面直接向左反射的光束, 而且包括随后在法布里–珀罗腔内经过一次和多次反射之后, 从镜子 1 透射出来并向左继续行进的那些光束. 尽管这个光束有经镜子 1 的表面直接反射的光, 也有从镜子 1 透射出来的光, 但是我们仍然称其为法布里–珀罗腔的反射光束.

法布里–珀罗腔的反射系数和透射系数可以通过法布里–珀罗腔上光的输入/输出关系进行计算, 法布里–珀罗腔上光的输入/输出关系如图 6.15 所示.

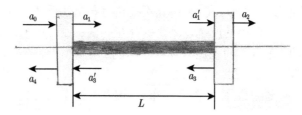

图 6.15　法布里–珀罗腔上光的输入/输出关系示意图

图中 L 为腔的长度, a_0 表示入射光的电场振幅, a_1 为透过输入镜进入腔内的光的电场振幅, a_1' 是腔内从输入镜自由传播到终端镜后的电场振幅, a_2 是腔内的光透过终端镜出射的光的电场振幅, a_3 是 a_1' 经终端镜反射后的电场振幅, a_3' 是反向自由传播后输入镜的光的电场振幅, a_4 是腔内的光透过输入镜射出腔外的光的电场振幅. 设输入镜的反射和透射系数分别为 r_1 和 t_1, 终端镜的反射和透射系数分别为 r_2 和 t_2, 我们可以得到如下关系式:

$$a_1 = \mathrm{i}t_1 a_0 + r_1 a_3'$$
$$a_1' = \mathrm{e}^{-\mathrm{i}kL} a_1$$
$$a_2 = \mathrm{i}t_2 a_1'$$
$$a_3 = r_2 a_1'$$
$$a_3' = \mathrm{e}^{-\mathrm{i}kL} a_3$$
$$a_4 = r_1 a_0 + \mathrm{i}t_1 a_3'$$

由上面的方程组可以计算出法布里–珀罗腔的振幅反射系数 r 和振幅透射系数 t

$$r_c = \frac{r_1 - r_2(t_1^2 + r_1^2)e^{-2ikL}}{1 - r_1 r_2 e^{-2ikL}}$$

$$t_c = \frac{-t_1 t_2 e^{-ikL}}{1 - r_1 r_2 e^{-2ikL}}$$

光束强度的反射系数 R 和透射系数 T 是振幅反射透射系数的平方, 即 $R = r^2$ 且 $T = t^2$. 法布里–珀罗腔的反射系数和透射系数也可以通过对图 6.15 中各光束求和来得到. 从上述对法布里–珀罗腔工作原理的分析可知, . 在激光干涉仪中, 反射光束和透射光束这两个光束系列的振幅都是一个等比级数, 是收敛的. 实际上, 这两个光束系列中的各个子光束在空间是叠加在一起的, 因此我们得到的和光束的振幅是这些子光束振幅之和. 从级数求和公式可以知道, 法布里–珀罗腔的透射光束有如下的透射系数:

$$t_c = t_1 t_2 e^{-ikL} \sum_{n=0}^{\infty} \left[r_1 r_2 e^{-i2kL} \right]^n = \frac{t_1 t_2 e^{-ikL}}{1 - r_1 r_2 e^{-i2kL}} \tag{6-39}$$

法布里–珀罗腔的反射光束也是一个和光束, 该和光束的反射系数为

$$r_c = -r_1 + t_1^2 r_2 \sum_{n=0}^{\infty} (r_1 r_2 e^{-i2kL})^n = -r_1 + \frac{t_1^2 r_2}{1 - r_1 r_2 e^{-i2kL}} \tag{6-40}$$

透射光束的强度 $|t_c|^2$ 与 kL 的关系曲线如图 6.16 所示.

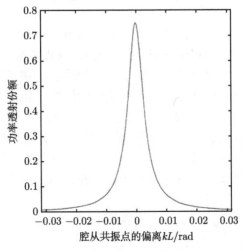

图 6.16 在共振点附近法布里–珀罗腔透射光束的强度与偏离共振点的 kL 值间的函数关系 [10] ($kL = \dfrac{\omega_0 2L}{c}$, 该法布里–珀罗腔的锐度为 300)

讨论:

(1) 当 $t_c \neq 0$ 时, 从法布里–珀罗腔的终端镜 (即镜子 2) 透射出去的激光功率的值是变化的, 它的大小取决于无穷级数中各光束间的相对相位, 在实际应用中, 尽管终端镜 (镜子 2) 的反射系数做得很高, 这种透射光也总是存在的.

当从腔内透射出去的激光功率达到最大值时 (即 $2kL = 2n\pi$, n 为整数), 光在腔内实现共振.

(2) 法布里–珀罗腔内的光束也是一个光束系列, 这个光束系列中各个子光束的振幅是一个等比级数, 实际上, 光束中的各个子光束在空间是叠加在一起的, 因此我们得到的也是一个和光束, 和光束的振幅是这些子光束振幅之和. 它可以用等比级数的求和公式计算出来. 和光束的总能量取决于级数中各个子光束间的相对相位. 通过调节法布里–珀罗腔的长度, 可以调节这些相位关系, 使光在腔内共振, 把光能量积累起来. 可见, 调节光束系列中各子光束的相位关系, 就可以在两个镜子之间把光能量积累起来.

为了弄清法布里–珀罗腔能把干涉仪的臂折叠起来的原理, 我们研究法布里–珀罗腔的反射光束. 为简单起见, 设法布里–珀罗腔的终端镜 (即镜子 2) 是一面理想的镜子, 即其透射系数 t_2 和耗损系数 a_2 都等于 0, 也就是说我们有

$$t_2 = a_2 = 0, \quad r_2 = 1$$

将 t_2, r_2 和 a_2 的值代入下面公式, 我们得到

$$r_c = -r_1 + \frac{t_1^2 r_2}{1 - r_1 r_2 e^{-i2kL}} = -r_1 + t_1^2 \quad (r_c \text{只与镜子 1 有关系}) \tag{6-41}$$

可以看到, 法布里–珀罗腔反射光束的电场分量 (以下简称电场) 的总幅度 r_c 只与镜子 1 的参数有关, 与镜子 2 没有任何关系, 也就是说, 不管你是否改变镜子 2 的形态与位置以对法布里–珀罗腔进行调节, 总幅度 r_c 都保持不变.

从图 6.16 还可看出, 当法布里–珀罗腔终端镜的损失 a_2 和透射率 t_2 不为 0 时, 被腔反射的总能量分布在共振峰对应的位置处有一个凹槽, 这是可以理解的, 因为在远离共振点时, 腔内积累的能量很少, 法布里–珀罗腔的反射光束几乎只有从镜子 1 直接反射时产生的那一部分光, 总反射系数 r_c 几乎也只包括这次直接反射时的反射系数. 当法布里–珀罗腔被精确地调到共振时, 腔内的场强很高, 腔内储存的总能量达到一个最大值 (图 6.17).

从镜子 1 右边入射到它上面的光的振幅为

$$E_{\text{inside}} = E_0 \frac{t_1}{1 - r_1 e^{-i2kL}} \quad (r_2 = 1) \tag{6-42}$$

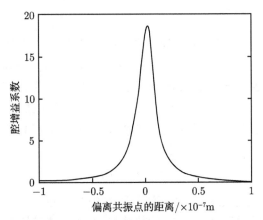

图 6.17 腔内储存的功率与偏离共振点的距离的关系曲线 [307] (在图中, 输入镜的反射系数为 0.9, 腔的锐度为 30)

因为 $t_1 \ll 1$, 只有一小部分电场透过镜子 1 并和直接从镜子 1 向左反射的电场叠加. 当 $\mathrm{e}^{-\mathrm{i}2kL} \approx 1$ 或 $kL = n\pi$ 时, 光在腔内共振, 从镜子 1 透射而逃逸出来的电场 E_{esc} 可以表示为

$$E_{\mathrm{esc}} \approx E_0 \frac{t_1^2}{1 - r_1(1 - \mathrm{i}2kL)} \tag{6-43}$$

这个电场的实部近似等于 $E_0(1 + r_1)$, 它意味着:

$$E_{\mathrm{ref1}} \equiv -r_1 E_0 + E_{\mathrm{esc}} = E_0(-r_1 + 1 + r_1) = E_0 \tag{6-44}$$

换句话说, 当光在腔内共振时, 从镜子 1 透射出来的光束和直接反射的光束叠加后, 给出的和光束具有的电场强度为 E_0, 与腔偏离共振时给出的值几乎是一样的. 图 6.18(a) 给出了法布里–珀罗腔的反射系数与偏离共振点距离的关系.

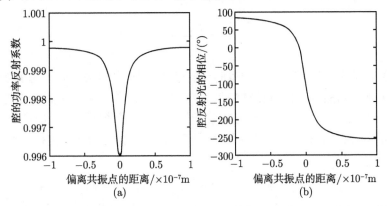

图 6.18 (a) 法布里–珀罗腔的反射系数与偏离共振点距离的关系和 (b) 法布里–珀罗腔反射光的相位与偏离共振点距离的关系 [307] (在图中, 输入镜的反射系数为 0.9, 腔的锐度为 30)

2. 自由光谱范围

单独考虑纵模, 当从外部输入的激光波长 λ 和腔长 L 满足 $\lambda = 2L/n$ 时 (n 是任意正整数), 激光在腔内发生谐振. 此时腔内积累的光功率是最高的, 从腔的后端镜透射出来的光强也最强. 当上述关系不能得到满足时, 腔内积累的光功率急剧下降, 腔后基本没有光透射出来. 当激光在法布里–珀罗腔内发生谐振时, 腔内会有多个共振峰, 它们之间的空间间隔是激光的半波长 $\dfrac{\lambda}{2}$, 而共振峰的重复频率为

$$\Delta f_{\text{FSR}} = \frac{c}{2L} \tag{6-45}$$

Δf_{FSR} 称为法布里–珀罗腔的自由光谱范围 FSR(free spectral range). 可以看出, 腔内能谐振的激光纵模频率是 $c/(2L)$ 的整数倍, 自由光谱范围即是这一纵模之间的频率差. 不过由于激光器本身具有很高的单色性, 因此实际激光注入时, 腔内谐振的纵模数并不多.

3. 锐度

表示法布里–珀罗腔损耗大小的量叫做腔的锐度 F (finesse). 锐度的物理意义为: 当腔内谐振功率达到最大时突然切断输入光源, 原来积累在腔内的光会慢慢透射出来. 锐度表征这一过程的耗时长短. 腔的锐度越高, 所需要的时间越长, 也就是说, 腔内能积累的功率也越高. 法布里–珀罗腔的锐度定义为腔的自由光谱范围 Δf_{FSR} 与腔共振峰半高度处的全宽度 Δf_{FWHM} 之比, 即

$$F \equiv \Delta f_{\text{FSR}} / \Delta f_{\text{FWHM}} \tag{6-46}$$

对一般的法布里–珀罗腔来说, 锐度 F 的值可由下面的公式求出:

$$F = \frac{\pi \sqrt{r_1 r_2}}{1 - r_1 r_2} \tag{6-47}$$

锐度 F 关系到在腔内可以积累的光能量的多少, 它与法布里–珀罗腔共振峰的尖锐程度 Δf_{FWHM} 有关, 共振峰越尖锐, F 值越大, 腔内可以积累的光能量越高. 从上面的计算公式可知, 锐度 F 是由镜子加工工艺的 "精巧" 程度决定的.

在实际应用中, 使用较大的锐度 F 是有利的. 根据能量守恒定律我们有

$$r_1^2 + t_1^2 + \Delta = 1$$

其中 Δ 表示腔内所有的功率损耗, 在激光干涉仪引力波探测器中, 它的值很小 (一般为 75ppm 左右). 当法布里–珀罗腔达到共振点时, 反射光的强度会降低一些, 而

且其相位也会发生移动. 从经典共振理论我们知道, 当工作状态穿越共振点时, 相位
要经历一个量值为 π 的变化. 而且在变化点周围相位与失谐长度的关系曲线的斜
率非常陡峭 (图 6.18(b)), 这是在激光干涉仪引力波探测器中引入法布里–珀罗腔带
来的另一大好处. 因为它把引力波导致的相位失谐效应大大放大了. 当法布里–珀
罗腔远离共振时, 这条曲线的斜率为

$$\frac{\delta\phi}{\delta L} = \frac{4}{\lambda}$$

而在共振点附近, 斜率为 [307]

$$\frac{\delta\phi}{\delta L} = \frac{8F}{\lambda}$$

从上面公式可以再一次看出, 使用大锐度的法布里–珀罗腔是非常有利的, 但
是锐度也不能太高, 因为随着法布里–珀罗腔的锐度增大, 共振线的宽度会变窄, 为
了使腔保持共振, 需要精确地控制腔的长度, 控制精确度要比共振线的宽度窄得多,
法布里–珀罗腔的锐度越大, 控制就越困难.

4. 腔的频带宽度

法布里–珀罗腔的另一个重要的参数就是腔的频带宽度, 它是谐振峰值的半高
度处的全宽度. 即向低频和高频分别移动输入光的频率, 当腔内光功率达到最大腔
内功率一半时, 这两个频率之差. 用 FWHM 来表示, 大小为

$$\frac{\lambda}{2F}$$

其中 $F = \frac{\pi\sqrt{r_1 r_2}}{1 - r_1 r_2}$ 是法布里–珀罗腔的锐度.

5. 光储存时间

对于光延迟线来说, 这个概念很好理解, 它是一个光子从进入光延迟线, 到经
过最后走出延迟线所用的时间, 也就是光子在延迟线内 "停留" 的时间.

对于法布里–珀罗腔来说, 这个概念就没有那么清晰, 因为有的光子进入腔内
之后, 可能被终端镜 (即镜子 2) 反射一次, 就从输入镜 (镜子 1) 透出来了, 它在腔
内只往返一次. 有的往返多次才出来. 这就是说, 光子在腔内停留的时间是不同的,
有的往返一次, 有的往返 N 次, 原则上讲 $N \to \infty$. 因此我们所说的光储存时间, 对
法布里–珀罗腔来说, 是光子在腔内的平均停留时间.

法布里–珀罗腔的光储存时间是这样定义的: 假设我们用一束光照射法布里–珀
罗腔, 照射时间足够长, 使它处于共振状态. 然后突然关闭光源, 设此时刻为 $t = 0$,
关闭光源之后, 在输入镜 (镜子 1) 上继续有光线透射出来, 但其强度以指数 e^{-t/t_s}

形式衰减, 当 $t = t_s$ 时, 透射出来的光强度衰减到初始值 (即 $t = 0$ 时的值) 的 $\dfrac{1}{e}$, 我们定义 t_s 为法布里–珀罗腔的光储存时间 (storage time). 它可用法布里–珀罗腔的参数表示为

$$t_s = \frac{L}{c} \frac{1 + r_2^2}{1 - r_1^2 r_2^2} \approx \frac{1}{\Delta f_{\text{FSR}}} \cdot \frac{1}{1 - r_1^2 r_2^2} \tag{6-48}$$

其中 r_1 和 r_2 分别是镜子 1 和镜子 2 的反射系数, $\Delta f_{\text{FSR}} \equiv \dfrac{c}{2L}$ 是法布里–珀罗腔的自由频谱范围.

当 $0 \ll r_1 \leqslant r_2 \approx 1$ 时, 我们有

$$t_s \approx \frac{F}{2\pi \cdot \Delta f_{\text{FSR}}} \tag{6-49}$$

6. 法布里–珀罗腔内储存的总能量

法布里–珀罗腔反射光 I_{ref} 及腔内储存的光场 I_{cav} 的强度为

$$I_{\text{ref}} = \frac{r_1 + r_2(r_1^2 + t_1^2)\mathrm{e}^{-2ikL}}{1 + r_1 r_2 \mathrm{e}^{-2ikL}} I_0$$

$$I_{\text{cav}} = \frac{t_1}{1 + r_1 r_2 \mathrm{e}^{-2ikL}} I_0$$

如果调节腔的长度 L 使它共振, 则有

$$\mathrm{e}^{-2ikL} = -1$$

这时腔内储存的光场的总功率 P_{cav} 达到最大值, 它的大小为

$$P_{\text{cav}} = \frac{t_1^2}{1 - (r_1 r_2)^2} P_{\text{in}} = G_{\text{cav}} P_{\text{in}}$$

其中, P_{in} 是输入激光功率; G_{cav} 是法布里–珀罗腔的增益.

如果在共振点上微微调节腔的长度 L 使它微微失谐, 那么腔内储存的功率就变为

$$P_{\text{cav}} = \frac{t_1^2}{(1 - r_1 r_2)^2 + 4 r_1 r_2 \sin^2 k\delta L} P_{\text{in}} = G_{\text{cav}} \frac{1}{1 + \left(\dfrac{2\sqrt{r_1 r_2}}{1 - r_1 r_2} \sin \dfrac{2\pi \delta L}{\lambda} \right)^2} P_{\text{in}}$$

储存在法布里–珀罗腔内的总能量可由下式得出:

$$E_{\text{FP}} = g_{\text{FP}} \cdot P_0 \cdot \frac{L(1 + r_2^2)}{c} \tag{6-50}$$

其中 g_{FP} 是法布里–珀罗腔的等效功率增益系数, 我们在下面的讨论中将要看到, 对于给定的法布里–珀罗腔的长度 L 和镜子的参数 r_1, r_2, t_1, t_2 来说, 它是可以用公式算出来的. 当 $0 \ll r_1 \leqslant r_2 \approx 1$ 时, 我们给出储存在法布里–珀罗腔内的总能量为

$$E_{\mathrm{FP}} \approx \frac{2P_0 F}{\pi \cdot \Delta f_{\mathrm{FSR}}} \tag{6-51}$$

其中, F 是法布里–珀罗腔的锐度; P_0 是入射光强度; Δf_{FSR} 是腔的自由频谱范围. 从上式可以看出, 储存在法布里–珀罗腔内的能量, 并不等于照射光的功率与储存时间的乘积, 即

$$E_{\mathrm{FP}} \neq P_0 t_{\mathrm{s}} \tag{6-52}$$

公式中

$$t_{\mathrm{s}} \approx \frac{F}{2\pi \cdot \Delta f_{\mathrm{FSR}}}$$

其原因在于法布里–珀罗腔内各光束间的干涉.

下面我们参照图 6.14 来讨论发生在法布里–珀罗腔内各光束间的干涉现象. 在法布里–珀罗腔内离开镜子 1 向右行进的光束, 其振幅是由两束光相互干涉后生成的和振幅. 这两个光束中, 一个是从法布里–珀罗腔的镜子 1 向右行进的光束 (它可能是第一次从法布里–珀罗腔的镜子 1 外面向镜子 1 入射、透射到腔内并向右行进的光束, 也可能是已经在腔内由两个镜子多次反射后离开镜子 1, 并向右行进的光束), 另一个是在法布里–珀罗腔内从镜子 2 反射后向左行进的光束 (它也可能是第一次从法布里–珀罗腔的镜子 1 外面向镜子 1 入射、透射到腔内向右行进的光束, 然后被从镜子 2 反射, 也可能是已经在腔内由两个镜子多次反射后离开镜子 1 向右行进的光束然后被从镜子 2 反射). 上述两种光束, 也是依次相干得来的. 换句话说, 法布里–珀罗腔内的光束, 由于新进来的光束与储存在腔内的光束互相干涉, 以及存在腔内的光束之间的互相干涉和光束的强度增大, 它们可以经历较多的反射次数才降低到原来的 $\frac{1}{e}$, 即光在腔内的停留时间比上面定义的储存时间 t_{s} 要长. 有人做过粗略的估算: 如果镜子 1 具有比较高的透射率, 而镜子 2 具有非常高的反射系数, 腔内光束的振幅几乎是按 t_{s} 计算所得振幅值的两倍 (即功率为 4 倍), 这是带有法布里–珀罗腔的激光干涉仪引力波探测器的真实情况.

光在法布里–珀罗腔内发生共振时, 一般说来要在腔的两面镜子之间往返非常多的次数才从前端镜射出每次往返都对引力波导致的测试质量的位移进行取样, 使干涉仪臂的有效长度大大增加, 例如, 若光在腔内往返 100 次, 则 LIGO 的有效臂长就从 4km 增加到 800km. 这就是所谓的折叠效应.

综合上面的讨论可知, 当满足 $0 \ll r_1 \leqslant r_2 \approx 1$ 条件时, 法布里–珀罗腔的各个

参量之间的关系为

$$F \approx \frac{\pi\sqrt{r_1 r_2}}{1 - r_1 r_2}$$

$$t_{\mathrm{s}} \approx \frac{F}{2\pi\Delta f_{\mathrm{FSR}}}$$

$$E_{\mathrm{FP}} \approx \frac{2P_0 F}{\pi\Delta f_{\mathrm{FSR}}}$$

$$\Delta f_{\mathrm{FP}} = \Delta f_{\mathrm{FSR}}/2F \approx \frac{1}{4\pi t_{\mathrm{s}}}$$

$$\left(F \equiv \Delta f_{\mathrm{FSR}}/\Delta f_{\mathrm{FWHM}}, \Delta f_{\mathrm{FSR}} = \frac{c}{2L} \right)$$

7. 法布里–珀罗腔的稳定性和模式分离

光束的横向电磁场模式可以用厄米–高斯函数来描述. 在光束的传播过程中, 除了光腰处 ($z = 0$) 它的波前是平面以外, 其余地方光束的等相位面都是曲面. 因此, 激光干涉仪引力波探测器中所用的镜子不都是平面镜, 否则它就不能与激光束的波前相匹配, 这种情况在法布里–珀罗腔中更为突出. 如果镜子的表面形状与激光束的波前不匹配, 每当光束从镜子的表面弹回时它的形状都会发生变化, 从而部分地破坏了至关重要的有用的相干条件, 对腔的共振产生严重损害. 因此一般说来, 组成法布里–珀罗腔的两面镜子也必须是曲面镜, 曲面的形状要与其所处位置光束的波前严格匹配. 根据公式

$$R(z) = z\left(1 + \frac{z_{\mathrm{R}}^2}{z^2} \right)$$

我们可以计算法布里–珀罗腔两面镜子所处的位置上光束等相位面的曲率 R_1 和 R_2 的值

$$R_1 = L_1\left(1 + \frac{z_{\mathrm{R}}^2}{L_1^2} \right)$$

$$R_2 = L_2\left(1 + \frac{z_{\mathrm{R}}^2}{L_2^2} \right)$$

对于臂长为千米量级的激光干涉仪引力波探测器来说, 臂上法布里–珀罗腔的状态必须是稳定的. 在稳定的法布里–珀罗腔中, 基础共振模式 (即 TEM00 模式) 是很清晰的. 当光束在腔内传播时, 由于古伊相移的作用, 高阶模式将获得附加的相位变化. 如果这个附加的相位移动大于腔的共振线宽度, 高阶模式就不会发生共振, 从而不会被腔放大. 也就是说, 只有 TEM00 一种模式在腔内共振, 其他模式 (高阶模式) 将被排除在外. 如果古伊相移小于腔的共振线宽度, 那么就会有一些高阶模式落在基础共振模式的同一个共振峰内, 这时法布里–珀罗腔就会接纳它们并像对

基础模式一样对它们进行放大. 这种法布里–珀罗腔被称为边缘稳定腔. 它意味着, 尽管法布里–珀罗腔在光学上是稳定的, 也接纳唯一的共振模式, 但它不能完全把基础模式与高阶模式分开.

6.3.4 功率循环系统

从激光干涉仪引力波探测器的噪声分析我们知道, 在频率较高的区域, 特别是在频率高于 300Hz 时, 激光干涉仪引力波探测器的噪声中, 散弹噪声将占主导地位 (关于散弹噪声我们将在第 7 章中详细讨论). 增加输入干涉仪内的光束功率, 可使散弹噪声减小从而提高探测灵敏度.

增加干涉仪内光束功率的方法有两种, 一种是增加激光器的功率, 使注入干涉仪的光束功率 P_{in} 增加. 这种方法是可行的, 也是当前的努力方向之一. 但是, 它受到技术上的限制, 特别是受到激光器功率稳定性和频率稳定性的限制. 再一种方法是在激光器功率不变的情况下, 使用功率循环技术, 提高干涉仪内的有效功率.

1. 功率循环的工作原理

功率循环 (power recycling) 的想法是由 R. 德里沃等首先提出来的 [118]. 其基本的想法是把从干涉仪亮纹口射出来的光收集起来, 再注入干涉仪中, 进行循环利用. 这种想法很巧妙, 因为激光干涉仪引力波探测器的工作点选择在暗纹条件, 即干涉仪在相干相消的条件下工作. 几乎所有的载频光都从非探测口 (又称载频口) 射出, 而所有的差动信号 (即所期望的引力波信号) 都从探测口 (又称信号口) 输出. 应该强调一下, 从激光干涉仪引力波探测器载频口漏出的光束一点用处也没有. 如果干涉仪内的光损耗很小, 大部分的入射光功率都从载频口射出去了, 这是极大的浪费. 如果把这部分漏出的光与从激光器来的新鲜光混合, 一起注入干涉仪内, 则干涉仪内的有效功率将大大增加.

若干涉仪是共轴的, 即从干涉仪回来的光与将要射入干涉仪的光在同一条轴线上, 就可以在激光器和分光镜之间放上一面半透明的镜子, 它与干涉仪的其余部分 (等效成一面镜子) 一起构成一个共振腔, 称为功率循环腔. 适当控制这个新光学腔的长度使它保持共振, 我们就可以增加在这个腔内循环的激光的功率, 从而使注入干涉仪臂内的功率增加. 实现光能的回收, 这面镜子称为功率循环镜. 功率循环镜的置入等于在干涉仪上又组成了一个法布里–珀罗腔. 腔一个端镜是功率循环镜, 另一面端镜是把整个干涉仪等效成一个复合镜. 我们称这个法布里–珀罗腔为 "功率循环腔". 入射光 (包括从激光器来的新鲜光和被功率循环镜反射回去的光) 在功率循环腔内共振. 从而使注入干涉仪臂内的功率增加. 光循环镜的作用只相当于使用一个功率更大的激光器来照射干涉仪, 它不会影响干涉仪的传递函数. 因为这时功率循环腔内只有载频光, 所有的差动信号都通过分光镜从探测口射出了干涉仪.

　　由于干涉仪的散弹噪声反比于光束功率的平方根, 带有功率循环镜的干涉仪的归一化频率响应可以由没有功率循环镜时干涉仪的归一化频率响应 (关于干涉仪的归一化频率响应我们将在后面的章节中进行专门论述), 乘以等效功率增益的平方根求得. 等效功率增益是功率循环腔内光的功率与入射光的功率之比. 功率循环镜的反射系数和干涉仪内的功率损耗决定了等效功率增益的大小.

　　有了功率循环装置, 注入臂上法布里–珀罗腔的激光功率将扩大为原来的 G_{rec} 倍, G_{rec} 是功率循环腔的增益:

$$G_{rec} = \frac{t_R^2}{\left[1 - r_R \left(1 - \frac{F}{\pi} L \right) \right]^2}$$

公式中 t_R, r_R 分别是功率循环镜的透射率和反射率. F 是臂上法布里–珀罗腔的锐度, L 是干涉仪的总耗损. 在高锐度和低耗损条件下, 如果功率循环镜的反射系数等于干涉仪的等效反射系数, 则 G_{rec} 达到最大值 G_{max}

$$G_{max} = \frac{\pi}{2FL}$$

　　现在分析功率循环镜与干涉仪的耦合问题. 如前所述, 我们可以把干涉仪等效成一个复合镜子, 它与功率循环镜一起组成一个法布里–珀罗腔, 称为功率循环腔. 功率循环镜为功率循环腔的前端镜, 光通过它入射到功率循环腔内, 复合镜为该腔的后端反射镜. 设功率循环镜的反射系数为 r_{PR}, 复合镜的反射系数为 r_{com}.

　　当光在功率循环腔内共振时, 从循环镜向复合镜行进的光束的功率为

$$P_R = \left(\frac{\sqrt{1 - r_{PR}}}{1 - \sqrt{r_{PR} r_{com}}} \right)^2 \cdot P_{in} \tag{6-53}$$

P_{in} 是入射光的功率, 设循环腔内的功率增益为 G, 不考虑循环镜的功率损耗时我们有

$$G = \left(\frac{\sqrt{1 - r_{PR}}}{1 - \sqrt{r_{PR} r_{com}}} \right)^2 \tag{6-54}$$

　　当复合镜的反射系数 r_{com} 固定时, 如果 $r_{PR} = r_{com}$, 则 G 达到最大值. 这时所有的光都进入干涉仪, 没有光从循环镜上漏出, 这种条件称为临界耦合. 当功率循环镜与干涉仪达到临界耦合时, 功率循环增益为

$$G = \frac{1}{1 - r_{com}} \tag{6-55}$$

r_{com} 反映了干涉仪内部的综合状态, 它主要取决于干涉仪内部的功率损耗. 功率损耗越小, r_{com} 越大. 图 6.19 给出了等效功率增益与 r_{PR} 及 r_{com} 的关系

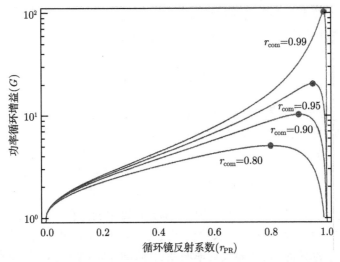

图 6.19 等效功率增益与功率循环镜反射系数 r_{PR} 的关系 [114]

从图中可以看出:

(1) 当 $r_{com} = r_{PR}$ 时, 为最佳耦合, 等效功率增益 G 达最大值, 如曲线上的 "•" 所示.

(2) 当 $r_{com} < r_{PR}$ 时, 称为欠耦合, G 值随 r_{PR} 的增加急速下降.

(3) 当 $r_{com} > r_{PR}$ 时, 称为过耦合, 在此区域, G 随 r_{PR} 的增大缓慢上升.

(4) 在任何耦合状况下, G 的值随 r_{com} 的增大而增大, 因此尽可能地减少干涉仪内部的功率损耗是提高功率循环效率的重要手段.

等效功率增益也与功率循环镜的参数密切相关, 为了实现最大的等效功率增益, 功率循环镜的透射系数应该这样来选择:

$$|t_{PR}|^2 = 1 - a_{PR} - |r_{PR}|^2 = (1 - a_{PR})[1 - (1 - a_{PR})(1 - a_{int})]$$

$$\approx a_{int} + a_{PR} \tag{6-56}$$

在这里 a_{PR} 是功率循环镜的损耗, a_{int} 是干涉仪内的总损耗, 这种选择下, 得到的等效功率增益为

$$g_{PR} = \frac{1}{a_{int} + a_{PR}/(1 - a_{PR})} \approx \frac{1}{a_{int} + a_{PR}} \tag{6-57}$$

如前所述, 等效功率增益的大小受干涉仪内功率损耗限制, 干涉仪内的功率损耗主要由以下几个因素决定:

(1) 镜子反射系数的有限性;

(2) 相互干涉的不完善性;

(3) 横向光学基片的散射和吸收.

干涉仪内部的总损耗 a_{int} 可由下面公式得出:

$$1 - a_{\text{int}} = (r_{\text{arm}})^2 \cdot (1 - a_{\text{BS}}) \cdot \frac{1 + \mathcal{C}}{2} \tag{6-58}$$

其中, $(r_{\text{arm}})^2$ 是干涉仪臂的功率反射系数, a_{BS} 是分光镜的功率损耗, $\mathcal{C}$ 是干涉仪的直观可视度, 即对比度. 在理想状态下 $\mathcal{C} = 1$, 如果 $\mathcal{C}$ 只是接近于 1, 干涉仪内部的总损耗 a_{int} 为

$$a_{\text{int}} = [1 - (r_{\text{arm}})^2] + a_{\text{BS}} + \frac{1 - \mathcal{C}}{2} \tag{6-59}$$

由于干涉仪的臂长是固定的, 要想增加光在臂中的储存时间, 需要增加光在臂中的反射次数. 因为镜子的反射系数是有限的, 增加反射次数将导致等效功率增益降低. 在设计干涉仪时, 要在等效功率增益和储存时间两个指标之间进行综合平衡.

2. 具有光延迟线的激光干涉仪的功率循环

对于具有光延迟线的激光干涉仪引力波探测器来说, 功率循环引起的功率增益可写成

$$g_{\text{DL}}^{\text{PR}} = \frac{1}{\dfrac{1}{1 - a_{\text{PR}}} - (1 - a_{\text{int}})} \cdot \frac{r^2}{1 - (r^2)^N (1 - a_{\text{BS}}) \dfrac{1 + \mathcal{C}}{2}} \tag{6-60}$$

r 是光延迟线上镜子的反射系数, 它必须尽可能得高, 使延迟线上镜子的损耗达到一个最小值 $a_{\min}$

$$1 - r^2 = a_{\min} \tag{6-61}$$

功率循环镜的损耗 a_{PR} 值也要尽可能小, 在最合理的情况下, 它应该和光延迟线上镜子损耗的最小值 $a_{\min}$ 相同, 即

$$a_{\text{PR}} = a_{\min} = 1 - r^2 \tag{6-62}$$

具有光延迟线的激光干涉仪当采用功率循环技术时干涉仪中储存的能量为

$$E_{\text{DL}}^{\text{PR}} = P_{\text{BS}} \cdot t_{\text{s}} = g_{\text{DL}}^{\text{PR}} \cdot P_0 \cdot \frac{L}{c} \cdot \frac{1 - r^{2N}}{1 - r^2} \tag{6-63}$$

光延迟线中的能量损耗是由延迟线镜子的反射系数决定的, 即

$$a_{\text{DL}} = (1 - r^2)^{N-1} \tag{6-64}$$

在理想情况下, 即每个镜子的损耗都达最小值, 分光镜上无损耗, 表观视界 (即对比度) 很完美, 具有光延迟线的激光干涉仪并采用功率循环技术时干涉仪中储存的最大能量为

$$E_{\mathrm{DL}}^{\max} = \frac{P_0 L}{c} \cdot \frac{1 - r^{2N}}{1 - r^2} \cdot \frac{r^2}{1 - r^{2N}} = \frac{P_0 L}{c} \cdot \frac{r^2}{1 - r^2} \tag{6-65}$$

在这里 c 是光速. 可以看出, 储存的最大能量与光在延迟线中的渡越次数 N 无关. 它只取决于延迟线的长度 L、激光功率 P_0 及延迟线镜子的反射系数 r. 实际上, 由于在分光镜上有功率损耗, 且干涉仪的对比度 $\mathcal{C}$ 不太完美, 会使 a_{int} 增加, 储有的最大能量比按上面公式求出的值要小.

3. 具有法布里–珀罗腔的激光干涉仪的功率循环

和光延迟线的情况类似, 当采用功率循环技术时, 在带有法布里–珀罗腔的干涉仪中储存的能量为

$$E_{\mathrm{FP}}^{\mathrm{PR}} = g_{\mathrm{FP}}^{\mathrm{PR}} \cdot P_0 \cdot \frac{L}{c} \cdot \frac{t_1^2 \left(1 + r_2^2\right)}{\left(1 - r_1 r_2\right)^2} \tag{6-66}$$

t_1 是法布里–珀罗腔的前端镜 (即镜子 1) 的透射系数, r_1 和 r_2 分别是前端镜和后端镜 (镜子 1 和镜子 2) 的反射系数, L 是腔的长度, c 是光速.

等效功率增益 $g_{\mathrm{FP}}^{\mathrm{PR}}$ 是由干涉仪内的功率损耗决定的. 当干涉仪的臂上有法布里–珀罗腔时, 干涉仪内部的总功率损耗为

$$
\begin{aligned}
a_{\mathrm{int}} &= 1 - (r_{\mathrm{FP}})^2 (1 - a_{\mathrm{BS}}) \frac{1 + \mathcal{C}}{2} \\
&= 1 - \left[\frac{r_1 (1 - a_1) r_2}{1 - r_1 r_2}\right]^2 (1 - a_{\mathrm{BS}}) \frac{1 + \mathcal{C}}{2} \\
&\approx 1 - \left[\frac{r_1 - (1 - a_1) r_2}{1 - r_1 r_2}\right]^2 + a_{\mathrm{BS}} + \frac{1 - \mathcal{C}}{2}
\end{aligned}
\tag{6-67}
$$

其中, a_1 是法布里–珀罗腔前端镜 (镜子 1) 的损耗; r_1 是它的反射系数; r_2 是法布里–珀罗腔后端镜 (镜子 2) 的反射系数; a_{BS} 是分光镜上的功率损耗; $\mathcal{C}$ 为干涉仪的对比度.

有了干涉仪内部总功率损耗的计算公式 a_{int}, 我们就可以求出具有法布里–珀罗腔而且采用功率循环技术的激光干涉仪的等效功率增益:

$$g_{\mathrm{FP}}^{\mathrm{PR}} = \frac{1 - a_{\mathrm{PR}}}{1 - \left[\dfrac{r_1 - (1 - a_1) r_2}{1 - r_1 r_2}\right]^2 (1 - a_{\mathrm{PR}})(1 - a_{\mathrm{BS}}) \cdot \dfrac{1 + \mathcal{C}}{2}} \tag{6-68}$$

其中, a_{PR} 是功率循环镜的损耗; a_{BS} 是分光镜上的功率损耗; $\mathcal{C}$ 为干涉仪的对比度.

在理想情况下, 即法布里–珀罗腔的反射镜 (镜子 2) 有最高反射系数, $r_2 = r$, 前端镜 (镜子 1) 和功率循环镜具有最小的功率损耗, $a_1 = a_{PR} = 1 - r^2$, 分光镜上无功率损耗, $a_{BS} = 0$, 干涉仪的对比度处于理想状态 $\mathcal{C} = 1$, 当采用功率循环技术时, 储存在具有法布里–珀罗腔的激光干涉仪中的最大能量为

$$
\begin{aligned}
E_{FP}^{max} &= \frac{P_0 L}{c} \frac{r^2}{1 - r^2 \left(\dfrac{r_1 - r^3}{1 - r_1 r} \right)^2} \cdot \frac{t_1^2 (1 + r^2)}{(1 - r_1 r)^2} \\
&= \frac{P_0 L}{c} \frac{r^2 t_1^2 (1 + r^2)}{(1 - r_1 r)^2 - r^2 (r_1 - r^3)^2} \\
&= \frac{P_0 L}{c} \cdot \frac{r^2}{1 - r^2} \cdot \frac{r^2 - r_1^2}{1 - 2 r_1 r + r^4}
\end{aligned}
\tag{6-69}
$$

这里使用了公式 $t_1^2 = 1 - a_1 - r_1^2 \dfrac{r^2 - r_1^2}{1 - 2 r_1 r + r^4}$ 这一项很重要, 它代表光的输入效率. 对具有法布里–珀罗腔和功率循环镜的激光干涉仪来说, 即使在理想情况下, 输入效率也不可能达到 100%. 实际上, 输入效率受分光镜损耗的影响很大, 当干涉仪的臂上有法布里–珀罗腔时, 受的影响更大, 因为在腔镜的衬垫材料上有损耗, 这种损耗的效应与分光镜上的损耗是相同的.

对激光干涉仪引力波探测器来说, 对于在它的探测频带内每个想要探测的引力波频率都应该有最佳的光束储存时间. 对于频率为 $\omega_g / 2\pi$ 的引力波来说, 法布里–珀罗腔的最优化频带宽度为

$$
\Delta f_{FP} \approx \omega_g / 2\pi
\tag{6-70}
$$

6.3.5　激光器

激光器 [119–121] 是激光干涉仪引力波探测器的光源, 用于引力波探测的干涉仪对光源有非常高的要求.

1. 激光干涉仪引力波探测器对激光束的要求

1) 高输出功率和好的功率稳定性

从干涉仪的噪声分析我们知道, 散弹噪声是影响干涉仪灵敏度的重要因素之一. 要想降低散弹噪声, 提高干涉仪灵敏度, 一定要增加输入光束的功率. 通常要求激光器的输出功率为十几瓦 (如第一代激光干涉仪引力波探测器 LIGO、VIRGO 等) 到几百瓦 (如热议中的第三代激光干涉仪引力波探测器、爱因斯坦引力波望远镜等). 使用功率循环技术, 对激光器输出功率的要求可以有所降低.

激光器的输出功率不但要大, 还要有好的稳定性, 因为输出光束强度的涨落与围绕暗纹工作点的锁定位置的剩余涨落直接关联在一起, 形成干涉仪的位移噪声,

它是影响干涉仪灵敏度的主要噪声之一. 输出功率的涨落与干涉仪位移噪声的关系为

$$\Delta L_{\text{int}} = \frac{\delta P}{P} \cdot \Delta L_{\text{RMS}} \tag{6-71}$$

公式中 ΔL_{int} 表示干涉仪的位移噪声, 它在干涉仪控制中是个很重要的参量. $\frac{\delta P}{P}$ 表示激光束相对强度的涨落, ΔL_{RMS} 表示围绕干涉仪工作点的剩余涨落.

对于激光干涉仪引力波探测器来说, $\frac{\delta P}{P}$ 要达到 $10^{-9} \sim 10^{-8}$ 的数量级, 因此, 要对激光器的输出功率进行实时控制, 使其保持稳定, 为了使激光器保持很高的稳定性, 干涉仪的控制系统要有较高的开路增益.

2) 单一的振动频率和好的频率稳定性

为使激光干涉仪引力波探测器能够稳定地锁定在需要的工作点上, 要求激光器输出的光束具有单一的振动频率, 即它一定是很纯的单色光. 激光频率涨落引起的噪声也是影响干涉仪灵敏度最严重的噪声之一, 我们称此噪声为干涉仪的频率噪声, 当干涉仪的臂长不对称时 (设长度差为 ΔL), 频率涨落 $\delta\nu$ 产生的噪声就会出现在干涉仪的灵敏度中, 干涉仪的灵敏度与频率噪声的关系为

$$\tilde{h}_{\text{FM}} = \frac{\delta\nu}{\nu} \cdot \frac{\Delta L}{L} \tag{6-72}$$

其中, ν 是激光的频率; L 是干涉仪的臂长, 对于具有法布里-珀罗腔的迈克耳孙干涉仪来说, 法布里-珀罗腔的锐度会同频率涨落 $\delta\nu$ 一起, 影响干涉仪的灵敏度, 其贡献为

$$\tilde{h}_{\text{FM}} = \left(\frac{\Delta L}{L} \cdot \frac{\Delta F}{F}\right) \cdot \frac{\delta\nu}{\nu} \tag{6-73}$$

F 和 ΔF 分别是法布里-珀罗腔的锐度及两臂锐度之差.

3) 输出光束的横截面要是纯净的 TEM_{00} 模式

激光束光斑的横向模式是指在垂直于光轴的横截面上, 电磁场的分布模式, 又称为 TEM 模式 (transverse electromagnetic mode), TEM 模式用两个整数 m 和 n 表征为 TEM_{mn}, m 和 n 分别表示横模沿 x 轴和 y 轴的节线数目, 也就是说, m 是水平扫描光斑时节线的极小值, n 是垂直扫描光斑时节线的极小值. 在有的文献中, 横模用 TEM_{mnq} 来表示, 这里 q 表示纵模序数, 它与激光的频率有关. 通常在表示横模时不写出来. 激光振荡常见的高阶 TEM_{mn} 模式, 是由偏离光轴的光线形成的. 图 6.20 给出了几种高阶横向模式的光斑图样.

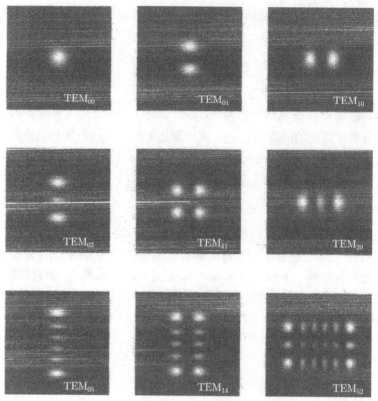

图 6.20　几种高阶横向模式的光斑图样

图中 TEM00 模式为厄米–高斯模式, 是光斑的基础模式

　　下面我们分析光斑模式的表达式, 假设以激光器长度方向 (即激光传播的方向) 为 z 轴, 建立一个直角坐标系, 以激光器谐振腔的中央为原点. 电磁波在自由空间中传播时, 其电磁场满足波动方程

$$\nabla^2 u - \frac{1}{c^2} \frac{\partial^2 u}{\partial t^2} = 0 \tag{6-74}$$

其中, u 表示任意一个电磁场分量; 如 x 轴方向的电场分量 E_x; z 轴方向上的磁场分量 B_z 等. 假定我们所用的激光器所产生的激光是单色的, 它随时间的变化可以用 $e^{-\mathrm{i}\omega t}$ 表示. 那么上面的波动方程就可以简化成亥姆霍兹方程:

$$\nabla^2 u + k^2 u = 0 \tag{6-75}$$

其中, k 是光的波数. 如果光传播的介质均匀且各向同性, 其折射率为 n, 则对于波长为 λ 的光, k 满足 $k = 2\pi n/\lambda$. 如果我们只考虑线偏振光, 则电场矢量 $\boldsymbol{E}(x, y, z)$ 可以用该方向的标量分量 $E(x, y, z)$ 代替, 它表示光束横截面上的形状. 此时 $\boldsymbol{E}(x, y, z) =$

$E(x, y, z)\mathrm{e}^{-\mathrm{i}\omega t}$. 又由于激光是一种发散很低的光源, 因此可以采用傍轴近似来分析. 由于我们已经假设光束沿 z 轴传播, 这时 $E(x, y, z)$ 沿 z 轴的变化比沿着 x 轴和 y 轴的变化小得多. 当我们把上式代入波动方程后, $E(x, y, z)$ 对 z 的二阶偏导数与其对 x 及 y 的二阶偏导数比较起来就可以忽略不计. 这样光束的傍轴波动方程就可以写成

$$\nabla_\perp^2 - 2\mathrm{i}k\frac{\partial E}{\partial z} = 0 \tag{6-76}$$

式子中 $\nabla_\perp^2$ 是横向拉普拉斯算子, 具体形式为

$$\nabla_\perp^2 = \frac{\partial^2}{\partial x^2} + \frac{\partial^2}{\partial y^2}$$

傍轴波动方程在不同边界条件下会得到不同形式的解, 这些解就是谐振腔的横模. 在圆形镜腔条件下, 方程的解是厄米多项式和高斯函数乘积的形式, 因此称之为高斯光束. 电场的最低阶解有如下的具体形式:

$$E(x, y, z) = E_0 \frac{\omega_0}{\omega(z)} \mathrm{e}^{-\frac{x^2+y^2}{\omega^2(z)} + \mathrm{i}\varPhi} \tag{6-77}$$

其中, $\mathrm{e}^{\mathrm{i}\varPhi}$ 是相位项; $\mathrm{e}^{\frac{x^2+y^2}{\omega^2}}$ 表示的是光束在横截面上的强度分布, 可以看到它满足高斯分布, 因此称之为高斯光束; $\omega(z)$ 是光束半径大小, 它随着选取的 z 轴上的位置的变化而变化, 我们一般选取光束半径最小处的坐标为 $z = 0$, 这个最小的光束半径写作 ω_0, 称之为束腰半径. 光束的宽度从 $z = 0$ 开始向两边发散. 束腰位置的波阵面为平面, 随着 z 轴位置的不同, 波阵面开始变成曲面. 而在无穷远处, 波阵面又变成平面. E_0 是束腰中心位置的电场振幅. 根据这样的分析, 我们可以画出高斯光束沿 z 轴的变化 (图 6.21).

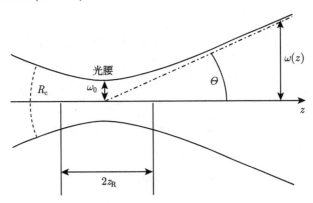

图 6.21 高斯光束沿着 z 轴的纵向剖面的示意图

在图中 $\omega(z)$ 表示光束半径大小, $z = 0$ 时, 光束尺寸达到最小值 ω_0, 即束腰的半径为 ω_0, R_c 是波阵面的曲率半径, z_R 称为瑞利长度, Θ 是光束发散角. 图中所用参数的定义为

$$\text{光斑尺寸：} \omega(z) = \omega_0 \sqrt{1 + \left(\frac{z - z_0}{z_R}\right)^2} \tag{6-78}$$

$$\text{波阵面曲率半径：} R_c = z \left[1 + \left(\frac{z_R}{z}\right)^2\right] \tag{6-79}$$

$$\text{瑞利长度：} z_R = \frac{\pi \omega_0^2}{\lambda} \tag{6-80}$$

$$\text{发散角：} \Theta = \arctan\left(\frac{\omega_0}{z_R}\right) \tag{6-81}$$

瑞利长度 z_R 的物理意义是光斑大小变成等于 $\sqrt{2\omega_0}$ 时光束传播的距离. 瑞利长度将高斯光束分成近场和远场. 在近场, 光斑尺寸随 z 轴的变化是非线性的. 而在远场, 光斑尺寸随着 z 轴的变化是近似线性的. 光斑尺寸的发散程度由发散角 Θ 决定: 束腰越小, 光束发散角越大. 所以光学系统中要确定适合的束腰大小, 减小由光束发散而带来太大的损耗. R_c 是光束波阵面的曲率半径, 由它的表达式我们可以知道, R_c 存在一个极值, 即当 $z = z_R$ 时 (默认 $z_0 = 0$), R_c 取得最大值 $2z_R$. 在光学系统中, 只有波阵面的曲率半径和谐振腔镜体的曲率半径相同时, 高斯光束才能和谐振腔很好地耦合在一起, 腔内才能存储高的功率. 激光横剖面的强度分布随到光腰距离的不同而变化, 其分布示意图如图 6.22 所示.

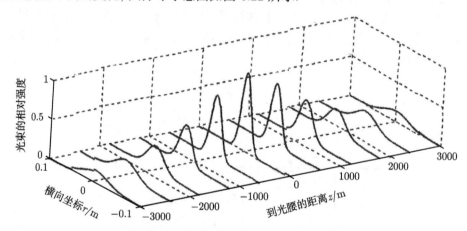

图 6.22　激光横剖面的强度分布与到光腰距离的关系 [307]

傍轴波动方程的最低阶解是腔的基模 TEM_{00} 模式, 除此之外, 腔内还有很多高阶模式, 高阶模式是傍轴波动方程厄米–高斯解中的高阶部分, 它能够用厄米多

项式和高斯函数来表示,

$$E_{mn}(x,y,z) = A_{mn}E_0 \left[\frac{\omega_0}{\omega(z)}\right] H_m \left[\frac{\sqrt{2}x}{\omega(z)}\right] H_n \left[\frac{\sqrt{2}y}{\omega(z)}\right] \mathrm{e}^{-\frac{x^2+y^2}{\omega^2(z)} - \mathrm{i}\phi_{mn}(x,y,z)} \qquad (6\text{-}82)$$

其中, $\omega(z) = \omega_0 \sqrt{1 + \left(\dfrac{z}{z_0}\right)^2}$, $z_0 = \dfrac{\pi}{\lambda}\omega_0^2$.

从上式可以看出, 在光束的横截面上 (即与光轴垂直的 xy 平面内), 电场强度的振幅分布是厄米多项式与高斯函数的乘积, 称之为厄米–高斯分布. 在坐标原点处 (即光腰处), 激光是平面波. 高阶横向模式会影响激光干涉仪引力波探测器输出信号的对比度, 必须通过清模器予以清除.

需要指明, ϕ_{mn} 是同一个纵模序数时不同横模之间的相位差. 它导致不同横模之间的频率差别, 称为横模相移. 厄米多项式在不同阶次有不同的表达形式, 决定了不同阶次的横模有不同的形状.

横模相移 ϕ_{mn} 的具体形式为

$$\phi_{mn}(x,y,z) = kz + k\frac{x^2+y^2}{2R_z} - \varphi(z)(m+n+1) \qquad (6\text{-}83)$$

其中, kz 部分是光束在自由空间传播, 传播距离为 z 时产生的相位变化. $k\dfrac{x^2+y^2}{2R_z}$ 是传播距离为 z 时, 由于等相位面不是一个垂直于 z 轴的平面, 而是一个曲率半径为 R_z 的曲面所致, 所以该平面上的各个点相对于光轴上的点会有一个相对相移. 若选取点在光轴上, 即 $x^2+y^2=0$ 时, 这个相移为 0. 而最后一部分 $-\varphi(z)(m+n+1)$ 则是古伊相移 [307] 引起的相位滞后. 取束腰位置 $z=0$ 时, 古伊相移的表达式为

$$\varphi(z) = \arctan\left(\frac{z}{z_R}\right)$$

古伊相移与到光腰距离的关系如图 6.23 所示.

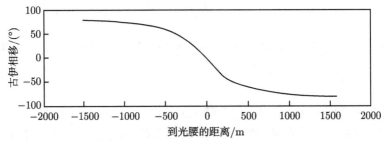

图 6.23　古伊相移与到光腰距离的关系 [307]

由古伊相移的表达式及瑞利长度定义可以看出, 它在瑞利长度范围之内变化比较快, 在瑞利长度之外变化较缓. 自由空间的古伊相移值在 $\left(-\frac{\pi}{2}, \frac{\pi}{2}\right)$ 的区间之内. 由于波数 k 的值非常大, 所以一般相移项随 z 轴的变化要比古伊相移快很多. 当我们考虑某一个面上不同横模之间的频率差时, 由于一般相移项对于任何横模都相同, 所以起决定性作用的是古伊相移. 通过改变谐振腔的结构而改变古伊相移的大小, 就能调节不同横模之间的频率差.

从以上分析可以看出, 古伊相移在光学谐振腔的设计和运行中是一个非常重要的物理量, 因此, 有必要介绍得更详细一些. 在以前的讨论中, 我们把干涉仪内的激光看成是平面波, 实际上, 由于干涉仪中镜子的尺寸不是无限大而且光束在传播过程中会发生衍射, 干涉仪中的光束并非严格的平面波. 一般说来, 光在光学系统中的传播是用麦克斯韦方程来描述的. 但是可以根据干涉仪内部光场的特殊情况适当简化. 例如, 由于干涉仪所用的光束是极化的, 它的传播过程可以简化为标量波动方程. 在干涉仪内部, 光的传播可以用近轴近似法来描述, 光场主要是沿着腔轴方向 z 传播, 所有横向的变化都很小, 也就是说, 传播过程中包罗面沿 z 轴方向的变化不大, 这时波动方程可以进一步简化为近轴衍射方程. 在柱对称情况下, 方程的解为基础高斯形式

$$I(R, z) = \frac{1}{\sqrt{1 + \dfrac{z^2}{z_{\mathrm{R}}^2}}} \mathrm{e}^{-\frac{x^2+y^2}{w^2(z)}} \mathrm{e}^{-\mathrm{i}k\frac{x^2+y^2}{2R(z)}} \mathrm{e}^{\mathrm{i}\arctan\frac{z}{z_{\mathrm{R}}}} \mathrm{e}^{-\mathrm{i}kz}$$

在这里

$$w(z) = w_0\sqrt{1 + \frac{z^2}{z_{\mathrm{R}}^2}}$$

$$R(z) = z\left(1 + \frac{z_{\mathrm{R}}^2}{z^2}\right)$$

$$z_{\mathrm{R}} = \frac{kw_0^2}{2}$$

对于确定的 z 值来说, 横向强度分布的形状是高斯函数. 当 $z = 0$ 时, 分布宽度有最小值. 这个位置称为光束的 "腰". 分布宽度 $w(z)$ 随 z 的增大而增加 (参看图 6.21).

公式中, 瑞利距离 z_{R} 给出了光束膨胀的长度标度: 它表示光束沿 z 轴传播距离为 z_{R} 时, 光束在横的方向上扩大到原来的 $\sqrt{2}$ 倍. 该光束的等相位面是抛物面.

当光束沿 z 轴传播时, 与平面波近似给出的预言值相比较, 会有一个附加的相位移动. 这个附加的移相就是前面所说的古伊相位 φ_{G}.

4) 线性极化

光波是横波, 其电场分量及磁场分量 (在这里我们只讨论电场分量部分) 的振动方向是与光的传播方向垂直的. 如果电场分量的振动方向相对于光的传播方向不是对称分布的, 我们称这种光为偏振光. 偏振又叫极化. 如果一束偏振光的电场分量始终在一个平面内振动, 则称之为平面偏振光, 平面偏振光电矢量振动的投影是一条直线, 因此平面偏振光又称线偏振光, 这种光的极化也称为线性极化.

为了满足激光干涉仪引力波探测器的统调及稳定运行的需要, 保证干涉仪有较高的灵敏度, 要求激光器输出的光束是线性极化的.

5) 内在噪声低

激光干涉仪引力波探测器的灵敏度主要是由其噪声水平决定的. 作为光源, 激光器处于干涉仪的输入端, 本身的内在噪声必须大大小于干涉仪的总体噪声水平, 只有这样, 才能确保干涉仪达到预期的探测灵敏度.

2. 激光器的类型及选择

一般说来, 激光干涉仪引力波探测器所用的激光器可以从下列四种类型中进行选择 [120,122,123], 它们是:

(1) 典型的大功率激光器, 如氩激光器;

(2) 激光振荡功率放大器 (MOPA);

(3) 相干相加激光器;

(4) 注入--锁频激光器.

典型的大功率激光器由于结构上的原因, 具有较大的内在噪声. 再者, 它需要用内部腔来保证频率的单一性, 故内部损耗较大, 因此它对引力波探测来说吸引力不大.

MOPA 激光器是常用的大功率激光器之一. 它的关键部分是一个小功率 LD 泵浦固体激光器, 这种固体激光器具有较低的内部噪声和较好的频率稳定性, 特别是商用的单片非平面环形振荡器 (NPRO), 即 Nd：YAG 激光器, 性能更好. 它的输出功率小于 1W, 具有很低的噪声水平. 这样的频率稳定性和噪声水平能满足激光干涉仪引力波探测器的需要. MOPA 大功率激光器的工作原理是通过功率放大, 把低功率激光器 (如 NPRO) 改变成高功率激光器. 大功率激光器 MOPA 的优点是没有光学腔, 结构简单, 内部损耗较小. 但在功率放大过程中, 会产生附加的噪声, 它的频率范围在高频调制频率左右, 这种噪声出现在干涉仪的输出信号当中, 使干涉仪的灵敏度不能达到散弹噪声允许的最佳值. 因此, 如果在激光干涉仪引力波探测器中采用 MOPA 激光器, 就要增加一个前置清模器, 把该噪声的强度压低.

相干相加激光器的基本思想是让两个频率相等、相位相同的激光束相干相加, 以获得较高的功率. 但是, 这要使用很多激光器, 系统变得很复杂, 而且频率稳定性也会变坏. 在大型的激光干涉仪引力波探测器中, 这种类型的激光器用得较少.

注入–锁频激光器的工作原理是用一个频率稳定的、低噪声的主激光器, 注入–锁定一个高功率激光器 (称为从属激光器), 这个高功率激光器的频率稳定性较差, 不能满足激光干涉仪的要求. 主激光器具有单一频率, 而且一般说来, 功率比从属激光器低. 利用注入–锁频技术, 我们可以得到频率单一的高功率激光, 频率涨落也很小, 对于大型的激光干涉仪引力波探测器来说, 这是一种较好的激光光源.

3. 注入–锁频激光器

根据注入–锁频理论, 如果主激光器和从属激光器之间的频率差小于 "完全锁定范围", 则注入–锁频激光器的频率就完全跟随主激光器的频率而变化. "完全锁定范围" 的定义为

$$\Delta\omega_{\text{LOCK}} \approx 4\pi\Delta\nu_{\text{c}} \cdot \sqrt{\frac{P_{\text{m}}}{P_{\text{s}}}} \approx 4T_{\text{oc}} \cdot \text{FSR} \cdot \sqrt{\frac{P_{\text{m}}}{P_{\text{s}}}} \tag{6-84}$$

其中 $\Delta\nu_{\text{c}}$ 是 "冷腔频带宽度", T_{oc} 是从属激光器输出耦合器的透射率. FSR 是从属激光器法布里–珀罗腔的 "自由频谱范围", P_{m} 和 P_{s} 分别是主激光器和从属激光器的输出功率. $f_{\text{LOCK}} = \dfrac{\Delta\omega_{\text{LOCK}}}{4\pi}$ 称为锁频范围. 图 6.24 给出了 TAMA300 的 10W 注入–锁频激光器的结构示意图.

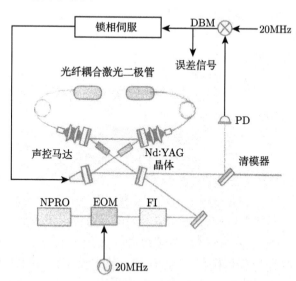

图 6.24　注入–锁频激光器 (TAMA300) 结构示意图

从图中可以看出, TAMA300 的 10W 注入–锁频激光器是由主激光器和从属激光器两部分组成的. 主激光器是商用 LD 泵浦 Nd：YAG 激光器, 输出功率为 700mW, 波长 1064nm, 它具有单一的振动频率和纯净的 TEM$_{00}$ 模式. 从属激光器

由一个弓形连接腔和两个 YAG 杆组成, 每个 YAG 杆都通过光纤与一个激光二极管 (LD) 阵列相连, 实行端面泵入. 与侧面泵入相比, 端面泵入的优点是效率高. 由于泵入效率高, 激光杆不需要用水冷却, 避免了由于水的流动而带来的机械振动.

注入–锁频激光器的稳定性是由一个伺服控制系统操作的. 该系统采用了庞德–德里弗–霍尔 (Pound-Drever-Hall) 技术. 调节主激光器的频率就可以控制注入–锁频激光器的频率. 只要把主激光器的频率稳定在一定的范围之内, 注入–锁频激光器的频率涨落就可以被压低到需要的水平. 关于庞德–德里弗–霍尔技术, 我们将在第 8 章中详细讨论.

6.3.6 清模器

如前所述, 激光干涉仪引力波探测器要求激光束的横截面具有纯净的 TEM_{00} 模式 [122], 这种模式是基础厄米–高斯模式. 由于高阶横向模式与干涉仪的不对称性相耦合会使输出信号的对比度变差, 而且, 高阶模式会使法布里–珀罗腔镜子表面光强分布改变, 产生附加的热噪声, 高阶模式的振幅是不稳定的, 它会使镜子不同部位受到的辐射压力发生变化, 产生附加的辐射压力噪声, 严重时会使镜子抖动引起干涉仪锁定状态的不稳定性. 在实际应用中, 激光束的横截面是 TEM_{00} 模式与高阶模式的混合. 从光源来的激光束中残余的高阶模式必须通过清模器 (mode cleaner) 来清除. 清模器的主体部分是一个具有高透射率的法布里–珀罗腔, 它有很多类型, 多数为环形腔. 环形腔清模器具有如下优点:

(1) 清模效果好;

(2) 光束抖动噪声小;

(3) 能选择极化形式;

(4) 具有高的频率稳定性.

1. 清模器的结构

激光干涉仪引力波探测器中所用的清模器的主体部分是两个平面镜和一个凹面镜. 它们组成一个锐角三角形 (参阅图 6.11). 所有镜子都通过隔震系统悬挂起来, 以便与地面震动噪声高度隔离.

从干涉仪和校直控制系统而来的误差信号通过控制线路反馈到清模器, 对其工作状态进行调整. 工作状态的调整主要是通过调整腔体长度和各个镜子的方向来实现的.

清模器所有的部件都放在真空室中, 以减小光子与气体分子碰撞引起的噪声, 真空度好于 10^{-5}Pa.

2. 透射率与清模效果

假设入射到清模器环形法布里–珀罗腔中的光束剖面具有厄米–高斯模式, 法布

里–珀罗腔的透射率由下式给出:

$$T_{\mathrm{cav}}(\phi) = \frac{(t_1 t_0)^2}{(1 - r_{\mathrm{I}} r_{\mathrm{O}} r_{\mathrm{E}})^2} \cdot \frac{1}{1 + F \sin^2(\phi/2)} \tag{6-85}$$

在这里 r 和 t 分别表示镜子对光的反射率和透射率, 下标 I, O 和 E 分别表示输入镜、输出镜和底端镜. F 是法布里–珀罗腔的锐度, 由下面公式给出:

$$F \equiv \frac{4 r_{\mathrm{I}} r_{\mathrm{O}} r_{\mathrm{E}}}{(1 - r_{\mathrm{I}} r_{\mathrm{O}} r_{\mathrm{E}})^2} \tag{6-86}$$

ϕ 是光在法布里–珀罗腔中往返一次增加的相位, 它用下面的公式来计算:

$$\phi = -2kL + 2(l + m + 1)\eta \tag{6-87}$$

k 是光的波数, L 是法布里–珀罗腔的长度, η 是古伊相位, l 和 m 是整数, 它们表示横向模式的阶数. 法布里–珀罗腔的反射系数与横向模式 TEM_{lm} 有关, TEM_{lm} 是厄米–高斯光束的本征模式, 当光在腔内共振时, 光在法布里–珀罗腔中往返一次增加的相位是 $\phi = 2\pi \cdot n$ (n 是任何整数).

　　对于清模器组成的法布里–珀罗腔来说, 当 $r_{\mathrm{I}} = r_{\mathrm{O}}$ 时, 清模器具有最佳透射率. 清模器组成的法布里–珀罗腔的透射特性在图 6.25 给出.

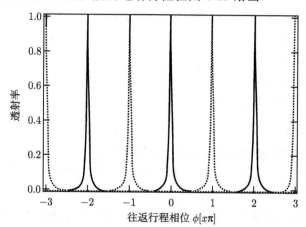

图 6.25　清模器组成的法布里–珀罗腔的透射率与 ϕ 的关系 [122]

实线代表 s 极化光, 虚线代表 p 极化. 在图中, $r_{\mathrm{I}} = r_{\mathrm{O}} = 0.9, r_{\mathrm{E}} = 0.9999$

　　可以看出, 当基础高斯模式 TEM_{00} 在腔内共振时, 法布里–珀罗腔的行为好像一个窄频带通道过滤器, 它是相位 ϕ 的函数. 当基础高斯模式 TEM_{00} 共振时, 高阶模式从腔的输入端反射出去, 通过清模器的光束中就不含高阶模式成分, 这是清模器的主要功能.

光束横向模式的质量好坏常用一个参数 M^2 的值来表示. M^2 的值可以利用光束分析器在测量光束传播时取得. 沿着光束的传播方向 z 光束的横向剖面表示为

$$\omega\left(z\right) = \omega_0 \sqrt{1 + \left(\frac{M^2 \lambda z}{n\pi\omega_0^2}\right)^2} \tag{6-88}$$

其中 λ 是激光的波长, n 是传播介质的折射率, ω_0 是含有高阶横向模式的激光光束的光腰半径. 利用上面公式, 我们可以把含有高阶模式的普通光束看成一个厄米–高斯光束, 它的光腰半径是基础高斯模 TEM_{00} 光束之光腰半径的 M 倍. 若 $M^2 = 1$, 则该光束的横向剖面只有 TEM_{00} 模式 [122]. 图 6.26 给出了清模器前后光束横向剖面的变化情况, 清模效果是非常明显的.

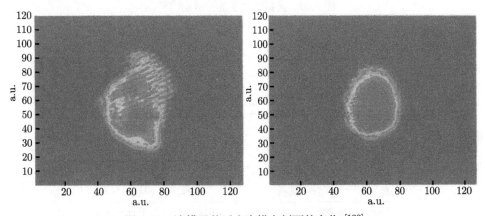

图 6.26 清模器前后光束横向剖面的变化 [122]

光束截面的几何形状是高阶厄米–高斯模式与基础厄米–高斯模式 TEM_{00} 的混合, 混合模式中, 高阶模式与基础厄米–高斯模式的相对振幅是随时间变化的, 这导致光束剖面几何形状的涨落. 由于清模器清除了高阶模式, 这种几何涨落也减小了.

3. 极化选择

利用清模器, 可以对入射光的极化进行选择. 根据矢量合成与分解法则, 我们可以把入射光的极化方向分解为 s 极化分量和 p 极化分量, s 分量与光的入射面垂直, 而 p 分量与光的入射面平行, 如图 6.27 所示.

设图中入射光从折射率为 n_1 的介质射向折射率为 n_2 的介质. 光的入射角为 i_1, 折射角为 i_2, 电振动矢量为 E_1, 波矢为 k_1, 反射光和折射光的电矢量和波矢分别记为 E_1', k_1', E_2, k_2, 光的电振动矢量分解成 s 分量和 p 分量后, 和波矢 k 组成右手坐标系, 规定 s 分量沿 $+y$ 方向为正. 根据菲涅耳公式, 可以得到 s 分量和 p 分量反射率与透射率的复振幅.

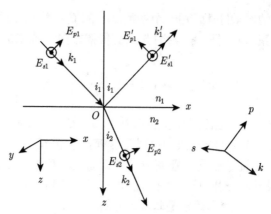

图 6.27　光振动矢量的分解图 [124]

反射率为

$$\tilde{r}_s = \frac{E'_{s1}}{E_{s1}} = \frac{n_1 \cos i_1 - n_2 \cos i_2}{n_1 \cos i_1 + n_2 \cos i_2} = -\frac{\sin(i_1 - i_2)}{\sin(i_1 + i_2)}$$

$$\tilde{r}_p = \frac{E'_{p1}}{E_{p1}} = \frac{n_2 \cos i_1 - n_1 \cos i_2}{n_2 \cos i_1 + n_1 \cos i_2} = \frac{\tan(i_1 - i_2)}{\tan(i_1 + i_2)} \tag{6-89}$$

透射率为

$$\tilde{t}_s = \frac{E_{s2}}{E_{s1}} = \frac{2n_1 \cos i_1}{n_1 \cos i_1 + n_2 \cos i_2} = \frac{2 \sin i_2 \cos i_1}{\sin(i_1 + i_2)}$$

$$\tilde{t}_p = \frac{E_{p2}}{E_{p1}} = \frac{2n_1 \cos i_1}{n_2 \cos i_1 + n_1 \cos i_2} = \frac{2 \sin i_2 \cos i_1}{\sin(i_1 + i_2) \cos(i_1 - i_2)} \tag{6-90}$$

光强度的反射率为

$$R_s = |r_s|^2$$

$$R_p = |r_p|^2$$

光强度的透射率为

$$T_p = |t_p|^2 \cdot \frac{n_2}{n_1}$$

$$T_s = |t_s|^2 \cdot \frac{n_2}{n_1}$$

清模器环形法布里–珀罗腔的极化选择效应来自 s 极化分量与 p 极化分量之间的相位差, 它刚好为 π.

当 s 极化分量在腔内共振时, p 极化分量恰好处于反共振状态. 这时清模器环形法布里–珀罗腔的透射系数为

$$T_{\mathrm{cav}}(\phi) = \frac{(t_{\mathrm{I}} t_{\mathrm{O}})^2}{(1 + r_{\mathrm{I}} r_{\mathrm{O}} r_{\mathrm{E}})^2} \cdot \frac{1}{1 - F' \sin^2(\phi/2)}$$

其中,

$$F' = \frac{4r_\mathrm{I}r_\mathrm{O}r_\mathrm{E}}{(1 + r_\mathrm{I}r_\mathrm{O}r_\mathrm{E})^2}$$

当 s 极化分量在腔内共振时, 腔对它的透射率达最大值, 而对 p 极化分量的透射率很低, 反之亦然.

使用环形法布里–珀罗腔作清模器还有另一个优点: 它不必在腔的输入镜前面放法拉第隔离器, 因为输入镜是沿对角线方位放置的, 从这个镜子向外反射的光自动地与从激光器而来的入射光分开了. 直线形法布里–珀罗腔如果不用法拉第隔离器就做不到这一点.

4. 清模器伺服控制系统

为保证清模器正常工作, 激光频率必须稳定地锁定在清模器的共振频率上. 这个任务是由一套频率稳定伺服控制系统完成的. 频率稳定伺服控制系统是按照庞德–德里弗–霍尔技术设计的 (关于庞德–德里弗–霍尔技术, 我们将在第 8 章中详细讨论).

庞德–德里弗–霍尔技术所用的控制信号, 是由电–光调制器对载频光束进行相位调制产生的旁频 (sideband), 在 TAMA300 中, 电–光频率调制器所用的调制频率为 12MHz.

庞德–德里弗–霍尔技术也用来对清模器下游的其他共振腔如臂上法布里–珀罗腔、功率循环腔的状态进行锁定和控制, 它们也需要使用由频率调制器产生的旁频信号. 在实际应用中, 前端调制是最有利的方式. 这时频率调制系统位于清模器前面. 这就要求我们必须对清模器环形法布里–珀罗腔的自由频谱范围进行精心设计, 使调制产生的旁频能在腔内共振, 从而顺利通过清模器, 以备后用. 清模器环形法布里–珀罗腔自由频谱范围的锁定和控制是由旁频透射伺服控制系统执行的.

6.3.7 法拉第光隔离器

在激光干涉仪引力波探测器中, 法拉第光隔离器是一个不可缺少的部件. 我们知道, 光路是可逆的. 从干涉仪亮纹口出射的光以及从光路中不同器件连接处反射的光可以返回到激光器中, 使激光器性能变坏, 甚至不能稳定地工作. 能否找到一种器件, 使正向传输的光无阻挡地通过, 而几乎全部阻挡反射回来的光? 答案是肯定的, 它就是法拉第光隔离器. 在干涉仪的清模器与功率循环镜之间放置一个法拉第光隔离器, 可以有效地防止光路中由于各种原因产生的后向传输光对激光光源以及光路系统产生的不良影响.

1. 磁致旋光效应

光隔离器的基本设计思想源自磁光晶体的法拉第效应, 它是一种最重要的磁光效应. 在研究晶体光学时人们发现, 若将石英晶体加工成薄片且使光轴垂直于薄片的表面, 当线偏振光沿光轴方向入射时, 出射光的振动面会发生旋转, 这就是晶体的旋光现象. 1845 年法拉第发现, 不具有旋光性的材料在磁场作用下也能使通过该物质的光的偏振方向发生旋转, 这就是著名的法拉第效应, 也叫磁致旋光效应. 实际上, 磁致旋光效应有两种: 如果外磁场的方向与光的传播方向平行, 则导致的磁致旋光效应为法拉第效应, 这种极化方向的转动有时也称为磁圆双折射 (MCB); 如果外磁场的方向与光的传播方向垂直, 则导致的磁致旋光效应为福格特效应, 这种极化方向的转动有时也称为磁线双折射 (MLB).

　　线偏振光可以看成方向相反的两个圆偏振光的叠加, 这两个圆偏振光的振幅相同但相位不同. 当一个线偏振光穿过加上磁场的介质时, 它的两个圆偏振成分会以不同的速度传播, 从而在两个成分之间感生了相对相移. 在介质的输出端, 这种相移表现为线偏振光极化方向的转动. 极化方向的转动角 θ 和外磁场之间的关系为

$$\theta = \nu B d$$

其中 ν 是物质的费尔德常数, 它与波长及温度有关, B 是光传播方向的磁通量密度, d 是介质的厚度.

　　极化方向的转动与光的传输方向有关, 在实际应用中都取 ν 为正值, 当光的传播方向与磁场方向平行时, 极化方向的转动是逆时针的, 如果光的传播方向与磁场方向反平行, 则极化方向的转动是顺时针的. 因此沿正反方向穿过磁化介质的两个光束之间感生的转动角是单向时的两倍, 即为 2θ. 有些介质 (如铽镓石榴石) 具有非常高的费尔德常数, 在强磁场情况下, 一小片这种材料就可以得到很大的转动角. 法拉第光隔离器就是用这种材料制作的.

2. 法拉第光隔离器

　　简单的法拉第隔离器与输入光束的极化有关, 一般说来, 它由前偏振片 (又称输入偏振片或起偏器)、法拉第光转动器、后偏振片 (又被称为输出偏振片, 检偏器或极化分析器) 三部分组成. 前偏振片与后偏振片的透振方向成 45° 角, 如图 6.28 所示.

　　当光束正向传播时, 输入光束穿过前偏振片之后变成线偏振光, 偏振方向为前偏振片的透振方向. 法拉第光转动器将该光束的偏振方向旋转 45° 角. 由于后偏振片与前偏振片的透振方向有 45° 夹角, 此时传输光束的电矢量振动方向与后偏振片的透振方向一致, 它能让此光束通过. 对于反向传播的光, 返回的光束经过后偏振片之后变成了 45° 的线偏振光. 法拉第转动器使该光束的偏振方向再旋转 45° 角从而使反向光的电矢量振动方向与前偏振片的透振方向成 90° 角, 该光束不能通过前偏振片而被阻断. 法拉第光隔离器在激光、光信息处理和各种测量系统都有广泛

的应用.

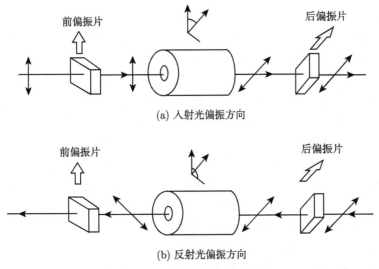

(a) 入射光偏振方向

(b) 反射光偏振方向

图 6.28　法拉第光隔离器示意图

6.3.8　激光干涉仪引力波探测器中的镜子

激光干涉仪引力波探测器对光学镜子特别是分光镜、功率循环镜及两臂上法布里–珀罗腔所用的镜子有十分严格甚至近于苛刻的要求. 其材料的选取制造工艺的高低直接影响干涉仪的灵敏度和稳定性.

1. 测试质量的结构

激光干涉仪的测试质量是由镜子本身和反冲质量组成的复合体. 这个复合体是将镜子的一部分嵌在一个与其质量相等的反冲质量体内做成的. 镜子和反冲质量两者的纵轴要重合, 每个镜子上附有 6 个永磁体做成的磁针, 镜子的背面分布着四个, 两侧各有一个. 磁针是由特殊的稀土金属材料做成的, 虽然只有蚂蚁大小, 但磁性极强, 相应的线圈固定在反冲质量体与其相对的面上. 磁针伸入对应的线圈内, 组成磁铁–线圈驱动器. 镜子背面这四组磁铁–线圈驱动器用来调整和控制镜体的方向和位置, 若想让镜子向前倾斜, 就推顶部的磁铁, 拉底部的磁铁; 若想让镜子向后倾斜就做相反的操作. 若想让镜子左右转动就分别推拉左部或右部的磁铁. 如果想要镜子左右移动, 就分别推拉右侧或左侧的磁铁. 若想调节光程可以推拉背后的4 个磁铁, 镜子的最大调节幅度可以达到 20μm.

镜子的背面有一个光杠杆, 在激光干涉仪引力波探测器运行过程中, 需要使用光杠杆对测试质量的状态进行实时控制, 使干涉仪稳定地保持锁定状态. 它的结构和工作原理将在第 8 章详细介绍.

2. 激光干涉仪引力波探测器对光学镜的要求

1) 体积和重量

激光干涉仪引力波探测器的臂长一般为千米量级, 由于光束传播过程中的发散, 光斑变大. 为了避免边缘效应, 光学镜的直径都比较大, 如 LIGO 臂上法布里–珀罗腔镜子的直径是 25cm. 高级 LIGO 为 34cm. 由于辐射压力噪声与镜子的质量成反比, 为了降低这种噪声, 提高干涉仪的灵敏度, 镜子的质量要很大, 例如, LIGO 臂上法布里–珀罗腔镜子的质量为 11kg, 高级 LIGO 为 40kg.

2) 热传导及热噪声

当激光干涉仪引力波探测器运行时, 臂上法布里–珀罗腔内的激光功率非常强, 例如, 高级 LIGO 达到 800 多千瓦, 因此, 镜子要有很好的散热性, 而且镜子内部不能有结构上的缺陷和杂质, 以减小由于局部发热而产生的热噪声和避免镜面的热损伤, 镜子材料一般为熔硅, 也有人建议用蓝宝石.

3) 镀膜

镀膜对激光干涉仪引力波探测器的光学镜来说是至关重要的. 分光镜要把入射光分成强度严格相等的两束, 功率循环镜的反射系数要与等效复合镜的反射系数相匹配, 臂上法布里–珀罗腔的反射系数和透射系数, 腔的锐度, 频带宽度, 光储存时间等参数无一不与镀膜息息相关. 为了达到需要的反射系数和透射系数数值, 需要使用不同材料 (如二氧化硅和五氧化钽) 进行多达几十层镀膜. 膜的厚度要均匀, 膜材料的导热性能要好, 对光子的吸收率非常小. 镀膜工艺及膜厚度测量是非常复杂, 非常困难的.

4) 镜面的平整度

激光干涉仪引力波探测器臂上法布里–珀罗腔的长度一般为千米量级, 光在腔内往返反射次数有几十次到几百次之多, 这就要求镜面的平整度极高, 通俗地讲, 镜子的表面要特别光滑, 稍有一点局部凹凸不平就会导致大量的散射光子出现, 轻者带来噪声, 重者导致状态不稳定, LIGO 臂上法布里–珀罗腔的镜子具有非常高的光滑度, 每百万光子中只有几个光子被散射.

5) 镜子及悬挂丝材料

制造镜子的材料一般是熔硅, 也有人建议用蓝宝石. 激光干涉仪引力波探测器对镜子材料的纯度要求非常高. 其原因主要有两个方面, 其一, 如果纯度达不到要求, 杂质过高, 则会使材料对光子的吸收加大, 局部发热, 增加热噪声, 严重时会使镜子表面形变, 给干涉仪带来附加噪声. 其二, 高纯度的材料具有高的品质因数 Q, 镜子固有的内在振动模式是一个很窄很尖的峰, 也就是说, 该震动局限在一个很窄的频率范围之内, 可改善干涉仪的探测效果.

为了隔震, 测试质量 (即镜子) 要用直径为几十微米到几百微米的细的丝悬挂起来, 最初的悬挂丝是不锈钢丝, 高级探测器建议用硅丝或蓝宝石丝. 无论选用哪种材料, 都要求纯度极高, 即有很高的 Q 值, 使悬挂丝热噪声 "琴弦模式" 的热振动峰非常 "尖锐" 且振动衰减时间很长, 便于同引力波信号进行区别.

3. 镜子参数测量 [373]

引力波探测工程中对光学元件的要求极为严格, 因此常规的检测方法难以对其进行测量. 光学元件的主要测量指标为面型精度和曲率半径, 一般使用激光干涉仪进行检测, 主流的激光干涉仪对面型的检测精度为 PV 值仅小于 $\lambda/20$, 而且曲率半径的测量范围也很有限. LIGO 中的光学元件面型精度要求到达 PV 值小于 $\lambda/100$, 方均根误差 RMS 值小于 $\lambda/1000$, 曲率半径估算为 6km, 半径的测量误差要小于 3%. 针对极其苛刻的测量指标, Vecoo 公司专门设计了 1.064μm 干涉仪, 测量半径范围 5.5~14.5km, 有效口径大于 150mm, 光学元件的反射率范围为 4%~99.9% (图 6.29).

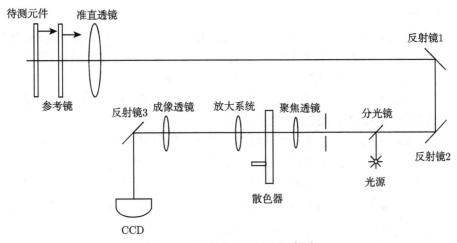

图 6.29 相移式菲佐干涉仪 [373]

为了精确测量光学元件的曲率半径, 离焦和像散的残差 PV 值必须精确到 $\lambda/100$, 它们的大小由全口径测量的策尼克系数决定, 去除离焦和像散项, 方均根误差 RMS 残留误差必须小于 $\lambda/1000$. 回程误差是指没有条纹和 n 个条纹的光程差, LIGO 干涉臂中的共振腔内光学平板在 4 个倾斜条纹下 PV 值小于 6nm. 在测试光学平板表面时需要排除零条纹模式, 通过软件进行光线追迹可以对回程误差建模, 但必要时须对回程误差进行测量并去除.

干涉仪对面型精度的测量是使用精度很高的参考镜对样品测量, 测量精度取决于参考镜的精度, 但参考镜的精度很难达到 PV 值 $\lambda/100$. 为了达到测量精度, 使用 3 平板绝对测量法, 使用一个平板作为一个测试面, 使用偶次和奇数函数的办法测量三个未知和一个已知的参考镜, 进行两次独立的三平板测量, 其中一个平板在两次测量中都使用. 面型的 PV 值可由策尼克系数表示, 相同表面的独立测量, 离焦系数 PV 值差异小于 10nm, 像散系数使用相同的步骤, 除去离焦和像散后, 剩余 RMS 值小于 1nm.

LIGO 工程中大曲率半径光学元件的曲率半径最终测量结果为 5.84km, 5.85km, 5.87km, 与预期值 6km 相比, 误差在 3% 以内.

6.3.9　隔震与镜体悬挂系统

由连续的或随机的地球表面震动产生的噪声, 称为地面震动噪声(seismic noise). 地球表面的震动通过机械接触点传递到干涉仪的测试质量 (即镜子), 使测试质量发生抖动, 导致初始位置的涨落, 干扰两个测试质量之间的距离. 在激光干涉仪中产生噪声, 地面震动噪声严重地限制了干涉仪的探测灵敏度, 特别是低频段的灵敏度, 必须加以隔离.

1. 地面震动

地面震动是由自然现象和人类活动引起的. 例如, 微地震, 海浪的运动, 固体潮, 大风引起的房屋及树木的晃动对地基的影响, 大雨及冰雹引起的地面震动, 交通运输, 工农业生产, 矿山开采, 建筑工地引起的地面震动等.

地面震动通过多种途径传递到干涉仪的测试质量, 其中测试质量悬挂点地面的水平方向运动会直接导致测试质量的纵向运动.

地球表面在其他自由度上的运动通过耦合传递到测试质量, 也会引起测试质量的纵向运动. 例如, 当我们在地面上建造大型激光干涉仪引力波探测器时, 法布里–珀罗腔中的两面镜子 (即测试质量) 彼此分开数公里. 由于地球表面的球面效应, 两个悬挂点的垂直方向分别指向地心, 并不互相平行, 如图 6.30 所示.

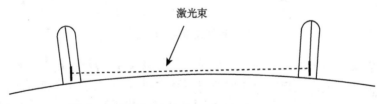

图 6.30　镜子运动时垂直–水平方向耦合示意图

设测试质量悬挂点局部的垂直运动为 Δz, 耦合到测试质量后导致测试质量体的水平运动为 Δx, 则有

$$\Delta x = \alpha \cdot \Delta z$$

α 被称为垂直–水平方向耦合系数, 大小为 10^{-3} 数量级, 与干涉仪所要求的噪声衰减系数 10^{-13} 相比, 它是不能被忽视的, 因此, 地面的垂直震动也是应该被隔离的.

典型的地面震动幅度为

$$x = \alpha/f^2 \tag{6-91}$$

其中 f 是地面振动频率, α 是常数, 一般为 $10^{-9} \sim 10^{-7}$ 数量级, 与具体的地域有关. 可以看出, 地面震动噪声对激光干涉仪引力波探测器灵敏度的影响在低频部分 (几十赫兹以下) 最严重, 而这个频带的地面震动是普通隔震系统最难处理的.

典型的地面震动幅度为 10^{-6}m 数量级, 假设我们期望探测到的引力波的幅度为 10^{-19}m 量级, 那么地面噪声衰减系数要好于 10^{-13}.

2. 被动机械过滤器

为了降低地面震动噪声对干涉仪的影响, 需要把激光干涉仪引力波探测器的镜子 (如分光镜, 法布里–珀罗腔的前端镜与后端镜, 功率循环镜, 清模器的输入镜、输出镜和端镜, 信号循环镜以及光路中其他的镜子) 悬挂起来, 然后通过过滤器与有噪声的地面相接 [117,125]. 最简单的过滤器是无源机械过滤器 (又称被动隔震器). 它是各种复杂的机械过滤器的基础. 下面我们来分析被动机械过滤器 (passive mechanical filter) 的工作原理.

为简单起见, 我们把镜子与被动机械过滤器等效为一个用弹簧悬挂起来的小球. 同时为了分析方便, 我们把弹簧和小球放在一个无摩擦的水平面上, 弹簧的左端固定在悬挂点上, 右端连在可沿 x 方向运动的小球上, 如图 6.31(a) 所示.

不考虑损耗, 小球的运动方程为

$$m\frac{\mathrm{d}^2 x}{\mathrm{d}t^2} + K(x - x_0) = F_{\mathrm{ext}} \tag{6-92}$$

其中 m 是小球的质量, $K = mg/L$ 是弹簧的弹性系数, x_0 是悬挂点的位置, F_{ext} 是外部作用力. 在频率域内, 该方程的解为

$$x(\omega) = \frac{\omega_0^2 x_0(\omega) + F_{\mathrm{ext}}(\omega)/m}{\omega_0^2 - \omega^2} \tag{6-93}$$

其中 $\omega_0 = 2\pi f_0$, f_0 是系统的共振频率. 在无外力的情况下 $(F_{\mathrm{ext}} = 0)$ 悬挂点和有效载重质量 m 之间的传递函数为

$$\frac{x(\omega)}{x_0(\omega)} = \frac{\omega_0^2}{\omega_0^2 - \omega^2} \tag{6-94}$$

传递函数曲线如图 6.31(b) 所示, 从图中可以看出:

(1) 当 $\omega < \omega_0$ 时, 悬挂点的运动全部传递到测试质量 m, 即测试质量的运动幅度等于悬挂点的运动幅度:

$$x(\omega) = x_0(\omega)$$

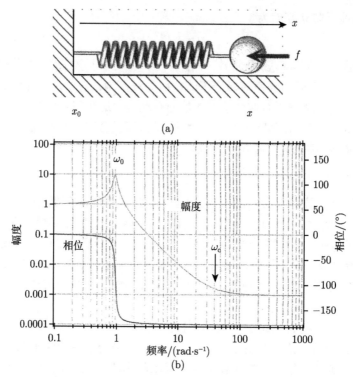

图 6.31　(a) 被动机械过滤器工作原理示意图 [126] 和 (b) 被动机械过滤器的传递函数

(2) 在共振频率 ω_0 附近, 测试质量 m 的运动幅度增大, 共振时 ($\omega = \omega_0$), 测试质量 m 的运动幅度达最大值. 相位移动为 $-90°$(高于共振频率时 ($\omega > \omega_0$) 相位移动为 $-180°$)

(3) 当 $\omega > \omega_0$ 时, 振动被衰减为

$$\frac{x(\omega)}{x_0(\omega)} = \frac{\omega_0^2}{\omega^2} \tag{6-95}$$

当 ω 超过临界频率 $\omega_c = \sqrt{m/M}\,\omega_0$ 时, 传递函数的幅度趋于常数. 被动机械过滤器衰减效应趋向饱和 (在公式中 M 是弹簧的质量线密度).

(4) 在共振频率 ω_0 与临界频率 ω_c 之间, 传递函数按 $1/\omega^2$ 变化, 它表明测试质量的运动幅度大大小于悬挂点的运动幅度. 也就是说, 被动机械过滤器并没有把地面的震动按原来的大小传递给测试质量, 而是把它压低了.

在激光干涉仪引力波探测器中, 每个测试质量都被悬挂起来形成一个单摆, 测试质量 m 与悬线质量线密度 M 之比 (m/M) 非常大, 使得 ω_c 的值非常大. 因此, 在频率较高的区域, 我们可以放心地忽略衰减的饱和效应.

若 ω_c 的值不够大, 会导致被动机械过滤器不能满足对地面震动衰减的需要. 这

时我们可以把 n 个被动机械过滤器串联起来使用, 串联起来的系统称为级联被动机械过滤器, 它存在 n 个本征模式, 每个本征模式都有自己的共振频率, $f_{io} = \frac{\omega_i}{2\pi}$, 不考虑耗散, 级联被动机械过滤器的传递函数为

$$\frac{x(\omega)}{x_0(\omega)} = \prod_{i=1}^{n} \frac{\omega_i^2}{\omega_0^2 - \omega_i^2} \tag{6-96}$$

在低频近似的情况下, 级联被动机械过滤器的衰减系数趋近于 $1/f^{2n}$, n 是级联被动机械过滤器的个数. 由此可知, 在镜子悬挂点多加几级被动机械过滤器可以获得较好的隔震效果.

在早期建造的激光干涉仪引力波探测器中, 如 LIGO、GEO600 和 TAMA300, 都采用了级联被动机械过滤器技术. 基本方法是在地面上用橡胶板、很重的有弹性的不锈钢板和弹簧交替地堆放在一起, 搭建成一个多层的堆积平台, 在平台之上放置一个悬挂系统, 把镜子悬挂起来. 多层的堆积平台和悬挂系统在地面和镜子之间起隔震作用[115]. 为了得到更好的隔震效果, 镜子悬挂系统采用多级悬挂方式.

除了把多个被动机械过滤器串联使用之外, 另一种改善隔震特性的手段是降低过滤器的共振频率. 以倒摆预隔震台为基础的地面震动衰减系统 (seismic attenuation system, SAS) 就是根据这种思想建立起来的, 其代表作是 VIRGO 的超级地面震动衰减系统[150]. 它是一个集被动隔震、主动隔震和电子控制系统于一身的大型综合隔震系统. 为提高 VIRGO 的探测灵敏度立下了汗马功劳. 在设计新一代激光干涉仪引力波探测器时, 它也是首选方案之一. 下面我们以最基本的一种地面震动噪声衰减系统为例, 对这类隔震系统的工作原理和关键部分加以讨论.

3. 地面震动衰减系统

1) 地面震动衰减系统的基本设计原则[127,128]

(1) 在激光干涉仪引力波探测器中, 在最低探测频率上, 要求测试质量的噪声运动幅度小于 10^{-19}m, 过滤器的级数和每级共振频率的选择应满足这个条件.

(2) 过滤器在水平方向的衰减靠的是单摆, 在垂直方向的衰减靠的是弹性器件 (如弹簧). 由于它们运动部件的质量不是无穷大, 在临界频率之上, 它们的衰减特性趋向于饱和, 这种饱和效应不能影响干涉仪对地面震动衰减的要求.

(3) 测试质量在各个自由度上的运动都要像在水平方向的运动一样被衰减, 因为机械过滤器结构的不对称性及测试质量悬挂的垂直度问题, 都会产生交叉耦合, 使测试质量发生水平方向的运动.

(4) 需要用带有超低共振频率 (低于 100mHz) 的机械过滤器 (如倒摆) 搭建一个预隔震平台, 它不但能压制测试质量在低频范围内的运动 (这是其剩余运动的主体部分), 而且还提供了在低频情况下悬挂测试质量的地点.

(5) 激光干涉仪具有非常小的动态范围, 只有在这个小范围内, 它才能产生与测试质量运动成正比的线性信号, 这就要求激光干涉仪引力波探测器所有相关部分和共振腔必须同时锁定在这个线性区域. 要做到这一点, 各个测试质量的运动速度必须尽可能地压低. 超低频预隔震台能起到这种作用.

(6) 机械过滤器要用高品质的材料制造, 以便减少内部热噪声, 特别是最后一级, 它直接与测试质量相连接, 更要用品质因数极高的物质 (如石英或蓝宝石) 做成.

(7) 具有高品质因数的单摆储存着大量能量, 而且会在它的共振频率上以较大的振幅运动, 这种较大幅度的额外运动会超过允许范围, 使干涉仪的控制遇到困难. 因此, 地面震动衰减系统要想办法阻尼这种共振, 但又不能引入其他附加噪声.

2) 地面震动衰减系统的基本结构

地面震动衰减系统基本结构如图 6.32 所示. 从图中可以看出, 一个实用的地面震动衰减系统至少包括四个基本部分: 倒摆、顶台、单体几何反弹簧过滤器 MGASF 和镜体悬挂系统. 现分别讲述如下.

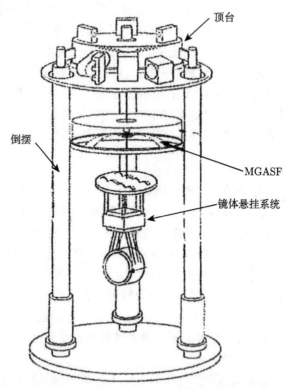

图 6.32　地面震动衰减系统的结构示意图 [126]

A. 倒摆 (inverted pendulum)

倒摆 [128-130] 是地面震动衰减系统中最重要的组成部分. 它是由质量很轻, 机械强度很大的材料做成的, 具有非常低的共振频率 (小于 100mHz). 地面震动衰减系统使用倒摆主要出于以下几个方面的考虑.

(1) 它能够在地面震动峰值幅度为微米数量级的频带内 (100~300mHz), 对 x, y, z 和 θ 方向的运动提供足够大的衰减系数.

(2) 倒摆运动时需要的恢复力非常小. 可以用来搭建一个平台, 在这个平台上能够放置地面震动衰减系统的其他部件, 并支撑镜子的悬挂链. 平台上的负载可达 100kg 以上. 当振动频率 f 大大小于摆的共振频率 f_0 时, 即当 $f \ll f_0$ 时, 使负载 M 移动距离 x 所需的力 F 为

$$F \approx \omega_0^2 x \tag{6-97}$$

计算可知, 若 $M = 1000$kg, $x = 1.0$cm, 则 $F \approx 0.4$N. 这个力是非常小的. 由于恢复力很小, 我们就可以使用 "轻柔" 的磁铁——线圈驱动器来控制悬挂点和镜子的位置, 控制的频率范围很宽 (DC~100mHz), 功率损耗很小.

(3) 在顶端提供一个 "准惯性" 平台, 在这个平台上可以放置大量的传感器、驱动器, 以便对倒摆系统的状态进行调节和控制. 这个平台同时还是一个过滤器, 能有效地阻尼镜体悬链的运动, 并探测运动引起的反冲.

a. 倒摆的稳定性

倒摆支撑着整个镜子悬挂系统的重量, 顶台上放置着非常多的控制单元和功能部件, 因此, 稳定性是激光干涉仪引力波探测器对倒摆最起码的、也是最重要的要求. 倒摆的稳定性是由该系统中重力与弹力比 $R = \dfrac{Mgl}{K}$ 值的大小决定的. 研究倒摆的势能 U 与 R 的关系, 可以清楚地理解倒摆的稳定性问题.

分析倒摆的稳定性, 要从它的动力学问题入手, 为此, 我们把倒摆简化成一个理想的物理模型, 如图 6.33 所示.

在倒摆简化的物理模型顶部, 有一个质量为 M 的等效负载, 它由一根没有质量的刚性杆垂直地支撑着, 杆的长度为 l. 通过一个角刚度为 K_θ 的柔韧弹性关节与地面相连. 有效负载 M 是我们想要与地面震动隔离的物体, 用一个点质量来表示.

简化倒摆模型的参数为: 倒摆腿的长度 l, 倒摆腿的质量 m, 倒摆腿相对其质心的转动惯量 I, 有效负载 M, 柔韧关节的转动弹簧常数 (即角刚度)$K\theta$, 有效负载的位置坐标 (x, z), 倒摆腿质心的坐标 (x_l, z_l), 柔韧关节与地面接触点的位置坐标 (x_0, z_0), 倒摆腿与垂直轴的夹角 θ. 有了这些参数, 我们就可以写出倒摆的运动方程

$$J\ddot{\theta} = -K\theta + Mgl\sin\theta \tag{6-98}$$

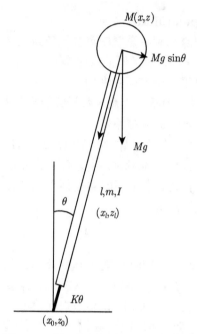

图 6.33　简化的倒摆模型示意图 [128]

J 是倒摆系统相对于支撑点 O 的转动惯量, $-K\theta = N_l l$ 是弹性力矩, $Mgl\sin\theta = N_{\text{grav}}$ 是重力力矩. 在小角度近似下, 上式可简化为

$$J\ddot{\theta} = -K_{\text{eff}}\theta \tag{6-99}$$

$K_{\text{eff}} = K - Mgl$ 是有效弹簧常数, 可以看出, 重力作为一种 "反弹簧" 减小了倒摆的总刚度. 倒摆的总势能为

$$U_{\text{pot}} = \frac{1}{2}K\theta^2 + Mgl(\cos\theta - 1) \approx \frac{1}{2}K_{\text{eff}}\theta^2 + Mgl\frac{\theta^4}{4!} + O\left(\theta^6\right) \tag{6-100}$$

设重力与弹力之比为 R, $R = \dfrac{Mgl}{K}$, 解上面的方程我们可以得到系统的约化势能 U_{pot}/K 与不同 R 之间的关系, 如图 6.34 所示.

从图中可以看出, 在小角度近似的情况下, 系统的约化势能 U_{pot}/K 与不同 R 值之间的关系为:

(1) 当 $R \ll 1$ 时, 即重力远小于弹簧的恢复力时, 倒摆系统是非常稳定的, 但力与 θ 的关系曲线很陡, 相应于倒摆系统有高的共振频率和较大的恢复力.

(2) 随着 R 值的增加, 在 $\theta = 0$ 附近, 势能曲线变得 "平坦". 相应于倒摆系统有小的恢复力和低的共振频率, 这时系还是稳定的.

(3) 当 $R \lesssim 1$ 时, 倒摆系统仍然是稳定的, 共振频率很低, 当 $R = 1$ 时, 重力与弹簧的恢复力相等, 在 $\theta = 0$ 周围恢复力为 0.

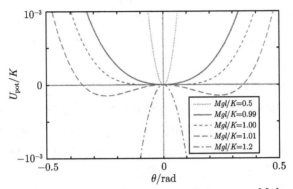

图 6.34　倒摆系统的约化势能 U_{pot}/K 与不同重力弹力比 $R = \dfrac{Mgl}{K}$ 之间的关系 [128]

(4) 当 $R \gtrsim 1$ 时, 重力开始在势能中占主导地位, $\theta = 0$ 处不再是稳定的平衡点, 倒摆系统成为双稳定系统.

(5) 当 $R \gg 1$ 时, 势能总是为负值, 倒摆成为不稳定系统.

系统的约化势能 U_{pot}/K 与不同 R 值之间的关系为倒摆的设计提供了重要参数.

b. 倒摆的共振频率

由于对地面震动噪声衰减, 特别是对低频地面震动噪声衰减的需要, 我们要求倒摆具有尽可能低的共振频率. 为了计算它的共振频率, 我们需要分析倒摆顶部的线性位移 $X(X = l\theta)$, 写出它的运动方程, 然后求方程的解. 设倒摆的线刚度为 k, $k = K/l^2$, 在小位移情况下, 其顶部的运动方程为

$$M\ddot{X} = -\left(k - \frac{Mg}{l}\right)X + O(X^3) \approx \overline{K}X + O(X^3) \qquad (6\text{-}101)$$

其中 $\overline{K} = -\left(k - \dfrac{Mg}{l}\right)$, 当 $\overline{K} > 0$ 时, 倒摆系统可以等效成一个线谐振子, 其共振频率为

$$f_0 = \frac{1}{2\pi}\sqrt{\frac{k}{M} - \frac{g}{l}} \qquad (6\text{-}102)$$

可以看出, 倒摆的共振频率与 $\sqrt{\dfrac{k}{M} - \dfrac{g}{l}}$ 成正比. 从前面的分析我们知道, 共振频率越低, 系统的隔震能力越强, 在具体应用中, 我们总是希望得到尽可能低的共振频率. 从原理上讲, 这种愿望是能够实现的. 因为适当调整弹性刚度 k 和有效负载 M, 可以获得任意低的共振频率. 但是实际上, 不可能将一个机械体系的共振频率调到任意小的值而又让其保留倒摆的特性.

从倒摆系统的安全稳定性考虑, 我们希望 $\dfrac{M}{k}$ 值小一些, 但从倒摆的衰减特性

考虑, 我们希望其共振频率 f_0 尽可能小, 即 $\dfrac{M}{k}$ 值尽可能大. 这是相互矛盾的, 在设计倒摆时, 必须统筹兼顾, 在稳定性和衰减系数之间进行调和与折中.

c. 倒摆的传递函数

传递函数描述的是系统对一个运动的传递情况. 是进入该系统之前和通过系统之后运动状态变化的度量. 倒摆的传递函数描述了倒摆与地面连接处地面震动噪声在经过倒摆传递之后在倒摆顶端发生的变化, 是地面震动噪声传递到倒摆顶端后的幅度值与原来地基处的幅度之比. 为了研究倒摆的传递函数 [131−133], 我们需要知道倒摆腿的质量 m 、它相对于其质心的转动惯量 J 和弹性关节的线性刚度 K. 当倒摆顶部位移为 δx 时, 弹性关节的恢复力为 $N_{\mathrm{el}} = -K\delta x$.

忽略垂直方向的地面震动, 只考虑水平方向, 倒摆系统的拉格朗日函数可写为

$$L = \frac{1}{4}M\dot{X}^2 + \frac{1}{2}m\dot{X}_{\mathrm{c}}^2 + \frac{1}{2}J\dot{\theta}^2 - Mgz - mgz_{\mathrm{c}} - \frac{1}{2}Kl^2\theta^2 \tag{6-103}$$

对于质量分布均匀的摆腿来说, 当运动幅度不大的时候, 我们有如下关系:

$$
\begin{aligned}
X_{\mathrm{c}} &= \frac{1}{2}(X + X_0) \\
z_{\mathrm{c}} &\approx \frac{l}{2}\left(1 - \frac{1}{2}\theta^2\right) \\
z &\approx l\left(1 - \frac{1}{2}\theta^2\right) \\
\theta &\approx \frac{X - X_0}{l}
\end{aligned}
\tag{6-104}
$$

将上述参数代入倒摆系统的拉格朗日函数中, 我们得到

$$L = \frac{1}{2}M\dot{X}^2 + \frac{1}{8}m(\dot{X}+\dot{X}_0)^2 + \frac{1}{2}\frac{J}{l^2}(\dot{X}-\dot{X}_0)^2 + \frac{1}{2}\frac{g}{l}\left(M+\frac{m}{2}\right)(X-X_0)^2 - \frac{1}{2}K(X-X_0)^2 \tag{6-105}$$

利用分析力学的变分原理 $\dfrac{\mathrm{d}}{\mathrm{d}t}\left(\dfrac{\partial L}{\partial \dot{X}}\right) - \dfrac{\partial L}{\partial X} = 0$ 我们可以导出倒摆的运动方程为

$$\left(M+\frac{m}{4}+\frac{J}{l^2}\right)\ddot{X} - \left(\frac{m}{4}-\frac{J}{l^2}\right)\ddot{X}_0 - \frac{g}{l}\left(M+\frac{m}{2}\right)(X-X_0) + K(X-X_0) = 0 \tag{6-106}$$

在频率域内解微分方程, 我们可以得到方程的解为

$$X(\omega) = \frac{1}{\omega_0^2 - \omega^2} \cdot \left(\omega_0^2 + \beta\omega^2\right) X_0(\omega) \tag{6-107}$$

这里

$$\omega_0^2 = \frac{K - \left(M + \dfrac{m}{2}\right) \cdot \dfrac{g}{l}}{M + \dfrac{m}{4} + \dfrac{J}{l^2}}$$

$$\beta = \frac{\dfrac{m}{4} - \dfrac{J}{l^2}}{M + \dfrac{m}{4} + \dfrac{J}{l^2}}$$

(6-108)

对于质量均匀分布的摆腿, 我们有 $J = \dfrac{1}{12}ml^2$, 将它代入上式得

$$\omega_0^2 = \frac{K - \left(M + \dfrac{m}{2}\right) \cdot \dfrac{g}{l}}{M + \dfrac{m}{3}} = \frac{K - A}{D}$$

$$\beta = \frac{\dfrac{m}{6}}{M + \dfrac{m}{3}} = \frac{C}{D}$$

(6-109)

其中

$$A = \left(M + \frac{m}{2}\right) \cdot \frac{g}{l} \tag{6-110}$$

$$C = \frac{m}{6} \tag{6-111}$$

$$D = M + \frac{m}{3} \tag{6-112}$$

我们定义倒摆的传递函数为 $\dfrac{X(\omega)}{X_0(\omega)}$.

在这里, $X_0(\omega)$ 是倒摆底部柔韧关节与地面接触点部位地面震动噪声的位移幅度, $X(\omega)$ 是经倒摆传递后, 倒摆顶部 (即镜子链悬挂点) 的位移. 整理上面求得的解, 我们得到倒摆的传递函数为

$$\frac{X(\omega)}{X_0(\omega)} = \frac{\omega_0^2 + \beta\omega^2}{\omega_0^2 - \omega^2} \tag{6-113}$$

当考虑系统的损耗时, 传递函数就不会在 $\omega_0 = \omega$ 处出现奇点, 主要的损耗来自倒摆系统的内摩擦.

d. 倒摆的打击中心效应 (center of percussion effect)

分析倒摆的运动可知, 当频率 $f \gg f_0/\sqrt{\beta}$ 时, 倒摆顶部的运动为

$$X(\omega) = -\beta X_0(\omega) \tag{6-114}$$

这就是说, 倒摆系统有一个临界频率 f_c, $f_c = f_0/\sqrt{\beta}$. 当倒摆的运动频率高于这个临界频率时, 传递函数为

$$\frac{X(\omega)}{X_0(\omega)} = -\beta \tag{6-115}$$

它是一个常数. 这时的传递函数曲线变为平坦的直线, 也就是说, 在这种情况下, 倒摆不再具有衰减特性. 如果倒摆腿所在的地基以高于临界频率 f_c 的频率震动, 倒摆的腿也随之运动, 但摆腿的运动方式很特殊, 它不是做相同的震动, 而是整条摆腿围绕腿上的一个特殊点转动, 这个特殊点保持不动. 这就是说, 当倒摆的底部随其地基震动时, 倒摆的顶部就要向相反的方向摆动, 这个特殊点称为倒摆的撞击中心. 由于撞击中心的存在, 当震动频率超过临界频率 f_c 后, 倒摆不再具有衰减作用. 我们称倒摆的这个特性为撞击中心效应 [134].

撞击中心效应在倒摆的实际应用中是非常有害的, 在设计倒摆系统时, 必须引起高度注意. 现在我们就来详细分析这个问题.

考虑到内部损耗, 弹性关节的线性刚度 K 需要用一个复数 $K[1 + i\phi(\omega)]$ 来表示, 这时倒摆的传递函数变为

$$\frac{X(\omega)}{X_0(\omega)} = \frac{\omega_0^2 + \beta\omega^2 + i(K\phi/D)}{\omega_0^2 - \omega^2 + i(K\phi/D)} \tag{6-116}$$

在很宽的频率范围内, ϕ 的值与频率没有关系, 它是一个常数, 即 $\phi(\omega) = \phi$. 在这种条件下, 倒摆系统的传递函数曲线在图 6.35 中给出.

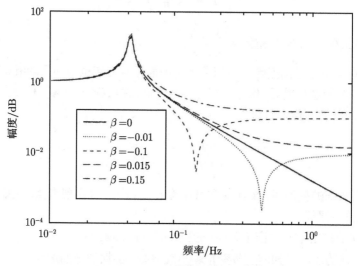

图 6.35　倒摆传递函数曲线 [128]

从倒摆的传递函数曲线可以看出:

(1) 当 $\beta = 0$ 时, 传递函数对应于理想的倒摆, 没有撞击中心效应.

(2) 当 $\beta > 0$ 时, 撞击中心效应使传递函数曲线逐渐变平, 在频率较高时, 倒摆无衰减作用. β 值越大, 撞击中心效应越明显.

(3) 当 $\beta < 0$ 时, 传递函数曲线出现一个下冲, 频率高于下冲点的频率时, 传递函数曲线逐渐变平, 倒摆也无衰减作用.

在传递函数中, $\beta\omega^2$ 这一项表示撞击效应. 当倒摆腿所在的地基以高于临界频率 $\omega = \omega_0/\sqrt{\beta}$ 震动时, 倒摆的腿也随之运动, 但摆腿的运动方式很特殊, 它作为一个整体绕其撞击中心转动, 而撞击中心保持不动. 因此, 当倒摆的底部随其地基震动时, 倒摆的顶部就要向相反的方向摆动, 其运动幅度的大小为

$$X(\omega) = -\beta X_0(\omega) \tag{6-117}$$

此公式表明, 倒摆顶部的运动幅度与 β 值的大小有关. 为了使地面震动衰减系统能够正常工作, 需要使 $\beta = 0$ 或使 β 有尽可能小的值, 以便把临界频率 f_c 推高到地面震动衰减系统所有共振频率的范围之外.

若想把临界频率 f_c 推高到地面震动衰减系统所有共振频率的范围之外. 可以让撞击中心与倒摆顶部的负载悬挂点相重合或与其底部的弹性关节的绞接点相重合. 从原理上讲, 有三种方法可以做到这一点.

(1) 使用无质量的腿, 因为 $\beta = \dfrac{\dfrac{m}{6}}{M + \dfrac{m}{3}}$, 当 $m = 0$ 时 $\beta = 0$, 这虽然是不能实现的, 因为制造倒摆腿的任何材料质量都不能为零. 但是我们依然可以根据这个原则, 在满足机械强度需要的情况下, 尽可能选择质量轻的材料制造倒摆的腿.

(2) 把撞击中心提升到地面震动衰减系统顶台的位置上, 如果把一段很重的摆腿伸出在顶台以外, 这一点是可做到的, 但整个结构显得很笨重.

(3) 在每条腿的弹性关节下面加上一个平衡重物, 调节平衡重物的质量和位置, 可以把撞击点下移到柔韧关节铰接点的高度上. 这个方法是简单易行的.

当前通用的方法是用轻质材料做倒摆腿, 并在每条腿上配置一个平衡重物, 平衡重物做成钟形, 放在柔韧关节之下. 撞击中心在腿上的位置取决于钟形平衡重物的质量和位置. 图 6.36 给出了带有钟形平衡重物的倒摆示意图.

下面分析带有钟形平衡重物时倒摆的传递函数: 设 m_1 是有效负载的质量, m_2 是腿的质量, m_3 是钟形物体的质量, m_4 是平衡重物的质量 (这里把平衡重物的质量与钟形物体的质量分开考虑), l_1 是腿的长度, l_2 是质心位置的长度, J_1 是转动惯

量, 利用已知参数, 可写出带有钟形平衡重物时倒摆系统的拉格朗日函数:

$$L = \frac{1}{2}\sum_{i=1}^{4}\left(m_i\dot{X}_i^2 + J_i\dot{\theta}^2\right) - g\sum_{i=1}^{4}m_iz_i - \frac{1}{2}Kl_1^2\theta^2 \qquad (6\text{-}118)$$

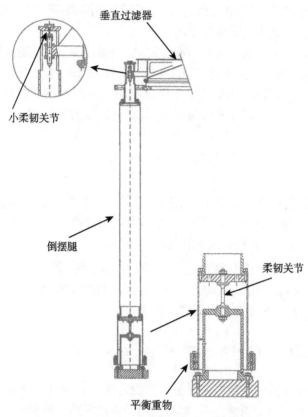

垂直过滤器

小柔韧关节

倒摆腿

柔韧关节

平衡重物

图 6.36　带有钟形平衡重物的倒摆示意图 [126]

因为

$$X_i = X_0 + l_i\theta$$
$$z_i = l_i\left(1 - \frac{1}{2}\theta^2\right) \qquad (6\text{-}119)$$

将它们代入式 (6-118) 得到

$$L\left(\theta, \dot{\theta}\right) = \frac{1}{2}\sum_{i=1}^{4}\left(m_i(\dot{X}_i^2 + l_i\dot{\theta}^2) + J_i\dot{\theta}^2\right) - g\sum_{i=1}^{4}(m_i - l_i)\left(1 - \frac{1}{2}\theta^2\right) - \frac{1}{2}Kl_1^2\theta^2 \qquad (6\text{-}120)$$

利用分析力学的变分原理 $\dfrac{\mathrm{d}}{\mathrm{d}t}\left(\dfrac{\partial l}{\partial \dot{\theta}}\right) - \dfrac{\partial L}{\partial \theta} = 0$ 可以得到系统的运动方程为

$$\sum_{i=1}^{4}\left(m_i l_i(\dot{X}_0^2 + l_i\dot{\theta}^2) + J_i\dot{\theta}^2\right) - g\sum_{i=1}^{4}(m_i l_i\theta) + Kl_1^2\theta = 0 \tag{6-121}$$

解上述方程, 并利用公式:

$$X_1(\omega) = X_0(\omega) + l_1\theta(\omega) \tag{6-122}$$

我们可以得到该倒摆系统的线性传递函数为

$$X(\omega) = \frac{1}{\Omega_0^2 - \omega^2}\left(\Omega_0^2 + B\omega^2\right)X_0(\omega) \tag{6-123}$$

$$\frac{X(\omega)}{X_0(\omega)} = \frac{1}{\Omega_0^2 - \omega^2}(\Omega_0^2 + B\omega^2)$$

其中

$$\Omega_0^2 = \frac{Kl_1^2 - g\sum_{i=1}^{4}m_i l_i}{I}$$

$$B = \frac{\sum_{i=1}^{4}(m_i l_i(l_1 - l_i) - J_i)}{I} \tag{6-124}$$

$$I = \sum_{i=1}^{4}\left(m_i l_i^2 + J_i\right)$$

从上面得到的表达式我们可以看到: 改变平衡重物的质量 m_4 和它到支撑点的距离 l_4 可以调节 B 的值, 从而调节撞击中心的位置. 在实际应用中, 我们就是根据这个结论操作的.

e. 倒摆的品质因数 Q

倒摆中主要的损耗机制是结构阻尼, 为了研究倒摆的品质因数, 我们需要建立一个简单的物理模型. 通常把倒摆等效成一个均匀的谐振子, 质量为 m, 弹簧常数为 K, 损耗系数为 ϕ, 它的运动方程为

$$m\ddot{X} + K(1 + i\phi)(X - X_0) = 0 \tag{6-125}$$

解方程, 得到该系统的传递函数 TF 为

$$\mathrm{TF} = \frac{X(\omega)}{X_0(\omega)} = \frac{\Omega_0^2(1 + i\phi)}{-\omega^2 + \Omega_0^2 + i\phi\Omega_0^2} \tag{6-126}$$

在这里 $\Omega_0^2 = \dfrac{K}{m}$.

利用传递函数, 我们可以算出系统的品质因数 Q, 它定义为传递函数的幅度 $\mathrm{TF}(\omega)$ 在共振频率 Ω_0 处与振动频率为 0 处的比

$$Q = \left| \frac{\mathrm{TF}(\Omega_0)}{\mathrm{TF}(0)} \right| \approx \frac{1}{\phi} \tag{6-127}$$

当损耗很小时, 即当 $\phi \ll 1$ 时, $\phi(\omega) = $ 常数, 品质因数 Q 与共振频率无关, 是由系统的固有特性决定的. 在倒摆的实际应用中, 重力反弹簧作用要加以考虑, 这时总的弹簧常数为

$$k = K_0 l - K_{\mathrm{grav}} = K(1 + \mathrm{i}\phi) - mg/l$$
$$= K_{\mathrm{eff}}(1 + \mathrm{i}\phi_{\mathrm{eff}}) \tag{6-128}$$

其中 $K_{\mathrm{eff}} = K - mg/l$ 称为有效弹簧系数. $\phi_{\mathrm{eff}} = \phi \dfrac{K}{K_{\mathrm{eff}}}$ 称为有效损耗系数.

在考虑重力反弹簧的作用之后, 倒摆的品质系数 Q_{IP} 为

$$Q_{\mathrm{IP}} \approx \frac{1}{\phi_{\mathrm{eff}}} = \frac{1}{\phi} \cdot \frac{K_{\mathrm{eff}}}{K} \tag{6-129}$$

因为 $\omega_0^2 = \dfrac{K}{m} - g/l = \dfrac{K_{\mathrm{eff}}}{m}$, 代入上式得到

$$Q_{\mathrm{IP}} \approx \frac{1}{\phi} \cdot \frac{\omega_0^2}{\omega_0 + g/l} \approx \begin{cases} \phi^{-1} & (\omega_0 \gg \sqrt{g/l}) \\ \phi^{-1}\omega_0^2 l/g & (\omega_0 \ll \sqrt{g/l}) \end{cases} \tag{6-130}$$

可以看出, 实际上, 倒摆的品质因数和共振频率 ω_0 是有关系的.

在地面震动衰减系统中, 倒摆系统一般由三条腿组成, 顶部支撑一个圆形桌面作为顶台, 具体结构如图 6.37 所示.

B. 顶台 (top stage)

地面震动衰减系统顶台上安放的设备主要包括两个主要部分: 零级过滤器和用于惯性阻尼及初始位置调整控制的传感器及控制部件.

a. 零级过滤器

零级过滤器是一个经过改装的过滤器, 它的主要作用有两个:

(1) 对垂直方向上的地面震动进行衰减.

(2) 对控制地面震动衰减系统所需的传感器和驱动器提供放置场所.

零级过滤器和标准过滤器之间的区别在于:

(1) 在垂直方向有较大的调节空间, 能使整个镜体悬链的垂直位置升降 ± 35mm.

(2) 在垂直方向有 "反弹簧" 特性, 从而在此方向有较低的共振频率.

(3) 有足够大的空间位置, 允许摆放大量的传感器 (如 LVDT、加速度计等)、线圈–磁铁驱动器、步进马达驱动器等, 用来对系统的初始位置进行调整和控制.

倒摆的三条腿通过小型柔韧关节与顶台相连, 每条腿支撑顶台重量的 1/3. 倒摆的顶台是一个刚性的钢质结构. 典型的顶台布置如图 6.38 所示.

图 6.37 倒摆腿与顶台结构图

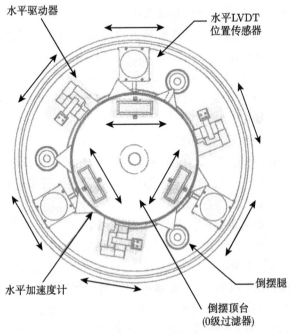

图 6.38 TAMA300 的顶台布置图 [126]

b. TAMA300 顶台上的传感器及控制部件

(1) 三个水平加速度计用于隔震系统的惯性阻尼.

(2) 三个由线性可变微分传感器组成的水平传感器 LVDT(linear variable differential transducer), 用于倒摆状态控制.

(3) 三个水平线圈–磁铁驱动器, 用来提供惯性阻尼所需的动力.

(4) 三个步进马达驱动器, 用作倒摆初始位置的调整和控制.

(5) 一个垂直步进马达驱动器, 它通过一个软弹簧和零级过滤器内的一个单体几何反弹簧 (MGAS) 相连, 用以调整零级过滤器的垂直高度, 同时对 MGAS 的刚度产生影响. 关于 MGAS 的结构和性能我们将在下节中详述.

C. 镜体悬挂系统

镜体悬挂是一个重要而复杂的问题, 通常是把起不同作用的单元, 如过滤器、被动阻尼器、反冲质量、镜子等用钢丝 (或其他材料如石英、碳纤维做成的丝) 串联成一条链, 悬挂在顶台提供的悬挂点上. 下面我们分别讨论这条悬挂链上的主要部分.

a. 过滤器 (filter)

如前所述, 地面震动水平模式和垂直模式的交叉耦合大大限制了机械隔震系统的性能. 因此, 垂直方向的隔震问题也必须引起重视. 在具有倒摆的地面震动衰减系统中, 水平方向有非常低的共振频率和很好的衰减性能. 这就要求垂直方向隔震子系统在低频范围内也有足够大的衰减系数.

在合理的尺寸内设计这样的子系统是不容易的. 例如, 若用常规的直线弹簧制造一个共振频率为 300mHz 的机械过滤器, 弹簧的长度要在 3m 以上. 这么大的尺寸是难于在实际中应用的, 必须另辟蹊径. 目前已研发了几种装置, 其中人们最感兴趣的一种是单体几何反弹簧过滤器 MGASF(monolithic geometric anti-spring filter), 现在简单介绍如下.

(1) MGASF 的构造和工作原理.

原则上讲, 单体几何反弹簧过滤器 MGASF[135,136,149] 的工作原理是简单的. 它把一组悬臂弹簧固定成一个特殊的几何形状, 从而获得所需的反弹簧效应, 其基本结构如图 6.39 所示.

MGASF 是由一组径向排列的悬臂弹簧组成的 [137,138], 弹簧叶片的一端固定在一个共同的圆形护围上, 通过一个中心圆盘向相反方向辐射. 被隔震的有效负载挂在圆盘的中心位置, 弹簧叶片在加工好的时候是平的, 它在重物的作用下像钓鱼竿一样柔韧. 在 MGASF 组装时, 把弹簧叶片的另一端以适当的初始角度固定在一个嵌位器件上, 使弹簧叶片具有一定的弯曲度, 适当调节嵌位器件可以调整这个弯曲度, 使叶片得到适当的水平和垂直方向的压缩, 调好之后把嵌位器件定位.

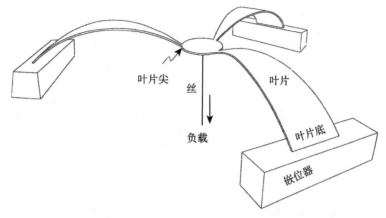

图 6.39 单体几何反弹簧过滤器 MGASF 结构示意图 [137]

我们可以用一个简单的物理模型 (图 6.40) 来分析 MGASF 的工作原理及其在平衡点附近的工作特性.

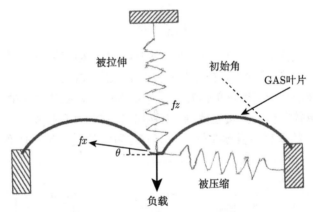

图 6.40 MGASF 的工作原理示意图 [126]

在 MGASF 的简化物理模型中, 我们把每个悬臂弹簧都看成是由两根独立的弹簧组成的, 一根是水平的, 另一根在垂直方向. 两根弹簧有一端连接在一起, 组成一个复合弹簧. 参数 K_z, K_x, l_{oz}, l_{ox} 分别表示垂直和水平弹簧的弹簧常数及自然长度. 由于系统是对称的, 我们在这里只选取一个叶片进行分析. 叶片的尖端直接加有负载, 负载的质量为 m. 垂直弹簧在平衡点单独地支撑负载. 尖端在工作点 (即平衡点) 的位置坐标为 Z_{eq}, 定义参数 Z 为尖端的实际高度与工作点位置的差. 尖端在水平方向的位置是固定的. 也就是说, 尖端的运动被限制在垂直方向. 水平弹簧的长 l 为 $\sqrt{x_0^2 + z^2}$, 它与垂直方向的夹角为 θ. 在这里, 我们称叶片窄的一端为尖端, 它被固定在圆形护圈上, 叶片宽的一端为后端, 它被固定在嵌位器件上. 负载

m 在垂直方向的运动方程为

$$m\ddot{Z} = K_z(Z_{\text{eq}} - Z - l_{oz}) - K_x(l - l_{ox})\cos\theta - mg \qquad (6\text{-}131)$$

不考虑维持平衡位置所需的常数力, 运动方程可改写为

$$m\ddot{Z} = -K_z Z - K_x(l - l_{ox})\frac{z}{l} \qquad (6\text{-}132)$$

在工作点 $(Z = 0)$ 附近把公式展开, 取 Z 的一阶项, 我们得到

$$m\ddot{Z} = -\left\{K_z + K_x\left(1 - \frac{l_{ox}}{x_0}\right)\right\}X \qquad (6\text{-}133)$$

定义 K_{eff} 为有效垂直弹簧常数

$$K_{\text{eff}} \approx K_z + K_x\left(1 - \frac{l_{ox}}{x_0}\right) \qquad (6\text{-}134)$$

K_{eff} 是一个重要的物理量, 当水平弹簧被压缩时, 即当 $x_0 < l_{ox}$ 时, 有效垂直弹簧常数 K_{eff} 变小, 即

$$K_{\text{eff}} < K_z$$

　　这就是线性反弹簧效应, 它得益于把悬臂叶片组装成特殊的几何形状. 正是由于这种特殊的几何形状, MGASF 才具有反弹簧效应. 这也是 "几何反弹簧过滤器" 名字的由来. "单体" 一词表示单体几何反弹簧 MGASF 的叶片仅由一块钢板做成. 在有些文献中单体几何反弹簧过滤器 MGASF 简称为几何反弹簧 GAS. 单体几何反弹簧 MGASF 的垂直共振频率与水平压缩之间的关系如图 6.41 所示.

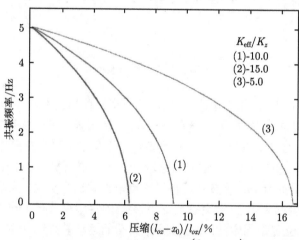

图 6.41　MGASF 的垂直共振频率与 $\left(\dfrac{l_{ox} - x_0}{l_{ox}}\right)$ 的关系 [126]

原则上讲, 依靠增加压缩值, 人们可以把垂直共振频率调得任意低. 但实际上, 压缩值的调低是有限度的, 它不能低于临界压缩值 X_c. 低于临界压缩值时, 有效垂直弹簧常数 $K_{\text{eff}} = 0$, 系统就不再稳定了. 临界压缩值的计算公式为

$$X_c = \frac{K_x l_{ox}}{K_x + K_z} \tag{6-135}$$

(2) 垂直隔震性能.

当把 MGASF 等效为垂直方向线谐振子时, 它的传递函数为

$$H_{zo}(\omega) = \frac{Z}{Z_g} = \frac{\omega_o^2}{\omega_o^2 - \omega^2} \tag{6-136}$$

其中, Z_g 表示负载相对于地面的高度, $\omega_o^2 = \dfrac{K_{\text{eff}}}{m}$ 是垂直方向共振角频率.

当叶片的质量及转动惯量与有效负载相比不能被忽略时, 像讨论倒摆的传递函数时一样, 必须在传递函数中加入与叶片质量分布相关的效应项. 这时传递函数变为

$$H_z(\omega) = \frac{\omega_o^2 - \beta\omega}{\omega_o^2 - \omega^2} \tag{6-137}$$

β 是有效负载质量及叶片质量分布的函数, 有效负载的质量值及叶片质量的分布可以测量出来. MGASF 自身具有的特殊几何形状能使 β 取最佳值, 从而使传递函数的平坦区域压低.

(3) 水平隔震性能.

MGASF 通过细丝悬挂在顶台的悬挂点上, 细丝是有弹性的, 而且它的质量也需要加以考虑. 因此悬挂起来的 MGASF 既不同于倒摆, 因为倒摆是一个严格的刚性支架结构, 也不同于用无质量的细丝悬起的小球, 所以不能利用这两种模式来分析 MGASF 的水平传递函数. 它的水平传递函数是非常复杂的, 我们只能近似地进行估算. 例如, 我们把将叶片所有的内在模式的共振频率、悬挂丝的质量、悬挂丝的弹性系数及悬挂丝所有内在模式的共振频率作为参数, 代入运动方程, 就可以近似地得到 MGASF 的水平传递函数, 它具有如下形式:

$$H(\omega) = H_{rp}(\omega) + 2\sum_{n=1}^{\infty} \frac{(-1)^n \omega_o^2 \left[1 + \mathrm{i}\phi_n(\omega)\right]}{\omega_n^2 \left[1 + \mathrm{i}\phi_n(\omega)\right] - \omega^2} \tag{6-138}$$

该函数的曲线如图 6.42 所示. 可以看出, 真实传递函数曲线的幅度从第一级共振频率附近开始偏离理想的传递函数. 而且由于内部的谐振, 非对称的渐近线也从 $\dfrac{1}{f^2}$ 关系蜕变为 $\dfrac{1}{f}$ 关系.

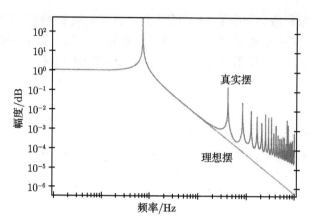

图 6.42　单体反弹簧过滤器 MGASF 的水平传递函数曲线 [137]

b. 镜体悬挂子系统 (suspension subsystem)

镜体悬挂子系统, 是激光干涉仪引力波探测器的机械部分与光学部分之间的接合部. 它位于机械过滤链的最下端, 直接与测试质量相连. 镜体悬挂子系统的作用 [139] 如下.

(1) 在一个准惯性框架内使镜子保持静止.

测试质量 (即镜子) 在一个准惯性框架内必须是自由悬浮、与外力隔离的一个单摆. 当没有引力波作用时, 镜子在此框架内要保持静止. 在实际应用中, 精心设计的悬挂子系统基本上能够起到这种作用.

(2) 为控制测试质量位置的器件提供安放空间.

为使干涉仪正常运转, 必须使用控制–驱动器系统来调整和控制测试质量的位置和方向. 镜体悬挂子系统要为所用的器件提供安放空间.

(3) 提供附加的地面震动衰减功能.

镜体悬挂子系统本身就是隔震链的最后一个环节, 它有一定的衰减功能. 特别是当测试质量用轻丝来悬挂时, 可以获得较高的衰减性能. 另外, 镜体悬挂子系统也能衰减隔震链前几级中产生的内部噪声.

(4) 减慢镜子的低频剩余运动.

镜体悬挂子系统必须提供足够大的阻尼, 压制测试质量的摆动漂移和运动速度, 使干涉仪容易被锁定. 我们称镜子在低于探测频带上的运动为 "剩余运动". 理论上讲, 在不损害干涉仪灵敏度的前提下, 剩余运动可以有任意大的振幅. 但是, 在实际工作中, 干涉仪必须工作在暗纹条件, 它要求的锁定精度为 10^{-12}m. 因此, 镜子的低频剩余运动必须被阻尼, 使它低于此值. 镜子的低频剩余运动也可以用安装在测试质量上的驱动装置进行控制. 为了避免驱动力过大而带来的噪声, 小的镜体剩余运动还是允许保留的. 镜体悬挂链上主要有以下几个部分.

① 被动阻尼器 (passive damper).

在镜体悬挂链中有一个中间级, 它位于单体反弹簧过滤器 MGASF 与镜子之间. 在这个中间级上使用了被动阻尼技术, 以便压制镜子的剩余运动.

中间级是个质量体, 称为中间质量体. 为了产生阻尼, 我们把几块永久磁铁放在中间质量体附近, 这个永久磁铁系统和中间质量体一起组成阻尼器. 当中间质量体相对于磁铁运动时, 在质量体的表面会感生涡流. 由于中间质量体内部有电阻, 能量被消耗, 产生了阻尼效应. 感生电流的大小为

$$I = \int \gamma \frac{\mathrm{d}B}{\mathrm{d}t} \cdot \mathrm{d}s \tag{6-139}$$

B 是穿过质量体表面小区域 $\mathrm{d}s$ 的磁通量, γ 是几何因数, 如果磁场 B 相对于阻尼质量是静止的, 则积分结果为

$$I = \gamma'(\dot{X}_{\mathrm{IM}} - \dot{X}_{\mathrm{DM}}) \tag{6-140}$$

$\dot{X}_{\mathrm{IM}}$ 和 $\dot{X}_{\mathrm{DM}}$ 分别是中间质量体和阻尼永磁铁的速度, γ' 是磁场 B 和几何因子的函数. 能量损耗可以表示为

$$-rI^2 \quad \text{(其中} r \text{是中间质量体的电阻)}$$

与能量损耗相应的力称为阻尼力, 其大小为

$$f = \frac{-rI^2}{\dot{X}_{\mathrm{IM}} - \dot{X}_{\mathrm{DM}}} = -\Gamma(\dot{X}_{\mathrm{IM}} - \dot{X}_{\mathrm{DM}}) \tag{6-141}$$

公式中 $\Gamma = r\gamma'^2$.

由于阻尼力正比于中间质量与阻尼磁铁的相对速度, 这种阻尼被称为 "黏性" 阻尼. 从上面阻尼力的计算公式可知, 为了减少阻尼力的涨落, 阻尼磁铁系统也需要被隔震, 隔震水平及频率范围应该和中间质量体相同. 因此, 阻尼磁铁应该用柔韧杆和弹簧悬挂起来, 悬挂点和中间质量体的悬挂点应该放在同一个隔震级上.

为进一步压制镜子的剩余运动, 在镜子与反冲质量复合体上也可使用 "黏性阻尼".

② 镜子和反冲质量.

镜体悬挂链的最后一级是由镜子本身和反冲质量组成的复合体. 这个复合体是将镜子的一部分嵌在一个与其质量相等的反冲质量体内做成的. 镜子和反冲质量两者的纵轴要重合, 复合体用四根细丝悬挂在前一级被动阻尼器上. 两根系在镜体上, 另两根系在反冲质量上, 丝的长度要严格相等. 镜体的背面分布着四个永磁体做成的针, 而相应的线圈固定在反冲质量体与其相对的面上. 针伸入对应的线圈

内, 组成磁铁–线圈驱动器. 这四组磁铁–线圈驱动器用来调整和控制镜体的方向和位置.

激光干涉仪引力波探测器对光学镜的要求是很严格的, 主要有以下几个方面:

(1) 体积和重量. 激光干涉仪引力波探测器的臂长一般为千米量级, 由于光束传播过程中的发散光斑变大, 为了避免边缘效应, 光学镜的直径都比较大, 如 LIGO 镜子的直径是 25cm. 由于辐射压力噪声与镜子的质量成反比, 为了降低这种噪声提高干涉仪的灵敏度, 镜子的质量也比较大. 一般为几十公斤.

(2) 热传导及热噪声. 当激光干涉仪引力波探测器运行时, 臂上法布里–珀罗腔内的激光功率非常强, 例如, 高级 LIGO 达到 800 多千瓦, 因此, 镜子要有很好的散热性, 而且镜子内部不能有结构上的缺陷以减小由于局部发热而产生的热噪声.

(3) 镀膜. 镀膜对激光干涉仪引力波探测器的光学镜来说是至关重要的. 分光镜要把入射光分成强度严格相等的两束, 功率循环镜的反射系数要与等效复合镜的反射系数相匹配, 臂上法布里–珀罗腔总反射系数和总透射系数、腔的锐度、频带宽度、光储存时间等参数无一不与镀膜息息相关. 为了达到需要的数值需要使用不同的材料进行多层镀膜. 膜的厚度要均匀, 膜材料的导热性能要好. 镀膜工艺及膜厚度测量非常复杂, 非常困难.

VIRGO 有非常讲究而复杂的地面震动衰减系统, 其悬挂链采用多级串联形式, 隔震能力强, 低频性能好. 它的基本结构如图 6.43 所示.

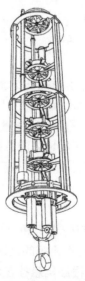

图 6.43　VIRGO 地面震动噪声衰减系统简图 [128]

6.3.10 真空系统

真空系统 (vacuum system) 是激光干涉仪引力波探测器建造过程中花钱最多的部分, 以 LIGO 为例, 真空系统的造价几乎占了整个经费的 2/3.

1. 激光干涉仪引力波探测器对真空度的要求

激光干涉仪引力波探测器的真空系统是由真空管道和真空室两大部分组成的. 光束在真空管道中穿行, 所有的测试质量、光学镜、隔震系统都置于真空室中 [140,141]. 光束在真空系统中产生的相位涨落是由光与真空中剩余气体分子的碰撞产生的. 这种相位涨落是在测量时间内光束与大量剩余气体分子碰撞的统计效应, 其大小与剩余气体分子的运动速度和极化特性 [142] 有关.

激光干涉仪引力波探测器对真空度的要求很高. 原则上讲, 剩余气体分子引起的光束相位噪声要小于地面震动噪声与散弹噪声的和. 计算表明, 在激光干涉仪引力波探测器的探测频带内, 剩余气体分子引起的相位噪声谱是平坦的.

真空系统中剩余气体的主要成分是氢分子, 在真空系统中, 要求氢的分压强小于 10^{-9}Torr[①](相当于水的分压强为 10^{-7}Torr). 在这种真空度下, 激光束的相位噪声与激光干涉仪引力波探测器的热噪声、地面震动噪声及散弹噪声的总和有相同的数量级. 在这种真空度下, 剩余气体的阻尼也不会对激光干涉仪镜体悬挂系统的机械性能产生影响. LIGO 的真空管道如图 6.44 所示.

图 6.44 LIGO 的真空管道

2. 气体释放

为了使真空系统中剩余气体达到如此低的水平, 最重要的措施是减少材料的气

---

① 1Torr=1.333×10^2Pa.

体释放率. 真空管道的不锈钢壁是主要的气体释放源. 通过特殊的退火工艺, 可使不锈钢壁氢气的释放率达到 10^{-19}Torr·L·s^{-1}·cm^{-2}. 由于长达数百米甚至数千米的真空管道是由长度为 20m 的一节节真空管道单元焊接而成的, 在这种释放率下, 只要在各个真空管道单元的端点抽真空, 管道内氢的分压值即可达到需要的水平.

为了减少管壁水分子的释放, 通常是首先用不太贵的隔热材料把管道包起来, 然后在管壁上通大电流, 使管壁的温度达到 140℃, 并将此温度保持 30 天左右, 经过这样的烘烤, 水分子的释放率可达到 10^{-10}Torr·s^{-1}·cm^{-2}, 能够满足需要.

高分子物质在真空系统中是有害的, 它会污染位于真空系统中的镜面涂层, 使光的散射率和吸收率加大. 在使用高功率激光的情况下, 高的吸收率会使镜子发热, 影响镜子的性能, 甚至引起局部损伤. 因此, 对真空部件及置放物要进行严格的清洁处理.

真空系统的抽气装置除了机械泵之外, 还用了离子泵和液氮泵. 真空管道单元用经过表面处理的不锈钢做成, 用波纹管和法兰连接起来, 单元相接处有与泵连接的抽气口.

3. 表面处理

如前所述, 在真空系统中, 减少气体释放的通用方法是加热烘烤. 对于激光干涉仪引力波探测器来说, 其真空管道的长度为数百米 (如 GEO600 和 TAMA300) 到数千米 (如 LIGO 和 VIRGO), 直径也在半米左右. 加热烘烤困难很大. 采用表面处理技术, 也可以改善真空管道表面的特性, 减少气体释放. 常用的表面处理技术有以下几种 [143–146].

1) 电化学抛光技术 (electrochemical buffing)

用电化学抛光技术对管道材料表面进行处理的最大优点是设备简单, 它不需要用大的烘烤炉或大的液体池. 对大钢板的焊接也只需要用一个工作件来完成. 电化学抛光技术可以清除由于缺陷引起的表面层损伤, 增加表面光洁度, 从而减少水分子的附着, 并消除材料加工过程中引入的杂质.

2) 电磨光技术 (electro polishing)

电磨光技术常用来对管道材料 (如不锈钢板) 进行预处理, 磨光后的材料要进行烘烤, 烘烤温度要高于 500℃, 烘烤时间也应在 100 小时以上. 电磨光技术常与其他表面处理技术 (如电化学抛光、TiN 镀膜等) 联合使用.

3) 镀膜技术

镀膜技术是利用真空-阴极放电法在材料的表面镀上一层薄膜, 如厚度为 1μm 的 TiN 膜. 该膜形成一个壁垒, 能阻止氢原子从不锈钢主体向外扩散, 由于 TiN 膜有非常高的光洁度, 它还大大减少了水分子的吸附.

激光干涉仪引力波探测器真空管道的真空度可达 10^{-9}Torr.

第7章 激光干涉仪引力波探测器的噪声和灵敏度

7.1 激光干涉仪引力波探测器的噪声分析

影响激光干涉仪引力波探测器灵敏度的因素是噪声, 噪声源的分析及噪声压制技术是设计和建造干涉仪的关键. 早在 1972 年美国科学家 R. 韦斯就做过全面而深入的研究, 取得了重要的成果 [86]. 在地球上建造激光干涉仪引力波探测器遇到的噪声源主要有以下几种.

7.1.1 地面震动噪声

地面震动噪声是由自然现象和人类活动引起的, 如火山和地质活动、弱地震和远程地震、月球潮汐、海浪、大风引起的房屋及树木的晃动对地基的影响、大雨及冰雹等自然现象引起的地面震动以及交通运输、工农业生产、矿山开采、森林砍伐、建筑工地等人类活动引起的地面震动. 在频率低于 1Hz 时, 自然界的扰动占主导地位, 在 1Hz 之上, 人类活动起主要作用. 0.01~1Hz 的微地面震动主要是大风暴雨及海洋活动引起的, 甚低频 (10^{-5}Hz 数量级) 的地面震动来自月球的潮汐效应.

地面震动噪声通过多种途径传递到干涉仪的测试质量上, 产生测量误差. 其中测试质量所处地面的水平方向运动会直接导致测试质量的纵向运动. 地球表面其他自由度上的运动也会耦合到测试质量的纵向运动上来.

典型的地面震动幅度为 $x = \alpha/f^2$, 其中 f 是地面振动频率, α 是常数, 一般为 $10^{-8} \sim 10^{-6}$ 数量级, 与具体的地域有关. 可以看出, 地面震动噪声对激光干涉仪引力波探测器灵敏度的影响在低频部分 (几十赫兹以下) 最严重, 而这个频带的地面震动是普通隔震系统最难处理的.

一般说来, 地面运动幅度为 10^{-6}m 数量级, 我们期望探测到的引力波的幅度为 10^{-19}m 量级, 因此要求地面噪声的衰减系数要好于 10^{-13}.

7.1.2 光量子噪声 [395]

光量子噪声源自光的量子性质, 它直接产生于测量和读出过程. 在激光干涉仪引力波探测器探测频带的几乎所有频率上它都会对灵敏度加以限制. 光量子噪声通常表现为两种形式: 散弹噪声和辐射压力噪声. 散弹噪声是光探测器中的强度量子噪声, 它在高频区域占主导地位, 辐射压力噪声是从测试质量反射的光子的动量转移产生的, 它在低频区域占主导地位.

1. 散弹噪声

从统计物理可知, 激光器发射的光子数目本身是有涨落的, 它遵从泊松分布. 也就是说, 在激光束中, 光子数并非在每个时间点都是相同的. 激光束的强度是有起伏的. 当激光束射入光探测器时, 产生的光电流强度也是有涨落的, 这种涨落在干涉仪输出端引起的噪声, 被称为散弹噪声, 在一些文献中散弹噪声又叫散粒噪声.

本质上讲, 激光干涉仪引力波探测器是一台变异的迈克耳孙干涉仪, 为了分析散弹噪声的物理机制, 我们忽略臂上法布里–珀罗腔、光循环镜、清模器、信号循环镜等部分的作用, 只把它看成简单的、单次往返的迈克耳孙干涉仪. 也就是说, 我们假设光在臂中只往返一次, 且在臂中穿行的复合光波的波前是严格平行的. 在这种情况下, 干涉仪输出功率与其臂长之间的关系可用下式表示:

$$P_{\text{out}} = P_{\text{in}} \cos^2(K_x L_x - K_y L_y) \tag{7-1}$$

它清楚地告诉我们, 激光干涉仪引力波探测器是一台把两臂之间的光程差转换为光的输出功率差的一种装置. 也就是说, 在激光干涉仪引力波探测器中, 我们探测到的引力波振幅是多大, 变成了我们探测到的光输出功率的变化是多少. 光输出功率 P_{out} 的大小与进入干涉仪的光束功率 P_{in} 有关, 而 P_{in} 的大小与光束内所含的光子数成正比. 测量光束的功率就等同于测量单位时间到达测量装置内的光子数目. 由于光的量子特性, 每次测量到的光子数目是涨落的. 这种涨落形成的噪声就是散弹噪声. 在激光器中, 每个光子的发射都是独立事件, 发射光子数为 N 的这一事件出现的概率 $P(N)$ 可以用泊松分布来描述

$$P(N) = \frac{\overline{N}^N \cdot \bar{e}^{\overline{N}}}{N!}$$

其中 $\overline{N}$ 为多次测量的平均数. 当 $\overline{N} \gg 1$ 时, 泊松分布可以用高斯分布来近似. 高斯分布的标准偏差为 $\sigma = \sqrt{N}$.

下面我们分析散弹噪声与输入光束功率 P_{in} 之间的关系. 设光子的平均计数率为 $\overline{N}$, 每次的测量时间间隔为 τ, 则每次测量间隔内的平均光子数为 $\overline{N} = \bar{n}\tau$, $\bar{n}$ 为单位时间内的光子计数, $\overline{N}$ 的相对涨落为

$$\frac{\sigma_{\overline{N}}}{\overline{N}} = \frac{\sqrt{\overline{N}}}{\overline{N}} = \frac{\sqrt{\bar{n}\tau}}{\bar{n}\tau} = \frac{1}{\sqrt{\bar{n}\tau}} \tag{7-2}$$

我们知道, 单个光子的能量为 $h\nu = \hbar\omega = \hbar \cdot \dfrac{2\pi c}{\lambda}$, 在这里 $\omega = \dfrac{\nu}{2\pi}$ 是光的角频率, $\hbar = 2\pi h$, 称为狄拉克常数, c 为光速. 输出功率为 P_{out} 的光束内光子的流量 (即单位时间内的光子数) 为

$$\bar{n} = \frac{P_{\text{out}}}{\hbar\omega} = P_{\text{out}} \cdot \frac{\lambda}{2\pi\hbar c} \tag{7-3}$$

计算表明, 当 $P_{\text{out}} = \frac{1}{2}P_{\text{in}}$ 时, 输出功率 P_{out} 对干涉仪臂长的变化最敏感, 这种探测条件被称为最佳探测条件, 下面的分析是在这个最佳探测条件下进行的. 此时输出功率与臂长变化的关系为

$$\frac{\mathrm{d}P_{\text{out}}}{\mathrm{d}L} = \frac{2\pi}{\lambda}P_{\text{in}} \tag{7-4}$$

这就是输出功率 P_{out} 对臂长变化 $\mathrm{d}L$ 的灵敏度.

下面讨论在时间间隔 τ 内, 由光的量子特性而引起的输出功率的涨落. 如前所述, 在时间间隔 τ 内多次测量得到的平均光子数为 $\overline{N} = \overline{n}\tau$, 将最佳探测条件 $P_{\text{out}} = \frac{1}{2}P_{\text{in}}$ 代入 $\overline{N}$ 的表达式中有

$$\overline{N} = \overline{n}\tau = \frac{P_{\text{out}}}{\hbar\omega}\tau = P_{\text{out}} \cdot \frac{\lambda}{2\pi\hbar c}\tau = P_{\text{in}}\frac{\lambda}{4\pi\hbar c} \cdot \tau \tag{7-5}$$

相对光子数的涨落为

$$\frac{\sigma_{\overline{N}}}{\overline{N}} = \frac{1}{\sqrt{\overline{N}}} = \frac{1}{\sqrt{\dfrac{P_{\text{in}} \cdot \lambda\tau}{4\pi\hbar c}}} = \sqrt{\frac{4\pi\hbar c}{\lambda\tau P_{\text{in}}}} \tag{7-6}$$

由于我们现在是用输出功率来度量测试质量位置差异的, 我们需要把输出功率的统计涨落折合成测试质量位置的统计涨落, 也就是说, 把由光子数的统计涨落引起的散弹噪声折合成位置的统计涨落. 测试质量位置的统计涨落 σ_{dL} 为

$$\sigma_{\mathrm{dL}} = \frac{\sigma_{\overline{N}}}{\overline{N}} \bigg/ \frac{1}{P_{\text{out}}} \cdot \frac{\mathrm{d}P_{\text{out}}}{\mathrm{d}L} = \sqrt{\frac{\hbar c\lambda}{4\pi P_{\text{in}}\tau}} \tag{7-7}$$

如前所述, 在激光干涉仪引力波探测器中, 引力波强度是用无量纲振幅 $h = \dfrac{\mathrm{d}L}{L}$ 表示的, 当信号噪声比为 1 时, h 也可以看成是噪声的无量纲振幅. 因此, 如果我们把散弹噪声引起的明亮度的变化用等效引力波噪声无量纲振幅来表示, 则有

$$\sigma_{\mathrm{h}} = \frac{\sigma_{\mathrm{dL}}}{L} = \frac{1}{L}\sqrt{\frac{\hbar c\lambda}{4\pi P_{\text{in}}\tau}} \tag{7-8}$$

可以看出, 散弹噪声正比于 $\sqrt{\dfrac{1}{P_{\text{in}}}}$, 输入光束功率 P_{in} 越大, 散弹噪声越小. 由于每个光子的到达都是独立事件, 与其他光子的到达无关, 所以散弹噪声的大小与频率无关, 它是 "白" 噪声.

从以上分析可知, 在简单的激光干涉仪引力波探测器中 (即无臂上法布里–珀罗腔, 无功率循环), 噪声误差中的散弹噪声部分可以表示为 [307]

$$h_{\text{shot}}(f) = \frac{1}{L}\sqrt{\frac{\hbar c\lambda}{2\pi P_{\text{in}}}} \tag{7-9}$$

其中 L 是干涉仪的臂长, c 是光速, λ 是激光的波长, P_{in} 是激光功率.

从前面的讨论中我们已经知道, 在激光干涉仪引力波探测器中, 信号强度与激光功率的大小呈线性关系, 因此, 增加激光功率可使信号与散弹噪声之比有所改善. 图 7.1 给出了散弹噪声的直观理解.

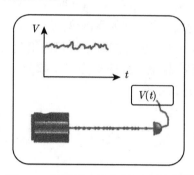

图 7.1　散弹噪声的起因示意图 [306]

2. 辐射压力噪声 (radiation pressure noise)

光子具有动量, 在干涉仪臂中往返运动的光束中的光子, 在撞击到几乎自由下垂的镜子 (即测试质量) 表面之后, 会向相反的方向折回, 将自己的动量传递给镜子. 这种光子动量的转移使镜子受到一种压力, 称为光辐射压力. 在该力的作用下, 镜子会向光子弹回方向的反方向反冲, 其平衡位置发生变化. 由于光子数目的统计涨落, 到达镜子表面的光子数并非在每个时间点都是相等的. 也就是说, 光辐射压力不是常数, 它是有统计涨落的. 这种光辐射压力的涨落会直接引起测试质量位置的波动, 形成噪声, 称为辐射压力噪声 [152,153]. 这是光的量子特性产生的另一类噪声, 它导致测试质量位置的直接晃动. 自由质量对力的机械易感性 (位移/施加的力) 在远高于共振频率的区域是

$$1/(M\Omega)^2 \tag{7-10}$$

其中 M 是镜子的质量, Ω 是我们感兴趣的测量频率. 从公式 (7-10) 我们可以知道, 辐射压力噪声在低频区域显得更为重要. 量子噪声在低于 20Hz 的区域变得更坏就是由这个效应引起的. 增加镜子的质量可以降低测试质量对力的机械易感性, 从而减小辐射压力效应对测试质量运动的影响. 初级激光干涉仪引力波探测器 (如 LIGO) 测试质量为 11kg, 为了减小辐射压力噪声的影响, 高级探测器 (如高级 LIGO) 的测试质量为 40kg, 而第三代激光干涉仪引力波探测器 (如爱因斯坦引力波望远镜 ET) 的测试质量已增加到 200kg.

下面估算简单的激光干涉仪 (即无臂上法布里–珀罗腔, 无功率循环) 中辐射压力噪声的大小.

从一个无耗损的镜面反射的功率为 P 的光波, 对镜子的作用力 F_{rad} 为

$$F_{\text{rad}} = \frac{P}{c}$$

其中 c 是光速. 光束中光子数的涨落引起的该力的涨落为

$$\sigma_F = \frac{1}{c}\sigma_P$$

用频率谱密度 $F(f)$ 来表示 σ_F 有

$$F(f) = \sqrt{\frac{2\pi\hbar P_{\text{in}}}{c\lambda}} \tag{7-11}$$

其中 c 是光速, λ 是光的波长. 这个噪声力是加在测试质量上的. 为使分析简化, 如前所述, 我们把激光干涉仪引力波探测器看成一个简单的单次往返的迈克耳孙干涉仪, 并认为测试质量是自由质量. 输出功率为 P_{out} 的光束 (利用最佳探测条件 P_{out} $= \frac{P_{\text{in}}}{2}$) 产生的辐射压力涨落所引起的测试质量位置的波动幅度为 [117]

$$x(f) = \frac{1}{m\omega^2}F(f) = \frac{1}{m(2\pi f)^2}F(f) = \frac{1}{mf^2}\sqrt{\frac{\hbar P_{\text{in}}}{8\pi^3 c\lambda}} \tag{7-12}$$

由于干涉仪的两个臂中光子数的涨落是反关联的 (即进入一个臂的光子数多了意味着进入另一个臂的光子就少了), 所以在干涉仪的输出信号中这个效应被加倍. 因此我们得到的辐射压力噪声 (以等效无量纲振幅表示) 为

$$h_{\text{rp}}(f) = \frac{2}{L}X(f) = \frac{1}{mLf^2}\sqrt{\frac{\hbar P_{\text{in}}}{2\pi^3 c\lambda}} \tag{7-13}$$

在这里 m 是测试质量的质量值, L 是干涉仪臂长, f 是辐射压力噪声的频率, c 是光速, λ 是光的波长.

可以看出, 辐射压力噪声的大小与输入功率的平方根 $\sqrt{P_{\text{in}}}$ 成正比, 它不再是白噪声, 而是与频率的平方 f^2 成反比.

最佳探测条件 $P_{\text{out}} = \frac{P_{\text{in}}}{2}$ 下的输入功率 P_{in} 被称为最佳输入功率. 通常情况下, 最佳输入功率 P_{in} 的值是相当大的, 举例说来, 设测试质量 $m = 10\text{kg}$, 激光波长 $\lambda = 0.534\mu\text{m}$, 噪声频率 $f = 100\text{Hz}$, 那么最佳功率 $P_{\text{in}} \approx 0.5\text{MW}$, 这是个很大的数值. 对当前的激光技术而言, 即使使用功率循环技术, 达到最佳功率仍有困难. 也就是说, 当前激光干涉仪引力波探测器改善性能的努力方向仍是研制大功率激光器以降低散弹噪声.

利用图 7.2 我们可以对辐射压力噪声进行更直观的理解.

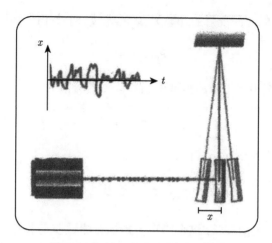

图 7.2　辐射压力噪声的图解 [306]

光量子噪声产生的根源是电磁场的真空涨落 (又称零点涨落), 电磁场的真空涨落产生的附加光子通过干涉仪分光镜对着暗口的一面进入干涉仪的臂中, 当相位适当时, 将使干涉仪一个臂中的激光强度增加, 同时使一臂中的激光强度减弱 [173,174], 形成光量子噪声. 如果没有真空涨落, 当激光器发出的光在分光镜上被分成两束时, 两束激光实质上是无噪声的相干态, 噪声完全是由从分光镜对着暗口的一面进入这些附加的真空涨落引起的. 关于电磁场的真空涨落我们将在后面的章节中详细讨论.

3. 标准量子极限 (standard quantum limit, SQL)

1) 标准量子极限曲线

通过以上分析我们知道, 在激光干涉仪引力波探测器中, 有两种与光的量子特性相关的噪声源, 它们与输入功率 P_{in} 的关系是相反的. 散弹噪声随功率 P_{in} 的增大而减少, 但是, 辐射压力噪声随功率 P_{in} 的增大而增大. 我们可以把这两种噪声看成一种噪声的两张面孔. 它们都是由光的量子效应引起的, 故称为光量子噪声 (也叫光学读出噪声). 在激光功率不是非常大的情况下, 散弹噪声和辐射压力噪声无相互关联, 此时光量子噪声的大小为两种噪声之和:

$$h_{orn}(f) = \sqrt{h_{shot}^2(f) + h_{rp}^2(f)} \tag{7-14}$$

在低频区域, 辐射压力噪声占主导地位, 它正比于 $\frac{1}{f^2}$. 在高频区域, 散弹噪声占主导地位, 它是 "白噪声". 增加输入光束的功率 P_{in} 可以改善干涉仪在高频区域的灵敏度, 但要以增加低频区域的噪声为代价. 因为随着干涉仪内激光功率的增加, 辐射压力噪声也同时增加了. 对于干涉仪所覆盖的探测频带内任何一个探测频率来

说, 都存在一个最佳激光功率, 它导致的散弹噪声和辐射压力噪声的幅度在这个频率点上大小相等:

$$h_{\text{shot}}(f) = h_{\text{rp}}(f)$$

在这种情况下散弹噪声和辐射压力噪声的影响得到折中, 总的光量子噪声达到最小值, 这个最小值称为标准量子极限 $h_{\text{SQL}}(f)$. 此时激光干涉仪的位移灵敏度达到一个最佳值. 对激光干涉仪引力波探测器的所有噪声进行分析后我们知道, 标准量子极限 $h_{\text{SQL}}(f)$ 是其灵敏度提高的最后障碍.

以上分析表明, 对于任何一个探测频率, 都存在一个最佳激光功率, 在这个频率点上, 其导致的散弹噪声曲线与辐射压力噪声曲线在干涉仪的噪声曲线图上交差. 这个交点的光量子噪声值就是标准量子极限. 所有这些交叉点连接起来形成一条线, 它就是激光干涉仪的标准量子极限曲线. 图 7.3 显示了标准量子极限 $h_{\text{SQL}}(f)$ 与频率及激光功率的关系.

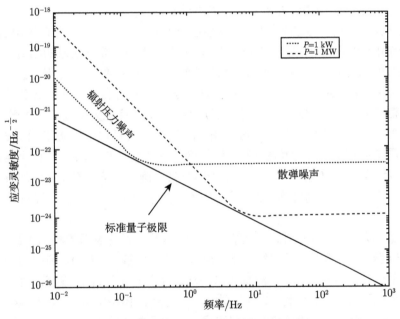

图 7.3 标准量子极限 $h_{\text{SQL}}(f)$ 曲线示意图

$h_{\text{SQL}}(f)$ 是以无量纲振幅表示的噪声强度, 根据定义,

$$h_{\text{SQL}}(f) = [S_{\text{h}}^{\text{SQL}}(\Omega)]^{\frac{1}{2}} \tag{7-15}$$

其中 $S_{\text{h}}^{\text{SQL}}(\Omega)$ 是噪声谱密度. $\Omega = 2\pi f$ 是角频率. 在很多情况下, 标准量子极限以噪声谱密度 $S_{\text{h}}^{\text{SQL}}(\Omega)$ 的形式来表示, $S_{\text{h}}^{\text{SQL}}(\Omega)$ 的计算公式为

$$S_{\text{h}}^{\text{SQL}}(\Omega) = 8\hbar/(m\Omega^2 L^2) \tag{7-16}$$

在这里 m 是单个测试质量的质量值 (假定干涉仪的四个测试质量具有相同的质量值), L 是干涉仪臂上法布里–珀罗腔的长度, $\hbar$ 是约化普朗克常数, Ω 是被测引力波的角频率.

可以看出, 标准量子极限 SQL 的大小与干涉仪的具体参数有关, 例如, 高级 LIGO 的标准量子极限 (以无量纲振幅表示)$h_{SQL}(f)$ 在频率为 $f = \Omega/2\pi = 100\text{Hz}$ 时, 数量级为 $10^{-24}/\sqrt{\text{Hz}}$.

标准量子极限 SQL 最初是作为激光干涉仪引力波探测器灵敏度不可逾越的最后极限提出来的. 但是, 人们很快就意识到, 标准量子极限仅仅适用于经典的激光干涉仪. 但是利用新技术, 如失谐信号 (detuned signal) 循环技术、量子非破坏配置技术、压缩光场技术等, 建造的结构更加复杂的非经典干涉仪, 其位移灵敏度可以在一定频率范围内突破标准量子极限. 这些技术的工作原理将在下面的章节里进行讨论.

2) 激光干涉仪引力波探测器中的测不准原理

在激光干涉仪引力波探测器中, 标准量子极限产生的原因是量子力学的测不准原理. 当引力波通过时, 由它引起的时空畸变会使干涉仪测试质量的相对位置发生变化, 探测到这种相对位置的变化, 就能证实引力波的存在. 然而, 引力波引起的位移量是非常小的 (约为 10^{-19}m 或更小, 而原子的直径约为 10^{-10}m), 激光干涉仪引力波探测器必须以非常高的精度进行长度测量. 其长度测量精度已进入微观尺度, 这就需要考虑量子力学中的测不准关系. 量子力学中的测不准原理告诉我们, 如果两个力学量的算符是不对易的 (如坐标算符 $\hat{x}$ 和动量算符 $\hat{p}_x$), 则这两个算符对应的力学量 (坐标 x 和动量 p_x) 一般不能同时具有确定的值. 坐标 x 的均方误差越小, 即坐标 x 的测量越精确, 则与其对应的动量 p_x 的测量误差越大, 即测量越不精确.

把量子力学的测不准原理应用在激光干涉仪引力波探测器的测试质量上, 能很好地解释标准量子极限问题. 根据测不准原理我们知道, 如果测试质量的相对位置以极高的精度进行测量, 那么测试质量的动量会因此受到扰动. 随后, 这种动量扰动会产生位置上的不确定性, 这种位置的不确定性会影响引力波引起的极微小的位移. 如果动量扰动引起的效应与位移测量产生的误差不发生关联, 那么上述过程的详细分析表明, 量子力学测不准原理对干涉仪灵敏度的提高 (即对噪声的压低) 就产生了一个极限, 它用噪声谱密度 $S_h^{SQL}(\Omega)$ 来表示. 干涉仪的噪声谱密度 $S_h(\Omega)$ 满足以下关系:

$$S_h(\Omega) \geqslant S_h^{SQL}(\Omega) \tag{7-17}$$

$S_h^{SQL}(\Omega)$ 被称为标准量子极限, 其大小由下面的公式给出 [164]:

$$S_h^{SQL}(\Omega) = 8\hbar/(m\Omega^2 L^2)$$

在激光干涉仪引力波探测器中, 有两个方面与测不准原理相关, 其一是测试质量的量子力学波函数, 其二是激光的涨落. V. 布若津斯基的研究表明[165], 测量质量的初始量子态仅影响频率小于 1Hz 的区域, 在常规激光干涉仪引力波探测器 (如 LIGO, VIRGO, GEO600 和 TAMA300 等) 中, 测量频率通常都在 40Hz 以上, 在此观测频带内, 测不准原理与测试质量波函数的详细结构无直接关系. 因此在激光干涉仪引力波探测器中, 测不准关系是与激光涨落相关的. 第一代和第二代激光干涉仪引力波探测器的最低探测频率分别是 40Hz 和 10Hz, 此时激光涨落是标准量子极限的唯一施加者.

3) 标准量子极限的突破

根据量子场论我们知道, 激光干涉仪引力波探测器中的量子噪声来自真空涨落与干涉仪内部光场之间的耦合. 这种耦合导致用作探针的激光的相位和振幅的不确定性. 这种不确定性以两种方式影响干涉仪的输出信号, 振幅的不确定性扰动干涉仪输出信号的对比度, 该效应就是所谓的散弹噪声. 相位的不确定性等效于测试质量上光压力的变化, 直接影响测试质量的运动. 这个效应就是辐射压力噪声.

光量子噪声在经典的迈克耳孙干涉仪中对探测灵敏度形成了一个基本的极限. 只要光的散弹噪声和辐射压力噪声之间不发生关联, 光束就稳固地施加标准量子极限. 标准量子极限是激光干涉仪引力波探测器降低噪声、提高探测灵敏度的天然障碍, 大幅度突破标准量子极限的出路在于改变常规干涉仪的光学结构和读出方式[166-170], 设计全新的探测器. 但是, 利用信号循环技术和光场压缩技术也可以在一定的频率范围内以适当的尺度突破标准量子极限. 这一点我们将在第 10 章中详细讨论.

7.1.3 热噪声

热噪声 (thermal noise) 是限制激光干涉仪引力波探测器灵敏度的主要原因之一. 根据涨落–耗散理论, 任何一个受某种形式的损耗影响的机械系统都会受到位置涨落的影响. 激光干涉仪引力波探测器中的镜子 (即测试质量) 及其悬挂系统就是这样的一种机械系统. 镜子的位置必然受这种涨落影响. 该效应就是所说的热噪声, 它在很大的频率范围内对激光干涉仪引力波探测器的灵敏度进行限制.

热噪声的根源是分子的无规则运动, 分子运动的经典形式是布朗于 1882 年发现的[154], D. 麦克唐纳 (D. K. C. MacDonald) 对布朗运动及其引起的噪声做了深入细致的分析[155], 布朗运动产生的原因是由爱因斯坦揭示的[156].

为了讨论在热平衡下仪器的热噪声, 需要使用两个基本的理论工具: 等分隔理论和涨落–耗散理论. 等分隔理论给出了系统温度和其平均能量的关系, 告诉我们在一个热动力学系统中存在多少热能, 涨落–耗散理论把平衡状态下系统涨落的功率谱和它的耗散过程联系起来, 告诉我们在一个热动力学系统中热能是怎样随频率分布的. 在这种理论中, 耗散是用机械阻抗来表示的.

1. 涨落–耗散理论

由涨落现象引起的热噪声与系统的内部耗散有关. 研究涨落与耗散关系的理论是涨落–耗散理论 [157]. 根据这个理论, 任何一个有耗散的物理系统都会产生涨落现象. 对于线性系统来说, 我们可以在频率域内写出它的运动方程, 从而解出其涨落的功率谱.

在频率域内, 物体的运动可用功率频率谱来描述. 我们定义在带宽为 1Hz 的单位频带中的能量为能量频率谱密度, 简称谱密度, 单位时间的谱密度称为功率谱密度. 如果没有特别说明, 在本书中简称为功率谱.

设一个振幅为 $F_{\text{ext}}(f)$ 的外力使系统以振幅为 $V(f)$ 的正弦速度运动, 则有

$$F_{\text{ext}}(f) = Z(f)V(f) \quad \text{或} \quad V(f) = Y(f)F_{\text{ext}}(f) \tag{7-18}$$

$Z(f)$ 是系统的机械阻抗, $Y(f) \equiv Z(f)^{-1}$ 称为系统的机械导纳. 根据涨落–耗散理论, 涨落力与系统耗散之间的关系可以用系统中最小涨落力的功率谱密度 $F_{\text{Th}}^2(f)$ 表示 [158]:

$$F_{\text{Th}}^2(f) = 4\pi k_{\text{B}} T \text{Re}\{Z(f)\} \tag{7-19}$$

其中 $\text{Re}\{Z(f)\}$ 是阻抗 $Z(f)$ 的实部, 表示耗散部分; k_{B} 是玻尔兹曼常数; T 是温度. 由于功率与运动位移振幅的平方成正比, 涨落力的功率谱密度可以用位移振幅的平方表示:

$$X_{\text{Th}}^2(f) = \frac{4k_{\text{B}}T}{(2\pi f)^2} \text{Re}\{Y(f)\} = \frac{k_{\text{B}}T}{\pi^2 f^2} \text{Re}\{Y(f)\} \tag{7-20}$$

求出 $Z(f)$ 就可以求出涨落的功率谱. 从公式中可以看出, 系统导纳 (或阻抗) 的实部是一个重要的参数, 它决定了涨落与频率的函数关系.

涨落耗散理论告诉我们, 在求解涨落力的功率谱 $F_{\text{Th}}^2(f) = 4k_{\text{B}}T\text{Re}\{Z(f)\}$ 和涨落幅度谱 $X_{\text{Th}}^2(f) = \dfrac{4k_{\text{B}}T}{(2\pi f)^2}\text{Re}\{Y(f)\}$ 时, 不需要考虑系统耗散的微观模型, 只需要建立一个系统的宏观机械模型. 利用该模型写出它的机械阻抗 $Z(f)$, 然后求出 $Z(f)$ 的实部就可以求解. 当几种耗散同时起作用时, 我们也只需要把它们的联合机械效应综合在一起, 找到一个总的阻抗表达式 $Z(f)$ 就可以了. 这是非常有用的, 因为这个方法告诉我们怎样处理从不同耗散源而来的热噪声, 包括那些远比空气阻尼更复杂的耗散源. 下面我们以阻尼谐振子的热噪声分析为例, 加以说明.

2. 阻尼谐振子的热噪声

利用涨落–耗散理论, 我们可以推导出阻尼谐振子的热噪声. 阻尼谐振子的运动方程为

$$m\ddot{x} + \beta\dot{x} + kx = F \tag{7-21}$$

其中, m 是阻尼谐振子的质量, k 是弹性系数, β 是黏滞阻尼系数.

该系统的阻抗是

$$Z(\omega) = \mathrm{i}m\omega + \beta + k/\mathrm{i}\omega,$$

阻抗的实部就是黏滞阻尼系数 β. 系统的导纳为 [306]

$$Y(\omega) = \frac{1}{Z(\omega)} = \frac{-\mathrm{i}m\omega^3 + \beta\omega^2 + \mathrm{i}k\omega}{(k - m\omega^2)^2 + \beta^2\omega^2} \tag{7-22}$$

根据涨落–耗散理论, 我们得到影响阻尼谐振子位置的热噪声为

$$x_{\mathrm{th}}^2(\omega) = \frac{4k_{\mathrm{B}}T\beta}{(k - m\omega^2)^2 + \beta^2\omega^2} \tag{7-23}$$

由热噪声引起的阻尼谐振子位置的涨落谱如图 7.4 所示.

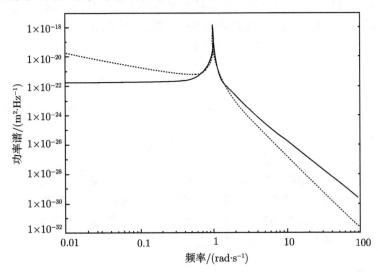

图 7.4 谐振子的热噪声功率谱

实线为黏滞阻尼的情况, 虚线指的是结构阻尼情况. 两条曲线都是在品质因数为 100 的情况下取得的 [306]

从谱线上可以看出, 在谐振子的共振频率上有一个尖锐的共振峰. 共振峰的尖锐程度定义为

$$Q \equiv \frac{\Delta f}{f_0}$$

其中 f_0 是共振频率, Δf 是共振峰半高度处的全宽度 (FWHM). Q 称为系统的品质因数, 耗散与系统的品质因数 Q 密切相关, 对于阻尼与速度成正比的振子来说, 品质因数 Q 与耗散 b 之间有如下关系:

$$Q = \frac{2\pi f_0 m}{b} \tag{7-24}$$

品质因数的大小与耗散密切相关, 耗散越小, 品质因数越高.

从图 7.4 中我们还可以看到, 在低频部分 (即低于共振峰区域), 热噪声谱是个常数. 在这个区域中, 热噪声随品质因数的增加而减小. 而在高频部分 (即高于共振峰区域), 热噪声谱随频率的增加按一定的函数关系减小. 在这个区域中, 热噪声也随品质因数的增加而减小. 在共振峰附近, 热噪声值却随品质因数的增大而增加. 也就是说, 当品质因数增大时 (即阻尼减小时) 热噪声越来越集中在共振峰上, 而在共振峰外的区域噪声功率越来越小. 在激光干涉仪引力波探测器中, 被探测的引力波信号的频率都远离镜子及悬丝的共振频率, 因此, 改善其机械品质因数是减小热噪声的有效途径之一.

激光干涉仪引力波探测器中, 黏滞阻尼主要来自镜子周围的残余气体, 尽管在实际应用时镜子及其悬挂丝都置于真空室内, 残余气体的影响也不能被忽略.

除了黏滞阻尼之外, 另一种机械损耗来自谐振子构材的内部损耗, 这就是所谓的结构损耗. 这种结构损耗可以简单地用弹性常数 k 中加入的一个虚部 $\mathrm{i}k\phi$ 来表示, ϕ 称为损耗角. 这种谐振子的运动方程为

$$m\ddot{x} + k(1 + \mathrm{i}\phi)x = F \tag{7-25}$$

根据运动方程我们可以推导出系统的阻抗、导纳, 从而得到热噪声引起的谐振子位置的涨落:

$$x_{\mathrm{th}}^2(\omega) = \frac{1}{\omega} \frac{4k_{\mathrm{B}}Tk\phi}{(k - m\omega^2)^2 + k^2\phi^2} \tag{7-26}$$

这种谐振子的热噪声功率谱如图 7.4 中的虚线所示, 可以看出, 与黏滞阻尼的情况类似, 随着品质因数的逐渐增大 (即阻尼逐渐减小), 热噪声越来越集中在共振峰上, 而在共振峰外的区域噪声功率越来越小. 在高频部分 (即高于共振峰区域), 热噪声谱随频率按 f^{-5} 的关系变化, 其下降速度比黏滞阻尼快得多.

3. 单摆热噪声

在激光干涉仪引力波探测器中, 干涉仪的测试质量 (即镜子) 实质上是一个悬挂于稀薄气体中的单摆. 它所处的周围环境相当于一个具有热量的大容器. 测试质量系统通过耗散机制与其进行能量交换. 交换来的能量作为一种涨落力注入测试质量系统中, 使其悬挂丝、测试质量体 (即镜子) 发生热运动, 导致位置涨落, 形成噪声, 称为热噪声.

在激光干涉仪引力波探测器中, 用细丝悬挂起来的镜子 (即测试质量) 整体上可以看成一个单摆. 单摆是一个典型的具有损耗的谐振子, 单摆热噪声是一种阻尼谐振子的热噪声, 它完全可以用阻尼谐振子的热噪声分析方法进行分析.

单摆的主要恢复力为重力, 它是没有损耗的. 然而, 它还有一小部分恢复力源自悬挂丝的弹性, 这部分恢复力是有损耗的. 单摆的等效弹性系数可以写成如下形式[306]:

$$k = \frac{Mg}{L} + N_{\rm W} \frac{\sqrt{T_{\rm W} EI}}{2L^2}(1 + {\rm i}\phi_{\rm W}) = k_{\rm g} + k_{\rm el}(1 + {\rm i}\phi_{\rm W}) \tag{7-27}$$

在这里, M 是镜子的质量, g 是重力加速度, L 是悬挂丝的长度, $N_{\rm W}$ 是悬挂丝的条数, $T_{\rm W}$ 是悬挂丝的张力, E 是悬挂丝的杨氏模量, I 是悬挂丝截面惯量矩. $\phi_{\rm W}$ 是悬挂丝中的损耗. $k_{\rm g}$ 和 $k_{\rm el}$ 分别表示重力和弹性恢复力产生的贡献.

上面的公式可以改写成

$$k = k_{\rm g}\left(1 + \frac{k_{\rm el}}{k_{\rm g}} + {\rm i}\frac{k_{\rm el}}{k_{\rm g}}\phi_{\rm W}\right) \approx k_{\rm g}\left(1 + {\rm i}\frac{k_{\rm el}}{k_{\rm g}}\phi_{\rm W}\right) \tag{7-28}$$

由于重力恢复力总是远远大于弹性恢复力, 从公式中我们可以看出, 悬挂丝的损耗在这里被减弱到 $\frac{k_{\rm el}}{k_{\rm g}}$, 因此单摆的耗损角 $\phi_{\rm p}$ 仅为 $\phi_{\rm p} = \frac{k_{\rm el}}{k_{\rm g}}\phi_{\rm W}$.

利用前面对阻尼谐振子热噪声的分析, 我们可以得出单摆热噪声导致的单摆位置的涨落谱, 在高于单摆共振频率时, 它由下面公式给出:

$$x_{\rm th}^2(\omega) = \frac{4k_{\rm B}T}{\omega_0^2 M\omega^4}\frac{\phi_{\rm p}}{\omega} \tag{7-29}$$

其中 ω_0 是单摆的共振角频率, 可以看出, 单摆热噪声导致的单摆位置涨落的幅度与镜子质量的平方根成反比, 因此在实际应用中总是希望使用尽可能大的质量的镜子. 该公式还表明, 单摆热噪声在探测频率较低时, 是限制干涉仪灵敏度的重要因素.

除了气体阻尼之外, 还有材料中由内摩擦引起的耗散[160]. 内摩擦会损耗能量, 是产生热噪声的又一根源. 这部分热噪声的位移谱密度为[161]

$$X_{\rm Th,Pend}^2 \sim \frac{4k_{\rm B}T\omega_0^2}{m\omega^5 Q_{\rm Pend}} \tag{7-30}$$

其中 $Q_{\rm Pend}$ 是该模型下单摆的品质因数, 它取决于悬挂丝的内部耗散及稀释因数 γ, γ 值一般为 100, 典型金属丝的 Q 值为 10^6. 熔硅丝具有更高的 Q 值[163]. 在激光干涉仪引力波探测器中, 单摆热噪声相对说来还是比较大的.

激光干涉仪引力波探测器中的单摆热噪声可以用分子的布朗运动进行更加明晰的解释. 为此, 我们首先要建立物理模型.

1) 物理模型

在对复杂的物理问题进行分析计算时, 建立正确而简单的物理模型是非常重要的. 激光干涉仪引力波探测器的测试质量系统, 可以简化为悬挂于稀薄气体中的单摆, 如图 7.5 所示.

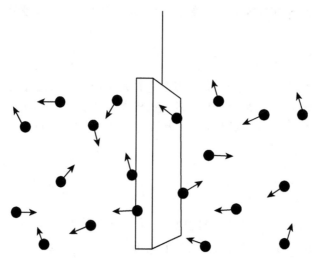

图 7.5　悬挂在稀薄气体中测试质量的简化模型

在图中, 我们将测试质量简化为一个质量为 m 的直角薄板, 截面积为 A, 用一根长线把它悬挂起来, 做成一个单摆, 其共振频率为 f_0. 薄板周围的空间充满稀薄气体, 压力为 $P = nk_\mathrm{B}T$. 其中 n 是单位体积内气体分子的个数.

2) 每个板面上分子撞击的计数率

设气体压力足够低, 即气体分子的平均自由程比板的尺寸大得多. 这样我们就可以忽略气体分子之间的碰撞而只考虑单个分子与板之间的碰撞. 当薄板静止时, 它的两面都受到分子撞击. 平均说来, 到达板两面的分子数是相等的, 板的每个面上分子撞击的计数率都是

$$N = \frac{1}{4}n\overline{\nu}A\sqrt{\frac{k_\mathrm{B}T}{2\pi\mu}} \tag{7-31}$$

其中 $\overline{\nu}$ 是气体分子的平均速度, μ 是单个气体分子的质量.

3) 分子对每一个面产生的撞击力

设每个分子与板之间的碰撞都是弹性碰撞, 那么在平均撞击率下, 对一个面产生的撞击力为

$$F_+ = PA = nk_\mathrm{B}TA \tag{7-32}$$

如果我们假设在一个面上受到的平均撞击力为 F_+, 与其相对的另一面受到的平均撞击力为 F_-, 在不考虑涨落的情况下, 这两个力应该是大小相等方向相反的.

4) 撞击板的总分子数的相对涨落

板面上受到的压力是由很多分子撞击产生的. 当我们分析由众多分立个体参与的过程时, 其计数的涨落遵循泊松分布. 在时间间隔 τ 内, 从左边 (或右边) 撞击板的总分子数的相对涨落为

$$\frac{\sigma_{N_\tau}}{N_\tau} = \frac{1}{\sqrt{N_\tau}} \tag{7-33}$$

撞击力的涨落应该等于撞击板的分子数的涨落, 该力的涨落为

$$\sigma_F^2 \sim (k_{\rm B}T)^2 \frac{nA}{\bar{\nu}\tau} \tag{7-34}$$

5) 涨落力的功率谱

与前面讨论散弹噪声的情况相同, 我们可以将它改写成力的功率谱的形式, 表达式为

$$F^2(f) \sim (k_{\rm B}T)^2 \frac{nA}{\bar{\nu}\tau} \tag{7-35}$$

撞击板的分子数的涨落是随机的, 它所导致的撞击力的涨落是一个随机力, 称之为涨落力, 涨落力在板的两面大小是不相等的, 它会引起测试质量的位移. 涨落力引起的测试质量的位移是激光干涉仪引力波探测器热噪声的来源之一.

6) 摩擦力

当板在涨落力的作用下以速度 V_P 向垂直于其表面的方向运动时, 会感受到一个与运动方向相反的阻尼力, 称之为摩擦力, 大小为 [160]

$$F_{\rm fric} = -\frac{1}{4}nA\mu\bar{\nu}V_P \equiv -bV_P \tag{7-36}$$

其中 b 称之为耗散系数.

7) 涨落力的功率谱

利用 $\frac{1}{4}nA\bar{\nu} = nA\sqrt{\frac{k_{\rm B}T}{2\pi\mu}}$ 的关系并经过换算我们可以得到涨落力的功率谱, 它与 $k_{\rm B}Tb$ 成正比, 即

$$F^2(f) \sim k_{\rm B}Tb \tag{7-37}$$

可以看出, 涨落力的功率谱与耗散系数 b 成正比. 降低热噪声的途径之一是降低耗散. 这个结论是通过分析分子热运动的微观模型得出的. 它与涨落–耗散理论得到的结果是一致的.

4. 连续系统中的热噪声

激光干涉仪引力波探测器的热噪声是由光学部件中的布朗运动或干涉仪所处环境中温度场的涨落引起的, 用于悬挂测试质量的丝及测试质量本身都具有有限的刚度, 因此它们都具有弹性内部模式. 热噪声的内部模式源于内摩擦. 由内摩擦

引起的热噪声通常分为悬挂丝热噪声和镜体热噪声, 前者通过悬丝的涨落直接引起测试质量位置的涨落, 而镜体热噪声是镜体内部及其涂层中所有涨落和耗散过程的叠加.

如前所述, 激光干涉仪引力波探测器中的镜子 (即测试质量) 和其悬挂丝构成一个单摆, 作为一个整体, 它使干涉仪具有单摆热噪声. 与此同时, 镜子和悬挂丝自身都可以看成连续机械系统, 连续机械系统可以看成是由无穷多个谐振子构成, 它们对应于系统的无穷多个正态模式. 每个模式都有自己的共振频率、有效质量和阻尼时间. 连续机械系统的热噪声理论上可以用阻尼谐振子的热噪声来处理.

下面我们分别对悬挂丝和镜子这种连续机械系统中的热噪声进行分析.

1) 悬挂丝的热噪声–热噪声的 " 琴弦模式"(violin mode)

悬挂丝的诸多内在的正态模式能够被热激发而使丝产生近似于正弦序列的琴弦运动模式. 在正弦形状的琴弦运动模式下, 悬挂丝的位置会产生波动, 使测试质量的质心位置出现涨落, 形成噪声. 第一琴弦正态模式的频率通常为百赫兹量级. 因此有些琴弦正态模式位于引力波探测带带内, 会对探测灵敏度产生影响.

连续机械系统内部模式产生的热噪声是由多种正态模式决定的. 利用模式展开法, 这些内部模式可以用独立的谱振子来表示. 它们对热噪声的贡献也是互不关联的.

由于连续机械系统可以看成是由无穷多个谐振子构成的. 当我们考虑这种系统的热噪声时, 需要指明我们想要观测的具体的自由度. 在分析悬挂丝时, 镜子 (即测试质量) 可以等效成位于其末端的一个质量点. 我们感兴趣的自由度是悬挂丝热噪声导致的这个质量点位置的涨落.

在分析悬挂丝热噪声时, 我们可以把悬挂丝看成是由无穷多个本征模式构成的系统, 每个本征模式都有自己的本征共振频率 ω_n, 设本征模式函数为 $u_n(r)$, r 是系统中的位置矢量, 则系统的位置 $u_n(r,t)$ 是这些本征模式的特殊叠加 [306]:

$$u_n(r,t) = \sum q_n(t)u_n(x)$$

在这里 $q_n(t)$ 是广义坐标, 它遵循动力学定律:

$$\ddot{q}_n(t) + \omega_n^2(1 + \mathrm{i}\phi_n)q_n(t) = Q_n(t) \tag{7-38}$$

$Q_n(t)$ 是广义力, 它是作用在系统上的力 $f(r,t)$ 在本征模式 $u_n(r)$ 上的投影.

利用上式, 我们可以计算出每个本征模式的阻抗或导纳, 并推导出每个模式的热噪声:

$$q_{n,\mathrm{th}}^2 = \frac{4k_\mathrm{B}T}{\omega} \frac{\omega_n^2\phi_n}{(\omega_n^2 - \omega^2)^2 + \omega_n^4\phi_n^2} \tag{7-39}$$

实际上, 没有一个本征模式正好是我们要观测的参量 $x(t)$, 我们感兴趣的位置涨落 $x(t)$ 应该是系统各个坐标的特殊组合. 它可以写成各本征模式的任意叠加. 对悬挂丝来说, 耗损热噪声导致的悬挂在其端点的测试质量 (镜子) 位置的涨落为 [306]

$$x_{\mathrm{th}}^2(\omega) = \frac{4k_{\mathrm{B}}T}{\omega} \sum_n \frac{\omega_n^2 \phi_n}{(\omega_n^2 - \omega^2)^2 + \omega_n^4 \phi_n^2} \frac{2\rho L}{\pi^2 m^2 n^2} \tag{7-40}$$

其中, L 是丝的长度, ρ 是丝的线密度, m 是镜子的质量, ω_n 和 ϕ_n 分别是悬挂丝的第 n 阶模式的角频率和耗损角, T 是丝的温度, k_{B} 是玻尔兹曼常数.

可以看出, 这种热噪声模式显示出丝振动模式的谐波性, 因此, 悬挂丝的这种热噪声模式通常称为琴弦模式 (violin mode).

2) 镜子的热噪声–热噪声的 "鼓面模式"(drum mode)

镜子本身作为一个连续机械系统, 亦可以看成是由无穷多个谐振子构成的, 它们对应于系统的无穷多个正态模式. 每个模式都有自己的共振频率、有效质量和阻尼时间. 这使该连续机械系统具有很多内在的机械共振模式. 这些模式能够被热激发而使镜子的表面发生位置涨落, 形成热噪声. 在分析镜子本身的热噪声时, 我们感兴趣的参量是面对着高斯型激光束的镜子表面位置的涨落. 这种由热噪声导致的镜子表面位置的涨落模式通常被称为热噪声的 "鼓面模式". 鼓面模式热噪声的共振频率一般为 10kHz 量级, 位于探测频带的高频端. 在引力波探测器覆盖的频带内, 热噪声是这些共振模式的尾部效应, 它对干涉仪的灵敏度也会产生很大影响. 镜子热噪声的分析方法与悬挂丝相同.

在计算镜子的机械阻抗时, 施加在镜子表面的作用力具有和激光束相同的空间分布. 如果镜子的结构损耗是均匀的, 它的杨氏模量 E 可以写成: $E(\omega) = E_0(1 + \mathrm{i}\phi(\omega))$, 其中 $\phi(\omega)$ 是耗损角. 由于我们想要观测的引力波频率一般都低于镜子各模式的共振频率, 镜子表面由热噪声导致的位置涨落就可以写为 [306]

$$x_{\mathrm{th}}^2(\omega) = \frac{4k_{\mathrm{B}}T}{\omega^2} \frac{1-\sigma^2}{\sqrt{\pi}E_0 w} \phi(\omega) \tag{7-41}$$

其中, E_0 是镜子的杨氏模量, w 是激光束截面半径, σ 是泊松比. 可以看出, 热噪声随耗损角 $\phi(\omega)$ 的增加而增加, 随构成镜子材料的刚性的增加而减小, 并且随激光束尺寸的增大而变小. 在镜子尺寸允许的情况下, 尽量使用大尺寸的激光束是有利的.

镜子基底材料的结构损失在镜子热噪声中起着重要的作用. 为了降低基质热噪声, 需要选择机械损耗尽可能低的光学材料做镜子的基底材料, 最常用的镜体材料为熔硅, 它具有非常低的机械损耗, 非常小的光学吸收, 出色的均匀性及非常小的双折射.

为了得到需要的反射率, 镜子表面需要用特殊的材料进行涂镀. 沉积在镜子基质表面的涂层是用低折射率材料 (如二氧化硅) 和高折射率材料 (如五氧化二钽) 交替涂镀多层而成的. 在通常的标准设计中, 每层的光学厚度为 $\frac{\lambda}{4}$, λ 是所用激光的波长. 层数一般为 15~40 层, 涂层总厚度为几微米. 需要指出的是在重达几十公斤的镜子中, 机械损耗的主要贡献竟然来自在镜子表面沉积的这几微米厚的涂层. 看起来似乎是不可思议的, 但事实的确如此. 镜子涂层的热噪声严重地影响干涉仪的灵敏度, 寻找机械耗损低的涂层材料, 研究现有涂层材料的机械耗损根源仍是当前令人感兴趣的研究课题.

在讨论激光干涉仪引力波探测器的各种热噪声时, 我们必须认识到, 耗损因子实际上是质量体的位移与施加在质量体上的力之间的相位滞后角, 对于悬挂在弹簧上的质量体系统来说, 耗损因子是与弹簧材料有关的机械耗损的量度. 对于单摆结构来说, 大部分的能量都储存在无耗损的引力场当中, 因此, 其耗损因子要小于单摆悬挂丝材料的耗损. 进一步研究表明, 对于由四根长度为 l 的丝, 把质量为 m 的重物悬挂起来做成的单摆来说 (大多数激光干涉仪引力波探测器的测试质量都采用这样的悬挂系统), 单摆的耗损因子与悬挂丝材料的耗损因子之间有如下关系 [166]:

$$\phi_{\mathrm{Pend}}(\omega) = \phi_{\mathrm{mat}}(\omega) \frac{4\sqrt{TEI}}{mgl} \tag{7-42}$$

在这里, I 是每根悬挂丝截面的力矩, T 是每根悬挂丝的张力, E 是悬挂丝材料的杨氏模量. 应该说, 多数材料的耗损因子与频率无关. 至少在我们感兴趣的引力波的频率范围内是这样的. 但是, 对有些材料来说, 当做成小截面的细丝时, 还需要考虑热弹性阻尼的影响.

原则上讲, 在计算测试质量的热噪声时, 可以把它的每个共振模式都当成一个谐振子处理. 测试质量的前表面热位移的有效功率谱可以用测试质量各种机械共振运动的总和来表示 [167]. 然而, 这种直观的计算方法只有当机械耗损在质量体内均匀分布时才是正确的. 对于制作工艺复杂的真正的测试质量 (镜子) 并不适宜. 在实际应用中, 由于测试质量内部的结构缺陷和基体材料内的应力, 镜体机械耗损的分布是不均匀的. 而且为了使镜子具有很高的反射率, 其表面需要磨光并要镀上 10 多层甚至几十层电介质材料, 它们的机械耗损也高于基体材料的耗损水平. 因此, 对于镜子衬垫表面的光学敏感部位应该用涨落–耗散理论进行计算 [168].

另外, 为了降低热噪声, 在设计测试质量时, 还要使其尺寸足够大, 以避免激光束的衍射损失, 使其质量足够重以有效减少光辐射压力噪声的影响.

5. 热透镜效应

在激光干涉仪引力波探测器中, 为了提高性能, 我们总是希望尽可能地使用高功率激光器. 但是, 高的激光功率在附属光学部件中 (如镜子、调制器、法拉第隔离器、偏振器等) 被吸收的光能量会导致局部温度升高, 使折射系数发生变化, 导致透镜效应. 继而导致与光学共振相匹配的模式的质量降低, 使系统的稳定性变差. 尤其是干涉仪臂上主要光学部件在兆瓦级激光功率下会表现出强烈的透镜效应.

另外, 在激光照射下, 测试质量 (即镜子) 表面的镀膜层都会吸收光子能量而变热. 激光从测试质量的中心穿过时, 中心部位会吸收激光功率并转化为热量由中心向周围传递, 使测试质量内部形成一个不均匀的温度场. 测试质量的不同部位将会因热膨胀而有不同程度的变形. 这一变形会直接改变测试质量的透射率, 改变透射光的光程差, 使透射光波形失真. 同时, 由于测试质量的表面变形, 将改变测试质量的曲率半径, 而测试质量的曲率半径是光学谐振腔的重要参数. 它的变化将直接导致光学谐振腔的构型发生变化, 破坏腔的稳定性. 因此, 在设计激光干涉仪引力波探测器时, 热透镜效应是必须要加以考虑的.

7.1.4 引力梯度噪声

从牛顿万有引力定律可知, 悬挂起来的测试质量周围的物体都会与该测试质量相互吸引. 局部质量分布的变化 (如大气密度的变化、人员来往、车辆移动和附近地区的风吹草动等) 引起局部牛顿引力场的涨落, 产生引力梯度噪声 (gravity gradient noise, 有时称为牛顿噪声). 这种噪声会使隔震系统 "短路", 直接作用在镜子上, 是无法回避的. 引力梯度噪声是由 P. Saulson 和 R.Spero 首先提出来的, K. Thorne[171] 和 M. Beccaria[172] 对它进行了更深入的研究. 引力梯度噪声是低频段的主要噪声源之一, 对初级探测器 (第一代激光干涉仪) 来说, 其低频灵敏度较差. 牛顿噪声的影响表现不出来, 在高级探测器 (如高级 LIGO, 高级 VIRGO, GEOHF 和 KAGRA) 中已经引起关注, 第三代激光干涉仪引力波探测器需要极大地提高低频区域的灵敏度, 引力梯度噪声成为必须解决的大问题.

引力梯度噪声使测试质量产生的运动幅度的方均根值为

$$x(\omega) = \frac{4\pi G\rho}{\omega^2}\beta(\omega)W(\omega) \qquad (7\text{-}43)$$

在这里 $\rho(\omega)$ 是测试质量附近局部的土壤密度, G 是引力常数, ω 是震动谱的角频率, $W(\omega)$ 是在三个方向上平均得到的方均根位移, $\beta(\omega)$ 是一个无量纲的减弱传递函数, 它表示测试质量与地面之间的距离对引力梯度噪声的影响, 当测试质量与地面之间距离的绝对值增大时, 引力梯度噪声的影响会减小, 因此 $\beta(\omega)$ 又被称为减弱因子.

为了降低引力梯度噪声的影响, 干涉仪要建在远离质量密度涨落大的区域, 最好是建在太空. 对建立在地球上的探测器来说, 处理引力梯度噪声的途径有两条, 其一是把探测器建在地下, 其二是在测试质量周围布置一个监测器阵列, 对质量密度的涨落进行实时监测并进行修正.

7.1.5　杂散光子噪声

在光的传输过程中, 一小部分激光会被散射离开主光束. 当它们随后被反射回来时, 会和干涉仪中携带引力波信号的光束耦合. 这些散射光携带的不是引力波信息而是它们散射面上的信息, 因此会污染期望中的信号. 形成噪声, 称为杂散光子噪声 (stray light noise). 在设计激光干涉仪引力波探测器的真空室和真空管道时, 要采取必要的措施, 使该噪声减至最小.

7.1.6　残余气体噪声

激光干涉仪引力波探测器的真空室和真空管道中会有少量气体残留下来. 这些残留气体除了引起热噪声外, 它的密度扰动也会使折射率发生涨落, 对激光束传播产生影响, 形成噪声, 称为残余气体噪声 (residual gas noise). 另外, 残余气体分子对镜面不同部位的撞击是随机的. 撞击产生的压力在镜面上的分布是不均匀的. 它会引起镜子晃动, 形成噪声.

7.1.7　激光干涉仪引力波探测器的噪声曲线

激光干涉仪引力波探测器的噪声曲线是由多种因素决定的. 它们的大小和频率特性也互不相同. 典型的噪声曲线如图 7.6 所示.

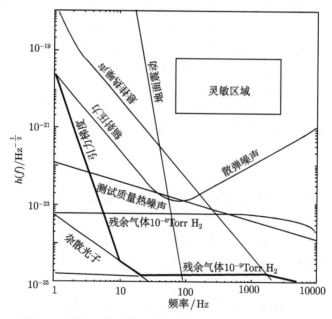

图 7.6　激光干涉仪引力波探测器噪声曲线示意图 [117]

7.2 激光干涉仪引力波探测器的灵敏度

为了表示干涉仪对引力波探测的灵敏程度, 比较不同干涉仪之间的性能, 需要定义一个通用的参量: "灵敏度". 在实验物理中为了确定探测器的灵敏度, 需要使用一个标准信号源对它进行定标, 在探测器的运行过程中, 为了消除零点漂移, 也要用标准信号源不断对它进行校正. 这样说来, 为了进行引力波探测技术的研究和引力波探测器的调试, 也应该制造一个标准引力波信号源. 但是, 在实验室中制造可供探测用的引力波源实在是太困难了. 例如, 假设我们在实验室内制造一个引力波发生器, 它由两个相距为 L, 质量均为 M 的非常重的质量体组成, 当系统以角速度 ω 绕质心转动时, 它发射的引力波功率 W 为

$$W \approx k\frac{M^2 L^4 \omega^6 G}{c^5}$$

其中, k 是一个和系统几何性质相关的常数, G 是牛顿引力常数, c 是光速. 由于 $\dfrac{G}{c^5}$ 非常小, 不管采用多重的质量 M, 多大的尺寸 L 和多高的频率 ω, 这个系统发射的引力波强度均可忽略不计.

曾经有人提出过旋转棒方案 [44]: 用一根质量 $m=4.9\times10^8$g, 半径 $r=1$m, 长度 $L=20$m, 极限强度 $\tau = 3.0 \times 10^9$dyn[①]·cm^{-2} 的钢棒, 使其围绕质心高速旋转直至撕裂, 其辐射的引力波强度仅为 $h \approx 10^{-41}$. 远未达到现阶段人类能够探测到的水平. 因此, 在实验室内建造引力波源并用它做标准来给引力波探测器刻度是不可能的. 引力波探测器的灵敏度需要使用其他方法来定义.

探测器的灵敏程度是指其能探测到的真实信号的最小量值. 对引力波探测器来说, 是指其能探测到的引力波信号的最小幅度. 到目前为止, 人类只探测到为数不多的几个引力波事例, GW150914 和 GW151226 等, 尚不能用来对激光干涉仪引力波探测器进行标定, 现在可以说, 我们在引力波探测器上获得的数据基本上都是噪声, 这表明, 对一台引力波探测器来说, 我们现在只知道它能探测到的最小噪声水平是多少, 其灵敏度的高低尚不能用引力波信号的幅度来表示. 因此, 激光干涉仪引力波探测器的灵敏度的定义需要特别加以讨论.

探测器自身的灵敏度是由噪声决定的. 信号噪声比越大, 灵敏度越高. 我们将激光干涉仪引力波探测器的灵敏度定义为: 当干涉仪中引力波信号的幅度与其噪声水平相等时 (即信噪比等于 1 时) 的噪声值. 这就是说, 激光干涉仪引力波探测器的灵敏度曲线实际上是 (假定信噪比为 1 时) 它的噪声值曲线.

---

① 1dyn=10^{-5}N.

　　为了更好地理解激光干涉仪引力波探测器的灵敏度曲线, 我们首先要了解几个基本概念, 它们不但用来描述探测器的灵敏度, 而且在分析探测器性能、处理噪声和引力波信号的过程中也是经常用到的.

7.2.1　引力波探测器的输出信息

　　引力波探测器的输出信息是一个时间序列 $S(t)$, 它包括探测器的噪声 $n(t)$ 及探测器对引力波信号的响应 $h(t)$:

$$S(t) = F^+(t)h_+(t) + F^\times(t)h_\times(t) + n(t) \tag{7-44}$$

探测器对引力波信号的响应是天线方向图 F^+、$F^\times$ 和引力波极化方向 h_+、$h_\times$ 的褶积. 天线方向图 F^+ 和 $F^\times$ 取决于引力波源的频率和在太空中的位置. 对于波长较大 (相对于探测器的尺度而言) 的情况, 天线方向图是简单的四极图样.

7.2.2　应变幅度谱密度

　　包含在引力波探测器输出时间序列 $S(t)$ 中的信息, 在频率域内, 通常用应变幅度谱密度 $h(f)$ 来表示. 这个量用时间序列 $S(t)$ 傅里叶变换 (Fourier transform) 的功率谱密度 $S_{\mathrm{s}}(f)$ 来定义:

$$S_{\mathrm{s}}(f) = \tilde{S}^*(f) \cdot \tilde{S}(f) \tag{7-45}$$

$$\tilde{S}(f) = \int_{-\infty}^{\infty} \mathrm{e}^{-\mathrm{i}2\pi ft} S(t)\mathrm{d}t$$

应变幅度谱密度定义为

$$h(t) = \sqrt{S_s(f)} \tag{7-46}$$

　　用同样的方法, 我们可以用 $S_{\mathrm{n}}(f)$ 来描述噪声功率谱密度, 用 $S_{\mathrm{h}}(f)$ 来描述信号功率谱密度.

7.2.3　傅里叶变换

　　在寻找引力波时, 我们把探测器开动起来. 让它连续运转几天、几周, 甚至几个月, 获得了大量的数据. 探测器的这些输出数据构成一个时间序列. 也就是说, 我们获得了探测器输出物理量随时间变化的一个序列. 我们可以通过列表, 用表格的方式表示该物理量的测量值与时间的关系, 这时测量时间是分立的. 也可以将这个物理量写成时间的函数 $S(t)$. 这时的时间变量是连续的. 这些表格或函数可能含有我们需要的引力波信息.

　　我们还可以用另一种形式来表示探测器输出物理量的特性. 它就是时间函数 $S(t)$ 的傅里叶变换 $S(f)$. $S(f)$ 与 $S(t)$ 一样, 也包含着我们需要的信息. $S(f)$ 与

$S(t)$ 的不同之处在于, 它不是在时间范畴而是在频率范畴 (或称频率域) 内定义的. $S(f)$ 与 $S(t)$ 的关系为

$$S(f) = \frac{1}{\sqrt{2\pi}} \int_{-\infty}^{\infty} S(t)\mathrm{e}^{-\mathrm{i}2\pi ft}\mathrm{d}t \tag{7-47}$$

时间函数的傅里叶变换是频率的函数. 它表示, 一个时间函数可以用具有各种频率的正弦函数分量来合成. 频率为 f 的分量的大小表示该时间函数与频率为 f 的正弦函数的类似程度.

7.2.4 谱密度

在频率域内, 我们可以写出一个系统的能量随频率变化的函数, 称之为能量频率谱, 又称能谱. 在频带宽度为 1Hz 的单位频带中所含有的能量称为能量频率谱密度 (spectra density), 简称谱密度 $D(w)$.

7.2.5 功率谱密度

单位时间内的能量谱密度称为功率谱密度 (power spectra density)$S(\omega)$.

$$S(\omega) = D(\omega)/T, \quad T\text{是时间间隔}$$

现在我们来讨论激光干涉仪引力波探测器的灵敏度和噪声水平表示法. 我们知道, 探测器中的噪声信息是时间的随机函数, 噪声信号何时出现, 以多大幅度出现都是随机的. 在无限大的时间间隔内 (从 $-\infty$ 到 $+\infty$), 噪声幅度的平均值是零. 因此用幅度平均值表示噪声水平是不可取的. 对于噪声这一类的随机函数, 其大小要用功率谱密度来表示. 功率谱密度有时简称为功率谱 (power spectrum). 本书在以后的章节中讲到功率谱时, 如不特别指明, 均指功率谱密度. 时间函数 $S(t)$ 的功率谱定义为其自相关函数的傅里叶交换:

$$P_\mathrm{s}(f) = \frac{1}{\sqrt{2\pi}} \int_{-\infty}^{\infty} S(t)S(\tau)\mathrm{e}^{-\mathrm{i}2\pi f\tau}\mathrm{d}\tau \tag{7-48}$$

我们在讨论功率谱 $P_\mathrm{s}(f)$ 时, 通常只用正频率而不用负频率, 故我们定义

$$S^2(f) \equiv \begin{cases} 2P_s(f), & f \geqslant 0 \\ 0, & f < 0 \end{cases} \tag{7-49}$$

$S^2(f)$ 称为单边功率谱. 我们以后所说的功率谱都指的是单边功率谱. 功率谱的平方平均值为

$$\overline{S}^2(f) = \int_0^{-\infty} S^2(f)\mathrm{d}f \tag{7-50}$$

若表征噪声函数 $S(t)$ 的物理量是电压, 其单位是电压的单位伏特, 以 $V(t)$ 表示. 那么功率谱 $S^2(f)$ 的单位就是 $V^2(f)/\text{Hz}$. 在讨论像噪声这样的随机时间序列时, 通过带宽为 Δf 的过滤器的功率表示为: $(V^2(f)/\text{Hz}) \cdot \Delta f$. 这就是说, 当把相邻各噪声合并在一起时, 用的是功率 (即幅度的平方) 相加, 而不是幅度相加.

在实际应用中, 我们常用从功率谱导出的一个物理量——幅度谱密度 $S(f)$. 它定义为功率谱的平方根:

$$S(f) \equiv \sqrt{S^2(f)} \tag{7-51}$$

如果功率谱的单位为 V^2/Hz, 则幅度谱密度的单位为 $V/\sqrt{\text{Hz}}$.

功率谱 (即功率谱密度) 和幅度谱密度是描述同一个噪声水平的两个物理量, 当用频谱分析仪进行频谱测量时, 用功率谱的单位比较方便. 当用示波器或电表进行测量时, 用幅度谱密度的单位比较方便. 看起来有点奇怪的符号 $/\sqrt{\text{Hz}}$ 没有什么物理意义, 它的作用只是时刻提醒我们, 尽管用了幅度谱密度这一概念, 也丝毫改变不了这样一个事实: 在以时间函数表示的噪声中, 对各个独立频带的噪声值求和时, 不是幅度的线性相加, 而是幅度平方的线性相加.

7.2.6　灵敏度曲线

从前面的讨论中我们知道, 引力波的强度以无量纲振幅 h 表示. 因此, 在表示激光干涉仪引力波探测器的灵敏度时, 要把幅度谱密度的单位 $V/\sqrt{\text{Hz}}$ 折合成无量纲振幅 h 的单位 "$1/\sqrt{\text{Hz}}$". 典型灵敏度曲线如图 7.7 所示.

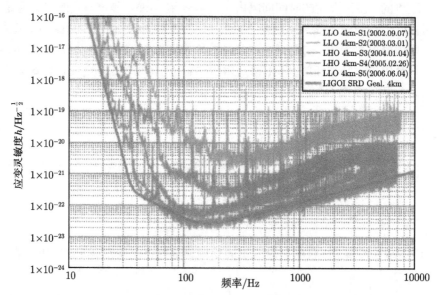

图 7.7　激光干涉仪引力波探测器 LIGO 的灵敏度曲线 [166] (后附彩图)

在引力波探测中, 能否得到真正的信号, 即引力波被探测到的 "可能性", 是由多种因素决定的. 除了提高灵敏度外, 在数据分析过程中, 正确地使用过滤器和模板可以甄别掉大量的噪声本底, 而多台干涉仪进行符合测量亦可排除虚假事例. 在一定的灵敏度下, 这些措施都有助于提高探测到引力波的可能性.

7.3 激光干涉仪引力波探测器的频率响应

激光干涉仪引力波探测器对引力波信号的响应与引力波信号傅里叶展开中各成分的频率有关. 一般说来, 干涉仪的灵敏度是引力波信号频率的函数. 灵敏度的频率相关性称为干涉仪的频率响应 (frequency response). 它是用干涉仪的传递函数表示的。

7.3.1 线性系统的频率响应

物理探测中使用的探测器大多数是线性系统或准线性系统. 研究线性系统的频率响应具有很大的普遍性. 激光干涉仪引力波探测器可近似看成一个线性系统, 为简单起见, 我们把它当成线性系统来研究它的频率响应.

当我们在一个线性系统的输入端输入一个单位脉冲信号时, 在其输出端我们会得到一个输出脉冲信号. 称此输出脉冲信号为该系统的脉冲响应, 以符号 $g(\tau)$ 表示. 如果我们输入的是一个单位阶跃信号, 则在输出端我们会得到一个相应的阶跃输出信号, 此阶跃信号称为该系统的阶跃响应, 以符号 $H(\tau)$ 表示. 脉冲响应与阶跃响应之间的关系为

$$g(\tau) = \frac{\mathrm{d}}{\mathrm{d}\tau} H(\tau) \tag{7-52}$$

其中 $H(\tau)$ 是输出与输入之比, 它是无量纲的.

脉冲响应 $g(\tau)$ 的傅里叶变换称为该系统的频率响应:

$$G(f) = \frac{1}{\sqrt{2\pi}} \int_{-\infty}^{\infty} g(\tau) \mathrm{e}^{-\mathrm{i}2\pi f\tau} \mathrm{d}\tau \tag{7-53}$$

在实验上, 我们习惯性地称线性系统的频率响应为线性系统的传递函数 (transfer function) , 确切地讲, 线性系统的频率响应与线性系统的传递函数并非严格相等. 正确的说法应该是: 频率响应可以用传递函数来表征.

线性系统的频率响应可以用实验测量出来. 方法是用一个频率为 f 的单位正弦信号 $a_0\mathrm{e}^{\mathrm{i}2\pi ft}$, $a_0 = 1$, 输入到系统的输入端, 得到的输出信号为 $G(f)\mathrm{e}^{\mathrm{i}2\pi ft}$. 改变输入正弦信号频率, 得到一系列输出信号, 测量输出信号和输入信号的幅度比及相对相角, 就可以得到系统的频率响应为

$$G(f) = \frac{V(f)}{S(f)} \tag{7-54}$$

这就表明, 系统的频率响应 $G(f)$ 是输出信号的傅里叶变换 $V(f)$ 与输入信号的傅里叶变换的复数比.

7.3.2 归一化频率响应

用传递函数来比较不同的激光干涉仪引力波探测器的性质, 还是不太方便, 因为激光干涉仪引力波探测器灵敏度的频率相关性 (即频率响应) 不仅取决于干涉仪的结构, 还与入射光的功率有关. 庆幸的是后者只改变灵敏度的大小, 不影响其频率特性. 因此, 在讨论激光干涉仪引力波探测器灵敏度的频率相关性 (即频率响应) 时, 有必要去掉输入功率的影响, 使用归一化的频率响应, 即在输入单位激光功率时的频率响应, 来描述干涉仪的性质. 归一化的频率响应是在比较不同的激光干涉仪引力波探测器性能时共用的尺度.

归一化频率响应只适用于线性光学系统, 也就是说, 只适用于不随入射光束功率改变的光学系统. 激光干涉仪可以近似地看成一个线性光学系统, 但是在实际应用中, 光在光学系统中的损失是决定频率响应的因素之一, 当光产生的热效应显著时, 频率响应会随入射光束的功率不同而变化.

通过计算激光干涉仪引力波探测器的频率响应, 可以估算出干涉仪的灵敏度. 当前我们感兴趣的不是详细研究灵敏度的频率响应, 而是粗略估计能够得到的峰值灵敏度, 它关系到能否探测到引力波这一根本问题.

激光干涉仪引力波探测器峰值灵敏度的估算有多种方法. 举例来说, 若只考虑散弹噪声的影响 (这个假设对分析法布里-珀罗腔内噪声时很有用, 因为它把问题简化了), 且引力波的频谱是线性的, 则激光干涉仪引力波探测器对引力波探测的峰值灵敏度 $\tilde{h}_0$ 的近似值为

$$\tilde{h}_0 \geqslant \sqrt{\frac{2\bar{h}\lambda}{\pi c} \cdot \frac{\Delta f_{\mathrm{BW}}}{E}} \tag{7-55}$$

E 是储存于光系统中的能量, λ 是光的波长, Δf_{BW} 是干涉仪的频带宽度 (在这个频率范围内, 频谱灵敏度接近峰值).

上式对一个理想的光学系统是成立的, 如果考虑光损耗, 真正的峰值灵敏度要比估算值小. 对于给定的探测器, 光的波长 λ 是固定的, 频带宽度 Δf_{BW} 也预先确定, 要想提高探测器的灵敏度, 唯一能改变的参数是储存在光学系统中的能量 E. 这与分析散弹噪声时得出的结论是一致的.

7.3.3 干涉仪的传递函数

如前所述, 激光干涉仪引力波探测器的灵敏度与引力波频率的关系, 称为干涉仪的频率响应, 它用干涉仪的传递函数来表示. 引力波会引起从干涉仪臂中返回的光束的相位变化, 从引力波信号作用到光束相位变化的转换是通过传递函数来完成

的. 传递函数可以从转换过程求得.

首先让我们计算在转换时间 t_r 内光的相位变化, 它可以用下面的公式求出:

$$\delta\phi(t) = \int_{t-t_r}^{t} \frac{1}{2}\omega_0 h(t)\mathrm{d}t \tag{7-56}$$

对公式两边进行拉普拉斯变换有

$$
\begin{aligned}
\mathcal{L}\{\delta\phi(t)\} &= \mathcal{L}\left\{\int_{t-t_r}^{t} \frac{\omega_0}{2} h(t)\mathrm{d}t\right\} \\
&= \frac{\omega_0}{2}\left[\mathcal{L}\left\{\int_0^t h(t)\mathrm{d}t\right\} - \mathcal{L}\left\{\int_0^{t-t_r} h(t)\mathrm{d}t\right\}\right] \\
&= \left(\frac{\omega_0}{2}\frac{1-\mathrm{e}^{-\mathrm{i}\omega t_r}}{\mathrm{i}\omega}\right)\mathcal{L}\{h(t)\}
\end{aligned} \tag{7-57}
$$

由于从引力波信号作用到光束相位变化的转换是通过传递函数来完成的. 我们定义从 h 到 $\delta\phi$ 的传递函数 $X(\omega)$ 为相移 $\delta\phi(t)$ 的拉普拉斯变换与引力波振幅 $h(t)$ 的拉普拉斯变换之比, 它有如下形式:

$$\underset{h\to\phi}{X(\omega)} = \frac{\mathcal{L}\{\delta\phi(t)\}}{\mathcal{L}\{h(t)\}} = \frac{\omega_0}{2}\frac{1-\mathrm{e}^{-\mathrm{i}\omega t_r}}{\mathrm{i}\omega} = \frac{\omega_0}{2}t_r\mathrm{e}^{-\mathrm{i}\omega t_r/2}\cdot\frac{\sin(\omega t_r/2)}{\omega t_r/2} \tag{7-58}$$

7.3.4 具有法布里–珀罗腔的激光干涉仪引力波探测器的归一化频率响应

在引力波作用下, 法布里–珀罗腔的长度 L 会发生变化, 法布里–珀罗腔长度 L 的变化改变了在腔内来回反射的光束的光程, 等同于对光束进行相位调制. 调制的结果会产生高低两个旁频成分. 两个旁频成分有相同的相对振幅 a/a_0, 其中 a 是旁频成分的振幅, a_0 是载频的振幅, 旁频成分中包含着我们要探测的引力波信号, 在传递函数的讨论中使用它更方便. 对于法布里–珀罗腔来说, 可以把反射出的光束看成是很多具有不同储存时间的光束之和, 因此, 具有法布里–珀罗腔的激光干涉仪引力波探测器的归一化频率响应为

$$\underset{h\to a/a_0}{G_{\mathrm{FP}}(\omega)} = -\tau_c^2 \sum_{n=1}^{\infty}\left[\gamma_1^{n-1}\gamma_2\cdot\frac{1}{2}\underset{h\to\phi}{X_{2n}(\omega)}\right] \tag{7-59}$$

其中 $X_{2n}(\omega)$ 是在腔内经过 $2n$ 次渡越的光束之传递函数, 将 $t_r = 2n\cdot\dfrac{L}{c} = nt_a$ 代入 $\underset{h\to\phi}{X}(\omega)$ 的表达式可得

$$\underset{h\to a/a_0}{G_{\mathrm{FP}}(\omega)} = -\tau_c^2 \sum_{n=1}^{\infty}\frac{\gamma_1^{n-1}-\gamma_2^n}{2}\cdot\frac{\omega_0}{2}\cdot\frac{1-\mathrm{e}^{-\mathrm{i}n\omega t_a}}{\mathrm{i}\omega}$$

$$= \frac{-\omega_0}{i4\omega} \cdot \frac{\tau_c^2}{\gamma_1} \sum_{n=1}^{\infty} (\gamma_1\gamma_2)^n \cdot (1 - e^{-in\omega t_a})$$

$$= \frac{-\omega_0}{i4\omega} \cdot \frac{\tau_c^2}{\gamma_1} \cdot \frac{\gamma_1\gamma_2}{1 - \gamma_1\gamma_2} \cdot \frac{\gamma_1\gamma_2 e^{-i\omega t_a}}{1 - \gamma_1\gamma_2 e^{-i\omega t_a}}$$

$$= \frac{-\tau_c^2}{(1 - \gamma_1\gamma_2)(1 - \gamma_1\gamma_2 e^{-i\omega t_a})} \cdot \frac{\gamma_2\omega_0}{4} \cdot \frac{1 - e^{-i\omega t_a}}{i\omega} \qquad (7\text{-}60)$$

其中 $t_a = \dfrac{2L}{c}$ 是光在臂内一个往返行程所用的时间

$$\tau_c = \frac{2L}{c} \cdot \frac{\sqrt{\gamma_1\gamma_2}}{(1 - \gamma_1\gamma_2)} = \frac{2L}{\pi c} F \qquad (7\text{-}61)$$

图 7.8 给出了具有法布里–珀罗腔的激光干涉仪引力波探测器灵敏度的频率响应曲线.

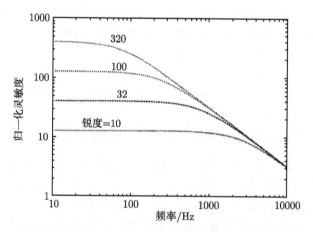

图 7.8　具有法布里–珀罗腔的激光干涉仪引力波探测器的归一化灵敏度频率响应曲线

在图中, 不同曲线对应于不同的锐度, 灵敏度在确定的截止频率前都是不随频率变化的, 截止频率由光在臂内的储存时间决定, 曲线没有明显的缺口, 而且在截止频率附近曲线的变化也是平缓的, 这使定义频带宽度有些困难. 通常取灵敏度峰值高度 (即曲线的平坦部分) 的 $\dfrac{1}{\sqrt{2}}$ 所对应的频率为带宽的上限值, 频率较高区域的倾斜与 $\dfrac{1}{\omega}$ 成正比.

具有功率循环镜的法布里–珀罗腔激光干涉仪的归一化频率响应, 是由无功率循环时干涉仪的归一化频率响应乘以等效功率增益的平方根得到的

$$G_{\substack{\mathrm{FP} \\ h\to a/a_0}}^{\mathrm{PR}}(\omega) = \sqrt{g_{\mathrm{FP}}^{\mathrm{PR}}} \cdot G_{\substack{\mathrm{FP} \\ h\to a/a_0}}(\omega) \qquad (7\text{-}62)$$

7.3.5 具有光延迟线的激光干涉仪引力波探测器的归一化频率响应

对于长度为 L, 内有 N 个光束的光延迟线来说, $t_{\mathrm{r}} = \dfrac{NL}{c}$. 最终的旁频振幅由于有限的反射率而减小 γ^{N-1}, 因此, 带有光延迟线的激光干涉仪引力波探测器的归一化频率响应为

$$
\begin{aligned}
\underset{h \to a/a_0}{G_{\mathrm{DL}}(\omega)} &= \gamma^{N-1} \cdot \frac{1}{2} \underset{h \to \phi}{X(\omega)} = \frac{\gamma^{N-1}}{2} \cdot \frac{\omega_0}{2} \cdot \frac{1 - \mathrm{e}^{-\mathrm{i}\omega NL/c}}{\mathrm{i}\omega} \\
&= \frac{\omega_0}{2} \cdot \frac{NL}{2c} \cdot \gamma^{N-1} \cdot \mathrm{e}^{-\mathrm{i}\omega NL/2c} \cdot \frac{\sin(\omega NL/2c)}{\omega NL/2c}
\end{aligned}
\tag{7-63}
$$

具有光延迟线的激光干涉仪引力波探测器的归一化灵敏度频率响应如图 7.9 所示.

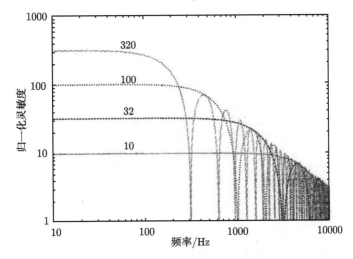

图 7.9 光延迟线激光干涉仪引力波探测器灵敏度的频率响应曲线 [114]

在图中, 不同的曲线对应不同的渡越数, 对于每条曲线来说, 灵敏度直到确定的截止频率之前都是不随频率变化的, 截止频率是由光在臂内的储存时间决定的, 截止频率近似地给出了干涉仪的频带宽度. 在频率较高的区域, 周期性地出现了一些缺口, 在缺口对应的频率上, 灵敏度为 0, 缺口之间的峰值高度随频率增加而减小, 峰值灵敏度正比于 $\dfrac{1}{\omega}$.

具有光延迟线的激光干涉仪当采用功率循环技术时, 它的归一化频率响应是由无功率循环时干涉仪的归一化频率响应乘以功率增益的平方根得到的

$$
\underset{h \to a/a_0}{G_{\mathrm{DL}}^{\mathrm{PR}}(\omega)} = \sqrt{g_{\mathrm{DL}}^{\mathrm{PR}} \cdot \underset{h \to a/a_0}{G_{\mathrm{DL}}(\omega)}}
\tag{7-64}
$$

可以看出, 具有光延迟线和具有法布里–珀罗腔的激光干涉仪引力波探测器灵敏度的频率响应是不同的. 原因在于光子储存的过程不一样. 对于光延迟线来说, 所有光子的储存时间都是相同的, 对于满足 $\omega_g/2\pi = 1/2t_s$ 的引力波有最佳探测状态. 而对于法布里–珀罗腔来说, 有些光子在两个镜子之间只渡越几次就出去了, 储存时间很短. 而有些光子的储存时间可能高于平均值. 对于具有特殊频率的引力波信号, 这会导致较低的探测灵敏度, 因为储存时间长一点或短一点对这个频率都不合适.

第 8 章　信号读出与状态控制

从本质上讲, 激光干涉仪引力波探测器是一个变换器, 它把引力波信号变换为载频光相位的变化并在非对称口输出. 测量载频光相位的变化, 把它转化为电信号, 并在进行数字化之后储存起来, 这是信号读出要解决的问题.

为使干涉仪稳定地工作在锁定状态, 必须控制各个共振腔的长度, 使它们保持在正确的工作位置. 要做到这一点, 我们首先要测量出它们从正确的工作位置的微小偏离, 然后再想办法予以纠正, 这就是激光干涉仪引力波探测器整体的信号传感和系统控制问题, 根据不同的要求, 共振腔长度的控制精度范围比较大, 一般为 $10^{-15} \sim 10^{-12}$m.

为了对干涉仪中镜子的状态和位置进行调整和控制, 一定要在镜子的悬挂系统中配备相应的传感器和执行部件, 以便控制相关的自由度. 这是干涉仪系统控制的另一个方面.

8.1　激光干涉仪引力波探测器的信号读出

在干涉仪的暗纹输出口, 引力波产生的信号是用相位为 $\phi(t)$ 的载频光场 $\psi(t)$ 来编码记录的

$$\psi(t) = A\mathrm{e}^{2\pi\mathrm{i}\nu t + \mathrm{i}\phi(t)}$$

公式中 ν 是激光的频率, 一般说来, 激光干涉仪引力波探测器所用激光的频率 $\nu \approx 3 \times 10^{-14}$Hz. 当用光二极管探测这个输出光场时, 我们只能得到它的功率 $P(t)$, 而不能得到它的相位信息 $\phi(t)$,

$$P(t) = |\psi(t)|^2 = A^2$$

因此, 为了得到引力波产生的信息, 我们必须在把这个输出光场输送进光二极管之前对它进行 "加工", 以便把相位信息抽取出来.

从干涉仪读出引力波信号的方法有很多种, 外差探测读出法和零差探测读出法就是最常用的两种方法.

8.1.1　外差探测

外差探测是第一代激光干涉仪引力波探测器通用的读出方法, 所谓外差读出, 指的是在激光器发出的光束进入干涉仪的两个臂之前, 先用一个频率为 f_{RF} 的射

频信号 RF 对它进行频率调制, 产生两个旁频 $f_{\rm sid}$, 我们称从激光光源发出的频率为 $f_{\rm I}$ 的激光为载频激光.

$$f_{\rm sid} = f_{\rm I} \pm f_{\rm RF}$$

旁频 $f_{\rm sid}$ 与载频激光的频率偏移为 $f_{\rm RF}$. 频率调制器一般放在激光器与清模器之间, 在干涉仪设计和调整时要保证这两个旁频光能够通过清模器进入干涉仪的两臂, 并能够从干涉仪的输出口透出来. 从输出口透出的这些旁频光就可以用作局部光振荡器将引力波信号解调, 这就是外差读出名称的来源.

外差探测是第一代激光干涉仪引力波探测器所使用的信号读出技术. 图 8.1 给出了该方法的示意图.

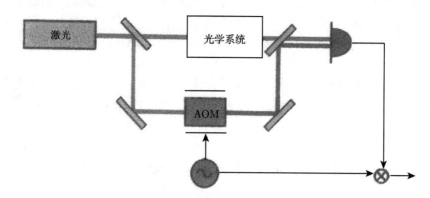

图 8.1　外差探测方法原理图 [306]

测量激光场在一个光学系统中 (如激光干涉仪) 获得的相位, 最常用的方法是外差探测法. 下面我们利用图 8.1 扼要地介绍它的工作原理. 用作探针的激光束通过被探察的光学系统后激光场 $\psi_{\rm sys}$ 获得了相移 $\phi(t)$ 为

$$\psi_{\rm sys} = A {\rm e}^{2\pi {\rm i}\nu t + {\rm i}\phi(t)} \tag{8-1}$$

为了探测这个相移 $\phi(t)$, 我们在探针激光束进入被探察的光学系统之前提取一小部分并把它送进一个声光调制器 AOM, 这个声光调制器用一个外差频率为 $f_{\rm H}$ 的正弦信号驱动. 声光调制器产生了一个光场为 $\psi_{\rm AOM}$ 的透射光束, 该光束的频率与探针光束相比移动了 $f_{\rm H}$:

$$\psi_{\rm AOM} = B {\rm e}^{2\pi {\rm i}(\nu + f_{\rm H})t} \tag{8-2}$$

声光调制器产生的这个光束随后与从被探察的光学系统透射出来的光场重新组合并用光二极管进行探测. 因此光二极管的输出 $\psi_{\rm PD}$ 为

$$\psi_{\rm PD} = \psi_{\rm sys} + \psi_{\rm AOM} \tag{8-3}$$

光二极管的输出功率 $P(t)$ 为

$$
\begin{aligned}
P(t) &= |\psi_{\mathrm{PD}}|^2 = |\psi_{\mathrm{sys}} + \psi_{\mathrm{AOM}}|^2 \\
&= A^2 + B^2 + AB[\mathrm{e}^{-\mathrm{i}\phi(t)}\mathrm{e}^{2\mathrm{i}\pi f_{\mathrm{H}}t} + \mathrm{e}^{\mathrm{i}\phi(t)}\mathrm{e}^{-2\mathrm{i}\pi f_{\mathrm{H}}t}] \\
&= A^2 + B^2 + 2AB\cos(2\pi f_{\mathrm{H}}t + \phi(t)) \tag{8-4}
\end{aligned}
$$

可以看出, 在声光调制器 AOM 中产生的频率移动光束与从被探测的光学系统射出的探针光束相混合会产生一个 "拍" 信号, "拍" 的外差频率为 f_{H}. 这个 "拍" 在光二极管的输出功率 $P(t)$ 中是看得见的. "拍" 的相位严格地等于探针光束通过被测光学系统时获得的相位. 由于这个 "拍" 信号的频率 f_{H} 的典型值为 MHz 量级, 我们能够对它的相位进行精确测量. 常用的基本方法是将光二极管的输出信号与一个频率仍为 f_{H} 的正弦信号或余弦信号相乘, 与频率为 f_{H} 的正弦信号相乘得到的结果 $s(t)$ 以及与频率为 f_{H} 的余弦信号相乘得到的结果 $c(t)$ 分别为

$$
s(t) = P(t)\sin(2\pi f_{\mathrm{H}}t) = (A^2 + B^2)\sin(2\pi f_{\mathrm{H}}t) + AB[\sin(4\pi f_{\mathrm{H}}t) - \sin\phi(t)] \tag{8-5}
$$

$$
c(t) = P(t)\cos(2\pi f_{\mathrm{H}}t) = (A^2 + B^2)\cos(2\pi f_{\mathrm{H}}t) + AB[\cos(4\pi f_{\mathrm{H}}t) + \cos\phi(t)] \tag{8-6}
$$

这两个乘积信号都含有高频成分 (f_{H} 和 $2f_{\mathrm{H}}$) 和低频成分 ($\phi(t)$), 利用一个适当的低通过滤器可以把低频成分分离出来, 分离出来的低频成分就是我们感兴趣的相移 $\phi(t)$ 的正弦或余弦. 这样我们可以把 $\phi(t)$ 重建出来.

外差法的特点是简单易行, 但也有不足之处, 首先它要求在光二极管中把两个光束完全地、正确地进行重组. 其次, 该方法在应用中只考虑了探针光束的累积相移. 但是, 穿过声光调制器 AOM 的光束也会积累相移, 这种相移也会在光二极管的输出信号中显现出来而且不可能与 $\phi(t)$ 区分开来, 这就给 $\phi(t)$ 的测量带来误差.

近年来发展起来一种测量 $\phi(t)$ 的新方法, 其基本思想是用一个快速变换器数字化地从光二极管的输出 $P(t)$ 中取出这个信号, 然后用正弦运动函数去拟合, 得到所需的结果. 这个快速变换器的运行频率要高于 f_{H}, 这种方法虽然简单但对快速变换器和数字化系统要求很高. 我们在这里不做介绍.

从以上分析可以看出, 旁频光场在外差探测中起着非常重要的作用, 为了让它在干涉仪中顺利地得到应用, 我们需要对它做些特殊安排.

1. 前端调制与调制频率的选择

外差探测中所用旁频光场是用相位调制器产生的, 在激光干涉仪引力波探测器中, 我们采用的是 "前端调制" 方式. 所谓 "前端调制" 指的是在激光束进入需要控制的主要光学系统之前, 利用相位调制器 EOM 对它进行相位调制 (参阅图 8.2).

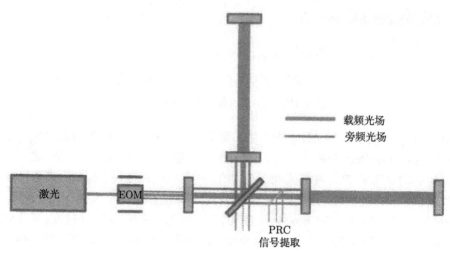

图 8.2　前端调制方框图 [306](后附彩图)

在图中, 激光束用一个频率为 f_{mod} 的高频电信号进行相位调制, 在前面的讨论中我们知道, f_{mod} 的选择原则之一是当载频光在臂上法布里–珀罗腔中共振时, 旁频光不共振 (即反共振). 在干涉仪中使用了功率循环腔 PRC 之后情况就复杂一些. 在对功率循环腔进行设计和调节时除了要保证载频光在 PRC 内共振之外, 还必须保证旁频光也能在腔内共振, 否则旁频光就会几乎全部被干涉仪反射回去. 不能用来进行信号读出及长度控制. 根据这种新的情况, 我们需要重新考虑调制频率 f_{mod} 的选择原则.

旁频光在功率循环腔内往返一次, 与载频光相比, 获得了附加相位移动 ϕ_{sb}. 这个附加的相位由两部分组成, 第一部分是由于它在臂上法布里–珀罗腔内反共振而被腔反射得到的附加相位 π. 第二部分是它在功率循环腔 PRC 内往返一次渡过两个功率循环腔长度所增加的相位, 其大小为 $2\dfrac{2\pi f_{\mathrm{mod}}}{c}l_{\mathrm{PRC}}$, 因此我们得到

$$\phi_{\mathrm{sb}} = \pi + 2\frac{2\pi f_{\mathrm{mod}}}{c}l_{\mathrm{PRC}} \tag{8-7}$$

为了使旁频光在功率循环腔内共振, 我们必须保证相位 ϕ_{sb} 是 2π 的整数倍, 即

$$\phi_{\mathrm{sb}} = \pi + 2\frac{2\pi f_{\mathrm{mod}}}{c}l_{\mathrm{PRC}} = 2N\pi \quad (N\text{是整数}) \tag{8-8}$$

最后我们得到 f_{mod} 的表达式:

$$f_{\mathrm{mod}} = (2N-1)\frac{c}{4l_{\mathrm{PRC}}}$$

就是说, 调制频率 f_{mod} 的值必须是 $\dfrac{c}{4l_{\mathrm{PRC}}}$ 的奇数倍.

由于旁频光必须同时满足两个条件: ①在功率循环腔内共振, ②在臂上法布里-珀罗腔内反共振, 这就需要同时满足下面两个方程:

$$f_{\mathrm{mod}} = (2N - 1)\frac{c}{4l_{\mathrm{PRC}}}$$
$$f_{\mathrm{mod}} = \left(N + \frac{1}{2}\right)\frac{c}{2L} \tag{8-9}$$

这两个方程式联立确定了臂上法布里-珀罗腔长度与功率循环腔长度之间的关系. 一般说来, 在设计激光干涉仪引力波探测器时, 臂上法布里-珀罗腔的长度是首先确定的重要参数之一, 它确定之后, 功率循环腔的长度 (即功率循环镜的位置) 就可以根据上面的公式计算出来.

2. 干涉仪短臂的不对称 Δl

从激光干涉仪引力波探测器的结构我们知道, 载频光场携带着引力波信号, 引力波信号可以用载频光场在反对称输出口读出来. 由于干涉仪工作在暗纹状态, 因此我们不可能简单地用光二极管对它进行直接探测. 这个问题可以用前端调制技术来解决, 具体方法非常类似于单个共振腔中所用的庞德-德里弗-霍尔技术. 为此我们需要对干涉仪进行新的调节, 使它不能工作在完美的干涉相消状态, 而是使它在暗纹口有一些旁频光场漏出来, 用作所谓的 "参考" 光场, 从而使我们能够用载频光读出 "拍" 信号, 并且用解调技术将引力波信号抽取出来.

让很小部分的旁频光从暗纹口漏出来的方法有很多种, 最简单的技术就是让迈克耳孙干涉仪的两个短臂有一些宏观的 (即用肉眼看得见的) 长度差. 这里所说的短臂指的是从分光镜到臂上法布里-珀罗腔的输入镜之间的距离, 这样做并不会冲击载频光场, 因为仅仅有微小的长度差实质上还能够保证干涉仪工作在干涉相消状态. 但是对于旁频光来说情况就不同了, 在南北方向的短臂 l_{N} 中穿行的旁频光束积累的相位与在东西方向的短臂 l_{W} 中穿行的旁频光束积累的相位是不同的, 因为它们穿行的距离 l_{N} 和 l_{W} 是不同的. 因此, 当两束光在分光镜上重新组合时, 它们之间就有了相位差 $\Delta\phi$:

$$\Delta\phi = 2\frac{\Omega}{c}(l_{\mathrm{N}} - l_{\mathrm{W}}) = 2\frac{\Omega}{c}\Delta l \tag{8-10}$$

Δl 称为斯克努普不对称 (Schnupp asymmetry), 在计算从反对称输出口透射出来的光场时, 必须把这个相位 $\Delta\phi$ 加入到计算公式中, 其结果导致迈克耳孙干涉仪不再将从对称口进入的旁频光完全反射回去, 而是允许一小部分透射到反对称输出口. 旁频光的反射系数 R_{sb} 和透射系数 T_{sb} 分别是

$$R_{\mathrm{sb}} = \mathrm{i}r_{\mathrm{FP}}\cos\left(\frac{\Omega\Delta l}{c}\right) \tag{8-11}$$

$$T_{\mathrm{sb}} = \pm i r_{\mathrm{FP}} \sin\left(\frac{\Omega \Delta l}{c}\right) \tag{8-12}$$

这种技术是非常有效的, 举例说来, 如果调制频率为 6.25MHz, 斯克努普不对称 Δl=0.8m, 那么将有 1% 的在功率腔内循环的旁频光透射到反对称输出口. 这样反对称口的输出光场中就包含了两个旁频光场和一个载频光场. 载频光场的强度正比于干涉仪两个臂差动运动的长度. 光二极管探测到的功率中将包含来自载频光干涉形成的 "拍" 信号和两个旁频光场的信息. "拍" 信号的幅度正比于干涉仪两臂的差动位移, 我们可以利用庞德–德里弗–霍尔技术中给出的解调方法将它抽取出来. 庞德–德里弗–霍尔技术是激光干涉仪引力波探测器中应用的一项十分重要的技术, 我们将在 8.2 节对它进行详细的介绍.

8.1.2　零差探测

若想取出引力波信号, 必须使用信号读出电子学系统对从暗纹口输出的信息进行解调, 将输出信息中频率较低的引力波成分与频率极高的载频光成分退耦合. 为了做到这一点, 需要将旁频信号与一个已知的、稳定的光学局部振荡器进行比较. 当然, 使用一个附加的光学局部振荡器产生解调信号也未尝不可, 但是把现成的载频激光本身用作解调信号当然更加方便, 更加理想. 按照这种思路设计的读出方案称为零差读出法, 有些文献中也叫 DC 读出法.

根据激光干涉仪引力波探测器的工作原理我们知道, 当频率为 f_{gw} 的引力波穿过干涉仪时, 会对干涉仪的激光束进行频率调制从而产生两个旁频. 设干涉仪中输入的激光束 (我们在下面称它为载频光) 的频率为 f_{I}, 则两个旁频 f_{s} 分别为

$$f_{\mathrm{s}} = f_{\mathrm{I}} \pm f_{\mathrm{gw}}$$

根据激光干涉仪引力波探测器的工作原理我们知道, 当引力波穿过探测器时, 会使干涉仪的一臂伸长同时使与之垂直的另一臂相应地缩短, 破坏了干涉仪完全相干减弱的初始条件, 在干涉仪的输出口有一部分光线透出来. 不过输出光的频率是引力波导致的旁频, 它不是我们在零差探测中需要的载频光.

常规的激光干涉仪都工作在暗纹状态. 把干涉仪锁定在暗纹状态意味着从两臂来的光在输出口是完全干涉相减的, 没有载频光从暗纹输出口出来. 因而在读出系统解调时并无载频激光可用, 我们需要采取一些技术措施解决这一难题, 得到一些载频光.

高级激光干涉仪引力波探测器在采用零差探测时, 获取载频光的基本思想是相当巧妙的, 在进行设计和建造时, 使干涉仪臂上两个法布里–珀罗腔的长度一个稍微长些, 另一个稍微短些, 这个长度差称为长度偏置, 为了使两个法布里–珀罗腔仍能很好地保持在它们的共振宽度内, 这个长度偏置非常小. 当分别在两个臂内行进

的两束光在分光镜上重新组合时, 该长度偏置就变换成一个很小的、不变的相位差. 它破坏了干涉仪完美干涉相消的工作条件, 有一小部分载频光场 Ψ_{ASY} 从反对称输出口漏出来, 漏出的光场 Ψ_{ASY} 以下面的公式来表示:

$$\Psi_{\text{ASY}} = \Psi_{\text{DC}} + \chi_0 \left[G(\omega)\mathrm{e}^{\mathrm{i}\omega t} + G(-\omega)\mathrm{e}^{-\mathrm{i}\omega t} \right] \tag{8-13}$$

公式中的第一项 Ψ_{DC} 来自长度偏置, 是一个常数. 第二项是随时间变化的, 它来自引力波感应的差动运动 χ_0 与干涉仪增益 G 的乘积, 光二极管还像过去一样, 用来探测从反对称输出口漏出的光场 Ψ_{ASY} 的功率 $P(t)$. 不过这一次的输出功率中包含着一个十分重要的成分, 它正比于引力波信号和恒定光场 Ψ_{DC} 的乘积

$$P(t) = \cdots + \left[\Psi_{\text{DC}}^* G(\omega) + \Psi_{\text{DC}} G^*(-\omega) \right] \chi_0 \mathrm{e}^{\mathrm{i}\omega t} + \text{c.c} + \cdots \tag{8-14}$$

这就是 "零差读出" 技术的基本架构, 在这种读出方法中恒定载频光场扮演了相位参考者的角色.

这种引力波信号抽取方法貌似简单, 实际上也存在相当大的困难. 首先, 任何到达光二极管的无用的虚假光场都会损害干涉仪的灵敏度, 因为它们会增加总输出功率但不会增加光学增益. 首要的虚假光场是干涉仪前端频率调制器产生的旁频光. 这个旁频光是我们特意产生的, 在干涉仪中它是不能缺少的, 因为我们要用它来控制干涉仪中几乎所有的长度. 但是在零差读出方案中, 它是有害的. 在零差读出中消除这个有害场的最好方法是在进入光二极管之前就把它过滤掉. 过滤的方法是在输出口增加一个 "输出清模器", 它是一个很短的、具有很高锐度的法布里–珀罗腔, 其线宽大大窄于最低的调制频率, 以保证仅让载频光通过.

零差读出的另一个难点是当臂上法布里–珀罗腔工作在微小失谐状态时, 必将带来非常强的辐射压力效应. 这时如果让一个臂保持光学机械稳定, 另一个臂就不会稳定, 举例说来, 在高级探测器中, 典型的偏置是 10pm, 利用辐射压力公式进行计算可知, 悬镜单摆共振频率的移动将高达 40Hz. 这给干涉仪长期稳定的运转带来一定的困难, 需要认真对待.

8.2 干涉仪工作状态的控制与锁定

"锁定" 是激光干涉仪引力波探测器调整和运行中的重要环节, 是引力波探测中的核心技术之一. "锁定" 一词的基本含意指的是在取数之前, 通过各种技术参数的调整, 使干涉仪处于最佳状态, 然后把这些参数在确定的范围之内固定下来, 通过控制系统使干涉仪处于动态平衡. 从而把干涉仪的工作点锁定, 干涉仪的锁定与状态控制的基础是庞德–德里弗–霍尔技术 [178]. 当然干涉仪锁定的前提是要有一

个合乎要求的、频率稳定的激光束, 因此, 在把激光束引入干涉仪之前必须先对激光器进行清模和频率稳定, 这项工作也是利用庞德–德里弗–霍尔技术完成的.

8.2.1 庞德–德里弗–霍尔技术

庞德–德里弗–霍尔技术是 20 世纪 40 年代在微波的研究和应用中由 R.V. Pound 教授首先提出来的 [184], R. Drever 和 J.Hall 对它进行了补充和完善, 形成一套成熟的技术. 它是改进激光器频率稳定性的重要方法 [176,177], 利用这种技术, 可以方便地将一台普通的商业激光器改造成作为频率标准的光源 [179,180], 其稳定性和脉冲发生器一样好. 除了在激光干涉仪引力波探测器中发挥了不可替代的作用之外, 庞德–德里弗–霍尔技术的基本原理在通信、航天、国防、工业生产、科学研究, 特别是原子物理中的调频光谱学研究 [181–183] 等国民经济诸多领域中也有广泛的应用.

利用庞德–德里弗–霍尔技术稳定激光频率的基本思想是: 将被稳定的激光输入一个精心设计的、长度 (也就是共振频率) 非常稳定的标准法布里–珀罗腔, 该标准法布里–珀罗腔的共振频率就是对激光器进行稳定需要的频率. 测量激光器输出光束的频率, 并把它与标准法布里–珀罗腔的共振频率进行比较, 得到一个误差信号, 之后把测量得到的误差信号反馈到激光器, 通过控制电路使激光器的频率回到设计值, 达到抑制激光器频率涨落的目的. 激光频率的测量是用零同步检验的形式完成的. 这种形式把频率测量与激光强度自身的涨落分离, 使系统不受法布里–珀罗腔响应时间的限制. 允许我们测量并抑制比法布里–珀罗腔响应时间还要快的频率涨落. 我们通俗地称这种激光稳频技术为 "把激光器锁定在标准法布里–珀罗腔上".

庞德–德里弗–霍尔技术在理论上虽然简单, 但其功能是强大的, 应用是广泛的, 在很多高等院校它是作为大学本科生的一门高级实验课程来讲授的 [185]. 鉴于它在激光干涉仪引力波探测器中的重要作用, 我们有必要对它进行详细的讨论.

1. 基本原理

在激光干涉仪引力波探测器工作状态的控制和锁定过程中, 共振腔长度变化的监视和测量是至关重要的. 它是保证干涉仪稳定地锁定在工作点的关键. 当前使用的所有监测方法都是基于庞德–德里弗–霍尔技术. 下面我们就以法布里–珀罗腔长度测量为例, 详细地介绍这项核心技术的工作原理 (图 8.3).

一束频率稳定的激光通过一个电光调制器 EOM 进行相位调制. 典型的电光调制器是科尔盒. 它由一个高频余弦信号 $\cos\Omega t$ 驱动, 经电光调制器调制之后, 激光束的光场 Ψ 为

$$\Psi = \Psi_0 e^{i(\omega t + m\cos\Omega t)} \tag{8-15}$$

在这里 ω 是输入激光束的角频率, Ω 是调制频率, m 是相位调制幅度, 也被称为调制深度或调制指数. 频率调制后的光场 Ψ 是个指数函数, 这个指数函数可以用贝

塞尔函数进行展开, 得到如下表达式:

$$\Psi = \Psi_0 e^{i\omega t}[J_0(m) + iJ_1(m)e^{-i\Omega t} + J_1(m)e^{i\Omega t}] + \cdots \tag{8-16}$$

从这个展开式我们可以看到, 调制后的光场 Ψ 中, 除了有入射光场 $J_0(m)\Psi_0 e^{i\omega t}$ 之外, 还有两个旁频光场 $J_1(m)\Psi_0 e^{i(\omega-\Omega)t}$ 和 $J_1(m)\Psi_0 e^{i(\omega+\Omega)t}$ 以及很多高阶旁频项. 旁频光场是对激光束进行电光调制时产生的. 一系列高阶旁频项的频率是调制频率的整数倍, 但是它们的振幅非常小, 我们可以忽略不计. 对于被调制的光场来说, 入射光场 $J_0(m)\Psi_0 e^{i\omega t}$ 被称为载频光场, 两个旁频光场 $J_1(m)\Psi_0 e^{i(\omega-\Omega)t}$ 和 $J_1(m)\Psi_0 e^{i(\omega+\Omega)t}$ 分别对称地分布在载频光场的两侧, 旁频光场 $J_1(m)\Psi_0 e^{i(\omega-\Omega)t}$ 有时称为下旁频, 而 $J_1(m)\Psi_0 e^{i(\omega+\Omega)t}$ 则被称为上旁频.

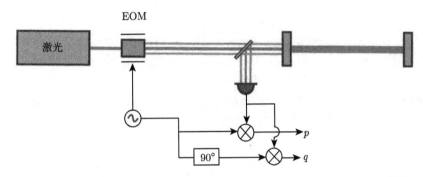

图 8.3　利用庞德–德里弗–霍尔技术测量法布里–珀罗腔长度的方框图 [306]

根据贝塞尔函数的性质, 对于小的 m 来说, 我们有 [348]

$$J_n(m) \propto m^n \tag{8-17}$$

因此, 在调制深度 m 较低时, 零阶和一阶贝塞尔函数可以分别近似地表示为

$$J_0(m) \approx 1 - \frac{m^2}{4} \tag{8-18}$$

$$J_1(m) \approx \frac{m}{2} \tag{8-19}$$

将上式代入 Ψ 的展开式中得到

$$\Psi = \Psi_0 e^{i\omega t}\left[1 - \frac{m^2}{4} + i\frac{m}{2}e^{-i\Omega t} + i\frac{m}{2}e^{i\Omega t}\right] \tag{8-20}$$

该公式表示, 在共振的法布里–珀罗腔中运行的激光束是由三种独立的光场组成的, 庞德–德里弗–霍尔技术的基本思想是: 选择合适的调制频率, 保证当载频光在腔内共振时, 旁频光不共振. 我们知道, 当光在腔内共振时, 其反射光的相位会随腔长度

的微小变化而急剧变化. 与此相反, 如果一个光束在腔内不能共振, 即使腔的长度在其共振工作点周围有一点变动, 它的相位也基本上保持不变. 利用这个特点, 当我们测量载频光的相位变化时就可以用旁频光的相位作为一个不变的参考点. 从这个意义上讲, 旁频光担当了我们在外差测量方法中使用的参考光束的角色. 监视并测得载频光相位的变化, 我们就能敏锐地知道共振腔长度对工作点的偏离, 并通过控制系统使它复位. 而载频光相位的变化是以旁频光的相位作参考的, 这就是庞德–德里弗–霍尔技术的理论基础.

下面我们讨论怎样利用庞德–德里弗–霍尔技术测量载频光的相位变化. 假如我们先把法布里–珀罗腔调到共振状态, 然后把它的长度从共振位置移动一个很小的长度 z, 对于载频光来说, 这时的反射系数 R_0 为

$$R_0 = \mathrm{i}\frac{r_\mathrm{i} - r_\mathrm{e}\mathrm{e}^{-2\mathrm{i}kz}}{1 - r_\mathrm{i}r_\mathrm{e}\mathrm{e}^{-2\mathrm{i}kz}} \tag{8-21}$$

其中 r_i 是法布里–珀罗腔输入镜的反射系数, r_e 是法布里–珀罗腔后端镜的反射系数, 光在法布里–珀罗腔内的损失忽略不计.

旁频光的反射系数与载频光的反射系数 R_0 不同, 因为与载频光相比, 它的频率发生了变动, 这个频率的移动使它在沿臂传播一个臂长 L 之后引入了一个附加的相移 ϕ_sb,

$$\phi_\mathrm{sb} = \pm 2\frac{\Omega}{c}L$$

当然, 在 ϕ_sb 中还应该有一个与 Ωz 成正比的项, 但是, 一般说来, z 的值只有波长量级, 调制频率 Ω 也只有几 MHz, Ωz 的值很小, 可以忽略不计.

有了 ϕ_sb, 我们就可以写出旁频光的反射系数 $R_\pm$

$$R_\pm = \mathrm{i}\frac{r_\mathrm{i} - r_\mathrm{e}\mathrm{e}^{-2\mathrm{i}kz \mp 2\mathrm{i}\frac{\Omega}{c}L}}{1 - r_\mathrm{i}r_\mathrm{e}\mathrm{e}^{-2\mathrm{i}kz \mp 2\mathrm{i}\frac{\Omega}{c}L}} \tag{8-22}$$

如前所述, 在测量载频光相位变化时, 我们要用旁频光的相位作为参考相位, 这要求当载频光在腔内共振时旁频光不共振, 意味着旁频光的附加相移的值应该为 π. 根据这个条件我们可以得到腔的长度 L 与调制频率 f_mod 之间的关系:

$$f_\mathrm{mod} = \left(N + \frac{1}{2}\right)\frac{c}{2L}$$

N 是正整数, 上述公式表明, 调制频率必须是腔的自由光谱范围的半整数倍. 根据这个选择条件, 我们可以把旁频光的反射系数 $R_\pm$ 简化为

$$R_\pm = \mathrm{i}\frac{r_\mathrm{i} + r_\mathrm{e}\mathrm{e}^{-2\mathrm{i}kz}}{1 + r_\mathrm{i}r_\mathrm{e}\mathrm{e}^{-2\mathrm{i}kz}} \tag{8-23}$$

为了探测反射光的总功率, 我们用一个光隔离器把所有反射光送进光二极管, 光二极管的输出光场 Ψ_R 为

$$\Psi_R = \Psi_0 e^{i\Omega t}[J_0 R_0 + iJ_1 R_- e^{-i\Omega t} + iJ_1 R_+ e^{i\Omega t}] \tag{8-24}$$

输出的总功率 P 为

$$\begin{aligned}P = |\Psi_0|^2\,[&J_0^2\,|R_0|^2 + J_1^2\,|R_+|^2 + J_1^2\,|R_-|^2 \\ &+ ie^{-i\Omega t}J_0 J_1(-R_0 R_+^* + R_0^* R_-) \\ &- ie^{i\Omega t}J_0 J_1(-R_0^* R_+ + R_0 R_-^*) \\ &+ e^{-2i\Omega t}J_1^2 R_- R_+^* + e^{2i\Omega t}J_1^2 R_-^* R_+]\end{aligned} \tag{8-25}$$

从表达式 (8-25) 可以看到, 输出功率包括三部分:

其中第一部分 $|\Psi_0|^2\,[J_0^2\,|R_0|^2 + J_1^2\,|R_+|^2 + J_1^2\,|R_-|^2]$ 是光二极管输出信号的低频部分, 它相应于腔反射功率的准 "静态" 部分;

第二部分 $|\Psi_0|^2\,[ie^{-i\Omega t}J_0 J_1(-R_0 R_+^* + R_0^* R_-) - ie^{i\Omega t}J_0 J_1(-R_0^* R_+ + R_0 R_-^*)]$ 是光二极管输出信号中以调制频率 Ω 振荡的部分;

第三部分 $|\Psi_0|^2\,[e^{-2i\Omega t}J_1^2 R_- R_+^* + e^{2i\Omega t}J_1^2 R_-^* R_+]$ 是信号中以两倍调制频率 2Ω 振荡的部分.

这种情况与外差探测非常相似, 因此为了将低频信号抽取出来, 我们做的第一步便是用一个频率仍然是调制频率 Ω 的正弦信号与光二极管输出信号相乘, 把频率为 Ω 的正弦信号 $s(t)$ 的形式写成下面的形式:

$$s(t) = \frac{1}{2}\left(e^{i\Omega t + i\phi} + e^{-i\Omega t - i\phi}\right) \tag{8-26}$$

等同于用一个正弦信号和一个余弦信号一起与光二极管输出信号相乘, $s(t)$ 又称为 "局部振荡器信号", 公式中的 ϕ 是我们增加的一个可供选择的解调相位. 光二极管输出信号与局部振荡器信号相乘得到的乘积中包含多种成分, 每种成分具有不同的频率, 如低频的准静态频率及 Ω、2Ω、3Ω 等. 然而我们感兴趣的只有低频的准静态成分, 因此, 像在外差探测中所做的那样, 我们让乘积通过一个低通过滤器, 把感兴趣的准静态部分抽取出来. 过滤后幸存下来的项称为被解调的信号 d:

$$d = P_{\text{in}}\frac{J_1 J_0}{2}\left[i(R_0^* R_- - R_0 R_+^*)e^{i\phi} + \text{c.c}\right] \quad \text{(其中 c.c 表示复数共轭)}$$

取 d 的实部, 我们有

$$d = P_{\text{in}}J_0 J_1 \text{Re}\left[i(R_0^* R_- - R_0 R_+^*)e^{i\phi}\right] \tag{8-27}$$

方括号中的内容是个复数, 解调相位 ϕ 使这个复数在复平面内转动, 然而我们并没有无穷多个独立的成分而是只有两个, 它们分别对应于复数的实部和虚部. 因此我

们考虑解调相位 $\phi = 0$ 和 $\phi = \pi / 2$ 两种情况并构建同相位信号 p 和 $90°$ 相移信号 q, 其中 $\phi = 0$ 表示解调信号与调制信号同相位, $\phi = \pi/2$ 表示解调信号从调制信号相移 $90°$ 的情况.

$$p = P_{\text{in}} J_0 J_1 \text{Im} \left(R_0^* R_- - R_0 R_+^* \right) \tag{8-28}$$

$$q = P_{\text{in}} J_0 J_1 \text{Re} \left(R_0^* R_- - R_0 R_+^* \right) \tag{8-29}$$

将 R_0 及 $R_\pm$ 的内容形式代入 p 和 q 我们得到

$$p = -4 P_{\text{in}} J_0 J_1 r_{\text{e}} (1 + r_{\text{e}})^2 r_{\text{i}} t_{\text{i}}^2 \frac{\sin 2kz}{1 + r_{\text{i}}^4 r_{\text{e}}^4 - 2 r_{\text{i}}^2 r_{\text{e}}^2 \cos 4kz}$$
$$q = 0 \tag{8-30}$$

从公式中可以看出, 同相位信号 p 是腔长度从共振点位移的距离 z 的函数, 该信号的大小表示腔长度偏离共振点的程度, 也就是说, 这个量可以用来监测腔的共振状态并且作为误差信号通过控制系统使偏离共振的状态复原. 这正是庞德–德里弗–霍尔技术的核心内容, 因此同相位信号 p 又称为庞德–德里弗–霍尔信号 (PDH 信号). 图 8.4 给出了同相位信号 (即 PDH 信号) 与腔的长度从共振点位移的距离 z 的关系曲线.

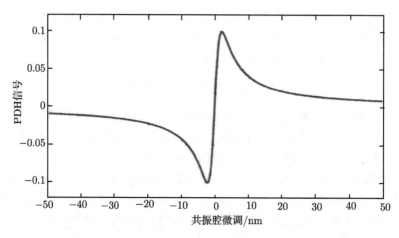

图 8.4 庞德–德里弗–霍尔 (PDH) 信号与腔的长度从共振点微调距离 z 的关系 [306]

从图 8.4 可以看到, 在共振点附近同相位信号 p 的大小与腔的位移 z 呈线性关系, 线性区域的宽度与腔的线宽成正比, 假如法布里–珀罗腔的锐度 F 大于 1(在实际应用中 F 远大于 1), 我们在原点对 p 微分就可以得到斜率 $\frac{\mathrm{d}p}{\mathrm{d}z}$:

$$\frac{\mathrm{d}p}{\mathrm{d}z} = J_0(m) J_1(m) P_{\text{in}} \frac{2F}{\pi} \frac{4\pi}{\lambda} \tag{8-31}$$

该公式表明, 法布里–珀罗腔的锐度 F 越大, PDH 信号 (即信号 p) 对腔长度的变化越灵敏, 当然这要以牺牲 PDH 信号的线性区域的范围为代价.

从同相位信号 p 表达式中还可以看出, 它的大小与干涉仪输入的激光功率 P_{in} 成正比, 输入的激光功率越大, PDH 信号越强.

与简单的外差探测相比, 庞德–德里弗–霍尔技术有一个明显的优点, 那就是它的信号对腔外发生的任何相移都不灵敏.

2. 激光稳频中的庞德–德里弗–霍尔技术

庞德–德里弗–霍尔技术最重要的应用领域是激光稳频 [186], 干涉仪对激光频率的稳定性有极高的要求. 我们正是使用这项技术解决了这个难题. 为了进一步讨论庞德–德里弗–霍尔技术的基本原理. 我们也从激光稳频入手进行深入细致的分析.

假如我们有一台激光器, 打算用它做实验, 但其输出光束的频率稳定性较差, 不能满足要求, 需要对它进行改造, 提高频率稳定性. 对于大多数近代激光器说来, 它们的频率都是可调的. 激光器本身带有输入接口, 通过这个接口, 我们可以输入一个电信号, 这个电信号是当激光器的频率发生变动时产生的, 因此也被称为 "误差信号", 我们用它来调节和控制激光的频率. 得到这个误差信号的办法之一是精确测量激光器输出光束的频率, 把它与正确值进行比较并适当地放大和过滤, 通过输入接口反馈到激光器, 对其频率进行调节和控制, 使它恢复到正确值. 这样, 问题的关键就变成对激光频率的精确测量.

1) 激光频率的精确测量

精确测量激光频率的最好方法是把它送进一个法布里–珀罗腔 [187–190], 通过观测透射光束或反射光束的样式即可精确地知道入射光束的频率. 设所用的法布里–珀罗腔的长度为 L, 我们知道, 只有波长为 $2L$ 整数倍的那些光能够穿过腔体. 换个说法, 透射光电磁波的频率必须是法布里–珀罗腔自由光谱区域 $\Delta\nu_{fsr}$ 的整数倍才行. 法布里–珀罗腔自由光谱区域 $\Delta\nu_{fsr}$ 由下面的公式给出:

$$\Delta\nu_{fsr} \equiv c/2L$$

在这里 c 是光速, 法布里–珀罗腔的作用好像一个带有传输线的过滤器或共振过滤器, 它在频率上均匀地把每个自由光谱区域分开. 图 8.5 给出了法布里–珀罗腔透射光的份额与入射光束频率之间的关系 [186]. 在图中, 频率的单位是腔的自由光谱区域.

若想测量激光器输出光束的频率, 可以调节法布里–珀罗腔的长度 L, 使光在腔内共振. 测量这个共振频率, 就可以知道激光器输出光束的频率, 其精确度是非常高的. 在上面的讨论中, 法布里–珀罗腔的共振状态是通过观测其透射光束的强度来判断的.

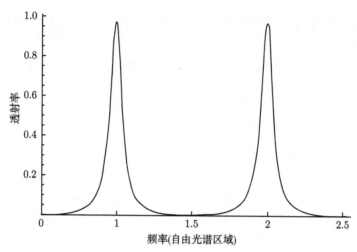

图 8.5　法布里–珀罗腔的透射率与入射光束频率之间的关系 [186]

为了能够清楚地观察透射曲线的结构. 图中所用这个法布里–珀罗腔的锐度 F 相对较低, 约为 12.

2) 误差信号

如上所述, 为了稳定激光器的频率, 我们把它锁定在一个长度非常稳定的法布里–珀罗腔上, 并把激光频率涨落产生的误差信号反馈到激光器中, 对它进行实时控制. 误差信号的产生成了这种方法中的关键问题.

假如我们的系统刚好运行在共振峰的某一边, 并离共振峰的峰值足够近, 使得一部分光可以透过 (比如说, 最大透射功率的一半), 那么光束频率的微小变化可以导致透射强度成正比地变化. 这时, 我们可以测量透射强度, 并把测得的信号用作误差信号反馈到激光器中, 用以控制透射强度 (因此, 也是控制激光频率), 使它恢复或保持不变. 这是在庞德–德里弗–霍尔方法发明之前, 激光锁频常用的手段. 但是这种方法存在着不少缺点. 其中之一就是不能分辨透射强度的变化是由激光器本身强度的涨落产生的还是由于激光频率的变化引起的. 当然, 我们也可以建立一个附加的系统, 用它来稳定激光的强度, 抑制激光器自身强度的涨落. 20 世纪 70 年代就是这样做的. 但是, 这种方法使设备复杂化, 做起来比较麻烦.

测量法布里–珀罗腔反射光束 (而不是透射光束) 强度的变化能够克服这一难题. 对于无损耗的法布里–珀罗腔来说, 当光束在里面共振时, 透射光束达到峰值, 反射的光束强度为零. 当入射光束的频率稍微偏离共振点时, 反射的光束强度不再为零, 透射光强度也从峰值相应减小. 测量反射光束可以把光束频率变化效应与激光器自身的强度噪声分开, 因为在反射光束中, 最终要测量的有用参数不是它的强度而是它的相位. 反射光束强度只为了讨论方便引用一下而已.

反射光束的强度在共振频率的左右是对称的, 如果入射光束的频率漂移出法布里–珀罗腔的共振点, 单靠跟踪反射光强度的变化不能断定自己位于共振峰的哪一边, 也就是说, 为了使激光器输出光束的频率恢复到共振点 (即恢复到原来值), 我们不知道应该增加频率还是减小频率.

幸运的是, 纵然反射光束的强度在共振峰左右是对称的, 但反射光束强度对频率的导数在共振峰两边却是不对称的. 如果能够测量这个导数, 我们就能找到一个合适的误差信号. 利用这个误差信号, 我们就可以断定应该增加频率还是减小频率, 并根据这个误差信号的大小对激光器进行控制, 使它的频率恢复到正确值, 达到锁频的目的.

做到这一点并不难, 只要人为地把激光器的频率微微变动一下, 看一看反射光束强度有什么反应就可以了. 观测结果会是什么样的呢?

当入射激光的频率稍高于共振点时, 反射光强度对激光频率的导数是正的. 如果我们按正弦规律把激光频率改变一个很小的值, 那么反射光强度也跟着做正弦性的改变, 与入射光束频率的变化同相位 (图 8.6), 当激光束的频率稍低于共振点时, 如果我们把入射光束的频率增加一个很小的值, 反射光的强度反而减小, 也就是说, 反射光强度对激光频率的导数是负的. 反射光强度的变化与入射光束的频率变化反相位.

在共振点上, 反射光强度有最小值, 而且入射光频率的微小变化不会引起反射光强度的改变, 如图 8.6 所示.

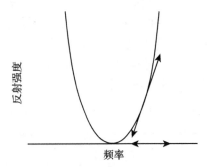

图 8.6 在共振频率附近, 法布里–珀罗腔反射光强度与入射光束频率的函数关系 [186]

比较反射光强度随频率改变而引起的变化, 我们就知道自己处于共振频率的哪一边, 从而解决了左右不清的困惑. 这样我们就找到了一个理想的误差信号: 它就是反射光强度对频率的导数. 一旦测量到这个导数, 我们就可以把它反馈到激光器, 并通过伺服控制系统调节激光器的频率, 使法布里–珀罗腔恢复共振, 通过这种调节手段就能使激光器的频率恢复到原来的值. 达到稳频的目的, 这就是庞德–德里弗–霍尔技术的基本特点. 在实际应用中, 频率调制就是实现将激光器的频率微微抖动的最佳方式, 也是最方便的方式之一.

3) 激光器稳频的实现

激光束是激光干涉仪引力波探测器的 "探针", 激光干涉仪对激光频率的稳定性有非常高的要求. 一般说来频率的稳定性 $\delta\nu/\nu$ 要好于 10^{-12}. 由于激光干涉仪引力波探测器中使用的自由激光器的频率噪声的方均根值为几千赫兹, 大于干涉仪臂上法布里–珀罗腔的自由光谱范围, 所以必须在注入干涉仪之前对激光器进行稳频, 否则臂上法布里–珀罗腔的状态就不能很好地锁定.

我们知道, 在激光束传播一段距离 L 后, 获得的相位移动 ϕ 为

$$\phi = -KL = -\frac{2\pi}{\lambda}L = -2\pi\frac{\nu L}{c} \tag{8-32}$$

$$\delta\phi = -\frac{2\pi}{c}(\delta\nu L + \nu\delta L) \tag{8-33}$$

在这里 ν 是光的频率, c 是光速. 从公式可以看到, 相移 ϕ 的变化 $\delta\phi$ 既可能由长度 L 的微小变化 δL 引起, 也可以由激光频率 ν 的微小变化 $\delta\nu$ 产生. 在物理上这是很容易理解的, 因为我们是用激光束来测量长度变化的, 激光的波长就是我们测量用的 "尺子", 如果激光波长发生变化 (即频率发生变化), 测量结果一定发生变化. 上述公式意味着激光频率的任何变化对传感器来说都等于长度的变化 [349]

$$\frac{\delta\nu}{\nu} = \frac{\delta L}{L} \tag{8-34}$$

实现激光稳频的基本做法是制造一个长度比较小的法布里–珀罗腔, 该腔要用热膨胀系数非常小的材料制造, 并要采取一系列工艺措施使其长度保持稳定. 我们用这个刚性腔作标准的参考腔, 利用庞德–德里弗–霍尔技术测量标准参考腔的反射光频率 (即激光器频率) 的变化, 并实现对激光器频率的控制.

图 8.7 给出了一个简单的实现激光稳频的方框图.

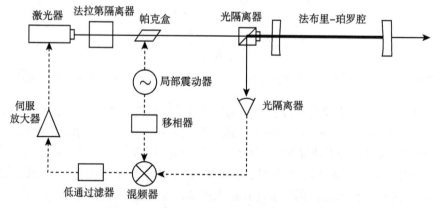

图 8.7　法布里–珀罗腔激光锁频示意图 [186]

实线表示光路, 虚线是信号通道, 反馈到激光器的信号用来控制它的频率

在图中, 激光器输出光束的频率用帕克盒进行调制 (实际上, 帕克盒所调制的是激光的相位, 但是相位调制与频率调制在这里是没有区别的), 帕克盒由一个局部振荡器驱动. 法布里–珀罗腔的反射光束用光学隔离器 (称之为法拉第隔离器) 采集并送到光探测器, 光学隔离器包括一个偏振分光镜和一个 1/4 波片. 光探测器的输出通过一个混频器与局部振荡器的信号进行比较. 我们可以把混频器想象成这样的器件: 它的输出是其两个输入信号的乘积. 因此这个输出包含两种信号, 一个是近似为直流的信号 (即频率非常低的信号), 另一个是频率为调制频率 2 倍的信号. 我们感兴趣的是这个低频信号. 因为这个低频信号给出反射光束强度的导数. 混频器的输出端连接着一个低通过滤器, 把这个低频信号过滤出来. 它就是我们需要的误差信号. 这个误差信号通过一个伺服放大器被送到激光器的调整接口, 把激光器的频率与作为参考频率的法布里–珀罗腔的共振频率之差调整过来, 从而把激光器锁定在法布里–珀罗腔上.

在图 8.7 中, 法拉第隔离器的作用是阻止反射光束返回激光器而使其产生不稳定性, 这个隔离器对理解庞德–德里弗–霍尔技术来说作用不大, 但在实际应用中这个器件是必不可少的, 因为即使让数量很少的反射光通过法拉第光隔离器也足以使激光器失稳. 同样的, 相位移动器在一个理想的系统中也是可有可无的, 但在实际应用中却是非常有用的, 当通往混频器的两条信号路径的延迟不相等时, 可以用它进行补偿.

上面对庞德–德里弗–霍尔原理的讨论只有当激光器的频率发生缓慢抖动时才是有效的, 如果把激光束的频率抖动得太快 (即调制频率抬高), 在法布里–珀罗腔内共振的光没有足够的时间完全建立起来 (或降下去), 法布里–珀罗腔的输出就不能遵循图 8.6 所给出的曲线.

但是, 庞德–德里弗–霍尔技术在较高的调制频率下依然是可以工作的, 而且伺服系统的噪声特性和频带宽度还会明显地得到改善. 在同时带有功率循环腔和信号循环腔的干涉仪中, 为了对这两个腔分别进行控制, 除了低频调制信号外, 还必须增加一个额外的高频调制信号, 这一点我们将在后面的章节中加以分析.

在以上的讨论中, 我们通过庞德–德里弗–霍尔技术在激光稳频中的应用详细解释了它的工作原理. 在这里法布里–珀罗腔起着 "标准频率" 的作用, 通常被称为 "参考腔", 我们是通过把激光器锁定在这个 "参考腔" 上来保持其频率稳定的. 庞德–德里弗–霍尔技术在激光干涉仪引力波探测器中的另一个重要应用是干涉仪工作状态的锁定, 即对法布里–珀罗腔长度的控制, 这时通过频率预稳定系统, 激光器的频率稳定性已满足干涉仪的需要, 我们以它为 "标准", 把法布里–珀罗腔锁定在这个频率上, 使其长度保持稳定.

3. 物理参量的定量分析

下面我们对庞德–德里弗–霍尔技术中的一些物理参量进行更加详细的定量分析.

1) 单色光从法布里–珀罗腔的反射

为了定量地描述反射光的行为, 我们在法布里–珀罗腔外部选择一个点, 测量光的电场分量随时间的变化. 入射光束的电场幅度可以写成

$$E_{\mathrm{inc}} = E_0 \mathrm{e}^{\mathrm{i}\omega t} \tag{8-35}$$

在同一地点测得的反射光束的电场幅度为

$$E_{\mathrm{ref}} = E_1 \mathrm{e}^{\mathrm{i}\omega t} \tag{8-36}$$

为了表示两个光束间相对的相位关系, 我们令 E_0 和 E_1 为复数. 反射系数 $F(\omega)$ 定义为:E_{ref} 与 E_{inc} 之比. 对于无损耗的、对称的法布里–珀罗腔来说它由下面公式给出:

$$F(\omega) = E_{\mathrm{ref}}/E_{\mathrm{inc}} = \frac{r\left[\exp\left(\mathrm{i}\dfrac{\omega}{\Delta\nu_{\mathrm{fsr}}}\right) - 1\right]}{1 - r^2 \exp\left(\mathrm{i}\dfrac{\omega}{\Delta\nu_{\mathrm{fsr}}}\right)} \tag{8-37}$$

在这里, r 是每个镜子的振幅反射系数, $\Delta\nu_{\mathrm{fsr}}$ 是臂长为 L 的法布里–珀罗腔的自由光谱范围. 其定义为

$$\Delta\nu_{\mathrm{fsr}} \equiv \frac{c}{2L}$$

从法布里–珀罗腔反射的光束实际上是两个光束相互干涉之和, 其中一个是瞬发反射光束, 它直接从腔的前端镜反弹回来, 从来没有进入法布里–珀罗腔内. 另一个是漏出光束. 它是法布里–珀罗腔内驻波的一小部分. 透过腔的前端镜漏出来. 应该说, 我们在这里所说的法布里–珀罗腔的反射光束, 并不是严格意义上的反射光. 但是, 在所有关于法布里–珀罗腔的定量分析中, 都把这种漏出光束当成总反射光束的一部分来计算. 在总反射光束中, 这两束光具有相同的频率, 而且, 对于无损耗的、对称的法布里–珀罗腔来说, 在非常靠近共振点处, 它们的强度也几乎相等. 但它们之间的相对相位却是变化的, 强烈地取决于激光束的频率.

如果法布里–珀罗腔处于完美的共振状态, 也就是说, 激光的频率严格地等于法布里–珀罗腔自由光谱范围的整数倍, 那么瞬发反射光束与漏出光束具有相同的振幅及严格的 180° 反相位. 在这种情况下, 两束光干涉相消, 总反射光束消失.

如果法布里–珀罗腔并非处于完美的共振状态, 这意味着, 激光束的频率并不恰好等于法布里–珀罗腔自由光谱范围的整数倍, 但它靠得非常近, 足以在腔内把一

个驻波建立起来, 由于法布里–珀罗腔并非处于完美的共振状态, 那么瞬发反射光束与漏出光束之间的相位差就不恰好是 180° (但两束光的强度仍然是基本相等的). 因此, 两束光不能严格地相干抵消, 总反射光不会消失, 有些光得以从法布里–珀罗腔反射回来. 这束反射光非常有用, 因为它的相位告诉我们所用激光器的频率位于共振点的哪一边. 图 8.8 画出了共振频率附近反射系数的幅度及相位的变化.

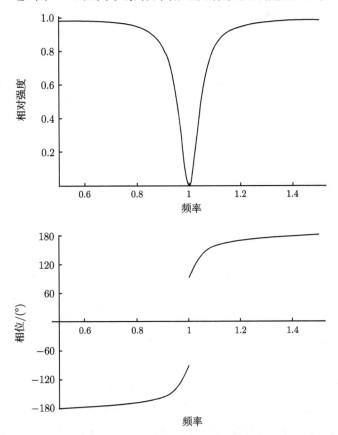

图 8.8 共振点附近法布里–珀罗腔反射系数的幅度及相位的变化 [186]

频率的单位是法布里–珀罗腔的自由频谱范围

为了使共振峰有较大的宽度, 以便看清它的结构, 图中所用法布里–珀罗腔的锐度 F 较低, 仅为 12. 相位变化的不连续性是共振点上反射光束功率完全消失造成的. 为了更好地理解在共振点附近法布里–珀罗腔反射系数 $F(\omega)$ 的特性, 我们在复数平面内画出它随频率变化的轨迹 (图 8.9), 以对它进行更加直观的讨论.

图 8.9 表明, 当激光的频率 (或等效地说, 法布里–珀罗腔的长度) 增加时, $F(\omega)$ 逆时针地画出一个圆. 在大部分时间内, F 位于圆的左边, 靠近实轴, 光在腔内没有

共振. 仅当接近共振点时, 反射系数 F 的虚部才有相当可观的值, 在严格共振时, F 的值为零, 无反射光束出现.

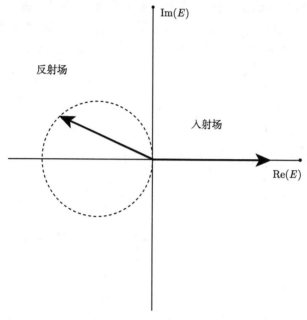

图 8.9   复数平面内法布里–珀罗腔的反射系数 $F(\omega)$[186]

不难证明 [186], F 的值总是处在复平面内的一个圆上, 圆心位于实轴. 激光束的频率 ω 是确定 F 在圆上具体位置的参数. $|F(\omega)|^2$ 给出反射光束的强度. F 在共振点周围是对称的, 但相位不同. 具体的相位取决于激光频率 ω 是高于还是低于法布里–珀罗腔的共振频率.

随着激光频率 ω 的增加, F 逆时针地沿着圆周行进. 对于无损耗的、对称的法布里–珀罗腔来说 (为了简单我们在本节中讨论的法布里–珀罗腔都是这种类型), 在刚好共振时, 这个圆与坐标原点相交. 此时 $F = 0$, 在偏离严格的共振点但非常接近共振时, F 几乎贴在虚轴上, 这是我们最感兴趣的状态. 此时, 若激光频率 ω 低于法布里–珀罗腔的共振频率, F 位于下半平面, 若激光频率 ω 高于腔的共振频率, F 位于上半平面. 为了更好地理解 $F(\omega)$ 的计算结果, 我们在以后的讨论中经常使用这种图像表示法.

2) 反射光的相位测量

为了知道激光的频率高于还是低于法布里–珀罗腔的共振频率, 我们需要测量反射光束的相位. 就作者本人而言, 确实不知道该怎样搭建电子学线路以便直接测量光波电场的相位. 但是, 作者知道, 庞德–德里弗–霍尔技术给我们提供了一个间接测量相位的途径.

庞德–德里弗–霍尔理论告诉我们, 如果把激光的频率抖动一下, 产生比激光的固有频率稍高和稍低的频率, 就能给出足够的信息, 使我们能知道激光的频率位于共振点的哪一边. 与对激光束频率进行定量抖动效果最好的一种方法就是调制激光束的频率 (或相位), 使它产生一些旁频光, 这些旁频光的频率与入射光束及反射光束的频率不同, 但它们与入射光束及反射光束有确定的相位关系. 关于调制激光束频率的原理和方法我们将在 8.3 节中进行详细的讨论.

如果我们让旁频光和反射光相互干涉, 由于反射光的频率与旁频光的频率非常接近, 干涉产生的和光束将会具有 "拍" 形图样, "拍" 的频率就是调制频率, "拍" 的相位我们能够测量. 通过 "拍" 的相位, 我们就能够知道反射光束的相位.

这样看来, 我们对激光束进行频率调制的目的是很清晰的, 即利用频率调制产生旁频光, 利用旁频光与反射光的干涉建立起一个有效的相位基准, 利用这个相位基准得到反射光的相位. 根据反射光束的相位确定激光频率对于法布里–珀罗腔的共振频率的偏离方位 (即高于还是低于腔的共振频率), 知道了激光频率的偏离方位, 我们就可以利用适当的信号对激光频率进行调整, 使它返回原位, 达到稳定频率的目的. 这就是庞德–德里弗–霍尔技术的基本思路.

3) 频率调制和旁频的产生

在上面的分析中我们谈到, 为了产生旁频光, 需要对激光进行频率调制. 频率调制在激光干涉仪引力波探测器中是一个非常重要的环节, 它的原理和详细公式推导将在第 8.3 节中进行. 这里只做简单的介绍.

在实际应用中, 调制相位比调制频率更容易一些. 本质上讲, 相位调制和频率调制的结果是一样的. 但在数学形式上, 描述相位调制比描述频率调制要简单得多. 像图 8.7 中显示的那样, 相位调制可以很容易地用帕克盒来实现. 激光束在通过帕克盒之后, 它的电场就受到了相位调制, 变成如下形式:

$$E_{\text{inc}} = E_0 e^{i(wt + \beta \sin \Omega t)} \tag{8-38}$$

利用贝塞尔函数将上式展开, 只取贝塞尔函数的零阶项和一阶项, 忽略数值很小的高阶项, 我们得到调制后光的电场分量的近似值:

$$E_{\text{inc}} \approx E_0[J_0(\beta) + 2iJ_1(\beta)\sin\Omega t]e^{i\omega t} = E_0[J_0(\beta)e^{i\omega t} + J_1(\beta)e^{i(\omega+\Omega)t} - J_1(\beta)e^{i(\omega-\Omega)t}] \tag{8-39}$$

这个公式表示, 实际上有三个光束进入了法布里–珀罗腔, 它们是频率为 ω 的载频光束和频率分别为 $\omega + \Omega$ 及 $\omega - \Omega$ 的两个旁频光束. Ω 是调制频率, β 是调制深度. 若 $P_0 = |E_0|^2$ 是入射光束的总功率, 那么, 忽略干涉效应, 载频光束的功率为

$$P_{\text{c}} = J_0^2(\beta)P_0 \tag{8-40}$$

每个一阶旁频光束的功率都是

$$P_{\mathrm{s}} = \mathrm{J}_1^2(\beta)P_0 \tag{8-41}$$

当调制深度较小, 即当 $\beta < 1$ 时, 可以忽略高阶旁频光, 认为几乎所有的入射功率都包含在载频光束和两个一阶旁频光束之内, 即

$$P_0 = P_{\mathrm{c}} + 2P_{\mathrm{s}} \tag{8-42}$$

4) 被调制的光束的反射: 误差信号

当有几束光同时入射时, 为了计算总反射光的电场, 我们可以对每个光束进行单独处理. 用适当频率下的反射系数和每个光束相乘, 然后把它们合起来. 在庞德–德里弗–霍尔装置中, 我们有三个入射光束: 载频光束和两个旁频光束, 总反射光束的电场为

$$E_{\mathrm{ref}} = E_0[F(\omega)\mathrm{J}_0(\beta)\mathrm{e}^{\mathrm{i}\omega t} + F(\omega+\Omega)\mathrm{J}_1(\beta)\mathrm{e}^{\mathrm{i}(\omega+\Omega)t} + F(\omega-\Omega)\mathrm{J}_1(\beta)\mathrm{e}^{\mathrm{i}(\omega-\Omega)t}] \tag{8-43}$$

我们真正想得到的是反射光束的功率 P_{ref}, 因为它是能够用光探测器进行测量的物理量

$$P_{\mathrm{ref}} = |E_{\mathrm{ref}}|^2$$

将 E_{ref} 的表达式代入上式并进行一些数学运算, 我们得到

$$\begin{aligned} P_{\mathrm{ref}} =& P_{\mathrm{c}}\,|F(\omega)|^2 + P_{\mathrm{s}}[|F(\omega+\Omega)|^2 + |F(\omega-\Omega)|^2] \\ &+ 2\sqrt{P_{\mathrm{s}}P_{\mathrm{c}}}\{\mathrm{Re}[F(\omega)F^*(\omega+\Omega) - F^*(\omega)F(\omega-\Omega)]\cos\Omega t \\ &+ \mathrm{Im}[F(\omega)F^*(\omega+\Omega) - F^*(\omega)F(\omega-\Omega)]\sin\Omega t\} + 2\Omega + \cdots \end{aligned} \tag{8-44}$$

利用上面的公式我们已经把三个不同频率的光波叠加在一起. 它们是频率为 ω 的载频光波、频率为 $\omega+\Omega$ 的高旁频光波及频率为 $\omega-\Omega$ 的低旁频光波. 这三个光波叠加起来变成一个 "和光波". 它具有正常的主频率 ω 并带着 "拍" 形图样的 "包罗", 这个 "包罗" 具有两个频率 Ω 和 2Ω, Ω 项产生于载频和两个旁频的干涉, 2Ω 项是由两个旁频之间的相互干涉引起的. 当我们用贝塞尔函数将公式 $E_{\mathrm{inc}} = E_0\mathrm{e}^{\mathrm{i}(\omega t + \beta\sin\Omega t)}$ 展开时, 还得到很多高阶项, 在我们的计算中忽略不计.

我们感兴趣的是以调制频率 Ω 振荡的那两项, 因为它们对反射的载频光束的相位进行了取样, 在 P_{ref} 的表达式中可以看出, 以调制频率 Ω 振荡的两项分别是含有 $\cos\Omega t$ 及 $\sin\Omega t$ 的这两项. 在通常的情况下, 它们当中只有一项存在, 另一项是消失的. 到底哪一项存在, 哪一项消失, 取决于调制频率 Ω 的大小. 在低调制频率时, 即当 $\Omega \ll \Delta\nu_{\mathrm{fsr}}/F$ 时, 法布里–珀罗腔内部电场有足够长的时间做

出响应, $F(\omega)F^*(\omega + \Omega) - F^*(\omega)F(\omega - \Omega)$ 是纯实数, 只有余弦 $\cos\Omega t$ 项能够存在, $\sin\Omega t$ 项为零. 在高调制频率时, 即 $(\Omega \gg \Delta\nu_{\mathrm{fsr}}/F$ 时, 在靠近共振点的地方, $F(\omega)F^*(\omega + \Omega) - F^*(\omega)F(\omega - \Omega)$ 是纯虚数, 只有正弦 $\sin\Omega t$ 项能够存在, $\cos\Omega t$ 项为零. 无论在哪一种情况下, 高 Ω 值或低 Ω 值, 我们要测量的都是下式的值:

$$F(\omega)F^*(\omega + \Omega) - F^*(\omega)F(\omega - \Omega) \tag{8-45}$$

根据这个测量值, 我们可以确定入射光束的频率 ω 位于共振点的哪一边.

5) 误差信号的测量

我们利用图 8.7 所示的探测系统, 测量反射光的功率 P_{ref}, P_{ref} 由下式进行计算:

$$
\begin{aligned}
P_{\mathrm{ref}} =\ & P_{\mathrm{c}} |F(\omega)|^2 + P_{\mathrm{s}}[|F(\omega + \Omega)|^2 + |F(\omega - \Omega)|^2] \\
& + 2\sqrt{P_{\mathrm{s}}P_{\mathrm{c}}}\{\mathrm{Re}[F(\omega)F^*(\omega + \Omega) - F^*(\omega)F(\omega - \Omega)]\cos\Omega t \\
& + \mathrm{Im}[F(\omega)F^*(\omega + \Omega) - F^*(\omega)F(\omega - \Omega)]\sin\Omega t\} + 2\Omega + \cdots \tag{8-46}
\end{aligned}
$$

可以看出, 光探测器的输出信号中包含公式中所有各项. 但是, 我们仅对 $\sin\Omega t$ 项 (或 $\cos\Omega t$ 项) 感兴趣. 为了把感兴趣的部分提取出来, 我们使用了混频器和低通过滤器. 如前所述, 混频器的输出是它所有输入信号的乘积. 两个正弦波 $\sin(\Omega t)$ 和 $\sin(\Omega' t)$ 的乘积是

$$\sin(\Omega t) \cdot \sin(\Omega' t) = \frac{1}{2}[\cos(\Omega - \Omega')t - \cos(\Omega + \Omega')t] \tag{8-47}$$

如果我们把频率为 Ω 的正弦调制信号送进混频器的一个输入端, 并把另外一个频率为 Ω' 的正弦信号送进混频器的另一个输入端, 它的输出将包含两个信号, 其频率分别是 $\Omega + \Omega'$ 和 $\Omega - \Omega'$, 如果像我们在实际应用中经常采用的那样, 令 $\Omega = \Omega'$, 则 $\cos(\Omega - \Omega')t = 1$, 那么含有 $\cos(\Omega - \Omega')t$ 的这一项就是一个直流信号, 我们可以用一个低通过滤器 (参阅图 8.7) 把它提取出来.

如果我们把一个正弦信号和一个余弦信号而不是两个正弦波进行混合, 我们将得到

$$\sin(\Omega t) \cdot \cos(\Omega' t) = \frac{1}{2}[\sin(\Omega - \Omega')t - \sin(\Omega + \Omega')t] \tag{8-48}$$

在这种情况下, 如果 $\Omega = \Omega'$, 直流信号就消失了. 这就是说, 在低调制频率下, 如果我们想要得到误差信号并对它进行测量, 就必须对进入混频器的两个信号进行相位匹配. 我们知道, 把一个正弦信号调成余弦信号 (或把一个余弦信号调成正弦信号) 是引进 90° 相位移动的最简单方法, 它可以用移相器 (或延迟线) 来实现. 在实际应用中, 即使在高调制频率时, 也要使用移相器. 因为在混频器的两个信号输入通

道之间几乎总是存在着不相等的延迟, 需要进行补偿, 以便在混频器的两个输入端产生两个纯正的正弦信号. 如果两个输入信号的相位不匹配, 混频器会输出很奇怪的误差信号. 因此, 在建立庞德–德里弗–霍尔锁定系统时, 我们总是要先扫描一下激光的频率, 经验性地慢慢调节一个数据通道的相位, 直到获得如后面图 8.7 所示的正常误差信号为止.

在有些文献中, 有时把混频器叫做解调器, 从独立振荡器而来的这路输入信号被称为解调信号. 若调制信号是正弦波, 解调信号在混频器的输入端也是正弦波, 那么就称之为同相位解调 (in phase), 若解调信号在混频器的输入端变成了余弦波, 则称之为 $\frac{1}{4}$ 相位解调 (quadra phase).

4. 慢调制

在讨论庞德–德里弗–霍尔技术的基本思想时, 曾经讲过要缓慢地抖动激光束的频率, 观察反射光功率是怎样变化的. 在上节进行定量计算时, 用的是频率 (或相位) 调制光束. 现在我们就把这个经过相位调制的光束抖动一下, 看看能否得到需要的庞德–德里弗–霍尔误差信号. 对经过相位调制的激光束来说, 它的频率对时间的导数 (有时也被称为瞬时频率)$\omega(t)$ 为

$$\omega(t) = \frac{\mathrm{d}}{\mathrm{d}t}(\omega t + \beta \sin \Omega t) = \omega + \beta \Omega \cos \Omega t \tag{8-49}$$

如前所述, 反射光的功率可以用下面的公式计算:

$$P_{\mathrm{ref}} = P_0 \left| F(\omega) \right|^2 \tag{8-50}$$

功率 P_{ref} 是 $\omega + \beta \Omega \cos \Omega t$ 的函数, 如果用物理量 $P_{\mathrm{ref}}(\omega + \beta \Omega \cos \Omega t)$ 表示频率 ω 在时间间隔 $\mathrm{d}t$ 内的变化量, 则得到

$$\begin{aligned} P_{\mathrm{ref}}(\omega + \beta \Omega \cos \Omega t) &\approx P_{\mathrm{ref}}(\omega) + \frac{\mathrm{d}P_{\mathrm{ref}}}{\mathrm{d}\omega} \beta \omega \cos \Omega t \\ &\approx P_{\mathrm{ref}}(\omega) + P_0 \frac{\mathrm{d}\left|F\right|^2}{\mathrm{d}\omega} \beta \omega \cos \Omega t \end{aligned} \tag{8-51}$$

在讨论庞德–德里弗–霍尔技术的工作原理时, 我们要求把激光束的频率缓慢地绝热地抖动, 使得法布里–珀罗腔内的驻波始终与入射光束呈平衡状态. 我们能把这个要求定量地表示出来. 方法是把调制频率 Ω 选得足够低. 在这种情况下, 需要测量的参量 $F(\omega)F^*(\omega + \Omega) - F^*(\omega)F(\omega - \Omega)$ 可以用下面的公式表示:

$$F(\omega)F^*(\omega + \Omega) - F^*(\omega)F(\omega - \Omega) \approx 2\mathrm{Re}\left[F(\omega)\frac{\mathrm{d}}{\mathrm{d}\omega}F^*(\omega)\right]\Omega \approx \frac{\mathrm{d}\left|F\right|^2}{\mathrm{d}\omega}\Omega \tag{8-52}$$

它是一个纯实数, 对于那些与 Ω 有关的项来说, 只有表达式

$$P_{\mathrm{ref}} = P_c \left|F(\omega)\right|^2 + P_s[\left|F(\omega + \Omega)\right|^2 + \left|F(\omega - \Omega)\right|^2]$$

$$+ 2\sqrt{P_{\mathrm{s}}P_{\mathrm{c}}}\{\mathrm{Re}[F(\omega)F^*(\omega+\Omega) - F^*(\omega)F(\omega-\Omega)]\cos\Omega t$$

$$+ \mathrm{Im}[F(\omega)F^*(\omega+\Omega) - F^*(\omega)F(\omega-\Omega)]\sin\Omega t\} + 2\Omega + \cdots \quad (8\text{-}53)$$

中的余弦项存在. 如果我们做如下近似:

$$\sqrt{P_{\mathrm{c}}P_{\mathrm{s}}} \approx P_0 \cdot \frac{\beta}{2} \quad (8\text{-}54)$$

则反射光功率 P_{ref} 的表达式就简化为

$$P_{\mathrm{ref}} = \text{常数项} + P_0 \frac{\mathrm{d}\,|F|^2}{\mathrm{d}\omega}\Omega\beta\cos\Omega t + 2\Omega \quad (8\text{-}55)$$

这与我们在基本原理的讨论中所期望的结果是一致的.

混频器能把 P_{ref} 表达式中所有各项滤掉, 只保留随 $\cos\Omega t$ 变化的这一项. 这样我们就得到了如下的庞德–德里弗–霍尔误差信号:

$$e = P_0 \frac{\mathrm{d}\,|F|^2}{\mathrm{d}\omega}\beta\Omega \approx 2\sqrt{P_{\mathrm{c}}P_{\mathrm{s}}}\frac{\mathrm{d}\,|F|^2}{\mathrm{d}\omega}\Omega \quad (8\text{-}56)$$

图 8.10 画出了这个误差信号随频率变化的曲线.

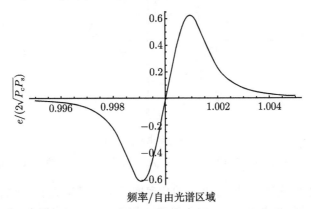

图 8.10 低调制频率下误差信号 $e/(2\sqrt{P_{\mathrm{c}}P_{\mathrm{s}}})$ 与 $\omega/\Delta\nu_{\mathrm{fsr}}$ 的关系曲线 [186]

图中所用的调制频率较低, 半线宽大约是 10^{-3}, 自由光谱范围 $\Delta\nu_{\mathrm{fsr}}$, 所用的法布里–珀罗腔的锐度 F 为 500.

5. 快调制

在庞德–德里弗–霍尔技术的实际应用中, 大多采用共振点附近的快调制. 当载频光的频率接近法布里–珀罗腔的共振频率, 但调制频率足够高 (即快调制), 使得旁频光不能在腔内共振时, 我们可以认为旁频光被全部反射回去, 即 $F(\omega\pm\Omega) \approx -1$, 这时需要测量的参量 $F(\omega)F^*(\omega+\Omega) - F^*(\omega)F(\omega-\Omega)$ 可以用下面的公式表示:

$$F(\omega)F^*(\omega+\Omega) - F^*(\omega)F(\omega-\Omega) \approx -\mathrm{i}2\mathrm{Im}[F(\omega)] \quad (8\text{-}57)$$

它是一个纯虚数, 在这种状态下, 反射光的功率可以用下面的公式来计算:

$$
\begin{aligned}
P_{\text{ref}} =&\, P_{\text{c}}\,|F(\omega)|^2 + P_{\text{s}}[|F(\omega+\Omega)|^2 + |F(\omega-\Omega)|^2]\\
&+ 2\sqrt{P_{\text{s}}P_{\text{c}}}\{\text{Re}[F(\omega)F^*(\omega+\Omega) - F^*(\omega)F(\omega-\Omega)]\cos\Omega t\\
&+ \text{Im}[F(\omega)F^*(\omega+\Omega) - F^*(\omega)F(\omega-\Omega)]\sin\Omega t\} + 2\Omega + \cdots \quad (8\text{-}58)
\end{aligned}
$$

式中的余弦项可以忽略不计. 我们的误差信号变为

$$
e \approx 2\sqrt{1P_{\text{c}}P_{\text{s}}}\{\text{Im}[F(\omega)F^*(\omega+\Omega) - F^*(\omega)F(\omega-\Omega)]\} \quad (8\text{-}59)
$$

图 8.11 画出了这个误差信号的变化曲线. 在图中, 所用的调制频率 Ω 大约是线宽的 20 倍, 约等于一个自由光谱范围 $\Delta\nu_{\text{fsr}}$ 的 4%, 所用的法布里–珀罗腔的锐度仍为 500.

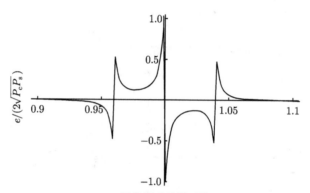

图 8.11　高调制频率误差信号 $e/(2\sqrt{P_{\text{c}}P_{\text{s}}})$ 与 $\omega/\Delta\nu_{\text{fsr}}$ 的关系曲线 [186]

在非常靠近共振频率时, 反射光的功率实际上已经消失了. 因为 $|F(\omega)|^2$ 等于零. 但是, 为了进行详细分析, 我们仍然需要保留 $F(\omega)$ 的一阶项, 把误差信号近似地表示为

$$
P_{\text{ref}} \approx 2P_{\text{s}} - 4\sqrt{P_{\text{c}}P_{\text{s}}}\,\text{Im}[F(\omega)]\sin\Omega t + 2\Omega \quad (8\text{-}60)
$$

因为靠近共振点, 我们可以近似地得到

$$
\frac{\omega}{\Delta\nu_{\text{fsr}}} \approx 2\pi N + \frac{\delta\omega}{\Delta\nu_{\text{fsr}}} \quad (8\text{-}61)
$$

在这里 N 是整数, $\delta\omega$ 是激光频率对法布里–珀罗腔共振频率的偏离, 如果我们的法布里–珀罗腔有比较高的锐度 F, 它可以近似地表示为

$$
F \approx \frac{\pi}{(1-r^2)} \quad (8\text{-}62)
$$

利用这个近似表达式, 我们可以把反射系数 F_{ref} 写成

$$F_{\text{ref}} = \frac{1}{\pi} \frac{\delta\omega}{\delta\nu} \qquad (8\text{-}63)$$

在这里, $\delta\nu = \Delta\nu_{\text{fsr}}/F$, 是法布里–珀罗腔共振峰的线宽, 根据以上讨论, 我们可以写出误差信号 e 的表达式:

$$e \approx -\frac{4}{\pi}\sqrt{P_c P_s} \cdot \frac{\delta\omega}{\delta\nu} \qquad (8\text{-}64)$$

至此, 我们得到一个非常重要的结论: 误差信号 e 与 $\delta\omega$ 成正比 (这个结论在 $\delta\omega \ll \delta\nu$ 时是正确的).

上面公式表明, 在靠近共振点时误差信号 e 与频率的变化 $\delta\omega$ 的关系是线性的. 这种关系在实际应用中非常重要, 因为它使我们能够利用控制理论中已经建立起来的标准工具去抑制频率涨落产生的频率噪声. 在后面的章节中我们还会使用这个线性行为来讨论一些基本的噪声问题.

附带说明一下, 利用常规频率 ν 而不是角频率 ω 来描述误差信号 e 会更直观一些. 将 $\nu = \frac{\omega}{2\pi}$ 代入上式, 我们得到

$$e = D\mathrm{d}\nu \qquad (8\text{-}65)$$

定义误差信号 e 与频率变化 $\mathrm{d}\nu$ 之间的比例常数 D 为

$$D \equiv \frac{-8\sqrt{P_c P_s}}{\delta\nu} \qquad (8\text{-}66)$$

D 的表达式有时被称为频率判别式.

6. 高调制频率下的反射光束功率

在低调制频率下, 我们可以在时间域内把反射光束的功率画出来, 并把它与激光的调制频率进行比较. 当调制频率较高时, 我们仍可以在理论上采用这种方法, 但在技术上要复杂一些, 具体做法如下.

在复平面内, 把每个光束的电场分别用随时间变化的矢量来表示, 而这个复平面沿着载频光束以频率 ω 转动. 我们可以使用这个 "活动参照系", 使入射的载频光电场总是沿着实轴, 从法布里–珀罗腔反射的那部分载频光的电场也用这个复平面上的一个矢量来表示, 在靠近共振点时, 这个反射的载频光的电场可用下面公式给出:

$$E_{\text{carrier}} \approx i\sqrt{P_c} \cdot \frac{\delta\omega}{\pi\delta\nu} \qquad (8\text{-}67)$$

旁频光具有和载频光不同的频率, 因此, 它们用在这个参照系内旋转的矢量来表示, 上旁频光 $(\omega + \Omega)$ 的频率高于载频, 它的矢量在复平面内沿逆时针方向转动,

转动的角频率为 Ω. 下旁频光束 $(\omega - \Omega)$ 的频率低于载频, 它的矢量在复平面内以角频率 $(-\Omega)$ 沿顺时针方向转动, 如图 8.12 所示.

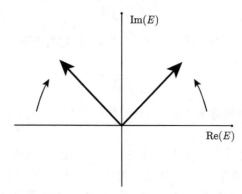

图 8.12   角频率为 $(\omega \pm \Omega)$ 的两个旁频光束的电场矢量 [186]

当两个旁频都完全地从法布里–珀罗腔反射时, 它们的和是一个矢量, 该矢量沿着虚坐标轴上下振荡, 如图 8.13 所示.

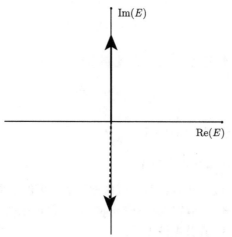

图 8.13   两个旁频矢量 $(\omega \pm \Omega)$ 的和矢量 [186]

图中的和矢量是两个旁频光的电场相互干涉之后产生的实际电场, 它的强度以 2Ω 的频率振荡, 根据公式

$$E_{\text{inc}} \approx E_0[\text{J}_0(\beta) + 2\text{i}\text{J}_1(\beta)\sin\Omega t]\text{e}^{\text{i}\omega t} = E_0[\text{J}_0(\beta)\text{e}^{\text{i}\omega t} + \text{J}_1(\beta)\text{e}^{\text{i}(\omega+\Omega)t} - \text{J}_1(\beta)\text{e}^{\text{i}(\omega-\Omega)t}]$$

$$(8\text{-}68)$$

这个和电场矢量的强度 $E_{\text{sidebands}}$ 由下面的公式给出:

$$E_{\text{sidebands}} = -\text{i}2\sqrt{P_s}\sin\Omega t \qquad (8\text{-}69)$$

从法布里–珀罗腔反射的总反射光的电场强度是被反射的载频光电场和被反射的两个旁频光电场的矢量和, 如图 8.14 所示.

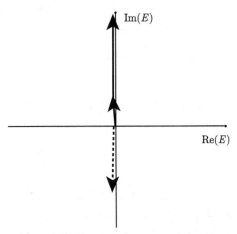

图 8.14 共振点附近两个旁频光电场的和矢量及被反射的载频光电场矢量 [186]

在图中, 实际的反射光电场是这两种反射光电场相互干涉之和, 被反射的载频光强度虽小, 但作用很大. 由于它的存在, 实际的总反射光强度在其整个 2Ω 振荡周期内是不对称的, 这种强度的不对称性在总反射光束内产生了一个以频率 Ω 变化的分量, 这个 Ω 分量是被反射的载频光与被反射的旁频光相互干涉后产生的 "拍" 形信号, 这个 "拍" 信号的正负性告诉我们: 激光束的频率 ω 到底是高于还是低于法布里–珀罗腔的共振频率.

利用光探测器我们可以测量这个和电场的强度, 这个和电场强度等于该和电场振幅的平方

$$P_{\text{ref}} = |E_{\text{carrier}} + E_{\text{sidebands}}|^2$$
$$\approx P_{\text{c}} \left(\frac{\delta\omega}{\pi\delta\nu} \right)^2 + 2P_{\text{s}} - 4\sqrt{P_{\text{c}}P_{\text{s}}} \frac{\delta\omega}{\pi\delta\nu} \sin\Omega t - 2P_{\text{s}} \cos 2\Omega t \qquad (8\text{-}70)$$

公式中, 正比于 $\sin\Omega t$ 的交叉项是被反射的旁频光同被反射的载频光之间相 "拍" 的结果, 它的正负性告诉我们激光束的频率 ω 到底是高于还是低于法布里–珀罗腔的共振频率. 2Ω 项是两个旁频光 $\omega + \Omega$ 和 $\omega - \Omega$ 相 "拍" 的结果.

只要构成总反射光束的瞬时反射光电场和漏出光束电场之间存在着相位不匹配现象, 我们就能得到一个误差信号, 对于入射光 (及瞬时反射光) 频率的急速变化, 漏出光束可以作为一个稳定的 "参考物" 来发挥作用. 因为法布里–珀罗腔内激光束的频率和相位在腔的存储时间内都进行了平均, 如果瞬时反射光束 (它有效地提供了入射光束的即时测量) 的频率颤抖一下, 也就是说, 它瞬时跳离了平均值, 误

差信号会马上变化, 立刻记录下这个跳跃, 并把它反馈到激光器. 通过控制线路对激光器的频率进行补偿, 使它回到正常值. 这样我们就有效地把激光器锁定在法布里–珀罗腔上, 实现激光器的频率稳定. 若激光器是经过频率稳定的, 它产生的是符合要求的高稳定激光束, 则我们就可以利用此技术把干涉仪的法布里–珀罗腔锁定在激光束上, 实现法布里–珀罗腔的长度稳定.

7. 最大调制深度

在实际应用中, 经常需要使误差信号的斜率 D 达到最大. 从前面的分析中我们知道, D 由下面公式给出:

$$e = Ddf \quad 其中 \quad D = \frac{8\sqrt{P_c P_s}}{\delta \nu} \tag{8-71}$$

斜率 D 是误差信号对激光频率涨落灵敏程度的量度, 当然也是对法布里–珀罗腔长度涨落灵敏程度的量度. 在进行控制时, 如果要求反馈回路有较大的增益, 就需要 D 的判别式有较大的值. D 的判别式与法布里–珀罗腔的锐度、激光的波长、旁频光的功率、载频光的功率都有关系. 由于实验技术和实验条件的限制, 我们通常不去改变激光的波长及法布里–珀罗腔的锐度, 因为这样做难度太大, 而调节旁频光的功率相对容易一些, 而且调节自由度较大. 因此在实际应用中我们通常采这种方法. 那么误差信号的斜率 D 与旁频光的功率有什么样的关系呢?

从 D 的判别式可以知道, 它正比于载频光的功率 P_c 与旁频光功率 P_s 乘积的平方根 $\sqrt{P_c P_s}$. 当 $P_c = 2P_s = P_0$ 时, 它有一个最简单的形式, 也就是说, 当忽略进入高阶旁频光的功率时, D 的表达式可以简化为

$$D \propto \sqrt{P_c P_s} \approx \frac{\sqrt{P_0}}{2} \sqrt{\left(1 - \frac{P_c}{P_s}\right) \cdot \sqrt{\frac{P_c}{P_0}}} \tag{8-72}$$

在上述近似条件下, D 与 $\frac{P_s}{P_c}$ 的关系曲线为一个上半圆 (图 8.15).

从图中可知, D 的最佳值位于 $\frac{P_s}{P_c} = \frac{1}{2}$ 处, 而且最大值的范围很宽. 这条曲线对描述共振点附近旁频光的功率与载频光功率之间的关系是非常有用的, 在讨论中我们假设 $\frac{P_s}{P_c} = \frac{1}{2}$, 这就是说当每个旁频光束的功率 P_s 都等于载频光束功率的 $\frac{1}{2}$ 时, D 会有最大值. 而且与最大值相对应的 $\frac{P_s}{P_c}$ 的范围相当宽. 如果想进行更加精确的计算, 我们可以把 D 用调制深度 β 的贝塞尔函数项写出来, 求它的最大值. 结果会告诉我们, 最大化的调制深度为 $\beta = 1.08$, 这个结果和我们简单的近似估计 $\frac{P_s}{P_c} = 0.42$ 是相近的.

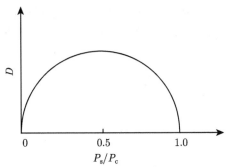

图 8.15　在接近共振点时误差信号的斜率 D 与 $\dfrac{P_s}{P_c}$ 的关系曲线 [186]

8.2.2　干涉仪的锁定与状态控制

锁定是激光干涉仪引力波探测器运行中不可缺少的步骤, 是引力波探测中的核心技术之一. "锁定" 一词的基本含意指的是在取数之前, 通过各种技术参数的调整, 使干涉仪处于最佳状态, 然后把这些参数 (在确定的范围之内) 固定下来, 通过控制系统使干涉仪处于动态平衡, 从而把干涉仪的工作点锁定, 为数据获取做好准备. 为了使干涉仪能稳定地锁定在工作点上且有好的灵敏度, 当然, 为了实现这一点, 激光器的频率必须是稳定的.

"锁定" 的核心问题是调节法布里–珀罗腔的相关参数, 使其实现并保持共振状态. 能否让激光干涉仪引力波探测器上所有的法布里–珀罗腔同时实现共振从而把干涉仪锁定在需要的初始状态, 是激光干涉仪引力波探测器能否工作的先决条件, 而 "锁定" 持续时间的长短则决定了它的运行效率.

使法布里–珀罗腔实现并保持共振的基础是庞德–德里弗–霍尔技术, 这项技术的基本原理是简单的, 但具体的控制系统、基本装置和操作方法是比较复杂的.

1. 干涉仪中长度控制的自由度

在带有功率循环腔和信号循环腔的激光干涉仪引力波探测器中, 共振腔镜子反射表面之间的距离必须保持不变以满足正确的共振条件. 干涉仪的长度控制中有四个物理自由度, 分别定义为

两臂长度之差: $\mathrm{DARM} = L_N - L_M$

两臂长度的平均值: $\mathrm{CARM} = \dfrac{L_N + L_M}{2}$

迈克耳孙两个短臂长度之差: $\mathrm{MICH} = l_N - l_M$

功率循环腔长度: $\mathrm{PRCL} = l_P + \dfrac{l_N + l_M}{2}$

信号循环腔长度: $\mathrm{SRCL} = l_S + \dfrac{l_N + l_M}{2}$

它们代表的长度关系如图 8.16 所示. 在图中, 镜子涂黑的一面表示反射面, 箭

头表示引出的探针光束, 这些探针光束用光二极管进行探测以便抽取长度控制系统所需的信号. 长度控制系统的作用是测量这些长度相对于共振条件的变化并进行修正, 使其恢复原位.

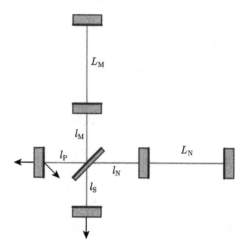

图 8.16   激光干涉仪引力波探测器中的长度 [306]

2. 长度变化的测量

从定义可以看出, 自由度 DARM 相应于引力波信号道, 这个自由度用反对称口光二极管的输出功率来传感. 其他自由度 CARM、MICH、PRCL 和 SRCL 通常被称为辅助自由度. 它们是用前端调制技术进行控制的. 为了控制所有这些自由度, 反对称口输出光束中包含的信息量显然是不足的. 因此, 为了对干涉仪进行全面控制, 还必须把干涉仪的反射光束和在功率循环腔内正在循环的光束抽取出一部分, 用作附加的探针光束 (参阅图 8.16).

在只具有功率循环腔的干涉仪中, 一种调制频率就足以用来控制所有的四个自由度: DARM 用反对称口输出的探针光束来控制, CARM 和 MICH 用从功率循环腔抽取的探针光束的两个正交量来传感, PRCL 用反射光束的一个正交量控制.

如果干涉仪中同时使用了功率循环和信号循环技术, 则需要增加一种调制频率, 以便把功率循环腔和信号循环腔的控制加以区分. 第一调制频率选择低频, 它与前面讲过的很小的斯克努普非对称 (为 10~20cm) 一起, 使第一调制频率产生的旁频从分光镜的反对称口一侧透过一部分, 透过的这一部分极少, 信号循环腔对它几乎是感受不到的, 不会对信号循环腔的运行状态产生影响. 第二调制频率为高频, 目的是最大限度地使它透射到信号循环腔并在那里共振. 从干涉仪反射的光束和从功率循环腔抽取的探针光束都用这两个调制频率进行解调, 得到的信号可以对干涉仪的控制提供丰富的信息.

3. 锁定操作过程

在前面的分析中我们知道, 在对单个法布里--珀罗腔进行控制时, 反射光中的庞德--德里弗--霍尔信号仅在工作点周围一个非常小的区域内线性地正比于给定自由度的位移, 在干涉仪控制中使用的所有光学信号, 都应该具有同样的行为特征, 线性区域的宽度由相应的共振腔的锐度决定. DARM 和 CARM 取决于臂上法布里--珀罗腔的锐度, PRCL 和 SRCL 分别由功率循环腔和信号循环腔的锐度决定.

当干涉仪没有被控制时, 各个镜子都是自由运动的, 其低频摆动振幅峰值到峰值之间的跨度可高达一个激光波长, 由于地面震动隔离系统设计成主要对高频剩余运动进行衰减, 而对非常低频的运动起不了多大作用, 这对干涉仪的锁定来说就出现了一个问题: 我们怎样把干涉仪的所有长度从一个完全没有控制的状态调整到正确的工作点? 我们不能简单地运用前面定义的那些信号进行调整和控制, 因为它们的线性区域非常小, 不可能把所有的距离都同时调整到工作点附近, 因此, 激光干涉仪引力波探测器的锁定通常要按以下几个步骤分阶段进行.

1) 清模器的锁定

调节清模器 (即三角形法布里--珀罗腔) 镜子的位置和角度, 使光在腔内共振, 只让激光束中横向模式为 TEM_{00} 的成分通过, 清除掉光束中的高阶模式.

2) 锁定干涉仪一个臂上的法布里--珀罗腔

通过观测透射光束的功率变化, 使光在腔内共振, 利用庞德--德里弗--霍尔技术把法布里--珀罗腔强劲地锁定在激光器上.

3) 锁定干涉仪另一臂上的法布里--珀罗腔

用同样的方法, 使另一臂上的法布里--珀罗腔共振, 把它也锁定在激光器上.

4) 调节迈克耳孙干涉仪实现相消干涉

在执行这个步骤之前, 干涉仪两臂的法布里--珀罗腔已分别独立地被锁定, 它们在光学上还是分立的. 功率循环镜此时也没有校准, 从该镜子反射的光不能与主光束重新组合在一起, 在这种情况下, 功率循环腔实质上是不起作用的. 整个干涉仪就如同一台简单的迈克耳孙干涉仪. 这台干涉仪此时并没有被调整到 "暗条纹" 状态而是处于 "灰条纹" 状态. 所谓 "灰条纹" 状态指的是在分光镜上从臂上返回的两束光的相干条件为: 一半功率被反射回去, 一半功率从反对称口透出. 我们的任务就是通过观测从反对称口透出的功率大小来调整和控制自由度 MICH, 实现相消干涉.

5) 锁定功率循环腔

调节功率循环镜的位置参数使功率循环腔共振.

4. 镜子角度控制

悬挂起来的干涉仪的镜子是一个刚性物体, 除了纵向运动之外, 它们还会转动及前后左右摇摆, 使镜面的取向发生变化. 镜子的转动有三种方式, 一种是围绕光束轴线的转动, 称为 Roll, 另两种是围绕垂直于光束轴线的两个轴的转动, 称之为 Pitch 和 Yaw 运动, 如图 8.17 所示.

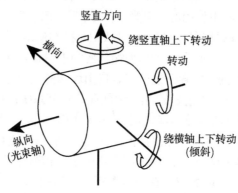

图 8.17　镜子转动示意图

Roll 类型的转动使镜面围绕其光轴旋转, 不影响镜面的角度, 对整个干涉仪工作状态变化的影响可以忽略. 转动自由度 Pitch 和 Yaw 是非常重要的, 它们与镜面方位角的变化相关, 直接影响到法布里–珀罗腔的锁定, 必须像镜子纵向运动一样进行精确的测量和控制. 镜面角度变化的测量基本上有下列两种方法.

1) 光杠杆

镜体的方向和位置的监视及控制一般说来可以用光杠杆来完成 (图 8.18). 该方法以地面为参照物, 利用一个附加的小激光器, 以很大的角度向镜子背面选定的一个灵敏点发射一束激光, 从镜子反射的光用一个位置灵敏探测器 PSD 读出. 位置灵敏探测器是一个传感器, 它让反射光的光斑照射到自己的表面, 输出一个确定的信号. 当镜子的角度偶然发生变动时, 反射光斑就照射到光探测器的不同位置, 输出另一个信号, 把它与原来的那个确定的信号进行比较, 得到一个位置误差信号. 该位置误差信号经放大成形后输入一个自动控制系统, 驱动设在镜子背面相应的驱动装置, 使镜子复位. 由于附加激光束入射的角度较大, 激光器到镜子的距离远小于光探测器到镜子的距离, 镜子微小的角度变化会使反射光斑掠过 "很大" 的距离, 这种放大作用与力学中的杠杆类似. 因此我们把这套探测设备称为光杠杆.

2) 波前传感技术

光杠杆探测法非常简单. 但是, 由于以地面为参照物, 测量结果会受局域地面震动的影响, 给测量带来误差. 另外, 这种方法只能测量单个镜子的角运动, 不能得到干涉仪主光束位置及其他镜子位置的信息. 因此, 对于法布里–珀罗腔来说这种测量更有明显的不足之处. 因为在共振的法布里–珀罗腔中, 有一条特殊的光轴, 这条光轴限定了腔的共振模式. 它是一条穿过两个腔镜中心的直线而且在主光束撞击镜子的那一点垂直于两个腔镜的表面. 在共振的法布里–珀罗中这条光轴是唯一的. 当镜子因角运动而没有对准时, 腔的光轴偏离了两个腔镜严格对准时的轴线, 对干涉仪工作状态的稳定带来了严重影响.

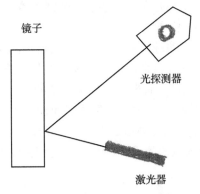

镜子

光探测器

激光器

图 8.18　光杠杆的结构示意图

　　调节并控制共振腔的光轴是非常重要的, 以只具有臂上法布里–珀罗腔的最简单激光干涉仪引力波探测器为例, 当干涉仪稳定地在工作点运行时, 主光束的轴线必须和法布里–珀罗腔的光轴重合. 如果两臂的主光束轴线不能相符, 从臂上返回的两束光就不能完美地在分光镜上重新组合, 我们需要的相干条件就会受到破坏. 再者, 如果主光束的轴线没有与干涉仪的几何轴线严格 “对准”, 主光束的光斑就不再位于镜子的中心. 这就会把镜子的剩余角运动耦合到镜子的纵向位移, 造成状态的不稳定. 耦合纵向位移的大小与光斑偏离中心的程度成正比. 所有这些问题告诉我们, 在激光干涉仪引力波探测器中需要找到一种方法, 能够整体性地测量主光束相对于镜子的位置并使主光束的轴线尽可能地保持与已经准直好的光轴 “重合”. 这种方法就是所谓的波前传感技术.

　　在波前传感方法中, 光二极管的灵敏表面被分成四个象限, 四个象限功率信号之和与一个标准光二极管输出的功率信号是相同的. 但是, 左半部分与右半部分信号之差及上半部分与下半部分信号之差可以导出一个信号, 该信号能够给出光斑在传感器上的位置及位置的变化. 为了区分这个变化是由光斑运动引起的还是由传感器运动引起的, 我们需要使用前面讲过的前端调制技术.

　　我们用一个四象限光二极管探测法布里–珀罗腔的反射光, 探测结果包含载频光场和旁频光场两部分的贡献. 由于载频光在腔内共振, 它的状态直接与法布里–珀罗腔的腔轴相关联. 因此其光斑在传感器上的位置将随腔轴的变动而变化. 旁频光在腔内不共振, 它毫不迟疑地被反射, 因而感受不到腔内发生的任何变化. 这部分光在传感器上的位置不随腔轴的变动而变化. 如果我们提取传感器半部信号之差并进行解调, 我们就可以用旁频光场的位置作为位置的参考点. 这样传感器的任何运动都等效于旁频光场的位移, 即位置参考点的位移, 载频光在被解调的信号中不受影响.

对具有功率循环腔和信号循环腔的激光干涉仪引力波探测器来说, 镜子角度的控制要比上面讨论的情况复杂得多. 因为有 7 个镜子的 Pitch 和 Yaw 要同时得到控制, 自由度的个数增加很多 [350].

在对干涉仪镜子的角运动进行控制时, 光辐射压力的影响是必须考虑的, 即使工作在完美准直状态下的系统也是如此. 辐射压力在镜子上施加了一个恒定的力, 如果镜子的剩余角运动使光斑没有严格地位于镜子的中心, 那么这个恒定的辐射压力将在镜子上施加一个力矩, 这个力矩使镜子有可能发生附加的角运动. 该效应会引起附加的光学–机械耦合, 改变系统的刚度. 在高循环功率的情况下将增加干涉仪的不稳定性. 这在高级探测器的设计中是应该特别关注的.

5. 反馈与控制系统

在正确地测量干涉仪的自由度相对于期望值的偏离之后, 我们就可以利用这些误差信号通过反馈控制系统积极地、连续地进行操作, 使干涉仪保持正确的共振状态. 反馈控制系统的理论与实施是一个发展成熟的科技领域, 目前已广泛地运用在各种设备的状态控制中.

激光干涉仪可以近似地看成是一个线性系统, 我们通过发展成熟的线性反馈控制系统 [351] 对其工作状态进行控制.

具有一个输入端和一个输出端的物理系统, 可以看成一个线性变换器:

$$y(t) = \int_{-\infty}^{t} h(t, \tau) x(\tau) \mathrm{d}\tau \tag{8-73}$$

其中积分函数含有两个变量 t 和 τ, 因为系统的行为可能会随时间 t 而变化, 如果系统是时间不变的 (如干涉仪型的探测器), 则可以用下面的线性变换来描述:

$$y(t) = \int_{-\infty}^{t} h(\tau) x(t - \tau) \mathrm{d}\tau \tag{8-74}$$

在控制理论中, 用拉普拉斯变换来描述线性变换是非常方便的, 如果信号 $x(t)$ 当 $t < 0$ 时的值为 0, 那么它的拉普拉斯变换 $\tilde{x}(s)$ 可以定义为

$$\tilde{x}(s) = \int_{0}^{\infty} x(t) \mathrm{e}^{-st} \mathrm{d}t \tag{8-75}$$

变量 s 可以是实数也可以是复数.

将拉普拉斯变换应用于时间不变的线性变换 $y(t) = \int_{-\infty}^{t} h(\tau) x(t - \tau) \mathrm{d}\tau$ 中我们得到

$$\tilde{y}(s) = \tilde{h}(s) \tilde{x}(s) \tag{8-76}$$

新函数 $\tilde{h}(s)$ 通常被称为线性系统的拉普拉斯传递函数. 拉普拉斯变换是傅里叶变换的扩展, 如果 $x = \mathrm{i}\omega$, 拉普拉斯变换就还原为傅里叶变换.

在控制问题中, 最简单的情况是只有一个信号输入端 (如法布里--珀罗腔的长度控制) 及一个误差信号输出端 (如光二极管被解调的输出) 的线性系统, 在有关控制理论的文献中, 被控制的物理对象一般被称为 "设备", 这个系统被称为 SISO(single-input single-output) 系统. 控制的目的是让输入自由度保持在尽可能地接近于期望值, 即参照值, 对于线性系统来说, 参照值可取为 0, 因此, 对控制输入自由度就等效于尽可能地让误差信号保持在 0 值. 简单的反馈回路如图 8.19 所示.

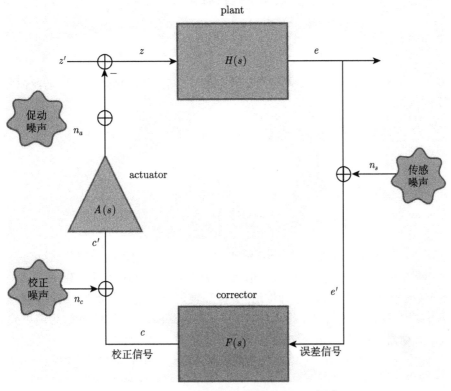

图 8.19 简单的反馈控制系统示意图 [306]

在图中 plant 是被控制的物理设备, $H(s)$ 是该物理设备的响应, 它是一个线性传递函数, 取决于拉普拉斯变量 s. 误差信号 e 会受到传感噪声 n_s 的影响, n_s 可能与传感器本身 (如光二极管的散弹噪声, 模数转换器 ADC 的噪声) 有关. 也可能是为了检测系统的特性而注入的一个信号. corrector 是校正器, 它的响应是线性传递数 $F(s)$, 同样取决于拉普拉斯变量 s, n_c 是校正噪声. actuator 是促动器, 它是一种执行部件, 它的响应是线性传递数 $A(s)$, n_a 可以是促动器自身产生的噪声, 称为促动噪声, 它也可能是为了检测系统的特性而注入的一个外部校正信号.

　　e 表示误差信号, e' 是加入传感噪声 n_s 后的误差信号. c 表示校正信号, c' 是加入校正噪声 n_c 后的校正信号. z 是输入信号, z' 是加入回路内各信号之后的总输入信号. 按照惯例, 在校正信号和系统自由运动的交汇点放置一个负号 "–", 在这种方式下, 校正信号与反馈拟制运动同相位.

　　在反馈回路中, 反馈是通过让误差信号 e' 通过一个特设校正器 $F(s)$ 并利用促动器 $A(s)$ 将结果 (即校正信号) 反馈到被控制的物理设备来完成的. 例如, 法布里–珀罗腔的长度控制就是通过把误差信号电流 (即校正信号) 送到镜子上的线圈–驱动器内完成的. 整个线性反馈控制系统的状况可以很方便地进行如下计算:

$$
\begin{aligned}
e(s) &= H(s)[z'(s) - n_a(s) - A(s)(n_c + F(s)n_s + F(s)e(s))] \\
z(s) &= z'(s) - n_a(s) - A(s)(n_c + F(s)n_s + F(s)e(s))
\end{aligned}
\tag{8-77}
$$

在这里 $e(s)$ 和 $z(s)$ 分别是误差信号和输入信号. 对上述隐函数进行整理我们可以得到

$$
\begin{aligned}
e(s) &= \frac{H(s)}{1 + H(s)F(s)A(s)} z'(s) - \frac{H(s)}{1 + H(s)F(s)A(s)}(n_a(s) \\
&\quad + A(s)n_c(s)) - \frac{H(s)F(s)A(s)}{1 + H(s)F(s)A(s)} n_s(s) \\
z(s) &= \frac{1}{1 + H(s)F(s)A(s)} z'(s) - \frac{1}{1 + H(s)F(s)A(s)}(n_a(s) \\
&\quad + A(s)n_c(s)) - \frac{F(s)A(s)}{1 + H(s)F(s)A(s)} n_s(s)
\end{aligned}
\tag{8-78}
$$

　　从以上表达式可以看到, 控制系统的输出通常也是输入的一部分, 这就是 "反馈" 一词的由来, 也解释了为什么习惯上把反馈控制系统称为 "回路" 而且又进一步将回路区分为开路和闭路两种构造, 如果反馈信号从输入端断开, 这种回路被称为开路结构, 如果反馈信号从输入端接入, 这种回路被称为闭路结构. 为简单起见, 可以把促动器传递数 $A(s)$ 看成受控物理设备的传递数 $H(s)$ 的一部分, 而且校正噪声 n_c 和促动器噪声 n_a 可以视为相同的基本成分. 在下面的讨论中我们就不再让它们出现在公式中.

　　所有在反馈回路内测得的信号都被称为回路内信号, 如误差信号和校正信号; 所有在回路外测得的信号或从回路外加入的信号都被称为回路外信号, 如系统自由运动产生的信号和增加的外部干扰信号. 与自由系统相比, 反馈效应使所有回路内的信号都减小, 减小量由拟制因数 $G_{\mathrm{CLTF}}(s)$ 决定,

$$
G_{\mathrm{CLTF}}(s) = \frac{1}{1 + H(s)F(s)}
\tag{8-79}
$$

$G_{\mathrm{CLTF}}(s)$ 有时也称为闭路增益或闭路传递函数 (CLTF). 与之对应, 我们称 $G_{\mathrm{OLTF}}(s)$

为开路增益或开路传递函数 (OLTF)

$$G_{\mathrm{OLTF}}(s) = H(s)F(s) \tag{8-80}$$

通常在某个给定频率上开路传递函数的值被称为该频率上这个开路传递函数的增益, 增益等于 1 时的频率称为单位增益频率 UGF 或回路的频带宽度. 一般说来一个回路的频带宽度是唯一的.

测量系统开路传递函数的方法通常是把一个已知的噪声源 n_s 加到误差点 (参阅图 8.19), 如果这个噪声信号在所有信号中占有最重要的分量, 则在我们得到的 $e(s)$ 及 $z(s)$ 表达式中就可以近似地只保留与 n_s 成正比的项, 这样我们得到

$$\begin{aligned} e(s) &= -\frac{H(s)F(s)}{1 + H(s)F(s)} n_s(s) \\ e'(s) &= \frac{1}{1 + H(s)F(s)} n_s(s) \end{aligned} \tag{8-81}$$

$e'(s)$ 是在噪声 n_s 注入点后面测得的误差信号. 取这两个公式之比我们得到

$$\frac{e(s)}{e'(s)} = H(s)F(s) \tag{8-82}$$

与前面定义的开路传递函数 $G_{\mathrm{OLTF}}(s) = H(s)F(s)$ 进行比较可以看出, 这个结果就是我们想要得到的系统的开路传递函数.

误差信号和校正信号中都包含系统剩余运动的信息, 在开路增益大于 1 的频率区域, 误差信号可以用来很好地估算系统的剩余运动. 除此之外, 系统剩余运动的估算也可以用物理设备传递函数的刻度因数给出. 但是, 在同样的频率区域, 校正信号不能很好地用来估算剩余运动. 以共振的法布里–珀罗腔为例, 它的长度是由施加在一个腔镜 (比如终端镜) 上的一个力控制的, 误差信号是被解调的透射光, 如果输入镜移动的距离很大, 校正信号也必须足够大才能使终端镜产生相应规模的运动, 使法布里–珀罗腔的长度保持原来的大小.

8.3 旁频光场的产生

以上的计算和理论分析告诉我们, 旁频光在激光干涉仪引力波探测器中起着至关重要的作用, 不但信号读出需要用它, 而且旁频光在形成庞德–德里弗–霍尔误差信号中也是至关重要的. 它是庞德–德里弗–霍尔技术赖以实现的基础. 在该方法中起着探针和指示器的作用. 可以认为, 旁频的引入成就了庞德–德里弗–霍尔技术, 有了这个技术, 我们就能把激光器锁定在一个标准法布里–珀罗腔上, 抑制激光器频率的涨落, 达到激光稳频的目的. 而且也是利用庞德–德里弗–霍尔技术, 我们把法

布里–珀罗腔锁定在稳定的激光频率上, 调整和控制法布里–珀罗腔的长度, 把干涉仪锁定在选定的工作点上, 使干涉仪能够可靠而稳定地运行. 因此在研究庞德–德里弗–霍尔技术时, 应该对旁频光产生的物理机制和方法进行深入的讨论。

旁频光是在对光束进行调制时产生的, 对光束进行调制的方法主要有振幅调制和相位调制 (也叫频率调制) 两大类, 两类调制产生的旁频光相类似.

8.3.1   振幅调制

为简单起见, 我们假设一个光束的振幅为 A, 角频率为 ω_0, 初相位为 ϕ, 它的函数形式为

$$A\cos(\omega_0 t + \phi) \tag{8-83}$$

写成复数形式为

$$ae^{i\omega_0 t}, \quad \text{其中} a = Ae^{i\varphi} \text{是复振幅}$$

我们可以把复振幅看成是复平面内的一个矢量, 这种图像被称为相位子图, 在相位子图中, 复振幅的加减被简化为相应矢量的加减. 这是一种直观而简便的数学工具. 为了简单, 我们设调制光波为正弦波, 某角频率为 ω_g, 调制指数为 m, 设被调制光的振幅为 a_0, 角频率为 ω_0, 则有

$$\begin{aligned}
a_{\mathrm{AM}}e^{i\omega_0 t} &= a_0\left[1 + m\cos(\omega_g t)\right]e^{i\omega_0 t} \\
&= a_0\left[1 + \frac{m}{2}\left(e^{i\omega_g t} + e^{-i\omega_g t}\right)\right]e^{i\omega_0 t} \\
&= a_0\left[e^{i\omega_0 t} + \frac{m}{2}e^{i(\omega_0+\omega_g)t} + \frac{m}{2}e^{i(\omega_0-\omega_g)t}\right]
\end{aligned} \tag{8-84}$$

可以看出, 调幅光波由三个成分组成. 每个成分有自己的角频率, 第一项以原有的频率 ω_0 振动, 没有被调制, 称其为载频光, 第二项和第三项分别称为高旁频光和低旁频光, 它们是由调制产生的成分, 频率分别是载频光的频率向上或向下移动一个调制频率. 两个旁频光有相同的振幅, 由载频光的振幅 a_0 及调制指数 m 决定. 调幅光的振动可以在相位子图中用一个矢量表示, 它的长度随调制频率而变化, 如图 8.20 所示.

从图中可以看出, 调幅光 (AM) 可以被分解为两部分, 一部分是代表载频光的矢量, 它的幅度是不变的. 另一部分是一个幅度摆动的小矢量, 它代表两个旁频光的和矢量, 在振幅调制中, 这两个矢量是平行的.

在相位子图上, 代表载频光的矢量是稳定的, 不转动的, 两个旁频光是以与载频光频率之差的频率转动的. 在调幅光波的表示中, 载频光矢量与旁频光矢量的轴是平行的. 摆动矢量可进一步分解为两个向相反方向转动的矢量, 如图 8.21 所示.

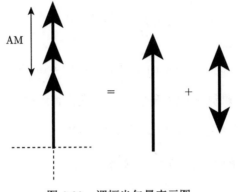

图 8.20　调幅光矢量表示图

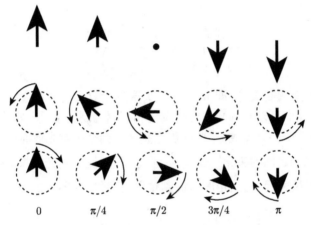

图 8.21　调幅光高、低旁频光转动矢量示意图

　　图中第一排代表这两个矢量的和, 它的长度是随时间变化的. 第二排和第三排是两个向相反方向转动的矢量, 分别代表高、低两个旁频光. 底排给出了转动的相位 $(\omega_g t)$, 代表两个旁频光的矢量有相同的长度. 两个矢量以同样的频率转动, 两个矢量之和给出了摆动长度, 在转动周期的两个点上, 即 $\omega_g t = 0$ 和 $\omega_g t = \pi$, 两个转动矢量同方向, 此时, 和矢量具有最大的摆动长度, 但方向相反. 在周期的其他位置, 和矢量与最大值轴向相同, 它的摆动长度按正弦变化 (即按调制波的形状变化).

8.3.2　频率调制

　　设被调制光波的角频率为 ω_0, 振幅为 a_0, 调制光波为正弦波, 角频率为 ω_g, 调制指数为 m, 则有

$$a_{\mathrm{PME}}\mathrm{e}^{\mathrm{i}\omega_0 t} = a_0^{\mathrm{i}(\omega_0 t + m\cos\omega_g t)} = a_0\mathrm{e}^{\mathrm{i}\omega_0 t}\cdot\mathrm{e}^{\mathrm{i}m\cos\omega_g t}$$

$$= a_0 e^{i\omega_0 t} \left[J_0(m) + \sum_{l=1}^{\infty} i^l J_e(m)(e^{il\omega_g t} + e^{-il\omega_g t}) \right]$$

$$= a_0 e^{i\omega_0 t} \left[J_0(m) + i J_1(m)(e^{i\omega_g t} + e^{-i\omega_g t}) + O(m^2) \right] \tag{8-85}$$

若 $|m| \ll 1$, 即在调制指数较低的情况下, 我们得到如下表达式:

$$a_{\text{PM}} e^{i\omega_0 t} \approx a_0 \left[e^{i\omega_0 t} + i\frac{m}{2} e^{i(\omega_0 + \omega_g)t} + i\frac{m}{2} e^{i(\omega_0 - \omega_g)t} \right] \tag{8-86}$$

在这里, $J_l(m)$ 是第 1 阶贝塞尔函数, 定义为

$$J_l(\xi) = \sum_{j=0}^{\infty} \frac{(-1)^j}{j!(j+l)!} \left(\frac{\xi}{2} \right)^{l+2j} \approx \frac{1}{l!} \left(\frac{\xi}{2} \right)^l + O(\xi^l)$$

$$J_0(\xi) = 1 - \left(\frac{\xi}{2} \right)^2 + \frac{1}{4} \left(\frac{\xi}{2} \right)^4 - \frac{1}{36} \left(\frac{\xi}{2} \right)^6 + \cdots \tag{8-87}$$

$$J_1(\xi) = \left(\frac{\xi}{2} \right) - \frac{1}{2} \left(\frac{\xi}{2} \right)^3 + \frac{1}{12} \left(\frac{\xi}{2} \right)^5 + \cdots$$

由于已经假定调制很弱, 即 $|m| \ll 1$, 贝塞尔函数只取零阶项和一阶项就够了. 使用这种近似, 我们可以看到光的相位调制和振幅调制的结果非常类似, 它们都有载频光和高、低两个旁频光成分, 唯一的区别在于两个旁频光前面的 "i", 它表示载频光轴和旁频光轴之间的夹角, $\angle i = \frac{\pi}{2}$ 弧度. 弱相位调制光的振动也可以在相位子图中用一个矢量表示, 它的角度随调制频率而变化, 如图 8.22 所示.

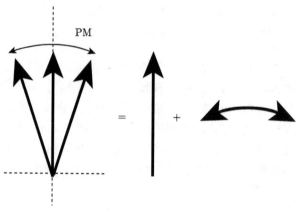

图 8.22　相位调制光矢量示意图

在图中可以看到, 表示相位调制 (PM) 光波的矢量可分解为两部分, 一部分是代表载频光的矢量, 它的长度是不动的, 另一部分是长度摆动的小矢量, 它代表两个旁频光的和矢量.

相位调制光与振幅调制光的矢量表示图是不同的, 在振幅调制光矢量表示图中, 不动矢量和摆动矢量是平行的, 而在相位调制光的矢量图中, 不动矢量和摆动矢量几乎是垂直的, 即不动矢量和摆动矢量轴之间的夹角为 $\frac{\pi}{2}$, 这就是公式中 "i" 的效应. 严格地讲, 在相位调制矢量图上, 小矢量改变的是它的相对角度, 它引起的和矢量的长度变化是很小的.

在图中, 摆动矢量可以进一步分解成两个向相反方向转动的小矢量, 如图 8.23 所示. 图中第一排代表两个转动矢量之和, 它的长度是随时间变化的, 而它的方向是和载频光矢量几乎垂直的. 第二排和第三排给出两个向相反方向转动的小矢量, 分别代表高低两个旁频光. 底排给出了转动相位 $\omega_g t$. 两个旁频光小矢量之间有一个夹角, 它对应于公式 $2\mathrm{i}\sin\phi = \mathrm{e}^{\mathrm{i}\phi} - \mathrm{e}^{-\mathrm{i}\phi}$, 即两个转动之间的相位差为 π. 代表两个旁频光的矢量有相同长度, 两个矢量以同样的频率转动, 两个矢量之和给出了摆动的长度. 在转动周期的两个点上, 即 $\omega_g t = 0$ 和 $\omega_g t = \pi$, 两个转动矢量轴向相同但方向相反, 和矢量为 0. 在周期的其他位置上, 和矢量的摆动长度按正弦规律变化 (即按调制波的波形变化).

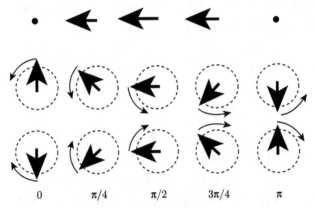

图 8.23　相位调制波高低两个旁频转动矢量示意图

可以看出, 我们所要的信息 (即调制光) 实际上不是包含于载频光, 而是包含在旁频光当中. 然而大部分振动能量存在于载频光当中, 用于保存信息的旁频光的能量只是振动总能量的一小部分. 如果我们只使用由于调制产生的旁频光, 而把载频光去掉, 会使保存同样数量信息所需的总能量大大减少. 在这种情况下, 振幅调制和弱相位调制之间也就没有区别了, 因为两者的区别在于摆动成分和载频成分的夹角上, 载频成分都没有了, 还谈什么夹角? 两者之间的区别当然不存在了, 这时两者都可称为 "载频压制双旁频" 调制.

旁频光在激光干涉仪引力波探测器中起着非常重要的作用, 我们在信号获取及探测器运行中不断地提到它, 用到它. 因此作者有必要在这里郑重声明, 从公式

(8.85)~(8.87) 可以看出, 光束被调制之后, 得到的旁频光不是只有频率为 $\omega_0 + \omega_g$ 和 $\omega_0 - \omega_g$ 的两种频率成分, 而是包含多种频率成分的两个频率带. 因此, 在很多文献中称其为旁频带 (简称旁带) 或边频带 (简称边带), 称高于载频光频率的旁频光为高边带 (或上边带), 低于载频光频率的旁频光为低边带 (或下边带). 本书中所用的 "旁频光" 一词指的是频率为 $\omega_0 + \omega_g$ 和 $\omega_0 - \omega_g$ 这两个成分. 它们是在调制系数 $|m| \ll 1$ 的情况下, 贝塞尔函数只取零阶项和一阶项而忽略高阶项的一种近似.

8.3.3   电光调制器和声光调制器

为了获取干涉仪状态 (纵向及角度) 自动控制所用的调制频率, 需要使用频率调制器对激光束进行频率调制, 常用的频率调制器有电光调制器 (electro-optical modulator, EOM) 和声光调制器 (AOM) 两大类.

1. 电光调制器

1) 电光效应

电光调制器通常用具有电光效应的晶体制成, 当在晶体上加一个外电场时, 它的光学性质会发生变化, 感生出很多不同的物理效应, 称为电光效应. 这种效应基本上可归纳为两大类: 吸收系数的变化和折射率的变化.

就折射率而言, 外加电场可以把一种各向同性的介质变成各向异性的介质, 使晶体的折射率发生变化. 在这种情况下, 晶体的折射率 n 可以写成外加电场强度 E 的函数:

$$n(E) = n + a_1 E + a_2 E^2 + \cdots$$

系数 a_1 称为线性电光系数, 系数 a_2 称为二阶电光系数, 依次类推.

由线性电光系数感生的折射率的变化与电场强度成正比, 称为泡克耳斯 (Pockels) 效应. 该效应是 1893 年由德国物理学家泡克耳斯发现的, 也称为一次电光效应 (或线性电光效应). 只有非中心对称的晶体如砷化镓 (GaAs)、硫化锌 (ZnS)、铌酸锂 (LiNbO$_3$) 和磷酸二氢钾 KDP(KH$_2$PO$_4$) 等才具有泡克耳斯效应. 中心对称的晶体不具有这种效应. 具有泡克耳斯效应的晶体称为泡克耳斯晶体, 它同时具有压电效应.

与二阶电光系数相关的折射率的变化与电场强度的平方成正比, 这种效应被称为科尔 (Kerr) 效应. 该效应是 1875 年由科尔发现的. 科尔效应也称为二次电光效应. 泡克耳斯效应只在特定的介质中 (如非中心对称晶体) 产生, 而所有的介质都具有一定的 Kerr 效应, 但是泡克耳斯效应通常要比科尔效应强得多.

A. 泡克耳斯效应

在外加电场 (电压) 的作用下, 晶体的折射率发生变化, 使在其中传播的光波产生感生相位移动. 这种利用外加电压对光波进行相位和偏振形态调制的装置就是所谓的电–光调制器. 利用泡克耳斯效应制作的泡克耳斯盒 (Pockels cell) 是常用的电光调制器之一. 为了对泡克耳斯效应有较为深刻的理解, 我们来分析介质的折射率椭球以及它在外电场作用下的形变, 特别是各向同性的晶体变为双折射晶体 (如砷化镓)、单晶体变为双轴晶体 (如磷酸二氢钾 KDP) 的情况.

理论上讲, 介质的折射率椭球可以表示为 [306]

$$\left(\frac{1}{n^2}\right)_1 x^2 + \left(\frac{1}{n^2}\right)_2 y^2 + \left(\frac{1}{n^2}\right)_3 z^2 + \left(\frac{1}{n^2}\right)_4 yz + \left(\frac{1}{n^2}\right)_5 xz + \left(\frac{1}{n^2}\right)_6 xy = 1 \quad (8\text{-}88)$$

为了计算外电场感生的折射率的变化 Δ_i, 需要解一个线性方程组. 为此我们要做如下设定:

设坐标轴 x, y 和 z 平行于晶体的三个主轴, 晶体的三个主轴方向的主折射率可分别表示为 n_1, n_2 和 n_3(有些文章中称为 n_x, n_y, n_z), 为了构建电光张量矩阵的矩阵元 r_{ij}, 我们采用如下符号:

$$1\rightarrow 11; \ 2\rightarrow 22; \ 3\rightarrow 33; \ 4\rightarrow 23, 32; \ 5\rightarrow 13, 31; \ 6\rightarrow 12, 21$$

利用这种约定, 外电场 E_j 感生的折射率的线性干扰就可以用下面的公式表示 [306]:

$$\Delta\left(\frac{1}{n^2}\right)_i = \Delta_i = \sum_{j=1}^{3} r_{ij} E_j \quad (8\text{-}89)$$

电光张量矩阵元 r_{ij} 称为泡克耳斯系数, 它是常数, 大小取决于材料的性质. 外电场 E_j 感生的折射率的变化满足如下方程:

$$\begin{pmatrix} \Delta_1 \\ \Delta_2 \\ \Delta_3 \\ \Delta_4 \\ \Delta_5 \\ \Delta_6 \end{pmatrix} = \begin{pmatrix} r_{11} & r_{12} & r_{13} \\ r_{21} & r_{22} & r_{23} \\ r_{31} & r_{32} & r_{33} \\ r_{41} & r_{42} & r_{43} \\ r_{51} & r_{52} & r_{53} \\ r_{61} & r_{62} & r_{63} \end{pmatrix} \begin{pmatrix} E_1 \\ E_2 \\ E_3 \end{pmatrix} \quad (8\text{-}90)$$

电光张量矩阵虽然有 18 个元素, 但对绝大多数非中心对称的介质来说, 只有少数几个元素不为零, 大多数元素的值是零.

根据外加电场方向的不同, 可以把泡克耳斯效应分为纵向泡克耳斯效应和横向泡克耳斯效应两个类型. 在纵向泡克耳斯效应中, 外加电场与光的传播方向一致; 电压加在样品同一个面的两个电极上 (图 8.24), 在横向泡克耳斯效应中, 外加电场与光的传播方向垂直; 电场加在样品相对的两个面的电极上 (图 8.25).

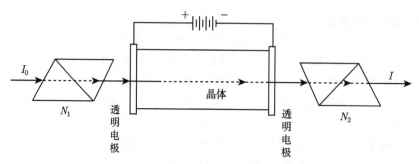

图 8.24　纵向泡克耳斯效应示意图 [113]

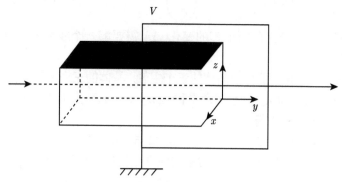

图 8.25　横向泡克耳斯效应示意图

　　电光效应除了与外电场的方向、光束的传播方向有关以外, 也取决于光束极化方向与晶体截面的夹角. 例如, 当外加电场的方向沿着 z 轴、光束沿 y 方向传播、光的极化方向与 x 轴平行时泡克耳斯系数 r_{13} 有非零值.

　　在外电场作用下, 受到干扰的折射率椭球的各个主轴会发生变化. 新主轴及新的折射率的值要通过解椭球方程来得到.

　　a. KDP 晶体的横向泡克耳斯效应

　　由于机械阻抗和对可见光波长的透明度都比较好, 在制造电光调制器时经常选用 KDP 晶体, 该晶体在横向电场 E_x, E_y, E_z 作用下, 会变成双轴晶体, 当光在它里面传播时, 发生双折射现象, 一束入射光经折射后会变为两束, 其中一束的折射情况与在各向同性的介质中相同, 称为寻常光, 记为 o(ordinary ray) 光, 另一束则不遵循折射定律, 称为非正常光, 记为 e(extra-ordinary ray) 光. 折射后形成的两束光都是平面偏振光, 且具有不同的传播速度. 双折射晶体中有一个特殊的方向, 当光沿此方向入射时不发生双折射. 这个方向被称为晶体的光轴. o 光的电矢量垂直于光轴, e 光的电矢量在 e 光主平面内. 折射后形成的两束光的折射率之差与外加电场有关. 把 o 光和 e 光的折射率分别记为 n_o 和 n_e, 如前所述, 在施加横向电场的

情况下 (电场的方向平行于 Oz 轴), 它的新的折射率椭球为 [306]

$$\frac{x^2+y^2}{n_o^2} + \frac{z^2}{n_e^2} + 2r_{63}E_z xy = 1 \tag{8-91}$$

在这里, Oz 依旧是晶体折射率椭球的主轴之一, 它的主折射率为 n_z, 而 $n_z = n_e$, 另外, 在 $z = 0$ 的平面内截面椭圆的轴 Ox' 和 Oy' 相对于晶体的主轴 Ox 和 Oy 倾斜了 $45°$. 与新主轴相对应的新的主折射率 $n_{x'}$ 和 $n_{y'}$ 为

$$n_{x'} = n_0 - \Delta n$$

$$n_{y'} = n_0 + \Delta n$$

其中 $\Delta n = \frac{1}{2} n_0 r_{63} E_z$, 它可以利用前面的公式计算出来.

对于入射的线性极化光束来说, 横向电场使它产生的相位移动 $\Delta\phi$ 为 [306]

$$\Delta\phi = \frac{2\pi}{\lambda} L[(n_e - n_0) - \frac{1}{2} n_0^3 r_{63} E_z] \tag{8-92}$$

这样一来, 在晶体中就有了两种双折射现象: 天然双折射现象和电场导致的双折射现象. 为了补偿天然双折射, 需要适当选择晶体的长度 L, 使 $2\pi/[\lambda L(n_e - n_0)]$ 是 2π 的整数倍.

如果把 KDP 晶体放在透光轴正交的两个偏振片之间, 则相位调制变成振幅调制, 出射光的强度为 [306]

$$I_t = I_0 \sin^2 \frac{\pi}{2} \frac{V}{V_\pi} \tag{8-93}$$

其中 $V = E_z d$ 是调制信号的电压, $V_\pi = \lambda_\pi d/(n_0^3 r_{63} L)$ 是为了获得振幅调制需要施加的一个电压值, 有时称为半波电压.

b. KDP 晶体的纵向泡克耳斯效应

如果加在 KDP 晶体上的电场为纵向电场, 即外加电场的方向平行于光束的传播方向, 在长度为 L 的晶体中, 由外电场产生的光的相位延迟 $\Delta\phi$ 正比于 n_x' 与 n_y' 的差, 大小为 [113]

$$\Delta\phi = \frac{2\pi}{\lambda} n_0^3 r_{63} E_z L = \frac{2\pi}{\lambda} n_0^3 r_{63} V \tag{8-94}$$

其中 L 是晶体的长度, V 是加在晶体两端的纵向电压. 由此可见, 感生相移的大小与施加的电压成正比.

如果把 KDP 晶体放在透光轴正交的两个偏振片之间, 与横向泡克耳斯效应时的情况相似, 相位调制也变成振幅调制, 但出射光的强度为 [113]

$$I_t = \frac{1}{2} I_0 \sin^2 \frac{\Delta\phi}{2} = \frac{1}{2} I_0 \sin^2 \left(\frac{\pi}{\lambda} n_0^3 r_{63} V\right) \tag{8-95}$$

其中 I_0 是入射光的强度, V 是施加的电压, r_{63} 是泡克耳斯系数.

　　c. RTP 的泡克耳斯效应

　　由于具有较强的泡克耳斯效应和较好的热性能, 在制作电光调制器时 RTP 是另一种常用的材料. 如果施加横向电场, 即外加电场的方向顺着它的 z 轴方向, 则加上外电场后, 它的折射率椭球变成如下形式 [306]:

$$\frac{x^2 + y^2}{n_o^2} + \frac{z^2}{n_e^2} + r_{13}E_z x^2 + r_{23}E_z y^2 + r_{33}E_z z^2 = 1 \tag{8-96}$$

晶体的轴保持不变, 但折射率有变化, 新的折射率是 [306]

$$n_x = n_0 - 0.5n_0^3 r_{13}E_z$$
$$n_y = n_0 - 0.5n_0^3 r_{23}E_z \tag{8-97}$$
$$n_z = n_0 - 0.5n_e^3 r_{33}E_z$$

　　对于沿 z 轴入射的线偏振光来说, 感生的相移为 [306]

$$\Delta\phi = \frac{2\pi}{\lambda}n_z L = \frac{2\pi}{\lambda}(n_e - 0.5n_e r_{33}E_z) \tag{8-98}$$

如果把 RTP 晶体放在透光轴正交的两个偏振片之间, 则相位调制变成振幅调制, 出射光强度为 [306]

$$I_t = I_0 \sin^2 \frac{\pi}{2}\frac{V}{V_\pi} \tag{8-99}$$

其中 $V = E_z d$ 是调制信号电压, $V_\pi = \lambda_\pi d/(n_0^3 r_{63}L)$ 是为了获得振幅调制需要施加的一个电压值.

　　如果施加纵向电场, 由于 $n_x = n_y$, 对于任何极化光束来说都有相同的相移, 这时可以用它制成与光束极化无关的相位调制器, 但是不能用来制造振幅调制器.

　　B. 科尔效应

　　如前所述, 科尔效应也是一种电光效应, 在泡克耳斯效应中, 感生折射率的变化与施加的外电场强度成正比, 而在科尔效应中折射率的变化与电场强度的平方成正比. 泡克耳斯效应只在特定的晶体中产生, 而科尔效应几乎存在于所有的介质中. 科尔效应比泡克耳斯效应弱得多. 由科尔效应产生的折射率的变化为 [306]

$$\Delta n = \frac{1}{2}n^3 s_{ij}E^2 \tag{8-100}$$

其中 s_{ij} 是沿晶体主轴方向的科尔系数. 科尔效应常被用来控制入射光束的极化方向, 科尔盒除了用作光强调制器外还可用作高速光开关, 响应时间可达毫微秒量级.

　　2) 电光调制器

　　A. 频率调制器

　　图 8.26 给出了电光调制器的示意图, 外加电场为横向电场.

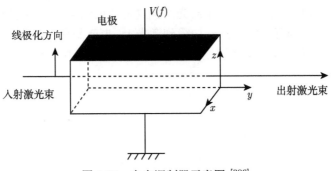

图 8.26　电光调制器示意图[306]

通过对泡克耳斯效应的分析我们知道, 在晶体上施加一个外部电场会使在晶体中穿行的光波感生相位移动, 这种效应可以用来制造光束相位调制器. 图中入射光的极化方向平行于晶体的一个主轴, 外加电场可以线性地调制穿过晶体的光束的相位. 在晶体的输出端, 可以得到一个信号, 该信号的频谱成分是 $\omega_0 \pm n\Omega$, 其中 ω_0 是载频激光的频率, Ω 是调制频率, n 是整数. 频率为 $\omega_0 \pm n\Omega$ 的光波的振幅正比于 n 阶贝塞尔函数 $\mathrm{J}_n(2\pi/(\lambda L \Delta n))$

B. 振幅调制器

图 8.27 是振幅调制器的示意图.

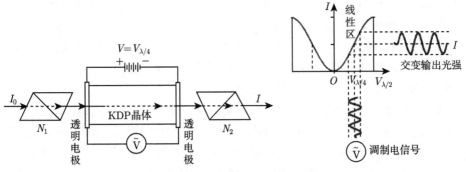

图 8.27　振幅调制器示意图[113]

从实验测量可知, 泡克耳斯盒出射光的强度与外加电压有关, 其相互关系如图 8.28 所示.

使相位差 $\Delta\phi$ 等于 $\dfrac{\pi}{2}$ 的外加电压称为半波电压, 记为 $V_{\lambda/2}$. 从图中可知, 改变加在晶体上的电压可以改变输出光强度. 在 $\Delta\phi = \dfrac{\pi}{4}$ 附近的一个小范围内, 输出光强度与外加电压的关系近似为线性关系. 这一区域称为线性区, 使 $\Delta\phi = \dfrac{\pi}{4}$ 的电压称为 $\dfrac{\lambda}{4}$ 电压, 记作 $V_{\lambda/4}$, 如果在晶体上施加 $V_{\lambda/4}$ 电压, 使其工作在线性区, 然后再施加一个较小的调制电压 $\tilde{V}$, 则出射光的强度将随调制电压 $\tilde{V}$ 而变化. 如果调制电压是某种信号, 则可以将此信号加载到激光上, 也就是说, 可以用一个外加信号电压对出射激光束的强度进行调制, 即对输出激光进行振幅调制 (图 8.28).

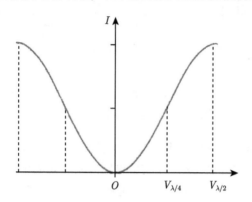

图 8.28   出射光的强度与外加电压的关系 [113]

2. 声光调制器

当周期性变化的超声波在透明玻璃和晶体等介质中传播时会产生机械应力 S, 使介质的折射率发生变化, 生成相位型衍射光栅 (又称折射率光栅), 该光栅的变化周期与声波的周期相同. 当光波在这种超声介质中传播时会撞击光栅而发生衍射, 激光的强度、频率和方向都随超声波场的变化而变化, 这种声波与光波的相互作用就是所谓的声光效应. 声光相互作用是声光调制器和声光偏转器工作的理论基础. 其中衍射光的偏转角随超声波频率而变化的现象称为声光偏转; 衍射光强度和相位随超声波功率而变化的现象称为声光调制.

关于相位型衍射光栅, 我们可以这样来理解: 当光波在传播的路径上遇到障碍物时将发生衍射, 光路上的障碍物被称为衍射屏. 具有周期性光学结构的衍射屏被称为衍射光栅. 衍射光栅可以具有反射结构或透射结构. 根据不同的反射率或透射率它们又被分为黑白光栅、正弦光栅等. 这类光栅会使反射光或透射光的振幅发生变化, 被称为振幅型衍射光栅. 还有一类衍射光栅, 它们对入射光是全透射或全反射的, 透射光或反射光的相位也将发生变化, 这就是相位型衍射光栅.

声光相互作用导致的激光束的衍射形式有两种: 如果衍射仅有第一级, 则相位型衍射光栅工作在布拉格 (Bragg) 机制, 这种衍射也称布拉格衍射, 它相应于薄光栅情况, 如果衍射是多级的, 则相位型衍射光栅工作在拉曼–奈斯 (Raman-Nath) 机制, 相应于光栅较厚的情况. 声光效应常常用来制造光的振幅或相位调制器, 由于拉曼–奈斯衍射的效率较低, 限制了它的应用, 所以在实际应用中多采用布拉格衍射, 其特点是效应较强, 有较高的工作频率, 频带也比较宽.

声光相互作用可以用物质的光弹性张量 $[P_{ij}]$ 来描述, 光弹性张量 $[P_{ij}]$ 的所有元素 P_{ij} 对大多数物质, 特别是各向同性的物质来说, 不为零的项很少. 各项之间的关系与物质的对称性有关. 例如, 对水来说, $[P_{ij}]$ 只有 P_{11} 和 P_{12} 两项不为零.

超声波产生的机械应力对介质光学性质的影响是对折射率进行调制, 使其折射率椭球的大小和形状发生变化, 折射率的变化量可以用应力 S 和介质的光弹性张量系数 $[P_{ij}]$ 来表示

$$\Delta \left(\frac{1}{n^2} \right)_i = \sum_{j=1}^{6} P_{ij} S_j \quad (i, j = 1, 2, \cdots, 6) \tag{8-101}$$

1) 拉曼–奈斯衍射

从以上讨论我们知道, 周期性变化的声波会在介质中生成相位型衍射光栅, 该光栅的特征周期等于声波的波长. 入射到被声波激发的介质中的光束与衍射光栅发生作用而被衍射.

在拉曼–奈斯衍射机制中, 当激光束沿 z 轴穿过被声波激发的介质时, 其相位会发生变化. 由声波激发的光束相位变化 $\Delta\phi$ 为[306]

$$\Delta\phi = \frac{\Delta n 2\pi n L}{\lambda} \sin \frac{2\pi y}{\Lambda} \tag{8-102}$$

式中 Δn 是声波引起的介质折射率的变化, L 是声光相互作用的长度, λ 是光波的波长, Λ 是声波波长. 根据计算, Δn 具有如下形式[306]:

$$\Delta n = \sqrt{M_2 10^7 P_a / (2A)} \tag{8-103}$$

其中 P_a 是总的声波功率, A 是声波的截面, M_2 是衍射品质因数. 将 Δn 代入相移 $\Delta\phi$ 的公式中我们得到

$$\Delta\phi = \frac{2\pi n L}{\lambda} \sqrt{M_2 10^7 P_a / (2a)} \sin \frac{2\pi y}{\Lambda} \tag{8-104}$$

其中 a 是声波束的厚度.

在拉曼–奈斯机制中, 入射光束将发生多阶衍射, 阶数由 θ_{RN} 决定:

$$\sin\theta_{RN} = \frac{m\lambda}{n\Lambda} \tag{8-105}$$

其中, m 是衍射阶数, λ 是光波的波长, Λ 是声波波长.

如果令 I 表示衍射光束的强度, I_0 表示在没有声波调制时透射光的强度, 则衍射效率 η 可以表示为[306]

$$\eta = \frac{I}{I_0} = \frac{[J_m(\Delta\phi_M)]^2}{2}, \quad |m| > 0 \tag{8-106}$$

$$\eta = \frac{I}{I_0} = [J_0(\Delta\phi_M)]^2, \quad m = 0 \tag{8-107}$$

其中, J_m 是 m 阶贝塞尔函数, $\Delta\phi_M$ 是最大感应相移.

2) 布拉格衍射

为了产生布拉格衍射, 需要使入射到介质上的光束有一定的入射角 θ_B, 其大小为

$$\sin\theta_B = \frac{\lambda}{2\pi\Lambda} \tag{8-108}$$

在布拉格机制中, 入射光束只发生第一阶衍射, 一阶衍射光束相对于入射光束 (称为零阶光束) 的特征角为 $2\theta_B$.

布拉格衍射的效率为 [306]

$$\eta = \frac{I}{I_0} = \sin^2\left(\frac{\Delta\phi}{2}\right) \tag{8-109}$$

I 表示衍射光束的强度, I_0 表示在没有声波调制时透射光的强度.

3) 声光调制和压电换能器

声光效应可以用来制造各种光振幅或相位 (频率) 调制器, 由于拉曼–奈斯衍射的效率较低, 所以在实际应用中大多采用布拉格效应.

声光调制器由声光介质和压电换能器构成, 当驱动源以某种特定频率的载波信号驱动换能器时, 换能器即产生同一频率的超声波并传入声光介质中, 使介质的折射率发生变化, 当激光束通过折射率发生变化的介质时会发生声光相互作用, 从而改变光的传播方向, 产生衍射光束.

布拉格衍射效率与声波的功率成正比, 因此, 如果超声波的功率是被一个信号调制的, 那么衍射光束也得到了同样的调制, 这就是说, 利用布拉格衍射效应可以把一个信息加载到激光束上, 对激光束进行调制.

声光调制是一种外调制技术, 声光调制与电光调制相比, 有更高的消光比 (一般大于 1000∶1), 更低的驱动功率, 更优良的温度稳定性和更好的光点质量, 造价也比较低; 与机械调制方式相比, 它有更小的体积、重量. 因此声光调制是一种应用范围很广的激光频率调制技术.

8.4　激光干涉仪引力波探测器的刻度

从严格意义上讲, 任何测量仪器和探测装置在使用之前必须进行标定, 以便确定它的灵敏度, 使输出信号定量化. 标定又称刻度. 有些仪器设备, 特别是像激光干涉仪引力波探测器这样结构复杂、灵敏度极高而又需要长期运转的大型设备, 由于环境的变化、部件的损伤和老化以及不可预料的因素的影响, 其性能会发生波动,

灵敏度变差, 数据质量不稳定. 因此在运行过程中必须对它进行不断地监视、检测和修正. 这些工作也是通过刻度来完成的.

刻度过程的基本思想是在被刻度系统的适当部位注入一个已知大小的标准信号, 将系统对应的输出信号与注入的已知信号进行比较, 确定标准信号的量值与相应输出信号值之间的关系, 从而求出该系统的传递函数、所需要的参数值或修正因子.

激光干涉仪引力波探测器刻度的目的主要有三个方面: ①确定干涉仪的灵敏度; ②对干涉仪获取的数据进行重建, 使它成为经过刻度的数据文件; ③监测运行状态, 不断对刻度参数进行修正. 干涉仪的刻度过程包括促动部件链刻度、读出电子学链刻度、开路和闭路传递函数的测量、干涉仪灵敏度的估算等内容.

8.4.1 促动器系统的刻度

干涉仪的测试质量 (即镜子) 是悬挂起来的, 其位置由磁铁–线圈系统进行控制. 磁铁–线圈系统用一个模拟信号驱动, 这个模拟信号来自一个数字化的校准信号, 该校准信号是在干涉仪整体控制系统内计算得来的. 干涉仪的促动系统包括模拟过滤器、线圈及线圈驱动器、镜子悬挂机械系统. 为了表述整个促动系统的响应特性, 我们需要建立控制信号与镜子导致的位移之间的传递函数.

1. 镜子位移 ΔL 的重建

通俗地讲, 激光干涉仪引力波探测器是一个转换装置, 它把引力波导致的测试质量的位移 ΔL 转换成电信号. 所谓信号重建就是把干涉仪输出的电信号还原成位移 ΔL 的过程. 具体地讲, 就是用位于干涉仪反对称输出口的光二极管输出的电信号对迈克耳孙干涉仪两臂差动模式产生的长度差 ΔL 进行重建. 计算方法如下:

在激光干涉仪中, 光二极管的输入功率 P 取决于两个被重新组合的光束间的相位差 $\Delta\phi$:

$$P = \frac{P_0}{2}\left(1 - C\cos\Delta\phi\right) \tag{8-110}$$

公式中 P_0 是入射到分光镜上的激光功率, C 是干涉仪的对比度.

由镜子位移引起的相位变化 $\delta\phi$ 在干涉仪输出信号中导致的功率变化 δP 为

$$\delta P = \frac{P_0}{2}C\sin\Delta\phi\delta\phi \tag{8-111}$$

放在外探测工作台上的光二极管在暗条纹光束进入媒体转换器之前对它进行了读数, 通过媒体转换器的信号用来使干涉仪锁定. 这个光束给出了关于入射光功率和干涉仪输出功率变化的一个很好的诊断.

利用位于干涉仪非对称输出口的光二极管测得的干涉仪的输出信号, 我们可以得到直流信号 V_{DC} 和被解调的信号 V_{AC}, 这些信号直接正比于 P 和 δP. ΔL 的重建是以它们的非线性组合为基础的.

$$V_{DC} = B\left(1 - C\cos\Delta\phi\right) \tag{8-112}$$

$$V_{AC} = A\sin\Delta\phi \tag{8-113}$$

在这里, A 和 B 是常数, 它们与 P_0 成正比, 参数 A, B 和 C 的第一次估算值是在没有刻度信号的情况下, 利用没有锁定而且没有功率循环 (即故意把功率循环镜调偏) 时的干涉仪的输出信号的条纹图样的最大值 $V_{DC}(\text{max})$、$V_{AC}(\text{max})$ 及最小值 $V_{DC}(\text{min})$ 和 $V_{AC}(\text{min})$ 由下面的公式计算得来的

$$A = \frac{V_{AC}(\text{max}) - V_{AC}(\text{min})}{2} \tag{8-114}$$

$$B = \langle V_{DC} \rangle \tag{8-115}$$

$$C = \frac{V_{DC}(\text{max}) - V_{DC}(\text{min})}{2B} \tag{8-116}$$

一旦参数 A, B 和 C 被确定下来, 我们就可以根据三角函数计算法求出 $\Delta\phi$ 并得到重建后的位移 ΔL:

$$\cos\phi = -\left(\frac{V_{DC} - B}{BC}\right) \tag{8-117}$$

$$\sin\phi = \frac{V_{AC}}{A} \tag{8-118}$$

$$\Delta\phi = \arctan\left(\frac{\sin\Delta\phi}{\cos\Delta\phi}\right) \tag{8-119}$$

$$\Delta L = \frac{\lambda}{4\pi}\Delta\phi \tag{8-120}$$

系数 A、B 和 C 在信号变换过程中有非常重要的作用, 它们的精度和稳定性直接决定了变换的质量. 因此在设备运行过程中要不断地用标准信号对它们进行校正, 校正的频繁程度取决于具体的仪器及其运行状态. 例如, 在 VIRGO 统调过程中, 对系数 A、B 和 C 每分钟计算一次, 每 2 分钟对计算得到的值两个接着两个地求平均值, 产生的这些平均值将被下一个 2 分钟的数据使用, 依次迭代下去.

考虑到干涉仪臂长的变化很小, 我们可以计算出终端镜位移和相应的光二极管输出电压之间的变换因子 α

$$V_{AC} = A\Delta\phi \tag{8-121}$$

$$[V] = A\frac{4\pi}{\lambda}[m] \tag{8-122}$$

$$\alpha\,[m/V] = \left(\frac{\lambda}{4\pi A}\right) \tag{8-123}$$

重建的位移信号 $\Delta L(t)$ 及干涉仪的输出 V_{DC} 随时间的变化如图 8.29 所示. 其中信号 V_{DC} 是由位于干涉仪非对称输出口的光二极管测得的.

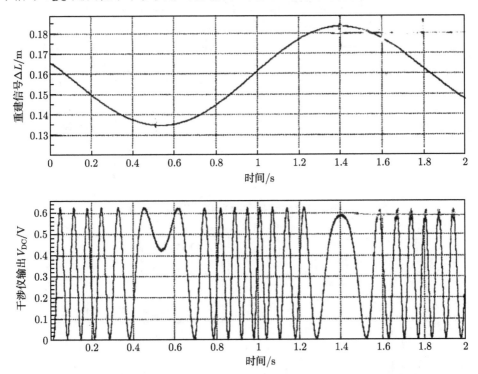

图 8.29 重建的位移信号 $\Delta L(t)$ 和干涉仪的输出 V_{DC} 的关系图 [191]

2. 促动器及读出电子学链刻度

促动器及读出电子学链的刻度是在开路 (即干涉仪没有被锁定) 的情况下进行的. 刻度过程的基本思路是: 在干涉仪的镜子上加一个已知的外力 (即激励信号), 计算激励信号和重建的位移信号 ΔL 之间的幅度比. 促动器及读出电子学链刻度装置如图 8.30 所示.

注入的激励信号是用来刻度的标准信号, 它是一个数字化信号. 该数字校正信号是在探测器整体控制系统内部计算出来的. 为了得到传递函数, 激励信号由一组不同频率的标准脉冲信号组成, 这些频率的值都位于探测器的频带之内. 激励信号的幅度与干涉仪的噪声幅度相比也要足够大. DAC 是一个电子学插件, 称为数/模转换器, 它把数字信号转换成模拟信号. 根据激励信号的大小以及其导致的镜子位移 ΔL, 我们可以得到所要的传递函数 (图 8.31).

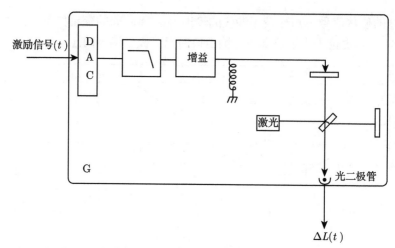

图 8.30　促动器及读出电子学链刻度装置安排示意图 [191]

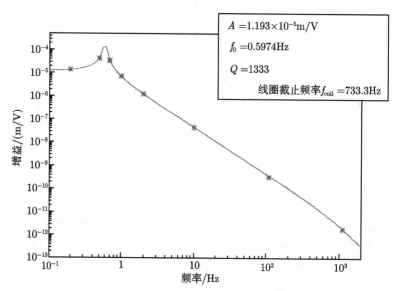

$A = 1.193 \times 10^{-5} \text{m/V}$

$f_0 = 0.5974 \text{Hz}$

$Q = 1333$

线圈截止频率 $f_{\text{coil}} = 733.3 \text{Hz}$

图 8.31　VIRGO 中心干涉仪的传递函数 [191]

图中的实线是一条拟合曲线, 曲线拟合所用的拟合函数 G 为

$$G = \frac{A}{\left(-\dfrac{\omega^2}{\omega_0^2} + \dfrac{\mathrm{i}\omega}{\omega_0 Q} + 1 \right) \left(\dfrac{\mathrm{i}\omega}{\omega_0} + 1 \right)} \tag{8-124}$$

在公式中, A 是传递函数增益, ω_0 是悬镜单摆的共振角频率, Q 是悬镜单摆的品质因数. 拟合函数描写了各种部件期待的响应, 拟合时使用了如下四个自由参数: ①传递函数增益 A; ②悬镜单摆的共振频率 f_0(共振角频率为 ω_0); ③促动线圈的截

止频率 $f_{\rm coil}$; ④悬镜单摆的品质因数 Q.

可以看到, 测得的数值与期待的数值是一致的. 拟合中每个参数的误差都是互不关联的统计误差.

拟合函数的构建是非常重要的, 它的具体形式和使用的参数也因人而异, 并无确定的形式可循.

8.4.2　闭路传递函数

为了获得干涉仪的灵敏度我们还需要建立它的闭路传递函数, 闭路传递函数是在干涉仪锁定状态下测得的, 其基本原理思想是通过控制系统把刻度信号注入回路, 然后测量经过反馈回路后它们发生的变化. 刻度信号一般是白噪声, 也可以是一组专门产生的频率非常确定的刻度线 (正弦信号). 闭路传递函数的形式和干涉仪控制系统的具体结构有关. 图 8.32 给出了测量闭路传递函数所用装置的示意图.

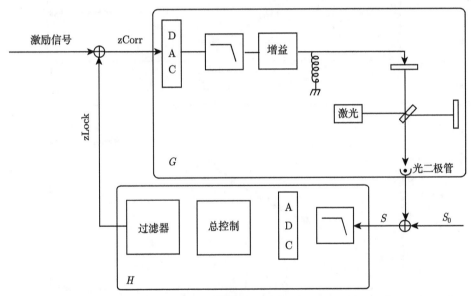

图 8.32　闭路传递函数测量装置示意图 [191]

在图中, 激励信号是用来刻度的标准信号, 它是一组数字化信号, DAC 是数/模转换器, ADC 是模/数转换器, 它把模拟信号转换成数字信号. H 是系统控制部分的传递函数, G 是机械传递函数. zLock 是系统控制部分的输出信号, zCorr 是机械部分的输入信号 (又称为回路校正信号). 根据闭合回路的这种电子学安排, 当知道了系统控制部分的传递函 H 和机械传递函数 G 之后, 我们就可以移除回路在光二极管上的影响, S_0 就是所说的灵敏度, 它定义为

$$S_0 = (1 - HG)S \tag{8-125}$$

在这里, S 是光二极管的解调信号 V_{AC}, $(1-HG)$ 就是我们要得到的闭路传递函数.

测量闭路传递函数 $(1-HG)$ 的方法是把某些激励信号注入回路中, 计算回路校正信号 zCorr 和激励信号之间传递函数增益的逆. 我们不直接测量激励信号和校正信号之间的传递函数, 因为那样的直接测量会产生偏差而且会使有效的测量频带减小. 图 8.33 给出了 VIRGO E2 运行期间得到的闭路传递函数的逆.

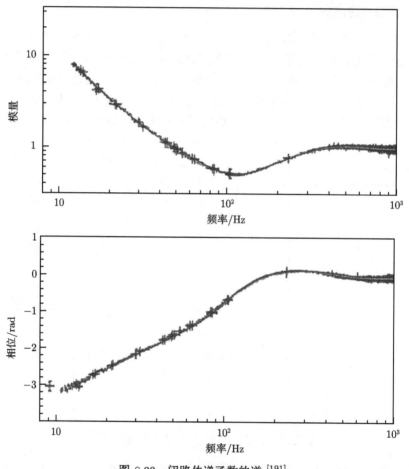

图 8.33　闭路传递函数的逆 [191]

这里显示的闭路传递函数的逆是 VIRGO 在 E2 运行期间在不用功率循环的条件下取得的, 图中的实线是拟合后得到的, 拟合基于一个 7 零点 19 极点函数, 它阐明了我们对于系统响应的所有知识, 其中包括促动器、读出电子学以及纵向差模控制系统中的数字过滤器的响应等. 拟合是在 10Hz 到几百赫兹的频率区间内进行的, 拟合使用了四个自由参数, 它们是: ①闭路增益 A; ②促动线圈的截止频率 $\omega/2\pi$; ③回路相位 ϕ; ④回路延迟时间 τ.

期待的闭路传递函数 TF 为

$$TF = 1 - \alpha HGe^{i\omega\tau}e^{i\phi} \tag{8-126}$$

公式中的 $\alpha = \left(\dfrac{\lambda}{4\pi A}\right)$ 是测试质量的位移与干涉仪光二极管输出电压信号之间的转换因子, 又称为增益.

需要指出, 闭路传递函数与干涉仪具体布局及所用的控制电路有很大的关系, 当改变干涉仪的部件安排时, 例如, 启用注入系统, 把功率循环镜调准等, 差模和共模就会在干涉仪反对称输出口出现很强的耦合, 这种耦合可能使图 8.33 中显示的拟合曲线发生变化, 而且所用的拟合函数及自由参数也应该不同.

8.4.3 光学响应

为了计算干涉仪的灵敏度, 画出灵敏度曲线, 还需要知道镜子对差动位移的光学响应. 前面我们已经建立了差动模式与反对称口光二极管解调信号之间的关系. 这种关系式实际上不但包括了干涉仪的光学响应, 而且也包括了光二极管读出电子学的影响.

光学增益是用频率足够高的刻度线 (典型的频率是 350Hz) 测量的, 它高于反馈回路单位增益频率. 这样做能保证通过刻度信号施加到镜子上的位移和光二极管信号有直接关系. 由于施加到镜子上的信号是一个力, 而我们想得到的是光二极管信号和镜子位移的关系, 因此需要用我们前面已经得到的促动器响应来展现.

8.4.4 灵敏度

得到闭路传递函数及重建的输出信号 δL 之后, 我们就可以计算灵敏度了. 激光干涉仪引力波探测器的灵敏度曲线是由光二极管输出信号和转换因子 α 决定的. 转换因子 α 也叫增益因数, 而这里所说的光二极管输出信号是用闭路传递函数拟合校正过的. δL 可以用下面公式来计算:

$$\delta L = \alpha V_{DC} \tag{8-127}$$

$$\alpha = \frac{\lambda}{4\pi A} \tag{8-128}$$

公式中 V_{DC} 是用闭路传递函数拟合校正过的光二极管信号 , α 是转换因子.

作为一种交叉检验, 低频部分的灵敏度可以用校正信号 zCorr 和开路传递函数来计算, 因为在低频范围内回路的增益较大. 计算公式如下 [191]

$$zCorr = HS_0 + HGzCorr \tag{8-129}$$

如果 $|HG| \gg 1$, 我们得到

$$S_0 = Gz\mathrm{Corr} \tag{8-130}$$

利用测量得到的这些刻度常数进行计算, 得到了 VIRGO 统调过程中不同阶段的灵敏度曲线, 如图 8.34 所示.

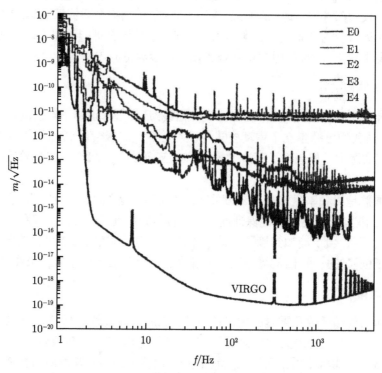

图 8.34　VIRGO 统调过程中不同阶段的灵敏度曲线 [375]

在图上的曲线中, 从上到下分别表示 VIRGO 统调过程中不同阶段 E0(Sept. 2001), E1(Dec. 2001), E2(April 2002), E3(May 2002), E4(July 2002) 的灵敏度曲线, 底部的一条是 VIRGO 的设计灵敏度曲线.

利用测量得到的刻度常数及传递函数, 可以对干涉仪输出的原始数据进行重新整理, 得到重建后的数据, 重建后的数据又称为刻度过的数据, 它们被存放在数据文件中, 用来做物理分析或探测器性能研究.

8.4.5　探测器响应的监测

在激光干涉仪引力波探测器运行过程中, 特别是长期运行中, 探测器的响应会

发生变化, 为保证重建后的数据质量, 需要对它进行不断地刻度. 常用的方法是注入一组具有不同频率的刻度线, 对干涉仪进行监测. 刻度线的频率散落在干涉仪的探测频带内. 刻度的时间间隔视干涉仪的具体情况而定, 一般为几分钟到几十分钟. 监测的主要对象是闭路传递函数和光学响应. 在干涉仪运行过程中, 除了外部环境的变化之外, 干涉仪内激光功率的涨落也是导致探测器传递函数改变的重要因素, 这种涨落会导致光学增益及闭路传递函数形状的改变.

第9章　引力波数据获取与数据分析

数据获取是激光干涉仪引力波探测器重要的组成部分. 建造激光干涉仪的最终目的就是要获取大量的、有用的实验数据, 用来进行物理分析. 数据质量的好坏直接关系到物理结果的水平. 以实验数据为素材的数据分析又称物理分析, 是引力波探测的最后阶段. 从数以百万甚至千万计的数据中找出真正的引力波事例, 就如大海捞针. 这不但取决于优越的硬件设施和高质量的实验数据, 还依赖于雄厚的物理基础、高超的实验技能和丰富的工作经验. 数据分析是一个技术性极强的过程, 它直接依赖于对数据结构 (data structure) 的深刻理解和渊博的软件、硬件知识. 除了物理分析之外, 从干涉仪不同部位抽取的数据还可以用来诊断干涉仪的故障, 对干涉仪进行统调、性能改进和状态锁定.

9.1　数　据　获　取

激光干涉仪引力波探测器的数据获取系统原则上可分为硬件和软件两部分. 现分别叙述如下.

9.1.1　数据获取的硬件设备

我们知道, 激光干涉仪引力波探测器是一台大型光学设备, 在进行数据获取时首先要把光信号抽取出来, 转换成电信号并进行数字化. 光信号转换为数字化电信号所用的硬件设备 (hard ware system) 有: 光路、光电转换器件、读出电子学和在线控制插件等部分. 光路由平面镜和透镜组成, 它将需要的光信号抽取出来, 引导到需要的方向和地点并汇聚在光探测器上. 光探测器将光信号转换成电信号, 电信号经过读出电子学放大、甄别和成形之后, 进行模数转换, 然后通过在线计算机控制的部件记录在存储设备上. 硬件系统中还包括刻度系统, 用来定期地对电子学系统进行定标, 以确保数据质量的稳定性.

除了干涉仪本身的数据之外, 在引力波探测中还使用了众多的、独立的探测器, 对激光干涉仪周围的环境 (如温度、气压、风力、大雨、冰雹、地表震动、声响、电场、磁场) 进行监测. 激光干涉仪引力波探测器内部的平面镜和透镜的位置及关键部件自身的工作状态也被进行监测. 所有这些监测信号也都转化成了数字信号, 以数据的形式记录和保存, 供后续的数据处理、数据分析及在线实时控制时使用.

不论是激光干涉仪上获取的数据, 还是物理环境的监测设备所记录的环境数据, 都需要有一个统一的时间标准, 以表明数据所表示的信号的发生时间. 有这个时间标志, 也可以对坐落在世界各地的多个探测器在同一时间段探测到的信号进行关联分析, 获得更多的关于引力波的准确信息. 数据获取系统的这个全球同步的时钟 (时间标志) 和时间发布设备也是数据获取的重要设备之一.

9.1.2 数据结构 [307]

从引力波探测器获取的原始数据都是一些数字, 不能直接拿来做物理分析, 需要进行基本的整理加工. 例如, 去掉无用的垃圾, 用标准信号对探测器及电子学进行刻度, 对特殊信息进行标识等. 也就是说在进行实质性的物理分析之前, 要先做大量的、繁杂的、重复性的工作, 得到能够直接进行物理分析的 "有用的" 数据. 这些准备工作是每个做物理分析的人必须做的、几乎相同的事情, 费时费力, 浪费资源. 因此, 在世界各个实验室都建立了专门的小组承担这项任务, 他们按照统一的要求和格式把数据组织起来, 加入一定的标识符, 进行一定的加工, 形成标准的数据文件. 该文件除了探测器获取的信息外, 还包含后续分析所需要的足够丰富的资料. 这种把原始数据转变为直接用来做物理分析的数据文件的过程有时称为数据的离线分析. 以 LIGO 于 2014 年 8 月公开发布的 S5 科学数据为例, 我们可以看到数据文件中包含了以下几方面的附加信息:

第一, 提供了数据的获取时间, 即时间标签. 以 timeline 的形式, 标识出哪段时间里 LIGO 探测器的数据是可以被用户使用的. 同时还给出了在给定时间段里可以使用的数据元的百分比. 这个百分比越高, 表明这段时间里探测器的状态越稳定, 可靠的数据的比例越大.

第二, 包含对探测器的标识信息, 以表明数据来自哪个探测器. LIGO 目前的 S5 数据含有来自 5 个不同的探测器的观测数据, 分别标识为 H1, H2, L1, V1 和 G1.

第三, 为了进行科学研究, LIGO 在数据的获取时, 有针对性地注入了一些在理论上具有已知特征的引力波信号, 用以考察和测试开发的分析软件和算法是否能捕捉到这类事例. 为了把这类人工植入的数据事件与真实采集到的信号加以区别, LIGO 在数据文件中对这类事件做出了标识.

第四, 由于激光干涉仪和其他环境监测设备在运行中会有不稳定的瞬时故障, 这些仪器的小故障产生的 "信号" 会超过甄别阈而被记录下来, 给探测器带来一些与引力波产生的信号类似的信号事件 (instrumental glitch), 这类事件不是来源于天体活动, 而是来源于探测设备或周围环境的变化. 它们虽然是虚假触发, 但可能与天体活动产生的事件非常相似. 通过适当的分析手段 (称为 veto study), 这些事例能够被判断为虚假事例, 它们需要在数据中加以标识, 以减少对后续数据分析过程的干扰.

第五, 数据的取样率. 取样率是与数据获取设备的处理能力和速度相关的, 也是数据的重要特征信息.

最后还有数据质量分类信息. 在数据采集过程中, 对设备和系统的运行状态的监控能给出当前时刻设备的状态是否稳定, 以及环境干扰成分是否会影响到数据的质量这些信息, 如果设备由于某种原因而出现不稳定的情况, 那么得到的数据就会是不可靠的, 如果监控发现某个时刻的环境干扰过大, 那么得到的数据的可靠性也需要质疑. 于是, 就采用了对数据质量打标签的方法. LIGO 的数据有 CAT1 和 CAT2 两类标签用于标定某个时间段上的数据的质量. 不达到 CAT1 分类的数据不能用于搜索天体活动的事件; 没有同时达到 CAT1 和 CAT2 质量标准的数据, 分析结果会被否决掉.

以上这些信息以不同的格式表示和存储, 在访问数据文件时, 可以通过文件中给出的源数据所提供的对数据的描述来获取这些数据结构方面的信息. LIGO 为这些信息的获取提供了相应的工具. 以 LIGO 数据中的标识为例, 在 LIGO 发布的 S5 数据中, 用二进制数的一位数作为一个标识. 当该位的值为 0 时表示为否定, 为 1 时表示肯定. 用二进制数的 18 位标识数据质量, 用 6 位标识植入数据信息.

9.1.3   数据道和数据单元

激光干涉仪引力波探测器可以看成是一个准线性装置, 输入干涉仪的信号和干涉仪的输出信号可形象地用图 9.1 所示框图表示.

图 9.1   激光干涉仪引力波探测器输入输出信号关系

激光干涉仪引力波探测器输出各种不同类型的信号, 这些输出信号统称为数据. 在干涉仪的不同部位获取的数据及不同的环境监视器上获取的不同类型的数据, 要分别给予不同的名称, 称之为数据道. 激光干涉仪引力波探测器及辅助设备的数据道共有数百个, 分别具有不同的物理或技术含义, 相同数据道的数据存储在一起, 形成数据文件.

激光干涉仪引力波探测器开动之后, 要连续运转相当长的时间, 如数日、数周甚至数月. 各个数据道的数据像溪水一样源源不断地流出. 为了便于记录和物理分析, 需要把数据流切割成许多小段, 以这个小数据段为单位进行记录. 这种小数据段被称为数据元, 又叫每个数据的数据体, 它是数据的基本存储单位. 每个数据元都有自己的编号, 每个数据元的编号就是该数据元的名称, 相邻数据元的编号是连续的. 它们在时间上形成一个连续序列. 因此, 储存在数据元内的主要数据是在选定的时间间隔内的时间序列. 然而, 也可以在数据元内放其他类型的数据, 如谱形、表格、矢量或阵列等. 为了便于世界各地的引力波探测器联网以便进行符合测量, 国际上对数据元的格式和结构有统一的规定. 数据道与数据元的关系如图 9.2 所示.

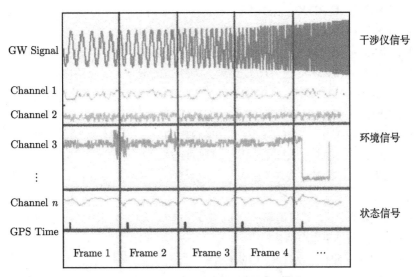

图 9.2 数据道与数据元的关系 [193]

图中左侧给出的是数据道及编号, 右侧给出的是数据名称. 底部显示的是数据元. 激光干涉仪引力波探测器的数据道有几百种甚至上千种, 它们分别表示不同的物理含义. 以 LIGO 为例, 用来表示对干涉仪臂长变化敏感的数据道有

LI : LSC—AS _ Q

LI : LSC—AS _ I

LI : LSC — POB _ Q

LI : LSC — POB _ I

LI : LSC — REFL _ Q

LI : LSC — REFL _ I

LI : LSC — DARM _ CTRL

LI : LSC — MICH _ CTRL

LI : LSC — MC _ L

LI : LSC — AS _ DC

LI：LSC — REFL ＿ DC

················

与干涉仪状态和统调有关的数据道有

LI：LSC — WFS1 ＿ QY

LI：LSC — WFS1 ＿ QP

LI：LSC — QPDX ＿ Y

LI：LSC — QPDX ＿ P

LI：LSC — QPDX ＿ DC

LI：LSC — ETMX ＿ OPLEV ＿ PERROR

LI：LSC — ETMX ＿ OPLEV ＿ YERROR

LI：LSC — ITMX ＿ OPLEV ＿ PERROR

LI：LSC — ITMX ＿ OPLEV ＿ YERROR

LI：LSC — BS ＿ OPLEV ＿ PERROR

LI：LSC — BS ＿ OPLEV ＿ YERROR

LI：LSC — RM ＿ OPLEV ＿ PERROR

LI：LSC — RM ＿ OPLEV ＿ YERROR

················

与干涉仪激光器状态稳定和调整有关的数据道有

LI：PSL—FSS ＿ FAST

LI：PSL—FSS ＿ MINCOMEAS

LI：PSL—FSS ＿ MIXERM

LI：PSL—FSS ＿ PCDRIVE

LI：PSL—FSS ＿ RCTEMP

LI：PSL—FSS ＿ RMTEMP

LI：PSL—FSS ＿ SLOWM

LI：PSL—PMC ＿ PZT

················

表示环境监测的数据道有

L1：SEI － LVEA ＿ SEIS ＿ X

L1：SEI － LVEA ＿ SEIS ＿ Y

L1：SEI － EX ＿ SEIS ＿ X

L1：SEI － EX ＿ SEIS ＿ Y

L0：PEM － LVEA ＿ SEISX

L0：PEM － LVEA ＿ SEISY

L0：PEM － LVEA ＿ SEISZ

L0: PEM $-$ EX $\_$ SEISX

L0: PEM $-$ EY $\_$ SEISX

L0: PEM $-$ EZ $\_$ SEISX

L0: PEM $-$ PSL1 $\_$ ACCX

L0: PEM $-$ BSC1 $\_$ ACCY

L0: PEM $-$ PLS1 $\_$ MIC

L0: PEM $-$ BSC5 $\_$ MIC

L0: PEM $-$ LVEA $\_$ MAG1X

L0: PEM $-$ EX $\_$ MAG1X

L0: PEM $-$ LVEA $\_$ V1

L0: PEM $-$ LVEA $\_$ AirTmp

L0: PEM $-$ LVEA $\_$ Wind

L0: PEM $-$ LVEA $\_$ Rain

· · · · · · · · · · · · · · · · ·

还有很多其他数据道, 此处不一一列举.

数据文件中, 由于激光干涉仪引力波探测器的瞬时状态不同, 数据单元的具体图形是比较复杂的, 多数图形我们并不理解, 能够做出解释的为数不多. 以 LIGO 中引力波信号对应的数据道 LI: LSC—AS $\_$ Q 为例, 我们能够解释的数据元图形有如下几种.

(1) 激光干涉仪引力波探测器工作正常时的图形 (图 9.3).

正常

图 9.3 激光干涉仪引力波探测器工作正常时的图形

(2) 测试质量只能向前振动时, 数据单元的图形 (图 9.4).

向前振动

图 9.4 测试质量只能向前振动时, 数据单元的图形

(3) 测试质量前后都能动时, 数据元的图形如图 9.5 所示.

前后振动

图 9.5   测试质量前后动时, 数据元的图形

(4) 测试质量绕悬挂丝转动时数据元的图形如图 9.6 所示.

绕悬挂丝转动

图 9.6   测试质量绕悬挂丝转动时数据元的图形

(5) 激光干涉仪引力波探测器工作正常时, 满足一定选择条件的数据元的图形如图 9.7 所示.

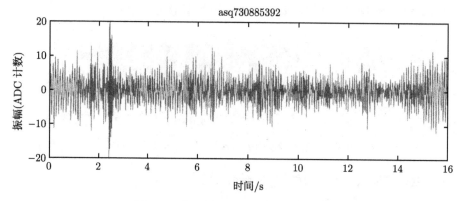

图 9.7   满足选择条件的数据元的图形

图 9.7 展示的是 LIGO 数据道 **LI：LSC—AS ＿ Q** 中标号为 asq730885392 的一个数据元. 它的横坐标是时间, 纵坐标是 ADC 的计数. 图中的尖锐突起是我们要选出来的.

数据文件中数据元的幅度分布是高斯分布, 如图 9.8 所示. 图中的非高斯尾巴

是稳定噪声, 它们是意外干扰所致, 不能用作数据分析. 需要在数据给予处理过程
中去掉.

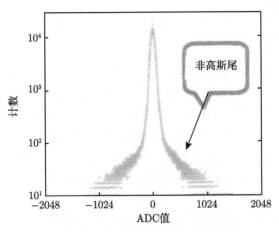

图 9.8 数据元的幅度分布 [193]

9.1.4 数据获取的软件系统

激光干涉仪引力波探测器的在线数据获取软件系统, 是一个基于 VME 总线技
术的数据获取程序包. 它包括在线数据获取插件的控制软件、触发判选软件、过滤
与存储软件、过程逻辑控制软件等. 它们是数据获取的神经中枢, 其组织结构和编
写水平对数据获取的速度和数据质量控制有巨大的影响.

9.2 引力波数据分析

引力波探测中, 数据分析指的是物理分析, 这是引力波探测中的最后一步, 也
是关键的一步. 数据分析的任务是利用获取的这些被噪声污染的信息, 将真实的引
力波事例找出来. 为了保证引力波事例的真实性, 需要做以下几件事情.

(1) 甄别环境噪声. 利用部署在激光干涉仪引力波探测器周围的环境监测器,
去掉局部地域内所有可能产生的虚假信号. 同时, 利用选定的 Veto 条件把噪声源
在探测器内产生的所有可能的虚假信号如地面震动、声响、电磁干扰、宇宙线中的
μ 子等去掉. 还要根据波形特点, 去掉慢变化的信息, 如潮汐、温度等气候变化条件.

(2) 多台干涉仪符合测量. 把 LIGO(lho)、LIGO(llo)、VIRGO 、GEO600、
TAMA300 及还在运转的共振棒引力波探测器组成一个引力波探测网, 精确计算和
确定各探测器基地之间引力波传播所用的时间差, 选择合理的时间窗口进行联合测
量. 如有可能还可以与其他类型的非引力波探测器, 如光学探测器、射线探测器、
中子探测器进行符合测量, 提高探测的可信度.

(3) 对数据进行物理分析和计算. 利用各种不同的方法与手段对数据进行计算和分析, 将得到的结果进行比较. 还要进行蒙特–卡罗模拟计算 (Monte-Carlo simulation), 与理论预言进行比较.

9.2.1　数据分析通用软件工具

为了更好地让物理学家进行数据分析, 需要建立大量通用的软件系统, 如工具软件、模拟计算软件、存放刻度常数修正参数和探测器参数的数据库、管理和控制作业进度的软件系统、事例筛选和重建系统、针对专门研究领域的分析管线等. 在做数据分析之前, 参与者必须对它们的功能、格式、内容、操作方法等进行深入透彻的学习和理解. 只有这样才能用起来得心应手, 达到事半功倍的效果.

一般来说, 每个实验室都有自己的一整套完善的软件体系, 其中每个程序包都含有百万行以上的源程序. 这些程序需要专门的人员认真编写、维护、改进和升级, 以 LIGO 为例, 它有三个专门小组, 负责所有软件工作. 这三个专门小组是: ① LIGO 数据分析系统 LDAS (LIGO data analysis system); ② 模型化和模拟计算 (modeling and simulation); ③ 通用计算 (general computing). 各大实验室的软件系统都是数十年来几代人辛勤劳动的结晶和积累, 在国际上有很大的通用性, 可以互相借鉴和移植.

9.2.2　蒙特–卡罗模拟计算 [307]

蒙特–卡罗模拟计算是研究物理或数学过程中一种随机模型的计算方法, 它是以随机取样技巧为手段的一种数值分析方法. 这种想法提出得比较早, 但系统地进行研究却开始于 1944 年前后. 当时在研制原子弹的过程中, 需要知道中子在裂变物质中的输运过程, 因而提出了一些不能用数学方法求解的问题. J.F. 诺埃曼、S. 乌拉姆和 E. 费米等发展了这种分析方法, 用直接模拟物理过程的方法解决了这个不易解决的难题. 现在蒙特–卡罗模拟计算已成为一种强有力的计算工具, 在原子能科学、粒子物理、宇宙线物理、固体物理、原子核物理、天文与天体物理、统计物理、高分子化学、军事科学、气象、地质、医学等领域有着广泛的应用. 在数学研究领域中, 它可以用来求解线性方程组、微分方程组、积分方程组, 以及解决多维多因素计算等.

用蒙特–卡罗计算方法模拟一个问题时, 往往需要大量的抽样, 抽样越多, 计算结果的概率误差越小. 因此蒙特–卡罗模拟计算需要在大型高速计算机上进行.

物理实验中的蒙特–卡罗模拟计算主要包括对实验设备中各子系统几何形状、物理参数、性能以及与物理事件作用机制的描述; 包括重要物理过程的理论模型和重要事件产生器. 通过对各个子系统物理响应的模拟, 了解确定的物理过程在探测器各子系统中信号的特征以及整个实验设备的探测效率、频率响应、灵敏度等, 从而对实验装置的设计和实际方案的优化提供有用的参考数据, 并能对实验结果进行理论检验. 精确的、与实验相符合的模拟软件系统对实际方案的选取和获得可靠的物理结果具有非常重要的作用.

蒙特–卡罗方法广义地、简单地说, 就是根据随机采样的观测和一些已知的关系反演出某个无法直接获取到的自然现象的模型或参数. 这个方法在许多科学领域有广泛的应用, 特别是在一些无法直接获取到确定参数值, 而观测数据却相对容易得到的问题上, 采用蒙特–卡罗方法往往是唯一的选择. 例如, 计算数值积分问题中, 当积分空间上的随机点与被积函数的关系很容易判断, 而被积函数又没有显式表达式的时候, 采用蒙特–卡罗方法, 根据观测的随机点的分布来推算出积分值就是一个很有效的方法.

除此之外, 蒙特–卡罗方法与马尔可夫链方法结合, 形成的马尔可夫链–蒙特卡罗方法 (简称为 MCMC 方法), 是一个求解反向推演问题 (inverse problem) 的非常有效的方法. 它可以极大地加速计算的收敛速度. 例如, 在解决根据观测或最大似然值在参数空间中寻找最佳参数的问题时, 用马尔可夫链–蒙特卡罗方法求解是很普遍、很有效的方法. 再比如, 利用爱因斯坦广义相对论和天体运动物理模型以及对噪声的建模, 可以仿真出天体运动产生的引力波在噪声背景上叠加所形成的、可以被激光干涉仪捕捉到的波形. 由于模型的参数较多, 不同的参数得到的波形会不同. 对于一个探测到的事件, 要判断它是否是由某一类天体活动 (如双中子星、双黑洞或中子星–黑洞旋绕等) 产生的, 也可以看成是一个反向推演问题. 这种方法在引力波数据分析领域里也称为模型参数估计. 利用模型参数估计, 可以根据探测的引力波数据, 推测引力波源的具体结构和特性.

在引力波研究中, 有一类比较突出的成果是采用贝叶斯推断的框架来分析的. 这个方法的基本思想是根据模型和观测数据, 推算出后验概率密度函数. 但是贝叶斯推断方法的计算量大是一个突出的问题, 就以双星旋绕系统来说, 用广义相对论模型描述由两点质量中心以圆形轨道旋绕的系统产生的引力波波形模型有 15 个参数, 加上对中子星或黑洞的模型参数, 噪声的模型参数, 仪器的校准参数等, 就显得更为繁多. 除了参数多这个因素之外, 似然函数的复杂性和波形生成过程也导致了巨大的计算量. 随机取样及马尔可夫链–蒙特卡罗方法 [308−311] 等技术的应用近年来在提高计算贝叶斯推断问题的速度和效率方面取得了一些成果.

引力波源的参数估计算法, 以 LAL Inference 软件包为例, 需要计算出 $10^7 \sim 10^8$ 个波形, 用于与干涉仪的数据进行比较 (它就是我们将在 9.2.7 节中所说的模板 (template)). 由于这些波形的生成计算非常之大, 它的生成已成为参数估计分析的瓶颈. 一旦干涉仪可探测的有效频域进一步扩大, 波形的长度就会随之增长, 那么参数估计分析需要的时间也就随之增加, 达到几乎不可接受的程度. 马尔可夫链–蒙特卡罗方法通过构造一个平衡分布与要计算的后验概率分布成比例的马尔可夫链,产生的样本的概率密度分布也与目标后验概率密度分布成比例. 这可以有效地减少采样的数量, 加速后验概率 (posteriori estimation) 分析的速度.

9.2.3　波形分析

激光干涉仪引力波探测器是一个宽频带幅度探测器, 它要探测的是波形, 实验物理学家在引力波探测中不用 "天体物理源" 的概念来思考问题, 而是使用 "波形结构形态学". 不同的天体物理源辐射出不同的波形, 波形分析 (wave form analysis) 是引力波数据分析的基础. 在引力波数据分析中, 波形结构形态学研究的对象主要有以下几个方面.

1. 具有有限时间间隔的连续性 (或爆发性) 引力波

我们认为已经建立了合理的物理模型, 其波形也认为是已经知道的, 如双中子星 (NS-NS) 旋绕、黑洞–黑洞 (BH-BH) 旋绕、中子星–黑洞 (NS-BH) 旋绕所辐射的 Chirp 形信号和余音信号等.

2. 未知的脉冲形引力波

这是一种类型的爆发性引力波, 我们没有可靠的、合理的物理模型来描述它们, 其波形也是不知道的, 如超新星爆发、黑洞坍缩等. 这种类型的引力波波形的建立, 可以说是 "仁者见仁, 智者见智", 良莠分明.

3. 窄频带、连续的、周期性引力波

我们有可靠的、合理的物理模型, 其波形被认为是相当确定的, 例如, 具有一定椭度的脉冲星, 不稳定旋起的中子星等. 用波形分析法对这类事例进行分析是快速进入引力波数据分析的捷径.

4. 随机背景辐射

随机背景辐射是宽频带、连续性的引力波, 它是随机的, 不易与噪声区别的, 既包括宇宙大爆炸产生的引力波的残余本底, 也包括各种不同的、连续性波形的叠加, 这类引力波频带很宽. 用波形分析法处理时要克服很多困难.

5. 未知的引力波波形

还有很多使我们感到惊奇的波形, 其波源及辐射过程都是我们始料未及的. 这很可能是一种新的天文现象, 需要引起高度关注.

9.2.4　时间–频率分析法

时间–频率分析法 (time–frequency analysis) 是数据处理中最常见的方法之一 [194,195]. 它用时间–频率分解法把已经记录到数据文件中的各个数据元做傅里

叶分解, 并利用计算机把相应的频率、时间和功率画成三维图, 将自己确定的频率间隔内存在的功率与已知的噪声功率统计分布进行比较, 寻找与一般噪声信号相貌不同的东西. 还可以根据自己建立的条件进行判选, 找出感兴趣的新奇事例.

在引力波探测中, 大量事件的波形是未知的, 或者说, 在足够精确度下是未知的, 如黑洞并合及质量巨大的星体核的坍塌等, 它们不能用匹配过滤器进行分析. 在这种情况下, 时间–频率分析给我们提供了一种有用的方法, 该方法不必预先知道波形的相关知识, 而是直接去寻找感兴趣的引力波事例.

时间–频率分析法中, 频率、时间、功率的三维图在图 9.9 中给出.

图 9.9 频率、时间、功率的三维图 [193]

时间–频率分析法的基本思路是这样的: 在固定的时间间隔内把探测到的数据切割成片, 对这些数据切片进行傅里叶展开. 把给定的频率间隔内存在的功率与已知的噪声功率的统计分布进行比较. 寻找引力波存在的证据. 在这种分析中, 给定的频率间隔是时间的函数. 该方法的具体分析手段很多, 常用的有以下两种.

1. 超功率法

将选定频带、选定时间段内数据中存在的功率与已知的噪声功率的统计分布进行比较, 如果探测器的噪声是稳定的且具有高斯分布, 那么噪声功率将遵循 χ^2 分布, 其自由度数量等于时间–频率值的两倍. 因此这种方法在探测与引力波强度有关的超阈功率时, 它的效率取决于信号的期待持续时间和频带宽度, 也与它的强度有关.

2. TFCluster 方法

该方法是在时间–频率平面内寻找功率高于给定阈值的小区域组成的单元集团, 因为大多数信号都分布在一些小区域内, 它们在时间–频率平面内有很高的空间关联性. 这种集团化分析法对滤掉探测器噪声是很有用的.

下面我们利用蒙特–卡罗计算方法, 模拟在白色高斯噪声本底下双星旋绕产生的 Chirp 信号, 得到一批模拟数据, 利用这些模拟数据进行时间–频率分析, 可以对

以上的讨论进行检验, 看一看我们能得到什么样的结果. 我们选定的条件如下:

(1) 在时间–频率分解数据中对小单元的功率设置阈值.

(2) 只保留超过功率阈值的小单元相互连接而构成的集团.

(3) 对集团的总功率设置阈值后获取的结果.

分析结果如图 9.10 所示 [196]:

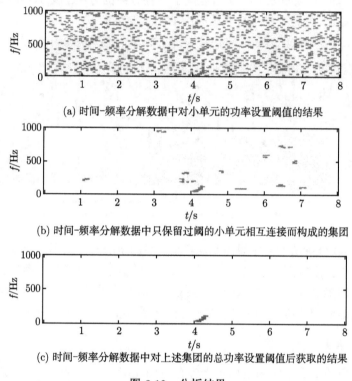

(a) 时间–频率分解数据中对小单元的功率设置阈值的结果

(b) 时间–频率分解数据中只保留过阈的小单元相互连接而构成的集团

(c) 时间–频率分解数据中对上述集团的总功率设置阈值后获取的结果

图 9.10　分析结果

通过上面的蒙特–卡罗模拟可以看出, 利用 TFCluster 方法我们确实找到了注入的有用信号.

不同引力波源的时间–频率特点是不同的 (图 9.11), 在做时间–频率分析时我要充分利用这些特点. 从图中可以看到:

(1) 爆发性引力波是宽频带、短时间间隔事件;

(2) Chirp 形引力波占有最大的时间–频率面积;

(3) 黑洞余音形引力波应该是与 Chirp 信号相伴产生的;

(4) 随机背景辐射是稳定的宽频带引力波.

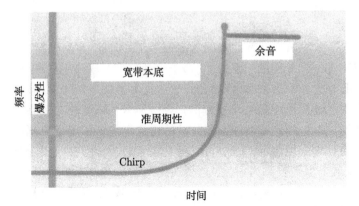

图 9.11 几种引力波源的时间–频率特点 [193]

3. 时间尺度选择

激光干涉仪信号频率变换分析的特定时间尺度可以根据对信号的预期为基础来选择, 引力波信号预计会在不同的时间尺度上有所变化, 例如, 对双中子星或双黑洞旋绕事件来说, 两个星体在相对低的频率上彼此在轨道上要绕旋很长一段时间 (例如, 几亿年甚至更长的时间), 而在双星并合之前, 它们的旋绕频率在很短的时间迅速增加 (对于致密双星的并合, 这段时间通常为秒的量级). 因此, 在进行频率变换时, 不同的时间片要采用不同的时间尺度. 例如, Wave Burst [312] 是一个用于爆发性引力波脉冲序列的数据分析流水线 (pipe line). 在数据分析流水线 Wave Burst 中, 需要做多个时间–频率变换计算, 每个变换是在不同的时间尺度上进行的 (每个时间尺度都基本对应于原来的信号), 然后把在不同尺度上得到的大量的时频系数组合在一起, 形成在时频域内的群集. 如果在位于不同地域的多个独立的引力波探测器之间进行关联分析, 则需要在关联性地组合所有的变换之前, 为每个独立的引力波探测器自身获得的数据做如上的分析. 所谓关联性的组合所有变化, 指的是在组合时要把信号的相位考虑在内, 而不是仅组合不同探测器的时频系数的幅度.

时间尺度选择的另一个方法是采用小波变换进行单个多尺度变换, 这样的变换基本上等同于以指数的尺度在不同时间尺度上做频率分析. 例如, 通过在 LIGO 激光干涉仪 [313] 的环境检测器上发现超常的能量来探测不寻常的事件; 被 Kleine Welle 事件触发生成器或被数据分析流水线 Omega 探测出来的不寻常事件就是使用这类方法的例子 [313]. 在这些情况下, 小波系数相对于常用的监测器噪声来说是非常大的, 它会引发一个包含所有环境辅助监测器读数信息的事件. 它产生的测量向量可以用于毛刺 (glitch) 检验 (参阅 "毛刺" 一节).

4. 白化

在对激光干涉仪引力波探测器的输出信号进行时间–频率分析时, 噪声问题一般是通过白化过程来处理的. 事实上, 每个干涉仪信号噪声的时间–频率变换呈现出的曲线是随着所分析的频率而变化的 [314]. 探测器输出信号的异常表现 (无论是引力波引起的或者更可能是毛刺引起的) 会由于信号幅度分布远高于噪声幅度曲线而被观测到. 因此对异常事件探测分析的全过程包含了用噪声幅度曲线来划分干涉仪信号的时频变换这样一个步骤. 正是因为这个步骤在效果上是把噪声曲线抹平了, 所以这个步骤被称为白化. 这个白化的信号与白噪声类似, 在所有的频率上都有固定的能量, 即其能量是个常数. 信号白化以后, 寻找包含超高能量的频率就可以通过简单的阈值来判断了.

9.2.5　变化点分析法

还有另外一种方法, 它同样不需要预先知道波形的有关知识就能辨认引力波信号, 这就是变化点分析法. 该方法的原理是在时间域内寻找探测器输出数据的统计学参数的变化. 具体做法是把输出数据分成很多小组, 每个数据小组内统计学参数近似为常数. 这个统计学参数用正态分布的平均值和方差来表示. 变化点定义为噪声特性 (以平均值和方差表示) 变化的时间点. 也就是说, 如果在这个时间点的随便哪一边具有不同的统计分布值且在属于这种不同统计分布值的那一边, 其统计学参数值超过给定的阈 [197], 我们就可以选择它. 这种被辨认出的变化点划定了一个数据小组的起始和终止时间点. 数据小组的统计学参数以起始和终止时间内的平均值和方差来表示.

一旦具有不同平均值和方差的数据小组确定之后, 相邻的、有异常表现的数据小组就被聚集在一起, 形成单个的有用事例, 随后这种事例就可以在世界各地的引力波探测器上进行符合分析. 包括它的频带宽度、最高值数据小组出现的时间、刻度过的能量以及事例持续的时间等, 从而确定事例的真实性.

9.2.6　关联与符合技术

1. 确定事例的真实性

将多个探测器联合起来进行关联测量与关联分析, 对判断引力波信号的真伪是非常有利的. 例如, 假设将位于不同地域的三个探测器联合起来进行测量, 若只有一台探测器的信号里发现了超高的能量, 那么这个信号很有可能是来自某个短暂的噪声源 (如某个开关的开启或关闭、异常的地面震动等). 如果真正的引力波到达地球, 那么这三个探测仪势必都会一致性地有所反应, 它们不仅都会观测到超高能量的信号 (能量的大小会与探测仪的位置与引力波的极性的相对关系有关), 而且它们的信号还会有相互关联的相位和相应的时间差. 也就是说, 在三个探测器上观测到的引力波信号来源于同一个引力波, 只不过仅仅有一点相移而已. 由于噪声信号通常是不相干的, 所以如果从不同的探测器上得到的信号能够被相干组合的话, 即除了各自保留相位信息外能具有一致性, 那么就可以认为该事例是引力波而不是噪声的可能性更高.

数据分析流水线 Wave Burst 及早期发展起来的基于最大似然或基于 F-统计 [315] 的引力波数据分析手段都可以做干涉仪信号的关联分析.

多个引力波探测器信号之间的关联性对于压低噪声和辨认真实的引力波信号来说是至关重要的, 为了进行关联测量, 需要利用探测器之间的时间关系:

$$t_1 = t_2 + L/c \tag{9-1}$$

(t_1 和 t_2 是每个探测器的记录时间, $L = |(\boldsymbol{x}_1 - \boldsymbol{x}_2) \cdot \boldsymbol{n}|$ 是探测器之间的投影距离, $\boldsymbol{n}$ 是引力波源的方向) 建立探测器信号之间的关联性 Y:

$$Y = \int_{-T/2}^{T/2} \mathrm{d}t_1 \int_{-T/2}^{T/2} \mathrm{d}t_2 S_1(t_1) Q(t_1 - t_2) S_2(t_2) \tag{9-2}$$

在这里 S_1 和 S_2 分别是两个探测器的输出 (应变), Q 是过滤器. 选择这个过滤器的目的是让我们所期待的信号的关联性 Y 有最大的信号噪声比. 为了选择最佳过滤器 $Q(t)$, 我们可以假设引力波探测器的噪声是稳定的, 具有高斯分布形式, 且不同的探测器之间是互不相关的.

2. 确定事例的空间位置

利用单个探测器不能辨认引力波是从太空中哪个确定的地方来的. 相互关联的信号把全球引力波探测网内各个探测器联合成一个广义的 "引力波天文台", 它的探测范围可以基本上覆盖整个太空. 原则上讲, 它应该有很好的空间分辨率. 网内各个探测器信号到达的时间差给我们带来引力波传播方向的信息, 有了这些信息, 波源位置的确定仅仅是利用这些信息数据做些三角运算而已.

下面我们讨论怎样利用探测器信号的符合测量来辨认引力波波源的位置 [203]. 利用一台激光干涉仪, 我们能够探测到波源与干涉仪之间的距离, 以探测器为中心, 以这个距离为半径, 我们可以在空间画一个球, 波源可以位于球面上任何一点. 如果考虑到探测误差, 在空间画出的就是一个很薄的球壳, 波源可以位于球壳内的任何一点. 如果利用位于不同地点的两台探测器进行符合测量, 设两个探测器之间的输出信息是相互关联的, 我们可以很好地估算两个探测器输出信息之间的时间移动 Δt_{sig}. 如果不考虑测量误差的话, 我们可以在太空中划定一条圆环形带子, 波源可以位于带子上的任何一点, 如图 9.12 所示. 从这个意义上讲, 探测器之间的实时关联测量并不是必需的, 但是对于每个数据流来说, 统一的、好的时间标识是完全必要的.

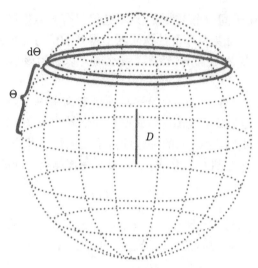

图 9.12　从外部观测到的天体图 [10]

图中给出了一个定位 "圆环",它是用两个引力波探测器的信号到达时间差 Δt_{sig} 画出的.

由于测量精度是有限的, 存在测量误差, 因此我们在太空中划定的不是一个圆形带子, 而是宽度为 $\Delta\theta$, 且有一定厚度的一条带状环. 很明显, 如果我们能精确地测定时间差 (如提高信噪比以减小随机误差, 精确设置波形和极化状态以减小系统误差) 就可以使 $\Delta\theta$ 大大减小, 从而提高定位精度.

引力波信号是从这个带状环内发出的. 这个带状环很像一个系统中的两条平行的纬度线或赤纬线. 系统的极轴定义为两个探测器之间连接的延长, 如图 9.13 所示. 图中 D 为两个探测器之间距离. 定位圆相对于极化轴的倾斜角为 θ

$$\theta = \arccos(c\Delta t/D) \tag{9-3}$$

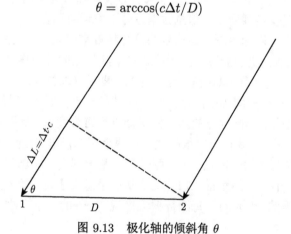

图 9.13　极化轴的倾斜角 θ

　　利用三个探测器能够得到两个独立的时间差, 两个独立的时间差可以在太空中划定两个定位带状环, 这两个定位带状环的交叉在太空中形成的两个 " 补丁", 如图 9.14 所示.

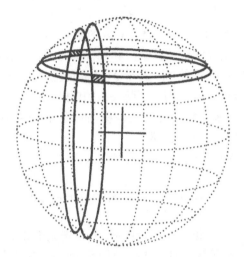

图 9.14　利用三个探测器对信号进行测量得到两个独立的时间差, 这两个带有测量误差的圆在两个定位误差箱上重叠 [10]

　　引力波信号可能从这两个补丁中的一个内发出. 利用第四个探测器的观测将给出第三个时间差, 它足以在太空中把引力波源定位在 "一个补丁" 内, 大大提高了波源的定位精度, 利用更多的探测器进行关联测量, 可以把补丁的体积缩小, 使波源的定位精度更高.

　　如果我们建立了一个国际引力波探测网, 网内探测器的时间分辨率为 0.1ms, 探测器基线之间的距离为 6×10^3km 数量级 (相当于地球半径), 那么, 波源的位置就可以被确定到大约 $(5\text{mrad})^2$. 这是一个相当不错的角定位精度 [10].

9.2.7　模板的应用

　　在引力波的理论研究中, 有些研究对象的结构和作用机制是清楚的, 物理图像是直观的, 如密近双星旋绕问题. 它们辐射的引力波可以用一个确定的时间函数, 如 $S(t)$ 来表示. 有些研究对象我们在理论上研究得并不透彻, 对其结构和物理机制了解得不太清楚, 但是可以根据已有的知识建立起一个我们认为恰当的物理模型, 推导出所辐射的引力波的时间函数 $S(t)$ 和图像. 还有的研究对象我们知之甚少, 只能根据自己的物理知识和经验, 参考他人的论述, 建立起自己认为可能的物理模型, 推导出自认为可能的引力波函数 $S(t)$.

　　无论哪种情况, 我们都认为这个引力波函数具有已知的形式 $S(t)$, 它是我们在理论上预言的形式, 一旦碰到它, 我们就能认出来. 我们称这些函数所包含的无数的引力波波形是我们要探测的引力波 "模板"[117]. 在实际应用中, 通常把模板写成由有限个分立子模板构成的一个模板组合, 根据实际需要, 模板组合的规模可大可小, 有的含有几百个子模板, 有的含有成千上万个甚至几十万个子模板. 在物理分析过程中, 我们以模板为标准, 逐一筛查获取的带有噪声的数据记录, 寻找与模板类似的图样. 含有这种图样的记录其强度和式样均与噪声单独存在时的图样不同.

可以看出, 用这种方法做引力波数据分析, 实际上是一个研究从探测器上获得的时间记录与我们建立的模板之间的匹配关系的问题, 具体办法是在获取的数据与模板之间进行互相关运算. 因此, 在讨论模板在物理分析中的应用原理之前, 我们需要首先了解一下函数的互相关运算.

设 $S_1(t)$ 和 $S_2(t)$ 是两个时间函数, 这两个函数的互相关运算定义为

$$S_1 * S_2(\tau) \equiv \int_{-\infty}^{\infty} S_1(t)S_2(t+\tau)\mathrm{d}t \tag{9-4}$$

互相关运算的含义是: 对于每一个给定的时间 τ, 先让函数 $S_2(t)$ 在时间上偏移 τ 后与函数 $S_1(t)$ 相乘, 乘积运算针对时间范围 $[-\infty, \infty]$ 内所有被记录的数据进行完之后, 再把得到的所有乘积加在一起. 对于不同的 τ 值, 这些乘积之和是不同的. 它随 τ 值的变化而变化, 即 $S_1 * S_2(\tau)$ 是偏移时间 τ 的函数. 我们称其为时间函数 $S_1(t)$ 和 $S_2(t)$ 的互相关函数. 求解互相关函数 $S_1 * S_2(\tau)$ 的过程称为函数 $S_1(t)$ 和 $S_2(t)$ 的互相关运算. 互相关性是表示两个函数 $S_1(t)$ 和 $S_2(t)$ 相互关联程度的量度.

当 $S_1(t)$ 和 $S_2(t)$ 是同一个函数 $S(t)$ 时, 我们定义它的自相关运算函数为

$$S * S(\tau) \equiv \int_{-\infty}^{\infty} S(t)S(t+\tau)\mathrm{d}t \tag{9-5}$$

$S * S(\tau)$ 是时间函数 $S(t)$ 的自相关函数. 自相关函数是测量一个时间函数的两个副本之间, 在各种不同的时间偏移时函数自身相关程度的方式. 很显然, 当函数自身在时间上对准时, 即当 $\tau = 0$ 时, 它的自相关函数 $S * S$ 有最大值. 若该函数 $S(t)$ 是一个周期性函数, 则在多个周期中自相关函数将有多个最大值. $S * S$ 的宽度给出函数 $S(t)$ 随时间变化的快慢.

现在回到原来的讨论. 设我们建立的模板为 $S(t)$, 它是我们要寻找的信号. 若从探测器上获得的时间记录为 $V(t)$, 则它们之间的互相关函数为

$$V * S(t) = \int_{-\infty}^{\infty} V(\tau) \cdot S(t+\tau)\mathrm{d}\tau \tag{9-6}$$

上式表明, 我们要对每一个可能的探测器输出信号的出现时间 τ 求值.

现在我们考虑一个无噪声的时间序列, 即探测器的输出是由真实信号引起的 (这等效于真实信号就是模板引起的信号). 设模板函数为 $S(t)$, 这时模板自己引起的探测器输出信号为

$$V(t) = \alpha S(t - t_0)$$

当模板 $S(t)$ 与探测器输出的时间记录 $V(t) = \alpha S(t - t_0)$ 出现符合时, 互相关函数的值为

$$V * S(t) = \int_{-\infty}^{\infty} \alpha S^2(\tau) \mathrm{d}\tau \tag{9-7}$$

此值大于任何偏离完全符合时的值. 如果模板对准了无输出信号的时间段 (此时既无信号也无噪声输出), 即 $V(t) = 0$, 则互相关函数的值也为零. 由于我们的探测器总是有噪声的, 模板的互相关函数值实际上不为零, 且互相关函数 $V * S(t)$ 是另一个有噪声的时间序列函数, 如果探测器输出的噪声具有高斯分布:

$$P(v) = \frac{1}{\sqrt{2\pi\sigma^2}} e^{-v^2/2\sigma^2} \tag{9-8}$$

那么只要没有信号只有噪声存在, $V * S(t)$ 的分布也是高斯型的. 如果我们足够幸运, 碰到一个足够大的有用信号, 则探测器的输出就与模板匹配得很好, 这时 $V * S(t)$ 有一个特别大的值. 在 $V * S(t)$ 的直方图中, 它会明显地落在由噪声事例填充的各个道之外, 任何一个这样的事例 Outlier 都是一个合适的候选信号, 因为如果互相关值很大, 就不太可能是由噪声自身单独生成的.

对于给定的模板 $S(t)$, 我们可以把噪声定义为

$$N^2 \equiv \sqrt{\langle (V * S(\tau))^2 \rangle} \tag{9-9}$$

它是噪声与模板之间互相关值的均方根值, 是 $V * S(\tau)$ 的直方图宽度的量度.

我们用 S^2 表示在任意时刻 t 出现的信号的强度, 它用期待的输出形式 $V(t)$ 的互相关函数表示

$$S^2 \equiv |V * S(t)|$$

信噪比 SNR 是信号存在时的 S^2 值与噪声单独存在时的 N^2 之比的平方根.

$$\mathrm{SNR} \equiv \sqrt{S^2/N^2} \tag{9-10}$$

信噪比 SNR 给出了在探测器的输出中, 出现只有噪声没有其他信号的事例的不可能性有多大, 也就是说, SNR 给出了在探测器的输出中出现含有噪声以外其他信号的可能性有多大. SNR 越大, 输出中含有其他信号的可能性越大. 也就是说, 大的 SNR 值指明, 在该输出时间序列函数中, 存在着噪声以外的东西, 它可能是要探测的引力波信号, 也可能是其他干扰信号.

　　上述讨论表明, 从噪声中把信号挑拣出来的方法之一, 是在带有噪声的探测器输出 $V(t)$ 和我们认为真实的信号模板之间建立互相关函数. 因为我们要做的就是从多种噪声混杂体中抽取某些具有特殊形态的事例. 可以证明 [199], 当处理的噪声是 "白噪声" 时, 模板方法是最佳的选择. 当处理的噪声不是 "白噪声" 时, 情况会复杂一些, 但区别不大. 模板分析法的具体操作是利用计算机直接计算探测器输出信号与模板之间的互相关函数. 我们也称这种分析方法为数据处理的离线分析. 因为它是先把探测器的输出数据记录在介质 (如磁带、磁盘、磁鼓) 上, 然后再根据需要的物理问题, 建立可用的模板. 进行互相关运算, 研究感兴趣的物理问题.

9.2.8　匹配过滤器 [194]

　　模板分析法主要用于数据处理的离线分析, 即利用已经记录在介质 (如磁带、磁盘、磁鼓等) 上的数据进行物理分析. 能否建立一个模拟软件装置, 它既能用于离线分析又能直接连在探测器的输出端, 对探测器的输出进行实时处理, 完成互相关运算? 回答是肯定的. 它就是匹配过滤器 (matched filter) [194]

　　匹配过滤器是引力波数据分析中功能最强大的工具之一, 它是在搜寻致密双星并合信号中逐步发展和健全起来的一项分析技术, 中国、澳大利亚和美国合作建立的用来探测引力波的新方法 SPIIR[316] 就是其中具有代表性的一个. 在这个方法里, 将干涉仪信号与模板进行相关分析, 如果一个信号事件与一个模板的相关值较高, 就说明观测到的信号不完全是噪声的可能性比较高, 而且有可能是与该模板所关联的引力波信号. 得到这个事件之后, 再进一步用多个模板与信号进行相关性计算, 以检查该信号是某个特定的引力波波形的可能性有多大.

　　在用激光干涉仪进行引力波探测时, 噪声是一个需要解决的主要问题. 匹配过滤器有一个非常有用的性质: 由于干涉仪的输出信号可以表示为单纯的引力波信号和随机噪声的和, 干涉仪输出信号与给定模板的相关性计算得到的相关值中可能找到一个最优的信噪比. 它就是我们选出的值得进一步分析的有用 "事例" [317]. 从这个意义上来说, 用匹配过滤器对数据进行过滤是一个不错的选择.

　　我们知道, 一个线性系统 [200] 能够执行它的输入信号与自身脉冲响应之间的褶积积分, 两个时间函数之间的褶积运算与它们之间的互相关运算虽然不同, 但有着密切的关系.

　　设 $S_1(t)$ 和 $S_2(t)$ 是两个时间函数, 它们之间的褶积函数定义为

$$S_1 * S_2(\tau) \equiv \int_{-\infty}^{\infty} S_1(t)S_2(\tau - t)\mathrm{d}t \tag{9-11}$$

将它与 $S_1(t)$ 和 $S_2(t)$ 之间的互相关函数 $S_1 * S_2(\tau) \equiv \int_{-\infty}^{\infty} S_1(t)S_2(\tau + t)\mathrm{d}t$ 进行比较就可以看出, 褶积运算与互相关运算是多么相似. 唯一的区别 (也是本质上的

区别) 在于: 在褶积运算中, $S_2(t)$ 的自变量 t 的符号是负的. 而在互相关运算中, $S_2(t)$ 的自变量 t 的符号是正的.

知道了这两种运算的区别与相似之处, 我们就找到了一种方法, 利用这种方法, 我们可以设计一个模拟装置, 用以执行实时互相关运算. 该方法的基本思想是建立一个线性系统, 其脉冲响应就是我们要寻找的引力波信号 (确切地说, 应该是模板). 但在引力波信号的时间函数中, 自变量 t 的符号是正的. 而在建立的线性系统的脉冲响应中, 自变量 t 的符号是负的.

在以前的讨论中我们知道, 互相关运算中的模板是我们要寻找的引力波信号的模拟, 模板中的自变量 t 与引力波信号的自变量 t 的符号是相同的. 而在我们建立的线性系统中, 它的脉冲响应不是我们想寻找的引力波信号, 而是它的时间反演 (在具体应用中, 线性系统的脉冲响应是模板的代名词). 根据这个原则建立的线性系统称为匹配过滤器.

利用匹配过滤器进行数据分析的操作过程, 与使用模板进行数据分析的操作过程是相似的. 唯一的区别在于: 模板分析法主要用于数据处理的离线分析, 而匹配过滤器常用于数据的实时处理, 属于在线分析范畴. 我们把匹配过滤器的输入端直接与探测器的输出端相连, 把带噪声的探测器输出信息加在过滤器的输入端, 扫描过滤器的输出. 完全像在模板方法中寻找特别大的互相关函数值一样, 寻找大的过滤器输出值, 它就是我们感兴趣的事例. 为方便起见, 在下面的讨论中, 我们将使用当前引力波数据处理中大家通用的习惯, 将脉冲响应直接称为模板.

在波源的波形已知的情况下, 在噪声掺杂的数据中寻找引力波的最佳方法是用匹配过滤器 [201]. 下面我们来讨论这种方法的要点.

设 $k(t/\theta)$ 代表模板, 它描述探测器中的引力波信号, θ 是与波源有关的参数 (例如, 在寻找从坍缩的双中子星系统而来的旋绕信号时, θ 代表组分的质量). 若

$$s(t) = h(t\,|\bar{\theta}) + n(t) \tag{9-12}$$

是测量到的掺杂噪声的引力波信号, 参数为 $\bar{\theta}$, 则探测器输出 $s(t\,|\bar{\theta})$ 与模板 $k(t\,|\,\theta)$ 的互相关函数定义为

$$\langle s(\bar{\theta})\,|k(\theta)\rangle = 2\int_0^\infty \frac{\tilde{s}(f\,|\bar{\theta})\tilde{k}^*(f\,|\theta) + \tilde{s}^*(f\,|\bar{\theta})\tilde{k}(f\,|\theta)}{s_n(f)}\mathrm{d}f \tag{9-13}$$

$s_n(f)$ 是应变噪声功率谱密度, $\tilde{s}(f)$ 和 $\tilde{k}(f)$ 分别是 $s(t)$ 和 $k(t)$ 的傅里叶变换, 过滤器

$$\langle s(\bar{\theta})\,|k(\theta)\rangle = 2\int_0^\infty \frac{\tilde{s}(f\,|\bar{\theta})\tilde{k}^*(f\,|\theta) + \tilde{s}^*(f\,|\bar{\theta})\tilde{k}(f\,|\theta)}{s_n(f)}\mathrm{d}f \tag{9-14}$$

使探测器输出的时间序列数据与模板相关联 (分子部分), 它青睐于噪声相对来说较低的那些频率 (分母部分). 也就是说, 它让噪声较低的那些频率顺利通过而过滤掉噪声较高的那些频率. 这就是 "匹配过滤器" 这一名称的由来. 匹配过滤器的信噪比定义为

$$\rho(\theta, \bar{\theta}) = \frac{\left| \langle s(\bar{\theta}) \,|\, k(\theta) \rangle \right|}{\langle k(\theta) \,|\, k(\theta) \rangle^{1/2}} \tag{9-15}$$

通过使 $\rho(\theta, \bar{\theta})$ 达到最大值可以获得最佳拟合参数. 由于噪声的存在, 最佳拟合参数不要求与波源的真实参数 $\bar{\theta}$ 完全相符.

从以上讨论可知, 利用匹配过滤器进行数据分析的基本思路是: 在噪声存在的情况下, 寻找探测器的输出信号与一组期待信号 (即模板) 的最佳重叠. 若 ρ 的值超过一个适当的阈值 ρ^*, 我们就把它标示为一个候选的引力波事例. 可以看出, 匹配过滤器把数据时间序列变成了信噪比时间序列.

匹配过滤器被广泛用于寻找双中子星、中子星–黑洞或双黑洞旋绕并合产生的信号. 利用后牛顿展开 [202], 可以得到近似程度很高的描述双星旋绕引力波信号的波形, 并可用来构建匹配过滤器. 实际上, 匹配过滤器的输出是同时对大量的、不同的子模板 (即不同的 θ) 进行计算的. 这些子模板覆盖整个期待信号的范围.

匹配过滤器技术对于从共振棒引力波探测器本底中抽取引力波信号也是很重要的. 在这种情况下, 匹配过滤器施加在爆发性引力波信号上, 这种信号是用最佳平均时间观测的. 匹配过滤器的作用是压低棒共振频率附近的热噪声.

顺便说一句, 在数据分析过程中, 特别是在 Veto 研究中, 我们也常用通用工具库中的过滤器, 如①只让低频部分通过的低通过滤器; ② 只让高频部分通过的高通过滤器; ③只让确定频带通过的带通过滤器等. 它们是软件库研发过程中建立起来的通用计算工具, 和我们在这里讨论的匹配过滤器不是一码事.

9.2.9　χ^2 时间–频率甄别器检验

在引力波探测研究中, 大家普遍假设探测器的噪声是稳定的、高斯形分布的. 在这种情况下, 信噪比 SNR 超过某个阈值的可能性随阈值的增加按指数规律下降. 也就是说, 由探测器噪声产生的大数值的信噪比出现的概率较低. 因此, 我们可以把大数值的信噪比看成是真实引力波存在的一个很好的判据.

在引力波数据中寻找大数值信噪比的常用工具是匹配过滤器 (特别是寻找已知波形的事例), 如果数据流中含有预期的引力波信号, 匹配过滤器将有一个很大的输出.

然而, 经验告诉我们, 在宽频带引力波探测器中, 存在着大量的、不稳定的非高斯噪声, 这些不稳定噪声可能是一个瞬发即逝的 "毛刺", 也可能是在很短的时间内超过宽带噪声水平的绝热变化. 产生这类噪声的源很多, 如电噪声、热噪声、散弹

噪声、从临界稳定伺服系统而来的其他噪声及环境异常现象等. 不论哪种类型的非高斯噪声, 都会强烈地激发匹配过滤器, 当它的输出幅度超过一定的阈值时就会产生一个虚假的 "触发" 输出. 尽管我们把匹配过滤器设计成在信号与模板相匹配时才能给出大的响应, 并把它视为挑选出来的有用信号, 但 "毛刺" 造成的虚假的 "触发" 输出会污染我们选出的事例样本, 干扰我们的分析, 是十分有害的.

实践证明, 使用 χ^2 时间–频率甄别器 (χ^2 time – frequency discriminator) 同通过计算 χ^2 统计值对匹配过滤器 "触发" 生成的数据进行检验, 可以从匹配过滤器 "挑选出来" 的事例中有效地去除虚假事例, 因为这个 χ^2 统计值对于一个真正的信号来说是比较小的, 而对于非稳定噪声导致的 "触发" 输出来说则是较大的. 去除虚假事例之后, 剩下的事就可以作为比较可信的 "候选者" 用作更详细的分析和研究.

χ^2 时间–频率甄别器是为宽频带信号及宽频带探测器设计的. 该方法的基本思想是把探测器的频带分解成一些较小的子频带, 并查看在每一个子频带中 "触发生成" 的 "事例" 的响应是不是和我们期待的 "信号" 产生的响应相一致. 如前所述, 该方法主要用来甄别已知波形的引力波信号. 所谓 "已知波形" 指的是该波形能够以很高的精度预先进行计算. 但是, "已知" 一词只是一种习惯上的叫法, 严格地讲并不十分确切. 因为即使该波形能够以很高的精度预先进行计算, 但它的具体计算仍然与一些未知参数有关, 如整体尺度、初始相位等.

在做引力波研究时, 如果我们把收集到的数据进行统计, 就会发现绝大多数引力波探测器收集到的数据都是高斯分布且带有一个非高斯尾巴, 概括地讲, χ^2 时间–频率甄别器的作用就是消除这个尾巴的影响.

下面我们以寻找密近双星旋绕产生的引力波信号为例对这种方法进行比较详细的讨论.

1. 密近双星所用匹配过滤器的确立

在对引力波探测器的数据进行分析之前, 我们首先要建立匹配过滤器. 利用这个过滤器对数据进行过滤, 挑选需要的有用事例. 下面我们逐步讨论与匹配过滤器有关的一些物理参量.

1) 探测器输出信号表示法

引力波探测器的输出信号 $s(t)$ 可以表示为

$$s(t) = n(t) + h(t) \tag{9-16}$$

其中 $n(t)$ 是探测器内部及周围环境的涨落产生的等同应变噪声, 它是一个随机的时间序列, 该序列是从一个大集合中抽取出来的; $h(t)$ 是天体源产生的引力波信号.

2) 单边噪声功率谱 $2S_n(f)$

我们假设噪声 $n(t)$ 振幅的平均值 $\langle n(t) \rangle$ 为零, 即 $\langle n(t) \rangle = 0$, 并假设探测器噪声的统计特性是二级稳定的, 期待值 $\langle n(t)n(t') \rangle$ 仅取决于时间差 $t - t'$, 那么在频率空间内我们就有了如下关系式:

$$\langle \tilde{n}(f)\tilde{n}^*(f') \rangle = S_n(f)\delta(f - f') \tag{9-17}$$

这里 $\delta(f)$ 是狄拉克 δ 函数. $S_n(f)$ 被称为双边噪声功率谱, 它是一个实的、非负值的偶函数. 根据上式我们有

$$\langle n^2(t) \rangle = \int S_n(f)\mathrm{d}f \tag{9-18}$$

对于 $f > 0$ 的情况来说, 该公式意味着 $2S_n(f)\mathrm{d}f$ 可以被解释为在频带 f 到 $f + \mathrm{d}f$ 内 (应变) 噪声振幅平方的期待值. 在很多文献中, 常把 $2S_n(f)$ 称为探测器的单边噪声功率谱. 因为这个量是用标准的测量仪器测量出来的, 它对应于真实的 $f > 0$ 的情况.

3) 密近双星旋绕的引力辐射波形

在旋绕的密近双星 (中子星–中子星、中子星–黑洞、黑洞–黑洞等) 系统中, 其辐射的引力波取决于双星系统内在的物理参数、并合时间及系统相对于干涉仪的距离和方位. 对于低质量的双星旋绕系, 例如, 双星中每个子星体的质量都小于几个太阳质量, 那么它辐射的引力波的波形就可以用后牛顿近似方法在典型的引力波探测器的频带内被精确地计算出来 [205–207]. 在这种情况下, 未知的信号参数包括: 整体振幅的尺度, 两个子星的质量和自旋, 基准参考时间 (通常取并合时间) 和轨道的初始相位等. 密近双星旋绕产生的引力波信号的频带较宽, 因为双星系统只有在它们的寿命快要终结时才能被位于地球上的引力波探测器探测到. 在这一阶段, 信号的频率和幅度急剧上升, 旋绕的轨道周期急剧变短, 最后并合在一起, 形成一种所谓的 "鸟鸣" 信号.

如前所述, 在寻找引力波信号时, 由于信号波形和波源的很多参数有关, 因此在对数据进行过滤时必须使用一个过滤器系列才行. 我们称这个过滤器系列为过滤器库, 这个过滤器库覆盖着所用参数的整个空间 [208]. 由于过滤器库中的各个过滤器是分立的, 而源的参数是连续的, 所以信号和模板之间的匹配永远都不是严格完美的. 在 χ^2 时间–频率甄别器中这种信号和模板之间的失匹配应该引起充分的注意.

在激光干涉仪引力波探测器中, 我们把旋近双星产生的引力波的 (应变) 强度记为 $h(t)$, 其大小取决于双星系统内在的物理参数、并合时间 t_0 及系统相对于干涉仪的位置和方向. 对于低质量的双星旋绕系统来说, 只与两个子星的质量有关.

在干涉仪接收到的信号中, 双星系统的位置和方向的影响用有效距离 D 和信号相位 ϕ 两个参数来表示. 因此, 我们可以把表示这种引力波信号波形的模板写为 $h(t - t_0, \phi)$, 并把模板归一化到对应的具有确定有效距离 D 的信号.

利用稳定相位近似法把模板变换到频率定义域内, 从而使模板具有这样的形式:

$$e^{i\phi}\tilde{h}(f) \qquad (9\text{-}19)$$

在这里, $\tilde{h}(f)$ 与 ϕ 无关. 我们也可以把稳定相位看成是一个已知的相位, 由于 $\tilde{h}(f)$ 不受相位大小的影响, 我们就可以简单地使用 $\tilde{h}(f)$ (即 $\phi = 0$ 的模板) 建立寻找密近双星旋绕信号所用的匹配过滤器, 用它去过滤在探测器上获得的数据 $s(t)$, 然后有效地充分利用覆盖的信号相位 ϕ 进行分析, 仔细研究这些过滤器输出的尺度. 在下面的分析中, 我们要用到这个稳定相位假设.

密近双星旋绕系统辐射的 "鸟鸣" 信号 $h(t)$ 的具体形式可以表示为 [209]

$$h(t) = \frac{D}{d}[\cos\phi T_c(t - t_0) + \sin\phi T_s(t - t_0)] \qquad (9\text{-}20)$$

该表达式由三个参数决定, 它们是探测器到源的有效距离 d, 参考时间基准 t_0(例如, 双星对的并合时间), 相位 ϕ, 相位 ϕ 是由双星对的轨道相位和它相对于探测器的方位确定的. 当然, 具体的波形也与其他参数有关, 但它们的贡献相对说来比较小, 为简单起见, 我们在这里不予考虑.

模板 T_c 和 T_s 对应于旋绕双星在距离为 D、与探测器有最佳取向时、两个可能的极化状态的引力辐射波形.

为了便于讨论, 我们假设波形的相位 ϕ 是可以推算出来的, 因此它可以被看成已知的. 也可以说, 它在公式中是稳定不变的, 这样我们便可以利用前面的讨论, 把上式简化为

$$h(t) = \frac{D}{d}T(t - t_0) \qquad (9\text{-}21)$$

在这里, t 是信号的到达时间, d 是探测器到波源的有效距离, t_0 是基准时间 (通常取并合时间), 参量 D 称为有效距离 (又称典型距离), 在这个距离上, 与探测器有最佳取向的波源将产生模板 T 描写的引力波波形.

4) 匹配过滤器的特性

匹配过滤器是用来寻找特殊波形的一种最佳线性过滤器. 它的形式可以用若干种技术推导出来, 我们这里要使用的是经典信号分析法. 匹配过滤器的建立离不开厄米内积, 我们首先对它做一个简要的介绍.

对于任何一对复函数 $A(f)$ 和 $B(f)$, 我们定义它们的厄米内积 (A, B) 为

$$(A, B) = \int \frac{A^*(f)B(f)}{S_n(f)}\mathrm{d}f \qquad (9\text{-}22)$$

在书写内积 (A, B) 时, 函数 A 和 B 的频率相关性通常是隐含的, 不必明晰地写出来. S_n 是探测器的噪声功率谱. 一个真正的探测器只在一个有限的频带内发挥作用, 而且也只在有限的取样速率下获取数据. 在这种情况下, 噪声功率谱 S_n 可以在仪器频带之外无限大的频率范围内取得, 有效积分区间可以限制在正负频率 f_N 内, $f_N = 1/(2\Delta t)$, 其中 Δt 是连续数据取样之间的时间间隔.

匹配过滤器是一个用来获取信号噪声比最大值的线性算符, 我们把它记为

$$\tilde{Q}^*(f)/S_n(f) \tag{9-23}$$

过滤器的输出用 z 表示, 它是匹配过滤器与数据流 $s(t)$ 的厄米内积

$$z(t) \equiv \int \frac{\tilde{Q}^*(f)\tilde{s}(f)}{S_n(f)}\mathrm{d}f = \left(\tilde{Q}, \tilde{s}\right) \tag{9-24}$$

为了书写方便, 在下面的推导中我们把 $z(t)$ 简写成 z. 但是一定要记住, 过滤器的输出 z 是在一组分立的时间 (这组分立的时间标志为 t) 内进行估算的. 时间步长要短于 "鸟鸣" 信号波形在最高频率时的周期. 例如, 在对 LIGO 的 S1 数据进行分析时, 使用的时间步长为 $1/4096\mathrm{s}$[204].

在数据流中, 一个真实的旋近双星信号将在并合时间点在过滤器输出 $z(t)$ 中导致一个窄峰. 它反映了这样一个事实: 过滤器输出中的每个时间样品 $z(t)$ 都是输入的时间序列内遍布于时间和频率中的信号功率的和. 由此可见, 寻找旋近双星信号本质上就是寻找超过设定阈值的 $z(t)$ 的局部最大值. 每个这样的最大值都被称为一个 "触发", 选择阈值的主要原因是要产生一组能够进行管理的 "触发" 数目, 不能太多, 也不能太少.

在稳定相位近似下, 我们要求过滤器的输出 z 是实数, 这意味着 $Q(f)$ 有如下性质:

$$\tilde{Q}(f) = \tilde{Q}^*(-f) \tag{9-25}$$

而且还意味着 $\tilde{Q}(f)/S_n(f)$ 在时间域内相应于一个实函数, 根据

$$s(t) = n(t) + h(t), \quad h(t) = \frac{D}{d}T(t - t_0) \tag{9-26}$$

我们可以写出 z 的期待值

$$\langle z \rangle = \frac{D}{d}(\tilde{Q}, \tilde{T}\mathrm{e}^{-2\pi\mathrm{i}ft_0}) \tag{9-27}$$

在这里, $\tilde{T}(f)$ 是模板 $T(f)$ 的傅里叶变换. 需要指出, 在不存在波源的情况下, 即 $d \to \infty$ 时, 探测器收集的数据 $s(t)$ 中只含有噪声 $n(t)$, 此时匹配过滤器的输出 z 中也只有噪声, 探测器噪声的平均值 (又称期待值) 为零, 即 $\langle \tilde{n}(f) = 0 \rangle$, 这意味着 $\langle \tilde{s}(f) = 0 \rangle$.

利用公式 $\langle \tilde{n}(f)\tilde{n}^*(f') \rangle = S_{\mathrm{n}}(f)\delta(f-f')$ 可以得到 z 平方的期待值为

$$\langle z^2 \rangle = (\tilde{Q}, \tilde{Q}) + \left(\frac{D}{d}\right)^2 (\tilde{Q}, \tilde{T}\mathrm{e}^{-2\pi \mathrm{i} f t_0})^2 \tag{9-28}$$

为了表示 z 的测量误差 (或者称为不确定性), 我们定义一个物理量 Δz

$$\Delta z \equiv z - \langle z \rangle$$

在 z 的测量中, 由探测器噪声产生的误差的方均根值为

$$\begin{aligned}
\sqrt{\langle (\Delta z)^2 \rangle} &= \sqrt{\langle (z - \langle z \rangle)^2 \rangle} \\
&= \sqrt{\langle z^2 \rangle - \langle z \rangle^2} \\
&= (\tilde{Q}, \tilde{Q})^{1/2}
\end{aligned} \tag{9-29}$$

根据以上这些物理量, 我们可以推导出最佳匹配过滤器的性质如下:

A. 匹配过滤器与模板的关系

在假设探测器的输出为 $s(t) = n(t) + h(t)$ 的前提下, 匹配过滤器 $\tilde{Q}$ 的最佳选择是把公式

$$\langle z \rangle = \frac{D}{d}(\tilde{Q}, \tilde{T}\mathrm{e}^{-2\pi \mathrm{i} f t_0}) \tag{9-30}$$

给出的过滤器输出的期待值 $\langle z \rangle$ 与由探测器噪声产生的误差

$$\sqrt{\langle (\Delta z)^2 \rangle} = \sqrt{\langle (z - \langle z \rangle)^2 \rangle} = \sqrt{\langle z^2 \rangle - \langle z \rangle^2} = (\tilde{Q}, \tilde{Q})^{1/2} \tag{9-31}$$

之比最大化. 这就是说, 过滤器 $\tilde{Q}$ 的最佳选择是使下式最大化:

$$\frac{\langle z \rangle}{\sqrt{\langle (\Delta z)^2 \rangle}} = \frac{(\tilde{Q}, A)}{(\tilde{Q}, \tilde{Q})^{1/2}} \tag{9-32}$$

为了书写方便, 这里我们已经使用了符号 $A(f)$,

$$A(f) \equiv \frac{D}{d}\tilde{T}(f)\mathrm{e}^{-2\pi \mathrm{i} f t_0} \tag{9-33}$$

因为内积是厄米的, 我们有下面的施瓦茨不等式:

$$\left| (\tilde{Q}, A) \right|^2 \leqslant (A, A)(\tilde{Q}, \tilde{Q}) \tag{9-34}$$

其中 $\left| (\tilde{Q}, A) \right|$ 是内积 $(\tilde{Q}, A)$ 的模.

当且仅当 $\tilde{Q}$ 与 A 成正比时, 两边才是相等的. 因此, 当 $\tilde{Q}(f)$ 与 $A(f)$ 成正比时, 比值

$$\frac{\langle z \rangle}{\sqrt{\langle (\Delta z)^2 \rangle}} = \frac{(\tilde{Q}, A)}{(\tilde{Q}, \tilde{Q})^{1/2}} \tag{9-35}$$

被最大化. 于是, 我们得到一个十分重要的结论: 最佳匹配过滤器是被探测器噪声 (期待值) 加权的模板的时间反演. 利用已经建立起来的模板, 我们可以方便地构建最佳匹配过滤器.

这一点是不难理解的, 因为用任意时间函数 $V(t)$ 的傅里叶变换公式:

$$\tilde{V}(f) = \int \mathrm{e}^{-2\pi \mathrm{i} f t} V(t) \mathrm{d}t \tag{9-36}$$

进行类推, 我们得到

$$\tilde{T}^*(f) = \tilde{T}(-f) \tag{9-37}$$

物理量 $\tilde{T}^*(f)$ 是模板 $T(t)$ 时间反演 $T(-t)$ 的傅里叶变换 $\tilde{T}(-f)$. 所以, 出现在公式

$$z \equiv \int \frac{\tilde{Q}^*(f)\tilde{s}(f)}{S_\mathrm{n}(f)} \mathrm{d}f = \left(\tilde{Q}, \tilde{s}\right) \tag{9-38}$$

中的 $\tilde{Q}^*(f)$ 是用噪声功率谱 $S_\mathrm{n}(f)$ 加权的模板的时间反演.

B. 信号噪声比

信号噪声比 SNR 定义为观测到的过滤器的输出 z 与其方均根涨落 $\sqrt{\langle(\Delta z)^2\rangle}$ 之比:

$$\mathrm{SNR} = \frac{z}{\sqrt{\langle(\Delta z)^2\rangle}} = \frac{(\tilde{Q}, \tilde{s})}{\sqrt{(\tilde{Q}, \tilde{Q})}} \tag{9-39}$$

信号噪声比 SNR 与最佳过滤器 $\tilde{Q}$ 的归一化无关, 根据定义, 当信号不存在时, 信号噪声比的平均值为零, 即 $\langle \mathrm{SNR} \rangle = 0$, 而且信号噪声比的平方平均值为 1, 即 $\langle \mathrm{SNR}^2 \rangle = 1$.

按照惯例, 我们要把匹配过滤器 $\tilde{Q}$ 归一化, 即要求它满足下面的公式:

$$(\tilde{Q}, \tilde{Q}) = 1$$

可以看出, 如果将过滤器 $\tilde{Q}$ 选择为

$$\tilde{Q}(f) = (\tilde{T}, \tilde{T})^{-1/2} \tilde{T} \mathrm{e}^{-2\pi \mathrm{i} f t_0} \tag{9-40}$$

上述归一化条件 $(\tilde{Q}, \tilde{Q})=1$ 便可得到满足. 选择这样的归一化条件之后, 我们得到

$$\mathrm{SNR} = \frac{z}{\sqrt{\langle(\Delta z)^2\rangle}} = \frac{(\tilde{Q}, \tilde{s})}{\sqrt{(\tilde{Q}, \tilde{Q})}} = \left(\tilde{Q}, \tilde{s}\right) = z \tag{9-41}$$

这就是说, 过滤器的输出 z 与信号噪声比 SNR 相等. 今后我们就可以用 z 表示两个物理量: 过滤器的输出和信号噪声比.

C. 密近双星旋绕系统的信号噪声比

当过滤器 $\tilde{Q}$ 明晰地与模板 T 的归一化尺度无关时, 我们前面提到的 D 和 T 的尺度就可以自由地调节, 但是它们的乘积 DT 要保持不变. 为了充分理解密近双星旋绕系统的信号噪声比 SNR, 比较简便的做法是设置适当的距离 D, 使得

$$\left(\tilde{T}, \tilde{T}\right) = 1$$

利用这样的归一化选择, 双星系统信号噪声比 SNR 的期待值为

$$\langle z \rangle = \frac{D}{d}\left(\tilde{T}, \tilde{T}\right)^{1/2} = \frac{D}{d} \tag{9-42}$$

这样一来, 归一化的这种选择等同于选择距离 D, 在此距离上一个最佳取向的波源将具有期待值为 1 的信号噪声比, 即 $\langle z \rangle = 1$. 在距离 D 上模板被定义成一个距离.

由于 z 的期待值正比于距离的倒数, 我们可以利用实际测得的 z 值来估算距离 d. 实际测得的 z 值受仪器噪声的影响, 所以这种估算法会有一定的误差. 这种误差可以很容易地被估计出来. 因为利用选择的归一化条件, 我们有

$$\langle z^2 \rangle = 1 + \frac{D}{d} \tag{9-43}$$

因此得到

$$\left\langle (\Delta z)^2 \right\rangle = 1$$

这样, 当我们估算到源的距离的倒数时, 其相对误差的期待值为

$$\frac{\left\langle (\Delta z)^2 \right\rangle^{1/2}}{\langle z \rangle} = \frac{1}{\langle z \rangle} = \frac{d}{D} \tag{9-44}$$

比如说, 若测得的 z 的信噪比为 $z = 10$, 则意味着距离测量的相对精度大约为 10%.

到现在为止, 我们假定基准并合时间 t_0 是已知的. 实际上, 对于 z 的统计权重值, 上面的操作应该对所有可能的 t_0 值重复进行, 信噪比应该是 t_0 的函数, 它由下面的公式表示:

$$z(t_0) = \int \frac{\tilde{s}(f)\tilde{T}^* e^{2\pi i f t_0}}{S_n(f)} \mathrm{d}f \tag{9-45}$$

由于该公式恰好是一个反傅里叶变换, 从一个数据流 $s(t)$ 计算这个量既简单又实用. 例如, 快速傅里叶变换 (FFT) 就是一个现成的运算工具.

2. χ^2 检验

在引力波探测研究中, 虽然把匹配过滤器设计成在信号与模板相匹配时才给出大的响应, 但是, 探测器的 "毛刺" 噪声也会触发过滤器, 给出大的输出信号. "毛刺" 的波形与模板一点也不一样, 它们与模板一点也不匹配. 过滤器的这种输出并非是由我们感兴趣的有用信号引起的, 它们是假输出, 必须想办法把它们删除.

χ^2 统计检验给我们提供了一个去除这些虚假事例的有效手段. 因为这种统计检验能够确定过滤器的输出是否与当信号和模板相匹配时所期待的输出一致. 也就是说, 所谓 χ^2 检验就是计算 χ^2 统计值, 以检验 "触发" 与期望信号波形的符合程度.

χ^2 统计检验法的基本思想是把我们使用的单个的宽频带引力波探测器想象成由若干个 (比如说 p 个) 独立的、不同的窄频带子探测器组成的一个集合体, 集合中的每个子探测器工作在不同的窄频带, 这组窄频带子探测器给出 p 个数据流. 对于集合中的每个子探测器, 我们对信号构建一个最佳过滤器, 然后看看这些子过滤器的响应是否一致. 比如说, 对 p 个独立的子探测器选择 p 个不同的基准时间 t_0, 这 p 个不同的基准时间 t_0 分别使每个独立的子探测器的输出最大化. 最后查看这 p 个基准时间是否为同一个值.

下面我们仍以密近双星旋绕为例, 对 χ^2 统计检验进行详细的讨论. 在讨论中, 要用到的参量 t_0 和 $\dfrac{D}{d}$ 前面已经确认过, 下一步是构建一个统计量, 用它指出匹配过滤器的输出是否与有用信号的响应相符. 为了做到这一点, 我们首先分析怎样把一个宽频带引力波探测器正确地划分为 p 个窄频带子探测器, 然后研究怎样得到各个不同的子探测器对宽频带探测器输出 $z(t_0)$ 所做的贡献.

1) 频率区间的划分

在引力波数据分析中, χ^2 检验的具体做法是把探测器覆盖的频率范围划分成多个 (如 p 个) 子频率间隔, 并且把总模板也分成多个子模板, 每个子模板分别覆盖对应的子频率间隔. 子频率间隔及对应的 p 个子模板以 j 来标识, $j = 1, 2, \cdots, p$, 探测器获取的数据分别由子模板构建的匹配过滤器进行过滤, 从而得到一组过滤器输出 $z_j(t)$, 利用 $z_j(t)$ 可以推导出进行 χ^2 统计检验所需的一系列物理参量.

为了使统计结果具有经典的 χ^2 分布, 子频率间隔的大小必须满足如下条件: 每个子频率间隔的触发输出 $z_j(t)$ 的期待值对总信号输出 $z(t)$ 的贡献是相等的, 即满足如下条件:

$$\langle z_j(t) \rangle = \frac{z(t)}{p} \tag{9-46}$$

下面讨论怎样合理地、正确地划分子频率间隔. 设给定的频率范围为 $f \in [0, \infty]$, 我们要把它划分成一组 p 个不同的子区间 $\Delta f_1, \Delta f_2, \cdots, \Delta f_p$, 它们联合起来覆盖

整个的频率范围 $[0, \infty]$. 这些子频率区间记为

$$\Delta f_1 = \{f \,|\, 0 \leqslant f < f_1\}$$

$$\Delta f_2 = \{f \,|\, f_1 \leqslant f < f_2\}$$

$$\vdots$$

$$\Delta f_{p-1} = \{f \,|\, f_{p-2} \leqslant f < f_{p-1}\}$$

$$\Delta f_p = \{f \,|\, f_{p-1} \leqslant f < \infty\}$$

如前所述, 对于我们寻找的 "鸟鸣" 信号来说, 为了使产生的统计结果具有经典的 χ^2 分布, 在每个子频率区间内, 过滤器的输出信号 $z_j(t)$ 的期待对总信号的贡献是相等的, 即

$$\langle z_j(t) \rangle = z(t)/p$$

为了确定子频率区间的具体值, 需要引入一组 p 个厄米内积, 根据厄米内积的定义

$$(A, B) = \int \frac{A^*(f)B(f)}{S_n(f)} \mathrm{d}f \tag{9-47}$$

我们得到

$$(A, B)_j = \int_{-\Delta f_j \cup \Delta f_j} \frac{A^*(f)B(f)}{S_n(f)} \mathrm{d}f \quad (j = 1, 2, \cdots, p) \tag{9-48}$$

在这里, 最后一个积分的有效积分区间的上限 Δf_p 为 f_n 而不是无穷大.

由于子频率区间并不重叠, 而且又涵盖了频率范围内所有的频率值, 对这些内积求和可以产生以前定义的内积:

$$\sum_{j=1}^{p} (A, B)_j = (A, B) = \int \frac{A^*(f)B(f)}{S_n(f)} \mathrm{d}f \tag{9-49}$$

在选择 p 个不同的子频率间隔时必须遵循的原则是: 适当选择 Δf_j 的大小, 使下面的公式能够成立:

$$\left(\tilde{T}, \tilde{T} \right)_j = \frac{1}{p}$$

密近双星旋绕产生的 "鸟鸣" 式引力波信号的特点是随着时间的推移, 频率越来越大, 幅度也逐渐增加. 因此, 在分析密近双星旋绕产生的 "鸟鸣" 信号时, 典型的一组子频率区间在图 9.15 中给出.

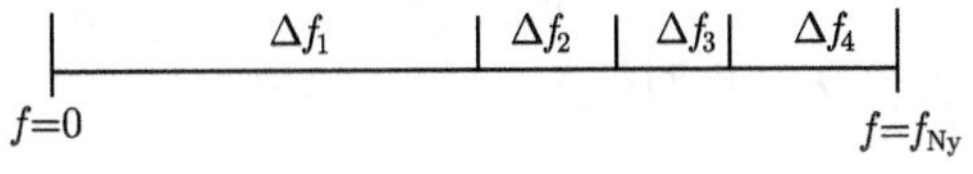

图 9.15 在 $p = 4$ 时, 一组典型的子频率区间 Δf_j 示意图 [211]

可以看出, 在探测器最灵敏的地方频率区间最窄, 而在探测器最不灵敏的地方区间最宽.

在时间–频率平面内, "鸟鸣" 信号的子频率区间划分示意图在图 9.16 中给出.

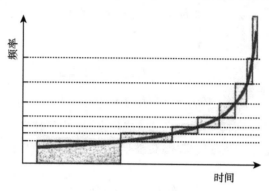

图 9.16　在时间–频率平面内, 子频率间隔的划分示意图 [204]

2) χ^2 统计量的建立

为了使思路更加清晰, 我们先推导建立 χ^2 统计所需的物理量 χ^2. 根据定义, 匹配过滤器输出的信号噪声比由下式给出:

$$z \equiv \int \frac{\tilde{Q}^*(f)\tilde{s}(f)}{S_{\mathrm{n}}(f)}\mathrm{d}f = \left(\tilde{Q}, \tilde{s}\right) \tag{9-50}$$

它是对所有频率的一个积分. 在把所有频率分成很多子频率间隔后, 它可以写成从 p 个不同子频率间隔而来的贡献之和:

$$z = \sum_{j=1}^{p} z_j$$

其中

$$z_j \equiv \left(\tilde{Q}, \tilde{s}\right)_j \tag{9-51}$$

z_j 的期待值和其平方的期待值可以用前面用过的方法计算出来, 它们是

$$\langle z_j \rangle = \frac{1}{p}\frac{D}{d} \tag{9-52}$$

$$\langle z_j^2 \rangle = \frac{1}{p} + \frac{1}{p^2}\left(\frac{D}{d}\right)^2 \tag{9-53}$$

当信号不存在时 (取 $d \to \infty$), 我们得到

$$\langle z_j \rangle = 0$$

$$\langle z_j^2 \rangle = \frac{1}{p} \tag{9-54}$$

若在所有频率中测得的总信号噪声比为 z, 摊派到各个子频率间隔 Δf_j 内预言的信噪比为 $\frac{z}{p}$, 那么在子频率区间内的信噪比与预言的信噪比 $\frac{z}{p}$ 之间的差 Δz_j 为

$$\Delta z_j \equiv z_j - \frac{z}{p} \tag{9-55}$$

这种物理量共有 p 个, 根据定义, 它们的和为零

$$\sum_{j=1}^{p} \Delta z_j = 0$$

而且, 每个子频率间隔内这个差的期待值也是零

$$\langle \Delta z_j \rangle = 0$$

这里我们使用了 "预言的信噪比 $\frac{z}{p}$" 这个术语, 在子频率区间 Δf_j 内的信噪比与在此频率区间中 "预言的信噪比" 之间是有区别的. 因为预言的信噪比是以在全部频率范围内被测得总信噪比为基础得来的. 我们使用 "预言" 而不是 "期待" 是有原因的. 因为我们确实没有在实验上或在观测中获取信噪比 z 的 "期待" 值 $\langle z \rangle$. 换句话说, 参量 $\Delta z_j = z_j - z/p$ 与 $\delta z_j = z_j - \langle z_j \rangle = z_j - \langle z_j \rangle / p$ 不是同一个量.

为了计算 Δz_j 的平方的期待值, 我们需要知道参量 $\langle z_j z \rangle$, 根据对称性, 该参量一定是 j 个独立的量. 由于对 j 个 $\langle z_j z \rangle$ 求和会产生 $\langle z^2 \rangle$, 我们必然有

$$\langle z_j z \rangle = \frac{\langle z^2 \rangle}{p} = \frac{1}{p} \left[1 + \left(\frac{D}{d} \right)^2 \right] \tag{9-56}$$

这样就得到了 Δz_j 平方的期待值:

$$
\begin{aligned}
\left\langle (\Delta z_j)^2 \right\rangle &= \left\langle \left(z_j - \frac{z}{p} \right)^2 \right\rangle \\
&= \langle z_j^2 \rangle + \frac{\langle z^2 \rangle}{p^2} - \frac{2 \langle z_j z \rangle}{p} \\
&= \frac{1}{p} \left(1 - \frac{1}{p} \right)
\end{aligned}
\tag{9-57}
$$

$$\left(\text{在这里我们用了公式 } \langle z_j z \rangle = \frac{\langle z^2 \rangle}{p}, \ \langle z_j^2 \rangle = \frac{1}{p} \right)$$

根据以上导出的 p 个物理参量, 我们可以方便地定义 χ^2 时间–频率甄别器的统计量为

$$\chi^2 = \chi^2\left(z_1, z_2, \cdots, z_p\right) = p\sum_{j=1}^{p}\left(\Delta z_j\right)^2 \tag{9-58}$$

3) χ^2 时间–频率甄别器统计量的特性

A. χ^2 的期待值

根据公式 $\left\langle\left(\Delta z_j\right)^2\right\rangle = \dfrac{1}{p}\left(1 - \dfrac{1}{p}\right)$, 我们可以推导出 χ^2 的期待值:

$$\left\langle\chi^2\right\rangle = \left\langle p\sum_{j=1}^{p}\left(\Delta z_j\right)^2\right\rangle = p\left\langle\sum_{j=1}^{p}\left\langle\Delta z_j\right\rangle^2\right\rangle = p\left(p\cdot\frac{1}{p}\left(1 - \frac{1}{p}\right)\right) = p - 1 \tag{9-59}$$

B. χ^2 的概率分布函数

在仪器噪声既稳定又具有高斯分布的情况下, χ^2 分布函数概率是经典的自由度为 $p-1$ 的 χ^2 分布. $\chi^2 < \chi_0^2$ 的概率为 [211]

$$\begin{aligned}
P_{\chi^2 < \chi_0^2} &= \int_0^{\chi_0^2/2} \frac{u^{\frac{p}{2}-\frac{3}{2}}\mathrm{e}^{-u}}{\Gamma\left(\dfrac{p}{2}-\dfrac{1}{2}\right)}\mathrm{d}u \\
&= \frac{\gamma\left(\dfrac{p}{2}-\dfrac{1}{2}, \dfrac{\chi_0^2}{2}\right)}{\Gamma\left(\dfrac{p}{2}-\dfrac{1}{2}\right)}
\end{aligned} \tag{9-60}$$

γ 是不完全伽马函数. 在探测器的噪声是稳定的且具有高斯分布的情况下, χ^2 值期待的分布是相当窄的. 它是

$$\left\langle\left(\chi^2\right)^2\right\rangle = p^2 - 1 \tag{9-61}$$

这意味着 χ^2 分布的宽度为

$$\left(\left\langle\left(\chi^2\right)^2 - \left\langle\chi^2\right\rangle^2\right\rangle\right)^{\frac{1}{2}} = \sqrt{2(p-1)} \tag{9-62}$$

也就是说, 我们能够在区间 $[p-1-\sqrt{2(p-1)}, p-1+\sqrt{2(p-1)}]$ 内找到 χ^2 的值. 由于该区间的相对宽度为

$$\frac{\sqrt{2(p-1)}}{p-1} = \frac{\sqrt{2}}{\sqrt{p-1}} \tag{9-63}$$

它随 p 的增加而减小, 我们可能认为大的 p 值是合乎理想的, 因为它好像能给出较高的甄别能力.

但是, 实践和经验表明, p 值并不是越大越好, 它的选择要适度. 因为探测器真正的噪声既不稳定也不是高斯分布, 而且信号并不是完美地与模板匹配, 当采用的 p 值非常大时会使不稳定的 "毛刺" 噪声覆盖很多子频带, 削弱它在 χ^2 上的作用.

4) χ^2 时间–频率甄别器检验效果 [211]

χ^2 检验的研究起源于 LIGO 40m 模型机的数据分析 [212]. 在过滤这些数据时发现, 密近双星旋绕的过滤库中记录了很多特殊的 "事例记录", 当把这些特殊 "事例记录" 转换成数字声音格式时, 听起来确实不像预期的双星旋绕发出的引力波信号. 具体地讲, 它们并没有像预期的鸟鸣信号那样低频成分首先到来, 中频部分紧跟其后, 接着是高频部分. χ^2 时间–频率甄别器检验就是为了清除这种记录而发展起来的.

下面我们通过一个简单的例子说明 χ^2 时间–频率甄别器的检验效果. 如前所述, 该方法的基本出发点是把探测器覆盖的频率范围划分成 p 个子频率间隔, 并建立一组相应的匹配过滤器, 用它们对获取的数据进行检验, 看一看这些匹配过滤器输出信号的峰值是否都在正确的时间点出现.

在实施 χ^2 检验时, 我们首先用蒙特–卡罗法产生两组模拟数据, 一组是把一个模拟的鸟鸣信号 (即我们期待的双星旋绕发出的信号) 附加在探测器的噪声上产生的; 另一组数据是模拟探测器噪声中有一个瞬发即逝的 "毛刺". 为简单起见, 我们把探测器覆盖的频率范围划分成 $p = 4$ 个子频率间隔, 对于每个子频率间隔都建立一个匹配过滤器, 然后利用这四个匹配过滤器分别对两组数据进行过滤.

设信号 z_1 是在最低频带内构成的, z_2 在由其后的下一个频带内构成的, 以此类推. 对每组模拟数据都分别得到 4 个信号 z_1, z_2, z_3, z_4 (这里所说的信号指的是过滤器的输出 $z_1, z_2, \cdots, z_p$), 图 9.17 给出了这四个输出信号的示意图.

左边的一组图是把一个模拟的 "鸟鸣" 信号 (即 Chirp 信号) 附加到探测器噪声数据流中的情况. 右边一组图是模拟探测器噪声数据流中存在一个路过的爆发性信号的情况. 可以看出, 对模拟的 "鸟鸣" 信号来说 (左图), 不同频带的匹配过滤器输出信号的峰值都出现在同一个时间偏移 t_0, 在这一瞬间, 所有的 z_j 都在同一个数值附近. 然而, 当过滤器被一个转瞬即逝的爆发性信号触发时 (右图), 不同频带中过滤器输出信号的峰值出现在不同的时间点. 在时间 t_0 处, 它们的值非常不同, 有的很大, 有的很小.

下面我们通过具体数值对这两种情况进行比较.

A. 模拟的 "鸟鸣" 信号

从图 9.17 的左图可以看到, 模拟的 "鸟鸣" 信号的信噪比为 $z = 9.2$, 在不同频带中匹配过滤器的输出为

$$z_1 = 2.25$$
$$z_2 = 2.44$$

$$z_3 = 1.87$$

$$z_4 = 2.64$$

$$z = z_1 + z_2 + z_3 + z_4 = 9.2$$

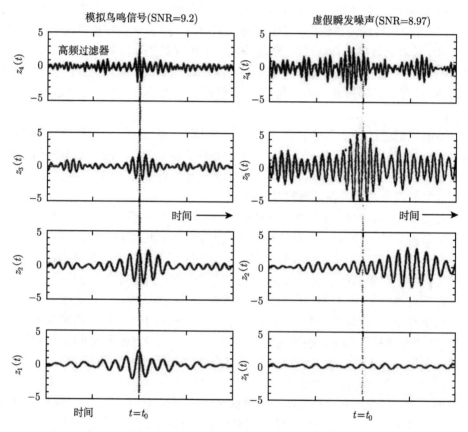

图 9.17　匹配过滤器的输出示意图 [211]

χ^2 统计量的值为

$$\chi^2 = p \sum_{j=1}^{p} \left(z_j - \frac{z}{p} \right)^2 = 4 \sum_{j=1}^{4} \left(z_j - \frac{9.2}{4} \right)^2 = 1.296$$

该 χ^2 值出现的概率为

$$P_{\chi^2 \geqslant \chi_0^2} = P_{\chi^2 \geqslant 1.29} = \frac{\gamma \left(\dfrac{p}{2} - \dfrac{1}{2}, \dfrac{\chi_0^2}{2} \right)}{\Gamma \left(\dfrac{p}{2} - \dfrac{1}{2} \right)} = \frac{\gamma \left(\dfrac{3}{2}, 0.648 \right)}{\Gamma \left(\dfrac{3}{2} \right)} = 73\%$$

这个结果与附加到高斯噪声中的"鸟鸣"信号所期待的 χ^2 值及该值出现的概率是相当一致的.

B. 欺骗性的噪声信号

从图 9.17 的右图可以看到, 欺骗性的、转瞬即逝的噪声信号的信噪比为 $z = 8.97$, 它和"鸟鸣"信号的信噪比差不多, 在不同频带中匹配过滤器的输出为

$$z_1 = 0.23$$

$$z_2 = 0.84$$

$$z_3 = 5.57$$

$$z_4 = 2.33$$

$$z = z_1 + z_2 + z_3 + z_4 = 8.97$$

χ^2 统计量的值为

$$\chi^2 = p\sum_{j=1}^{p}\left(z_j - \frac{z}{p}\right)^2 = 4\sum_{j=1}^{4}\left(z_j - \frac{8.97}{4}\right)^2 = 68.4$$

该 χ^2 值出现的概率为

$$P_{\chi^2 \geqslant \chi_0^2} = P_{\chi^2 \geqslant 68.4} = \frac{\gamma\left(\frac{p}{2}-\frac{1}{2}, \frac{\chi_0^2}{2}\right)}{\Gamma\left(\frac{p}{2}-\frac{1}{2}\right)} = \frac{\gamma\left(\frac{3}{2}, 34.2\right)}{\Gamma\left(\frac{3}{2}\right)} = 9.4\times10^{-15}$$

可以看到, 从信噪比的大小来看, 两种情况差不多. 假设我们只根据信噪比的大小来选择我们需要的"真实事例候选者", 就会把这种转瞬即逝的、爆发性的虚假信号当成"真实事例候选者". 但是, 如果从 χ^2 检验结果来考虑, 我们就会发现, 两种情况下的 χ^2 值及它们可能出现的概率有天壤之别. 对于附加到高斯噪声中的"鸟鸣"信号来说, 出现这个 χ^2 期待值的概率是 73%, 而对于欺骗性的噪声信号来说, 出现这个 χ^2 期待值的概率是极其微小的 (只有 9.4×10^{-15}), 通过这两种情况的比较, 我们可以清楚地看到 χ^2 检验的巨大威力.

在对 LIGO S1 数据进行过滤时, 人们得到了几个信噪比较大的"触发"事例, 通过 χ^2 检验证明它们不是真正的引力波信号. 图 9.18 给出了信噪比为 15.9 的"触发"事例与模拟信号的比较.

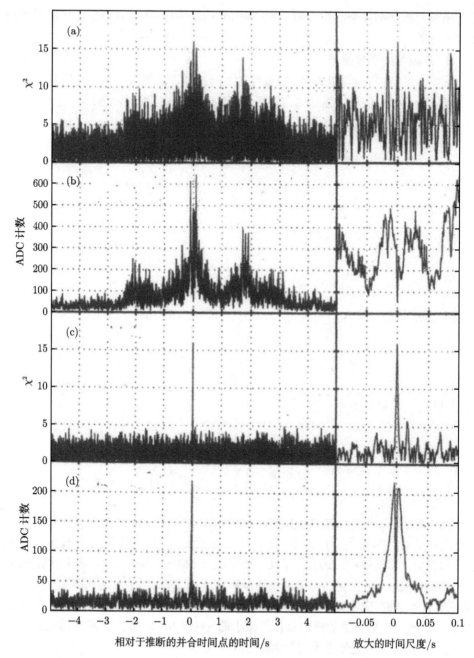

图 9.18　一个信噪比为 15.9 的 "触发" 事例与模拟信号的比较 [204]

　　模拟数据是在稳定的高斯噪声基础上, 附加一个模拟的鸟鸣信号生成的. 在图中,

(a) 表示 LIGO S1 数据中信噪比 SNR=15.9 的 "触发" 事例的 $z(t)$ 时间序列.

(b) 表示 LIGO S1 数据中信噪比 SNR=15.9 的 "触发" 事例的 $\chi^2(t)$ 时间序列.

可以看出, 两个时间序列的平均值都比较大, 而且在周期为几秒的时间内, 围绕推断的并合时间点有较大的变化.

(c) 表示模拟数据中 "触发" 事例的 $z(t)$ 时间序列.

(d) 表示模拟数据中 "触发" 事例的 $\chi^2(t)$ 时间序列.

为了看得更清楚一些, 在图 9.18 的右边给出了放大的时间尺度下的情况.

3. 信号与模板失匹配对 χ^2 检验的影响

到目前为止, 我们在信号波形非常准确的情况下分析了最佳过滤器的特点并构建了 χ^2 统计量. 实际上, 信号波形是不可能非常准确地知道的. 因为信号波形是一个家族, 这个家族用一组连续参数 (如质量、自旋等) 来表征. 而在实际应用中, 我们用的是一组各自分立的 (而不是连续的) 模板, 这组模板有时也被称为 "模板库", 这样的模板库可能包含几十甚至成千上万个子模板. 由于库中的每个子模板都是由参数空间中的一个点确定的, 我们可以把 "模板库" 想象成参数空间中的立体网格. 在设计这种网格时已做好安排, 它能保证从连续波形家族而来的任何一个信号都会接近网格中的某一点. 所谓信号与模板失匹配指的是信号波形接近于模板波形但并不完美地与之匹配.

为了研究信号与模板失匹配问题, 我们假设信号波形可以用一个模板 T' 来完美地描述. 这时探测器的输出信号为

$$s(t) = n(t) + \frac{D'}{d'}T'(t) \tag{9-64}$$

像前面约定的那样, 我们确定 D' 的条件是: 使得 T' 遵循满足归一化条件 $(\tilde{T}', \tilde{T}') = 1$. 为了简单而又不失普遍性我们假设 $t_0 = 0$.

若信号波形接近于一个模板 T(而不是模板 T'), 该信号就会在此模板中被探测到, 输出一个信号噪声比:

$$z = (\tilde{Q}, \tilde{s}) = (\tilde{T}, \tilde{n}) + \frac{D'}{d'}(\tilde{T}, \tilde{T}) \tag{9-65}$$

根据施瓦茨不等式 $\left|\left(\tilde{Q}, A\right)\right|^2 \leqslant (A, A)(\tilde{Q}, \tilde{Q})$, 两个模板 T' 和 T 之间的内积一定落在区间 $[-1, 1]$ 内

$$\left(\tilde{T}, \tilde{T}'\right)^2 \leqslant \left(\tilde{T}, \tilde{T}\right)\left(\tilde{T}', \tilde{T}'\right) \leqslant 1 \tag{9-66}$$

我们可以把这两个模板 T' 和 T 想象成两个单位矢量, 它们之间的夹角为 θ. 这样它们的内积就可以写成

$$\left(\tilde{T}, \tilde{T}'\right) = 1 \times \cos\theta = \cos\theta, \quad \theta \in [0, \pi] \tag{9-67}$$

这个内积通常被称为拟合因子. 在这种情况下, 信噪比 z 的期待值可以写成

$$\langle z \rangle = \frac{D'}{d'} \cos\theta \tag{9-68}$$

从以前的讨论我们知道, 如果模板库中包含完美过滤器 T', 则信噪比的期待值为 $\langle z \rangle = \frac{D'}{d'}$, 通过比较可以看出, 在失匹配情况下, 信噪比的期待值变小了. 变小系数为拟合因子 $\left(\tilde{T}, \tilde{T}'\right) = \cos\theta$. 我们定义模板失匹配率 ε 为 "理想" 情况下信噪比的期待值与在失匹配模板情况下信噪比的期待值的相对误差:

$$\varepsilon = \frac{\langle z' \rangle - \langle z \rangle}{\langle z' \rangle} = 1 - \frac{\langle z \rangle}{\langle z' \rangle} = 1 - \cos\theta \tag{9-69}$$

这样我们得到

$$\cos\theta = 1 - \varepsilon \tag{9-70}$$

因为 $\cos\theta$ 的值位于 -1 到 $+1$ 之间, 所以 ε 的值位于区间 $[0,2]$ 内, 即 $\varepsilon \in [0,2]$. 根据需要, 我们可以改变 T' 的符号, 这样 ε 的值可以限定在区间 $[0,1]$ 内, 即 $\varepsilon \in [0,1]$. 因此在不失普遍性的情况下, 我们可以假设 $0 \leqslant \cos\theta \leqslant 1$, 并得到 $0 \leqslant \varepsilon \leqslant 1$. 我们最感兴趣的情况是 $\varepsilon \ll 0$.

在实际应用中, 如果波源在空间是均匀分布的, 当我们建立模板库时, 通常是在最差的失匹配情况下, 事例率的损失要小于 10%. 由于半径为 r 的圆球的体积 (对应于波源的数量) 正比于 r^3 而信噪比与 r 成反比, 根据事例数与空间距离的关系和信噪比与空间距离的关系的这种差别, 将事例率的损失折合成信噪比的变化, 我们可以得到事例率 10% 的损失对应于最差的模板失匹配率 ε 为 [211]

$$\varepsilon = 0.033 = 3.3\%$$

与讨论匹配过滤器的过程一样, 我们先来讨论在处理过滤器失匹配时需要使用的一些物理量.

1) 信噪比平方的期待值 $\langle z^2 \rangle$

在模板失匹配情况下, 信噪比平方的期待值为

$$\langle z^2 \rangle = 1 + \left(\frac{D'}{d'}\right)^2 \cos^2\theta \tag{9-71}$$

2) 重叠因子 λ_j

为了分析信号与模板失匹配对 χ^2 统计值的影响, 我们假设在第 j 个独立的子频带内模板 T' 和信号严格匹配的模板 T 之间的重叠因子为 λ_j, 它是一组 (p 个) 实常数 $\lambda_j(j = 1, 2, 3, \cdots, p)$, 并由下面公式确定:

$$\left(\tilde{T}, \tilde{T}'\right)_j = \lambda_j \cos\theta \tag{9-72}$$

根据公式 $\left(\tilde{T}, \tilde{T}'\right) = \cos\theta$ 我们知道, 这些常数的和为 1

$$\sum_{j=1}^{p} \lambda_j = 1 \tag{9-73}$$

λ_j 的平均值为 $\frac{1}{p}$, 该值是一个重要的标志性参量, 因为与该值偏离的多少可以用来检测和信号严格匹配的模板 T 与模板 T' 在频带 Δf_j 中靠近或远离的程度.

3) 第 j 个子频带中的信噪比 z_j

为了确定信号与模板失匹配对 χ^2 统计量的影响, 我们需要导出第 j 个子频带中信噪比 z 的期待值 z_j 及与它相关的一些表达式.

$$z_j = \left(\tilde{Q}, \tilde{s}\right)_j = \left(\tilde{T}, \tilde{n}\right)_j + \frac{D'}{d'}\left(\tilde{T}, \tilde{T}'\right)_j = \left(\tilde{T}, \tilde{n}\right)_j + \frac{D'}{d'}\lambda_j \cos\theta \tag{9-74}$$

在第 j 个子频带中, 信噪比的期待值为

$$\langle z_j \rangle = \frac{D'}{d'}\lambda_j \cos\theta \tag{9-75}$$

在第 j 个子频带中, 信噪比平方的期待值为

$$\langle z_j^2 \rangle = \frac{1}{p} + \left(\frac{D'}{d'}\right)^2 \lambda_j^2 \cos^2\theta \tag{9-76}$$

根据定义 $\Delta z_j \equiv z_j - \frac{z}{p}$ 我们得出在第 j 个子频带中, 信噪比 z_j 与信噪比平均值 $\frac{z}{p}$ 的差为

$$\Delta z_j = \left(\tilde{T}, \tilde{n}\right)_j - \frac{1}{p}\left(\tilde{T}, \tilde{n}\right) + \frac{D'}{d'}\left(\lambda_j - \frac{1}{p}\right)\cos\theta \tag{9-77}$$

可以看出, 失匹配模板与完美模板是有明显区别的. 在模板与信号波形失匹配的情况下, Δz_j 的期待值不为零, 它是

$$\langle \Delta z_j \rangle = \frac{D'}{d'}\left(\lambda_j - \frac{1}{p}\right)\cos\theta \tag{9-78}$$

4) χ^2 的期待值

与在完美匹配时讨论的一样, 我们也假设探测器的噪声是二阶稳定的, 在失匹配的情况下我们就可以计算 $z_j z$ 的期待值

$$\langle z_j z \rangle = \left\langle \left[\left(\tilde{T}, n'\right)_j + \frac{D'}{d'}\lambda_j \cos\theta\right] \times \left[\left(\tilde{T}, \tilde{n}\right) + \frac{D'}{d'}\cos\theta\right]\right\rangle$$

$$= \left(\tilde{T}, \tilde{T}\right)_j + \left(\frac{D'}{d'}\right)^2 \lambda_j \cos^2 \theta$$

$$= \frac{1}{p} + \left(\frac{D'}{d'}\right)^2 \lambda_j \cos^2 \theta \tag{9-79}$$

利用这个结果我们可以计算 Δz_j 平方的期待值

$$\left\langle (\Delta z_j)^2 \right\rangle = \left\langle z_j^2 \right\rangle + \frac{\left\langle z^2 \right\rangle}{p^2} - \frac{2\left\langle z_j z \right\rangle}{p}$$

$$= \frac{1}{p}\left(1 - \frac{1}{p}\right) + \left(\frac{D'}{d'}\right)^2 \left(\lambda_j - \frac{1}{p}\right)^2 \cos^2 \theta \tag{9-80}$$

由此得出甄别器统计量 χ^2 的期待值

$$\left\langle \chi^2 \right\rangle = p - 1 + \left(\frac{D'}{d'}\right)^2 \cos^2 \theta \sum_{j=1}^{p} p\left(\lambda_j - \frac{1}{p}\right)^2$$

$$= p - 1 + \left\langle z^2 \right\rangle \sum_{j=1}^{p} p\left(\lambda_j - \frac{1}{p}\right)^2 \tag{9-81}$$

这与信号波形和模板完美匹配时取得的结果是决然不同的. 在完美匹配情况下, χ^2 的期待值与信号强度无关, 而当信号波形和模板不完美匹配时 χ^2 的期待值与信号的信噪比期待值 $\langle z \rangle$ 的二次方有关. 甄别器 $\langle \chi^2 \rangle$ 与信噪比期待值的二次方 $\langle z \rangle^2$ 之间的相关系数为

$$\kappa = p\sum_{j=1}^{p}\left(\lambda_j - \frac{1}{p}\right)^2 = -1 + p\sum_{j=1}^{p}\lambda_j^2 \tag{9-82}$$

参量 κ 显然是一个非负值, 现在我们计算它的上限.

根据施瓦茨不等式:

$$\left(\tilde{T}, \tilde{T}'\right)_j^2 \leqslant \left(\tilde{T}, \tilde{T}\right)_j \left(\tilde{T}', \tilde{T}'\right)_j$$

我们有

$$\lambda_j^2 \cos^2 \theta \leqslant \frac{1}{p}\left(\tilde{T}', \tilde{T}'\right)_j \tag{9-83}$$

因此得到

$$\lambda_j^2 \leqslant \frac{1}{p\cos^2 \theta}\left(\tilde{T}', \tilde{T}'\right)_j \tag{9-84}$$

不等号的两边都对 j 求和得到

$$\sum_{j=1}^{p}\lambda_j^2 \leqslant \frac{1}{p\cos^2 \theta} \tag{9-85}$$

将此式与公式

$$\kappa = p \sum_{j=1}^{p} \left(\lambda_j - \frac{1}{p} \right)^2 = -1 + p \sum_{j=1}^{p} \lambda_j^2 \tag{9-86}$$

联立得到

$$0 \leqslant \kappa \leqslant \frac{1}{\cos^2 \theta} - 1 \tag{9-87}$$

在绝大多数情况下, 信号与模板之间的失匹配是非常小的, 即 $\varepsilon \ll 1$, 这时我们有

$$\frac{1}{\cos^2 \theta} - 1 = \frac{1 - \cos^2 \theta}{\cos^2 \theta} = \frac{(1 + \cos \theta)(1 - \cos \theta)}{\cos^2 \theta} \tag{9-88}$$

由于 $\cos \theta - 1 = \varepsilon$, $\varepsilon \ll 1$ 我们得到 $\cos \theta \approx 1$. 因此有

$$\frac{1}{\cos^2 \theta} - 1 = \frac{1 - \cos^2 \theta}{\cos^2 \theta} = \frac{(1 + \cos \theta)(1 - \cos \theta)}{\cos^2 \theta} = \frac{(1 + 1)\varepsilon}{1} = 2\varepsilon \tag{9-89}$$

将此结果代入 κ 的表达式得到

$$0 \leqslant \kappa \leqslant 2\varepsilon$$

这样 χ^2 的期待值就可以写成

$$\langle \chi^2 \rangle = p - 1 + \kappa \langle z \rangle^2 \quad (0 \leqslant \kappa \leqslant 2\varepsilon) \tag{9-90}$$

在失匹配情况下, χ^2 统计量的期待值与信号强度 (信噪比)z 的这种关系有一个前提, 那就是信号波形 (即完美匹配模板波形) 与失匹配模板之间的拟合因子 $\left(\tilde{T}', \tilde{T} \right) = \cos \theta$ 接近于 1.

可以证明 [8], 如果探测器的噪声是高斯型的, 那么用完美匹配模板计算出来的 χ^2 统计量具有自由度为 $p - 1$ 的经典 χ^2 分布. 如果模板与信号波形匹配得不完美, 那么 χ^2 统计量的分布就变成非中心 χ^2 分布. 非中心参数由公式 $\langle z_j \rangle = \left(\dfrac{D'}{d'} \right) \left(\lambda_j - \dfrac{1}{p} \right) \cos \theta$ 的方均根值确定, 具体值为 $\kappa (z)^2$.

4. 未知相位信号的 χ^2 检验

如前所述, 密近双星旋绕系统辐射的引力波信号是两个波形的线性组合, 它的相位事先并不知道. 对于这种信号, 探测器的输出可以写成

$$s(t) = n(t) + h(t) = n(t) + \frac{D}{d} (\cos \phi T_c(t - t_0) + \sin \phi T_s(t - t_0)) \tag{9-91}$$

其中 $n(t)$ 表示探测器的噪声, 它是一个随机的时间函数序列, 相位 ϕ 和到波源的距离 d 是未知的. 我们假设模板 T_c 和 T_s 是正交归一的

$$\left(\tilde{T}_c, \tilde{T}_c \right) = \left(\tilde{T}_s, \tilde{T}_s \right) = 1$$

$$\left(\tilde{T}_{\mathrm{c}}, \tilde{T}_{\mathrm{s}}\right) = 0$$

1) 未知相位对 χ^2 统计中各参量的影响

寻找未知相位 ϕ 的方法很多, 基本上都是用模板 T_{c} 和 T_{s} 分别去过滤数据, 然后把这两个过滤数器的输出组合起来. 行之有效的组合方法之一是把这两个分立的实数过滤器输出组合成一个复数信号, 对应的最佳过滤器 $\tilde{Q}$ 为

$$\tilde{Q} = \left(\tilde{T}_{\mathrm{c}} + \mathrm{i}\tilde{T}_{\mathrm{s}}\right) \mathrm{e}^{-\mathrm{i}2\pi f t_0} \tag{9-92}$$

利用上述归一化条件把最佳过滤器归一后得到

$$\left(\tilde{Q}, \tilde{Q}\right) = 2$$

过滤器的输出 z 是如下的复数:

$$z = \left(\tilde{Q}, \tilde{s}\right) = \left(\tilde{Q}, \tilde{n}\right) + \left(\tilde{Q}, \frac{D}{d}(\cos\phi\tilde{T}_{\mathrm{c}} + \sin\phi\tilde{T}_{\mathrm{s}})\right) \mathrm{e}^{-2\pi\mathrm{i}f t_0} \tag{9-93}$$

过滤器的输出 z 的期待值 $\langle z \rangle$ 是如下的复数:

$$\langle z \rangle = \frac{D}{d}(\cos\phi + \mathrm{i}\sin\phi) = \frac{D}{d}\mathrm{e}^{\mathrm{i}\phi} \tag{9-94}$$

这个复数的模是期待的距离的倒数, 它的相位是期待的相位 ϕ. 由于归一化条件的变化, 过滤器 $\tilde{Q}$ 归一化后 $\left(\tilde{Q}, \tilde{Q}\right) = 2$ 而不是单一相位时 $\left(\tilde{Q}, \tilde{Q}\right) = 1$, 所以模 $|z|$ 平方的期待值 $\left\langle |z|^2 \right\rangle$ 为

$$\left\langle |z|^2 \right\rangle = 2 + \left(\frac{D}{d}\right)^2 \tag{9-95}$$

它大于单一相位情况下 z 平方的期待值 $\langle z^2 \rangle = 1 + \left(\dfrac{D}{d}\right)^2$. 相位 ϕ 的不确定性附加到系统中后, 到波源的距离就不能像单一相位时确定的那样准确.

按照本研究领域的惯例, 我们把模 $|z|$ 称为信号噪声比 SNR. 但是, 这种叫法是不太确切的, 因为在波源不存在时, $|z|$ 的平均值为 2, 应该把 $|z|/\sqrt{2}$ 称为信号噪声比 SNR 才更合理. 把模 $|z|$ 称为信号噪声比 SNR 的做法只是一种不成文的习惯而已, 我们也沿用这个习惯叫法.

在构建 χ^2 统计量时, 我们仍然采用前面的方法来选择频带, 并假设 $\tilde{T}_{\mathrm{c}}$ 和 $\tilde{T}_{\mathrm{s}}$ 有等同的频带而且在每个子频带中它们都是正交的:

$$\tilde{T}_{\mathrm{s}}(f) = \mathrm{i}\tilde{T}_{\mathrm{c}} \quad (f > 0)$$

$$\tilde{T}_{\mathrm{s}}(f) = -\mathrm{i}\tilde{T}_{\mathrm{c}} \quad (f < 0)$$

根据这种假设我们可以得到

$$\left(\tilde{T}_{\mathrm{c}}, \tilde{T}_{\mathrm{c}}\right)_j = \left(\tilde{T}_{\mathrm{s}}, \tilde{T}_{\mathrm{s}}\right)_j = \frac{1}{p}$$

$$\left(\tilde{T}_{\mathrm{c}}, \tilde{T}_{\mathrm{s}}\right)_j = 0$$

像前面讲过的那样, 我们定义第 j 个子频带中的复数信号 Z_j 为

$$Z_j \equiv \left(\tilde{Q}, \tilde{s}\right)_j$$

$$\Delta Z_j \equiv Z_j - \frac{Z}{p}$$

根据这些定义, 我们得到如下参量的表达式:

$$\langle Z_j \rangle = \frac{1}{p}\frac{D}{d}\mathrm{e}^{\mathrm{i}\phi}\cos\theta \tag{9-96}$$

$$\left\langle |Z_j|^2 \right\rangle = \frac{2}{p} + \frac{1}{p^2}\left(\frac{D}{d}\right)^2 \tag{9-97}$$

$$\langle Z_j^* Z \rangle = \frac{2}{p} + \frac{1}{p}\left(\frac{D}{d}\right)^2 \tag{9-98}$$

$$\left\langle |\Delta Z_j|^2 \right\rangle = \frac{2}{p}\left(1 - \frac{1}{p}\right) \tag{9-99}$$

利用这些参量, 我们得到 χ^2 统计的表达式

$$\chi^2 = p\sum_{j=1}^{p} |\Delta Z_j|^2 \tag{9-100}$$

根据公式 $\left\langle |\Delta Z_j|^2 \right\rangle = \dfrac{2}{p}\left(1 - \dfrac{1}{p}\right)$ 我们得到 χ^2 的期待值

$$\langle \chi^2 \rangle = 2p - 2 \tag{9-101}$$

2) 信号与模板失匹配对 χ^2 统计的影响

下面分析天体源的波形 $h(t) = \dfrac{D'}{d'}T'(t)$ 与模板 T_{c} 和 T_{s} 的任何线性组合都不严格匹配时的情况. 为简单起见, 我们仍假设 $t_0 = 0$ 并这样选择 D', 使得公式 $(T', T') = 1$.

我们定义内积

$$\cos\theta \equiv \sqrt{\left(\tilde{T}_{\rm c},\tilde{T}'\right)^2 + \left(\tilde{T}_{\rm s},T'\right)^2} \quad (\cos\theta \subset [0,1]) \tag{9-102}$$

为拟合因子, 这时失匹配率 ε 为

$$\varepsilon = 1 - \cos\theta \quad (\varepsilon \subset [0,1])$$

我们定义未知相位 ϕ 为

$$\cos\phi\cos\theta \equiv \left(\tilde{T}_{\rm c},\tilde{T}'\right) \tag{9-103}$$

$$\sin\phi\cos\theta \equiv \left(\tilde{T}_{\rm s},\tilde{T}'\right) \tag{9-104}$$

利用以上公式, 我们得到 $\tilde{T}_{\rm c} + {\rm i}\tilde{T}_{\rm s}$ 与 $\tilde{T}'$ 的内积为

$$\left(\tilde{T}_{\rm c} + {\rm i}\tilde{T}_{\rm s},\tilde{T}'\right) = {\rm e}^{{\rm i}\phi}\cos\theta \tag{9-105}$$

这个公式给出了 ϕ 和 θ 的定义.

做了这些准备工作之后, 我们就可以写出一些有用的表达式.

(1) 过滤器的输出 Z:

$$Z = \left(\tilde{Q},\tilde{s}\right) = \left(\tilde{Q},\tilde{n}+\tilde{h}\right) \tag{9-106}$$

(2) 过滤器的输出 Z 的期待值:

$$\langle Z \rangle = \frac{D'}{d'}\left(\tilde{T}_{\rm c} + {\rm i}\tilde{T}_{\rm s},\tilde{T}'\right) = \frac{D'}{d'}{\rm e}^{{\rm i}\phi}\cos\theta \tag{9-107}$$

(3) 过滤器的输出 Z 的模 $|Z|$ 的平方的期待值:

$$\left\langle |Z|^2 \right\rangle = 2 + \left(\frac{D'}{d}\right)^2\cos^2\theta = 2 + |\langle Z\rangle|^2 \tag{9-108}$$

下面我们就利用这些参数分析模板与信号失匹配对 χ^2 统计量的影响. 为了表征在第 j 个子频带中模板与信号的重叠程度, 我们引进一个复数参量 λ_j, 它由下面的公式确定:

$$\left(\tilde{T}_{\rm c} = {\rm i}\tilde{T}_{\rm s},\tilde{T}'\right)_j = \lambda_j{\rm e}^{{\rm i}\phi}\cos\theta \tag{9-109}$$

根据公式 $\left(\tilde{T}_{\rm c} + {\rm i}\tilde{T}_{\rm s},\tilde{T}'\right) = {\rm e}^{{\rm i}\phi}\cos\theta$, 我们知道, 这些复数参量 λ_j 必须满足:

$$\sum_{j=1}^{p}\lambda_j = 1$$

在引入参量 λ_j 后, 我们重新推导出下列参量的表达式.

(1) 在第 j 个子频带中过滤器的输出 Z_j (复数) 为

$$Z_j = \left(\tilde{Q}, \tilde{s}\right)_j = \left(\tilde{Q}, \tilde{n} + \tilde{h}\right)_j = \left(\tilde{T}_c + \mathrm{i}\tilde{T}_s, \tilde{n}\right)_j + \frac{D'}{d'}\lambda_j \mathrm{e}^{\mathrm{i}\phi}\cos\theta \tag{9-110}$$

(2) 在第 j 个子频带中输出 Z_j (复数) 的期待值为

$$\langle Z_j \rangle = \frac{D'}{d'}\lambda_j \mathrm{e}^{\mathrm{i}\phi}\cos\theta \tag{9-111}$$

(3) 在第 j 个子频带中, 过滤器输出 Z_j (复数) 的模 $|Z_j|$ 的平方的期待值为

$$\left\langle |Z_j|^2 \right\rangle = \frac{2}{p} + \left(\frac{D'}{d'}\right)^2 |\lambda_j|^2 \cos^2\theta \tag{9-112}$$

其中 $|\lambda_j|$ 是复数参量 λ_j 的模.

(4) 在第 j 个子频带中乘积 $z_j^* z$ 的期待值为

$$\langle z_j^* z \rangle = \frac{2}{p} + \left(\frac{D'}{d'}\right)^2 \lambda_j^* \cos^2\theta \tag{9-113}$$

其中 z_j^* 和 λ_j^* 分别是 z_j 和 λ_j 的复数共轭.

(5) 在第 j 个子频带中, Δz_j 模的平方 $|\Delta z_j|^2$ 的期待值为

$$\left\langle |\Delta z_j|^2 \right\rangle = \frac{2}{p}\left(1 - \frac{1}{p}\right) + \left(\frac{D'}{d'}\right)^2 \left|\lambda_j - \frac{1}{p}\right|^2 \cos^2\theta \tag{9-114}$$

其中 $\left|\lambda_j - \dfrac{1}{p}\right|$ 是复数 $\lambda_j - \dfrac{1}{p}$ 的模.

利用上述参量表达式我们可以推导出 χ^2 的期待值:

$$\langle \chi^2 \rangle = 2p - 2 + \kappa |\langle z \rangle|^2 \tag{9-115}$$

其中

$$\kappa \equiv p\sum_{j=1}^{p}\left|\lambda_j - \frac{1}{p}\right|^2 = -1 + p\sum_{j=1}^{p}|\lambda_j^2| \tag{9-116}$$

在这里, κ 的取值区间为

$$0 \leqslant \kappa \leqslant \frac{1}{\cos^2\theta} - 1$$

当失匹配率 ε 很小时 (即当 $\varepsilon \ll 1$ 时), 有 $0 \leqslant \kappa \leqslant 2\varepsilon$.

从以上分析可以看出, 只要作很小的修正, 所有在单一相位情况下的分析结果都可以用于未知相位的情况.

5. χ^2 时间–频率甄别器的阈

在引力波数据分析中, χ^2 时间–频率甄别器常被用作否决权, 它可以对虚假事例进行一票否决, 这就需要确定一个合理的阈值. 对于一组给定的数据, χ^2 的阈值 χ^2_* 通常是由信号的蒙特–卡罗模拟和经验确定的. 如果被寻找的信号波形与模板等同, 那么阈值 χ^2_* 就是一个纯数字. 然而, 在通常情况下, 信号波形与模版并不像期望的那样完美地匹配, 这时的阈值 χ^2_* 是观测到的信噪比 SNR 的函数. 如果探测器的噪声是稳定的高斯分布, 则最佳域值 χ^2_* 是非中心 χ^2 累积分布函数的倒数. χ^2 值小于高斯噪声阈的信号很可能作为合格的候选者被挑选出来, 用作进一步的研究. 即便噪声不是高斯型的, 这个结果也可采用. 因此, 在大多数情况下, 合理的阈值 χ^2_* 要大于或等于适用于高斯噪声探测器的阈值.

1) 甄别器的阈

当探测器的噪声是稳定的高斯分布时, 对于固定的 T 和 T' 来说, 自由度为 $2p-2$ 的非中心 χ^2 分布的标准偏差 σ 和方差 σ^2 分别为 [213]

$$\langle\chi^2\rangle = 2p-2+\lambda = 2p-2+\kappa\,|\langle z\rangle|^2 \tag{9-117}$$

$$\sigma^2 = \left\langle\left(\chi^2\right)^2\right\rangle - \left\langle\chi^2\right\rangle^2 = 4p-4+4\lambda = 4p-4+4\kappa\,|\langle z\rangle|^2 \tag{9-118}$$

$$\sigma = \sqrt{4p-4+4\kappa\,|\langle z\rangle|^2} \tag{9-119}$$

其中, λ 是非中心参数, $|\langle z\rangle|$ 表示信噪比 z 的期待值 $\langle z\rangle$ 的模.

当非中心参数 λ 的值在最大值附近非常大于 $2p-2$ 时, 非中心的 χ^2 分布近似于宽度为 σ、中心在平均值 $2p-2+\lambda$ 附近的高斯分布. 在这种情况下, 高斯噪声最佳的 χ^2 否决阈值可以很好地近似为如下表达式 [211]:

$$\chi^2_* = \langle\chi^2\rangle + 几个\sigma \tag{9-120}$$

在这里, σ 是 χ^2 期待的统计涨落. 需要特别指出的是, 此处的 χ^2 统计量是用最坏条件下的 κ 值估算的.

如果我们假设被选定的信号不与模板共享同一个子频带 Δf_j, 从而需要使用由公式

$$0 \leqslant \kappa \leqslant 2\varepsilon \quad (\varepsilon \ll 1)$$

给出的上限, 这时 χ^2 的阈值 χ^2_* 就要由下面的公式决定:

$$\chi^2_* = 2p-2+2\varepsilon\,|\mathrm{SNR}|^2 + 几个\sqrt{4-4p+8\varepsilon\,|\mathrm{SNR}|^2} \tag{9-121}$$

在公式中, 我们用测量得到的信噪比 $|\mathrm{SNR}|$ 代替了信噪比期待值的模 $|\langle z\rangle|$. 因为我们感兴趣的是信噪比较大的情况. 这时信噪比 SNR 的相对统计涨落比较小

SNR $\approx$ $\langle$SNR$\rangle$, 虽然这个阈值的近似表达式是对大的非中心参数 λ 做出的, 但是即使在非中心参数 λ 比较小时, 它还是一个相当好的近似表达式.

2) 几种甄别阈的比较

为了更好地了解甄别阈的作用, 我们在图 9.19 中对适用于稳定高斯噪声的甄别阈和在 LIGO S1 数据分析时所使用的阈值进行了比较. 图中曲线是在 $p = 2$, $\varepsilon = 0.03$, $\kappa = 2\varepsilon$ 条件下画出来的. 底部的实线为稳定高斯噪声情况下 χ^2 统计量的期待值曲线, 它是由下面的公式给出的:

$$\langle \chi^2 \rangle = 2p - 2 + \lambda = 2p - 2 + \kappa \left| \langle z \rangle \right|^2 = 2p - 2 + 2\varepsilon \left| \mathrm{SNR}^2 \right| \tag{9-122}$$

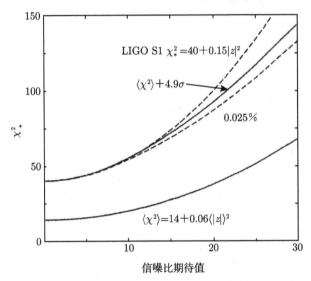

图 9.19 χ^2 时间–频率甄别器不同阈值 χ^2_* 的比较 [211]

顶部的实线是高于 $\langle \chi^2 \rangle$ 期待值 4.9σ 时的阈值曲线, 它是由下面公式给出的:

$$\chi^2_* = 2p - 2 + 2\varepsilon \left| \mathrm{SNR} \right|^2 + \text{几个} \sqrt{4 - 4p + 8\varepsilon \left| \mathrm{SNR} \right|^2} \tag{9-123}$$

取 $p = 8$, $\varepsilon = 0.03$, $\kappa = 2\varepsilon$, 并取标准偏差为 4.9σ, 上面的公式就变成

$$\chi^2_* = 14 + 0.06 \left| \mathrm{SNR} \right|^2 + 4.9 \sqrt{28 + 0.24 \left| \mathrm{SNR} \right|^2} \tag{9-124}$$

顶部的虚线给出 LIGO S1 数据分析时所用的阈值曲线, 它的计算公式为 [214]

$$\chi^2_* = 40 + 0.15 \left| \mathrm{SNR} \right|^2 \tag{9-125}$$

该公式是根据蒙特–卡罗模拟计算得来的. 底部的虚线给出以 0.025% 的概率超过高斯噪声阈时的阈值曲线, 可以看出, 对于信噪比非常大的信号来说, 高斯噪声阈由两项组成

$$\chi_*^2 = 2p - 2 + 2\varepsilon\,|\mathrm{SNR}|^2 + \text{几个}\sqrt{4 - 4p + 8\varepsilon\,|\mathrm{SNR}|^2} \tag{9-126}$$

主项是 SNR 的平方项, 它来自 χ^2 的平均值 $\langle\chi^2\rangle$, 其系数为 κ. 次级项是 SNR 的线性项, 它来自几倍的 σ. 因此, LIGO S1 分析中选择的这种阈不能否决信噪比非常大的事例. 但是这种事例肯定可以用高斯噪声阈来否决, 因为从公式中可以看出, LIGO S1 阈中的主项 (SNR 的平方项) 比高斯噪声阈中的主项大得多, 因此 LIGO S1 阈值 χ_*^2 要比高斯噪声阈值高 (图 9.20).

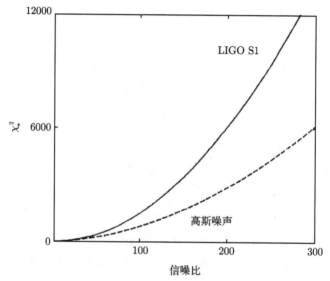

图 9.20　大信噪比情况下, χ^2 时间–频率甄别器不同阈值 χ_*^2 的比较 [211]

在图中, 实线表示 LIGO S1 数据分析时所用的阈值曲线, 虚线表示以 0.025% 的概率超过高斯噪声阈的阈值曲线.

从以上的讨论可以看到, 我们定义的 χ^2 时间–频率甄别器为匹配过滤器的输出提供了一个有效的否决权. 在该甄别器中, 小的 χ^2 值相应于观测到的信噪比 SNR 是由高斯噪声及被选定的信号两者间的线性组合构成的. 大的 χ^2 值表明, 要么信号波形与模板不匹配, 要么探测器正在产生一个非常大的非高斯型噪声.

该方法是针对宽频带探测器及宽频带信号设计的, 实际上, 相配的 χ^2 检验也可以应用于时间定义域内任何类型的信号. 这时只要简单地把模板看成一个时间的连续函数并把它分成 p 个相互连接的、互不重叠的部分, 每个部分都对总的信噪比

SNR 给出相等的贡献. 然后构建 χ^2 统计量, 构建 χ^2 统计量的要点是反复计算和比较, 使这些相对贡献聚集在总信噪比 SNR 的 $\frac{1}{p}$ 这个数值周围.

构建 χ^2 统计量时, 首先考虑的一个问题是使用多少个子频带. 最佳子频带个数 p 的选择与很多因素有关, 例如:

(1) 数据分析的最终目的是什么. 比如说, 是要确定研究问题的上限呢还是想探测引力波波源.

(2) 探测器噪声的统计特性, 包括宽频带本底和瞬发即逝的毛刺.

(3) 模板库最大失匹配率 ε 的大小.

(4) 想要寻找的信号波形能在多大精度上进行计算和预言.

在确定 p 值时, 一个有效的方法是在考虑包括上述几点在内的众多因素的同时, 研究在有模拟信号和无模拟信号情况下 χ^2 的相对分布特性, 从而找出 p 的最佳值. 与 χ^2 甄别器相关的另一个重要问题是在建立模板库时, 怎样确定库中模板的最小数目. 原则上讲, 模板库中子模板的最小数量是由物理问题和探测器的运转状态决定的, 具体数值由参数空间的体积除以每个子模板覆盖的体积得到 [205].

9.2.10 毛刺排除

激光干涉仪引力波探测器对环境的干扰是非常敏感的, 用它观测到的具有一定能量的事件的频率, 远远高于预期的真实引力波事件的发生频率. 这就是说, 在干涉仪捕捉到的事件中大多数事件并不是由引力波产生的, 而是由探测器仪器故障、缺陷或周围环境产生的噪声引起的. 习惯上大家把这种瞬间能量集中形成的 "尖锋" (glitches) 状大信号称为 "毛刺". 由于这种虚假事例太多, 在深入进行数据分析前必须用 "否决器" 把它们 "否决" 掉. 通过 "否决器" 的过滤排除绝大多数 "毛刺", 在进行物理分析时就能节省大量的时间和资源, 对后续的数据分析工作非常有利. "否决器" 指的是一些能行使否决权的 "判断条件", 对能行使否决权的 "判断条件" 的寻找和研究就是我们常说的 "veto study". "veto study" 的基本做法是通过对激光干涉仪关键部位抽取出来的信号及从环境监测器得到的信号 (它们被记录在辅助数据道上) 进行分析, 对每个事件发生的时间段内是否有仪器故障或外部干扰做出判断, 进而对该段时间内引力波主数据道记录的 "事件" 的可靠性做出裁决. 如果这个时间段仪器不稳定, 或者周围环境中干扰噪声过强, 就认为这段时间里采集到的引力波数据信号不太可信. 因此, "veto study" 的核心就是挑选出那些真实的引力波信号不可能出现, 而噪声可以出现的数据道, 作为能行使否决权的 "判断条件", 一旦引力波主数据道记录的 "事件" 在这种数据道中也记录到了, 我们就要引起警惕, 通过由多个 "判断条件" 组成的 "否决器", 就可以对此 "事件" 进行否决. 值得注意的是由于引力波信号过于微弱, 且又有大量的噪声充斥在探测器的数据段内, 加上仪器可以捕捉到的产生引力波的天文学事件发生的频率较低, 如果过分地否决掉一些有噪声的事件, 也有可能把真正的引力波事件从搜索中遗漏. 因此, 追求高效率和低误判率是研究事件否决权的主要目标. 这项工作长期以来一直是一项重要的研究内容.

由于辅助数据道的种类多、数量广、内容丰富、它们之间的关系复杂, 所以对它们的分析难度很大 [317-323]. 对于不同的物理问题, "否决器" 的组成是不同的.

随着信息科学的迅速发展, 一些基于统计学的方法和机器学习的方法也被应用到 "veto study" 的研究中来 [324]. 例如, 有的科学家应用了随机森林算法 (random forest)[325,326]、人工神经网络 (artificial neural network)[327,328] 和支持向量机三种不同的机器学习算法来分析引力波数据道中的噪声, 对引力波数据道上捕捉到的事件进行分类. 这三种机器学习算法在过去几十年中在计算机科学、生物、医学等领域被广泛应用. 他们将这些算法引入引力波数据分析领域, 在识别引力波数据中仪器异常产生的噪声事件发挥了重要作用. 由于篇幅所限, 我们在这里只做概括性介绍.

人工神经网络机器学习方法的思想来源于模拟人类大脑中数据处理识别问题, 是一种以模仿动物神经网络行为特征, 进行分布式并行信息处理的算法数学模型. 随机森林方法是改进的经典决策树分类方法, 它是一个包含了多个决策树的分类器, 通过建立多个决策树 (森林一词的来源), 对其结果进行综合评估 (如取平均值等). 所以其结果并不是分类的标签, 而是分类的置信度的表示. 评估结果是 [0,1] 之间的小数, 可以认为是分类结果的置信概率. 支持向量机 (support vector machine) 采用的是与前面两种方法完全不同的又一种机器学习的二分类方法. 在样本空间里, 寻找一个超平面, 使得这个平面能最大可能地把两类训练样本分隔开. 这个超平面经过训练确定下来之后, 分类问题就转变成判断一个样本落在该超平面分隔的哪个子空间上的问题. 而超平面的寻找最终被转换成求解一个二次规划的计算问题.

虽然这三种机器学习的方法各有千秋, 但是经过调优之后, 它们在引力波数据噪声分析和事件分类上表现出来的能力基本相同. 这个结论告诉我们, 机器学习方法在应用中所能达到的效果, 在很大程度上取决于数据的质量, 与具体采用哪种方法关系不太大.

9.2.11　数据分析流水线 [307]

在激光干涉仪引力波探测器运行时, 产生的数据会源源不断地流入存储设备和分析 "工具" 中, 数据分析 "工具" 通常是一套由一组软件构成的 "流水线", 它的功能是读入数据, 然后对数据做多个步骤的分析.

数据分析流水线 (pipe line) 根据能否实时处理从干涉仪流入的数据流, 被分为在线的和离线的流水线两大类. 高级 LIGO 探测器的精度比初级 LIGO 高一个数量级, 这意味着其可探测的引力波源的数量提升到原来的 1000 倍. 也就是说, 当高级 LIGO 运行时, 比以往多得多的数据将进入数据处理软件中进行处理. 如何保证在数据剧烈膨胀情况下软件仍能正常、高效地运行, 是 LIGO 数据分析软件系统需要面对并解决的重要问题. 当前大家正在努力做的事情就是优化数据分析流水线的处理速度, 使它能够用于实时的在线数据分析, 而在进行离线分析时速度更快. 计算速度是很重要的, 因为激光干涉仪是连续灵敏的, 数据道又非常之多, 数据源源不断地流出, 若不及时快速处理, 就会 "堆积如山", 降低探测器的工作效率, 使先进的硬件设备的威力发挥不出来, 延误出成果的时间.

1. 数据分析流水线与在线数据分析

在引力波数据分析中, "流水线" 一词是从将引力波数据分析与工业生产及多媒体流处理软件的类比中引申出来的. 从计算的角度来看, 数据从 LIGO 探测仪中流出后, 需要经过缓存、处理和最后再输出的过程, 这一过程与现实世界中的流水线非常类似. 在计算机软件中, LIGO 的数据处理过程与多媒体流处理软件的运行机制亦非常吻合. 因此在 LIGO 数据处理软件的选择上, 研究人员自然而然地想到了使用流式处理软件来对激光干涉仪引力波探测器输出的数据流进行深度处理, 这就形成了引力波数据分析中大家所说的分析 "流水线".

GStreamer 是一款开源的多媒体处理基础设施软件 (infrastructure), 它创建于 1999 年, 到目前为止, 已被绝大多数 Linux 发行版本用来支撑底层多媒体软件系统的运行. 在软件编写上, GStreamer 提供了一个管道系统 (pipeline), 软件开发者可以动态或者静态地在管道中添加相应的处理单元 (如输入单元、过滤单元和输出单元等), 其中过滤单元对输入数据进行某种处理, 处理完成后再立即输出, 这样一来, 数据就像流水一样, 在 GStreamer 的流水线上流动起来了.

正因为 GStreamer 的流式处理数据的特性与 LIGO 探测器数据处理模型的相似性, GStreamer 就被 LIGO 合作研究组中的一部分研究人员选为数据处理软件的基础构架. 在 GStreamer 的基础上, 经过 LIGO 合作研究组的共同努力, 研究者们将数年研究中所开发的引力波数据分析子程序套件 LAL Suite 与 GStreamer 整合起来, 开发并构建出了一套新的、专门用于引力波信号处理的管道流水处理系统, 这一系统便是如今在 LIGO 合作研究组中得到广泛应用的 GstLAL 流水线. 由于 GstLAL 是专门为引力波数据处理量身定做的, 因此有了 GstLAL 流水线, 研究人员们可以省略大量的重复性的基础工作, 而更加专注于数据处理算法本身和特殊的物理问题, 极大地提高了研究效率.

数据分析流水线的建立为高效地处理 LIGO 数据提供了可能. 在数据流水线中, 如果运行的数据处理算法可以实时地完成数据处理工作, 那么引力波的探测工作就可以进行实时化. 它就是物理研究工作中所说的 "在线分析", 在线分析在实际研究中具有重大意义. 例如, 实时数据处理的结果可能给出某些正在发生的物理现象的线索, 这样就可以指导探测器对所探测的天空点的方位进行实时修正. 对于某些稍纵即逝或者持续时间非常短暂的物理观测过程来说, 实时数据处理将会带来巨大帮助.

在现有条件下, 要完成实时探测是一项相当具有挑战性的工作. 首先, 高级 LIGO 会产生超大的数据量, 要想进行实时处理, 计算机系统需要具有非常强的处理能力. 其次, 由于现有的数据处理算法并非效率很高, 因此在算法层面上需要进行诸多优化, 以减少实际处理中的计算量. 再说了, 实际的研究中, 数据处理通常不能达到实时, 而是有一定的延迟 (latency). 广义上讲, 延迟是数据从流出 LIGO 探测器到处理完成之间所经历的时间, 它是不可避免的. 我们只能努力构建低延迟 (low-latency) 的数据处理流水线.

在进行低延迟引力波探测和数据分析时, 匹配过滤器被成功地运用在 GstLAL 数据流水线中. 它是在 LIGO 科学合作研究组中致密双星并合小组 (compact binary coalescence) 的推动下完成的. 这一方法的基础是 Wiener 最优滤波 (weiner optimal filtering). 其基本思路是将预期的双星旋绕波形模板 (inspiral waveform template) 和引力波探测数据进行关联, 再按照探测器的反噪声谱密度 (inverse noise-spectral density) 进行加权 [201]. 为了减少计算消耗, 这一关联过程通常是在频率域内通过傅里叶变换的形式进行的. 在初级 LIGO 探测中, 探测器数据被划分成一个个的 "科学数据块"(science block), 这些数据块再被划分为更小的 "数据段"(data segment), 每个数据段的大小被选择为两倍于模板库 (template bank) 的大小. 这样一来, 为了达到实时计算的效果, 每个数据段完成匹配过滤所用的时间必须小于或等于数据段所占时间的一半. 也就是说, 匹配滤波过程的最小延迟 (从信号到达探测器到信号被探测到的时间) 与最长模板的大小成正比.

2. GPU 通用计算技术的应用

在第二代激光干涉仪引力波探测器 (如高级 LIGO) 中, 可探测的最低频率从 40Hz 降低到了 10Hz, 频带宽度大幅增加. 致密双星并合所产生的引力波事件绝大部分发生在低频区域, 因此在高级 LIGO 上用于匹配过滤的波形将会变得比初级 LIGO 上所用的波形长得多. 这也就意味着数据段长度会增长, 探测延迟随之增长. 这就使挑选出一个有用的引力波触发 (GW trigger) 所用的时间变长. 如果致密双星并合产生引力波的事件伴随有伽马射线暴 (GRB) 发生, 经过这一延迟, 伽马射线暴事件的早期伴随电磁信号几乎已经衰减至极其微弱的地步, 在对这种事件进行测量时, 有可能造成部分伽马射线暴信号的遗漏. 为了弥补这种不足, 需要进一步减少时间延迟.

为了进一步减少时间延迟, Hooper 等提出了一个新的算法 [329], 称为并行合并无限冲击响应滤波算法 (SPIIR), 这一算法对每一个信号使用一种迭代的方式来产生结果信号, 它的特点是不同的模板、同一模板中的不同信号之间完全没有任何相互干扰. 由于在通常情况下有成千上万的模板需要处理, 而每个模板都有几十到数百个信号, 因此在这一方法中使用计算机进行大规模并行处理, 确实是一种切实可行的提高计算效率的方法. 在以往的软件流水线中, CPU 几乎是唯一的计算资源, 随着近年来 GPU 通用计算的兴起, Shinkee 等将匹配滤波算法部分移植到 GPU 上 [330], 取得了数十倍的加速效果. 在 GPU 加速方面, 清华大学与西澳大利亚大学合作, 对 SPIIR 算法进行了面向 GPU 的移植与优化工作. 得益于 SPIIR 算法的高并行度、深度优化数据结构的设计以及算法细节的优化工作, 到 2012 年底, SPIIR 在单机上使用 NVIDIA GTX480 显卡与 Intel Core i7 920 单核性能对比已获得了 58 倍的加速比 [331]. 到 2015 年初, 经过进一步优化的 SPIIR GPU 算法在单机上使用 NVIDIA GTX980 显卡与 Intel Core i7 3770 单核心相比, 已获得了最多 124 倍的加速比. GPU 通用计算技术的引入, 极大地提高了计算机集群单节点引力波数据处理的能力.

在数据流水线的软件架构中, 数据以流的形式存在, 每一个数据处理单元被称作一个元素 (element), 元素与元素之间通过接口 (interface) 进行连接. 将所有这些元素在数据流水线中组装完成以后, 数据便可以像水流一样在流水线中流动起来了. 在 GPU 计算中, 通常位于 CPU 端的内存不能被 GPU 直接读取, 而是需要编程人员将需要计算的数据先从内存传输到 GPU 专用内存, 然后再进行计算, 最后将计算完成的数据从 GPU 端传输到 CPU 端. 与计算过程相比, GPU 与 CPU 内存之间的数据传输由于需要使用 PCI-E 总线进行, 因此要慢得多. 这也给软件流水线与 GPU 的结合带来了诸多挑战, 挑战之一是与 CPU 端内存相比, GPU 自身的存储空间要相对小得多, 这就要求精心设计流水线算法数据流量, 以避免使用超过 GPU 承载能力的存储需求. 挑战之二是传统 GstLAL 流水线只能传输 CPU 端内存指针, 这就意味着无论 GPU 计算数据在元素 (element) 后来的阶段是否能够被使用到, 都必须将结果传送回 CPU 端, 再通过接口使数据流动到下一个元素进行处理. 可以想象, 如果两个相邻的数据流水线元素都使用 GPU 进行计算, 后一个元素正好要用到前一个元素的计算结果, 那么这样的从 GPU 到 CPU 的数据传输则是完全没有意义的. 为了解决这一问题, GstLAL 与 Gstreamer 社区进行了深入沟通, 目前 Gstreamer 1.0 已经能够较好地支持 GPU 指针的传输, 而 GstLAL 的 Gstreamer 部分向 1.0 的版本转换工作正在进行当中. 可以预期, 使用新版本 Gstreamer 的 GstLAL 软件流水线与 GPU 的结合将会进一步让引力波数据处理收益.

3. 数据分析流水线

GPU 进行 SPIIR 滤波的全过程如图 9.21 所示, GPU 的执行模型主要分为两层: Grid-Block 层和 Block-Thread 层, Grid-Block 层对问题进行粗粒度划分, Block-Thread 层在粗粒度划分的基础上再对任务进行细粒度划分. 图 9.21(b) 展示了 Block-Thread 层的任务划分模型, 对于一个 SPIIR 模板分配一个 GPU Block 来进行它的 IIR 计算. 通常来讲, 一个 GPU 拥有数十个流处理器, 在 GPU 中, 一个 Block 是一个基本的调度单元, 它可以被 GPU 上的流处理器调度执行. 每个 Block 又可以细分为多个 Warp, 一个 Warp 由 32 个线程组成, 每一个线程是 GPU 中的基本执行单元. 在图 9.21 中, 一个 Block 被细分为多个 Group, 每一个 Group 中的线程完成计算后, 通过一个同步操作, 将计算结果同步至 GPU 中一个 Block 范围的共享内存中, 再使用多个线程进行规约操作, 最终得到计算结果, 这个结果就是我们所想要的事例的 SNR(信噪比). 在 Grid-Block 层面, GPU 在 Int 数据类型可支持的范围内支持任意大小的 Block 数目, Block 数目乘以 Block 的大小 (Block 中的线程数目) 就是 GPU 启动的所有线程数, 由此可以看到, 在通常情况下 GPU 可以启动成千上万的线程进行大规模并行计算. 当然, GPU 中这些线程并非都是同时执行的, 而是通过调度器, 以 Warp 为单位对线程调度执行. 每个 Warp 在任意时刻由硬件保证步调的一致性, 这也是很多同步优化策略的硬件基础. 需要注意的是, GPU 的线程与 CPU 线程虽然名称一样, 但是它们的切换开销却有着本质的

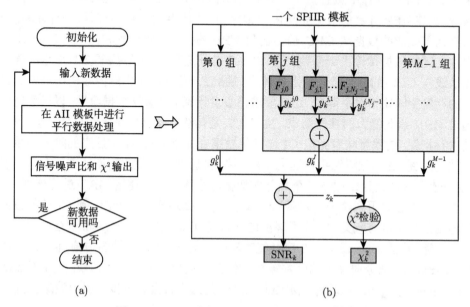

图 9.21　GPU 进行 SPIIR 滤波的过程图 [307]

区别, GPU 对硬件资源进行预分配, 因此每一个线程都保证拥有独立的资源, 这样 GPU 在对线程进行切换的时候不需要保存上下文, 完全没有切换开销. 而 CPU 因为资源共享的原因, 线程切换的开销相对来讲是非常大的.

将 GPU 与 GstLAL 流水线结合起来, 极大地提升了引力波数据处理的效率. 为实时处理第二代激光干涉仪引力波探测器, 如高级 LIGO 的数据提供了可能性. 目前, SPIIR 部分的延迟已被降至 10s.

第10章　第二代和第三代激光干涉仪引力波探测器

10.1　激光干涉仪引力波探测器的升级

研发激光干涉仪引力波探测器最基本的目的是发现引力波, 对广义相对论进行精确验证. 引力波是广义相对论至关重要的预言之一, 广义相对论对于引力辐射的性质做出了很多明晰的论述, 其中包括与黑洞相关联的强引力场模型, 旋绕的双星中高阶后牛顿效应, 引力辐射场自旋性质及引力波的传播速度等. 利用激光干涉仪引力波探测器, LIGO 希望能够发现引力波事例, 从而验证这些与广义相对论直接相关的理论问题.

天文学研究的基础是天体辐射, 以引力波为探测手段的引力波天文学是对以电磁辐射为探测手段的传统的电磁辐射天文学的巨大拓展和补充. 与用电磁辐射描绘的太空图相比, "引力波太空图" 是一片空白, 是一个完全没有被探索和研究的领域. 由于很多期望中的天体引力波源没有相应的电磁辐射信号, 我们有充足的理由认为, 引力波太空图和电磁波太空图是非常不同的, 以引力辐射为手段绘制的引力波太空图, 将为我们提供一个认识宇宙的新途径, 而这种途径是电磁辐射方法不具备的. 作为天文学的一个新领域, 引力波天文学将揭示大量新类型的天体, 而这些新类型的天体不一定能用我们现有的思维去理解.

与以前所有的探测方法相比, 激光干涉仪引力波探测器的灵敏度有极大的提高, 探测频带很宽, 是当前引力波探测领域的主流设备也是最关键的设备, 经过几十年来年的精心研究和不断升级改进, 激光干涉仪引力波探测器的性能有了长足的进步, 灵敏度提高了 5 个数量级, 展现了巨大的发展潜力.

10.1.1　第一代激光干涉仪引力波探测器的设计目标

在激光干涉仪引力波探测器的发展过程中, 人们一般把 21 世纪初建成的 LIGO (llo), LIGO(lho), VIRGO, GEO600, TAMA300 等称为 "初级 (initial) 探测器", 连同其后小步升级改造而成的 "加强 LIGO" (enhanced LIGO) 和 "VIRGO+" 又统称为第一代激光干涉仪引力波探测器, 应变灵敏度的设计指标为 10^{-22} 量级, 探测频带宽度为 50Hz~20kHz. 其基本的设计目标是希望探测到从 Virgo 星团中的密近双星旋绕系统 (如中子星–中子星, 中子星–黑洞, 黑洞–黑洞系统) 而来的 "Chirp" 型引力波信号. 实现引力波探测领域中 "零的突破". 按照初级 LIGO 的设计参数, 探测到这种类型的引力波事例即使不能说 "一定能" 但也可以说 "好像能". 退一步讲, 即使初级 LIGO 不能实现引力波的第一次发现, 我们也能给出引力波天文学研究领域中一些重要物理参数的上限, 这种上限是具有挑战性的, 是以往任何探测技术从未达到的.

找到引力波是几代物理学家近百年来的梦想, 引力波探测是一项伟大而艰难的事业. "工欲善其事, 必先利其器", 研发第一代激光干涉仪引力波探测器的另一个目标是通过各种技术手段使灵敏度达到设计值, 从而验证利用激光干涉仪来探测引力波在原理上是正确的. 经过不断的改进和精心调整, 这个目标实现了. 图 10.1 给出了初级 LIGO 的灵敏度逐步提高的曲线.

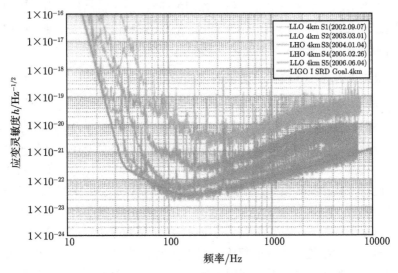

图 10.1   初级 LIGO 的灵敏度曲线 [219] (后附彩图)

10.1.2   第二代激光干涉仪引力波探测器的设计目标

第一代激光干涉仪引力波探测器完成之后, 世界各大实验室都在采用新材料. 新技术, 对它们进行升级和改进, 以便降低噪声, 提高灵敏度, 扩展探测频带的宽度. 这就是目前正在运行和调试的第二代激光干涉仪引力波探测器, 如高级 LIGO[219,221], 高级 VIRGO[220,222], GEO-HF[218,223] 和 KAGRA 等, 相对于第一代的 "初级 (initial) 探测器" 它们又被称为 "高级 (advanced) 探测器", 应变灵敏度的设计值比第一代探测器提高一个数量级, 达到 10^{-23}, 探测频带从初级探测器的 50Hz~20kHz 扩展到 10Hz~20kHz.

第二代激光干涉仪引力波探测器的主要设计目标有三个, 第一个目标, 也是最核心的目标, 是直接探测到引力波, 实现零的突破, 这个目标已经达到了. 引力波的发现无疑是天文学研究中一个重要的里程碑. 它将使我们探索用其他方法不可能做到的与强引力场及相对论引力有关的现象, 允许我们对广义相对论进行新的检验, 有望看到与标准模型相违背的现象. 第二个目标是通过对探测器的升级改造和探测器基础理论研究, 探察激光干涉仪引力波探测器的发展潜力. 第三个目标是逐步开展引力波天文学研究. 这方面的内容非常多, 除了研究与引力波相关的天文现象之外, 引力波将是研究宇宙结构和动力学问题的新工具. 高级引力波探测器有可能分别在 200Mpc、600Mpc 和 3Gpc 距离内研究中子星–中子星, 中子星–黑洞和黑洞–黑洞等双星系统. 对双中子星系统来说, 标称事例率大约是每年 40 个左右, 对中子星–黑洞和黑洞–黑洞来说标称事例率也大致相同, 但不十分确切 [216], 这将大大促进宇宙中黑洞及中子星形成和相互作用的研究. 对于被高级引力波探测器探测的大多数波源来说, 信号噪声比 SNR 是 10 左右. 这种信噪比应该使它能够实现一系列的精确测量, 对基础和天体物理发起冲击 [224].

10.1.3　第三代激光干涉仪引力波探测器的设计目标

引力波的发现使引力波天文学完成了从寻找引力波到用它研究天文学这一历史性转折, 对第二代激光干涉仪引力波探测器进行升级、改进, 建造灵敏度更高, 探测频带更宽的第三代激光干涉仪引力波探测器 [396], 并以它为基础设备建立引力波天文台已被提到日程上来. 正在热烈论议中的爱因斯坦引力波望远镜就是第三代激光干涉仪引力波探测器设计方案的杰出代表. 其设计灵敏度比第二代干涉仪又提高了一个数量级, 直指 10^{-24}. 探测频带为 1Hz~20kHz. 核心目标是建设 "引力波天文台", 开展天体物理、宇宙学、广义相对论、天体粒子物理的深入研究.

与用电磁辐射描绘的太空图相比, "引力波太空图" 是一片空白, 引力波太空完全没有被探索和研究, 由于很多期望中的天体引力波源没有相应的电磁辐射信号 (即所谓的黑洞作用), 我们有充足的理由认为, 引力波太空图和电磁波太空图是极不相同的. 以引力辐射为手段绘制引力波太空图将为我们提供一个认识宇宙的新途径, 而这种途径是电磁辐射方法所不具备的. 作为天文学的一个新领域, 引力波天文学将揭示大量新类型的天体, 而这些新类型的天体不能用我们现有的思维去预测.

我们坚信, 以第三代引力波探测器为基础的引力波天文台的建立, 必将迎来一门崭新的交叉科学——引力波天文学蓬勃发展的新时代.

10.2　激光干涉仪引力波探测器的升级改进的主要方面

建造第二代和第三代激光干涉仪引力波探测器, 使其灵敏度和频带宽度达到设计值, 并开展相应的引力波天文学研究, 是一件非常困难而艰巨的任务, 充满了挑战和机遇. 需要全世界科学家通力合作, 联合攻关, 对关键部件和关键技术进行预制研究. 在激光干涉仪引力波探测器升级改进中, 正在进行的前期研究主要有以下几个方面.

10.2.1 参量不稳定性抑制

激光干涉仪引力波探测器升级改进需要解决的一个重要问题是参量不稳定性 [398]. 参量不稳定性是共振腔的光学模式与腔镜材质的声学模式之间的耦合所产生的联合共振引起的, 当这种联合共振被激发时, 干涉仪的工作状态会受到严重伤害.

我们知道, 激光干涉仪引力波探测器升级改造的重要措施之一是使用大功率激光器以降低散弹噪声, 但是使用大功率激光器也会带来一定的负面作用. 理论分析表明, 当法布里–珀罗腔内激光功率过高时, 光辐射压力会在腔内驱动一个光–声散射过程, 即三模参量不稳过程 [225]. 当高阶光学模式的横向剖面与声学模式的剖面大幅度重叠时, 这种声–光模式相互作用就被参量放大了. 一旦此现象发生, 轻则会使灵敏度降低, 重则使干涉仪失锁, 不能正常工作, 大大降低设备的有效运行时间.

在第一代激光干涉仪探测到引力波探测器 (如 LIGO、VIRGO、GEO600 和 TAMA300) 中, 使用的激光功率仅为 10 瓦量级, 参量不稳定性问题并未显现出来. 第二代激光干涉仪探测到引力波探测器, 如高级 LIGO 和高级 VIRGO 拟使用的功率均为百瓦量级, 法布里–珀罗腔内激光功率可达 800kW, 参量不稳定性问题会显现出来, 需要加以考虑. 以爱因斯坦引力波望远镜 ET 为代表的第三代激光干涉仪引力波探测器灵敏度直指 10^{-24}, 计划使用的激光功率均高达 500W 以上, 参量不稳定性是必须解决的严重问题. 解决参量不稳定性问题已成为激光干涉仪引力波探测器升级改进的重点研究课题之一.

1. 参量不稳定性的产生

参量不稳过程来自特殊的光–声相互作用, 其原理如图 10.2 所示 [226].

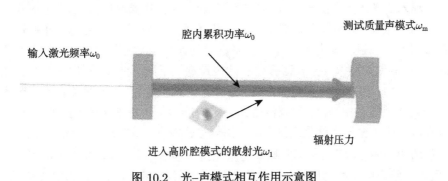

图 10.2 光–声模式相互作用示意图

　　法布里–珀罗腔的镜子具有很多固有的机械振动模式, 当激光照射镜子表面时, 镜子的某些本征机械振动模式会被热噪声激发而发生振动, 这种振动会使打在它表面的激光发生散射, 使腔内激光束的横向模式不再是纯净的基础模式 TEM_{00}. 设镜子的一个频率为 ω_m 的机械正态振动模式被激发, 它与法布里–珀罗腔内频率为 ω_0 的入射激光相互作用, 对激光进行散射, 使载频为 ω_0 的激光产生两个旁频带 $\omega_0 \pm \omega_\mathrm{m}$.

　　这个现象可以从量子的角度用斯托克斯过程 (Stokes process) 和反斯托克斯过程 (anti-Stokes process) 来解释, 如图 10.3 所示.

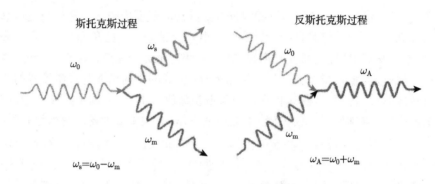

图 10.3　斯托克斯过程和反斯托克斯过程 [398]

　　在斯托克斯过程中, 频率为 ω_0 的注入光子损失能量, 变成一个频率为 $\omega_\mathrm{A} = \omega_0 - \omega_\mathrm{m}$ 的低频光子, 同时激发一个频率为 ω_m 的声子. 斯托克斯过程增加了声子的能量, 相当于 "加热" 了声子, 这是个能量由光能到机械能传递的过程; 而反斯托克斯过程则是频率为 ω_0 的注入光子吸收频率为 ω_m 的声子, 变成一个频率为 $\omega_\mathrm{A} = \omega_0 + \omega_\mathrm{m}$ 的高频光子, 反斯托克斯过程减少了声子的能量, 相当于 "冷却" 了声子, 是能量由机械能向光能传递的过程.

　　1) 二模作用

　　当输入激光锁定在法布里–珀罗腔的谐振频率时, 在频率域内, 由于散射作用而产生的两个频率 (称为低旁频带 $\omega_0 - \omega_\mathrm{m}$ 和高旁频带 $\omega_0 + \omega_\mathrm{m}$) 对称分布在输入光频率 ω_0 的两边. 由于谐振腔对不同频率激光的谐振强度也是按照中心频率对称分布的, 若机械振动频率 ω_m 和谐振腔的谐振带宽处于同一量级, 则生成的低旁频带和高旁频带均在腔的谐振频带宽度之内, 并且谐振强度相同. 此时斯托克斯过程和反斯托克斯过程互相平衡, 从光传递到机械的能量与从机械传递到光的能量相等, 所以表现在机械振子上就是既没有被 "加热", 也没有被 "冷却", 如图 10.4 所示.

　　从图中曲线可以看出, 不同频率的激光谐振强度不同. 当高低旁频带对称分布时, 两者在腔内的谐振强度相同. 这时二模作用对法布里–珀罗腔的谐振无影响.

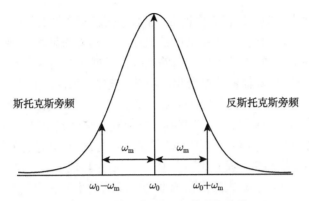

图 10.4　法布里–珀罗腔的谐振曲线

如果输入激光的频率 ω_0 与法布里–珀罗腔的谐振频率 ω_f 存在一个比较小的失谐 $\Delta(\Delta = \omega_0 - \omega_f)$, 低旁频带和高旁频带将不再对称分布于谐振腔谐振频率两边. 若输入激光的频率 ω_0 高于谐振腔谐振频率 ω_f, 即失谐量满足 $\Delta > 0$, 则低旁频带将更靠近谐振中心频率, 通过谐振得到较大的增强. 而高旁频带较远离谐振中心, 通过谐振得到的增强较小. 这样斯托克斯过程和反斯托克斯过程不再平衡, 光传递给机械的能量高于从机械吸收的能量, 能量将会在机械振子上积累, 从而会激励镜子的振动, 使振动加强, 产生不稳定性. 这就是二模相互作用引起的不稳定性问题 (图 10.5(a)).

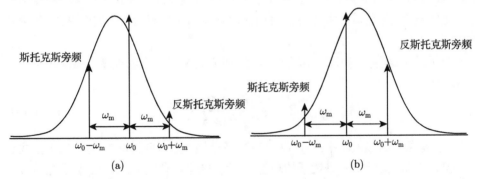

图 10.5　二模相互作用与法布里–珀罗腔失谐的关系

反之, 如果失谐量满足 $\Delta < 0$, 高旁频带会得到较大的加强, 而低旁频带则不会. 反斯托克斯过程将强于斯托克斯过程, 其综合效应是光从机械振子吸收能量, 将机械振子 "冷却"(图 10.5(b)) 这是二模相互作用产生的另外一种效应.

2) 三模相互作用

如果镜子的这个本征振动模式的频率 ω_m 远大于法布里–珀罗腔的谐振带宽, 它将会把部分输入激光的基础光学模式 TEM$_{00}$ 散射成其他高阶模式. 如果这些散

射出来的高阶模式不能在谐振腔内谐振, 那么它们就不会得到加强. 腔内谐振的激光还是比较纯净的基础模式. 如果其中的某个高阶模式的频率 ω_i 恰好和谐振腔固有的高阶模式频率相同, 这些被散射出的高阶模式就会在腔内共振, 通过谐振放大并在腔内累积起来, 而基模的功率会相应降低. 被放大后的高阶模式与原来的基础模式 TEM$_{00}$ 一起产生一个光辐射压力加在镜子上, 这个辐射压力的频率等于基模和高阶模式频率之差 $|\omega_0 - \omega_1|$, 该高阶光学模式与这个光辐射压力反作用于振动的镜子上, 产生一个光–声相互作用. 激励镜子本身固有的机械振动模式 (有时称其为声模式), 当基模和高阶模式频率之差 $|\omega_0 - \omega_1|$ 与镜子本身固有的机械振动模式频率相等, 且高阶光学模式的横向剖面与声模式的剖面在空间上大幅度重叠时, 这种光–声模式相互作用就被放大了. 它使镜子的振动幅度剧烈地按指数规律增大, 并使光的高阶模式的强度增强. 这种现象被称为光声参量放大 (OAPA-optoacoustic parametric amplification), 它导致的不稳定性称为三模不稳定性, 是激光干涉仪引力波探测器稳定运转的重要威胁.

为了表征被散射出来的高阶光学模式的横向剖面与声学模式剖面的重叠程度, 我们引入了一个无量纲的重叠系数 Λ. 当二者完全重叠时 Λ 值取为 1, 完全不重叠时 Λ 值取为 0. 模式重叠的示意图如图 10.6 所示.

在图中, 上面一排是镜子振动频率在 44.66kHz 和 47.27kHz 时的声学模式图样. 下面一排则是法布里–珀罗腔内谐振的两个高阶横向模式的示意图, 左边是 TEM$_{12}$ 模式, 右边是 TEM$_{30}$ 模式. 从上下两部分的对比可以看出, 左边的声学模和光学模有一定的重叠, 重叠系数为 0.203. 右边的声学模和光学模的重叠程度更大, 重叠系数达到了 0.8.

为了表示这种光–声相互作用的强度, 我们定义了一个物理量 "参量增益", 以 R 来表示,

$$R = \frac{8I_{\text{in}}Q_0Q_sQ_m\Lambda}{mL^2\omega_0\omega_m^2} \tag{10-1}$$

其中 I_{in} 是激光的输入功率, Q_0、Q_s 和 Q_m 分别是输入基础模式、高阶光学模式和声学模式的品质因子, m 是镜子的质量, L 是法布里–珀罗腔的长度, Λ 是光学模式和声学模式之间的重叠系数.

当参量增益 $R < 1$ 时, 三模相互作用不会激励并放大声学模式, 但是会引起负阻尼, 增加机械振动的耗散时间. 当参量增益 $R = 1$ 时, 镜子机械振动幅度将需要无限长的时间才能被耗散掉. 当 $R > 1$ 时, 声学模式和高阶光学模式的幅度将随时间按指数规律增加, 吸收储存在腔内的 TEM$_{00}$ 模式的能量, 限制了腔内激光功率的积累, 降低了干涉仪的灵敏度. 镜子的机械振动将会通过三模相互作用得到加强, 激光干涉仪出现参量不稳定性.

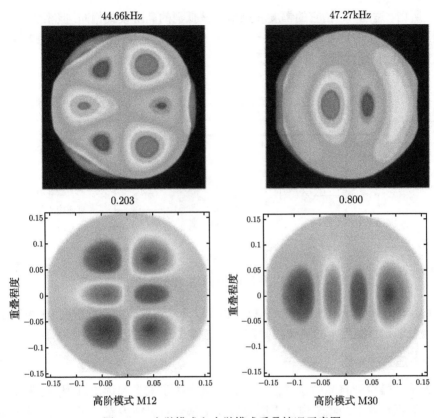

图 10.6　光学模式和声学模式重叠情况示意图

2. 参量不稳定性抑制

参量不稳定性对第二代特别是第三代激光干涉仪的灵敏度和运行稳定性都会带来很大的影响, 是需要引起重视的问题. 世界上各大引力波实验室都在从事参量不稳定性研究. 提出的抑制方法也有所不同. 澳大利亚–中国合作组提出的可能的解决方案如图 10.7 所示.

该系统由三部分组成:

(1) **横向模式检测子系统 TMD**：利用多元光电探测器件, 探测含有多种横向模式的光束剖面.

(2) **横向模式分析子系统 MAT**：利用图形识别和模式分析软件, 将干涉仪内光束的横向模式分解为各种高阶模式的线性组合, 并检测出对参量不稳定性有贡献的高阶模式.

(3) **横模产生系统 TMG**：从横向模式分析子系统而来的信号控制一个多模激光器, 以便产生一个适当的高阶模式, 用来抵消探测到的、导致参量非稳的高阶模式. 所谓 "适当" 是指它的幅度和频率与被抵消的高阶模式相同, 但相位相反. 将多模激光器产生的这束激光注入干涉仪内, 使它与腔内存在的、引起参量非稳的高阶模式抵消, 从而抑制参量不稳定现象.

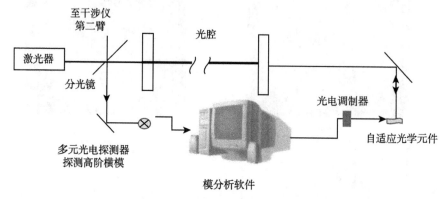

图 10.7　参量非稳抑制系统方案 [226]

适当地选择镜子的几何形状和材料也可以降低该效应的严重程度, 因为镜子的曲率半径和运行温度下的声速在确定不稳定模式的数量上起重要作用.

10.2.2　压缩态光场

光量子噪声源自光的量子性质. 它直接产生于测量和读出过程, 在激光干涉仪引力波探测器探测频带内几乎所有频率上都会对灵敏度施加影响. 光量子噪声是限制第三代激光干涉仪引力波探测器灵敏度提高的主要障碍, 计算表明, 在臂长为 4km 的 LIGO 探测器中, 由光量子噪声决定的标准量子极限为 10^{-24}, 第一代激光干涉仪的灵敏度为 10^{-22}, 离标准量子极限还远, 第二代激光干涉仪的灵敏度为 10^{-23}, 标准量子极限的影响也不十分严重, 而第三代激光干涉仪的灵敏度的设计值为 10^{-24}, 与标准量子极限相比拟, 因此, 研究突破标准量子极限的方法成为第三代激光干涉仪的灵敏度能否达到设计值的关键.

激光干涉仪引力波探测器中的量子噪声来自真空涨落与干涉仪内部光场之间的耦合, 这种耦合导致用作探针的激光的相位和振幅的不确定性, 产生散弹噪声和辐射压力噪声.

量子噪声是散弹噪声和辐射压力噪声之和, 它在经典的激光干涉仪引力波探测器中对探测灵敏度形成了一个基本的限制, 称为 "标准量子噪声极限"SQL. 干涉仪的探测灵敏度是可以突破 "标准量子噪声极限" 的, 这种技术称为 "量子噪声压低" 技术 (QNR), 有时也被称为 "量子非破坏设计"(QND)[261], 不过这个称呼有点令人费解. 使用非经典的压缩光场技术可以压低光量子噪声, 使干涉仪的灵敏度得到改善 [258,259].

在量子场论中, 电磁场的最低能量状态叫 "真空态" 或称为 "零点场". 根据量子力学的测不准原理, 没有什么东西的能量是绝对为零的, 既然真空是电磁场的一个能量状态 (即便是最低能态), 它的能量也是不为零的, 因而是有涨落的. 在量子场论中, 电磁场是用振幅和相位这两个正交量来描述的. 真空涨落就在正交振幅和正交相位的涨落之中. 涨落水平能够在这两个正交量之间对立地进行互易, 但两个涨落的乘积受测不准原理的约束, 是保持不变的.

电磁场的真空涨落是由电磁场的量子特性导致的. 真空涨落可以通过干涉仪与外界相通的开口进入干涉仪内部. 激光干涉仪引力波探测器与外界相通的开口有四个, 它们分别是: 激光输入口、信号输出口及两个臂上法布里–珀罗腔的终端镜. 在实际应用中, 终端镜的透射率极低, 对真空涨落来说这两个口子可以认为是关闭的. 这样一来, 可供真空涨落进入的开口就只剩两个: 激光输入口和信号输出口. 我们知道, 干涉仪都工作在贴近 "暗纹" 的状态. 在这种工作状态下, 从两臂返回的载频光在分光镜上再次相遇, 发生干涉. 朝着分光镜输出口方向传播的部分是相消干涉, 而朝着激光输入口方向传播的部分是相长干涉. 在这种情况下, 我们可以把干涉仪看成一面镜子, 如果用光照射这两个口子中的任何一个, 都会有光反射回来. 从激光输入口进入干涉仪的量子涨落几乎全部被反射回来, 进不了干涉仪, 也就是说, 它不能在干涉仪内部传播, 更到不了干涉仪的信号输出口. 或更严格地讲, 从激光输入口进入干涉仪的量子涨落绝大部分被反射回来, 只有极小的一部分可以在干涉仪内运作并到达信号输出口. 从干涉仪信号输出口进入的真空涨落也被反射, 但绝大部分能进入干涉仪并最终到达位于信号输出口的光探测器. 由此可见, 干涉仪的光量子噪声是来自从输出口进入干涉仪内部的真空涨落与干涉仪内部光场之间的耦合, 这种耦合导致用作探针的激光的相位和振幅的不确定性. 从而产生光量子噪声, 影响干涉仪的输出信号.

正交振幅的涨落将导致激光功率的涨落, 也就是激光束内光子数的涨落, 这种涨落表现为一种噪声, 称为散弹噪声. 散弹噪声转变为返回到输出口的输出光信号强度的变化, 随后这种真空涨落引起的变化就被光探测器探测到. 从信号输出口进入干涉仪的真空涨落中, 正交相位的涨落, 相当于测试质量位置的涨落. 因为测试质量位置的涨落会导致光程的涨落, 从而引起正交相位的涨落, 这种效应表现为一种噪声, 它就是辐射压力噪声. 如果没有从输出口进入干涉仪内部的真空涨落的话, 干涉仪的输出信号中的光量子噪声就可以小到忽略不计的程度. 在光学测量中, 以真空涨落作为量子噪声标准, 称为标准量子噪声极限. 在干涉仪的输出口注入压缩态光场, 可以使干涉仪的灵敏度突破标准量子极限.

1. 相干态光场

从以上讨论可以知道, 压缩态光场在降低激光干涉仪引力波探测器的光量子噪声, 提高干涉仪的灵敏度方面起着非常重要的作用, 压缩态光场与光场的相干态密不可分, 为了深入研究光场压缩态的特性及获取方法, 我们有必要对光场相干态进行概括的介绍.

我们知道, 量子力学中物理量是用波函数描述的, 不在它本征态下的测量具有不确定性, 设 p 和 q 是广义坐标和广义动量, 根据海森伯测不准原理, 我们有 $\Delta p \Delta q \geqslant \hbar/2$, 而在经典力学中, 对任何物理量的测量都是唯一的, 即 $\hbar = 0$. 当公式 $\Delta p \Delta q \geqslant \hbar/2$, 取等号时, 即当 $\Delta p \Delta q = \hbar/2$ 时, 我们认为这种量子态是最接近经典的态. 相干态和压缩态就是这种最接近经典的态. 实验和理论均可证明, 一台理想的激光器所产生的激光场就是相干态光场, 它既是一个量子态而且又最接近经典物理的情况.

在传统光学中, 人们以光场是否具有产生干涉的能力作为相干光的判据, 传统光场的干涉反映不同时空点的光场的相位关联程度, 其场量相位关联的相干性用一阶相关函数来描述 [376], 利用相关函数可以定义相干度, 传统光学中所说的相干光是一阶相干光. 它是一阶相干度的绝对值等于 1 的光场. 这种相干性实质上是对光场相位差的起伏加以严格限制, 使光场相位差随机起伏造成的噪声受到限制. 但是不能把光场起伏造成的全部噪声加以限制. 同样我们可以引入二阶相关函数, 当一阶相干度的绝对值为 1, 光场的二阶相干度也等于 1 时, 这样的光场被称为二阶相干光, 二阶相干光场对场量的随机涨落多了一个限制条件, 因而比一阶相干光有更小的噪声. 从理论上讲, 我们可以引进各阶的相关函数簇来描述光场的随机性, 对经典电磁场理论来说, 当所有各阶的相干度的绝对值都等于 1 时, 光场所有场量的起伏都受到了最大程度的限制, 这种光场具有最小的噪声, 它是严格意义上的完全相干光. 这就是说, 经典理论中的完全相干光应该是场量不存在任何起伏的无噪声光场.

在量子光学中, 同样可以引进相关函数簇来描述光场的随机性, 完全相干光的定义与经典理论相似, 只不过场量用算符表示, 相关函数的形式也有所不同. 在光的量子理论中, 相干态光场是严格意义上的完全相干光. 但是与经典理论的相干性不同, 相干态不是无噪声的光场, 它的场量具有来自真空起伏的量子涨落. 相干态是符合最小测不准关系的量子态.

1) 单模光场相干态的定义

相干态有很多等效的定义, 最简便的是将单模光场相干态 $|\alpha\rangle$ 定义为湮没算符的本征态, 设 a 为湮没算符, $|\alpha\rangle$ 为单模光场相干态, 我们有

$$a|\alpha\rangle = \alpha|0\rangle$$

相干态 $|\alpha\rangle$ 上被湮没一个光子后其状态不变, 由于湮没算符 a 是非厄米的, 所以本征值 α 不是实数而是复数. 在经典意义上, 复数 a 对应于单模光场的复振幅.

相干态 $|\alpha\rangle$ 可以从位移真空 $|0\rangle$ 得到, 我们定义一个位移算符 $D(\alpha)$:

$$D(\alpha) = \exp\left(\alpha a^+ - \alpha^* a\right)$$

则有

$$|\alpha\rangle = D(\alpha)|0\rangle, \quad |\alpha\rangle = \exp\left(-\frac{1}{2}|\alpha|^2\right)\exp\left(aa^+\right)|0\rangle$$

由此可见, 位移算符相当于相干态 $|\alpha\rangle$ 的产生和湮没算符:

$$D(\alpha)|0\rangle = |\alpha\rangle, \quad D^+(\alpha)|\alpha\rangle = |0\rangle$$

相干态 $|\alpha\rangle$ 是谐振子真空态 $|0\rangle$ 平移之后的态. 因此具有最小测不准关系值.

2) 相干态的能量起伏

相干态的能量起伏用下面的公式来表示:

$$\frac{1}{2}\left[\left\langle(\Delta p)^2\right\rangle + \omega^2\left\langle(\Delta q)^2\right\rangle\right] = \omega\langle\Delta q\rangle\langle\Delta p\rangle$$
$$= \frac{1}{2}\left[\langle p^2\rangle + \omega\langle q^2\rangle\right] - \frac{1}{2}\left[\langle p\rangle^2 + \omega\langle q\rangle^2\right] = \frac{\hbar\omega}{2}$$

该公式右边第一项是场的总能量, 第二项代表相干能量, 两项的差值代表场的非相干能量. 该公式表明相干态场是完全相干的, 非相干能量 (即噪声) 仅来自真空的零点能起伏.

相干态是光场的场量涨落有最小不确定值的态, 真空态是本征值 $\alpha = 0$ 的相干态的特例, 因此, 光场场量的涨落实质上是真空场的起伏所致, 故称为光场的真空涨落. 在光学测量中, 以真空涨落作为量子噪声标准, 称为标准量子噪声极限.

3) 相空间中相干态的起伏

相空间是一对正则共轭广义坐标和广义动量构成的空间, 如 q 和 p、复平面 $\text{Re}\,\alpha$ 和 $\text{Im}\,\alpha$ 构成的空间等. 湮没和产生算符 a 和 a^+ 为非厄米算符, 其本征值是复数. 我们知道, 量子力学中的力学量是用算符来表示的, 实验上可观测的物理量是实数, 而在任何状态下, 厄米算符的本征值为实数, 因此, 实验上可观测的物理量要用厄米算符来表示. 为了描述可观测的物理量, 我们需要用 a 和 a^+ 这两个非厄米算符定义两个新的厄米算符 X_1 和 X_2:

$$X_1 = \frac{1}{2}(a + a^+)$$

$$X_2 = \frac{1}{2}(a - a^+)$$

由湮没和产生算符 a 和 a^+ 对易关系 $[a, a^+] = 1$ 可以得到 X_1 和 X_2 的对易关系为

$$[X_1, X_2] = -\frac{1}{2i}$$

对易关系是由量子不确定性决定的, 对易关系限定 X_1 和 X_2 的量子均方涨落之积必须满足海森伯测不准关系:

$$\left\langle (\Delta X_1)^2 \right\rangle \left\langle (\Delta X_2)^2 \right\rangle \geqslant \frac{1}{16}$$

对于相干态 $|\alpha\rangle$ 我们有

$$\langle X_1 \rangle = \frac{1}{2}(\alpha + \alpha^*) = \mathrm{Re}\,\alpha$$

$$\langle X_2 \rangle = \frac{1}{2}(\alpha - \alpha^*) = \mathrm{Im}\,\alpha$$

相干态是最小测不准关系态, X_1 和 X_2 的起伏为

$$\left\langle (\Delta X_1)^2 \right\rangle = \frac{1}{4}$$

$$\left\langle (\Delta X_2)^2 \right\rangle = \frac{1}{4}$$

因此对于相干态而言, 我们有

$$\left\langle (\Delta X_1)^2 \right\rangle \left\langle (\Delta X_2)^2 \right\rangle = \frac{1}{16}$$

对于电磁场来说, 算符 X_1 和 X_2 的物理含义分别对应于电磁场的广义坐标和广义动量, 算符 X_1 和 X_2 代表电场 $E(t)$ 的两个正交分量的幅度, 是电场的一对正交相位振幅算符, 利用算符 X_1 和 X_2, 电场可以表示为

$$E(r,t) = \mathrm{i}\sqrt{\frac{\hbar\omega}{2\epsilon_0 V}}[a\mathrm{e}^{\mathrm{i}(kr-\omega t)} - a^+\mathrm{e}^{-\mathrm{i}(kr-\omega t)}] = -\sqrt{\frac{\hbar\omega}{2\epsilon_0 V}}[X_1\sin(kr-\omega t) + X_2\cos(kr-\omega t)]$$

由以上讨论可以知道, 相干态同样是电场和磁场最小测不准态, 两者起伏相同. 相干态的粒子起伏实质上是真空起伏, 在利用位移算符将真空态演化成相干态的过程中光场的量子起伏保持不变. 通过以上讨论, 我们可以将相空间中相干态的起伏用图 10.8 表示出来.

4) 相干态是非正交的超完备空间

相干态是非厄米算符的本征态, 由这类态的集合构成的表象在性质上不同于由厄米算符的本征态集合构成的希尔伯特空间, 相干态表象是超完备和非正交的. 一般说来, 对应于不同本征值 α 和 β 的两个相干态并不正交, 只有当 $|\alpha - \beta| \gg 1$ 时, 即它们在复平面 α 上的点间距离远远大于 1, 两个相干态重叠很小时, 才可以认为是正交的.

相干态空间中的矢量是线性相关的. 正交完备空间和非正交完备空间是线性无关的, 表达式唯一. 非正交超完备空间的矢量是线性相关的, 表达式不是唯一的.

5) 相干态的光子数服从泊松分布

相干态光子数的涨落等于平均光子数.

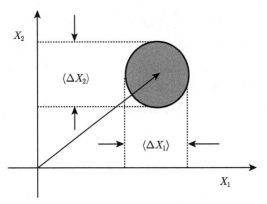

图 10.8 相空间中相干态的涨落

长箭头代表相干光, 圆圈代表正交相位及正交振幅的起伏

2. 压缩态

压缩态与粒子数态一样是具有纯量子性的光场态, 没有经典对应. 真空态、相干态和压缩态都是最小不确定态, 满足海森伯不等式的下限. 这一点和热辐射态不同.

真空态和相干态各向不确定性都相等, 即

$$\Delta X_1 = \frac{1}{2}, \quad \Delta X_2 = \frac{1}{2}$$

$$\Delta X_1 \Delta X_2 = \frac{1}{4}$$

$$\left\langle (\Delta X_1)^2 \right\rangle \left\langle (\Delta X_2)^2 \right\rangle = \frac{1}{16}$$

从以上讨论我们知道, 相干态 $|\alpha\rangle$ 可以通过平移真空态得到

$$|\alpha\rangle = D(\alpha)|0\rangle$$

相干态光场 $|\alpha\rangle$ 的两个正交分量 X_1 和 X_2 的量子涨落相等, 与本征值无关, 且最小值为 $\frac{1}{4}$, 即 $(\Delta X_1)^2 = (\Delta X_2)^2 = \frac{1}{4}$, 这说明, 光场幅度算符对任何相干态的涨落都是相同的. 相干态是光场的场量幅度涨落有最小不确定值的态, 真空态是本征值 $\alpha = 0$ 的相干态的特例, 因此, 光场场量幅度的涨落实质上是真空场的起伏所致.

压缩态的各向不确定性不同, 它是另一种最小测不准态, 其每一个正交分量上的方差并不相等, 即

$$(\Delta X_1)^2 \neq (\Delta X_2)^2$$

这表明, 压缩态中任选的一个正交分量上的涨落小于 $\frac{1}{4}$, 即被压缩了 (但与此同时,

另外一个正交分量上的涨落大于 $\frac{1}{4}$, 两者的乘积仍等于 $\frac{1}{16}$), 因此, 这种量子态被称为压缩态. 在正交振幅 (或正交相位) 压缩态中, 两个正交分量的涨落一个低于真空涨落, 另一个高于真空涨落, 被压缩方向的正交分量的不确定性减小, 而与其正交方向的另一个分量的不确定性放大. 这就是说, 压缩态在某一正交分量上具有更小的噪声 (它小于真空起伏), 但两个涨落的乘积仍满足海森伯最小测不准关系, 即

$$\Delta X_1 > \frac{1}{2}, \quad \Delta X_2 < \frac{1}{2}$$

$$\Delta X_1 < \frac{1}{2}, \quad \Delta X_2 > \frac{1}{2}$$

$$\Delta X_1 \Delta X_2 = \frac{1}{4}$$

$$\left\langle (\Delta X_1)^2 \right\rangle \left\langle (\Delta X_2)^2 \right\rangle = \frac{1}{16}$$

由此可知, 相干态只是 $\Delta X_1 = \Delta X_2 = \frac{1}{2}$ 时的一种最小测不准态, 可以认为它是最小测不准态的一个特例, 更普遍的情况应该是

$$\Delta X_1 > \frac{1}{2}, \quad \Delta X_2 < \frac{1}{2}$$

$$\Delta X_1 < \frac{1}{2}, \quad \Delta X_2 > \frac{1}{2}$$

这种量子态就是压缩态, 从相干态中通过湮没或产生两个光子的过程可以获得压缩态 (因为压缩算符 $S(\xi)$ 是以 a^2 和 $(a^+)^2$ 的形式出现的: $S(\xi) = \exp\left[\frac{1}{2}\xi^*a^2 - \frac{1}{2}\xi(a)^2\right]$), 这种压缩态就是压缩相干态或双光子相干态. 当压缩椭圆的长轴 (或短轴) 与 X_1 或 X_2 轴方向相同时, 这种压缩态被称为正交压缩态. 图 10.9 给出了最小测不准态曲线. 该曲线形象地表明相干态只是最小测不准态的一个特例.

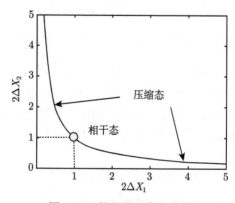

图 10.9 最小测不准态曲线

在图中曲线上各点代表压缩态, 曲线上的圆圈代表相干态, 相干态是 $\Delta X_1 = \Delta X_2 = 1/2$ 的压缩态的特例.

1) 压缩态的产生

从理论上讲, 一个压缩态 $|\alpha, \xi\rangle$ 可以由压缩算符 $S(\xi)$ 和位移算符 $D(\alpha)$ 二次作用在真空态 $|0\rangle$ 上产生, 压缩算符 $S(\xi)$ 定义为

$$S(\xi) = \exp\left(\frac{1}{2}\xi^* a^2 - \frac{1}{2}\xi a^{+2}\right)$$

从压缩算符 $S(\xi)$ 的定义可以看出, 相干态的作用算符在指数上只存在 a 和 a^+ 的线性项, 而压缩态的作用算符指数上存在 a 和 a^+ 的二次项.

压缩态可以通过先压缩真空再平移得到

$$|\alpha, \xi\rangle = D(\alpha) S(\xi) |0\rangle$$

也可以先平移真空然后再压缩相干态得到

$$|\alpha, \xi\rangle = S(\xi) D(\alpha) |0\rangle$$

2) 压缩态的实验获取

从以上讨论我们知道, 如果利用某些方法将光场的一个场分量的噪声压缩到低于其真空涨落的水平, 这个光场就处于压缩态. 利用非线性光学效应可以在光学系统中获得压缩态光场. 产生压缩态光场的物理机制有: ① 共振荧光; ② 二次谐波产生; ③ 四波混频; ④ 参量放大和下转换; ⑤ 光学双稳性等.

在实验上产生光场压缩态的方法基本上分为三大类 [377], 它们是正交压缩态、振幅压缩态和强度差量子涨落降低. 下面分别对它们进行概括的介绍.

A. 正交压缩态

正交压缩态是实验上最先获取的光场压缩态, 由于早期研究的光场压缩态都是这种类型, 因此有些文献中就称其为压缩态、压缩相干或传统压缩态.

我们知道, 相干态电磁场为最小测不准态, 设其正交相位振幅分量的不确定度为 Δa_1 和 Δa_2, 受测不准原理的限制, 我们有

$$\Delta a_1 \Delta a_2 = \frac{1}{4}, \quad \text{而且} \quad \Delta a_1 = \Delta a_2 = \frac{1}{2}$$

如果通过光波场与物质的非线性相互作用, 在相敏放大与衰减过程中, 使电磁场的正交相位振幅分量之一 Δa_1 或 Δa_2 的涨落压缩到低于 $\frac{1}{2}$ 而测不准关系 $\Delta a_1 \Delta a_2 = \frac{1}{4}$ 仍然成立, 则电磁场的这种状态被称为正交相位振幅压缩态, 简称正交压缩态. 很多与相位相关的非线性光学效应都可以产生正交压缩态. 正交压缩态

光场是美国贝尔实验室的 R.E. Slusher 等于 1985 年首先获得的 [378], 他们选用运转在钠原子蒸气共振线附近的非简并四波混频作为非线性过程, 通过四波混频过程所形成的共轭光子对的线性组合产生正交压缩态光场. 由于一个压缩态光场的压缩数量级受非线性磁化率和作用时间的限制, 为增大作用时间, 提高混频增益, 非线性晶体置于光学谐振腔内. 虽然光量子噪声降低的量不算大, 只有 7% 左右, 但却是世界上通过实验第一次获取的压缩光态.

1986 年, R.M. Shelby 等 [379] 利用光纤中的非简并四波混频效应也获得了正交压缩态光场, 其光量子噪声功率相对于标准量子极限降低了 12.5%.

与此同时, Kimble 团队选用运转于参量振荡器阈值以下的参量下转换过程获得了正交压缩真空态, 输出光场的噪声功率相对于真空涨落降低了 63%[380], 实验中的泵浦光源为内腔倍频环行稳频 Nd : YAG 激光器, 光学参量振荡器 OPO 对泵浦光及下转换光双共振. 非线性介质为掺镁铌酸锂. 为了防止下转换光反变换为泵浦光, 泵浦光的功率要低于光学参量振荡器 OPO 腔的振荡阈值. 该团队还对压缩光场的应用进行了成功的尝试, 他们对弱信号光束进行振幅调制, 使用光学参量振荡器 OPO 腔产生的压缩真空态填补真空通道, 极大地提高了测量系统的信噪比.

1987 年, R.E. Slusher 研究组 [381] 采用锁模 Nd : YAG 激光器外腔倍频脉冲光作泵浦源, 通过参量下转换非线性过程得到了脉冲压缩态光场. 噪声功率较真空涨落低 12%. 1989 年, 他们利用脉冲压缩态光场完成了光学场的反作用逃逸测量 [382], 证明可以将量子力学反作用噪声完全耦合到被测物理量的共轭量上, 从而保证被测物理量的重复测量精度总是低于标准量子极限. 该技术为激光干涉仪引力波探测器灵敏度突破标准量子极限提供了有力的支持.

B. 振幅压缩态

在传统光学中, 光束的功率与振幅的平方成正比, 光束功率的大小直接与光束中包含的光子数有关. 振幅的涨落实质上是光子数的涨落. 应该指出, 对于光子数态, 其正交相位振幅分量的噪声为: $\Delta a_1^2 = \Delta a_2^2 = (2n+1)/4$, 它大于真空噪声基准. 因此光子数态不是正交分量的最小测不准态.

我们定义电磁场的振幅–相位最小测不准态为算符: $e^x n + ie^{-x} S$ 的本征态, 其中 n 是光子数算符, $S = 1/(2i) \cdot [(n+1)^{-1/2}a - a^+(n+1)^{-1/2}]$ 为相位正弦算符, a 与 a^+ 为光子湮没与产生算符, x 为压缩参量. 当 $x > \ln(2\langle n \rangle)^{-1/2}$ 时, 光子数噪声低于标准量子极限 $\langle n \rangle$, 即 $\langle \Delta n^2 \rangle < \langle n \rangle$, 同时相位正弦算符噪声 (即相位噪声) 高于标准量子极限, 即 $\langle \Delta S^2 \rangle / \langle C \rangle^2 > 1/(4\langle n \rangle)$, 而最小测不准关系 $\langle \Delta n^2 \rangle \langle \Delta S^2 \rangle = \langle C \rangle^2 /4$ 仍然成立. 在这里, $C = 1/2 \cdot [(n+1)^{-1/2}a + a^+(n+1)^{-1/2}]$ 为相位余弦算符. 这种类型的电磁场称为振幅压缩态光场, 其光子数呈亚泊松分布.

振幅压缩态的光子数噪声可以降到非常低的水平 (理论上可以降到 0) 而不要求光子数趋于无限, 具有非常大的应用潜力.

　　振幅压缩态光场可以通过直接变换或反馈修正技术控制半导体激光器的电流驱动源来获得. 最早的振幅压缩态是 Y. Yamamoto 研究团队利用负反馈原理控制并稳定砷化镓半导体激光器的泵浦电流得到的. 这种负反馈方法虽然可以降低光电流涨落, 但无法提取被压缩的光场以供应用. 因为如果在输出光束中用分光镜提取一部分输出光而将另一部分用于反馈, 则从分光镜进入系统的真空场将破坏两列光波的光子数之间的量子相关性, 从而将压缩态摧毁. 1986 年 Y. Yamamoto [383] 研究组设计了另一种半导体激光器, 通过高阻抗常电流源抑制泵浦噪声, 用 InGaAsP/InP 分布反馈半导体激光器获得能够输出的振幅压缩态激光. 1988 年, 他们将 AlGaAs/GaAs 半导体激光器及其偏置电路、微型准直透镜放在低温恒温器内 (77K), 让系统在低温下工作, 将振幅涨落降低到量子极限的 32% 以下.

C. 强度差量子涨落降低

　　在光学参量振荡腔中, 利用参量下转换非线性光学过程产生强度相关的孪生光束对, 由于这个孪生光束对中的两个光束具有极强的量子相关性, 它们的强度差涨落可能远低于真空场量子涨落. 压缩态光场的这种获取方法称为强度差量子涨落降低.

　　1987 年法国国家中心实验室的 Giacobino 研究团队首次利用稳频氩离子激光器作为光源, 在光学参量振荡器 OPO 腔中通过非简并参量下转换将信号光与闲置光之间的强度差噪声功率降低到标准量子极限的 30% 以下 [384]. 1991 年他们利用内腔倍频环行稳频 Nd: YAG 激光器为泵浦光源使强度差噪声功率降低到标准量子极限的 86%.

3. 量子噪声的图像表示

　　借助于一些简单的图形工具, 我们可以加深对激光干涉仪引力波探测器中光量子噪声的直观理解.

1) 正交图像

　　正交图是理解激光干涉仪量子噪声的一种强有力的图形工具, 在经典电动力学中, 在位置 r 处 t 时间的电场 $E(r,t)$ 可以用下面的公式来表示 [306]:

$$E(r,t) = E_0[a(r)\mathrm{e}^{-\mathrm{i}\omega t} + a^*(r)\mathrm{e}^{\mathrm{i}\omega t}]p(r,t) \tag{10-2}$$

在这里, a 是电磁场的复振幅, ω 是角频率, p 是电磁场的极化, 利用复振幅 a 我们定义两个新的物理量: 正交振幅 $X_1(r)$ 和正交相位 $X_2(r)$, 它们是

$$X_1(r) = a^*(r) + a(r)$$

$$X_2(r) = \mathrm{i}[a^*(r) - a(r)]$$

在正交表示法中, 我们可以将电场 $E(r,t)$ 用正交振幅和正交相位来表示

$$E(r,t) = E_0[X_1\cos(\omega t) - X_2\sin(\omega t)]p(r,t) \qquad (10\text{-}3)$$

我们知道, 在量子力学中物理量是用算符来表示的. 与上述正交振幅 $X_1(r)$ 和正交相位 $X_2(r)$ 的定义进行严密的类比, 我们可以构建描述电磁场的正交振幅算符 $\hat{X}_1(r)$ 和正交相位算符 $\hat{X}_2(r)$:

$$\hat{X}_1(r) = \hat{a}^+(r) + \hat{a}(r) \qquad (10\text{-}4)$$

$$\hat{X}_2(r) = \mathrm{i}[\hat{a}^+(r) - \hat{a}(r)] \qquad (10\text{-}5)$$

正交相位算符 $\hat{X}_1(r)$ 和正交振幅算符 $\hat{X}_2(r)$ 是在量子力学领域中描述光场 (即电磁场) 的基础.

正交图像可以清楚地表示光子的量子特性, 光场是由数量巨大的光子组成的. 由于光子的量子特性, 光场中的光子并不都具有严格相同的正交振幅和正交相位, 它的正交振幅和正交相位遵循一定的概率分布. 当我们在一个有限的时间内进行连续测量以便确定光子状态时, 每次测量所得的结果都可以用 $\hat{X}_1(r),\hat{X}_2(r)$ 平面内的一个点来表示. 当大量的测量完成之后, 我们就可以得到光子态的概率在 $\hat{X}_1(r)$, $\hat{X}_2(r)$ 平面内的分布, 如图 10.10 中的 "云" 所示. 这种表示光子态概率分布的图就是所谓的正交图. 在图 10.10 中, 实线箭头指着的圆心在 $\hat{X}_1(r)$, $\hat{X}_2(r)$ 平面内是一个特殊点, 代表着完成一次测量后, 在这个态上遇见光子的最高概率. 利用这张图我们就可以把光场的相干部分 (它具有确定振幅和相位) 用箭头表示出来; 而场的不确定性 (或称为噪声) 用一片 "云" 来表示. 这种图解式的表示方法清晰地显示了光量子噪声的特点. 光的量子特性禁止我们将云的面积减小到一个确定的极限以下, 这个 "极限区域" 我们称为 "不确定性极限", 又称为 "标准量子极限". 在量子力学中, 光场是用海森伯测不准原理来描述的, 因此, 这个标准量子极限是海森伯测不准原理直接导致的结果.

利用正交图我们可以知道, 虽然量子力学中的海森伯测不准原理限定了 "云" 的最小面积, 但是我们有权改变它的形状. 如图 10.10(b) 显示的那样, 当正交相位的不确定性 ΔX_2 被压缩减小的同时, 正交振幅的不确定性 ΔX_1 被扩大了, 此时表示不确定性的圆发生了形变, 它由正圆变成了椭圆, 这就是所谓的压缩椭圆. 根据量子力学中海森伯测不准原理, 压缩后圆的面积保持不变.

2) 非压缩态光场量子噪声应变谱密度的图像表示

我们首先讨论传统光场的量子噪声应变谱密度的图像表示, 所谓传统光场, 指的是干涉仪中通常使用的光场, 它是非压缩态光场. 传统光场的量子噪声可以分为有光–机耦合和没有光–机耦合两种情况, 它们的应变谱密度的图像表示是不同的.

　　量子噪声的应变谱密度可以简单地理解为 "噪声信号比", 它是大家熟知的信号/噪声比的倒数. 在这里, 噪声指的是干涉仪中光量子涨落的幅度, 而信号指的是引力波导致的光相位的变化. 在激光干涉仪引力波探测器中, 这种相位的变化显示了两臂长度差的变化. 长度差是用干涉仪的信号增益标定的, 干涉仪的信号增益是探测频率的函数. 当信号幅度是常数时, 量子噪声越低, 被光量子噪声限定的干涉仪的应变谱密度越低, 即仪器的灵敏度越高. 或者说, 在量子噪声水平不变的情况下, 信号幅度越高, 被光量子噪声限定的干涉仪的应变谱密度越低, 仪器的灵敏度越高.

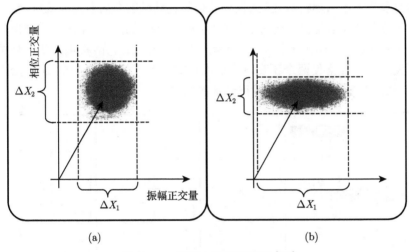

(a)　　　　　　　　　　　　　　(b)

图 10.10　压缩态光场示意图 [306]

(a) 为相干态的正交图像, 它说明, 由于光的量子特性, 激光束中的光子并不是全部都具有相同的振幅和相位, 而是遵循一定的概率分布, 这个分布用图中的 "云" 表示, 云的最小面积由测不准原理限定. (b) 为压缩态的正交图, 它说明, 正交相位的不确定性 ΔX_2 被压缩而减小但正交振幅的不确定性 ΔX_1 被扩大, 云的形状由正圆变成椭圆, 但面积不变

　　图 10.11 给出了传统光场中被光量子噪声限定的干涉仪的应变灵敏度的图像. 在图 10.11 中, 我们用虚线圆表示进入干涉仪系统内的光子态的不确定性的轮廓. 用两个箭头 E_2 和 E_1 分别表示互相垂直的两个正交量 (正交相位与正交振幅) 的涨落导致的光量子噪声. 图 10.11(b) 给出了输入光场量子噪声的图像, 可以看到, 对相干态来说, 两个正交量中的噪声 E_2 和 E_1 是完全没有相互关联的.

　　当引力波使干涉仪的臂长发生改变, 或局部干扰使干涉仪的镜子位置发生移动时, 会产生一个引力波信号, 这个信号在图中用小箭头 E_{GW} 表示, 它出现在正交相位中. 图 10.11 (c) 给出了输出光场的图像.

　　为了测量引力波信号, 我们需要确定一个读出角 (也称为正交角). 很明显, 在

图 10.11(c) 所示的简单情况下, 我们精确地读出正交相位就能得到最好的信号噪声比. 因为在这种情况下, 噪声幅度对所有可能的读出角都一样大, 但信号在正交相位方向 (即在垂直方向) 最大. 根据这个原因, 今后如果不另做明确的说明, 我们总是选择与正交相位严格相符合的方向进行读出. 需要指出, 图 10.11(c) 显示的是没有光–机耦合时的输出光场, 它仅在高频区域或激光功率与镜子质量之比非常低的情况下才是正确的. 因为只有在这种情况下, 光–机耦合才可以忽略不计.

当光–机耦合占主导地位时, 事情就要发生巨大的变化. 我们知道, 相位涨落和振幅涨落产生的量子噪声都作用在被悬挂起来的镜子上 (参阅图 10.11(a)), 相位涨落在测试质量上不引起机械效应, 振幅涨落通过辐射压力耦合到测试质量上, 导致测试质量位置的涨落与引力波信号相似, 这种位置涨落作为一个附加成分出现在正交相位上, 如图 10.11(d) 中的 E_{RP} 所示. 可以看出, 通过光–机耦合从正交振幅耦合到正交相位的涨落使两个正交量中的噪声成分有了关联. 图 10.11(d) 给出了在光–机耦合占主导地位的情况下输出光场的图像.

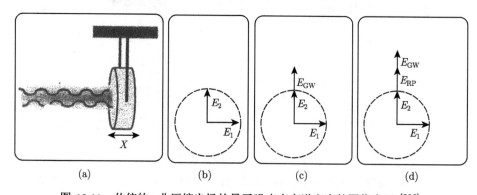

图 10.11　传统的、非压缩光场的量子噪声应变谱密度的图像表示 [306]

在图 10.11 中, 图 (a) 表示相位涨落 (辐射压力噪声) 和振幅涨落 (散弹噪声) 对镜子的作用, X 表示镜子的位移. 图 (b) 表示输入光场, 它用无相互关联的噪声贡献 E_2 及 E_1 来描述. E_2 及 E_1 分别是正交相位及正交振幅的涨落. 正交相位及正交振幅中的噪声贡献之所以不发生关联是因为没有光–机耦合. 图 (c) 表示在没有光–机耦合的情况下输出光场的图像, E_{GW} 为引力波信号. 图 (d) 表示在光–机耦合占主导地位的情况下输出光场的图像, 这时正交振幅的涨落 E_1 转变为正交相位的涨落 (如 E_{RP} 所示), 从而在两个正交量的噪声成分之间引进了相互关联

需要指出, 正交相位中的原始涨落 E_2 与来自正交振幅但通过光–机耦合而耦合到正交相位中的涨落 E_{RP} 是有区别的, 后者是正交相位和正交振幅的相互关联涨落, 这种被引入的相互关联可以用来突破标准量子极限 SQL.

在正交相位中辐射压力诱生涨落的幅度, 即 E_{RP} 的长度与镜子的质量及频率的平方成反比.

3) 压缩态光场量子噪声的图像表示

虽然海森伯测不准原理控制了正交图像中圆的最小面积, 我们仍然可以自由地改变圆的形状. 改变圆形状的方法就是所谓的 "压缩光场技术"[174]. 如图 10.10 所表示的那样, 如果光态的不确定性在一个正交参量 (图中是正交相位) 中被压缩而减小, 那么必须以增加与之垂直的另一个正交参量 (图中是正交振幅) 中的不确定性为代价. 这时表示光子态不确定性的圆变成了椭圆. 压缩椭圆可以用三个参数来描述:

(1) 压缩水平和反压缩水平. 压缩水平指的是未压缩圆的直径与压缩椭圆短轴长度之比, 反压缩水平定义为未压缩圆的直径与压缩椭圆主轴长度之比.

(2) 在正交平面内压缩圆的取向, 又称压缩角.

(3) 压缩态光场的频率. 光的压缩态一般可以用非线性光学效应产生, 例如, 用光学参量振荡器 OPO 产生. 在过去十几年间, 用于引力波探测器的压缩态光场的产生技术取得了长足的进步, 压缩水平已超过 12dB[334], 压缩频率可以降低到几个赫兹[335].

压缩态光场也可以用正交图像来表示 (图 10.12). 当我们想利用压缩态光改善干涉仪的灵敏度时, 需要做两件事:

(1) 在我们期待探测的频率上产生足够强的压缩态光场.

(2) 确定压缩椭圆的取向, 即根据需要确定压缩角. 假如我们想在高频区域提高引力波探测器的灵敏度, 就需要注入相位压缩光, 也就是说, 要让压缩椭圆短轴的方向平行于正交相位. 图 10.12(b) 给出了使用相位压缩光的图像. 为了进行比较, 我们在图 10.12(a) 中也给出了未压缩光的图像.

当注入相位压缩光时, 图 10.12(b) 中正交相位 E_2 被压缩而变短, 正交振幅却因此而变长. 由于引力波信号的幅度保持为常数, 因此在高频部分我们可以改善信号噪声比, 从而提高干涉仪高频区域的灵敏度 (如图 10.12(b) 中右下图所示), 但是, 如图 10.12(b) 中左下图所示, 在低频区域正交相位中的噪声却大幅度增加了, 因为在对正交相位进行压缩时, 由于正交振幅的反压缩效应, 它的涨落增加了. 这种涨落通过辐射压力耦合到正交相位 (图 10.12(b) 中左下图中的 E_{RP}) 使正交相位中的噪声大幅度增加. 鉴于引力波信号 E_{GW} 与压缩水平无关, 由于低频区域的量子噪声随着相位压缩光的应用而增加, 在总体上我们在低频端还是损失了灵敏度.

如果我们想在低频区域提高干涉仪的灵敏度, 就要注入振幅压缩光使 E_1 的长度因压缩而变短, 从而使耦合到正交相位中的辐射压力噪声减小. 其结果是低频灵敏度得到了改善. 但是, 这种改善是以牺牲高频区域的灵敏度为代价的. 因为在对正交振幅进行压缩时, 由于正交相位的反压缩效应, E_2 要比未压缩时变长一些.

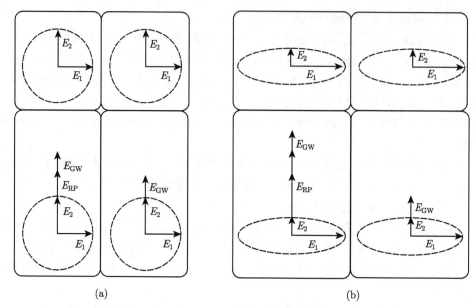

(a)　　　　　　　　　　　　　　　　　(b)

图 10.12　相位压缩光示意图 [306]

(a) 是未压缩光场; (b) 为压缩光场. (a) 和 (b) 的上边图为输入光场; (a) 和 (b) 的下边图为输出光场; (a) 和 (b) 的左半边为低频情况; (a) 和 (b) 的右半边为高频情况

通过以上讨论可以看到, 注入纯粹的相位压缩光或振幅压缩光我们仅能在探测频带的特定区域改善干涉仪的灵敏度. 从定性的观点来看, 在理想的情况下 (即压缩水平严格地等于反压缩水平), 利用这种压缩光技术得到的灵敏度变化与利用增加或减少干涉仪内激光功率得到的变化是完全相同的. 因此我们得出一个重要结论: 利用纯粹的相位压缩光或振幅压缩光, 不能使激光干涉仪引力波探测器的灵敏度在整个探测频带内突破标准量子极限 SQL.

4. 零差读出与读出角改变

通常认为, 精确地在正交相位中读出干涉仪信号是理所当然的, 因为利用这种读出方法我们能得到最强的引力波信号. 但是, 利用不同的读出角, 我们也可以在干涉仪灵敏度的提高方面获得益处. 所谓不同的读出角指的是读出正交相位和正交振幅的叠加, 而不是严格的读出正交相位.

从技术观点来看, 利用图 10.13(a) 给出的读出方案, 通过改变并选择合适的读出角, 我们能够在特定频率上消除辐射压力噪声, 从而在一个窄频带内得到 "亚标准量子极限" 级的灵敏度.

从以前的讨论中我们知道, 激光干涉仪引力波探测器通用的读出方案是所谓的 "直流读出" [336,337], 在该读出方法中, 我们故意使干涉仪的工作状态稍微偏离严格的干涉相消, 以便使一小部分载频光从输出口漏出并用作引力波信号的局部振荡器. 然而我们也可以在干涉仪主体部分之前的某个部位提取一些光并把它引导到输出口, 用作局部振荡信号. 这就是图 10.13(a) 给出的方案, 我们称这种方案为 "零差读出". 在 "零差读出" 中依靠移动局部振荡光场相对于从主干涉仪出射的光场的相位, 我们可以在读出正交相位、读出正交振幅或读出它们之间的任意叠加方案中进行选择. 移动局部振荡光场相位的方案很多, 微调局部振荡光的光程就是一种简单易行的方法 (参阅图 10.13(a)) "零差读出", 可以帮助我们减小量子噪声, 其工作原理可以用图解法来说明. 图 10.13(b) 显示了辐射压力噪声被 "抵消" 的情况.

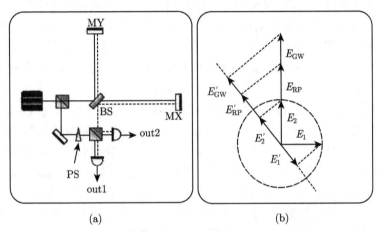

图 10.13 简单激光干涉仪引力波探测器零差读出示意图 [306]

图 10.13(a) 给出了简单干涉仪零差读出电路安排的示意图, 其中 MY 是 Y 轴方向的镜子, MX 是 X 轴方向的镜子, BS 是分光镜, PS 是相位移动器, out1 是第一输出口, out2 是第二输出口. 图中实线表示载频光传播路径, 虚线表示信号光传播路径. 图 10.13(b) 表示利用零差读出 "取消" 辐射压力噪声的示意图

在图 10.13(a) 中, 干涉仪的输出口保持在干涉相消状态, 只有信号光能够朝着光探测器方向传播并在光探测器上与在干涉仪主体部分之前的某个部位提取的光相 "拍". 为了避免在读出线路中出现 "开路" 现象, 零差探测器中使用了两个光二极管. 调节相位移动器可以得到我们需要的读出角.

利用零差读出, 通过选择合适的读出角来减小量子噪声, 比如说, "抵消" 辐射压力噪声的工作原理如图 10.13(b) 所示. 在图中, E_1 的长度表示正交振幅中的噪声, E_2 的长度表示正交相位中的噪声, E_{RP} 的长度表示通过光-机相互作用 E_1 到 E_2 的耦合. 我们知道, E_{RP} 的长度与观测频率有关, E_1 的长度虽然与 E_{RP} 的长度有关联但却是与观测频率无关的. 这就意味着对于任何一个观测频率, 一定存在一个特殊的读出角, 对于这个读出角度来说, 两个相互关联的矢量 E_1 和 E_{RP} 在读出轴上的投影 E_1' 和 E_{RP}' 具有严格相等的长度. 由于 E_1' 和 E_{RP}' 相互关联但指向相反的方向, 因此它们会严格地相互抵消. 这样一来, 干涉仪的灵敏度就只由 E'_{GW} 和 E'_2 的长度比来确定. 在这种情况下, 我们就设法在选定的观测频率上完全消除了辐射压力噪声的作用.

需要指出, E'_{GW} 与 E'_2 之比对于任何的、不同于纯粹正交振幅读出的读出角来说都是一个常数, 改变读出角是压缩态光场注入之外另一种压低光量子噪声的手段.

5. 频变压缩

前面的分析告诉我们, 注入单纯的振幅压缩光或单纯的相位压缩光不可能在干涉仪的整个探测频带内压低光量子噪声, 改善灵敏度. 因此, 利用这种压缩光态不能突破标准量子极限 SQL. 然而, 如果以频变压缩 (或称为频率制约压缩) 的方式改变注入光的压缩角, 我们就有可能在干涉仪的整个探测频带内减小量子噪声, 从而能够以优于标准量子极限的灵敏度进行宽频带测量.

从以前的讨论中我们知道, 激光干涉仪的灵敏度在高频区域受限于散弹噪声, 在低频区域主要受辐射压力噪声中的 E_{RP} 限制, E_{RP} 是振幅涨落通过由辐射压力引起的镜子运动耦合到正交相位中造成的. 因此, 如果我们以探测频率的函数来转动压缩椭圆, 使得整个探测频带内总能在最理想的正交量中得到压缩, 就能够在探测器的整个探测频带内 (而不是单一频率上) 减小量子噪声, 提高灵敏度. 由于压缩角的转动是以频率的函数进行的, 我们称这种压缩为频变压缩, 也称为频率制约压缩, 其工作原理可以用图 10.14(a) 和图 10.14(b) 来说明.

图 10.14 (a) 给出了频变压缩的正交图像. 如前所述, 精确地读出正交相位我们能够得到最好的信号噪声比, 因此在图 10.14(a) 中, 对所有的探测频率我们都读出正交相位. 在高频区域, 使用相位压缩技术来降低光量子噪声, 降低的数值完全与注入纯粹的、频率无关的相位压缩时得到的结果相等. 由于相位压缩光的注入减小了量子噪声, 干涉仪的灵敏度在高频区域得到了提高.

当探测频率朝着频带的低频端改变时, 我们让压缩椭圆连续地从相位压缩向振幅压缩转动, 转动过程中的关键在于要让正交振幅中原初 E_1 矢量的长度减小, 使得通过辐射压力导致的镜子运动耦合到正交相位中的噪声较小, 即正交相位中 E_{RP} 的长度减小, 其结果是低频区域的信号噪声比 SNR 大于未压缩时的情况.

图 10.14(b) 给出了使用纯粹相位压缩以及频变压缩时简单干涉仪的量子噪声谱. 在图中, 曲线 (1) 为标准量子噪声极限, 曲线 (2) 表示没有使用压缩态时常规干涉仪的量子噪声谱, 曲线 (3) 表示利用纯粹相位压缩时的量子噪声谱, 曲线 (4) 表示利用频变压缩时的情况. 图 10.14(b) 底部的椭圆表示在探测频带的不同频率注入压缩光的压缩椭圆的最佳取向. 它表明, 频变压缩技术可以在宽频带内使量子噪声减小到标准量子极限之下.

研究表明, 频变压缩是高级 LIGO[338], 特别是第三代激光干涉仪引力波探测器 (如爱因斯坦引力波望远镜 ET) 采用的关键技术之一 [267]. 图 10.15 给出了频变压缩技术在爱因斯坦引力波望远镜 ET 的低频干涉仪中应用的示意图.

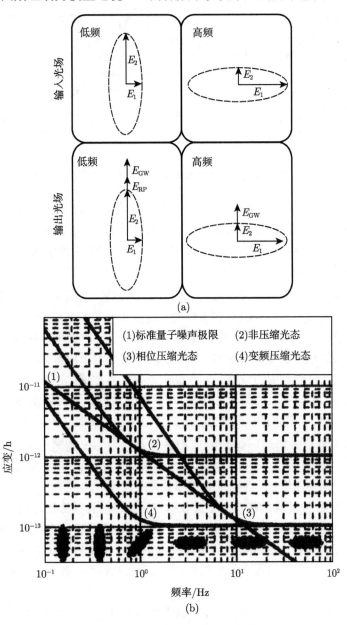

图 10.14　频变压缩示意图 [306]

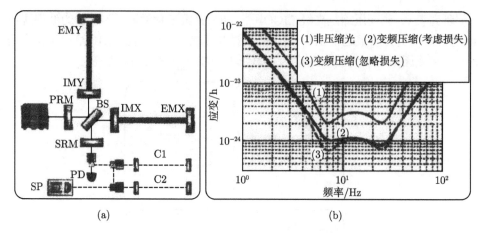

(a)　　　　　　　　　　　　　(b)

图 10.15　爱因斯坦引力波望远镜低频干涉仪光学结构示意图 [306]

在图中, EMY 为 Y 方向法布里–珀罗腔的终端镜, IMY 为 Y 方向法布里–珀罗腔的输入镜, EMX 为 X 方向法布里–珀罗腔的终端镜, IMX 为 X 方向法布里–珀罗腔的输入镜, BS 为分光镜, PRM 为功率循环镜, SRM 为信号循环镜, SP 为光压缩器, C2 为第二过滤腔, C1 为第一过滤腔, PD 为光电二极管.

压缩光离开光压缩器后被导入两个法布里–珀罗腔 C1 和 C2, 这两个法布里–珀罗腔的失谐度稍微不同. 法布里–珀罗腔的反射光束从腔的左端射出. 两失谐腔的色散引进了压缩椭圆的频变转动. 然后压缩态光从干涉仪的输出口注入干涉仪. 对于从输出口注入的这些压缩态光来说, 干涉仪的作用类似于反射器, 注入的压缩态光被反射离开干涉仪后与引力波信号一起朝着光探测器传播, 在那里压缩态输出光场转化成电信号. 这里所用的两个法布里–珀罗腔的设计和运行要求很高, 它们要有很低的噪声, 有合乎要求的频带宽度, 还要有足够小的损耗 (参看图 10.15(b)).

按照频率函数来转动压缩角的过程是靠将压缩态光通过过滤腔反射来实现的 [265,346,347]. 也就是说, 通过失谐的法布里–珀罗腔把频率无关压缩态光 "过滤", 可以得到频率相关压缩态, 当把压缩态和失谐干涉仪一起应用时, 由于注入压缩真空的反压缩效应, 压缩椭圆相对于干涉仪射出光的转动会导致信号循环共振峰外其他频率区域内量子噪声的增加, 利用第二个法布里–珀罗腔将注入的压缩真空场过滤可以避免这个缺点. 在这里我们所说的失谐干涉仪指的是载频激光频率没有严格地与信号循环共振腔的固有频率相等, 即载频激光频率不能在信号循环腔内严格地共振.

从以上分析我们清楚地看到, 让压缩光通过特殊的过滤腔能够转动压缩角, 由于压缩角是频率的函数, 适当地转动压缩角, 可以使在高频部分起主要作用的散弹噪声和在低频部分起主要作用的辐射压力噪声都得到压低 [264,265]. 因此, 利用压缩光技术可以在宽频带内突破标准量子极限, 使干涉仪的灵敏度得到相当大的改善. 计算表明, 使用压缩系数为 10dB 的光束, 干涉仪散弹噪声的减小相当于激光功率扩大 10 倍时产生的效果.

压缩光场是量子光学中的一种非常重要的非经典光场, 该光场的一个正交分量的起伏变小时, 即被 "压缩" 时, 另一个正交分量的起伏相应变大. 利用这一特征, 压缩态在光通信、微弱信号检测、高精度干涉测量等方面都有重要的应用.

在实际研究中, 波长为 1064nm 的压缩光源已经进行过测试而且观测到很强的压缩效应 [259-262].

10.2.3 信号循环

信号循环是第二代激光干涉仪引力波探测器采用的一项重要技术, 是第二代激光干涉仪引力波探测器在结构上与第一代的最大区别, 目前广泛地应用在实际中.

1. 信号循环干涉仪的基本光学结构

在常规激光干涉仪引力波探测器的升级改进中, 信号循环是一项十分重要的措施. 该操作是在干涉仪的暗输出口放置一面镜子, 称为信号循环镜. 信号循环镜将从暗口输出的信号反射回干涉仪. 这时干涉仪可以等效成一面镜子, 它将被信号循环镜反射回来的信号再向输出口方向反射回去, 使信号循环起来. 把一台常规干涉变成一台信号循环干涉仪 [227-230]. 习惯上把信号循环镜和干涉仪等效成的镜子之间形成的共振腔称为信号循环腔, 干涉仪内产生的引力波信号在该腔内共振, 得到共振增强.

微调信号循环镜的位置, 可以将信号循环腔的共振频率调到想要的任意值. 因此, 我们可以把干涉仪的频带调成窄带 (这种工作状态称为信号循环状态, 此时载频激光频率非常接近腔的共振频率), 也可以调成宽带 (这种工作状态即所谓的反共振情况下的共振旁频抽取). 信号循环腔的调节会改变腔内光场的共振条件, 从而改变载频光与信号旁频光之间的相位关系, 信号循环能使引力波信号增强但不增强到达干涉仪输出口的真空涨落. 这是信号循环技术最重要的特点.

信号循环干涉仪的基本光学设计如图 10.16 所示, 它是由 B.J. 米尔斯首先提出来的. 其最初动机是想通过将信号光进行循环, 增加光在干涉仪臂上法布里–珀罗腔中停留的时间, 降低散弹噪声, 改善探测灵敏度. 高级 LIGO 采用了这种设计方案, 成为一台信号循环激光干涉仪引力波探测器 (图 10.16).

信号循环激光干涉仪引力波探测器的光学系统中臂上的法布里–珀罗腔和信号循环腔共同组成一个复合共振腔, 复合共振腔的本征频率和品质因数由信号循环镜的位置和反射系数控制, 在本征频率 (即共振频率) 附近, 该干涉仪的灵敏度能够增加.

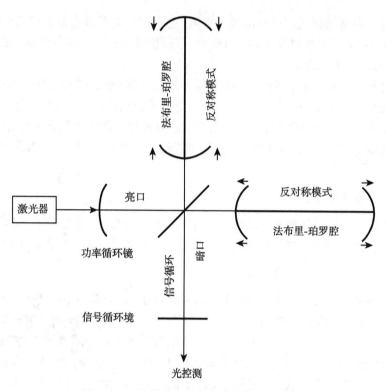

图 10.16　信号循环干涉仪基本的光学结构

　　信号循环腔的频带宽度和共振频率分别由信号循环镜的反射系数和微观位置决定. 例如, 当 GEO600 信号循环镜的透射率取 2%, 与载光频率失谐的微观位置取 2.2nm 时, 其信号循环腔的频带宽度为 700Hz. 微调信号循环镜的位置可以把信号循环腔的共振调谐到任何期待的频率上. 信号循环腔的微调除了使腔内光场共振从而使信号得到共振增强之外, 失谐状态的信号循环腔还能够产生另一个重要效应: "光学-机械共振", 这种共振典型地位于低频区域, 光学-机械共振会使干涉仪的灵敏度增加而且通过这种共振所引起的振幅涨落和相位涨落之间的关联会使干涉仪的灵敏度在一定频率区间内突破标准量子极限 SQL.

　　需要说明一下, 在这里我们所说的信号循环腔的谐振 (tuned) 与失谐 (detuned) 均对载频光而言. 根据需要调节信号循环镜的微观位置, 可使载频光在信号循环腔内共振, 这种状态下的信号循环腔称为谐振腔 (tuned cavity). 此时信号循环腔的固有频率与载频光的频率相同. 当然, 我们也可以调节信号循环镜的微观位置, 改变信号循环腔的固有频率, 使载频光在腔内偏离共振状态. 这种状态下的信号循环腔称为失谐腔 (detuned cavity).

　　由于引力波对载频光的调制作用, 在载频光的频率周围产生两个旁频信号, 称为信号旁频. 在失谐信号循环腔中, 仅有一个信号旁频得到共振加强, 而离失谐信号循环腔固有频率较远的另一个信号旁频不能共振. 在谐振信号循环腔 (tuned cavity) 中, 两个信号旁频都会发生共振.

引入信号循环腔的目的是利用这种共振特性改变噪声曲线的形状, 使激光干涉仪引力波探测器既能工作在宽频带模式又能工作在窄频带模式, 以便改善对某些特定引力波天体源和特定频率引力波的探测效果. 利用窄频带模式对特定引力波天体源进行观测的想法是由 R. P. 德里沃首先提出来的 [232], J. 温尼特等对它进行了详细的理论分析 [233], 世界各大实验室相继进行了深入研究, 实验测量证明该想法是可行的 [234].

早期对信号循环激光干涉仪的理论分析和实验测量都是在激光功率较低的情况下进行的, 加在臂上法布里–珀罗腔镜子上的辐射压力噪声可以被忽略. 散弹噪声在噪声谱中占主导地位. 然而, 当激光功率增加时, 散弹噪声降低而辐射压力噪声增大. 当功率增加到一定程度后 (如第二代干涉仪 LIGO 所用的功率), 散弹噪声和辐射压力噪声的大小可以相互比拟. 这时为了正确地表述信号循环激光干涉仪的光量子噪声, 必须考虑辐射压力涨落对镜子运动的影响, 使问题变得复杂起来.

E. 古斯塔夫逊等利用半经典近似方法对信号循环激光干涉仪引力波探测器高级 LIGO 的噪声曲线进行了研究 [235], 这种分析方法简单明晰, 但是也有不足之处, 因为该方法虽然能够计算散弹噪声的大小, 却不能正确地考虑辐射压力涨落的影响. A. 鲍纳诺和 Y. 陈利用完全量子力学方法 [236,242] 研究了高级 LIGO 的动力学问题 [237–240], 揭示了信号循环激光干涉仪很多新的重要特性.

2. 信号循环激光干涉仪的运动方程

为了清楚地认识信号循环激光干涉仪引力波探测器的特殊性能, 需要用完全的量子力学方法 [242,244] 分析它的动力学问题, 激光干涉仪引力波探测器可以看成一个线性量子测量装置, 为了深入研究它的动力学问题, 我们首先了解一下线性量子测量系统的一般特点.

1) 线性量子测量系统

从量子测量理论的观点出发我们知道, 所谓测量过程, 实际上就是从一个未知的、初始的、经典可观测量 (如引力波振幅) 到另一个已知的经典可观测量 (如储存在计算机内的数据) 的一个转换过程. 一般说来, 执行这一转换过程的装置 (如激光干涉仪引力波探测器) 是由探头 P 和探测器 D 两个独立的部分组成的. 探头部分 (在激光干涉仪引力波探测器中探头是作反对称模式运动的臂上法布里–珀罗腔镜子) 直接和待测的未知经典可观测量打交道. 探测器 (在激光干涉仪中探测器是光学系统和光探测器) 与探头相耦合, 产生并输出可观测量. 由于探头和探测器是量子力学系统, 故整个装置称为量子测量装置. 如果探头和探测器线性地耦合在一起, 则该装置称为线性量子测量系统. 整个激光干涉仪引力波探测器基本上可以看成一个线性量子测量系统. 图 10.17 给出了线性量子测量系统的示意图.

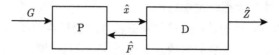

图 10.17　线性量子测量系统示意图

在线性量子测量系统示意图中, 探头与想要测量的外部经典力 G 打交道, 以 $-\hat{x}G$ 与之耦合, $\hat{x}$ 是探头的广义线性位移, 探头与探测器之间由 $-\hat{x}\hat{F}$ 项线性地耦合在一起. $\hat{F}$ 是探测器的一个线性可观测量, $-\hat{x}\hat{F}$ 描述探测器对探头的背向作用力. 在激光干涉仪引力波探测器中, $\hat{x}$ 是臂上法布里–珀罗腔四个镜子反对称模式运动的广义坐标. $\hat{F}$ 是作用在该模式上的辐射压力涨落力. $\hat{Z}$ 是探测器的一个线性可观测量, 表示整个探测装置产生的经典输出信号. $\hat{Z}$ 可以写成

$$\hat{Z} = S + \hat{Q}$$

它表示输出信号是由两部分组成的, S 是输出信号的经典部分, 与被测量的经典可观测量 G 有关. $\hat{Q}$ 是量子噪声, 它是由探头 P 、探测器 D 及两者的相互作用产生的. 由于在不同的时间 t_1 和 t_2 测得的输出 $\hat{Z}(t_1)$ 和 $\hat{Z}(t_2)$ 满足对易关系 [242]

$$[\hat{Z}(t_1), \hat{Z}(t_2)] = 0$$

所以输出信号的数据样本 $\{\hat{Z}(t_1), \hat{Z}(t_2), \cdots, \hat{Z}(t_n)\}$ 可以直接作为经典数据的二进制码储存在存储介质中, 所有的量子噪声都是由 $\hat{Z}(t)$ 的量子涨落引起的.

2) 线性量子测量系统的运动方程

线性量子测量系统的哈密顿量算符可写为

$$\hat{H} = [(\hat{H}_{\rm P} - \hat{x}G) + \hat{H}_{\rm D}] - \hat{x}\hat{F} \tag{10-6}$$

其中, $\hat{H}_{\rm P} - \hat{x}G$ 和 $\hat{H}_{\rm D}$ 分别表示探头 P 和探测器 D 这两个子系统哈密顿量的零阶项, $-\hat{x}\hat{F}$ 表示探头 P 和探测器 D 的耦合.

在海森伯表象中, 哈密顿量为 $\hat{H}$、线性可观测量为 $\hat{x}$、$\hat{F}$ 和 $\hat{Z}$ 的线性量子测量系统的运动方程是 [239]

$$\hat{Z}^{(1)}(t) = \hat{Z}^{(0)}(t) + \frac{\mathrm{i}}{\hbar}\int_{-\infty}^{t}\mathrm{d}t' C_{Z^{(0)}F^{(0)}}(t, t')\hat{x}^{(1)}(t') \tag{10-7}$$

$$\hat{F}^{(1)}(t) = \hat{F}^{(0)}(t) + \frac{\mathrm{i}}{\hbar}\int_{-\infty}^{t}\mathrm{d}t' C_{F^{(0)}F^{(0)}}(t, t')\hat{x}^{(1)}(t') \tag{10-8}$$

$$\hat{x}^{(1)}(t) = \hat{x}^{(G)}(t) + \frac{\mathrm{i}}{\hbar} \int_{-\infty}^{t} \mathrm{d}t' C_{x^{(G)}x^{(G)}}(t,t') \hat{F}^{(1)}(t') \tag{10-9}$$

在这里, $C_{A,B}(t,t')$ 是所谓的 C-数, 它是复数, 表示时间范畴内的敏感性, 定义为

$$C_{A,B} \equiv [A(t), B(t')] \tag{10-10}$$

上述公式中的上标 (1) 表示各个线性可观测量在总哈密顿量 $\hat{H}$ 作用下的时间演变, $\hat{F}(t)$ 和 $\hat{Z}(t)$ 中的上标 (0) 表示在探测器的自由哈密顿量 $\hat{H}_{\mathrm{D}}$ 作用下的时间演变, 而 $\hat{x}(t)$ 中的上标 (G) 表示在哈密顿量 $\hat{H}_{\mathrm{P}} - \hat{x}G$ 作用下 $\hat{x}(t)$ 的时间演变, $\hat{x}^{(G)}$ 描述了在 $G(t)$ 单独作用下探头的运动.

设 $\hat{x}^{(0)}(t)$ 表示在自由探头的哈密顿量 $\hat{H}_{\mathrm{P}}$ 作用下 $\hat{x}(t)$ 的时间演变 (所谓自由探头指的是探测器对探头无任何影响), 则 $\hat{x}^{(0)}$ 与 $\hat{x}^{(G)}$ 的关系为

$$\hat{x}^{(G)}(t) = \hat{x}^{(0)}(t) + \frac{\mathrm{i}}{\hbar} \int_{-\infty}^{t} \mathrm{d}t' C_{x^{(0)}x^{(0)}}(t,t') G(t') \tag{10-11}$$

在这里

$$C_{x^{(0)}x^{(0)}} \equiv [x^{(0)}(t), x^{(0)}(t')]$$

可以看出, $\hat{x}^{(G)}(t)$ 与 $\hat{x}^{(0)}(t)$ 的区别就在于一个与时间相关的 C- 数.

我们最感兴趣的物理量是外部作用力在自由探头上引起的位移. 它是 $\hat{x}^{(G)}(t)$ 表达式的第二项. 对激光干涉仪引力波探测器来说, 这种位移是引力波产生的, 其大小为 $Lh(t)$. L 是干涉仪臂上法布里–珀罗腔的长度, $h(t)$ 是引力波在自由测试质量上引起的差应变 (即两个臂之间的应变差).

$$Lh(t) = \frac{\mathrm{i}}{\hbar} \int_{-\infty}^{t} \mathrm{d}t' C_{x^{(0)}x^{(0)}}(t,t') G(t') \tag{10-12}$$

所以, 在激光干涉仪引力波探测器中, $h(t)$ 的方程为

$$G(t) = (m/4) \cdot L\ddot{h}(t) \tag{10-13}$$

其中 $m/4$ 称为干涉仪臂上法布里–珀罗腔镜子的约化质量, m 是单个镜子的质量.

将公式 (10-6) 代入式 (10-4) 我们可以把在总哈密顿量 $\hat{H}$ 作用下进行演变的海森伯算符与在探头及探测器的自由哈密顿量 $\hat{H}_{\mathrm{P}}$ 和 $\hat{H}_{\mathrm{D}}$ 分别作用下进行演变的算符联系起来:

$$\hat{Z}^{(1)}(t) = \hat{Z}^{(0)}(t) + \frac{\mathrm{i}}{\hbar} \int_{-\infty}^{t} \mathrm{d}t' C_{Z^{(0)}F^{(0)}}(t,t') \hat{x}^{(1)}(t') \tag{10-14}$$

$$\hat{F}^{(1)}(t) = \hat{F}^{(0)}(t) + \frac{\mathrm{i}}{\hbar} \int_{-\infty}^{t} \mathrm{d}t' C_{F^{(0)}F^{(0)}}(t,t') \hat{x}^{(1)}(t') \tag{10-15}$$

$$\hat{x}^{(1)}(t) = \hat{x}^{(0)}(t) + \frac{\mathrm{i}}{\hbar} \int_{-\infty}^{t} \mathrm{d}t' C_{x^{(G)}x^{(G)}}(t,t')[G(t') + \hat{F}^{(1)}(t')] \tag{10-16}$$

假设线性量子测量系统中探头 P 和探测器 D 的哈密顿 $\hat{H}_\mathrm{P}$ 和 $\hat{H}_\mathrm{D}$ 不随时间变化, 在这种情况下, 公式 (10-6)~(10-8), (10-10) 中出现的敏感性仅与 $(t-t')$ 有关. 对这些公式进行傅里叶变换并引入频率范畴内的敏感性 $R_{A,B}(\Omega)$:

$$R_{A,B}(\Omega) \equiv \frac{\mathrm{i}}{\hbar} \int_{0}^{\infty} \mathrm{d}\tau' \mathrm{e}^{\mathrm{i}\Omega\tau} C_{A,B}(0,-\tau) \tag{10-17}$$

我们得到

$$\hat{Z}^{(1)}(\Omega) = \hat{Z}^{(0)}(\Omega) + R_{ZF}(\Omega)\hat{x}^{(1)}(\Omega) \tag{10-18}$$

$$\hat{F}^{(1)}(\Omega) = \hat{F}^{(0)}(\Omega) + R_{FF}(\Omega)\hat{x}^{(1)}(\Omega) \tag{10-19}$$

$$\hat{x}^{(1)}(\Omega) = \hat{x}^{(0)}(\Omega) + Lh(\Omega) + R_{xx}(\Omega)\hat{F}^{(1)}(\Omega) \tag{10-20}$$

在这里, 为了书写方便, 我们使用了如下的替换:

$$R_{ZF} \equiv R_{Z^{(0)}F^{(0)}}, \quad R_{FF} \equiv R_{F^{(0)}F^{(0)}} \quad R_{xx} \equiv R_{x^{(0)}x^{(0)}}$$

解方程 (10-13)~(10-15), 我们得到在频率范畴内由线性可观测量 $\hat{x}$、$\hat{F}$ 和 $\hat{Z}$ 组成的线性量子测量系统的运动方程为 [239]

$$\hat{x}^{(1)}(\Omega) = \frac{1}{1 - R_{xx}(\Omega)R_{FF}(\Omega)}[\hat{x}^{(0)}(\Omega) + Lh(\Omega) + R_{xx}(\Omega)\hat{F}^{(0)}(\Omega)] \tag{10-21}$$

$$\hat{F}^{(1)}(\Omega) = \frac{1}{1 - R_{xx}(\Omega)R_{FF}(\Omega)}[\hat{F}^{(0)}(\Omega) + R_{FF}(\Omega)(\hat{x}^{(0)}(\Omega) + Lh(\Omega))] \tag{10-22}$$

$$\hat{Z}^{(1)}(\Omega) = \hat{Z}^{(0)}(\Omega) + \frac{R_{ZF}(\Omega)}{1 - R_{xx}(\Omega)R_{FF}(\Omega)}[\hat{x}^{(0)}(\Omega) + Lh(\Omega) + R_{xx}(\Omega)\hat{F}^{(0)}(\Omega)] \tag{10-23}$$

如前所述, 频率范畴内的敏感性 $R_{xx}(\Omega)$, $R_{FF}(\Omega)$ 和 $R_{ZF}(\Omega)$ 分别定义为

$$R_{xx}(\Omega) \equiv \frac{\mathrm{i}}{\hbar} \int_{0}^{\infty} \mathrm{d}\tau \cdot \mathrm{e}^{\mathrm{i}\Omega\tau} C_{xx}(0,-\tau)$$

$$R_{FF}(\Omega) \equiv \frac{\mathrm{i}}{\hbar} \int_{0}^{\infty} \mathrm{d}\tau \cdot \mathrm{e}^{\mathrm{i}\Omega\tau} C_{FF}(0,-\tau)$$

$$R_{ZF}(\Omega) \equiv \frac{\mathrm{i}}{\hbar} \int_{0}^{\infty} \mathrm{d}\tau \cdot \mathrm{e}^{\mathrm{i}\Omega\tau} C_{ZF}(0,-\tau)$$

它们是时间范畴内的敏感性傅里叶变换.

3) 信号循环干涉仪的运动方程

如前所述, 激光干涉仪引力波探测器可以看成一个探头–探测器耦合的线性量子测量装置, 利用上面的分析结果我们可以导出信号循环激光干涉仪引力波探测器的运动方程. 图 10.18 给出了信号循环干涉仪的光学电场结构示意图.

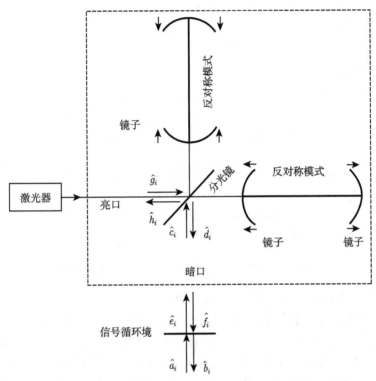

图 10.18   信号循环干涉仪中光场的电场结构示意图

在图中, 虚线框内是常规干涉仪. 臂上的小箭头表示反对称模式运动. $\hat{c}_i$ 是常规干涉仪首要的输入噪声光场的电场, $\hat{d}_i$ 表示输出信号和输出噪声光场的电场, $\hat{a}_i$ 和 $\hat{b}_i$ 是整个信号循环干涉仪的真空输入和信号输出. $\hat{e}_i$ 和 $\hat{f}_i$ 表示紧贴信号循环镜内表面处的光场的电场. $\hat{g}_i$ 和 $\hat{h}_i$ 是亮口处的光场的电场. 在这里 $i = 1, 2$ 表示电磁场的两个正交分量的下标.

大家知道, 光波是一种电磁波, 它有电场和磁场两部分, 在本章中我们约定, 作为电磁场的光场只用它的电场成分来描述. 为了书写方便, 我们在以下的讨论中称光场的电场部分为 "光学电场".

这个概念是由 C. 柯弗等提出来的 [250], 并被广泛引用 [244], 用来描述动力学问题的变量 $\hat{x}$, $\hat{Z}$ 和 $\hat{F}$ 的位置在图 10.19 中标出.

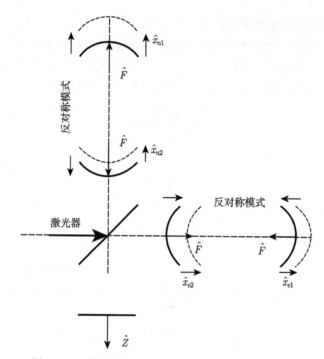

图 10.19　信号循环干涉仪的动力学变量位置示意图

4) 动力学变量的辨别及它们的相互作用

H. 金波等利用量子力学方法研究了常规干涉仪的动力学问题 [233]，并指出在这种类型的干涉仪中，臂上法布里–珀罗腔四个镜子反对称模式运动及暗口的旁频光学电场 $\hat{c}_i$ 和 $\hat{d}_i$ 是不与其他自由度耦合的，也就是说，它们与臂上法布里–珀罗腔四个镜子其他模式的运动及位于亮口的旁频光学电场 $\hat{g}_i$ 和 $\hat{h}_i$ 是不相互耦合的. 因此，与输出信号及相应的噪声有关系的动力学问题仅用臂上法布里–珀罗腔四个镜子反对称模式运动及暗口的旁频光学电场 $\hat{c}_i$ 和 $\hat{d}_i$ 来描述. 这个结论对信号循环干涉仪也是适用的，在对它进行分析时，只要把循环腔内的所有光学电场 $\hat{c}_i$, $\hat{d}_i$, $\hat{e}_i$, $\hat{f}_i$ 和循环腔外的光学电场 $\hat{a}_i$, $\hat{b}_i$ 代入已经推导出的运动方程中就可以了.

A. 臂上法布里–珀罗腔四个镜子反对称模式运动的坐标

我们定义臂上法布里–珀罗腔四个镜子反对称模式运动的坐标为

$$\hat{x}_{\mathrm{anti}} \equiv (\hat{x}_{n1} - \hat{x}_{n2}) - (\hat{x}_{e1} - \hat{x}_{e2}) \tag{10-24}$$

它就是我们上节讨论过的广义坐标 $\hat{x}$.

B. 探测器输出 $\hat{Z}$ 的构成

探测器的输出 $\hat{Z}$ 能够用两个独立的输出可观测量构成，它们是紧贴着信号循环镜射出的正交电磁场 $\hat{b}_1$ 和 $\hat{b}_2$. 当使用零差探测读出方案时，整个干涉仪的输出

就是两个正交电磁场的线性组合:

$$\hat{b}_\zeta = \sin \zeta \cdot \hat{b}_1 + \cos \zeta \cdot \hat{b}_2 \quad (\zeta \text{ 是常数})$$

这是一个普通的正交场, 它对应于我们上面讨论的可观测量 $\hat{Z}$, 也就是说,

$$\hat{Z}_\zeta = \hat{b}_\zeta$$

若 $\zeta = \dfrac{\pi}{2}$ 和 $\zeta = 0$, 则

$$\hat{Z}_1 = \hat{b}_1, \quad \hat{Z}_2 = \hat{b}_2$$

需要说明一下, 干涉仪的输出是光电流, 在使用零差探测读出配置时它在相当高的精度上正比于输出正交场, 但并不是严格地等于它 [240].

C. 辐射压力涨落力的描述

作用在臂上法布里–珀罗腔镜子上并耦合到反对称模式运动的辐射压力涨落力能够用暗口的正交场来表述 [244], 不过推导起来要复杂一些, 主要步骤如下:

在准静态情况下, 即假定光在臂上法布里–珀罗腔内往返一次的时间间隔内, 镜子是不动的, 则腔内激光束作用在每面腔镜上的力为 $2W/c$, W 是腔内激光束的功率, 它正比于朝着镜子方向传播的光学电场振幅的平方, c 是光速. 在臂上法布里–珀罗腔中的光学电场可以分解为两部分: 载频光的电场和旁频光的电场. 在这里, 所谓载频光指的是从干涉仪亮纹输入口输入的、由激光器产生的激光束, 所谓旁频光应该指的是在测试质量上由引力波对载频光进行频率调制而得到的两个旁频光. 若载频光的角频率为 ω_0, 引力波的角频率为 Ω, 按照定义, 两个旁频光的角频率应为 $(\omega_0 + \Omega)$ 和 $(\omega_0 - \Omega)$, 但是在这里需要特别声明, 为方便起见, 在 "10.2.3 信号循环" 这一节中而且仅在这一节中, 我们用调制频率 Ω 来表示旁频光的角频率.

设载频电场的振幅为 C, 则载频电场可以写成

$$C \cos \omega_0 t \quad (\omega_0 \text{ 是载频光的角频率})$$

设旁频光的正交场算符为 $\hat{s}_{1,2}$, 我们可以写出法布里–珀罗腔内的光学电场 $\hat{E}(t)$ 为

$$\hat{E}(t) = C \cos \omega_0 t + \cos \omega_0 t \left[\int_0^\infty \frac{\mathrm{d}\Omega}{2\pi} \mathrm{e}^{-\mathrm{i}\Omega t} \hat{s}_1 + \mathrm{h.c.} \right] + \sin \omega_0 t \left[\int_0^\infty \frac{\mathrm{d}\Omega}{2\pi} \mathrm{e}^{-\mathrm{i}\Omega t} \hat{s}_2 + \mathrm{h.c} \right]$$

(10-25)

其中, h.c. 代表厄米共轭. 当 $\Omega < \omega_0$ 时我们有

$$\hat{E}^2(t) = [DC \text{分量} + \text{大于} \omega_0 \text{的高频分量} + C \left[\int_0^\infty \frac{\mathrm{d}\Omega}{2\pi} \mathrm{e}^{-\mathrm{i}\Omega t} \hat{s}_1 + \mathrm{h.c.} \right] + \hat{s}_1 \hat{s}_2 \text{的平方项}$$

(10-26)

　　由于激光干涉仪引力波探测器的探测频带通常为 $10 \sim 10^4$Hz, DC 项和 $\omega_0 \sim 10^{15}$s^{-1} 的成分不在探测频带之内, 同样, 我们也可以忽略 $\hat{s}_1\hat{s}_2$ 的平方项, 因为它们比线性项小得多. 因此, 在频率范畴内, 作用在每个镜子上的辐射压力涨落力为

$$\hat{F}_{RP} \propto C \cdot \hat{s}_1(\Omega) \tag{10-27}$$

臂上法布里–珀罗腔中的光学电场 $\hat{s}_1$ 实际上是由从暗口和亮口而来的光学电场组成的, 然而, 从亮口而来的场与反对称模式运动不发生耦合 [236], 因此作用在反对称模式上的力仅仅由从暗口而来的光学电场引起. 利用法布里–珀罗腔中载频光光学电场的振幅 C、旁频光的光学电场 $\hat{s}_1$ 这两个物理量与输入光学电场振幅及从暗口出射的正交电场 $\hat{c}_1$ 的关系, 取图 10.18 中箭头所指的方向为正, 我们得到 [239]

$$\hat{F}_{RP} = \sqrt{\frac{2I_0\hbar\omega_0}{(\Omega^2 + \gamma^2)L^2}}e^{i\beta}\hat{c}_1 \tag{10-28}$$

在这里, ω_0 是载频光场的角频率, I_0 是进入干涉仪分光镜的载频光场的功率, $2\beta = 2\arctan(\Omega/\gamma)$ 是旁频光 Ω 在臂上法布里–珀罗腔中增加的相位, $\gamma = Tc/4L$ 是臂上法布里–珀罗腔的半频带宽度, T 是臂上法布里–珀罗腔前端镜子的功率透射系数, L 是臂上法布里–珀罗腔的长度. 我们确认 $\hat{F}_{RP}$ 就是我们前面所说的动力学变量 $\hat{F}$:

$$\hat{F} \equiv \hat{F}_{RP} = \sqrt{\frac{2I_0\hbar\omega_0}{(\Omega^2 + \gamma^2)L^2}}e^{i\beta}\hat{c}_1 \tag{10-29}$$

利用牛顿定律我们可以写出臂上法布里–珀罗腔镜子的运动方程

$$m\ddot{\hat{x}} = 4\hat{F} + 其他力 \tag{10-30}$$

在这里其他力指的是光学–机械相互作用所产生的力之外的力, 如引力波产生的力以及热噪声产生的力等. 由于反对称模式运动的约化质量为 $m/4$, 我们可以认为, 总哈密顿量 $\hat{H}$ 中, 耦合项就是 $-\hat{x}\hat{F}$.

D. 臂上法布里–珀罗腔镜子反对称模式的运动方程

　　在激光干涉仪引力波探测器中, 嵌有镜子的测试质量是用隔震系统悬挂起来的, 其自由振动频率约为几百 mHz, 对比干涉仪的探测频带 ($10 \sim 10^4$Hz 宽度, 我们可以把反对称模式运动的坐标近似地看成约化质量为 $m/4$ 的自由粒子的坐标. 它的自由演变过程由下面的方程给出 [244]

$$\hat{x}^{(0)}(t) = \hat{x}_s(t) + \frac{4}{m}\hat{p}_s t \tag{10-31}$$

这里, $\hat{x}_s$ 和 $\hat{p}_s$ 是薛定谔表象中反对称模式运动的广义坐标和广义动量算符. 将公式 (10-31) 代入时间范畴内的敏感性 C 和频率范畴内的敏感性 R 的定义表达式中,

并利用对易关系 $[\hat{x}_s, \hat{p}_s]=\mathrm{i}\hbar$ 可以导出 [239]

$$R_{xx} = -\frac{4}{m\Omega^2} \tag{10-32}$$

如前所述, 在激光干涉仪引力波探测器中我们感兴趣的探测频率为 $10\sim10^4\mathrm{Hz}$, 频率低于 $1\mathrm{Hz}$ 的数据将被过滤掉, 自由演变可观测物理量 $\hat{x}^{(0)}(t)$ 的傅里叶分量仅与零赫兹的成分有关 (实际干涉仪中大约是几百毫赫兹的成分), 它对输出噪声并无贡献, 因此在描述激光干涉仪引力波探测器的动力学关系时, 我们可以忽略 $\hat{x}^{(0)}(t)$ 的作用.

大家知道, 光波是一种电磁波. 在本章中我们约定, 作为电磁场的光场只用它的电场成分来描述, 而且假定这个电场只是时间的函数. 在信号循环干涉仪中, 暗口的输出电场 $\hat{E}(\hat{b}_i, t)$ 是由 $\hat{b}_i$ 构成的 $(i = 1, 2)$, 具体说来, $\hat{b}_i$ 指的是两个正交电场算符 $\hat{b}_1$ 和 $\hat{b}_2$. 而暗口的输入电场 $\hat{E}(\hat{a}_i, t)$ 是由 $\hat{a}_i$ 构成的 $(i = 1, 2)$, 它也是两个正交电场算符 $\hat{a}_1$ 和 $\hat{a}_2$. 我们知道, 电磁场的最低能态是真空态, 真空是有涨落的. 对于高级 LIGO 的光学构造来说, 从暗口输入的光学场是真空态, $\hat{a}_i$ 是真空态的涨落. 这就是说, 输出电场 $\hat{b}_i$ 所有的量子涨落都是由真空涨落 $\hat{a}_i$ 造成的. 而真空涨落 $\hat{a}_i$ 是通过信号循环镜进入干涉仪的, 因此干涉仪运动方程中的各经典可观测量的量子涨落都可以用正交电场算符 $\hat{a}_i$ 来表示.

在前面公式 (10-23) 和 (10-24) 中, 我们已经把 $\hat{Z}$ 和 $\hat{F}$ 用正交算符 $\hat{b}_\varsigma$ 和 $\hat{c}_1$ 表示出来. 下面只要建立 $\hat{b}_\varsigma$, $\hat{c}_1$ 与 $\hat{a}_i$ 之间的关系就可以了.

从图 10.18 可以看出, 如果忽略镜子在辐射压力涨落及引力波作用下的运动, 在分光镜处, 我们有如下的输入/ 输出关系 [239]

$$\hat{d}_1 = \hat{c}_1 \mathrm{e}^{2\mathrm{i}\beta}, \quad \hat{d}_2 = \hat{c}_2 \mathrm{e}^{2\mathrm{i}\beta} \tag{10-33}$$

将用正交算符表示的光学电场导入信号循环腔, 我们有 [240]

$$\hat{f}_1 = (\hat{d}_1 \cos\phi - \hat{d}_2 \sin\phi), \quad \hat{f}_2 = (\hat{d}_1 \sin\phi + \hat{d}_2 \cos\phi) \tag{10-34}$$

$$\hat{e}_1 = (\hat{c}_1 \cos\phi + \hat{c}_2 \sin\phi), \quad \hat{e}_2 = (-\hat{c}_1 \sin\phi + \hat{c}_2 \cos\phi) \tag{10-35}$$

$$\hat{e}_1 = \tau\hat{a}_1 + \rho\hat{f}_1, \quad \hat{e}_2 = \tau\hat{a}_2 + \rho f_2 \tag{10-36}$$

$$\hat{b}_1 = \tau\hat{f}_1 - \rho\hat{a}_1, \quad \hat{b}_2 = \tau\hat{f}_2 - \rho\hat{a}_2 \tag{10-37}$$

在这里, τ 和 ρ 分别是信号循环镜的透射及反射系数, $\tau^2 + \rho^2 = 1$, 且 $\phi = \omega_0 L/c$ 是频率为 $\omega_0/2\pi$ 的载频光在信号循环腔中穿越单程所增加的相位, 为了方便起见, 我们忽略了旁频光 (频率为 $\Omega/2\pi$) 在信号循环腔中穿越单程所增加的微小相位 $\Phi \equiv \Omega L/c$, 因为信号循环腔的长度只有 10m 左右, $\Phi \ll 1$.

利用以上关系, 我们就可以写出自由演变算符 $\hat{Z}, \hat{F}$ 的表达式, 它们是

$$\hat{Z}_1^{(0)}(\Omega) \equiv [\hat{b}_1(\Omega)] = \frac{e^{2i\beta}}{M_0}\{[(1+\rho^2)\cos 2\phi - 2\rho\cos 2\beta]\hat{a}_1 - \tau^2\sin 2\phi\hat{a}_2\} \tag{10-38}$$

$$\hat{Z}_2^{(0)}(\Omega) \equiv [\hat{b}_2(\Omega)] = \frac{e^{2i\beta}}{M_0}\{\tau^2\sin 2\phi\hat{a}_1 + [(1+\rho^2)\cos 2\phi - 2\rho\cos 2\beta]\hat{a}_2 \tag{10-39}$$

$$\hat{c}_1(\Omega) = \frac{\tau[(1-\rho e^{2i\beta})\cos\phi\hat{a}_1 - (1+\rho e^{2i\beta})\sin\phi\hat{a}_2}{M_0} \tag{10-40}$$

在这里, 我们定义了

$$M_0 \equiv 1 + \rho^2 e^{4i\beta} - 2\rho\cos 2\phi e^{2i\beta} = (1 + 2\rho\cos 2\phi + \rho^2)\frac{(\Omega - \Omega_+)(\Omega - \Omega_-)}{(\Omega + i\gamma)^2}$$

而且

$$\Omega_\pm = \frac{1}{1 + 2\rho\cos 2\phi + \rho^2}[\pm 2\rho\gamma\sin 2\phi - i\gamma(1-\rho^2)] \tag{10-41}$$

$\hat{Z}_\varsigma^{(0)}$ 可以用 $\hat{Z}_1^{(0)}$ 和 $\hat{Z}_2^{(0)}$ 的线性组合来表示, 从而可以用式 (10-33) 和式 (10-34) 进行计算. 利用公式 (10-24) 和公式 (10-36) 我们可以得到辐射压力涨落力的自由演变公式为

$$\hat{F}^{(0)}(\Omega) = \tau\sqrt{\frac{2I_0\hbar\omega_0}{(\Omega^2+\gamma^2)L^2}}\frac{e^{i\beta}}{M_0}[(1-\rho e^{2i\beta})\cos\phi\hat{a}_1 - (1+\rho e^{2i\beta})\sin\phi\hat{a}_2] \tag{10-42}$$

利用正交算符 $\hat{a}_1$ 和 $\hat{a}_2$ 的对易关系 [236], 我们可以推导出下面的敏感性公式:

$$R_{FF}(\Omega) = \frac{2I_0\omega_0}{L^2}\frac{\rho\sin 2\phi}{1 + 2\rho\cos 2\phi + \rho^2}\frac{1}{(\Omega - \Omega_+)(\Omega - \Omega_-)} \tag{10-43}$$

$$R_{Z_1 F}(\Omega) = -i\sqrt{\frac{2I_0\omega_0}{\hbar L^2}}\frac{\tau\sin\phi}{1 + 2\rho\cos 2\phi + \rho^2}\frac{(1-\rho)\Omega + i(1+\rho)\gamma}{(\Omega - \Omega_+)(\Omega - \Omega_-)} \tag{10-44}$$

$$R_{Z_2 F}(\Omega) = i\sqrt{\frac{2I_0\omega_0}{\hbar L^2}}\frac{\tau\cos\phi}{1 + 2\rho\cos 2\phi + \rho^2}\frac{(1+\rho)\Omega + i(1-\rho)\gamma}{(\Omega - \Omega_+)(\Omega - \Omega_-)} \tag{10-45}$$

$$R_{Z_\varsigma F}(\Omega) = R_{Z_1 F}(\Omega)\sin\varsigma + R_{Z_2 F}(\Omega)\cos\varsigma \tag{10-46}$$

在这里我们可以看到, 自由演变光学电场具有共振特点. 所谓共振, 在数学上定义为在特定的 (复数) 频率上系统对驱动力的无限大响应. 它相应于在频率范畴内敏感性在该 (复数) 频率上的一个极点. 从公式 (10-43) 和公式 (10-45) 已经知道, 敏感性 R_{FF} 和 $R_{Z_\varsigma F}$ 只有两个极点 $\Omega_\pm$, 由公式 (10-42) 给出. 它们是自由光学电场的两个 (复数) 共振频率. 相应的本征模式为

$$e^{-t/\tau_0}e^{-i\Omega_{osc}t}$$

共振频率为

$$\Omega_{\mathrm{osc}\pm} = \mathrm{Re}(\Omega_{\pm}) = \pm \frac{2\rho\gamma\sin 2\phi}{1 + 2\rho\cos 2\phi + \rho^2} \tag{10-47}$$

衰减时间为

$$\tau_0 = \tau_{\mathrm{decay}} = -\frac{1}{\mathrm{Im}(\Omega_{\pm})} = \frac{1 + 2\rho\cos 2\phi + \rho^2}{\gamma(1 - \rho^2)} \tag{10-48}$$

共振频率和衰减时间给出关于扰动的信息, 共振频率表示在这个频率上光学电场对扰动是最灵敏的, 而衰减时间表示扰动在漏出之前在干涉仪中持续的时间.

5) 测试质量和光学场的耦合演变

下面我们讨论线性量子测量系统中 (即我们研究的信号循环干涉仪引力波探测器中), 探头与探测器之间有相互作用时 (即信号循环干涉仪中镜子的反对称模式运动与光学场之间有相互作用时), 各可观测物理量的演变方程.

利用自由演变光学电场算符 $\hat{Z}_1^{(0)}(\Omega)$, $\hat{Z}_2^{(0)}(\Omega)$ 及 $\hat{F}^{(0)}(\Omega)$ 和光学场敏感性 $R_{FF}(\Omega)$, $R_{Z_1F}(\Omega)$, $R_{Z_2F}(\Omega)$ 及

$$R_{Z_\varsigma F}(\Omega) = R_{Z_1F}(\Omega)\sin\varsigma + R_{Z_2F}(\Omega)\cos\varsigma$$

的计算公式以及反对称模式运动的敏感性 $R_{xx}(\Omega)$ 的表达式, 我们可以得到信号循环干涉仪中反对称模式运动的全演变 $\hat{x}^{(1)}(\Omega)$ 的表达式及输出光场 $\hat{Z}_\varsigma^{(1)}(\Omega)$ 的全演变计算公式. 当考虑探头和探测器的相互作用时, 将线性量子测量系统 (即我们研究的信号循环干涉仪引力波探测器) 的可观测物理量 $\hat{x}$、$\hat{F}$ 和 $\hat{Z}$ 耦合在一起的表达式为

$$\hat{Z}_\varsigma^{(1)}(\Omega) = \hat{Z}_\varsigma^{(0)}(\Omega) + R_{Z_\varsigma F}(\Omega)\hat{x}^{(1)}(\Omega) \tag{10-49}$$

$$\hat{F}^{(1)}(\Omega) = \hat{F}^{(0)}(\Omega) + R_{FF}(\Omega)\hat{x}^{(1)}(\Omega) \tag{10-50}$$

$$\hat{x}^{(1)}(\Omega) = R_{xx}(\Omega)[G(\Omega) + \hat{F}^{(1)}(\Omega)] \tag{10-51}$$

公式 (10-51) 是在引力波作用力 $G(\Omega) = -(m/4)\Omega^2 h(\Omega)$、辐射压力涨落力 $\hat{F}$ 的联合作用下反对称模式运动的方程. $R_{xx}(\Omega)$ 是敏感性, 敏感性又称响应函数. 公式 (10-49) 和 (10-50) 是在臂上法布里–珀罗腔四个反对称模式运动 $\hat{x}$ 的调制下光场 $\hat{Z}_\varsigma$ 和 $\hat{F}$ 的运动方程, 响应函数分别是 $R_{Z_\varsigma F}(\Omega)$ 和 $R_{FF}(\Omega)$.

在上面的关系式中没有考虑自由演变算符 $\hat{x}^{(0)}$, 如前面讨论的那样, 它的效应在数据中被过滤掉了.

6) 常规激光干涉仪中光学–机械相互作用

所谓量子测量系统中探头与探测器之间的相互作用, 具体到信号循环激光干涉仪引力波探测器就是光学–机械相互作用. 在常规激光干涉仪中有人对此做过细致的研究 [236], 其结果如下.

A. 臂上法布里–珀罗腔内的光学电场

假设旁频光振幅比载频光振幅小得多, 臂上法布里–珀罗腔内的光学电场可以近似地表示为

$$
\begin{aligned}
\hat{E}(t) &\propto C \cos \omega_0 t + \hat{S}_1(t) \cos \omega_0 t + \hat{S}_2(t) \sin \omega_0 t \\
&\approx C \left[1 + \frac{\hat{S}_1(t)}{C} \right] \cos \left[\omega_0 t + \frac{\hat{S}_2(t)}{C} \right]
\end{aligned}
\tag{10-52}
$$

其中, C 是载频光电场的振幅.

$$
\hat{S}_j(t) = \int_0^\infty \frac{\mathrm{d}\Omega}{2\pi} \mathrm{e}^{-\mathrm{i}\Omega t} \hat{s}_j + \text{h.c.}, \quad j = 1, 2
$$

$\hat{E}(t)$ 的表达式意味着旁频光电场 $\hat{S}_1$ 和 $\hat{S}_2$ 对载频电场的振幅和相位进行了调制.

B. 正交振幅算符和正交相位算符

如果臂上法布里–珀罗腔的镜子是固定不动的, 则很容易地推导出 (参照图 10.18):

$$
\hat{b}_1 \propto \hat{s}_1 \propto \hat{a}_1, \quad \hat{b}_2 \propto \hat{s}_2 \propto \hat{a}_2
$$

这样一来, 在常规激光干涉仪引力波探测器中我们就可以把 $\hat{s}_1$、$\hat{a}_1$ 和 $\hat{b}_1$ 认作正交振幅算符, 而把 $\hat{s}_2$、$\hat{a}_2$ 和 $\hat{b}_2$ 认作正交相位算符.

C. 臂上法布里–珀罗腔镜子可移动时的状况

如果臂上法布里–珀罗腔的镜子是可移动的, 它们的运动调制了载频光电场的相位, 把正交振幅算符的一部分泵入正交相位算符 $\hat{S}_2(t)$ 中, 从而泵入 $\hat{b}_2$ 中 [236], 结果导致 $R_{Z_2F} \neq 0$, 但 $R_{Z_2F}=0$, 另一方面, 作用在臂上法布里–珀罗腔镜子上的辐射压力涨落力是由振幅调制 $\hat{S}_1(t)$ 确定的, 它并不对臂上法布里–珀罗腔镜子的运动有响应, 因此 $R_{FF} = 0$.

7) 信号循环激光干涉仪中的光学–机械相互作用

如前所述, 臂上法布里–珀罗腔镜子反对称模式运动 $\hat{x}$ 仅出现在正交相位算符 $\hat{d}_2$ 中. 这可以形象地用下面的简图来表示:

$$
\begin{pmatrix} \hat{c}_1 \\ \hat{c}_2 \end{pmatrix} = 经过臂腔 \Rightarrow \mathrm{e}^{\mathrm{i}(\text{Phase})} \begin{pmatrix} \hat{c}_1 \\ \hat{c}_2 \end{pmatrix} + \begin{pmatrix} 0 \\ \hat{x} \end{pmatrix} \Leftrightarrow \begin{pmatrix} \hat{d}_1 \\ \hat{d}_2 \end{pmatrix}
\tag{10-53}
$$

由于信号循环镜的存在, 从分光镜出射的光学电场的一部分被信号循环镜反射并被反馈到臂上法布里–珀罗腔中. 当它们在信号循环腔内渡越时, 从分光镜出射的振幅/ 相位正交场 $\hat{d}_{1,2}$ 被转了一个角度 ϕ(参阅公式 (10-34) 和 (10-35)). 不仅如此, 从信号循环镜也漏出一部分光, 构成输出光学电场的一部分. 某些真空场透过信号循环镜也从外部渗入信号循环腔 (参阅公式 (10-36) 和 (10-37)) 中.

当被信号循环镜反射的光场与渗入的真空场一起再次到达分光镜时, 转动角变成了 2ϕ. 这个过程可以图示为

$$
\begin{pmatrix} \hat{d}_1 \\ \hat{d}_2 \end{pmatrix} = \text{经过信号循环腔} \Rightarrow \rho \begin{pmatrix} \cos 2\phi & -\sin 2\phi \\ \sin 2\phi & \cos 2\phi \end{pmatrix} \begin{pmatrix} \hat{d}_1 \\ \hat{d}_2 \end{pmatrix} + \tau
$$

$$
(\text{外部来的真空场}) \Leftrightarrow \begin{pmatrix} \hat{c}_1 \\ \hat{c}_2 \end{pmatrix} \tag{10-54}
$$

下面我们讨论两种特殊情况:

(1) 当 $\phi = 0$ 或 $\phi = \dfrac{\pi}{2}$ 时, 转动矩阵变成对角线矩阵 (参阅公式 (10-54)). 由于 $\hat{x}$ 仅出现在 $\hat{d}_2$ 中, 传播矩阵的对角线形式保证 $\hat{x}$ 仅出现在 $\hat{d}_2$ 和 $\hat{c}_2$ 中, 正比于 $\hat{c}_1$ 的辐射压力涨落力就不受反对称模式运动 $\hat{x}$ 的影响, $R_{FF} = 0$, 这是常规激光干涉仪中的情况, 而且由于在分光镜处的正交场 $\hat{d}_{1,2}$ 到达信号循环镜时被转了一个角度 ϕ (参阅公式 (10-34)). 臂上法布里–珀罗腔镜子反对称模式运动的相关信息仅包含在输出场 $\hat{b}_2$ 中 (当 $\phi = 0$ 时) 或仅包含在输出场 $\hat{b}_1$ 中 (当 $\phi = \pi/2$ 时), 因此, 我们得到 $R_{Z_1F} = 0$(当 $\phi = 0$ 时) 及 $R_{Z_2F} = 0$(当 $\phi = \pi/2$ 时), 这些结果可以直接从公式 (10-44) 和 (10-45) 得到.

(2) 在一般情况下, 即当 $\phi \neq 0$ 或 $\phi \neq \dfrac{\pi}{2}$ 时, $\hat{x}$ 在 $\hat{c}_1$ 和 $\hat{c}_2$ 中都出现, 这时辐射压力涨落力 $\hat{F} = \hat{F}_{RP}$ 及两个输出场正交算符 $\hat{b}_{1,2}$ 都对 $\hat{x}$ 有响应, 也就是说, 根据公式 (10-42), (10-44), (10-45), 对于所有的 ς 值而言, $R_{FF} \neq 0$ 且 $R_{Z_\varsigma F} \neq 0$. 综上所述, 我们得出下面两个重要结论.

结论一:

当 $R_{FF} = 0$ 时 (如常规常规激光干涉仪), 从表达式 (10-32), (10-50) 和 (10-51) 我们推导出

$$
-\frac{m}{4}\Omega^2 \hat{x}^{(1)}(\Omega) = G(\Omega) + \hat{F}^{(0)}(\Omega) \tag{10-55}
$$

如果臂上法布里–珀罗腔的镜子是固定不动的, 则辐射压力涨落力 $\hat{F}^{(0)}(\Omega)$ 直接与暗口的正交算符发生关系, 在常规激光干涉仪中, 这个力仅由输入正交算符中的一个 (比如说 $\hat{a}_1(\Omega)$) 决定, 由于如下的对易关系:

$$
[\hat{a}_1(\Omega), \hat{a}_1^+(\Omega)] = 0, \quad [\hat{a}_2(\Omega), \hat{a}_2^+(\Omega)] = 0, \quad [\hat{a}_1(\Omega), \hat{a}_2^+(\Omega)] = 2\pi\mathrm{i}\delta(\Omega - \Omega')
$$

光学力对镜子运动产生的扰动无响应, 设响应函数为 $G(t, t')$

$$
G(t, t') \propto [\hat{F}_0(t), \hat{F}_0(t')]
$$

那么在常规激光干涉仪中, 光学力对镜子运动产生的扰动的响应函数为零, 即 $G(t, t') = 0$, 这意味着臂上法布里–珀罗腔四个镜子反对称模式运动的行为如同承受引力波作用力和辐射压力涨落力 $\hat{F}^{(0)}(\Omega)$ 共同作用的自由质量一样. 众所周知, 对于这样的力学系统, 量子力学的测不准原理会对无量纲引力波信号 $h(t)$ 施加一个极限光量子噪声, 其谱密度为 $S_h^{\mathrm{SQL}}(\Omega)$, 这个极限光量子噪声谱密度就是激光干涉仪引力波探测器的所谓 "标准量子极限" SQL. 标准量子极限的详细讨论将在下面的章节中进行.

结论二:

在信号循环镜激光干涉仪中, 辐射压力涨落力由输入正交算符 $\hat{a}_1(\Omega)$ 和 $\hat{a}_2(\Omega)$ 两者的线性组合确定, 线性组合的系数是复数. 光学力对镜子运动产生的扰动的响应函数 $G(t, t')$ 不为零. 考虑到镜子运动的影响, 在信号循环镜激光干涉仪中, 总的辐射压力涨落力为 [239]

$$\hat{F}(t) = \hat{F}_0(t) + \frac{\mathrm{i}}{\hbar} \int_{-\infty}^{t} \mathrm{d}t' G_{FF}(t, t') \hat{x}(t')$$

上式的第二项可以容易地用经典术语来解释: 信号循环镜是把从暗口出来的光信号反馈回干涉仪内, 这时干涉仪臂上法布里–珀罗腔内的光场也含有经典的引力波信号 $h(t)$, 因此辐射压力涨落力 $\hat{F}(t)$ 一定与镜子的反对称模式运动 $\hat{x}$ 的演变历史有关. 值得注意的是, 信号循环干涉仪内部光场之间相关性的建立 [251–253] 使得在常规激光干涉仪引力波探测器 (如第一代激光干涉仪 LIGO, VIRGO, GEO600, TAMA300 等) 中存在的标准量子极限在信号循环干涉仪中有可能被突破.

当 $R_{FF} \neq 0$ 时, 根据表达式 (10-27), (10-45) 和 (10-46) 我们推导出

$$-\frac{m}{4}\Omega^2 \hat{x}^{(1)}(\Omega) = G(\Omega) + \hat{F}^{(0)}(\Omega) + R_{FF}(\Omega)\hat{x}^{(1)}(\Omega) \tag{10-56}$$

在公式中, $R_{FF}(\Omega)$ 是响应函数 $G_{FF}(t)$ 的傅里叶变换. 公式 (10-51) 表明, 臂上法布里–珀罗腔四个镜子反对称模式运动不但随机地受到辐射压力涨落力 $\hat{F}^{(0)}(\Omega)$ 的扰动, 而且, 更重要地, 还要经受一个线性恢复力 $R_{FF}(\Omega)\hat{x}^{(1)}(\Omega)$ 的作用, 该线性恢复力具有与频率相关的刚性 $K(\Omega)$, $K(\Omega)$ 又称为弹簧常数

$$K(\Omega) = -R_{FF}(\Omega) \neq 0$$

这个与频率相关的刚性通常被称为 "粗重刚性" [248,249]. 因此, 可以看出, 信号循环干涉仪监测的不再是自由质量的位移, 而是监测一个承受力场作用的测试质量的位移, 这个力场的表达式为

$$\hat{F}_{\mathrm{res}}(\Omega) = -K(\Omega)\hat{x}(\Omega) \tag{10-57}$$

粗重刚性的存在是信号循环激光干涉仪引力波探测器能够突破标准量子极限的根本原因, 因为这意味着, 信号循环激光干涉仪监测的不再是自由质量的位移, 而从监测自由质量的位移而产生的标准量子极限 SQL 这个概念对信号循环干涉仪不再起作用. A. 博纳诺和 Y. 陈的研究证明 [238,240], 对于信号循环干涉仪的参数 ρ, ϕ 和 I_0 来说, 确实存在一个选择区域, 在这个区域内, 干涉仪的量子噪声曲线能够在频带宽度 $\Delta f \approx f$ 内以因数 2 的幅度突破标准量子极限 SQL.

标准量子极限的突破是信号循环激光干涉仪引力波探测器高级 LIGO 的重要特点. 信号循环对提高激光干涉仪引力波探测器的灵敏度有十分重要的作用, 需要对它进行详细的分析.

3. 标准量子极限及突破

很早以前人们就知道, 激光干涉仪引力波探测器灵敏度的提高受到自由测试质量标准量子极限 SQL 的制约. 若想大幅度地突破标准量子极限, 必须从根本上改变干涉仪的设计或改变其输入/ 输出方式.

然而, B. 博纳诺和 Y. 陈的研究表明 [237-240], 在一定条件下, 信号循环激光干涉仪引力波探测器可以在一定频率范围内, 以适当的幅度突破标准量子极限. 其基本原因在于, 在信号循环激光干涉仪引力波探测器中, 由于信号循环镜的引入, 光的散弹噪声和辐射压力噪声发生动态关联, 使得干涉仪噪声曲线的形状发生变化. 这种形状的改变允许它在一定频率范围内突破标准量子极限.

1) 标准量子极限

A. 激光干涉仪引力波探测器中的测不准原理

如前所述, 当引力波通过时, 由它引起的时空畸变会使干涉仪测试质量的相对位置发生变化, 探测到这种相对位置的变化, 就能证实引力波的存在. 然而, 这种位移量是非常小的 (例如, 在臂长为 4km 的激光干涉仪引力波探测器 LIGO 中, 约为 10^{-19}m 或更小), 激光干涉仪引力波探测器必须以非常高的精度进行长度测量.

量子力学中的测不准原理告诉我们, 如果两个力学量的算符是不对易的 (如坐标算符 $\hat{x}$ 和动量算符 $\hat{p}_x$), 则这两个算符对应的力学量 (坐标 x 和动量 p_x) 一般不能同时具有确定的值. x 和 p_x 的不确定程度由它们的均方偏差 $\overline{(\Delta x)^2}$ 和 $\overline{(\Delta p_x)^2}$ 来表示:

$$\overline{(\Delta x)^2} \cdot \overline{(\Delta p_x)^2} \geqslant \frac{\hbar^2}{4}$$

这就是说, 坐标 x 的均方误差越小, 即坐标 x 的测量越精确, 则与其对应的动量 p_x 的测量误差越大, 即测量越不精确.

把量子力学的测不准原理应用在激光干涉仪引力波探测器的测试质量上, 我们会得到如下推论: 如果测试质量的相对位置以极高的精度进行测量, 那么测试质量的动量会因此受到扰动. 随后, 这种动量扰动会产生位置的不确定性, 这种位置的不确定性有可能掩盖引力波引起的极微小的位移. 如果动量扰动引起的效应与位移测量产生的误差不发生关联, 那么上述过程的详细分析表明, 量子力学测不准原理对干涉仪灵敏度的提高 (即噪声的降低) 产生了一个极限, 它用噪声谱密度 $S_{\mathrm{h}}^{\mathrm{SQL}}(\Omega)$ 来表示. 这是引力波信号无量纲幅度 $h(t)$ 的噪声谱密度 $S_{\mathrm{h}}(\Omega)$ 能够达到的极限, 即

$$S_{\mathrm{h}}(\Omega) \geqslant S_{\mathrm{h}}^{\mathrm{SQL}}(\Omega)$$

$S_{\mathrm{h}}^{\mathrm{SQL}}(\Omega)$ 被称为标准量子极限, 其大小由下面的公式给出 [241]:

$$S_{\mathrm{h}}^{\mathrm{SQL}}(\Omega) = 8\hbar/(m\Omega^2 L^2) \tag{10-58}$$

在这里 m 是单个测试质量的质量值 (假定干涉仪的四个测试质量具有相同的质量值), L 是干涉仪臂上法布里–珀罗腔的长度, $\hbar$ 是约化普朗克常数. Ω 是被测引力波的角频率.

B. 激光干涉仪的量子噪声谱密度与标准量子极限

下面我们用激光干涉仪引力波探测器的量子噪声谱密度进一步分析标准量子极限问题.

在频率范畴内, 激光干涉仪引力波探测器的输出可观测量 $\hat{O}(\Omega)$ 可以写成如下形式 [254]:

$$\hat{O}(\Omega) = \hat{Z}(\Omega) + R_{xx}(\Omega)\hat{F}(\Omega) + Lh(\Omega) \tag{10-59}$$

输出 $\hat{O}(\Omega)$ 与两个正交算符 $\hat{b}_1$, $\hat{b}_2$ 中的一个或它们的线性组合相关, 其中 $R_{xx} = -1/m\Omega^2$ 是臂上法布里–珀罗腔四个镜子反对称模式运动的敏感性, L 是干涉仪的臂长, $\hat{Z}(\Omega)$ 和 $\hat{F}(\Omega)$ 与镜子的质量 m 无关 [255], 被称为有效散弹噪声和有效辐射压力涨落力. 激光干涉仪的 (单边) 噪声谱密度可以用下面的公式来表示 [242]:

$$S_{\mathrm{h}}(\Omega) = \frac{1}{L^2}\{S_{\hat{Z}\hat{Z}}(\Omega) + 2R_{xx}(\Omega)\mathrm{Re}[S_{\hat{F}\hat{Z}}(\Omega)] + R_{xx}^2(\Omega)S_{\hat{F}\hat{F}}(\Omega)\} \tag{10-60}$$

在这里, 我们定义了

$$2\pi\delta(\Omega - \Omega')S_{\hat{A}\hat{B}}(\Omega) = \langle\hat{A}(\Omega)\hat{B}^+(\Omega') + \hat{B}^+(\Omega')\hat{A}(\Omega)\rangle \tag{10-61}$$

(单边) 噪声谱密度和 $\hat{Z}$, $\hat{F}$ 的相关性满足如下测不准关系 [242]:

$$S_{\hat{Z}\hat{Z}}(\Omega)S_{\hat{F}\hat{F}}(\Omega) - S_{\hat{Z}\hat{F}}(\Omega)S_{\hat{F}\hat{Z}}(\Omega) \geqslant \hbar^2 \tag{10-62}$$

从以上的讨论中我们得到以下三条重要推论:

(1) A. 博纳诺和 Y. 陈的研究表明 [239], 粗重刚性效应与散弹噪声和辐射压力涨落噪声间的耦合 [256] 有直接关系. 在常规干涉仪中, 粗重刚性效应是不存在的, 即在

$R_{FF} = 0$ 这种情况下, 只要没有光从暗口输入到干涉仪中, 或散弹噪声和辐射压力噪声间的相互关联在读出过程中来不及稳定地建立起来, 我们就有 $S_{\hat{Z}\hat{F}} = 0 = S_{\hat{F}\hat{Z}}$, 经过简单运算我们得到

$$S_h(\Omega) \geqslant 8\hbar/(m\Omega^2 L^2) \tag{10-63}$$

通常人们把 $8\hbar/(m\Omega^2 L^2)$ 定义为标准量子极限, 即

$$S_h^{\mathrm{SQL}}(\Omega) \equiv 8\hbar/(m\Omega^2 L^2) \tag{10-64}$$

(2) 在信号循环干涉仪中, 由于粗重刚性效应的存在, $R_{FF} \neq 0$, 散弹噪声和辐射压力噪声间自动地产生相互关联, 公式

$$S_{\hat{Z}\hat{Z}}(\Omega)S_{\hat{F}\hat{F}}(\Omega) - S_{\hat{Z}\hat{F}}(\Omega)S_{\hat{F}\hat{Z}}(\Omega) \geqslant \hbar^2$$

不再给噪声谱密度 $S_h(\Omega)$ 强加一个底部边界. 请记住,

$$S_h(\Omega) = \frac{1}{L^2}\{S_{\hat{Z}\hat{Z}}(\Omega) + 2R_{xx}(\Omega)\mathrm{Re}[S_{\hat{F}\hat{Z}}(\Omega)] + R_{xx}^2(\Omega)S_{\hat{F}\hat{F}}(\Omega)\}$$

A. 博纳诺和 Y. 陈发现, 在实验上适当选择一些参数值, 信号循环激光干涉仪的噪声谱密度可以在一定频带内突破标准量子极限 $S_h^{\mathrm{SQL}}(\Omega)$, 如图 10.20 所示.

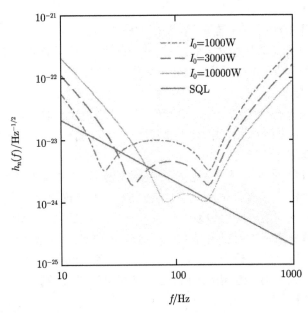

图 10.20　量子噪声谱密度的平方根 $h_n \equiv \sqrt{S_h}$ 与频率的关系曲线 (图中曲线是用高级 LIGO 的参数计算的) [239]

在图中, 不同的 I_0 值表示分光镜处不同的激光功率, 在对各曲线进行计算时, 信号循环镜的反射系数及信号循环腔的失谐度是固定的. 为了进行比较, 标准量子极限 $S_h^{SQL}(\Omega)$ 的曲线也同时在图中画出. 可以看到, 噪声曲线有两个明显的低谷, 它们的位置由光学-机械体系耦合的共振频率决定, 当 I_0 增加时, 耦合的机械共振频率 (左面的低谷) 从零值向右移动, 同时, 耦合的光学共振频率 (右面的低谷) 变化不大. 基本上还是位于极限的激光功率 I_0 情况下的纯光学共振频率附近.

(3) 如前所述, 在激光干涉仪引力波探测器中, 测不准关系包括两个方面, 其一是测试质量的量子力学波函数, 另一方面是激光的涨落. V. 布若津斯基的研究表明 [242], 测试质量的初始量子态仅影响频率小于 1Hz 的区域, 通过低频过滤器可以把这部分数据去掉, 因此, 在常规激光干涉仪引力波探测器 (如第一代激光干涉仪 LIGO, VIRGO, TAMA 等) 的观测频带内, 测不准原理与测试质量波函数的详细结构无直接关系, 激光涨落是标准量子极限唯一的实施者.

在激光干涉仪中, 光量子噪声分为散弹噪声和辐射压力噪声两部分, 只要光的散弹噪声和辐射压力噪声之间不发生关联, 光就稳固地施加标准量子极限. 标准量子极限是激光干涉仪引力波探测器降低噪声、提高探测灵敏度的天然障碍, 大幅度突破标准量子极限的出路在于改变常规干涉仪的光学结构或读出线路的设计 [242-247]. 利用信号循环技术, 也可以在一定的频率范围内以适当的尺度突破标准量子极限. 如前所述, 输入压缩态光场及改变读出方法也可以用来突破标准量子极限.

2) 信号循环干涉仪中标准量子极限的突破

在常规激光干涉仪引力波探测器中, 臂上法布里-珀罗腔四个镜子的反对称模式运动是把镜子看成 "自由质量" 来分析的, 但是, 当信号循环镜加入之后, 若输入激光功率很大, 辐射压力不仅由于量子涨落而随机地干扰 "自由质量" 的运动, 而且镜子对力的响应更像连在一根具有特殊刚性的弹簧上一样. 这种弹簧式的振动响应, 对信号循环激光干涉仪引力波探测器产生了更加丰富的动力学内容, 加强了它改变噪声曲线形状的能力.

可以说, 在信号循环激光干涉仪引力波探测器中, 信号循环镜是一个关键部件, 它把从暗口出来的光信号反馈回干涉仪内, 这时, 干涉仪臂上法布里-珀罗腔内的光学场也含有经反馈而来的引力波信号 h 及与其相关的噪声, 特别是光量子噪声, 从而使光的散弹噪声和辐射压力噪声发生动态关联, 当输入激光功率很大时, 它能破坏光在自由质量上施加标准量子极限的能力, 改变干涉仪噪声曲线的形状, 使标准量子极限不再成为不可逾越的障碍, 若热噪声也足够低, 则能够在一定频率范围内突破标准量子极限.

标准量子极限被突破之后, 常规干涉仪中对自由测试质量起作用的标准量子极限, 在信号循环干涉仪中就不起作用了. "标准量子极限" 这个术语在这里只保留

了一个 "提醒者" 的角色: 它提醒我们, 在那个区域里, 辐射压力噪声的大小可以与散弹噪声相比拟, 仅此而已.

A. 博纳诺和 Y. 陈的研究表明 [237-240], 信号循环干涉仪中突破标准量子极限的方式与有些方案建议的突破技术 [242-245] 是很不相同的. 在信号循环干涉仪中, 噪声曲线的改善主要是由信号循环腔导入的共振引起的. 本质上讲, 动态关联产生于臂上法布里–珀罗腔四个镜子的反对称模式运动与循环的信号光场的特殊耦合, 这种不平凡的耦合, 使得腔镜不但受到辐射涨落力的影响, 而且承受一个线性恢复力. 该恢复力具有与频率相关的特殊刚性. 由臂上法布里–珀罗腔镜子和光场组成的整个光学–机械系统的动力学特性与仅受辐射压力涨落影响的自由质量是不同的, 而与连接在一根粗重弹簧 (光场) 上的自由测试质量 (镜子) 的动力学相类似. 当测试质量与粗重弹簧未连在一起时 (相当于非常低的激光功率), 它们分别具有自己的本征运动模式, 即对测试质量来说, 具有均匀转发模式, 而对于光弹簧来说具有纵波模式. 然而, 一旦自由测试质量与粗重弹簧连接起来 (相当于非常高的激光功率, 如高级 LIGO 的功率), 这两类自由运动模式就在频率上发生了移动. 因此, 整个耦合在一起的系统可能在两对有限大小的频率上发生共振 (耦合的机械共振和光共振), 从这种观点来看, 信号循环激光干涉仪引力波探测器对引力波信号的响应就像一个 "光弹簧" 探测器. 这种振动式的响应产生了把引力波信号共振放大的可能性, 可以认为, 引力波信号的共振放大才是信号循环激光干涉仪能够突破标准量子极限的根源.

A. 博纳诺和 Y. 陈的研究表明 [239], 在信号循环镜具有高反射系数时, 可以推导出一个非常简洁的解析表达式, 利用这个解析式可以计算出共振频率的位置, 经典输出信号的幅度在这个共振频率附近确实被放大了. 这就清楚地表明, 在信号循环干涉仪中, 标准量子极限的突破主要源自引力波信号的共振放大.

利用共振来突破标准量子极限的想法最初是由 V. B. 布若津斯基等提出来的 [248,249]. 在信号循环激光干涉仪引力波探测器中, 标准量子极限被突破的物理机制与他们的研究结果是相同的.

4. 信号循环激光干涉仪的光弹簧特性

1) 光弹簧的工作原理

光弹簧是一个非常有趣的物理现象, 它用完全由光子做成的弹簧把两个或多个悬挂起来的镜子连接在一起. 这种弹簧可以做成几千米长, 硬度比钻石还高 [339]. 与机械弹簧相比, 它在某种程度上来说几乎没有经典噪声.

光弹簧的基本工作原理如图 10.21 所示. 在储有很高激光功率的失谐法布里–珀罗腔中, 至少有一面镜子是悬挂起来的, 悬镜的平衡位置由光的辐射压力和重力决定, 辐射压力试图把两面镜子推得更远, 从而使法布里–珀罗腔拉长, 重力试图把镜子拉回来而使腔的长度缩短. 我们知道, 法布里–珀罗腔内的激光功率强烈地与腔长的轻微变化有关, 由于两面镜子至少有一面是悬挂起来的, 所以它们极易受到辐射压力的影响. 现在我们把图中右边的镜子向右或向左轻轻推一下, 使其稍微偏离平衡位置, 看看将会发生什么样的现象.

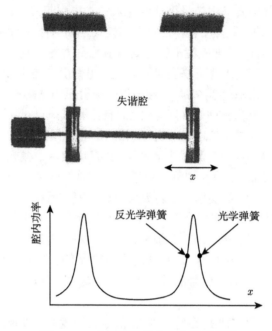

图 10.21　光弹簧的基本工作原理 [306]

　　在光弹簧应用中, 我们总是使法布里–珀罗腔工作在失谐状态, 所以其工作点稍微偏离了共振点. 在把工作点的位置选在共振点右侧的情况下, 如果我们把镜子从平衡位置向右推, 首先是重力将其往回拉, 试图使它返回平衡位置. 其次是由于法布里–珀罗腔的长度增加, 其工作状态更加远离共振点, 腔内激光功率将会减少, 使得辐射压力减小. 减小辐射压力意味着使镜子朝原来的平衡位置移动, 这两种效应合起来, 使镜子向左移动, 重返平衡位置. 如果当我们把镜子从平衡位置向左推, 重力将仍会把它往回拉, 试图使它返回平衡位置, 而由于法布里–珀罗腔的长度缩短, 腔的工作状态更加靠近共振点, 腔内激光功率增加, 使得辐射压力加大, 加大的辐射压力将镜子推回到平衡位置. 这两种效应合起来, 使镜子向右移动, 重返平衡位置.

　　以上情况表明, 我们的系统展示出一种线性恢复力, 系统的运动遵循胡克定律:

$$F = -\kappa x$$

其中, F 是作用到镜子上的合力; x 是镜子到平衡位置的距离; κ 是有效弹簧常数. 这就是图 10.21 中显示的光学弹簧.

如果我们把失谐法布里–珀罗腔的工作点选在共振峰的左侧, 如果我们把镜子从平衡位置向左推或右推, 重力仍将把它往回拉, 试图使它返回平衡位置. 但辐射压力作用的方向与镜子位移的方向一致, 就会得到一个反光学弹簧 (参阅图 10.21).

光弹簧在利用失谐信号循环技术使激光干涉仪引力波探测器的灵敏度超越标准量子极限方面起着关键作用.

2) 动力学分析

根据前面的分析我们知道, 在信号循环激光干涉仪中, 臂上法布里–珀罗腔四个镜子经受着一个与频率有关的线性恢复力 $R_{FF}(\Omega)\hat{x}^{(1)}(\Omega)$, 在这种力的作用下, 镜子的运动一定具有共振的特点, 而且由于具体条件不同可能出现两对共振. 下面我们就通过分析由光学场和镜子组成的整个系统的动力学问题详细研究这种现象, 分析两对共振的起源.

从前面的讨论可以知道, 在信号循环激光干涉仪中, 光学场的响应函数 $R_{FF}(\Omega)$ 的表达式为

$$R_{FF}(\Omega) = \frac{2I_0\omega_0}{L^2}\frac{\rho\sin 2\phi}{1+2\rho\cos 2\phi+\rho^2}\frac{1}{(\Omega-\Omega_+)(\Omega-\Omega_-)}$$

取高级 LIGO 的参数 $\phi = \dfrac{\pi}{2} - 0.47$, $\rho = 0.9$, $I_0 \approx 10^4\mathrm{W}$, 我们可以画出 R_{FF} 的振幅和相位与旁频 Ω 的关系曲线 (图 10.22).

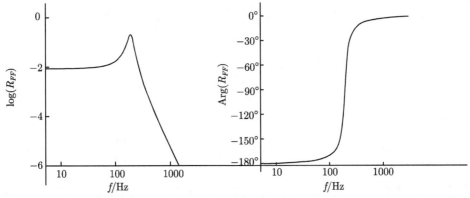

图 10.22　R_{FF} 的振幅和相位与旁频 Ω 的关系曲线 [240]

可以看出, R_{FF} 的振幅和相位类似于一个阻尼谐振子的响应函数 (除了相位与之相反外). 从图中还可以看到, 当频率 $f = \Omega/2\pi$ 比较小时, $|R_{FF}|$ 基本上是一个常数, 而相位基本上是 $-180°$. 因此, 在这个频率区域内, 弹簧常数近似为一个正的常数, 其值近似地为 $K(\Omega = 0) = -R_{FF}(\Omega = 0) > 0$, 然而, 只有当 $0 < \phi < \pi/2$ 时,

$K(\Omega = 0)$ 才为正值, 而当 $\frac{\pi}{2} < \phi < \pi$ 时, 弹簧常数在低频区域为负值. 此结果表明, 对于 $\frac{\pi}{2} < \phi < \pi$ 的情况来说, 存在一个非振动不稳定性问题.

当频率 $f = \Omega/2\pi$ 比较大时, $K(\Omega) = -R_{FF}(\Omega)$ 有一个共振峰, 共振峰的中心位于 $\Omega = \Omega_{\mathrm{osc}}$ 处, 共振峰的宽度为 $1/\tau_{\mathrm{decay}}$ (参阅公式 (10-41) 和 (10-43)).

以上讨论告诉我们, 在信号循环激光干涉仪中, 由光学场和镜子组成的整个系统的动力学问题类似于一个与测试质量连接在一起的粗重弹簧的动力学问题, 但该弹簧与普通弹簧不同, 它具有复杂的内部模式, 其弹簧常数是频率的函数.

当测试质量在低频运动时, 即当 $\Omega \ll \Omega_{\mathrm{osc}}$ 时, 弹簧的内部配置有足够的时间跟上它的运动, 弹簧保持其均匀性, 能提供一个线性恢复力, 从而感生一对共振. 它们的频率为

$$\Omega_{\mathrm{mech}} = \pm\sqrt{\frac{4K(\Omega \ll \Omega_{\mathrm{osc}})}{m}} \approx \pm\sqrt{\frac{4K(\Omega = 0)}{m}} \tag{10-65}$$

当测试质量在高频运动时, 即当 $\Omega \gg \Omega_{\mathrm{osc}}$ 时, 弹簧的内部配置跟不上它的运动, 弹簧的内部模式被激发, 为系统提供另一对共振. 下面我们来推导这对共振的表达式.

将 $\hat{x}$ 的运动方程

$$\hat{x}^{(1)}(\Omega) = R_{xx}(\Omega)[G(\Omega) + \hat{F}^{(1)}(\Omega)]$$

和 R_{FF} 的表达式

$$R_{FF}(\Omega) = \frac{2I_0\omega_0}{L^2} \frac{\rho \sin 2\phi}{1 + 2\rho\cos 2\phi + \rho^2} \frac{1}{(\Omega - \Omega_+)(\Omega - \Omega_-)}$$

代入 $\hat{F}$ 的运动方程

$$\hat{F}^{(1)}(\Omega) = \hat{F}^{(0)}(\Omega) + R_{FF}(\Omega)\hat{x}^{(1)}(\Omega)$$

我们得到

$$-(\Omega - \Omega_+)(\Omega - \Omega_-)\hat{F}^{(1)}(\Omega) = 驱动项 + \frac{4}{m\Omega^2}\frac{2I_0\omega_0}{L^2}\frac{\rho \sin 2\phi}{1 + 2\rho\cos 2\phi + \rho^2}\hat{F}^{(1)}(\Omega) \tag{10-66}$$

当信号循环镜不存在时 (常规干涉仪), 即当 $\rho = 0$ 时, 表达式中正比于 $\hat{F}^{(1)}(\Omega)$ 的项消失了, 光学场以两个共振频率 $\Omega_\pm$ 为特征运动

$$\Omega_\pm = \frac{1}{1 + 2\rho\cos 2\phi + \rho^2}[\pm 2\rho\gamma \sin 2\phi - \mathrm{i}\gamma(1 - \rho^2)] \tag{10-67}$$

当信号循环镜存在时 (如在信号循环干涉仪中), 即当 $\rho \neq 0$ 时, 表达式中正比于 $\hat{F}^{(1)}(\Omega)$ 的项将光学场的共振频率从 $\Omega_\pm$ 移开.

通过以上分析我们可以得到重要的结论: 信号循环激光干涉仪的动力学关系以两对共振为特征, 这两对共振位于不同的频率区域内, 而且具有不同的起源. 低频区域的一对共振 (频率在 Ω_{mech} 处) 具有 "机械" 起源, 来自粗重弹簧刚性产生的线性恢复力. 高频区域的一对共振 (频率在 $\Omega_{\pm}$ 处) 具有 "光学" 起源, 由于臂上法布里-珀罗腔四个镜子的运动, 光学共振频率从自由演变光学场共振频率 $\Omega_{\pm}$ 移开. 从这个意义上讲, 我们可以把信号循环激光干涉仪引力波探测器看成一个 "光学弹簧".

值得注意的是, 虽然增加激光功率可以使光学共振频率从它的非零数值 $\Omega_{\pm}$ 移开, 但变化不大, 与原来的值差不多. 相反, 随着激光功率的增加, (测试质量的) 机械共振频率会从零值移开, 且变化较大, 因此它们的运动就显得特别重要. 测试质量的机械共振频率移动得比光学共振频率快, 因为测试质量的机械共振频率移动正比于 $\sqrt{\dfrac{I_0}{2I_{SQL}}}$, 而光学共振频率移动正比于 $\dfrac{I_0}{2I_{SQL}}$, 对于信号循环激光干涉仪引力波探测器高级 LIGO 的光学组合, 当激光功率从 $I_0=0$ 增加到 I_{SQL} 时, 光学共振频率基本上停留在原来的值附近, 但机械共振频率随着 $I_0 \to I_{SQL}$, 从 $I_0 = 0$ 时的零值移动到高级 LIGO 的探测频带之内 [240].

10.2.4 地下干涉仪

把干涉仪建在地下, 可以有效地压制低频区域的噪声, 提高探测灵敏度. 这对于以改善低频灵敏度为重要目的的第二代, 特别是第三代激光干涉仪引力波探测器的研制来说, 是一项重要的技术措施, 主要表现在以下两个方面.

首先, 从牛顿万有引力定律可知, 悬挂起来的测试质量周围的物体都会与该测试质量发生引力相互作用. 局部质量分布的变化 (如大气密度的变化、人员来往、车辆移动和附近地区的风吹草动等) 使测试质量周围的质量密度发生变化, 引起局部牛顿引力场的涨落, 产生噪声, 这种噪声称为引力梯度噪声 (有时称为牛顿噪声), 引力梯度噪声会使隔震系统 "短路", 直接作用在测试质量 (即镜子) 上, 使镜子晃动, 是无法回避的. 引力梯度噪声使测试质量产生的运动幅度的方均根值为

$$x(\omega) = \frac{4\pi G\rho}{\omega^2}\beta(\omega)W(\omega)$$

在这里 $\rho(\omega)$ 是测试质量附近局部的质量密度, G 是引力常数, ω 是振动谱的角频率, $W(\omega)$ 是在三个方向上平均得到的方均根位移, $\beta(\omega)$ 是一个无量纲的减弱传递函数, 它表示测试质量与地面之间的距离对引力梯度噪声的影响, 当测试质量与地面之间距离的绝对值增大时, 引力梯度噪声的影响会减小, 因此 $\beta(\omega)$ 又被称为减弱因子. ω 是探测频率.

从上面的公式可以看出, 引力梯度噪声与频率 ω 的平方成反比. 这就是说, 引力梯度噪声是低频段的主要噪声源之一, 对初级探测器来说 (如第一代激光干涉仪), 其低频灵敏度很差. 牛顿噪声的影响表现不出来, 在高级探测器 (如第二代干涉仪) 中已经引起关注, 而第三代激光干涉仪引力波探测器需要极大地提高低频区域的灵敏度, 引力梯度噪声成为必须解决的问题.

为了降低引力梯度噪声的影响, 干涉仪要建在远离局部质量密度涨落大的区域, 最好是把探测器建在地下, 做成地下干涉仪.

再者, 地面震动噪声是激光干涉仪主要的噪声源之一, 它是由自然现象和人类活动引起的. 地面震动噪声通过多种途径传递到干涉仪的测试质量, 其中测试质量所处地面的水平方向运动会直接导致测试质量的纵向运动, 地球表面在其他自由度上的运动也会耦合到测试质量. 典型的地面震动幅度为

$$x = \alpha/f^2$$

其中 f 是地面振动频率, α 是常数, 一般为 $10^{-8} \sim 10^{-6}$ 数量级, 与具体的地域有关. 从该公式可以看出, 地面震动噪声对激光干涉仪引力波探测器灵敏度的影响在低频部分最严重, 而这个频带的地面震动是普通隔震系统最难处理的. 在地下建造激光干涉仪引力波探测器, 不仅可以减小牛顿梯度噪声, 而且由于安静的地下环境, 风、雨、散射光的影响及温度的涨落也被压低了. 地面噪声的压低有效地提高了探测器的灵敏度并有助于把探测频率向低频端推进.

10.2.5　低温干涉仪

激光干涉仪引力波探测器中的热噪声是由光学部件中的布朗运动或干涉仪所在环境中温度场的涨落引起的, 热噪声通常分为悬挂丝热噪声和镜体热噪声. 前者通过悬丝的涨落直接引起测试质量位置的涨落, 而镜体热噪声是镜体内部及其涂层中所有涨落和耗损过程的叠加. 这种热噪声导致的镜子表面位置的涨落, 激发法布里–珀罗腔的参量不稳定性. 此外, 在激光照射下, 测试质量 (即镜子) 表面的镀膜层都会吸收光子能量而变热. 激光从测试质量的中心穿过时, 中心部位会吸收激光功率并转化为热量由中心向周围传递, 使测试质量内部形成一个不均匀的温度场. 测试质量的不同部位将会因热膨胀而有不同程度的变形. 这一变形会直接改变测试质量的透射率, 改变透射光的光程差, 使透射光波形失真. 同时, 由于测试质量的表面变形, 测试质量的曲率半径将改变, 而测试质量的曲率半径是光学谐振腔的重要参数. 它的变化将直接导致光学谐振腔的构型发生变化, 破坏腔的稳定性, 必须认真对待.

镜子表面由热噪声导致的位置涨落就可以写为

$$x_{\text{th}}^2(\omega) = \frac{4k_{\text{B}}T}{\omega^2} \frac{1-\sigma^2}{\sqrt{\pi}E_0 w} \phi(\omega)$$

其中 E_0 是镜子的杨氏模量, w 是激光束截面半径, σ 是泊松比, $\phi(\omega)$ 耗损角, T 是镜子的温度. 可以看到, 为了降低热噪声, 让测试质量 (即镜子) 工作在低温环境中, 做成低温干涉仪是一种非常好的方案. 这是第三代激光干涉仪引力波探测器预制研究过程中一个重要的课题.

10.3　第二代激光干涉仪引力波探测器——高级 LIGO

第一代激光干涉仪引力波探测器完成之后, 世界各大实验室都在采用新材料、新技术对它们进行升级和改进, 以便降低噪声, 提高灵敏度, 扩展探测频带的宽度. 这就是目前正在运转的第二代激光干涉仪引力波探测器——高级 LIGO, 高级 VIRGO, GEO-HF 和 KAGRA, 它们是在第一代干涉仪的基础建设构架内完成的. 相对于第一代的 "初级探测器", 它们又被称为 "高级探测器". 利用第二代激光干涉仪, 人类第一次探测到引力波, 使引力波天文学完成了从引力波寻找到天文学研究这一历史性转折, 下面我们以高级 LIGO 为例, 对它进行概括的介绍.

10.3.1　高级 LIGO 的设计灵敏度和探测频带

高级 LIGO 是在初级 LIGO 的架构内经过升级、改造而成的, 其设计灵敏度为 10^{-23}, 比第一代提高一个数量级, 探测频带为 10Hz~20kHz. 拓展了探测范围, 特别是提高了低频灵敏度. 这些性能为引力波的发现创造了必要的条件.

高级 LIGO 设计灵敏度的选定原则是把引力波探测从 "看起来似乎可以探测到" 阶段推进到 "很可能探测到" 阶段, 并能够对天体源进行多方面的研究. 为完成上述任务, 要求高级 LIGO 的应变灵敏度比初级 LIGO 提高一个数量级, 即从初级 LIGO 的 10^{-22} 提高到 10^{-23} 量级. 同时把探测的频带宽度向低频方向扩展, 即从初级 LIGO 的 50Hz 扩展到 10Hz 左右, 极大地提高了 LIGO 的探测能力. 高级 LIGO 预期的灵敏度曲线如图 10.23 所示, 图中 H1 指的是位于美国华盛顿州汉福德的高级 LIGO(lho), L1 指的是位于美国路易斯安那州利文斯顿的高级 LIGO(llo).

第二代激光干涉仪引力波探测器噪声分布的主要特点是: 在特低频 (低于 4Hz) 区域地面震动噪声和引力梯度噪声占主导地位, 在 4~300Hz 频带内光学悬挂系统的热噪声 (琴弦模式)、镜子本身 (主要是镜子涂层) 的热噪声 (鼓面模式) 及光辐射压力噪声占主导地位, 在高于 300Hz 区域, 光的散弹噪声占统治地位. 在这种灵敏度下, 第二代激光干涉仪引力波探测器能够实现比初级探测器更高的科学目标.

我们知道, 如果引力波源在宇宙空间内的分布是均匀的, 那么灵敏度提高一个数量级, 可被探测的引力波天体源的数量会扩大 1000 倍. 在这种条件下, 高级 LIGO 运行几个小时就可能相当于初级 LIGO 一年的累积运行时间, 同时, 高级 LIGO 还能探测初级 LIGO 不能触及的遥远天体源并获取详细的天文学信息. 例如, 高级

LIGO 将能够观测远至 300Mpc 的由两个 1.4 倍太阳质量的中子星组成的双星旋绕系统, 这个距离比初级 LIGO 远 15 倍, 给出的事例率是初级 LIGO 的 3000 倍. 对于由中子星–黑洞组成的双星旋绕系统, 可观测到的距离远达 650Mpc, 探测到这类事例的可能性大幅度增加. 图 10.24 给出了初级 LIGO 与高级 LIGO 探测范围比较的示意图.

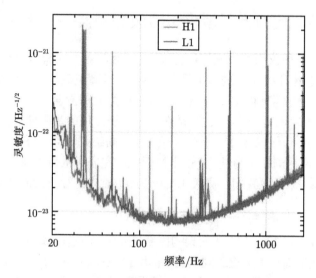

图 10.23　高级 LIGO 预期的灵敏度曲线 (后附彩图)

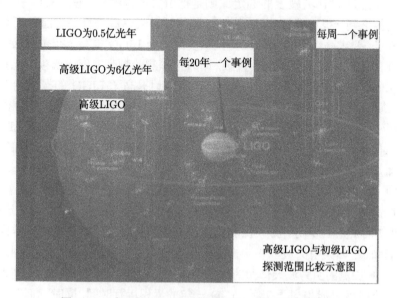

图 10.24　初级 LIGO 与高级 LIGO 探测范围的比较

10.3.2 高级 LIGO 的结构特点

高级 LIGO 是在初级 LIGO 的架构内经过升级、改造而成的, 与初级 LIGO 相比, 它在具体结构上主要做了如下几个方面的改进.

1. 大功率激光器

激光干涉仪引力波探测器的灵敏度与输入的激光功率成正比, 因此, 使用大功率激光器是提高灵敏度的重要途径.

从统计物理可知, 激光器发射的光子数目本身是有涨落的. 也就是说, 激光束的强度是有起伏的, 这种涨落在干涉仪输出端引起的噪声被称为散弹噪声, 散弹噪声的大小可以用下面的公式来表示:

$$h_{\text{shot}}(f) = \frac{1}{L}\sqrt{\frac{\hbar c\lambda}{2\pi P_{\text{in}}}}$$

其中 L 是干涉仪的臂长, c 是光速, λ 是激光的波长, P_{in} 是激光功率. 公式表明, 散弹噪声与输入激光功率的平方根成反比, 使用大功率激光器可以降低散弹噪声, 有助于灵敏度的改善.

高级 LIGO 所用激光器的功率为 200W, 比第一代 LIGO 的 10W 有很大的提高. 与初级 LIGO 类似, 高级 LIGO 也利用环形腔清模器和反射模式匹配望远镜对激光器进行调节.

2. 大尺寸和重量大的镜子

高级 LIGO 采用直径为 34cm 的大镜子以加大散热面积, 降低测试质量的热噪声. 而初级 LIGO 镜子的直径只有 25cm.

我们知道, 光子具有动量, 在干涉仪臂中往返运动的光束中的光子, 在撞击到几乎自由下垂的镜子表面之后, 会向相反的方向折回, 将自己的动量传递给镜子. 这种光子动量的转移使镜子受到一种压力, 称为光辐射压力. 在该力的作用下, 镜子会向光子弹回方向的反方向反冲, 其平衡位置发生变化. 由于光子数目的统计涨落, 到达镜子表面的光子数并非在每个时间点都是相等的. 也就是说, 光辐射压力不是常数, 它是有统计涨落的. 这种辐射压力的涨落会直接引起测试质量位置的波动, 形成噪声, 这就是辐射压力噪声. 自由质量对力的机械易感性 (位移/施加的力) 在远高于共振频率的区域是

$$1/(M\Omega)^2$$

其中 M 是镜子的质量, Ω 是我们感兴趣的频率. 从公式我们可以知道, 辐射压力噪声在低频区域显得更为重要. 增加镜子的质量 M 可以降低测试质量对力的机械

易感性, 从而减小辐射压力效应对测试质量运动的影响, 高级 LIGO 镜子的重量为 40kg, 比初级 LIGO 的 11kg 重得多.

3. 熔硅悬挂丝

为了减小悬挂丝的热噪声 (琴弦模式), 高级 LIGO 用熔硅作悬挂丝, 而不像初级 LIGO 那样用不锈钢丝. 由于采用这种材料, 在宽频带工作模式下, 悬挂丝的热噪声可小于光辐射压力噪声, 而且在 10Hz 频率时, 可以减小到与引力梯度噪声相比拟的水平.

4. 新隔震系统

高级 LIGO 的地面震动隔离系统虽然是在初级 LIGO 的地基上建立起来的, 但却是一套全新的设计. 它采用了倒摆技术, 而且测试质量悬挂链含有四级单摆. 高级 LIGO 的隔震系统把地面震动的截止频率从初级 LIGO 的 40Hz 降低到 10Hz 左右, 对于频率低于 10Hz 的地面运动, 它用主动隔震伺服技术来减小. 通过这套隔震系统, 期望在整个探测频带内把地面震动噪声压低到可以忽略不计的程度. 通过隔震与悬挂系统的联合作用, 与初级 LIGO 相比, 需要加在测试质量上的控制力将降低几个数量级, 而且也减小了在测试质量上产生非高斯噪声的可能性.

5. 信号循环系统

在第一代激光干涉仪引力波探测器的升级改进中, 信号循环是一项十分重要的措施. 加入信号循环系统是第二代激光干涉仪引力波探测器, 比如高级 LIGO, 结构上的突出特点, 该操作是在干涉仪的信号输出口放置一面镜子, 称为信号循环镜. 信号循环镜将从暗口输出信号反射回干涉仪. 这时干涉仪可以等效成一面镜子, 它将被信号循环镜反射回来的信号再向输出口方向反射回去, 使信号循环起来, 信号循环镜和干涉仪等效成的镜子之间形成的共振腔, 称为信号循环腔. 微调信号循环镜的位置可以将信号循环腔的共振频率调到想要的任意值. 因此我们可以把干涉仪的频带调成窄带 (这种工作状态称为信号循环状态, 此时载频激光频率非常接近腔的共振频率), 也可以调成宽带 (这种工作状态即所谓的反共振情况下的共振旁频抽取). 这就是说, 有了信号循环系统, 干涉仪的频率响应就可以根据天体源的特性 (主要指它辐射的引力波的频率特性) 进行调整, "量身定做". 我们知道, 激光干涉仪引力波探测器一般工作在宽频带模式. 但是, 我们可以把它调成一个 "窄频带" 探测器, 使它在较窄的特殊频带内具有较高的灵敏度. 引入信号循环镜可以通过信号循环, 增加光在干涉仪臂上法布里–珀罗腔中停留的时间, 使信号得到共振增强.

10.4 地下和低温引力波探测器 KAGRA

KAGRA 是一台正在建造的第二代激光干涉仪引力波探测器, 臂长为 3km, 位于日本的神冈 (图 10.25), 建在 300 多米深的地下, 激光功率为 150W, 测试质量用蓝宝石 (Sapphire) 做成且工作在低温环境中.

图 10.25　正在筹建的 KAGRA

10.4.1　地下探测器

KAGRA 是世界上第一台建在地下的激光干涉仪引力波探测器, 它可以大大减小牛顿梯度噪声, 而且在比较安静的地下, 地面震动噪声也可以减小. KAGRA 的地面震动噪声可以降低到地面上原来噪声水平的 1/100 左右, 如图 10.26 所示.

由于 KAGRA 建在地下, 大大减小了牛顿梯度噪声, 地面震动噪声也可以减小到原来的 1/100 左右, 地面噪声的压低有效地提高了探测器的灵敏度并把探测频率向低频端推进.

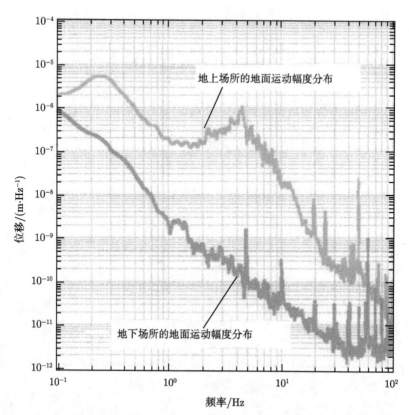

图 10.26　KAGRA 所在地神冈地区的地上场所的震动噪声与其地下场所的震动

噪声比较 [257]

10.4.2　低温探测器

KAGRA 是世界上第一台低温激光干涉仪引力波探测器, 它的建成和投入运转将为低温干涉仪的发展提供宝贵的经验. 建造低温激光干涉仪引力波探测器主要是把它的测试质量放在低温环境中, 降低它的热噪声. 由于 KAGRA 的测试质量工作在低温环境中, 它的热噪声水平约降低了一个数量级, 如图 10.27 所示.

KAGRA 低温系统的具体形态在图 10.28 中给出. KAGRA 的低温室用不锈钢做成, 室的直径为 2.4m, 高约 3.8m, 重量大约 10t. 低温室内镜体的温度为 20K, 上部质量的温度是 15K, 平台的温度为 14K, 低温室内壁的温度是 8K. 测试质量的悬挂系统和低温室的结构如图 10.29 所示.

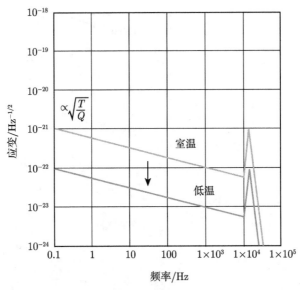

图 10.27 KAGRA 的测试质量在室温和低温条件下热噪声的比 [257]

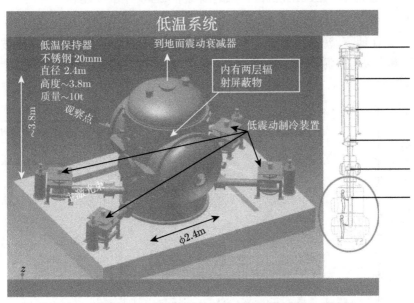

图 10.28 KAGRA 低温系统示意图 [301]

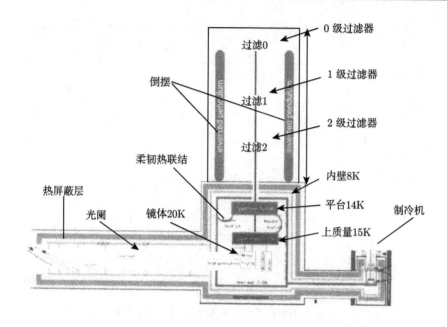

图 10.29　KAGRA 测试质量悬挂系统和低温室的结构示意图 [301]

　　由于建在地下, 测试质量又工作在低温环境中, KAGRA 的总噪声水平被大幅度压低, 其主要噪声源的分布如图 10.30 所示. 噪声峰是由悬挂丝热噪声的琴弦模式造成的.

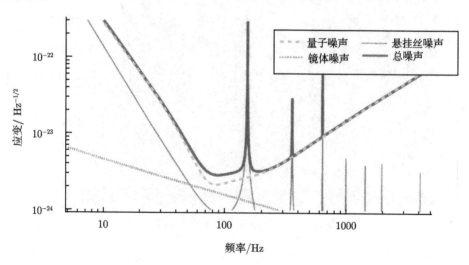

图 10.30　KAGRA 的主要噪声源 [301]

10.4.3　KAGRA 的灵敏度

　　KAGRA 的总噪声水平比当前运转的大型激光干涉仪引力波探测器 (如 LIGO) 小一个数量级左右. 灵敏度和第二代激光干涉仪引力波探测器高级 LIGO 及高级 VIRGO 相近, 其探测频率可低到几个 Hz. KAGRA 的设计灵敏度如图 10.31 所示.

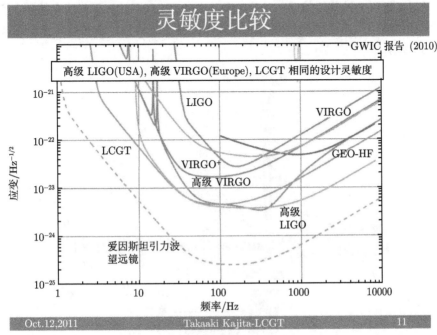

图 10.31　KAGRA 预期的灵敏度曲线 (LCGT 是 KAGRA 原来的名字) [301]

10.5　第三代激光干涉仪引力波探测器
爱因斯坦引力波望远镜

　　引力波是爱因斯坦在广义相对论的重要预言, 引力波探测是当代物理学最重要的前沿领域之一. 引力波的发现使困扰科学家百年来的物理学难题得以破解, 引力波天文学完成了从寻找引力波到研究天文学的历史性转折. 第二代激光干涉仪引力波探测器在试运行过程中就取得了如此辉煌的成就, 显示了优越的性能和广阔的发展前景, 坚定了研发第三代激光干涉仪引力波探测器的信心. 当前, 第三代激光干涉仪引力波探测器的预制研究在世界各地迅速发展起来, 各种设计方案也在讨论之中, 灵敏度直指 10^{-24}. 目标都是建立真正意义上的引力波天文台, 开展天体物理、宇宙学、广义相对论等常态化的引力波天文学研究.

爱因斯坦引力波望远镜是诸多方案中的先行者, 它是欧盟的一个研究计划, 目标是建造一台大型激光干涉仪引力波探测器, 设计灵敏度为 10^{-24}, 探测频带为 1Hz~20kHz, 造价约 7.9 亿欧元, 计划 2025 年建成.

10.5.1　爱因斯坦引力波望远镜的结构特点

爱因斯坦引力波望远镜是一个在双臂有法布里-珀罗腔、具有功率循环、信号循环而且在输出口带有频变压缩态光场输入的激光干涉仪. 它的基本光学结构如图 10.32 所示.

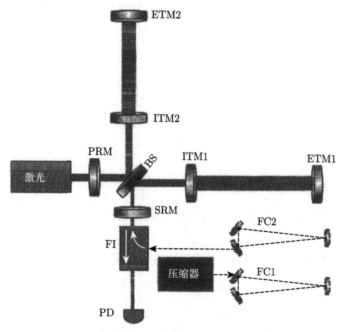

图 10.32　爱因斯坦引力波望远镜的基本光学结构 [306]

在图中, ETM1 和 ETM2 是具有非常高反射率的臂上法布里-珀罗腔的终端镜, ITM1 和 ITM2 是半透明的臂上法布里-珀罗腔的输入镜, BS 是分光镜, PRM 是功率循环镜, SRM 是信号循环, FC1 和 FC2 是两个过滤腔, FI 是法拉第隔离器, PD 是光探测器. 爱因斯坦引力波望远镜的基本结构特点如下.

1. 地下干涉仪

如前所述, 地面上移动的物体及测试质量周围的物体都会对测试质量发生引力作用. 当物体间的相对位置发生变化时, 这种引力的涨落会直接加在测试质量上, 形成引力梯度噪声 [286,287]. 为了获得好的低频灵敏度, 减小引力梯度噪声, 爱因斯坦引力波望远镜将建在 200~300m 深的地下. 由于安静的地下环境, 风、雨、散射光的影响及温度的涨落引起的地面震动噪声也被压低了 [288,289], 这也有利于提高探测器的灵敏度, 特别是低频端的灵敏度. 毫不夸张地说, 建在地下是第三代激光干涉仪引力波探测器将低频截止频率从第二代干涉仪的 10Hz 降低到 1Hz 的基本保证.

2. 三角形结构

建设地下干涉仪的最大造价是挖掘隧道和建设地下大厅. 因此爱因斯坦引力波望远镜采用三角形结构, 三台干涉仪只需修建三条隧道, 三条隧道组成等边三角形的三条边, 每一条隧道内有足够的空间安放多条臂. 这样三台干涉仪就可以共用隧道和地下大厅, 降低了工程造价, 优化了价格收益比.

爱因斯坦引力波望远镜每台干涉仪的臂长都是 10km. 两臂之间的夹角为 60°, 而不是 90°, 中心分别位于一个等边三角形的三个顶点上 [295]. 当然, 两臂间的夹角为 60° 的干涉仪与两臂夹角为 90° 时相比, 灵敏度会有所损失, 这是三角形结构的一个缺点, 但是, 通过三个探测器输出信号的联合使用, 可以使灵敏度损失得到一定的补偿, 把损失减小到 0~6% [295]. 爱因斯坦引力波望远镜的总体布局如图 10.33 所示.

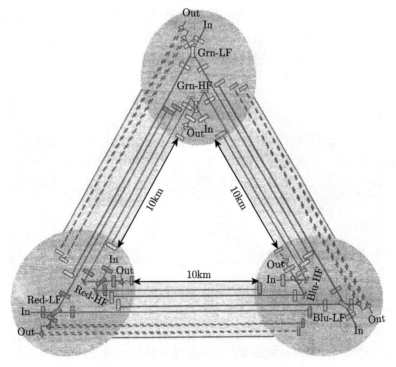

图 10.33   爱因斯坦引力波望远镜的总体布局图 [341]

在图中, Blu-LF 为蓝色低频干涉仪, Blu-HF 为蓝色高频干涉仪, Red-LF 为红色低频干涉仪, Red-HF 为红色高频干涉仪, Grn-LF 为绿色低频干涉仪, Grn-HF 为绿色高频干涉仪, In 为激光输入口, Out 为信号输出口.

建于同一个地点的多台干涉仪对在引力波观测中抽取附加的信息是极其有利的. 例如, 建于同一个地点的两台成 45° 角的 L-形干涉仪可以完全解决入射引力波的两个极化振幅. 建于同一个地点的三台彼此转动成任意角度的干涉仪之间的有效组合同样可以完整地重建引力波的两个极化问题.

爱因斯坦引力波望远镜由三台探测器组成, 具有过剩的信息, 能给出多余的自由度参数, 这使它有很高的占空度. 因为即使有一台探探测器完全失灵, 剩下的两台仍然能够保证全天空覆盖. 当然在这种运行状态下会损失极化信息.

利用爱因斯坦引力波望远镜可以构建无效数据流, 根据设计, 在这个数据中是没有引力波信号存在的. 这个数据流中出现的数据可以用来否决噪声事例.

3. 低温干涉仪

激光干涉仪引力波探测器中的热噪声是由光学部件中的布朗运动或干涉仪所在环境中温度场的涨落引起的, 这种热噪声通常分为悬挂丝热噪声和镜体热噪声, 前者通过悬丝的涨落直接引起测试质量位置的涨落, 而镜体热噪声是镜体内部及其涂层中所有涨落和耗散过程的叠加. 为了降低热噪声, 爱因斯坦引力波望远镜要求悬丝及其被悬挂的光学部件工作在低温环境中并精心选择所用的材料, 其测试质量用蓝宝石 [25,26] 做成. 悬挂丝材料在工作温度下必须有非常好的热传导性, 因为光学腔内激光功率很高, 有大量的热能储存在测试质量体内, 必须很快抽取出来. 因此, 悬挂丝材料要满足以下几个条件: ① 低的热胀系数以减小热–弹性噪声; ② 低的机械–耗散角以减少布朗噪声; ③ 好的断裂强度以便安全地挂起测试质量. 爱因斯坦引力波望远镜将选用硅材料 [292,293] 或蓝宝石作悬丝. 除了选择合适的材料和形状以减少耗散外, 根据等分布理论, 系统的温度直接正比于储存在悬丝系统每个自由度中的能量, 降低温度能够降低涨落幅度, 另外, 对于某些材料来说, 降低温度还有助于压低耗散机制.

4. 大功率激光器

为了降低散弹噪声, 爱因斯坦引力波望远镜将采用约 500W 的强功率激光器, 这比第二代激光干涉仪引力波探测器所用的 180W 激光器要高得多.

5. 压缩态光场技术

光量子噪声源自光的量子性质, 它直接产生于测量和读出过程. 在激光干涉仪引力波探测器探测频带内几乎所有频率上它都会对灵敏度加以限制. 光量子噪声是限制第三代激光干涉仪引力波探测器灵敏度提高的主要障碍, 计算表明, 在 LIGO

探测器中, 由光量子噪声决定的标准量子极限为 10^{-24}, 第一代激光干涉仪的灵敏度为 10^{-22}, 离标准量子极限还远, 第二代激光干涉仪的灵敏度为 10^{-23}, 标准量子极限的影响不十分严重, 而第三代激光干涉仪的灵敏度的设计值为 10^{-24}, 与标准量子极限相比拟, 因此, 突破标准量子极限成为第三代激光干涉仪的灵敏度能否达到设计值的关键. 为了做到这一点, 爱因斯坦引力波望远镜将使用压缩态光场 [271] 技术. 其压缩系数约为 10db, 这时散弹噪声的减小相当于激光功率扩大 10 倍时产生的效果 [270].

6. 复式激光干涉仪

第三代激光干涉仪引力波探测器预计工作在 1Hz~10kHz. 在这样宽的频率范围内建造一台单独的干涉仪使其达到非常高的灵敏度 (如 10^{-24}) 是相当困难的, 也是不聪明的. 因为虽然使用大功率激光器可以压低高频部分 (如 100Hz 以上的区域) 的散弹噪声, 使灵敏度提高, 但它同时又在频率低的部分 (如 10Hz~100Hz 的区域) 产生有害的效应, 使灵敏度变差. 这是因为在强激光功率照射下, 镜子的衬垫和涂层会发热, 产生强烈的热噪声. 因此, 爱因斯坦引力波望远镜的设计思想是在每个三角形的 V 形顶点建造一对干涉仪, 两台干涉仪的臂共用一条隧道, 激光器、清模器、功率循环镜等其他部件共用实验大厅以降低造价. 其中一台干涉仪称为 ET-HF, 它在高频区域有很高的灵敏度而不考虑低频部分, 工作在室温, 测试质量用熔硅材料, 使用高功率激光器压低散弹噪声, 激光波长 $\lambda = 1064$ nm, 引入压缩光技术减小光量子噪声. 另一台干涉仪称为 ET-LF, 它致力于低频区域, 使用适中的激光器功率以减小辐射压力噪声, 激光波长 $\lambda = 1555$nm, 测试质量用硅材料, 使用高水平的隔震系统以降低地面震动噪声, 这种噪声在低频部分是非常大的. 把测试质量和悬挂系统放在 10K 的低温环境中可以减小热噪声, 使用很长的地面震动过滤器悬挂链可以将灵敏度向 1Hz 的区域推进. 这个干涉仪的灵敏度在低频部分得到很大的改善, 虽然它是以牺牲高频部分的性能为代价的. 这两台具有不同探测频率的干涉仪联合起来使用, 形成一台复式干涉仪 [269,294]. 它在频率较高的区域和频率较低的区域都有很高的灵敏度. 图 10.34 给出了复式干涉仪灵敏度与单一干涉仪灵敏度的比较.

7. 臂长 10km

我们知道, 激光干涉仪引力波探测器的应变灵敏度 h 的定义为

$$h = \frac{\Delta L}{L}$$

增加干涉仪的臂长 L 可以提高它的灵敏度. 爱因斯坦引力波望远镜采用的臂长约为 10km.

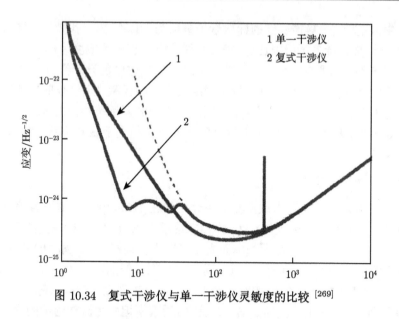

图 10.34　复式干涉仪与单一干涉仪灵敏度的比较 [269]

10.5.2　爱因斯坦引力波望远镜可以研究的物理问题

研发第三代激光干涉仪引力波探测器是 21 世纪第三个十年的任务, 第三代激光干涉仪引力波探测器——爱因斯坦引力波望远镜的建立将开辟引力波天文学研究的新纪元. 第二代干涉仪有希望能以信噪比 SNR=8 的精度每年探测到几十个双中子星并合事例 [340], 第三代探测器将实现从观测到引力波信号到研究和测量引力波天文学各种天体源物理参数的过渡 [267].

爱因斯坦引力波望远镜的关键要素是灵敏度比第二代干涉仪提高一个数量级, 在低频区域 (1~10Hz) 甚至更高. 这将使爱因斯坦引力波望远镜能够以信噪比 SNR=50 的精度对很多强信号事例进行测量. 在此条件下, 它有可能对单源系统 (如黑洞和中子星核) 以及具有强引力场的系统进行详细研究. 到目前为止, 中子星的结构及其磁场所扮演的角色仍是未知数. 然而其状态方程的识别标志却寓于中子星系统发射的任何类型的引力波中 (例如, 双中子星系统并合时发射的引力波), 这种引力波信息可望包含对中子星状态方程敏感的一些特征 [342]. 爱因斯坦引力波望远镜能够把不同类型的状态方程区分开来 [341]. 根据一定的物理模型 [276], 爱因斯坦引力波望远镜可以在 100Mpc 探测距离上, 以 $\pm 0.5 \sim 1.0$km 的精度测量质量为 $1.35 \sim 1.35 M_{\odot}$ 的双中子星系统中中子星的直径. 双中子星并合的结果可能是一个超重的、在相对说来比较长的时间内震荡并发射引力波的残留物体, 中子星并合的状态方程影响该震荡的存在和特点, 爱因斯坦引力波望远镜应该能够看到这种信号并确定相应的物理机制 [343]. 此外, 观察孤立的中子星发射的引力波中的 "尖峰" 信号和 r 模式不稳定性 [344] 可以探察中子星动力学.

γ 射线暴 (GRB) 几乎是宇宙中亮度最大的爆炸, 按照脉冲的持续时间它们又被分为短 γ 射线暴 ($\Delta t < 2$s) 和长 γ 射线暴 ($\Delta t > 2$s). 超新星核的坍缩可以被认为是长 γ 射线暴的本源, 而双中子星并合及中子星–黑洞并合有望是短 γ 射线暴的始祖. 第一代激光干涉仪引力波探测器尝试过与 γ 射线暴进行符合测量来寻找引力波, 由于探测距离不足以观测用人造卫星探测到的 γ 射线暴发生的宇宙学距离, 因此未能如愿. 第二代激光干涉仪引力波探测器有望观测到短 γ 射线暴过程中发射的引力波, 虽然探测到的事例率较低 (对中子星–黑洞来说约为每年 3 例, 对双中子星来说为每年 0.3 例). 第三代激光干涉仪引力波探测器——爱因斯坦引力波望远镜有望在远达 17Gpc 光度距离上 (相应的红移约为 2) 探测双中子星系统, 而对于中子星–黑洞系统, 探测的光度距离更高 (高达红移 $z \approx 2 \sim 5$), 这与短 γ 射线暴期待的发射距离 ($z < 1$) 相匹配, 而这种短 γ 射线暴可望是双中子星系统并合时用电磁法探测到的对应物, 其探测到的事例率约为每年 100 个 [283].

致密双星发射的引力波信号可以看成宇宙学的 "标准烛光", 更贴切地说, 可以看成是宇宙学的 "标准笛声", 因为其频率位于声音频带 [217]. 事实上, 引力波信号的振幅完全由啁啾质量和光学距离 D_L 决定, 根本不需要引入复杂的天体物理模型. 因此, 通过致密双星并合引力波信号的重建就可以确定这两个参量, 从而测量出双星系统的光度距离. 但是, 该测量所涉及的是宇宙学距离, 引力波信号被红移了 ($f(t) \rightarrow f(t)/(1+z)$), 它导致错误的质量重建 ($M \rightarrow (1+z)M$) 和错误的距离重建 ($D \rightarrow (1+z)D$). 如果同时探测双中子星并合发射的引力波信号 (用爱因斯坦引力波望远镜) 和短 γ 射线暴闪光信号 (用电磁望远镜, 就能使我们能测量源的光度距离和红移 [283] 这两个参数. 根据理论计算, 用爱因斯坦引力波望远镜获取数据 5 年左右可以得到大约 500 个这种类型的事例, 到那时就有可能用很好的精度约束宇宙的宇宙学模型. 有人正在研究利用潮汐效应更好地重建中子星质量的可能性, 这种方法可以克服红移的随意性 [117].

弄清超新星爆发的物理机制是爱因斯坦引力波望远镜的另一个重大的研究目标. 尽管做了一系列的模型尝试, 超新星核坍缩爆炸机制的详情至今仍是个谜. 坍塌的星体核不能用光学望远镜进行研究, 因为核周围的星球包层对电磁辐射是不透明的. 引力波携带着直接从坍塌着的重星体核而来的信息, 它们的观测能够制约林林总总的被建议的震荡–复苏机制 [279]. 第二代激光干涉仪引力波探测器探测到超新星爆发的可能性很小, 因为在它们的探测体积内每个世纪只能期待有几个这样的事例发生, 而在爱因斯坦引力波望远镜的观测距离内可望每 10 年能探测到几个事例, 尽管事例数不算多, 它仍然能使我们得到超新星机制中非常珍贵的资料. 另外, 对超新星爆发时的电磁波、引力波和中微子辐射进行同时探测对于研究这种复杂的物理现象将是一个绝妙的多信息架构.

总地说来, 第三代激光干涉仪引力波探测器——爱因斯坦引力波望远镜的研究目标可以更具体地归纳为以下几个方面.

1. 基本物理问题

(1) 爱因斯坦引力波望远镜将检验在质量四极矩近似之外引力波产生的方式, 利用在 $Z = 2$ 时从双中子星并合而来的引力波与电磁波的符合测量精确测量引力波的传播速度, 检验广义相对论对引力波速度的预言 [272,273].

(2) 检验对天体观测到的质量和其内在质量之间的关系 [274].

$$M_{\text{int}} = M_{\text{obs}}/(1 + Z)$$

(3) 黑洞的时空是否唯一地由科尔 (Korr) 几何给出 [275].

(4) 引力坍缩的物理机制 [276].

(5) 研究超核密度情况下物质的状态方程.

2. 天体物理和多信息天文学

(1) 中子星和黑洞的质量函数及它们的红移分布 [277], 中子星的最大质量.

(2) γ 射线暴的祖先.

(3) 致密双星的形成和演化 [278].

(4) 超新星身后的物理机制, 不对称性与引力坍缩的关系 [279].

(5) 相对不稳定性在年轻的中子星内部是否发生, 如果发生的话, 它们在中子星的演化过程中扮演什么样的角色 [280].

(6) 在低质量 X 射线双星系统中, 中子星的旋转频率被限制的 [281] 原因.

(7) 中子星外壳的本质及中子星外壳与中子星内核的相互作用 [282].

(8) 在高红移区域引力波源群体.

3. 新宇宙学研究

(1) 宇宙源的亮度距离 [283].

(2) 暗能量的状态方程及与红移的关系 [284].

(3) 星系核中黑洞的形成和演化 [285].

(4) 宇宙原始的物理条件及其早期历史上发生的相位转移.

第11章 低频引力波和高频引力波探测

理论分析表明, 天体引力波源十分丰富, 所辐射的引力波频率范围非常广, 不可能被一台探测器覆盖. 以地球为基地的激光干涉仪引力波探测器是当前引力波探测中的主流设备, 其最佳探测频率是 1.0Hz~20kHz, 其他的频段要用另外的探测设备和探测手段来完成. 例如, 对我们感兴趣的低频引力波来说, 太空探测器适应于10^{-6}~1.0Hz, 脉冲星定时阵列的探测频段瞄准在10^{-12}~10^{-6}Hz, 频率低于10^{-12}Hz 的引力波恐怕要用宇宙微波背景辐射的 B 模偏振方法来探测了. 图 11.1 给出了不同探测手段所适用的频率范围的示意图. 当然, 这只是一个大概的划分, 不同探测方法之间在频带上会有重叠.

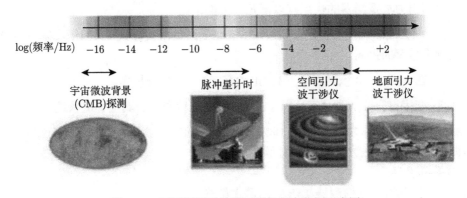

图 11.1 不同探测手段所适用的频率范围示意图

11.1 空间激光干涉仪引力波探测器 LISA 和 eLISA

LISA(laser interferometer space antenna) 是 1993 年欧洲航天局提出的一项空间引力波探测计划, 由三个宇宙飞船组成, 它们分别位于一个等边三角形的三个顶点. 激光干涉仪部件安装在飞船内, 臂长为 500 万千米. 1997 年美国加入 LISA 计划, 开始拨款进行预制研究, 原定 2015 年发射. 由于技术原因, 日期不断后延. 由于 2011 年美国退出, LISA 计划受到巨大打击. 欧盟被迫将 LISA 的规模缩小, 臂长由来的 500 万公里缩短为 100 万公里, 结构上也进行了调整, 由三个臂变成两个臂, 并改名 eLISA, 可以认为, eLISA 基本是 LISA 的简化型, 因此, 我们仍以 LISA

为例, 对太空引力波探测器进行扼要的介绍.

由于建在太空, 干涉仪的臂长可以做得非常大. 臂长特别大的激光干涉仪是探测低频引力波最有力的实验装置之一, 假设我们探测的引力波可以近似地看成正弦波, 当激光干涉仪引力波探测器的臂长等于被测引力波波长的 1/4 时, 该设备具有最佳探测条件, 这个引力波的频率是最佳探测频率. 例如, LISA 的臂长为 500 万公里, 其最佳探测频率为 15mHz, eLISA 的设计臂长为 100 万千米, 其最佳探测频率为 75mHz. 它们都是很好的低频引力波探测方案. 大臂长的激光干涉仪还有另一个突出的优点, 那就是探测灵敏度高. 根据定义, 激光干涉仪引力波探测器的灵敏度为: $h = \dfrac{\Delta L}{L}$, L 是臂长. 与臂长为 4 千米的高级 LIGO 相比, 臂长为 500 万千米的 LISA 灵敏度提高了 6 个数量级, 显示了空间探测器的巨大优越性.

11.1.1   空间引力波探测器的优点

空间引力波探测器的优点有以下几个方面:

(1) 没有地面震动噪声的干扰, 可以省略复杂的隔震系统, 有利于灵敏度特别是低频灵敏度的提高.

(2) 在太空中, 环境温度低, 热稳定性好, 有利于降低热噪声.

(3) 在宇宙空间的高真空环境中, 可以省略造价高昂的真空管道系统.

(4) 没有以地球为基地的引力波探测器所遇到的地域球面效应, 干涉仪的臂可以做得很长, 可以极大地提高探测器的灵敏度.

11.1.2   空间引力波探测器 LISA 的基本结构

空间激光干涉仪引力波探测器 LISA 由三个宇宙飞船组成, 每个飞船分别位于一个等边三角形的三个顶点, 三角形的边长为 500 万千米, 每个宇宙飞船上装有两个测试质量, 干涉仪的臂长由相邻宇宙飞船上两个测试质量之间的距离确定, 长度约 500 万千米. 每个宇宙飞船上有两台激光器, 分别向相邻的宇宙飞船发射激光束, 图 11.2 给出了 LISA 星座的结构示意图.

宇宙飞船集合体将围绕太阳做轨道飞行. 其飞行轨道与地球绕太阳的运动轨道一致, 但飞船集合体位于地球后面 20° 的方位上, 宇宙飞船三角形所在平面对轨道平面的倾斜角为 60°, 如图 11.3 所示. 这条飞行轨道为宇宙飞船星座提供了非常稳定的热噪声环境. 每个飞船都在它们形成的等边三角形平面内围绕三角形的中心转动, 转动周期为一年.

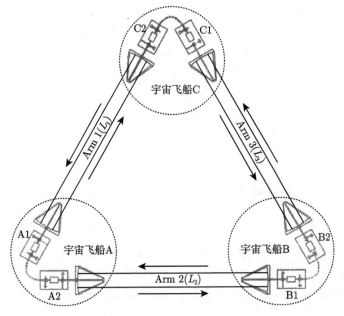

图 11.2 LISA 星座的结构示意图[296]

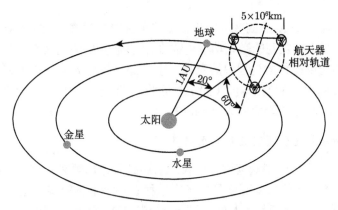

图 11.3 LISA 星座的飞行轨道示意图[296]

11.1.3 LISA 的工作原理

空间激光干涉仪引力波探测器 LISA 的基本工作原理是这样的: 在 LISA 的每个宇宙飞船上都安装了两台 Nd: YAG 激光器, 功率为 1W, 通过直径为 30cm 的望远镜把激光束从本部飞船分别向它相邻的两个远方飞船发射, 与此同时, 本部飞船也接收从相邻飞船而来的激光束. 通过监测本部飞船上产生的激光束与接收到的从相邻飞船而来的激光束之间的相位差, 在每个飞船上都能够利用干涉仪原理对它的两个臂长的变化进行比较, 从而实现对引力波的探测.

由于衍射效应, 光束在长距离的传播过程中会扩展开来, 从相邻的远方飞船上直接反射回来的原始光束强度很弱, 其功率不足以用来进行需要的测量, 因此 LISA 采用了类似于 "接力" 的转发技术. 它的基本思想是: 把安装在相邻的远方飞船上的激光器所产生的光束锁相于从本部飞船而来的光束, 然后把这个锁相过的光束发回本部飞船. 本部飞船上接收到的该光束的相位变化与直接从相邻飞船上反射回来的原始光束的相位变化是相同的.

11.1.4　LISA 的噪声

空间引力波探测器的噪声与以地面为基地的干涉仪不同, 主要有以下几大类:

1. 辐射压力噪声

和以地面为基地的激光干涉仪引力波探测器一样, 辐射压力噪声是由激光器发射的光子数的涨落引起的. 为了减小辐射压力噪声和由剩余频率涨落引起的长度噪声 [297], 激光的振幅和频率的稳定度 (在工作频率为 1mHz 时) 要分别被稳定在 10^{-6} 和 10^{-12} 水平.

2. 散弹噪声

在高频区域, LISA 的应变灵敏度主要受散弹噪声的限制. 散弹噪声是由每个顶点的宇宙飞船上接收到的激光功率决定的, 而接收到的激光功率又取决于激光器的输出功率和光束在传播过程中的衰减. 对 LISA 来说, 光束在长距离的传播后只有功率大约 100pW 的光在本部飞船上被回收, 在高于 1mHz 的频率区域, 散弹噪声在长度测量中产生的影响约为 $20\mathrm{pm}\cdot\mathrm{Hz}^{-\frac{1}{2}}$.

3. 宇宙飞船相对位置变化引起的噪声

在对两个臂的长度测量值进行比较之前还必须计算频率噪声与臂的路径长度变化之间的耦合. 这种长度变化是由飞行过程中各宇宙飞船相对位置的变化引起的. 频率噪声的这种效应是用时间–延迟干涉仪 (TDI) 进行处理的 [298].

4. 宇宙飞船与测试质量之间的距离的不稳定性引起的噪声

以太空为基地的引力波探测器工作在低频区域, 很小的噪声源也会产生相对说来比较大的位移噪声. 虽然宇宙飞船把测试质量从外部干扰中屏蔽起来, 但宇宙飞船与测试质量之间的相对运动也能对测试质量产生电的和磁的干扰. 因此宇宙飞船与测试质量之间的距离必须在频率一直低到 0.1mHz 的情况下, 稳定在 $3\mathrm{nm}/\sqrt{\mathrm{Hz}}$ 水平. 否则牛顿引力梯度噪声及其他与位置有关的噪声将会使测试质量受到扰动. 宇宙飞船与测试质量之间的距离稳定性是由曳力释放控制系统来维持的, 该系统由传感器、牵引执行部件和反馈控制系统组成. 电容传感器用来测量宇宙飞船相对于测试质量的位移, 微型牛顿推冲器用来控制宇宙飞船的位置, 使其保持不变 [299].

5. 热噪声

尽管太空的热稳定性较好, 但是为了减少热噪声, 宇宙飞船中测试质量所处环境的热稳定性也必须引起注意. LISA 要求在频率为 0.1mHz 时, 热稳定性好于 $60\mu K/\sqrt{Hz}$. 选择图 11.2 所示的运行轨道并加上 3 层被动热屏蔽材料, 这个要求是可以达到的.

6. 激光器的频率噪声

对于以太空为基地的引力波探测器来说, 激光器的频率噪声具有特殊的地位, 因为它与大尺度的臂长相关联, 因此, 要求激光器频率在 0.1mHz 时要稳定在 10^{-12} 水平上.

7. 残余气体噪声

在 LISA 所处的宇宙空间, 仍有一定数量的残余气体存在, 残余气体压力的涨落会引起测试质量位置的扰动, 形成噪声. 把测试质量置于真空度为 10^{-8}Torr 的环境中能使该噪声减小到 LISA 需要的水平 [300]. 从 LISA 预期的灵敏度曲线图 11.4 可以看出, 在频率高于 10mHz 的区域, 散弹噪声占主导地位. LISA 探测的频率范围是 $10^{-4} \sim 0.1$Hz.

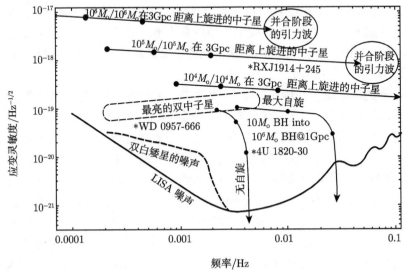

图 11.4　LISA 预期的灵敏度曲线 [296]

11.2   脉冲星计时阵列

毫秒脉冲星精确的时间观测可以用来探测频率非常低的引力波 (10^{-10} ∼ 10^{-6} Hz), 单个脉冲星的测量不太适宜用作引力波探测, 因为引力波产生的效应不能与其他噪声 (如脉冲星自身的不规则自旋) 过程区分开来. 将分布在世界各地的脉冲星计时观测台联合起来组成脉冲星计时阵列 (PTA) 对多颗毫秒脉冲星进行符合测量, 是探测低频引力波的重要途径, 当前世界上主要有三个脉冲星计时阵列在运转, 它们是:

(1) 澳大利亚的 PPTA[152], 它建立于 2004 年, 对 20 颗毫秒脉冲星进行测量.

(2) 欧洲的 EPTA[153], 它于 2004/2005 年投入运转, 阵列中包括法国、德国、意大利、荷兰、英国的射电天文望远镜, 对 22 颗毫秒脉冲星进行测量.

(3) 北美洲毫微赫兹引力波观测站 NANOGrav [154], 该站于 2007 年建成, 用 Arecibo 和 Green Bank 望远镜对 22 颗毫秒脉冲星进行观测.

最近这三个脉冲星计时阵列已联合起来, 组成了一个国际脉冲星计时阵列 IPTA[155]. 共同开展低频引力波的探测研究.

11.2.1   脉冲星

脉冲星是旋转的中子星, 本身存在着极强的磁场 (10^7 ∼ 10^{14}T). 由于极强磁场的存在, 中子星发出的电磁辐射被强磁场封闭起来, 只能沿着磁轴方向, 从互相对着的两个小磁极区发射出来, 其他地方辐射是跑不出来的. 这两磁极区就是探测中子星的 "窗口"(图 11.5), 在观测站探测到的电磁脉冲信号周期就是脉冲星的自转周期, 该周期很短而且稳定.

中子星的电磁辐射从两个 "窗口" 出来后, 在空中传播, 形成两个圆锥形的电磁辐射束. 若地球刚好位于这束辐射的方向上, 我们就能接收到. 由于中子星的自转轴与它的磁轴不重合而是有一定的夹角, 中子星每自转一圈, 这束电磁辐射就扫过地球一次, 因此我们接收到的是一个有规律的电磁脉冲信号, 这就是脉冲星名字的由来. 如果中子星的电磁辐射束不扫过地球, 我们就接收不到它的脉冲信号.

绝大多数脉冲星的电磁辐射频率在射电波段, 少数的脉冲星的电磁辐射也可能在可见光、X 射线甚至 γ 射线波段. 脉冲星是 1967 年 10 月剑桥大学卡文迪许实验室的安东尼·休伊什教授的研究生乔丝琳·贝尔无意中发现的. 它与类星体、宇宙微波背景辐射、星际有机分子一道, 并称为 20 世纪 60 年代天文学 "四大发现". 安东尼·休伊什教授本人也因脉冲星的发现而荣获 1974 年诺贝尔物理学奖. 目前发现的脉冲星有 2500 余颗, 自转周期从 1.4ms 到 8.5s, 直径大多为 10km 左右.

图 11.5 脉冲星的磁场与电磁辐射束示意图

11.2.2 脉冲星电磁辐射脉冲的观测特征

在天文台观测到的脉冲星的电磁辐射脉冲有以下几个主要特征:

(1) 脉冲周期短而且非常稳定, 例如, 发现的第一颗脉冲星 PSR1919+21 的周期 T 为: $T = 1.3373011922\text{s}$, 现在对脉冲星的周期测量精度可以达到 10 多位有效数字.

(2) 脉冲宽度比较窄, 多数脉冲星的脉冲宽度与周期的比约为 1/30.

(3) 脉冲周期总是在非常缓慢地增加, 即 $\mathrm{d}T/\mathrm{d}t > 0$.

(4) 脉冲星的射电辐射能谱 E 不是热辐射能谱而是幂律谱, 即 $E = E_0\nu^a$, ν 是电磁辐射频率.

11.2.3 脉冲星的距离测量

脉冲星距离测量用的是电磁辐射在星际介质中传播时的色散效应. 星际介质通常可以看作是稀薄的等离子体, 当脉冲星发射的电磁辐射在传播中通过星际介质时就会发生色散. 我们知道, 不同频率的电磁信号在介质中的传播速度是不同的, 脉冲星发射的电磁辐射是一个频带较宽的脉冲, 其高频和低频成分到达观测点的时间有差异. 我们可以利用这个时间差计算出脉冲星到观测点的距离.

设等离子体足够稀薄而且星际磁场很弱, 这时频率为 ν 的电磁波传播的速度

u_ν 为 [302]

$$u_\nu = c \left(1 - \frac{e^2 n_e}{\pi m_e \nu^2} \right)^{1/2} = c \left(1 - \frac{\nu_p^2}{\nu^2} \right)$$

其中 n_e 是电子的平均数密度, $\nu_p \equiv e^2 n_e/(\pi m_e)$ 称为等离子体频率, 设 L 是脉冲星到观测点的距离, 则频率为 ν 的电磁波传播到观测点的时间 t_ν 为

$$t_\nu = L/u_\nu$$

在稀薄的等离子体中, $\nu_p \ll \nu$, 因此我们得到

$$t_\nu \approx \frac{L}{c} \left(1 + \frac{1}{2} \frac{\nu_p^2}{\nu^2} \right) = \frac{L}{c} \left(1 + \frac{e^2 n_e}{2\pi m_e \nu^2} \right)$$

当用脉冲中的两个频率观测时 (设高频成分的频率为 ν_H, 低频成分的频率为 ν_L), 则同一个脉冲信号到达的时间差 Δt 为 [302]

$$\Delta t \approx \frac{L}{c} \frac{e^2 n_e}{2\pi m_e} \left(\frac{1}{\nu_L^2} - \frac{1}{\nu_H^2} \right)$$

其中 m_e 是电子质量, n_e 可以用其他方法测量 (如辐射的光深测量), 利用观测到的 Δt 我们就可以计算出脉冲星到观测点的距离 L.

11.2.4　毫秒脉冲星引力波源

毫秒脉冲星一般是指自转周期为毫秒量级的脉冲星, 第一颗毫秒脉冲星是在 1982 年 9 月的一个午夜, 希纳·库卡尼 (Shri Kulkarni) 在波多黎各岛上的阿雷西博天文台, 利用这里巨大的射电天线发现的, 后来的编号为 PSR B1937+21, 其自转频率为每秒 641 转.

毫秒脉冲星不仅自转速度快得惊人, 而且自转的周期性非常精确, 几乎可以说是宇宙中最精确的时钟. 脉冲星依靠消耗自转能来弥补辐射出去的能量, 由于脉冲星具有巨大的角动量, 自转速度变慢的效应又非常小, 这就让它们在漫长的时间里能够一直保持近乎不变的自转周期, 自转周期精度几乎可以与地球上最精确的原子钟相媲美, 自转周期的变化率一般在 10^{-20} 量级. 也就是说, 即便经过数十亿年, 毫秒脉冲星的自转周期也只会延长几个毫秒. 由于天文学家们能够精确测定其减速速率, 因此他们就可以扣除减速效应的影响并将它们用作精确的计时工具.

以目前中子星结构和演变的理论推算, 科学家们预言, 脉冲星的自转不能超过每秒 1500 转, 超过了可能会分裂开来. 在达到这种高速自转之前, 毫秒脉冲星会辐射出引力波, 引力波的辐射造成脉冲星的能量损失, 抑制自转速度的提高. 因此, 高速旋转的毫秒脉冲星有可能是一种理想的周期性引力波波源. 目前被发现的自转周期小于 20 ms 的脉冲星有 300 多颗.

11.2.5　脉冲星计时技术

除了低频引力波测量, 脉冲星计时技术在广义相对论、宇宙学、星际介质和中子星物理的研究方面也有重要的应用. 脉冲星计时技术包括以下几个关键环节.

1. 脉冲到达时间 TOA 测量

脉冲星计时观测的主要工作是测量脉冲信号的到达时间. 单个脉冲通常是不稳定的, 而且绝大多数的毫秒脉冲星的电磁辐射都很弱, 辐射脉冲往往被淹没在接收器的噪声中. 因此, 在利用射电天文望远镜进行脉冲星计时观测时, 一般是在足够长的时间内、在选定的频率上进行连续观测, 将收集到的数据通过后端设备对星际介质等离子体引起的色散延迟进行修正, 然后利用已知的自转周期对数据进行折叠合成, 得到一个平均的脉冲轮廓. 这个由大量脉冲进行平均而得到的平均脉冲轮廓是非常稳定的. 平均脉冲轮廓的尖峰被选作脉冲的基准点, 它对应于脉冲星辐射区的一个固定点. 得到平均脉冲轮廓之后就可以将它与标准模板轮廓进行相关性分析, 选出可用者, 得到以射电望远镜观测站的时钟为计时标准的脉冲到达时间. 脉冲轮廓模板可以是一个解析函数, 也可以是从以前观测中得到的一个信号噪声比非常高的事例. 多次对选定的脉冲星在固定的频率上进行测量, 得到一系列的脉冲到达时间 TOA, 这个所谓的脉冲到达时间指的是基准点到达地面观测站的时间. 需要指出, 脉冲到达时间 TOA 的测量是以位于观测站的原子钟计时的, 观测站的原子钟要定期与国际上重点原子时实验室进行比对, 以便使 TOA 的测量能最终以国际原子时系统为参考.

为了利用观测到的 TOA 分析获得脉冲星时间 PT, 需要建立脉冲星时间的分析模型.

2. 脉冲星自转相位的计算

脉冲星自转相位的测量可以很好地帮助我们实现脉冲星计时研究. 我们知道, 脉冲星的自转周期是缓慢变化的, 在脉冲星自身惯性参考架中, 其自转相位 $\phi(t)$ 的时间函数可以用泰勒级数展开来表示:

$$\phi(t) = \phi(0) + \omega t + \frac{1}{2}\dot{\omega}t^2 + \frac{1}{6}\ddot{\omega}t^3 + \cdots$$

公式中 $\phi(t)$ 为 t 时刻的相位, $\phi(0)$ 是初始时间 t_0 时刻的相位, 被称为初始相位, ω 是自转角频率, $\dot{\omega}$ 和 $\ddot{\omega}$ 是自转频率的一阶导数和二阶导数. 一般情况下, 我们只涉及 ω 和 $\dot{\omega}$, 高阶项可以忽略不计. 从展开式可以看出, $\phi(t)$ 的表达式把脉冲星自转相位与时间联系起来, 因此我们可以通过测量脉冲星的自转相位来进行计时研究.

　　需要指出, 毫秒脉冲星的计时观测是在地面上的观测点进行的, 我们必须把在地面上测量到的脉冲到达时间通过一个计时模型变换到脉冲星自身固有参考架中, 归算成脉冲发射时间. 从这个脉冲发射时间可以计算发射的脉冲相位. 在整个变换过程中需要作一系列修正, 主要包括:

　　(1) 时钟修正: 观测站所用的原子钟时间与国际原子钟时间的差值校正.

　　(2) 地球对流层引起的脉冲延迟修正.

　　(3) 爱因斯坦延迟: 即由于地球引力势的变化、地球运动和脉冲星长期运动引起的时间延缓, 以及引力红移引起的延迟.

　　(4) 罗默 (Roemer) 延迟: 真空中光在观测点与太阳系质心间的渡越时间, 如果脉冲星是双星系统中的一颗, 则还要包括真空中光在脉冲星和双星系统质心间的渡越时间, 以及周年视差的影响.

　　(5) 夏皮洛 (Shapiro) 延迟: 由太阳及太阳系物体附近相对论时空弯曲导致的时间延迟, 如果脉冲星是双星系统中的一颗, 则还要包括脉冲星同伴引起的引力时间延迟.

　　(6) 色散延迟: 由星际介质、行星际介质和地球电离层导致的延迟.

3. 脉冲到达时间 TOA 到脉冲星固有参照架的变换

　　若要计算脉冲相位 $\phi(t)$, 需要精确地知道脉冲星固有的自转参数 ω 和 $\dot{\omega}$. 因此必须把地面上观测到的脉冲到达时间 TOA 归算到脉冲星自身固有参考架中, 一般说来, 只要归算到太阳系质心就可以了. 假设脉冲星的脉冲到达太阳系质心的时间为 $t_{\rm b}$, T 为在地面上观测点观测到的到达时间, 我们就有 [354]

$$t_{\rm b} = T + \frac{\boldsymbol{r} \cdot \hat{\boldsymbol{n}}}{c} + \frac{(\boldsymbol{r} \cdot \hat{\boldsymbol{n}})^2 - r^2}{2cd} - \frac{D}{\omega^2} + \Delta_{\rm E\theta} - \Delta_{\rm S\theta}$$

公式中 r 为观测站到太阳系质心的矢量, $\hat{n}$ 是从太阳系质心到脉冲星的单位矢量; 等号右边第二项是信号从地球上观测站到太阳系质心的传播时间; 第三项为周年视差的影响, 第二项与第三项的和就是前面所说的罗默延迟; 第四项是星际等离子体的色散延迟, 其中 D 为扩散常数; $\Delta_{\rm E\theta}$ 为爱因斯坦延迟; $\Delta_{\rm S\theta}$ 为夏皮洛延迟. 我们构造的这个公式被称为计时模型, 利用这个计时模型对测量的脉冲到达时间进行拟合. 将计时模型预言的脉冲到达时间与测量得到的时间相比较我们可以得到计时残差.

　　上述时间模型中各项的计算是非常复杂的, 需要采用精确的太阳系星历表 (所谓太阳系星历表指的是任意时刻太阳系内主要天体的位置和质量), 还要知道毫秒脉冲星的空间坐标、运动和距离等天体测量参数. 实际上这些参数很难精确测定, 也无法精确知道脉冲星的自转频率及自转频率的变化速率. 只能用多年的 TOA 观测资料, 采用逐步逼近的方法来确定这些参数. 首先利用这些参数的近似估计值,由上述分析模型对观测到的 TOA 进行计算, 从而得到每个测得的 TOA 与采用计时分析模型拟合计算值的差值, 即所谓的残差. 由于分析模型中脉冲星参数的采用值为近似值, 这些被采用的参数的误差使残差呈现某些系统性趋势, 利用最小二乘法做进一步拟合, 由拟合可以得到较精确的脉冲星自转参数和天体测量参数. 得到这些数据后再对残差进行分析研究, 判断分析模型的可靠性进而完善并改进它, 周而复始, 直到结果满意为止.

计时模型描述了脉冲星的内在自转行为, 它可以预言在任何一个给定时间点脉冲星的转动相位. 要特别注意, 这里所说的给定时间指的是在太阳系质心观测到的时间, 它是由在地面观测站测得的脉冲到达时间 TOA 变换来的.

将在地面观测站测得的脉冲到达时间 TOA 与时间模型预言的值进行比较, 得到计时残差, 第 i 次观测的计时残差 R_i 可以这样来计算 [356]

$$R_i = \frac{\phi(t_i) - N_i}{f}$$

其中 N_i 是最靠近 $\phi(t_i)$ 的整数. 可以看出, 脉冲星计时的关键问题是要对脉冲星的每个转动都毫不含糊地进行长期 (几年甚至几十年) 观测.

对计时模型的拟合及计时残差的分析可以用脉冲星计时软件包 TEMBO2 来完成 [355–357], 这个软件包是多年来众多科学工作者辛勤劳动的结晶.

11.2.6 脉冲星计时引力波探测

毫秒脉冲星具有非常稳定的自转周期并发射很窄的电磁脉冲, 这些脉冲具有极高的可预测到达时间, 非常适合作为标准定时器来探测频率极低的引力波. 当引力波从地球和脉冲星之间通过时, 会使地球与脉冲星之间的距离伸长或压缩, 这使得脉冲星产生的射电波传播路径的长度随引力波的频率伸长或缩短, 导致我们在地球上接收到脉冲信号的时间会比预计的时间早一些或晚一些. 探测到这种到达时间的变化, 就等于探测到引力波. 引力波导致的时空变化虽然非常小, 只要探测器的灵敏度足够高, 探测方法合理, 数据处理得当, 还是应该能以察觉到的时间涨落而被探测到的.

引力波在单个脉冲星数据中产生的效应非常小, 很难与观测过程中噪声的影响区分开. 退一步讲, 我们暂且不考虑噪声, 脉冲星定时模型中的各种参数都是利用大量测得的数据、通过优化模型、分析拟合得到的, 具有很大的不确定性及模型相关性. 这种误差与引力波效应也非常类似. 因此, 使用单个脉冲星来探测引力波是极其困难的, 也是不合理的. 利用国际上多个脉冲星计时观测站组成脉冲星计时阵列, 对很多颗脉冲星进行联合而长期的测量是我们的最佳选择, 这种方法也因此被命名为脉冲星计时阵列引力波观测法, 其示意图如图 11.6 所示.

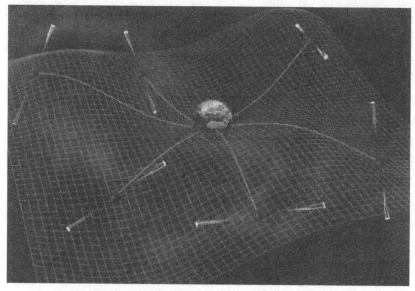

图 11.6　脉冲星计时阵列引力波探测示意图

　　脉冲星计时阵列可以看成是一个银河系尺寸的引力波探测器, 如果我们想把它与激光干涉仪引力波探测器进行类比的话, 计时阵列中的脉冲星就好比是 "测试质量", 脉冲星发射的射电脉冲就好比是 "激光", 脉冲星与地球上观测点的距离就类似于干涉仪的一个 "臂". 一般说来, 银河系中毫秒脉冲星到地球的距离约为 kpc 量级 (即几千光年量级), 因此毫秒脉冲星计时阵列最适合探测 10^{-9}Hz 量级的引力波. 脉冲星计时阵列测量法所覆盖的探测频带大致如图 11.1 所示.

　　设被探测的引力波的传播方向垂直于脉冲星与地球之间的连线, 在平面波近似的条件下, 引力波导致的计时残差 $r(t)$ 为

$$r(t) = \int_0^{L/c} h\left(t - \frac{L}{c} + \tau\right) \mathrm{d}\tau$$

L 是地面观测点到脉冲星的距离, 根据定义 $\dfrac{\mathrm{d}A(t)}{\mathrm{d}t} = h(t)$, 计时残差 $r(t)$ 可以表示为

$$r(t) = \Delta A(t) = A(t) - A\left(t - \frac{L}{c}\right)$$

在这里, $A(t)$ 是由入射到地球上的引力波产生的时空干扰导致的, 是与地球相关的项, 而 $A\left(t - \dfrac{L}{c}\right)$ 取决于引力波在射电脉冲发射时刻的应变, 是与脉冲星相关的项.

　　典型的脉冲星计时阵列 PTA 观测取样时间间隔为数星期, 观测时间连续 10 年以上, 这预示计时阵列 PTA 的灵敏频率范围为 1~100nHz, 这就是说, PTA 敏感的引力波波长为几个光年, 比脉冲星到地球的距离小得多.

在通常情况下, 引力波的传播方向与脉冲星到地球连线之间有一定的夹角 $\hat{\Omega}$, 这时感生的定时残差 $r(t, \hat{\Omega})$ 可写为

$$r(t, \hat{\Omega}) = F_+(\hat{\Omega})\Delta A_+(t) + F_\times(\hat{\Omega})\Delta A_\times(t)$$

其中 $F_+(\hat{\Omega})$ 和 $F_\times(\hat{\Omega})$ 是天线图样函数, 其表达式可以在很多参考文献中查到 [358]. $\Delta A_+(t)$ 和 $\Delta A_\times(t)$ 是与源有关的函数, 其表达式为

$$\Delta A_+(t) = A_+(t) - A_+(t_{\rm p})$$

$$\Delta A_\times(t) = A_\times(t) - A_\times(t_{\rm p})$$

其中 $t_{\rm p} = t - (1 - \cos\theta)\dfrac{L}{c}$, θ 是引力波源和脉冲星相对于观察者的张角. $A_+(t)$ 和 $A_\times(t)$ 的具体形式与波源的类型有关.

11.3　宇宙微波背景辐射中的 B 模偏振测量

利用宇宙微波背景辐射中的 B 模偏振的测量来验证原初引力波的存在, 是低频引力波研究的重要领域. 2014 年 3 月哈佛-史密松森天体物理中心的约翰·科瓦克博士向世界宣布他和他的研究团队利用设在南极的 BICEP2 实验设备, 发现了宇宙大爆炸后产生的原初引力波存在的证据, 在物理界掀起了轩然大波. 虽然后来证明该实验结果是宇宙尘效应所致, 但其基本的物理思想 (利用寻找宇宙微波背景辐射中的 B 模偏振形态来证明宇宙大爆炸后产生的原初引力波的存在) 在低频引力波探测中仍为一明智之举, 其使用的实验设备和实验技术对该探测领域均具有重大的参考价值.

BICEP2 是建在南极冰盖上的一台射电天文望远镜 (图 11.7), 离南极的几何点约 800m 远. 科学家用它对天空进行扫描, 探测 "宇宙微波背景辐射", 寻找原初引力波在宇宙微波背景辐射中留下的独特 "印记"——宇宙微波背景辐射中的 B 模偏振形态. BICEP2 之所以放在南极是因为宇宙微波背景辐射的波段极容易被水蒸气所吸收, 而南极气候干燥, 大气相对稀薄, 相当低的水蒸气也减少了在观测频率附近吸收和发射水分子而产生的大气噪声. 南极气候稳定, 特别是在全黑的冬季月份, 是最佳探测地点. 另外南极洲几乎无人居住, 来自广播、电视、雷达及其他的电子设备产生的噪声干扰相对较小. BICEP2 的观测区域位于所谓的南洞内, 这片观测区域有非常低的银河系前景, 对实验有利.

图 11.7　建在南极冰盖上的实验基地

右边是 BICEP2

11.3.1　宇宙微波背景辐射

"宇宙微波背景辐射"是一种弥漫在整个宇宙空间中的极微弱的电磁波, 它是宇宙大爆炸时留下的痕迹. 宇宙大爆炸理论是由比利时牧师兼物理学家乔治·勒梅特 (Georges Lematre) 在 1932 年首次提出来的. 该学说认为, 宇宙是由一个致密炽热的奇点在 138 亿年前的一次大爆炸中形成的 (图 11.8). 大爆炸的一刹那就是时间和空间的开端. 为使大爆炸宇宙模型更加完善, 解决大爆炸宇宙模型的 "平性疑难" 和 "视界疑难", 美国麻省理工学院的阿兰·古斯(Alan Guth) 等在 1981 年提出了宇宙暴胀理论. 该理论认为, 在宇宙大爆炸 10^{-35}s 后, 发生了一次速度无法想象的急剧膨胀过程, 即所谓的 "暴胀过程". 在这个过程中, 从 $t = 10^{-35}$s 到 $t = 10^{-33}$s, 宇宙膨胀了 $e^{100} \approx 10^{43}$ 倍, 暴胀之后宇宙开始按正常规律膨胀.

图中文字的中英文意思对照和简单的注释如下:

(1) **量子涨落 (quantum fluctuation)**. 理论认为, 大爆炸之前没有时间, 没有空间, 更没有物质, 只有真空. 它不是哲学意义上什么都没有的真空, 而是物理意义上的真空. 它是充满量子涨落的沸腾的真空, 蕴含着巨大的潜能.

(2) **大爆炸膨胀, 137 亿年 (big bang expansion 13.7 billion year)** .

根据标准宇宙模型, 宇宙起源于 137 亿年前的一次大爆炸. 我们可以用量子力学的测不准原理测算真空量子涨落给出的时间和能量尺度, 也就是宇宙诞生时相应的时间和能量尺度.

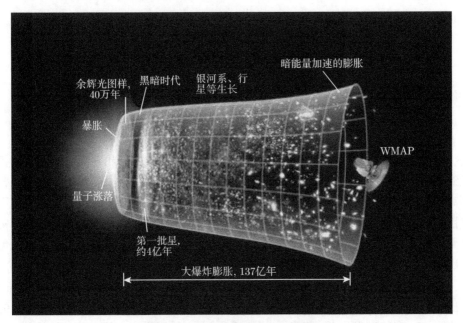

图 11.8 宇宙大爆炸膨胀示意图

根据测不准原理, 时间涨落 Δt 和能量 ΔE 涨落之间满足下列关系 [302]:

$$\Delta t \Delta E \approx tE \approx \frac{\hbar}{2} = \frac{h}{2\pi}$$

而 $E \approx kT$.

宇宙诞生后, 应满足 $a \propto t^{1/2}$, 以及 $a \propto \dfrac{1}{T}$, 在这里 a 是辐射密度常数, T 与 t 之间有如下关系:

$$T = \left(\frac{3c^2}{32\pi Ga}\right)^{1/4} \frac{1}{\sqrt{t}}$$

将这些关系式代入我们得到

$$tE \approx t \cdot kT \approx t \cdot k \left(\frac{3c^2}{32\pi Ga}\right)^{1/4} \frac{1}{\sqrt{t}} \approx \frac{h}{4\pi}$$

根据以上公式我们得到

$$t \approx 6 \times 10^{-44} \text{s}$$

取 $t_{\text{Pl}} = \sqrt{\dfrac{\hbar G}{c^5}} \approx 10^{-43}\text{s}$, t_{Pl} 称为普朗克时间, 称与 t_{Pl} 对应的 E_{Pl} 为普朗克能量,

$$E_{\text{Pl}} = \frac{\hbar}{t_{\text{Pl}}} = \sqrt{\frac{\hbar c^5}{G}} \approx 10^{19}\text{GeV}$$

与普朗克能量对应的普朗克质量 M_{Pl} 为

$$M_{\mathrm{Pl}} = E_{\mathrm{Pl}}/c^2 = \sqrt{\frac{\hbar c}{G}} \approx 2 \times 10^{-5}\mathrm{g}$$

普朗克长度为

$$l_{\mathrm{Pl}} = ct_{\mathrm{Pl}} = \sqrt{\frac{\hbar G}{c^5}} \approx 10^{-23}\mathrm{cm}$$

通过上面的推导过程和得到的结果可以看出, 普朗克时间和普朗克长度分别代表经典的连续时空中所能测量到的最小空间和最小时间间隔, 小于普朗克时间和普朗克长度, 时间和空间就是量子化的而不再是连续的了. 宇宙大爆炸是一次规模无比巨大的真空潜能转变, 是物质粒子 (即物理宇宙) 的创生过程. 大爆炸之前宇宙处于失控的量子混沌状态, 大爆炸之后时间、空间、物质才得到创生, 宇宙也就创造出来了. 根据以上推算, 宇宙的年龄约为 137 亿年.

(3) 暴胀 (inflation). 宇宙暴胀模型是古斯 (A. Guth) 和林德 (A. Linde) 提出来的. 其理论基础是真空对称性的自发破缺所引起的真空相变. 设相变发生的温度为 T_c, 在相变发生前, 即当 $T \gg T_c$ 时, 宇宙按辐射为主导时的规律膨胀, 当 $T \leqslant T_c$ 时, 宇宙处于相变前的过冷状态, 真空能量为主导, 宇宙按指数规律膨胀. 若取大统一相变的温度 $T_c \approx 10^{15}\mathrm{GeV}$, 则可以得出宇宙约在大爆炸后 $t = 10^{-35}\mathrm{s}$ 时进入过冷状态, 此时 $T \leqslant T_c$, 若相变延迟到 $t = 10^{-33}\mathrm{s}$ 发生, 则此阶段宇宙膨胀了 $e^{100} \approx 10^{43}$ 倍, 这就是所说的 "暴胀", 宇宙在极短的时间内膨胀约 10^{43} 倍之后开始按正常规律膨胀. 宇宙暴胀理论发展了标准模型, 它假设在宇宙大爆炸后紧接着有一个接近于指数膨胀的早期阶段, 为延续大爆炸建立了初始条件. 暴胀标志着把物理学中得到很好检验的区域极大地外推到时空高度弯曲、能量接近于 $10^{16}\mathrm{GeV}$、时间尺度小于 $10^{-32}\mathrm{s}$ 的区域.

(4) 余辉光图样 40 万年, (afterglow light pattern 400000 yrs). 早期核合成之后经过 1~3 万年, 宇宙从辐射为主导进入物质为主导阶段. 此时的物质处于电离状态, 是由电子、质子、原子核、光子等组成的等离子体. 各种物质粒子呈高度均匀各向同性的分布状态. 大爆炸后约 38 万年左右, 由于膨胀, 宇宙温度下降到 3000K 左右, 光子与物质退耦合, 宇宙变成透明的. 自由光子成为宇宙的背景, 它就是我们所说的宇宙背景辐射.

(5) 黑暗时代 (dark age). 星系是由宇宙极早期产生的微小密度涨落经过引力凝聚作用逐渐发展起来的, 许多星系和类星体是在红移为 $1 \leqslant z \leqslant 6$ 期间形成的, $6 < z < 10$ 的星系和类星体非常稀少, $z > 10$ 的天体目前还没有发现. 通常把 $10 < z < 1000$ 的时期称为宇宙黑暗时代, 因为在这段时间内除了弥漫在太空中的宇宙背景辐射外, 没有任何发光的天体.

(6) 第一批星, 约 4 亿年 (first stars about 400 million yrs). 第一代恒星形成, 稍后第一代超新星和黑洞形成.

(7) 银河系、行星等生长 (development galaxies and planets etc). 原星系并合, 银河系、行星等天体生长.

(8) 暗能量加速的膨胀 (dark energy accelerated expansion). 下面我们来讨论宇宙微波背景辐射. 早期的宇宙是不透明的, 早期核合成完成 ($t = 200s$, $T \approx 10^9 K$) 之后经过 1~3 万年, 宇宙就由辐射为主的阶段进入物质为主阶段, 此时的宇宙是由致密的、高温的电子、质子、原子核、光子交互作用的等离子所组成, 在强大的辐射压力驱使下, 宇宙中的各种物质均匀地分布在空间里, 呈现高度的均匀各向同性状态. 由于辐射与自由电子进行强烈的汤姆孙散射, 物质不透明, 宇宙处于晦暗的迷雾状态. 在大爆炸发生后约 38 万年时, 由于膨胀, 宇宙的温度降到约 3000K, "迷雾" 中差不多所有的自由电子都被结合到中性原子中, 辐射光子与物质不再有耦合作用, 宇宙逐渐明朗起来. 光子与物质退耦合的时刻, 基本上也就是绝大多数辐射光子与电子最后一次散射的时刻, 自那以后, 大爆炸形成的这种最古老的光 (电磁波) 得以在宇宙中自由传播, 经过漫长的岁月, 成为均匀散布在宇宙空间中的微弱电磁波, 好像是宇宙的光子背景, 被称为 "宇宙微波背景辐射", 使用 "微波" 一词是因为根据爱因斯坦的广义相对论, 宇宙膨胀时会将光的波长拉长, 到了大爆炸发生 137 亿年后的今天, 这些古老的光的波长已经被拉长到数毫米, 即已到达微波范围, 其特征与绝对温标为 2.725K 的黑体辐射相同.

最后散射光子大多数来自红移 $z = 1060$ 的一个球面附近, 这个球面被称为最后散射面. 实际上, 不同方向的光子来源有远有近. 确切地讲, 大多数光子来源于 $z = 1060$, 红移厚度为 $\Delta z = 200$ 的球壳层, 这个球壳层被称为最后散射层.

宇宙微波背景辐射的温度是有涨落的, 涨落的平均幅度为 $\Delta T/T = 10^{-5}$. 但是, 对温度涨落的分析是很困难的, 这是因为我们观测到的温度的微小各向异性是在天球上分布的, 在对各向异性进行分析时必须对温度涨落作球谐函数展开[302].

$$\frac{\delta T(\theta, \phi)}{T} = \sum_{l=1}^{\infty} \sum_{m=-l}^{l} a_{l,m} Y_m^l(\theta, \phi)$$

公式中 $a_{l,m}$ 的值是通过对全天空背景温度涨落的测量得到的, $l = 1$ 的项相当于偶极各向异性或称为偶极矩, 起因是地球相对于宇宙背景辐射的运动, 这是一种局域效应, 可以单独处理. 因此在对宇宙背景辐射各向异性的讨论中可以忽略. $l \geqslant 2$ 的项表示多极各向异性 (即多极矩), 它们反映的是内禀涨落, 即由宇宙物质空间分布的微小不均匀性而引起的背景辐射温度的不均匀性.

$l = 2$ 表示 $2l = 2 \times 2 = 4$ 极矩, $l > 2$ 表示 $2l$ 极矩. 较大的 l 对应于较小的 θ

角内的温度涨落, l 与分辨角 θ 之间的关系为

$$\theta \approx \frac{180°}{l}$$

通常把温度涨落的平均值随 l 的分布称为温度功率谱, 宇宙微波背景温度功率谱的第一个峰在 $l = 200$ 处 (图 11.9), 通常被称为多普勒峰, 它是由最后散射面上速度的扰动产生的. 在第一个峰之后, 随着 l 的增大谱的形状就变得复杂起来, 出现了若干个小峰. 总的趋势是随着 l 的增大峰值迅速衰减.

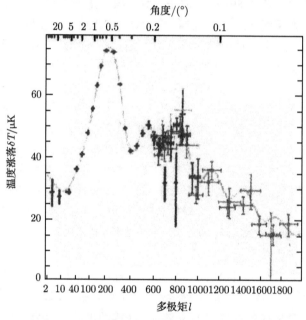

图 11.9　宇宙微波背景辐射的温度功率谱 [302]

宇宙微波背景辐射如同埋藏在宇宙深处的 "化石", 记录着早期宇宙的许多信息. 既然宇宙自其诞生后大约 38 万年间便充满电磁辐射, 这种宇宙中的光辐射一定保留宇宙大爆炸及暴胀过程等宇宙早期的各种信息, 包括在暴胀过程中产生的原初引力波留下的印记, 因此我们现在可以通过这些宇宙电磁辐射的 "余烬", 即宇宙微波背景辐射来搜寻这些信息的痕迹. 宇宙微波背景辐射在 1964 年被美国科学家们发现, 这种微波背景很好地解释了宇宙早期发展所遗留下来的辐射, 它的发现被认为是检测大爆炸宇宙模型最重要的证据.

11.3.2　B 模偏振形态

宇宙大爆炸 10^{-35} s 后发生的暴胀过程中产生的原初引力波按照自己的物理特性将时空在一个方向压缩同时在与之垂直的另一方向拉伸, 使时空发生畸变. 大爆

炸产生的热辐射是一种宇宙电磁辐射, 是光的一种形式, 具有光的一切属性, 包括偏振特性 (极化). 当它经过被引力波畸变的空间时, 原初引力波产生的效应在这种古老的光辐射场中感应局部的四极各向异性, 使其产生偏振. 偏振图样在角度尺度上包含一种独特的、被称为 B 模式的成分, 这种 B 模式在宇宙微波背景辐射光的偏振方向中代表一个卷曲的格局, 特点是形成旋涡. 因为静磁场 B 是有涡旋的, 这个模式很像是磁场, 所以叫做 B 模式. 原初引力波创造的 B 模偏振被暴胀放大之后可以达到足以被探测的水平.

BICEP2 探测器在宇宙微波背景辐射中探测的这种 B 模偏振形态, 是原初引力波在宇宙微波背景辐射身上打上的独一无二的印记, 因为 B 模式是一个张量扰动, 不可能原初地由密度扰动产生. 所以说, 探测到这种独特印记, 无疑证明了原初引力波的存在.

暴胀过程会产生两种扰动, 一种是密度扰动, 这是一种标量扰动, 另一种是引力场扰动, 是一种张量扰动. 密度扰动引起 E 模极化, 引力场扰动引起 B 模极化. 引力波在最后散射面内的辐射场中产生局部的四极各向异性, 在散射光中感应极化, 极化图样包含一种角度尺度上的卷曲或称为 B 模式的成分, 这种模式是不能由原初密度扰动产生的. B 模式成分的幅度取决于张量/ 标量比 r, r 本身是暴胀能量尺度的函数. 在大角度尺度上测量 B 模极化能用作暴胀能量尺度测量的探针.

宇宙微波背景辐射的偏振幅度是几个 μK, 偏振图样有两种类型, 一类是旋度为零的 E 模偏振图样 (类电场部分), 不具有手征性, 另一个是散度为零、旋度不为零的 B 模偏振 (类磁场部分) 具有手征性. 在宇宙微波背景辐射的偏振形态中 E 模式偏振图样 (又称梯度图样) 占主导地位, 它是在最后的汤姆孙散射中由密度扰动产生的, E 模式的峰位于角度尺度上约 $0.2°$ 的位置上, 相应于多极 $l \approx 1000$.

B 模偏振形态不是来自于标准的标量扰动, 而是来自两种机制. 第一种机制是在相对晚期时代大尺度结构产生的引力透镜效应, 这个引力透镜把宇宙微波背景辐射中的一小部分 E 模式功率转变为 B 模式功率, 使宇宙微波背景辐射的原初图样发生了小的偏移. 引力透镜产生的 B 模式谱类似于被弄光滑的 E 模式谱的一个版本 (但功率大约只有它的 1/100), 因此, 它也朝分度尺度增强, 即它也仅仅在小尺度 (高 l 值) 上存在, 而且峰也约在多极 $l \approx 1000$ 附近. 理论计算指出, 暴胀引力波导致的 B 模式在大尺度上 (低 l 值) 存在, 它的峰位于多极 $l \approx 80$ 左右, 这是两种 B 模式的根本区别. 暴胀引力波产生的 B 模偏振要在多极 $l \approx 80$ 的尺度上寻找.

E 模偏振形态首先由 DASI 在 2002 年测得, 随后 QUAD(2009) , BICEP1(2014), WMAP (2013) 和 QUIET(2012) 对它进行了精确测量.

引力透镜 B 模 (小尺度, 高 l 值) 偏振形态的第一个迹象由 SPT 在 2013 年得到的, POLARBEAR 也在 2014 年宣称在小尺度上 (高 l 值) 发现了引力透镜产生的 B 模偏振形态, 2014 年 3 月, BICEP2 合作组宣称发现了由暴胀过程中的原初引

力波导致的 B 模偏振形态 (大尺度, 低 l 值) 存在的证据 (图 11.10)

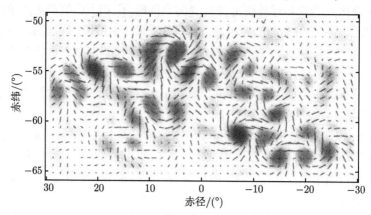

图 11.10　宇宙微波背景辐射中的 B 模偏振形态 [303]

图中黑色短线描绘了 B 模偏振的图样

11.3.3　BICEP2

　　BICEP2 是 "宇宙泛星系偏振背景成像"(background imaging of cosmic extra-galactic polarization) 的英文缩写, 它是设在南极冰盖上的一台射电天文望远镜, 用来在角尺度为 $1° \sim 5°(l = 40 \sim 200)$ 的范围内, 在 $l = 80$ 附近测量宇宙微波背景辐射中的 B 模偏振形态, 有非常高的灵敏度和精致的控制系统. BICEP2 实验的示意图如图 11.11 所示.

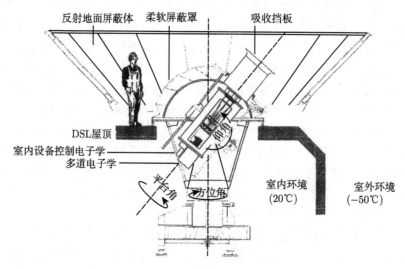

图 11.11　BICEP2 探测器实验的主视图 [304]

BICEP2 放在一个固定的、反射地面屏蔽体内. 它的望远镜整体放在一个液氦制冷的低温恒温室内, 恒温室的温度为 4K, 接收天线和低温恒温室装在一个三轴支架上, 通过黑暗地带实验室 (DSL) 的屋顶开口向外观察. 三轴支架允许调节望远镜的方位角、仰角, 并能使望远镜绕着它的视轴转动. 望远镜装入黑暗地带实验室后, 它的仰角的移动范围是 $50° \sim 90°$, 方位角的移动范围是 $400°$. 方位角的扫描速度是 $5° \cdot s^{-1}$. 三轴支架放在一个钢木结构的平台上, 该平台固定在黑暗地带实验室的钢梁上. 三轴支架依附着一个柔软的环境防护罩, 该防护罩搭在 DSL 的屋顶上, 把屋顶上的开口罩住, 使三轴支架、低温恒温室、电子学、驱动部件等都处于有空调的室温环境中. 望远镜的前面安装着一块吸收挡板, 用来阻止大于 $20°$ 视轴角的辐射进入望远镜. 场地上安装的反射地面防护屏阻止来自附近地面上其他物体的旁瓣.

BICEP2 望远镜的光学系统是一个简单的、完全装在液氦低温恒温室中的、26cm 孔径的全冷共轴折射器, 具有较低的仪器极化, 光束分布为 $\sigma \approx 12'$, 它带有一个由光束成型槽孔平板天线组成的焦平面阵列. 焦平面用一个封闭循环三级吸收制冷机冷却到 270 mK, 该天线耦合着带有电压偏置的、极化敏感的跃迁边缘传感 (TES) 辐射热计和多单元超导量子干涉器 (SQUID) 的读出部件, 其绘图速度比 BICEP1 高一个数量级. 它仅观测频率为 150GHz 的宇宙微波背景辐射光. BICEP2 光学系统的示意图在图 11.12 中给出.

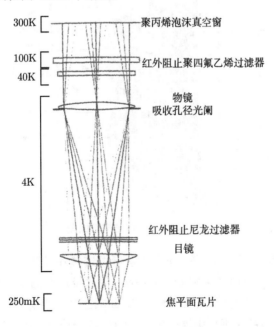

图 11.12 BICEP2 望远镜的光学系统示意图 [304]

　　光线通过聚丙烯泡沫窗进入低温恒温室, 穿过两个分别冷却到 100K 和 40K 的聚四氟乙烯 (PTFE) 红外线过滤器, 然后再通过冷却到 4K 的聚乙烯物镜和目镜. 物镜上放着一个直径孔径为 26.4 cm 的低温孔径光阑, 以阻止杂散光子进入. 目镜面向天空的一边安放着一个附加的尼龙过滤器, 进一步吸收红外线. 尼龙过滤器下面有一个金属网低通边缘过滤器, 截止频率为 225 GHz, 也被冷却到 4K. 所有的透镜和过滤器都镀上了防反射膜 PTFE, 它对 150 GHz 效果最佳. 所有光学管道的内壁都用微波吸收物作衬里, 光学器件都被设计成远心的, 得到的光束具有大约 0.5° 的半高宽 (FWHM). 望远镜所有的光学部件、信号获取和照相系统都紧密地组装在一起, 形成一个可以搬动的整体 (图 11.13).

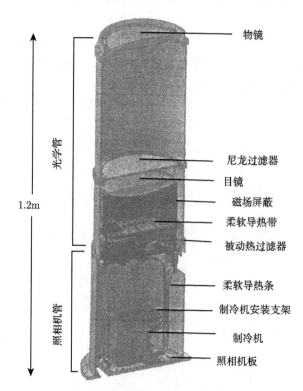

图 11.13　望远镜整体结构剖面图 [304]

　　望远镜组合的上部是光学管, 里面装着低温透镜和过滤器. 下部是照相机管, 装着探测器阵列、低温电子学和低温制冷机. 望远镜组合的底板接在液氦容器上, 在液氦低温恒温室内, 带有极化敏感的 TES 辐射热计量器的平面被冷却到 270mK.

　　BICEP2 望远镜的焦平面由耦合到 150 GHz 跃迁边缘传感辐射热测量计的 512 根光束成形槽孔天线阵列组成. 每个测量计的灵敏度约为 $300\mu K\sqrt{s}$, 两个 8×8 个

单元阵列组成一个 "瓦片", 四个瓦片联合起来组成一个完整的焦平面. 这样, 焦平面内就有 256 对极化单元, 512 个探测器. 焦平面用一个闭合循环的三级吸附制冷器冷却到 270mK. BICEP2 的等效温度噪声为 $17.0\mu K\sqrt{s}$.

接收到的微波背景辐射功率被储存在一个隔热岛上, 入射到岛上的功率变化由跃迁边缘传感器辐射热测量计探测, 由多单元超导量子干涉器件 SQUID 读出.

从 2011 年到 2012 年, BICEP2 在南极场地观测了三个季节, 有效扫描天数为 590 天, 扫描面积为 383.7 平方度. 每个观测单元前后反复扫描 53 次, 扫描时间约 50 分钟. 共收集了约 17000 组扫描单元数据.

BICEP2 测得的功率谱如图 11.14 所示.

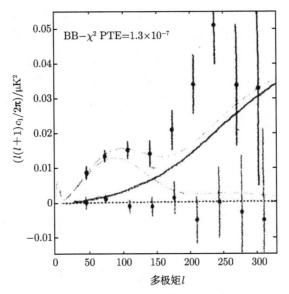

图 11.14 BICEP2 测得的功率谱 [303]

在图中, 9 个数据点代表 9 个频带功率, 每个频带的宽度约为 $l = 35$, 跨越范围是 $20 < l < 340$, 可以看出, BB 功率谱在多极矩 l 较高时呈现与引力透镜期待值相一致的情况. 但是, 当多极矩 l 较低时, 测量得到的信噪比很大,BB 功率超过引力透镜期待值, 此时数据的 χ^2 实在是太大了, 使得我们不能直接估算观测值的超过概率 (低于模拟的透镜化 ΛCDM 理论值). 对于在图中给出的 9 个频带功率组成的这一整组数据来说, 我们得到的超过概率为 1.3×10^{-7}, 相当于 5.3σ 统计显著性. 如果把统计限定在前 5 个频带功率 ($l \leqslant 200$), 则统计显著性变为 5.2σ

数据分析表明: 宇宙微波背景中的 B 模式极化超过带着宇宙常数的、暗物质占主导地位的标准宇宙模型 ΛCDM 的预言, 在 $30 < l < 150$ 范围内, 张量/ 标量比为 $r = 0.2^{+0.07}_{-0.05}$, 这个数值与零假设的不一致性相比 $> 5\sigma$, 这个统计学显著性数值说明这次测量结果出错的概率不到百万分之一. 观测到的 B 模功率谱用具有张量/标量比为 $r = 0.2^{+0.07}_{-0.05}$ 的透镜 ΛDM + 张量理论模型拟合得很好, 而与 $r = 0$ 的这种理论模型拟合时, 不支持度为 7σ, 减去能够使用的、最好的关于尘埃影响的估算数值 (这里使用的尘埃影响的估算数值是在现有文献中能够找到的最好的, 更精确的测量还在进行当中) 不支持度为 5.9σ, 我们知道, WMAP/Planck/SPT 以前发表的测量结果为 $r < 0.11$. BICEP2 的结果与过去这个数据是不一致的, 但是, 0.11 大约是 2σ, 这种差别看来还说得过去.

　　需要说明一下, 张量/标量比 r 是一个特殊的相对幅度, 是暴胀之后物理能量尺度的一个探针, r 定义为: $r = A_t/A_s$, 其中 A_t 是引力波 (张量) 扰动的幅度, A_s 是密度 (标量) 扰动的幅度.

　　BICEP2 实验表明, 对于 $r = 0.2$ 来说, 引力波的频率 f 大概为几十分之一毫赫兹 (零点几个 10^{-4}Hz), 幅度比高级 LIGO 灵敏度低 6~7 个数量级.

　　为了确定适合的 r 值, 用 "直接似然" 法对数据进行了处理, 图 11.15 给出以最大似然 Lensed $-\Lambda$CDM + $r = 0.20$ 模型画出的 BICEP2 频带功率谱. 图 11.16 给出张量/标量比 r 与最大似然值之间的关系曲线. 图 11.17 给出张量/标量比 r 为 0 及 0.2 时最大似然值的直方图.

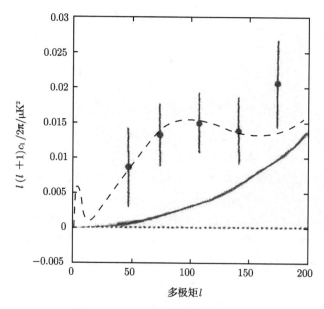

图 11.15　BICEP2 频带功率谱

长虚线为用 Lensed $-\Lambda$CDM + $r = 0.20$ 模型模拟值画出的功率谱曲线, 实心圆点是测量值, 实曲线表示标准模型 Lensed $-\Lambda$CDM 模拟值的功率谱

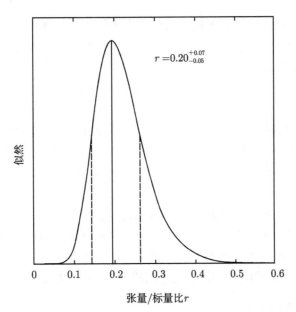

图 11.16 张量/标量比 r 与最大似然值之间的关系曲线

竖直实线为最大似然值 $r = 0.20^{+0.07}_{-0.05}$, 竖直虚线界定 $\pm 1\sigma$ 区间

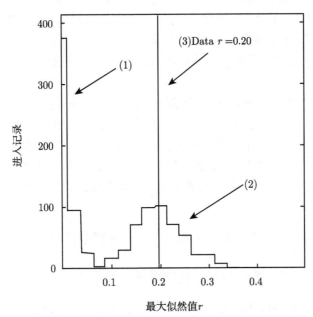

图 11.17 张量/ 标量比 r 为 0 及 0.2 时最大似然值的直方图

(1) 为用 $r = 0$ 时的 Lensed $-\Lambda$CDM + noise 模型模拟得到的 r 的最大似然值直方图; (2) 为用 Lensed $-\Lambda$CDM + noise + $r = 0.20$ 模型模拟得到的 r 的最大似然值直方图; (3) 是真实数据的 r 的最大似然值

以上结果可以看出, 当把置信区间定义为等似然值包络线 (它包含了总似然值的 68%) 时, 我们得到的 r 值为 $r = 0.20^{+0.07}_{-0.05}$, 似然值陡峭地朝着 $r = 0$ 落下. $r = 0$ 时的似然值与最大似然值 (它是在 $r = 0.20$ 时得到的) 之比为 2.9×10^{-11}, 等效的 PTE(即超过概率) 为 3.3×10^{-12} 或 7.0σ. 最大似然法的分析结果是用前 5 个数据组做出的.

在前 5 组数据和 Lensed$-\Lambda$CDM + noise + $r = 0.20$ 模型模拟数据之间估算简单的 χ^2 统计值, 得到的结果是 1.1. 对于自由度为 4 的情况来说, PTE 为 0.9, 这表明理论模型 Lensed $-\Lambda$CDM + noise + $r = 0.20$ 能够完美地用来对实验数据进行拟合.

根据已经发表的关于宇宙微波背景辐射温度功率谱的数据, 可以间接估算张量/ 标量比 r 值的上限, 将 Planck, SPT, ACT 各实验组的温度数据和 WMAP 实验组的极化数据综合考虑, 得到 r 的上限值为 $r < 0.11$, 相应于统计显著性为 2σ, PTE 为 0.05. 这与 BICEP2 的结果是不同的, 但矛盾不太尖锐.

11.3.4　尘埃效应

BICEP2 的结果发表之后, 有人提出质疑, 认为他们在进行误差分析时对尘埃效应的处理引用的数据太陈旧, 需要等其他实验组发表了新数据后重新计算. 这种说法是无可厚非的. 确实, 在进行了大量分析之后, 特别是与其他探测方法得到的新结果进行比较之后发现, BICEP2 的结果不能排除尘埃效应, 宇宙随机背景中有没有 B 模偏振形态还不能由该实验确定, 最多也只能说是看到了 B 模偏振形态的迹象.

BICEP2 的实验结果虽然没能得到确认, 但是用 B 模偏振形态来研究原初引力波的方向应该是正确的. 当前 BICEP2 的改进升级版 BICEP3 已经建成, 并于 2016 年 3 月开始运转, 它的孔径为 550mm, 焦平面含有 2560 个探测器, 观测的光学频带中心位于 95GHz, 频带宽度为 26.3GHz. 而焦平面更大, 灵敏度更高的 BICEP4 也在紧锣密鼓的筹划之中, 给 B 模偏振形态的探测带来新的希望.

11.4　高频引力波的探测

11.4.1　宇宙学范围和高能天体物理过程中产生的高频引力波

这里的高频引力波, 有时也被称为甚高频引力波 (very high-frequency gravitational wave), 其典型频带主要是 $10^8 \sim 10^{12}$Hz, 甚至更高范围. 这种引力波的频率显然远高于目前世界上所有的地面引力波探测装置的探测频带, 因而观测它们需要新的原理和方案.

实际上, 在 20 世纪 90 年代以前, 人们并没有特别关注这一频带的高频引力波. 这一方面是因为无论从宇宙学还是高能天体物理的领域, 尚未预期到在这一频带的具有可供探测的高频引力波; 另一方面, 世界上绝大多数的引力波探测方案 (包括已经建成的或拟议中的方案) 都限于中频带 (频率 1~20000Hz, 即地面激光干涉引力波探测器, 如 LIGO, VIRGO 的探测范围)、低频带 (频率 $10^{-7} \sim 1$Hz, 空间引力波探测器, 如 eLISA 以及我国计划中的天琴和太极方案)、极低频带 (频率 $10^{-14} \sim 10^{-7}$Hz, 脉冲星定时观测实验)、甚低频带 (频率 $10^{-17} \sim 10^{-16}$Hz, 宇宙微波背景上的极化成像方案, 即 BICEP 方案, 包括我国的阿里计划) 的引力波探测.

然而, 自 20 世纪末以来, 一系列典型的热点宇宙学模型 [399-403]、高能天体物理过程 [404]、空间的额外维理论 [405-407], 以及一些热引力波模型 [10] 均预期了频率处在微波频带甚至更高频率的高频引力波, 从而有可能大大拓宽人类观测宇宙的视野. 其中, 几乎所有的暴胀宇宙模型均预期了频带分布广阔的原初引力波 (primordial gravitational wave) 频谱 [399-403,409]. 按照暴胀宇宙模型推测, 在宇宙大爆炸后的一个急剧的暴胀期中, 其猛烈的量子涨落和相变为原初引力波注入了巨大的能量, 这种原初引力波随着宇宙膨胀一直拓展延续到了整个空间. 特别是其中的精质暴胀模型 (quintessential inflationary model)[399-400], 前爆炸宇宙模型 (pre-big-bang model)[401], 早期宇宙的再加热模型 (pre-heating)[403], 短周期各向异性暴胀模型 (short-term anisotropic inflation model)[402] 等, 均预期了原初引力波的谱密度 (或振幅) 在高频带的峰值和部分峰值区 (图 11.18).

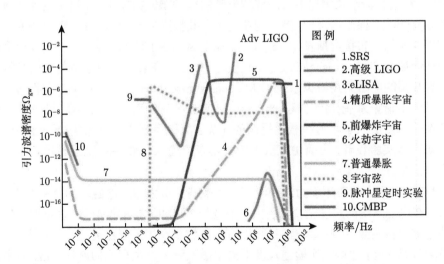

图 11.18　系列热点宇宙学模型预期的原初引力波的谱密度和相关探测装置的灵敏度 (后附彩图)

SRS: 同步谐振系统 (由重庆大学、西南交通大学和中国科学院强磁场科学中心策划的探测方案)

另外特别需要提及一点的是, 天体热等离子体与强电磁波的相互作用 [404], 和基于额外维理论的膜振荡模型 [406,407](brane oscillation scenarios) 预期的引力波的谱密度 (或振幅) 的峰值区, 已经延伸到了 $10^9 \sim 10^{14}$Hz(表 11.1). 而前者几乎与具体的模型和假设无关, 因为等离子物理已经是一个成熟共识的理论. 后者涉及空间的额外维度和膜宇宙理论, 如果在这一领域的探索有实质性的突破, 它对人类的时空观和宇宙观的冲击将可能是颠覆性的.

表 11.1　一些可能的高频引力波源及其主要特征参量

	普通暴胀	精质暴胀	前爆炸	膜振荡	天体热等离子体与电磁波的相互作用
频带	$\sim 10^8 \sim 10^9$Hz	$\sim 10^9 \sim 10^{10}$Hz	$\sim 10^7 \sim 10^{11}$Hz	$\sim 10^8 \sim 10^{14}$Hz	$\sim 10^{10} \sim 10^{12}$Hz
无量纲的振幅	$\sim 10^{-30}$(上限) $\sim 10^{-34}$,甚至更小	$\sim 10^{-30} \sim 10^{-31}$	$\sim 10^{-29} \sim 10^{-31}$	$\sim 10^{-22} \sim 10^{-25}$	$\sim 10^{-27} \sim 10^{-29}$
特征	随机背景	随机背景	随机背景	离散谱	连续谱

11.4.2　高频引力波的观测

目前国际上已经建成的高频引力波探测装置, 有英国伯明翰大学的环形波导方案 [410], 意大利国家核物理中心的双球形腔的差频耦合方案 [411], 日本京都大学的小型激光干涉仪探测器 [412], 澳大利亚的声学共振腔方案 [413]. 处于理论研究阶段的有俄罗斯的以布拉金斯基 (Braginsky) 原型为基础的环形波导方案, 以及巨型超导圆柱谐振腔方案 (Grishchuk-Sazhin 方案 [414]), 处在实验平台建造前期研究阶段的还有我国的电磁同步谐振系统 (EM synchro-resonance system), 国际同行常称其为三维同步谐振系统 (3DSR system, 或 Li-Baker 高频引力波探测器 [415,416]). 这一方案是由重庆大学李芳昱教授提出的 (以下简称为李方案). 该实验平台的前期理论研究和实验设计, 主要由重庆大学、西南交通大学和中科院强磁场科学中心承担.

目前, 国际上的高频引力波探测装置大多基于引力波对电磁场的扰动效应. 由于只有在电磁系统的尺度至少和引力波的波长可以相比拟的情况下, 才可能产生有效的电磁谐振响应, 因此, 只有高频引力波 (其波长在米的量级或更小, 即频率应在微波频带或更高) 才能在实验室尺度下的电磁系统中产生理想的谐振响应. 而中低频引力波 (其波长一般为数百千米甚至更大) 则不可能产生上述效应, 显然上述高频引力波的频带已大大超出了高级 LIGO 和 eLISA 等的探测范围. 特别是, 近些年来通过实验观测和理论研究所预期的系列高频引力波源 (见图 11.18, 表 11.1), 正在不断地进入主流引力物理和天文观测的视野和观测范围. 因此, 高频引力波和中低频引力波在探测频带、原理、方法和引力波源等方面将形成很好的互补性.

下面对国外的几种典型方案做一简要介绍和评述, 并将它们与李方案作一比较.

(1) 意大利国家核物理中心的双球形腔耦合方案 [411]. 探测频率为 10^8Hz 左右. 它是在差频谐振时 (即两个腔的电磁简正模的差频恰好与引力波频率相等时), 利用两个球形腔间电磁能量的转换来显示引力波效应的. 由于是超导腔且在低温环境下运行, 其品质因数远高于伯明翰大学的探测器, 目前已经达到的灵敏度为 $\delta h \approx 10^{-19}$, 预期改进后的灵敏度可望达 $\delta h \approx 10^{-22}$ 甚至更高. 因而探测膜振荡模型预期的高频引力波应该是有希望的, 并有可能接近探测天体热等离子体振荡与电磁波相互作用所产生的高频引力波强度的上限, 但不具备探测高频原初引力波的灵敏度.

(2) 澳大利亚的声学共振腔探测装置 [413]. 其探测频带为 $10^7 \sim 10^8$Hz. 这一装置仍然是充分利用了声学共振腔高品质因素的优点, 其预期的灵敏度为 $\delta h \approx 10^{-20}$ 至 $\delta h \approx 10^{-21}$, 故探测膜振荡模型的高频引力波是有可能的, 但不能探测高频的原初引力波.

尚处于理论研究阶段的有俄罗斯的环形波导方案和巨型圆柱超导腔与静磁场的耦合方案, 其探测频带为 $10^7 \sim 10^8$Hz. 后者实际上是一个把超导腔和稳态磁场的典型参量推向极值条件下的探测系统, 例如, 它需要典型尺度达 10m 且品质因素达 10^{13} 的超导腔, 并与一个强度达 30T 的静态磁场的相耦合; 还需要处在 0.001K 的低温环境中, 在量子无破损检测 (quantum nondemolition measurement) 条件下的预期灵敏度可望达 $\delta h \approx 10^{-33}$. 但其理论估算与现实的实验条件差距太大, 至少从目前技术条件来看是不现实的. 此外, 还有日本京都大学的小型激光干涉引力波探测器 (其臂长典型尺度为 75cm)[412], 它实际上是小型激光干涉探测装置, 故可望在高频带产生谐振响应, 其探测频带为 10^8Hz 左右, 灵敏度为 $\delta h \approx 10^{-21}$. 2003 年, 中国科学院高能物理研究所还有人提出过用同步辐射的储存环中的电子束来探测引力波的方案 [417].

11.4.3　基于强磁场和弱光子流检测的高频引力波探测系统

和上述几种典型的高频引力波探测方案不同, 李芳昱教授提出的三维同步谐振方案 (李方案) 是一个 $10^9 \sim 10^{14}$Hz 的宽频带探测系统, 其探测原理和方法也与其他高频引力波探测方案有着重要的区别 (见后述). 如果得以建成, 将可望成为国际上唯一瞄准 $10^9 \sim 10^{14}$Hz 范围的高灵敏度的探测方案 (图 11.19). 该频带恰好是系列热点宇宙学模型和高能天体物理过程所预期的高频引力波能量密度的峰值区域或部分峰值区域.

　　实际上, 对于通常的原初引力波, 即使在微波频带, 一般也是较低的频带对应着较大的振幅, 因而英国、意大利和日本方案中的探测频带均处在 10^8Hz 左右. 这一方面是因为这些探测方案在其探测频带范围内可供检测的信号, 主要取决于引力波的振幅而非频率. 从设计上看, 上述频带又恰好处在其最佳谐振区域. 但另一方面, 由前爆炸宇宙模型、精质暴胀宇宙模型、膜振荡模型、天体热等离子体与电磁波的相互作用, 以及某些热引力波模型预期的引力波频率已经延伸到了 $10^9 \sim 10^{12}$Hz 甚至更高频带. 而不少宇宙学和高能天体物理过程 (如磁星系统的 γ 暴, 原初黑洞的蒸发等) 产生的引力波还可能发生在极高频的范围. 因此, 上述高频范围实际上包含了丰富的宇宙学信息和高能天体物理信息. 如果不能对上述频带的高频引力波进行有效的观测, 则意味着我们将留下一个很大的探测盲区, 从而丢失了大量丰富的宇宙学和高能天体物理信息, 那将是非常遗憾的.

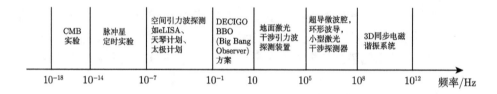

图 11.19　引力波频谱分布和探测方案 [418]

　　三维同步谐振系统 (李方案) 的理论基础是弯曲时空中的经典电动力学和量子电子学, 探测目标是基于广义相对论 (包括其他一些主流的相对论引力理论)、现代宇宙学和高能天体物理过程所预期的频率处在 $10^9 \sim 10^{12}$Hz 甚至更高频带的高频引力波 [419-423]. 其原理结构如图 11.20 所示, 它包括稳态强磁场部分 (由中国科学院强磁场科学中心设计)、背景高斯束以及弱光子流探测 (由西南交通大学及重庆大学设计) 三大部分. 其总体结构包括三个部分: ①稳态强磁场 (10~12T). 在高频引力波的作用下, 将产生二阶扰动光子流 (信号光子流). ②背景高斯束. 其功能是与二阶扰动的电磁场产生谐振响应, 从而产生更强的一阶扰动光子流. 由于同时存在沿高斯束对称轴方向的纵向信号光子流以及垂直于该方向的横向信号光子流, 故国际同行也将其称为三维谐振系统. 一旦高斯束被调制在较宽的范围 (如 $10^9 \sim 10^{14}$Hz), 则谐振响应和差频响应所对应的信号光子流也将具有这一较宽的频带. 因此, 这是一个比英国、意大利方案广阔得多的宽频带探测系统. ③弱光子流探测系统 (包括信号数据处理). 高斯束的引入显然对应着大的背景噪声光子流, 但利用横向信号光子流和背景光子流在特定区域内非常不同的物理行为 (如分布、传播方向、极化、衰减率以及波阻抗等), 可望达到分辨和甄别它们的目的.

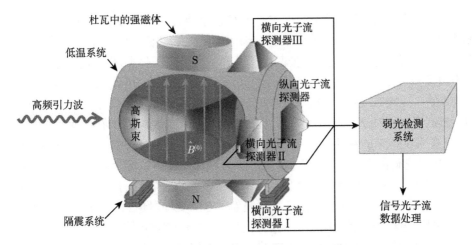

图 11.20 三维同步电磁谐振系统的结构原理图

图 11.21 表示上述探测系统中的超导磁体设计方案及其立体图, 这个超导磁体全部采用 Nb3Sn CICC 导体制造, 再用低温环氧树脂凝固. 线圈支撑结构将采用高强玻璃钢筒式结构并在 80K 冷屏处设置热沉以减少支撑漏热. 由于是超导磁体, 它不仅可以提供一个很好的低温环境 (以有效地抑制热噪声), 而且可大大减少其功率损耗和运行成本.

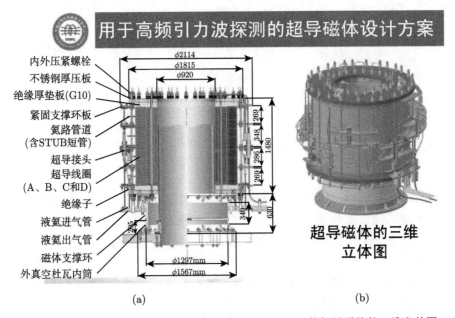

(a)　　　　　　　　　　　(b)

图 11.21 用于高频引力波探测的超导磁体设计方案 (a) 及其超导磁体的三维立体图 (b)

该装置由中国科学院强磁场科学中心 (合肥) 设计

　　三维同步电磁谐振系统的工作原理和技术特点主要体现在以下几个方面: ①其探测频带瞄准的恰好是普通暴胀宇宙模型的高频带的能谱上限, 前爆炸宇宙模型、精质暴胀宇宙模型、膜振荡模型、天体热等离子体振荡以及其他可能的热引力波模型所预期的高频引力波能谱密度 (或振幅) 的峰值区域或部分峰值区 (频带为 $10^9 \sim 10^{14}$Hz, 因此, 这也是一个宽频带的探测方案). ②信号光子流的强度与引力波的振幅及频率呈双线性关系, 因而非常高的频率可以有效补偿其振幅的微弱性. ③在系统特定的局部区域, 由于信号光子流与背景光子流具有非常不同的物理行为, 包括它们的分布、传播方向、极化、衰减率及波阻抗等 (参见图 11.22), 从而大大提高了它们的可分辨性, 并使预期的灵敏度完全处在它的标准量子极限 (standard quantum limit) 范围之内. ④本系统除了对广义相对论预期的高频引力波传统的 ⊕- 型极化和 ⊗- 型极化态 (即张量极化, 它们对应着自旋为 2 的引力子) 具有好的分辨性能外, 也可对近期讨论较热的普遍度规理论和其他超越广义相对论的引力理论中所预期的额外极化态 (如矢量极化和标量极化, 它们分别对应于自旋为 1 和自旋为 0 的引力子) 进行有效地分辨, 这就填补了在高频带分辨引力波额外极化态的空白. ⑤这一系统还具有小型化、低成本、前瞻性、较高的灵敏度和较短的建设周期的特点. 因而在探测频带、方式上将与其他频带引力波的观测形成很好的互补性.

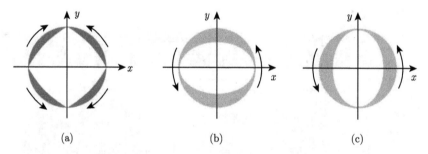

图 11.22　横向背景光子流 (a) 和横向信号光子流 ((b) 和 (c)) 强度及传播方向在柱坐标系中的投影

　　图 (a) 标明横向背景光子流的强度及传播方向并非是完全 "左旋" 或完全 "右旋" 的, 其最大值位置分别处在 $\pi/4, 3\pi/4, 5\pi/4$ 及 $7\pi/4$ 处. 由引力波的 ⊗-型极化态、x-型极化态、y-型极化态 (矢量极化) 以及 ⊕-型极化 (张量极化)、b-型极化、l-型极化态 (标量极化) 产生的横向信号光子流的强度及传播方向则是完全 "左旋" 或完全 "右旋" 的. 尽管横向背景光子流强度远大于信号光子流, 但图 (a),(b) 和 (c) 表明, 横向背景光子流的零值区 (即 $0, \pi/2, \pi, 3\pi/2$ 处) 恰好为信号光子流的峰值区. 另外, 两者的波阻抗至少相差 4~5 个量级, 这就为对它们的分辨和甄别, 提供了重要的物理基础.

当然, 即使按照某些宇宙学模型的乐观估计, 在 $10^9 \sim 10^{10}$Hz 频带的原初引力波的无量纲的振幅也只有 $10^{-30} \sim 10^{-29}$, 加之原初引力波的随机性质, 上述引力波在三维同步谐振系统中的有效接收面上产生的信号光子流, 其理论上的预期值仅为每秒 500~1000 微波光子 (这虽然是一个很小的光子流通量, 但已大于目前技术上最小可探测功率 10^{-22}W). 而横向背景光子流 (它是主要的噪声源) 的峰值可达每秒 10^{21} 左右. 即使利用两者在空间分布、传播方向、波阻抗等方面的重要差别, 也需要 $10^5 \sim 10^6$s 的信号积累时间. 为降低热噪声, 在 $10^9 \sim 10^{10}$Hz 频带的运行温度须降至 1K 甚至更低. 而对于膜振荡模型和天体热等离子体振荡产生的在 $10^{12} \sim 10^{14}$Hz 的高频引力波, 由于其振幅至少比原初引力波高出 4~5 个量级, 因而在本系统中预期可达每秒 10^9 个信号光子流. 而且, 随着频率的提高, 系统的运行温度可放宽到 140K 左右. 值得庆幸的是, 中国科学院强磁场科学中心的超导磁体设计, 已完全可以达到上述的低温环境以及相应的真空条件. 另外, 在上述频带中的其他噪声 (如散弹噪声、衍射噪声、Johnson 噪声、黑背景噪声及量子噪声等), 都远小于背景光子流噪声. 在这种条件下, 利用该平台的超导量子比特的优化, 低温超导微波腔的耦合 (Q 值达 10^6 和 0.01K 的运行温度) 以及波阻抗匹配技术等, 完全可望实现对上述信号光子流的分辨和检测. 因此, 这一电磁谐振系统完全可望达到探测膜振荡模型和天体热等离子体振荡所产生的高频引力波的灵敏度. 而对高频原初波的探测, 将面临系列的挑战和困难. 然而, 由于本系统所预期的灵敏度完全处在其标准量子极限的范围之内 (包括对高频原初引力波的探测), 这意味着它们面临的问题和挑战并非来自基本原理上的限制, 而是具体工艺上的困难和问题, 后者完全可望通过技术进步和集成创新来加以克服.

11.4.4 观测高频引力波的科学意义

和通常的天体引力波不同, 微波频带的高频引力波主要涉及由典型暴胀宇宙模型所预期的高频原初引力波, 膜振荡模型, 天体热等离子体与电磁波相互作用产生的高频引力波, 以及其他一些高能天体物理过程所产生的高频引力波和潜在的高频引力波源. 另外, 一些热引力波模型, 如原初黑洞的蒸发, 磁星 γ 暴甚至欧洲强子对撞机 (LHC) 中的高能过程还预期了极高频带的高频引力波 (高能引力子), 包括可能的高能重引力子 (massive graviton) 效应等. 因此, 它是天文观测和宇宙学中一个新的重要窗口, 并将与中、低频带引力波的观测形成很好的互补性.

三维同步谐振探测装置所瞄准的高频引力波, 除了涉及一个全新的空间信息通道和窗口外, 其波源和产生机制还涉及下面一些基本的重要科学问题. 其中, 普通暴胀宇宙模型和前爆炸宇宙模型涉及极早期宇宙和时间起点的问题; 精质暴胀宇宙模型涉及暗能量本质的问题; 膜振荡模型涉及空间的额外维度、膜宇宙以及时间箭头方向性的问题; 高能热等离子体振荡涉及天体等离子体与电磁波的相互作用机制问题; 高能重引力子效应则涉及超越广义相对论的引力波的额外极化态问题, 等等. 另外, 作为未来可能显示引力场量子化的实验效应, 显然应该关注于高频和极高频带的引力波, 这非常类似于显示电磁场量子化的客体 (即光子) 的实验效应. 一旦这些方面的研究 (特别是实验观测) 有实质性的突破, 它将为对各种宇宙学模型和高能天体物理过程的鉴别和判断提供关键性的证据.

　　由于引力是唯一可以进入高维空间的基本相互作用, 加之引力波具有比电磁波甚至中微子更强的穿透能力. 因此, 对引力波的观测, 不仅能使人们 "探" 到黑洞碰撞等剧烈天体物理事件所造成的时空曲率的涟漪, 它还可能使人们 "听" 到宇宙大爆炸的回声, 甚至可能是回首 "前世" 宇宙以及捕获来自其他平行宇宙的唯一可能的信息通道和窗口. 这将使人类对于自然界和宇宙的认识再一次发生深刻的变化和飞跃.

参 考 文 献

[1] Herivel J. The Background to Newton's Principia. Oxford: Clarendon Press, 1965

[2] Einstein A. Königlich Prebische Akademie der Wissenschaften. Berlin: Sitzungsberichte, 1916: 688

[3] Cahn W. Einstein: A Pictorial Biography. New York: Citadel Press, 1955

[4] Thorne K S. 300 Years of Gravitation. Cambridge: Cambridge Univ. Press, 1987: 330-458

[5] Eardley D M. Gravitational Radiation. North-Holland: Amsterdam University Press, 1983: 257

[6] Hartel J B. Gravity: An Introduction to Einstein's General Relativity. San Francisco: Addison-Wesley, 2003

[7] Wald R M. General Relativity. Chicago: University of Chicago Press, 1984

[8] Bertschinger E. MIT's General Relativity Course Lecture Notice. 1999

[9] Weiss R. Rev. of Mod. Phys., 1999, 71(2): S187-S196

[10] Saulson P. Fundamentals of Interferometric Gravitational Wave Detectors. Singapore: World Scientific, 1994

[11] Jackson J D. Classical Electrodynamics. 2nd ed. New York: Wiley, 1975

[12] Schutz B F. Class. Quantum Grav., 1999, 16: A131-A156

[13] Ju L, Blair D, Zhao C. Rep. Prog. Phys., 2000, 63: 1317-1427

[14] Thorn K S. In proceedings of the XXII SLAC summer institute on Particle Physics (SLAC Report 484, Stanford, 1996, 41)

[15] 唐孟希, 等. 云南天文台台刊, 2002, 3

[16] Coccia E. Gravitational Waves: Proccedings of the Third Eduoardo Amaldi Conference. California: Pasadena, 1999

[17] 黄玉梅, 王运永, 等. 天文学进展, 2007, 1: 58

[18] Shutz B F. Nature, 1986, 323: 310

[19] Cutler C, et al. Phys. Rev., 1994, D49: 2658-2679

[20] Bethe H A, et al. ApJ, 1998, 506: 780

[21] Belczynski K, et al. ApJ, 2002, 572: 407-431

[22] Narayan R, et al. ApJ, 1991, 379: L17

[23] Jaffe A, et al. ApJ, 2003, 583: 616

[24] Phinney E S. ApJ, 1991, 380: L17-21

[25] Zavlin V E, et al. Proc. 270. WE-Heraeus Seminar on Neutron Stars, Pulsars and Supernova Ramnents. Berlin: Max Plank Ints., 2002, 65: 501

[26] Brady P R, et al. Phys. Rev., 1998, 57: 2101-2116

[27] Blanchet L, et al. Phys. Rev., 2002, 65: 501

[28] Wagoner R V. ApJ, 2002, 578: L63

[29] Hawking S W. Phys. Rev. Lett., 1971, 26: 1344

[30] Maggiore M. Phys. Rep., 2000, 331: 283-367

[31] Buonanno A. Gravitational Waves From the Early Universe. gr-qc/0303085, 2003

[32] Hogan C J, et al. Phys. Rev., 2001, D64: 062002

[33] Kamionkowski M, et al. Phys. Rev., 1997, D55: 7368

[34] Allen B, et al. Phys.Rev., 1997, 55: 3260-3264

[35] Hulse R A, Taylor J H. Astrophysics J., 1974, 191: L59-L61

[36] Hulse R A, Taylor J H. Astrophysics J., 1975, 195: L51-L53

[37] Taylor J H, et al. Nature, 1979, 227: 437

[38] Taylor J H, et al. ApJ, 1982, 253: 908

[39] Taylor J H, et al. ApJ, 1989, 345: 434

[40] Taylor J H, et al. Nature, 1992, 355: 132

[41] Taylor J H. Rev. Mod. Phys., 1994: 711-719

[42] Stairs I H, et al. ApJ, 2002, 581: 501

[43] Faulkeret A J, et al. ApJ, 2005, 618: 119-122

[44] Misner C W, et al. Gravitation. San Francisco: Freeman Co., 1973

[45] Ciufolini I, Wheeler J A. Gravitation and Inertia. Princeton: Princeton University Press, 1995

[46] Weber J. Phys. Rev., 1960, 117: 306

[47] Weber J, et al. Phys. Rev. Lett., 1969, 22: 1320

[48] Weber J, et al. Phys. Rev. Lett., 1970, 24: 276

[49] Moss G, et al. Appl. Opt., 1971, 10: 2495

[50] Forward R. Phys. Rev., 1978, D17: 379

[51] Giazotto A. Phys. Rep., 1989, 182: 365

[52] Blair D. The Detection of Gravitational Wave. Cambridge: Cambridge University Press, 1991

[53] Dhura S, et al. Aston. Astrophys., 1996, 311: 1034

[54] Astone P. Class. Quantum Grav., 2000, 19: 1227

[55] Beccaria M, Bemardini M, et al. Nuclear Instruments and Methods in Physics Research Section A, 1998, 404: 455

[56] Coccia E, et al. Phys. Rev., 1998, D57: 2051

[57] Cerdonio M, et al. Phys. Rev. Lett., 2001, 87: 031101

[58] Pizzela G. Fisica Sperimental del Campo Gravitasionale. Roma: La Nuova Italia Scientifica, 1993

[59] Misner C W, et al. Gravitation. New York: W. H. Freeman and Company, 1973

[60] Aston P, et al. Astrophysics, 1997, 7: 231

[61] Mauceli E, et al. Phys. Rev., 1996, D54: 1264

[62] Astone P, et al. Phys. Rev., 1993, D47: 362

[63] Blair D, et al. Phys. Rev. Lett., 1995, 74: 1908

[64] Prodi G, et al. Proc. 2nd Amaldi Int. Meeting on Gravitational Exps. CERN, 1997

[65] Visco M, Votano L. Phys. Rev., 1980, D18: 369

[66] Allen Z, et al. Phys. Rev. Lett., 2000, 85: 5046

[67] Marin A, et al. Class. Quantum Gravity, 2000, 19: 1991-1996

[68] Price J C. Phys. Rev., 1967, D36: 3555

[69] Heffner H. Proc. IRE, 1962, 50: 1604

[70] Cerdonio M. Nucl. Phys. B (Proc.ApL.) 2003, 114: 81-94

[71] Information on IGEC at http: //igec.InI.infn.it/igec

[72] Bartusiak M. Einstein's Unfinished Symphony. New York: Berkley Books, 2003

[73] Jin I, et al. IEEE Trans. Appl. Suppl., 1997, 7: 2742

[74] Carelli P. Appl. Phys. Lett., 1998, 72: 115

[75] Kulagin V V, et al. Sov. Phys. JETP, 1986, 64: 915

[76] Richard J P. J. Phys., 1998, 64: 2202

[77] Richard J P. Phys. Rev., 1992, D46: 2309

[78] confi L, et al. Rev. Sci. Instrument., 1998, 69: 554

[79] Merkowits S M, et al. Phys. Rev., 1996, D53: 5377

[80] Johnson W W, et al. Phys. Rev. Lett., 1997, 70: 2367

[81] Coccia E, et al. Phys. Lett., 1996, A213: 16

[82] Weber J, et al. Phys. Rev. Lett., 1970, 25: 180

[83] Weber J, et al. Appl. Opt., 2004, 29: 1497

[84] Tyson J A, et al. Annu. Rev. Astron. Astrophys., 1978, 16: 521

[85] Forward RL. Phys. Rev., 1978, D17: 379

[86] Weiss R, et al. Anenna Quart. Progr.Rep. 105: 54-76 (Research Lab. Electron MIT, Cambridge, MA, 1972)

[87] Moss G E, Miller L R, Forward R L, et al. Appl. Opt., 1971, 10: 2495

[88] Drever R W P, et al. Proceedings of the NATO Advanced Study Institute Aug. 16, Bad Windsheim, Germany, 1983

[89] Takahashi R, et al. Phys. Lett., 1994, A187: 157

[90] Robertson D I. Rev. Sci. Instruments., 1995, 66: 4447

[91] Abramovici A, et al. Phys. Lett., 1996, A218: 157

[92] Kawabe K, et al. Appl. Phys., 1996, B62: 135

[93] Ando M, et al. Phys. Lett., 1998, A248: 145

[94] Fritschel P, et al. Phys. Rev. Lett., 1998, 80: 3181

[95] Shoemaker D, et al. Phys. Rev., 1988, D38: 423

[96] Abramovici A, et al. Science, 1992, 256: 325

[97] Luck H, et al. Proc. of the 3rd Edoardo Amaldi Conf. on Gravitational Wave Experiments. New York: AIP, 2000, 523: 119

[98] The VIRGO Collabouration, VIRGO Final Design Report. VIR-TRE 1000-13, 1997

[99] Hughes S, et al. Annuals of Phys., 2003, 323: 142

[100] Danzmann K, et al. MPQ Report., 1994, 190

[101] kuroda K. Int. J. Mod. Phys., 1999, D8: 557

[102] Tagoshi H, et al. Phys. Rev., 2001, D62: 062001

[103] Ando M, et al. Phys. Rev. Lett., 2001, 86: 3950

[104] McCleland D, et al. Proc. of the 3rd Edoardo Amaldi Conf. on Gravitational Wave Experiments. New York: Melville, 2000, 523: 140

[105] Sigg D. LIGO-P980007-00-D

[106] Coyne D. LIGO-P990006-00-D

[107] Abbott B, et al. Rep. Prog. Phys., 2009, 72: 076901

[108] Acernes F. (VIRGO Collaboration) Class. Quantum Grav., 2007, 24: s381

[109] Willke B, et al.(LSC) Class. Quantum Grav., 2007, 24: s389

[110] Ando M. (TAMA300 Collaboration) Class. Quantum Grav., 2002, 19: 1409

[111] Schenzle A, et al. Phys. Rev., 1982, A25: 2606-2621

[112] Drever R, et al. Appl. Phys., 1983, B31: 97-105

[113] 崔宏滨, 等. 光学. 北京: 科学出版社, 2008

[114] Arai K. Robust Extraction of Control Signals for Power-recycled Interferometric Gravitational wave Detector(Thesis, TAMA300, Nov.2001)

[115] Drever R W P, et al. Proc. of the 9th int. Conf.on General Relativity and Gravitation. p265, June 1980

[116] Meer B. Phys. Lett., 1989, A142: 465

[117] Messenger C, et al. Measuring a cosmological distance – red shift relationship using Only gravitational wave observations of binary neutron star coalescences(2011). https://arxiv.org/pdf/1107.5725v2.pdf

[118] Drever R. Gravitational Radiation . North Holland, Netherland: Amsterdam University Press, 1983

[119] Farinas A D, et al. Opt. Lett., 1994, 19: 114

[120] Freitag I, et al. Opt. Lett., 1995, 20: 462

[121] Tulloch W M, et al. Opt. Lett., 1998, 23: 1852

[122] Nagano S. A Study of Frequency and Intensity Stabilization System with a High Power Laser for TAMA300 Gravitational Wave Detector. Thesis, December, 1999, TAMA300

[123] Takeno K. Development of a 100W Nd: YAG Laser Using the Injectionlocking Technique for Gravitational Wave Detectors. PhD Thesis: 2006. http: //gwic.lligo.org/thesisprize/ 2006/takeno_thesis.pdf

[124] 中井贞雄. 激光工程原理与应用. 熊缨译. 北京: 科学出版社, 2002

[125] Giaime J, et al. Rev. Sci. Instru., 1996, 67: 208

[126] Takamori A. Low Frequency Seismic Isolation for Gravitational Wave Detector. Thesis, Department of Physics, Schoolof Science, University of Tokyo, 2002

[127] Beccaria M, et al. Nucl. Instru. Meth., 1997, A394: 397

[128] Losurdo G. Ultra-Low Frequency Inverted Pendulum for the VIRGO Test mass Suspension. Scuola Normale Superiore di Pisa, Classe di Scienze, Tesi di Perfezionamenta in Fisica, Oct., 1998

[129] Beccaria M, et al. Nucl. Instru. Meth. in Physics. Res., 1998, A: 455

[130] Pinoli M, et al. Meas. Sci. Technol., 1993, 4: 995

[131] Winterflood J, et al. Phys. Lett., 1996, A222: 141

[132] Barton M A, et al. Rev. Sci. Instru., 1996, 67(11): 3994

[133] Losurdo G, et al. Performance of the Inverted Pendulum as Pre-isulator for the VIRGO Superattenuator. VIR-TRE-PIS-4600-142, 1998

[134] Holloway L. Nucl. Phys. B Proc. Suppl., 1997: 54

[135] Kanda N, et al. Rev. Sci. Instru., 1994, 65: 3780

[136] Winterflood J, et al. Phys. Lett., 1998, A243: 1

[137] Cella G, et al. Nuclear Instrumentand Methods in Physics Resaerch A, 2005, 540: 502

[138] Tatsumi D, et al. Rev. Sci. Instru., 1999, 70: 2

[139] Takahashi R, et al. Proc. TAMA Int. Workshop on Gravitational Wave Detection, p95, (saitama)//Tsubono K, et al. Tokyo: Universal Academy Press, 1997

[140] Saito Y, et al. Vacuum, 1999, 53: 353

[141] Saito Y, et al. Vacuum, 2001, 60: 3

[142] Matada N, et al. Vacuum, 1993, 44: 443

[143] Baba Y, et al. Proc. Int. Simp. on Discharge and Electrical Insulation in Vacuum, Darmstadt, Germany, September, 1992: 3-10

[144] Tsubono K, et al. Proc. of the First Edoardo Amaldi Conf. on Gravitational Wave Experiments p.112-114, Rome, June, 1994

[145] Zucker M, et al. Proc. of the 7th Marcel Grossmann Meeting on Genaral Relativity, 1994: 1434-1436

[146] Saito Y, et al. Vacuum, 1996, 47: 609

[147] Billing H, et al. J. Physics E: Sci. Instrument, 1979, 12: 1043

[148] Drever R W P. Interferometer detector of gravitational radiation//Deroulle N, Piran T. Gravitational Radiation (Rayonnenment Gruvitationnel), NATO Advanced Study

Institute, Centre de Physique des Houches, 2-21, Jun. 1982: 321-338. North Holland: Elsevier, Amsterdam, New York, 1983

[149] Cella G, et al. Phys. Rev. D, arXiv: gr-qc/0406091 v2 23, 2004

[150] Braccini S, et al. Rev. Sci. Instrum., 1996, 67: 2899

[151] Shoemaker D, et al. Optics Letters, 1989, 14: 609

[152] Bohr N. Nature, 1928, 121: 580(reprinted in Wheeler J A, Zurek W h. Quantum Theory and Measurement. Princeton New Jersy: Princeton University Press, 1983)

[153] Caves C M. In Quantum Measurement and Chaos. Pike E R, Sarkar S. New York: Plenum, 1987

[154] Brown R. Ann. Phys. Chem., 1828, 14: 249

[155] MacDonald D K C. Noise and Fluctuation: An Introduction. New York: Wiley, 1962

[156] Einstein A. Investigation on the Theory of the Brownian Movement. New York: Dover, 1956

[157] Callen H B, et al. Phys. Rev., 1951, 83: 34

[158] Callen H B, et al. Phys. Rev., 1952, 86: 702

[159] Reif F. Fundamentals of Statistical and Thermal Physics. New York: McGraw-Hill, 1965

[160] Zener C. Elasticity and Inelasticity of Metals. Chicago: University of Chicago Press, 1998

[161] Tokamori A. Low Frequency Seismic Isolator for Gravitational Wave Detector. Thesis, Department of Physics, School of Science, University of Tokyo, 2002

[162] Blair D, et al. Appl. Opt., 1997, 36: 337

[163] Williams P, et al. Phys. Lett., 1999, A253: 16

[164] Bernardini M, et al. Class. Quantum Grave., 1998, 15: 1

[165] Saulson P R. Phys. Rev., 1990, D42: 2437

[166] Pitkin M, et al. Living Rev. Relativity, 2011, 14: 5

[167] Gillespie A D, et al. Phys. Rev., 1995, D52: 577

[168] Levin Y. Phys. Rev., 1998, D57: 659

[169] Saulson P R. Phys. Rev., 1984, D30: 732

[170] Spero R E. Prospects for Ground Based Detector of Low Frequency Gravitational Radiation. Science Underground, Proceeding of the Workshop, Los Alamos, 1982, AIP Conference Proceedings, 96, 347 (American Institute of Physics, Melville, NY 1983)

[171] Hough J, Thorne K S. Phys. Rev., 1998, D58: 122002

[172] Beccaria M, et al. Class. Quantum Grav., 1998, 15: 3339

[173] Caves C M. Phys. Rev. Lett., 1980, 45: 75

[174] Caves C M. Phys. Rev., 1981, D23: 1693

[175] Glauber R J. Phys. Rev., 1963, 131: 2766

[176] Drever R W P, et al. Proc. 9th Int. Conf. on General Relativity and Gravitation, Jena, July 1980. Cambridge: Cambridge U.P., 1983, 265-267

[177] Drever R W P, et al. Appl. Phys. B: Photophys. Laser Chem., 1983, 31: 97-105

[178] Abromovici A, et al. Science, 1992, 256: 325-333

[179] Seel S, et al. Phys. Rev. Lett., 1997, 78(25): 4741-4744

[180] Rawley L A, et al. Science, 1987, 238: 761-765

[181] Schenzle A, et al. Phys. Rev., 1982, A25: 2606-2621

[182] Bjorklund G C, et al. Appl. Phys. B: Photophys. Laser Chem., 1983, 32: 145-152

[183] Bjorklund G C, et al. Opt. Lett., 1980, 5: 15-17

[184] Pond R V. Rev. Sci. Instrum., 1946, 17: 490-505

[185] Boyd R A, et al. Am. J. Phys., 1996, 64: 1109-116

[186] Black E D. Am. J. Phys., 2001, 69(1): 79-87

[187] Hecht E. Optics. Reading, MA: Addison-Wesley, 1998

[188] Fowles G R. Introduction to Modern Phys. New York: Dover, 1975

[189] Franklin G F, et al. Feedback Control of Dynamic System. Reading, MA: Addison-Wesley, 1987

[190] Friedland B. Control System Design: An Introduation to State Space Methods. New York: McGraw Hill, 1986

[191] Flaminio R, et al. VIR-NOT-LAP-1390-204, 2002

[192] Veziant O, et al. Class. Quantum Grav., 2003, 20: S711-S720

[193] Weinstein A. The physics of LIGO for SURF 2002. LIGO-G020007-00-R

[194] Jordan B, et al. Rev. Nucl. Part. Sci., 2004, 54: 525-577

[195] Anderson W, et al. Phys. Rev., 2001, D63: 042003

[196] Sylvestre J. Physic. Rev., 2002, D66: 102004

[197] Smith A. Biometrika, 1975, 62: 407

[198] Backer D, et al. In Carnegie Observatories Astrophysics Series. Pasadena, CA: Carnegie Observatories, 2003

[199] Davenport W B, Jr, et al. An Introduction to the Theory of Random Signal and Noise. New York: McGraw-Hill, 1958

[200] Pippart A B. Response and Stability. Cambridge: Cambridge University Press, 1985

[201] Wainstein L A, et al. Extraction of Signals From Noise. European Science Notes 1, 1970

[202] Blanchet L, et al. Class. Quant. Grav., 2001, 13: 575

[203] Gürsel Y, et al. Phys.Rev., 1989, D40: 3884

[204] Shawhan P, et al. A New Waveform Consistency Test for Gravitational Wave Inspiral Searches. Phys. Rev. D.: arXiv: gr-qc/0404064v1, 2004

[205] Cutler C, et al. Phys. Rev. Lett., 1992, 70: 2084

[206] Blanchet L, et al. Phys. Rev., 2002, D65: 064005

[207] Will C M, et al. Phys. Rev., 1996, D54: 4813

[208] Owen B S, et al. Phys. Rev., 1999, D60: 0022002

[209] Blanchet W, et al. Class. Quant. Grav., 1996, 13: 575

[210] Droze S, et al. Phys. Rev., 1999, D59: 124016

[211] Allen B. A χ^2 Time-frequency Discriminator for Gravitational Wave Detection. Phys. Rev. D: arXiv: gr-qc/0405045 v2, 2004

[212] Allen B, et al. Phys. Rev. Lett., 1999, 83: 1498

[213] Stuart A, et al. Kendall's Advanced Theory of Statistics Vol. 2A: Classical Inference and the Linear Model, Edward Arnold, 6thedition, 1999

[214] Abbott B, et al. Phys. Rev. D: gr-qc/0308069, 2003

[215] Owen B J. Phys. Rev., 1996, D53: 6749-6761

[216] Abadie J, et al. Class. Quant. Grav., 2010, 27(17): 173111

[217] Schutz B F. Nature, 1986, 323: 310

[218] Grote H, et al. Class. Quantum Grav., 2010, 27: 084003

[219] Harry G M, et al. Class. Quantum Grav., 2010, 27: 084006

[220] Acernese F, et al. VIRGO Technical Report, VIR-027A-09, 2009

[221] Smith J R, et al. Class. Quant. Grav., 2009, 26: 114013

[222] Acernese F, et al. Astropart. Phys., 2010, 23: 182-189

[223] Willke B, et al. Class. Quant. Grav., 2006, 23: 5207-5214

[224] Sathyaprakash B S, et al. Living Reviews in Relativity, 2009, 12(2)

[225] Braginsky V B, et al. Phys. Lett., 2001, A287: 331

[226] Ju L, et al. Phys. Lett., 2006, A355: 419

[227] Meers B J. Phys. Rev., 1998, D38: 2317

[228] Mizuno J, et al. Phys. Lett., 1993, A175: 273

[229] Abramovici A, et al. Science, 1992, 256: 325

[230] Thorne K S. Proc. of the Snowmass 95 Summer Study on Particle and Nuclear Astrophysics and cosmology//Kolb E D, Peccei R. Singapore: World Science, 1995

[231] Thorne K S. LIGO Document Number P000024-00-R

[232] Drever R W P. Gravitational Radiation//Deruelle N. (North- Holland Amsterdam) 1983 and the Detection of Gravitational Waves Edited by Blair D G. Cambridge, England: Cambridge University Press, 1991

[233] Vinet J Y, et al. Phys. Rev., 1998, D38: 433

[234] Freis A, et al. Phys. Lett., 2000, A277: 135

[235] Gustafson E, et al. LIGO Document Number T990080-00-D

[236] Kimble H J, et al. gr-qc/0008026

[237] Buonanno A, Chen Y. arXiv: gr-qc /0201063v2, April, 2002

[238] Buonanno A, Chen Y. arXiv: gr-qc /0001011v2, Jul, 2001

[239] Buonanno A, Chen Y. arXiv: gr-qc /0107021v2, Jul, 2001

[240] Buonanno A, Chen Y. arXiv: gr-qc /0102012v2, Jul, 2001

[241] Thorne K S. Three hundred Years of Gravity//Hawking S W, Israel W. Cambridge: Cambridge University Press, 1987

[242] Braginsky V B, et al. Quantum Measurement//Thorne K. Cambridge, 1992

[243] Caves C M. Phys. Rev., 1981, D23: 1693

[244] Kimble H J, et al. arXiv: gr-qc/0008026, 1980

[245] Vyatchanin S P, et al. Phys. Lett., 1995, A203: 269

[246] Vyatchanin S P. Phys. Lett., 1998, A239: 201

[247] Braginsky V B, et al. Phys. Rev., 2000, D61: 044002

[248] Braginsky V B, et al. Phys. Lett., 1997, A232: 340

[249] Braginsky V B, et al. Phys. Lett., 1999, A257: 241

[250] Caves C M. Phys. Rev., 1985, A31: 3093

[251] Unruh W G. Quantum Optics, Experimental Gravitation, and Measurement Theory// Meystrc P, Scully M O, Plenum, 1982

[252] Braginsky V B, et al. Sov. Phys. JETP, 1993, 77: 218

[253] Braginsky V B, et al. Sov. Phys. JETP, 1996, 82 : 1007

[254] Buonanno A, Chen Y. Class. Quantum Grav., 2001, 18: L95

[255] Buonanno A, Chen Y. Phys. Rev., 2001, D64: 042006

[256] Ya K F. Phys. Lett., 2001, A288: 251

[257] Kawamura S. Gravitational Wave Astronomy. Personal Communication, 2011

[258] Mckenzie K, et al. Phys. Rev. Lett., 2002, 88: 231102

[259] Willke B, et al. Class. Quant. Grav., 2006, 23: S207-S214

[260] Goda K, et al. Nat. Phys., 2008, 4: 472

[261] Mckenzie K, et al. Phys. Rev. Lett., 2004, 93: 161105

[262] Vahlbruch H, et al. New J. Physics, 2007, 9: 371

[263] Vahlbruch H, et al. Phys. Rev. Lett., 2006, 97: 01101

[264] Corbitt R. Quantum Noise and Radiation Pressure Effects in High Power Optical Interferometer. PhD Thesis (MIT, 2008)

[265] Kimble H J, et al. Phys. Rev., 2006, D65: 022002

[266] Abernathy M, et al. ET-0106A-10, 2011

[267] Punturo M, et al. Class. Quant. Grav., 2010, 27: 084007

[268] Punturo M, et al. Class. Quant. Grav., 2010, 27: 194002

[269] Hild H, et al. Class. Quant. Grav., 2010, 27: 015003

[270] Mckenzie K, et al. Phys. Rev. Lett., 2004, 93(16): 161105

[271] Hild S, et al. Class. Quant. Grav., 2010, 27: 015003

[272] Mishra C K, et al. Phys. Rev., 2010, D 82: 064010

[273] Arun K G, et al. Class. Quant. Grav., 2009, 26: 155002

[274] Huerta E A, et al. Phys. Rev., 2011, D 83: 044020

[275] Woosly S E, et al. Astrophysics J., 1992, 391: 228-235

[276] Read J S, et al. Phys. Rev., 2009, D 79: 124033

[277] van Den Broeck C, et al. Class. Quant. Grav., 2007, 24: 1089-1114

[278] Belezynski K, et al. Astrophysics J., 2002, 572: 407-431

[279] Ott C D. Class. Quant. Grav., 2009, 26: 204015

[280] Audersson N, et al. General Relativity and Gravitation, 2011, 43: 409-436

[281] Bildsten L. Astrophysics J. Lett., 1998, 501: L89

[282] Runderman L. Astrophysics J., 1976, 203: 213-222

[283] Sathyapracash B S, et al. Class. Quant. Grav., 2010, 27: 215006

[284] Zhao W, et al. Phys. Rev., 2011, D 83: 023005

[285] Amaro P, et al. Astrophysics J., 1992722: 1197-120692010

[286] Beccaria M, et al. Class. Quant. Grav., 1998, 15: 2339-2362

[287] Hughe S A, et al. Phys. Rev., 1998, D 58: 122002

[288] Sato S, et al. Phys. Rev., 2004, D69: 102005

[289] Ando M, et al. Phys. Rev. Lett., 2001, 86: 3950

[290] Tomaru T, et al. Phys. Lett., 2002, A301: 215-219

[291] Uchiyama T, et al. Phys. Lett., 2002, A273: 310-315

[292] Reid S, et al. Phys. Lett., 2006, A351: 205-211

[293] Alshourbagy M, et al. Rev. Sci. Instrum., 2006, 77: 044502

[294] Conforto G, et al. Nul. Instru. Methods Phys. Res., 2004, A518: 228-232

[295] Freise A, et al. Class. Quant. Grav., 2009, 26(8): 085012

[296] Astrium, et al. ESTEC Rep. No. LI-RP-DS-009, 2000

[297] Danzmann K. LISA Pre-phase A Rep. MPQ-233, Max-Plank Inst. Quantenoptik, Garching, Ger., 1998

[298] Armstrong J, et al. Class. Quant. Grav., 2003, 20: S283

[299] Bortoluzzi D, et al. Class. Quant. Grav., 2003, 20: S89

[300] Schumaker B. Class. Quant. Grav., 2003, 20: S239

[301] Kajita T. The large-scale Cryogenic Gravitational Wave Telescope (LCGT) Project. Personal Communication Aug., 2011

[302] 向守平. 天体物理概论. 合肥: 中国科学技术大学出版社, 2008

[303] BICEP2 Collaboration. BICIP2I: Detection of B-mode Polarization at Degree Angular Scales. arXiv: submit/0934233 [astro-ph.CO]17, 2014

[304] BICEP2 Collaboration. BICIP2II: Experiment and Three-year Data Set, arXiv: submit/0934363 [astro-ph.CO]17, 2014

[305] Boyd R W. JOSA, 1980, 70(7): 877-880

[306] Bassan M. Advanced Interferometer and the Search for Gravitational Wave. New York: Springer 2014, ISSN0067-0057

[307] 王小鸽, Lebigot E, 都志辉, 曹军威, 王运永, 张帆, 蔡永志, 李木子, 朱宗宏, 钱进, 殷聪, 王建波, 赵文, 张扬, Blair D, Li J, Zhao C, Wen L. 天文学进展, 2016, 34(1): 50-73

[308] Christensen N, Meyer R, Libson A. Class. Quantum Grav., 2004, 21: 317

[309] Ro ver C, Meyer R, Christensen N. Phys. Rev., 2007, D75: 062004, gr-qc/0609131

[310] Vander Sluys M, Raymond V, Mandel I, Over C R, Christensen N, Kalogera V, Meyer R, Vec-chio A. Classical and Quantum Gravity, 2008, 25: 184011

[311] Raymond V, van der Sluys M V. Mandel I, Kalogera V, over C R, Christensen N. Classical and Quantum Gravity, 2010, 27: 114009, 0912.3746

[312] Cannon K, Cariou R, Chapman A, et al. Astrophys. J., 2012, 748(2): 136

[313] Chatterji S, Blackburn L, Martin G, et al. Class. Quant. Grav., 2004, 21(20): S1809

[314] Waldman S J. The Advanced LIGO Gravitational Wave Detector. arXiv: 1103.2728. 2011

[315] Cutler C, Schutz B. Phys. Rev., 2005, D72: 063006

[316] Hooper S, Chung S, Luan J, et al. Phys. Rev., 2012, D86: 024012

[317] van Trees H L. Detection, Estimation, and Modulation Theory. New York: John Wiley & Sons, 2004

[318] Credico A D. The LIGO Scientific Collaboration. Classical and Quantum Gravity, 2005, 22: S1051. http: //stacks. iop.org/0264- 9381/22/i=18/a=S19

[319] Ajith P, Hewitson M, Smith J R, Grote H, Hild S, Strain K A. Phys. Rev., 2007, D76: 042004. http: //link. aps.org/doi/10.1103/PhysRevD.76.042004

[320] Blackburn L, et al. Classical and Quantum Gravity, 2008, 25: 184004. http: //stacks.iop. org/0264- 9381/25/ i=18/a=184004

[321] Slutsky J, et al. Class. Quant. Grav., 2010, 27: 165023. http: //iopscience.iop.org/0264-9381/27/16/165023

[322] Aasi J, et al. Classical and Quantum Gravity, 2012, 29: 155002. http: //stacks.iop.org/ 0264-9381/29/i=15/a=155002

[323] Abbott B P, et al. Phys. Rev., 2009, D80: 102001

[324] Biswas R, et al. Phys. Rev., 2012, D88: 062003

[325] Hastie T, Tibshirani R, Friedman J. The Elements of Statistical Learning: Datamining, Inference, and Prediction, 2nd ed. Springer Series in Statistics, 2nd edition, 2009, ISBN 0387848576

[326] Hecht-Nielsen R. Proceedings of International Joint Conference on Neural Networks, Vol. 1. IEEE, New York, Washington 1989, 1989: 593-605

[327] Breiman L. Mach. Learn., 1996, 24: 123, ISSN 0885-6125. http: //dx.doi.org/10.1023/ A: 1018054314350

[328] Breiman L. Machine Learning, 2001, 45: 5

[329] Shaun H, et al. Physical Review., 2012, D86: 024012

[330] Chung S K, Wen L, Blair D, Cannon K, Datta A. Quantum Grav., 2010, 27: 135009

[331] Liu Y, et al. Classical and Quantum Gravity, 2012, 29(23): 235018

[332] Chen Y. https//dcc.ligo.org/LIGO-G050517-x0

[333] Chen Y. https//dcc.ligo.org/LIGO-G040210-x0

[334] Mehmet M, et al. Opt. Express, 2011, 19(25): 25763

[335] Vahlbruch H, et al. N. J. Phys., 2007, 9(10): 371

[336] Ward R L, et al. Class. Quantum Gravity, 2008, 25: 114030

[337] Hill S, et al. Class. Quantum Gravity, 2009, 26: 055012

[338] Barr B, et al. https//dcc.ligo.org/LIGO-T120046-v1

[339] Corbitt T, et al. Phys. Rev., 2006, A74: 021802

[340] Abadie J, et al. Class. Quantum Gravity, 2010, 27(17): 173001

[341] The ET Science Team. Einstein gravitational wave telescope conceptual design study, 2011. https: //tds.ego-gw.it/ql/?c=7954. ET-0106C-10

[342] Baiotti L, et al. Phys. Rev., 2008, D78: 084033

[343] Shibata M. Phys. Rev. Lett., 2005, 94(20): 201101

[344] Anderson N. Class. Quantum Gravity, 2003, 20(7):   R105

[345] Waistein L A, Zubakov V D. Extraction of signals from noise. European Science Notes 1, 1970

[346] Corbitt T, et al. Phys. Rev., 2004, D70(2): 022002

[347] Khalili F Y, et al. Phys. Rev., 2009, D80(4): 042006

[348] Arfken G B, et al. Mathematical Methods for Physicists, 6th eds. San Diego: Harcourt, 2005

[349] Rakhmanov M, et al. Phys. Lett., 2002, A 305: 239-244

[350] Acernese F, et al. Astropart. Phys., 2010, 33: 131-139

[351] Doyle J, Francis B, Tannenbaum A. Feedback Control Theory. New York: Macmillan Publishing Co., 1990

[352] Abbott B P, et al. Phys. Rev. Lett., 2016, 116: 061102

[353] Gertsenshtein M E, Pustovoit V I. Sov. Phys., 1962, JETP 16: 433

[354] Kaspi V M, et al. Astronomical and Astrophysical Objective of Submill1arcsecond Astronomy. Netherlands: Amsterdam Unirersity Press, 1995

[355] Edwards R T, et al. Mon. Not. R. Astron. Soc., 2006, 372: 1549-1574

[356] Hobbs G B, et al. Mon. Not. R. Astron. Soc., 2006, 369: 655-672

[357] Hobbs G B, et al. Mon. Not. R. Astron. Soc., 2009, 394: 1945-1955

[358] Wahlquist H. Gen. Relat. Grav., 1987, 19: 1101-1113

[359] Regimbau T. Research in Astronomy and Astrophysics, 2011, 11: 369-390

[360] Thorne K S. Gravitational radiation//Hawking S, Israel W. 300 Years of Gravitation. Cambridge, UK: Cambridge University Press, 1987

[361] Anderson N, Kokkotas K D. MNRAS. 1998, 299: 1059-1068

[362] Porciani C, Madau P. ApJ., 2001, 548: 522-531

[363] Allen B. The Stochastic Gravity-Wave Background: Sources and Detection//Miralles J A, Morales J A, Saez D. Some Topics on General Relativity and Gravitational Radiation, 1997, 3

[364] Allen B, Romano J D. Phys. Rev. D., 1999, 59(10): 102001

[365] Walsh D, Carswell R F, Weymann R J. Nature, 1979, 279: 381-384

[366] Ferrari V, Matarrese S, Schneider R. MNRAS, 1999, 303: 247, astro-ph/9804259

[367] Rezzolla B L. Phys. Rev. Lett., 2006, 97(14): 141101. arXiv: gr-qc/0608113

[368] Coward D M, Burman R R, Blair D G. MNRAS, 2001, 324: 1015-1022

[369] Howell E, Coward D, Burman R, Blair D, Gilmore J. MNRAS, 2004, 351: 1237

[370] Buonanno A, Sigl G, Raffelt G G, Janka H T, Müller E. Phys. Rev. D, 2005, 72(8): 084001, arXiv: astro-ph/0412277

[371] Ott C D, Burrows A, Dessart L, Livne E. Phys. Rev. Lett., 2006, 96(20): 201102, arXiv: astro-ph/0605493

[372] Marassi S, Schneider R, Ferrari V. MNRAS, 2009, 398: 293–302, 0906. 0461

[373] 王运永, 钱进, 韩森, 张齐元. 光学仪器, 2015, 37(4): 371-376

[374] Bartusiak M. Einstein's Unfinished Symphony. New York: The Berkley Publishing Group, 10014, 2000

[375] Veziant O, et al. Class. Quantum Gravity, 2003, 20: S711

[376] 郭光灿. 物理. 1992, 21(1): 32

[377] 彭堃墀, 等. 物理. 1993, 22(4): 248

[378] Slusher R E, et al. Phys. Rev. Lett., 1985, 55: 2409

[379] Shelby R M, et al. Phys. Rev. Lett., 1986, 57: 691

[380] Wu L, et al. Phys. Rev. Lett., 1986, 57: 2520

[381] Slusher R E, et al. Phys. Rev. Lett., 1987, 59: 2566

[382] Porta A L, et al. Phys. Rev. Lett., 1989, 62: 28

[383] Yamamoto Y, et al. Phys. Rev., 1986, A34: 4025

[384] Heidmann A, et al. Phys. Rev. Lett., 1987, 59: 2555

[385] Abbott et al. Phys. Rev. Lett., 2016, 116: 241103

[386] 刘辽. 广义相对论. 2 版. 北京: 高等教育出版社, 2008

[387] 王运永, 朱宗宏, 迪萨沃 R. 现代物理知识, 2013, 25(4): 25-34

[388] 赵文, 张星, 刘小金. 天文学进展, 2017, 35(3): 1-28

[389] Abbott B P, et al. Phys. Rev. Lett., 2017, 118: 221101

[390] Abbott B P, et al. Phys. Rev. Lett., 2017, 119: 141101

[391] Abbott B P, et al. Phys. Rev. Lett., 2017, 119: 161101

[392] 朱宗宏, 王运永. 物理, 2016, 45(5): 300-309

[393] 朱宗宏, 王运永. 现代物理知识, 2016, 28(2): 15-25

[394] 王运永, 朱兴江, 刘见, 马宇波, 朱宗宏, 曹军威, 都志辉, 王小鸽, 钱进, 殷聪, 刘忠有. 天文学进展, 2014, 32(3): 1-42

[395] 王运永, 钱进, 韩森, 张齐元. 光学仪器, 2016, 38(6): 488-496

[396] 王运永, 现代物理知识. 2016, 28(2): 51-57

[397] 王运永, 现代物理知识. 2017, 29(6): 39-51

[398] Blair D, et al. Advanced Gravitational Wave Detectors. New York: Cambridge University Press, 2012

[399] Giovannini M. Phys. Rev. 1999, D60: 123511

[400] Giovannini M. Class. Quantum Grav., 2009, 26: 045004

[401] Gasperini M, Veneziano G. Phys. Rep., 2003, 373: 1

[402] Ito A, Soda J. Journal of Cosmology and Astroparticle Physics, 2016, 035

[403] Liu J, Guo Z K, Cai R G, Shiu G. Phys. Rev. Lett., 2018, 120: 031301

[404] Servin M, Brodin G. Phys. Rev., 2003, D68: 044017

[405] Seahra S S, Clarkson C, Maartens R. Phys. Rev. Lett., 2005, 94: 121302

[406] Clarkson C, Seahra S S. Class. Quantum Grav., 2007, 24: F33

[407] Andriot D, et al. Journal of Cosmology and Astroparticle Physics, 2017, 048

[408] Kogun G S, Rudenko V R. Class. Quantum Grav., 2004, 21: 3347

[409] Grishchuk L P. arXiv: gr-qc/0504018, 2005

[410] Cruise A M. Class. Quantum Grav., 2000, 17: 2525

[411] Ballantini R, et al. Class. Quantum Grav., 2003, 20: 3505

[412] Nishigawa A, et al. Phys. Rev. 2008, D77: 022002

[413] Goryachev M, Tobar M E. Phys. Rev., 2014, D90: 102005

[414] Grishchuk L P. arXiv: gr-qc/0306013, 2003

[415] Woods R, et al. J. Mod. Phys., 2011, 2: 498

[416] Stephenson G V. AIP Conf. Proc., 2009, 1103: 542

[417] 董东, 黄超光. Commun. Theor. Phys., 2003, 40: 299-300

[418] Ni W T. Mod. Phys. Lett., 2010, A, 25: 922

[419] Li F Y, Tang M X, Shi D P. Phys. Rev., 2003, D67: 104008

[420] Tong M L, Zhang Y, Li F Y. Phys. Rev., 2008, D78: 024041

[421] Wen H, Li F Y, Fang Z Y. Phys. Rev., 2014, D 89: 104025

[422] Li F Y, Wen H, Fang Z Y, Wei L F, Wang Y W, Zhang M. Nuclear Physics B, 2016, 911: 500, arXiv: 1505.06546, 2015

[423] Li F Y, Wen H, Fang Z Y, Li D, Zhang T J. arXiv: 1712.00766V2(gr-qc), 2018

后　记

　　在去年秋天的一次学术研讨会上, 一位年轻的朋友向我提了一个问题: "王老师, 看过您的简历, 知道您原来是研究粒子物理的, 能不能告诉我, 您是怎样转行搞引力波的?", 在当时的场合下我只能含糊地回答: "受高人指点." 尽管引起哄堂大笑, 但我的回答是认真的.

　　现在可以把这个故事讲出来了. 1993 年北京正负电子对撞机升级, 我作为课题组组长负责北京谱仪上主漂移室的建造, 这是一个中美合作项目, 我需要去波士顿大学向美国同行报告设计方案并讨论具体的分工. 事完之后, 到加州大学 (伯克利) 拜访我的老师——格森・哥德哈伯教授并在他家住了两天. 哥德哈伯教授是世界著名的物理学家, 1979 年我作为 "李政道" 学者被国家科委派往加州大学 (伯克利) 进修实验高能物理, 师投他的名下, 在近 3 年的学习中深受教益. 格森告诉我, 实验高能物理的黄金时代已经过去了, 应该改行了. "改做什么好呢?" 我问, "天体物理", "哪一方面呢?", "超新星或引力波", 格森爽快地说, 并补充道, "我现在已改做超新星研究了". 哥德哈伯教授是瑞典皇家学会会员, 曾经发现了新的基本粒子——A 粒子, 并创建了实验高能物理著名的判据 "Goldhaber Plot". 他的预见无疑是非常精准的. 思考良久, 我说: "再努力也超不过你, 我干脆做引力波吧", "很好, 但是你选择了一个非常具有挑战性的课题" 格森高兴地说, "你可能很有成就, 也可能两手空空", 格森接着说, "马克・库尔斯现在在引力波探测器 LIGO 工作, 刚好到这里来了, 你可以和他聊聊". 说着就拨通了马克的电话.

　　加州理工学院的马克・库尔斯教授是我的老朋友, 我在伯克利做访问学者时他是在读博士研究生, 在近三年的时间里我们一起值班、一起学习、一起讨论, 建立了深厚的友谊. 周末和节假日经常应邀到他家做客. 他的新婚妻子希莉会亲自下厨做几个菜, 小酌几杯. 希莉热情好客, 为人忠厚, 但厨艺却不敢恭维.

　　10 多年不见, 马克还是那么热情、豪爽, 一双大手握得我发疼. 刚一落座便滔滔不绝地说起了 LIGO 和引力波探测, 我和格森很少有插话的机会. 两个多小时的 "演讲" 使我茅塞顿开, 对引力波探测从好奇到产生了兴趣. "到我们这里来吧, 我们缺帮手." 马克诚恳地说, "我非常愿意在您麾下工作, 但现在离不开" 我说. "随时欢迎你来" 马克认真地说, "我给你寄些资料去, 你先普及一下". 马克没有食言, 在随后的日子里他寄给我数十份资料, 内容非常丰富、全面, 特别是暑期学校的那些深入浅出的讲义, 使我这个新手很快入门, 知道了引力波探测的很多基础理论知识和基本的实验方法. 马克常说他一不小心掉进了引力波的漩涡中并把我也拉了进去. 说实在的, 我是自愿跳进去的, 我也知道, 从研究微观的小宇宙 (基本粒子领域) 转变到宏观的大宇宙 (引力波天文学), 虽然只一字之差, 但转变起来谈何容易, 其中的困难和艰辛是显而易见的. 我有充分的思想准备.

　　实际上我对引力波探测也不是一无所知. 1990 年我去位于瑞士日内瓦的欧洲核子研究组织 CERN 工作, 在康奈尔大学共事的好朋友, 意大利人 R. 迪萨沃博士刚好也在那里. 有一天他对我说这里的咖啡太差了, 我带你去一个地方. 我们来到 CERN 的一隅, 在那里, 世界上著名的共振棒引力波探测器 "探险者号"(Explorer) 正在运转, 一半以上的工作人员是意大利人, 他们的咖啡是用特殊的壶烧制的, 浓得几乎能拉出丝来, 味道好极了. 意大利人好交往, 尤其喜欢炫耀自己的工作. 从此以后我成了那里的常客, 开始是为了美味的咖啡, 慢慢地对他们的引力波实验也发生了兴趣, 可谓 "半缘咖啡半缘君了".

　　在 LIGO (Livingston) 的工作是紧张而愉快的, 这时马克已升任站长, 在生活上和工作上帮了我非常大的大忙, 他关照了几个主要部分的负责人, 使我碰到不懂的问题可以随时向他们请教; 只要有机会打开实验大厅, 他都安排我参加, 每年夏天 LIGO 都要进行两个多月的大修, 对于我这个没有参加过建造和安装过程的人来说, 无疑是一个 "理论联系实际"、了解 LIGO 详细结构的好机会. 正是在这些友人的帮助下, 我较快地融入了引力波探测的洪流里, 做了些微薄的贡献.

　　LIGO 位于茫茫的原始森林之中, 不远就是海边的沼泽地, 周围没有一户人家, 附近的利文斯顿县城看起来像个乡间小镇, 人口不足 1000. 在这样一个偏僻的地方突然出现一座宏伟的现代化的建筑, 难免引起人们的好奇和猜测. 当时就流行着这样一种说法: 那座神秘的设施是美国国家航空航天局用来实现时空旅行的, 它的一条长臂可以将人送到过去, 另一条长臂把人送到未来.

　　利文斯顿小镇没有多少店铺, 更没有任何文娱体育设施, 生活颇为不便. 但是环境安宁而优美, 是个学习和搞科研的好地方. 周末和晚上的大部分时间我都是在实验室度过的.

　　地方偏僻并不是没有客人来访, 一天早晨我爱人慌慌张张地跑进来对我说: "快去看看吧, 你的朋友来了". 我有些纳闷, "大清早谁会来呀?" 开门一看, 一条鳄鱼趴在那里, 小眼睛一眨一眨的, 似无敌意. 这是一条成年的短吻鳄, 我们晚上遛弯时好像遇到过它. 鳄鱼是不会轻易来串门的, "家里还有肉吗?" 我问, "有, 我昨天才买的" 我爱人答道, "它可能是饿了, 招待一下吧!" 吃了我爱人给的牛肉, 鳄鱼高高兴兴地走了. 第二天一早, 它又来了, 没有办法, 继续招待. 第三天它不但自己来了, 还带来一个 "朋友". 这一下我们可发了愁, 鳄鱼的食量这么大, 哪能养得起呀! 无奈之下拨通了房东的电话, "你们家有鱼吗?", "有!". "扔给它两条, 冰冻的更好". 看到扔过来冻鱼, 两条鳄鱼闻了闻, 很不情愿地走了, 第二天如法炮制, 鳄鱼闻都不闻, 很不高兴地扭头就走了, 以后再也没有来过. 房东告诉我们, 这群鳄鱼是我们的邻居, 就住在旁边的沼泽地里, 那里有吃不完的活鱼, 才不稀罕冰冻的死鱼呢. 我想一定是因为我们周末开 party, 它闻到饭菜的香味才不请自来的吧!

后来马克高升, 到美国国务院任职, 我自己也觉得在这里干得时间太久了, 想到另一个引力波实验室去看看, 于是告别 LIGO, 来到位于意大利比萨附近的 VIRGO (室女座引力波天文台). VIRGO 是由法国和意大利合建的一台臂长 3km 的大型激光干涉仪引力波探测器, 规模与 LIGO 相当. 最大的不同之处是它有长度近百米的输入清模器和十分讲究的地面震动隔离系统, 使 VIRGO 具有更加优越的低频性能. 整个干涉仪已安装完毕, 处于统调和试运行阶段, 有了 LIGO 的经历, 我感到轻车熟路, 很快找到切入点, 日子过得轻松多了.

意大利历史文化名城佛罗伦萨北郊 6km 处是一个新兴的科技中心, 有众多的大专院校、科研院所和知名公司的实验室, VIRGO 的一个分支机构也坐落在那里. 除了值班和全体大会要去现场之外, 其他科研活动如数据分析、部件实验和学术讨论都在这里进行, 工作和生活十分方便. 我在这里度过了一生中难得的惬意时光. 早晨赶到办公室, 在咖啡厅买一个法式牛角面包、两片奶酪、一杯卡布奇诺开始了一天的生活, 在咖啡厅工作的是位中年妇女, 干净利落, 态度和蔼, 对我这个天天早到的 "顾客" 显得格外亲切, 刚一落座, 这份 "套餐" 就端了过来, 从未出过差错. 研究所的午餐是免费的, 牛排、通心粉、炒饭、意大利面、比萨、三文鱼、水果、蔬菜色拉、各种饮料, 品种十分丰富, 但是我对一种叫 Lasagne 的意大利千层面和托斯卡纳美味的葡萄酒情有独钟.

在佛罗伦萨我住在一个老妇家中, 她丈夫是佛罗伦萨大学数学系教授, 3 年前去世. 她的房子很大, 出租一间不是为了挣钱而是为了找人说说话, 她母亲 90 岁了, 一个人住在西耶纳, 姑爷去世之后, 老太太担心女儿的生活, 时不时地来住些日子. 别看这么大年纪了, 身体还很硬朗, 能做简单的家务, 特别是烧一手好咖啡, 卡布奇诺, 拿铁样样拿手. 房东见我周末总是待在家里看书写字, 和我爱人商量之后给我派了一个 "活儿", 让我陪她们家老太太去附近公园散步. 公园沿河而建, 绵延数公里, 风景秀丽, 空气清新, 游人如织. 在去公园的路上, 我掏出一张纸条念了起来: "Che giorno e'oggi?"(今天星期几?), "Sabato" (星期六), 老太太在前面回答. 我心里一阵惊喜: 老太太听懂了. 说明我的意大利语发音还凑合, 接着念, "Che giorno e' oggi?", "Sabato, oggi sabato (星期六, 今天星期六)", 老太太又说了一遍. "Che giorno e' oggi?" 我高声念道, "Sabato, oggi sabato, domeni e' Domenica (星期六, 今天星期六, 明天星期天)", 老太太似乎有点不耐烦, 连明天是星期天也告诉我了. 我又念了一遍, 老太太不说话了, 回过头来很困惑地上下打量着我, 我朝她笑笑. 我再念时她就不理我了, 只是见人就过去搭讪几句, 终于一个中年人在和老太太交谈之后向我走来. 他笑着用英语问我为什么总问今天是星期几, 有什么事需要帮忙. 我告诉他自己在练习意大利语, 说着就把纸条递了过去, 中年人看了上面写的几句日常用语后恍然大悟, 急忙去向老太太解释, 我们三个同时哈哈大笑起来. 很快这个故事在小区内传开了, 甚至几个青年人主动找上门来, 自告奋勇教我意大利语, 交换条件是我要教他们 "功夫". 在这些年轻人的心目中, 我们中国人都是会武术的.

在 VIRGO 工作时我遇到了在中国科学院高能物理研究所的同事潘惠宝教授, 他曾是北京正负电子对撞机的副总工程师, 著名的加速器专家. 退休之后到 VIRGO 工作, VIRGO 长达 $2 \times 3 \mathrm{km}$ 的真空管道就是由他设计和监制的. 我对干涉仪真空系统的结构和工艺方面的基本知识都是他在那里传授给我的. 潘教授性情宽厚, 朋友很多, 给了我巨大的帮助. VIRGO 隔震系统的负责人 G. Louserdo 博士, 数据分析专家 F. Vetrino 教授和系统控制专家 R. Stanga 教授都是通过他的介绍与我结识的. 从这些长期在引力波探测第一线精心耕耘的行家那里, 我不但学到了专门技能, 还收集到大量原始资料, 对日后在国内开展工作有很大帮助.

有一天, F. Vetrino 教授对我说: "Serdado 听说你来了, 请我们到他家去做客", 我感到很奇怪, R.Serdado 教授在日内瓦的共振棒引力波探测器 "探险者号" (Explorer) 上工作, 是我在 CERN 工作时认识的好朋友, 便说: "他不是在日内瓦吗? 我没有瑞士签证呀!" "早回来了, 现在他在 '御夫座' 号当站长", Flavio 说. 就这样, 在一个周末, Flavio 和我驱车 2 个多小时去了位于帕多瓦附近的 Serdado 的家. 共振棒引力波探测器 "御夫座" 号就在那里. 多年不见分外亲热, 饭后 Serdado 带我们去观测站参观, 共振棒引力波探测器早已失去 10 多年前的辉煌, "御夫座" 也停止了运转, 只留几个人 "看摊儿", 做收尾工作. 参观时我看到一根崭新的长 2m, 直径 0.6m 的共振棒架在大厅一角, Serdado 告诉我, 这是为另一套探测器准备的, 还没有来得及建造, 项目就下马了. "你若感兴趣就拿走" 他慷慨地说. 我想, 这东西卖废品也值不少钱, 可以考虑. "但是你得自己出运费" 他补充了一句, 运费没法报销呀, 我也只好放弃了, 一笔 "外快" 最终还是没有捞到.

TAMA300 位于日本东京远郊的国家天文台院内, 虽然规模比 LIGO 和 VIRGO 小得多, 但有一只精干的队伍, 在激光干涉仪引力波探测器的研究方面做了很多出色的工作. 我在那里工作时间不算长, 却正赶上他们更换地面震动衰减系统 SAS. 这些系统的尺度虽然比 VIRGO 的小很多, 但包括了倒摆、镜体悬挂链和控制顶台三大主要部分, 我有幸参加了安装调试和测量的全过程, 学到了很多实际技能.

回国后我于 2009 年被北京师范大学天文学系返聘, 为研究生讲授 "引力波天文学导论", 开始了教学和科研并举的新生活. 教学对我这个搞了几十年科研的人来说可不是件容易事, 由于国内没有借鉴, 需要自己编写讲义, 往往是一个小时的课要准备十多个小时, 这还不算什么, 重要的是准备的内容有时还没讲一半下课的时间就到了, 而且学生们似乎也不太满意, 说 "王老师讲课像做学术报告". 苦恼之余只好向 "亲友团" 求助, 师姐朱彦坤才华横溢, 聪明过人, 从河北师范大学毕业后在昆明市东川区一所重点中学教高中物理, 后来调到昆明冶金工业专科学校工作, 具有丰富的教学经验. 她告诉我: "教学要在有限的时间内把最基本的知识传授给学生, 比如说你有一桶水, 课堂上只能给学生一碗". 一句话指点了迷津, 不但改进了教学, 而且慢慢地喜欢上这个职业, 和学生们在一起, 自己也仿佛变得年轻了.

　　北京师范大学在引力波研究方面开展得有声有色, 在朱宗宏教授的带领下, 成为我国引力波研究的主要中心之一, 多年以来培养了范锡龙、朱兴江、刘见、马宇波、明镜、肇宇航等一大批人才, 为我国引力波天文学的发展积蓄了力量. 在朱教授的倡导下, 成立了包括北京师范大学、清华大学、中国科学技术大学、中国计量科学研究院、西澳大利亚大学在内的引力波工作小组, 国内外引力波领域的专家学者朱宗宏、张帆、曹周健、曹军威、都志辉、王小鸽、张杨、赵文、钱进、殷聪 D. Blair、L. Ju、C. Zhao 以及我自己均是主要成员, 陆续开办了暑期学校、研讨班、报告会、讲习班等一系列学术活动. 在学术刊物上发表了 "激光干涉仪引力波探测器" "引力波数据分析" "引力波和引力波源" 等 10 余篇文章, 对国内引力波知识的普及和提高起了一定的推动作用, 本书就是在这些同仁的鼓励和帮助下, 在讲义 "引力波天文学导论" 的基础上补充修改而成的.

　　　　　　　　　　　　　　　　　　　　　　　　王运永
　　　　　　　　　　　　　　　　　　　　　　2018 年 6 月于北京

《现代物理基础丛书》已出版书目

(按出版时间排序)